CAD/CAM/CAE 工程应用丛书

TArch 2014 天正建筑设计与工程应用案例精粹

第3版

李　波　等编著

机械工业出版社

AutoCAD 是当今最流行的计算机辅助设计软件，而 TArch 天正建筑是国内使用较普遍的建筑设计绘图软件，将二者联合应用，不但可以减轻工作强度，而且还可以提高出图效率和质量。

本书以 TArch 2014 for AutoCAD 2014 版本为基础，分 3 大部分共 12 章来进行全方位讲解。第一部分（第 1 章）主要讲解了 AutoCAD 软件基础及建筑施工图的绘制方法；第二部分（第 2～10 章）主要讲解了 TArch 天正建筑软件的使用方法，包括 TArch 2014 基础入门，绘制轴网和柱子，绘制墙体和门窗，创建室内外构件，创建房间与屋顶，文字、表格、尺寸和符号标注，创建立面图和剖面图，三维建模与图块图案，图纸布局与图形转换；第三部分（第 11～12 章）通过两套施工图综合讲解了天正施工图的绘制方法和技巧，包括医院门诊部施工图和别墅施工图。

本书紧扣标准、切合实际、图文并茂、通俗易懂，是学习 TArch 天正建筑设计与工程应用的一本不可多得的好教材。本书可作为建筑、土木工程技术人员、AutoCAD 制图人员自学和培训用书，也可作为建筑、土木等专业的教学用书。

图书在版编目（CIP）数据

TArch 2014 天正建筑设计与工程应用案例精粹/李波等编著．—3 版．—北京：机械工业出版社，2014. 10

（CAD/CAM/CAE 工程应用丛书）

ISBN 978-7-111-48475-2

Ⅰ．①T… Ⅱ．①李… Ⅲ．①建筑设计—计算机辅助设计—应用软件 Ⅳ．①TU201. 4

中国版本图书馆 CIP 数据核字（2014）第 260873 号

机械工业出版社（北京市百万庄大街 22 号 邮政编码 100037）
策划编辑：张淑谦 责任校对：张艳霞
责任编辑：张淑谦 吴超莉
责任印制：乔 宇
北京机工印刷厂印刷（三河市南杨庄国丰装订厂装订）
2015 年 1 月第 3 版 · 第 1 次印刷
184mm × 260mm · 25. 75 印张 · 638 千字
0 001—3 000 册
标准书号：ISBN 978-7-111-48475-2
ISBN 978-7-89405-609-2（光盘）
定价：69. 80 元（含 1DVD）

出 版 说 明

随着信息技术在各领域的迅速渗透，CAD/CAM/CAE 技术已经得到了广泛的应用，从根本上改变了传统的设计、生产、组织模式，对推动现有企业的技术改造、带动整个产业结构的变革、发展新兴技术、促进经济增长都具有十分重要的意义。

CAD 在机械制造行业的应用最早，使用也最为广泛。目前其最主要的应用涉及机械、电子、建筑等工程领域。世界各大航空、航天及汽车等制造业巨头不但广泛采用 CAD/CAM/CAE 技术进行产品设计，而且投入大量的人力、物力及资金进行 CAD/CAM/CAE 软件的开发，以保持自己技术上的领先地位和国际市场上的优势。CAD 在工程中的应用，不但可以提高设计质量，缩短工程周期，还可以节省大量建设投资。

各行各业的工程技术人员也逐步认识到 CAD/CAM/CAE 技术在现代工程中的重要性，掌握其中的一种或几种软件的使用方法和技巧，已成为他们在竞争日益激烈的市场经济形势下生存和发展的必备技能之一。然而，仅仅知道简单的软件操作方法是远远不够的，只有将计算机技术和工程实际结合起来，才能真正达到通过现代的技术手段提高工程效益的目的。

基于这一考虑，机械工业出版社特别推出了这套主要面向相关行业工程技术人员的“CAD/CAM/CAE 工程应用丛书”。本丛书涉及 AutoCAD、Pro/ENGINEER、Creo、UG、SolidWorks、Mastercam、ANSYS 等软件在机械设计、性能分析、制造技术方面的应用，以及 AutoCAD 和天正建筑 CAD 软件在建筑和室内配景图、建筑施工图、室内装潢图、水暖、空调布线图、电路布线图以及建筑总图等方面的应用。

本套丛书立足于基本概念和操作，配以大量具有代表性的实例，并融入了作者丰富的实践经验，使得本丛书内容具有专业性强、操作性强、指导性强的特点，是一套真正具有实用价值的书籍。

机械工业出版社

前　　言

国内利用 AutoCAD 图形平台开发的最新一代建筑设计软件 TArch 2014，以先进的建筑对象概念服务于建筑施工图设计，成为建筑 CAD 正版化的首选软件。同时以天正建筑对象创建的建筑模型已经成为天正电气、给水排水、日照、节能等系列软件的数据来源，很多三维渲染图也依赖天正三维模型制作。在各级建筑设计单位中，90%以上的设计师都在使用天正软件，如上海金茂大厦施工图正是由天正建筑软件辅助完成的。

修改内容

本书自 2009 年 7 月第 1 版出版后，重印了多次，并于 2013 年 1 月推出了第 2 版，目前已作为许多大专院校相关专业的教材使用。针对 TArch 软件的不断更新，以及建筑和室内设计相关学员和读者的一致肯定和要求，本书在第 2 版的基础上再次进行了一些修订和改进，以期满足广大读者的需求。

针对前面两个版本的反馈结果，第 3 版进行了如下改进：

- 本书以 TArch 2014 for AutoCAD 2014 版本为基础。
- 新增了 AutoCAD 进行建筑施工图的绘制方法。
- 新增了天正图纸布局与图纸转换内容。
- 删减了“建筑制图规范与建筑结构”内容。
- 删减了上一版图书的个别案例，但已经将此内容制作为 AVI 附赠在光盘中。

读者对象

本书通过典型实例，讲解了工程图绘制前的运筹规划和绘制操作的次序与技巧，能够开拓读者思路，提高读者对知识的综合运用能力。为了方便读者的学习，书中所有实例和练习的源文件，以及用到的素材都能够直接在 TArch 2014 for AutoCAD 2014 环境中运行或修改。本书的读者对象如下：

- 具有一定 AutoCAD 基础知识的中级读者。
- 需要快速掌握 TArch 2014 软件的绘图和设计人员。
- 在一线从事房屋建筑或室内设计的广大工程管理、设计人员和工程技术人员。
- 建筑和室内装饰等专业的在校大中专学生。
- 相关单位和各个培训机构的学员。

本书主要由李波编著，参与编写的还有冯燕、师天锐、李松林、王利、刘升婷、汪琴、刘冰、王洪令、姜先菊、李友、郝德全、张进、黎铮、刘娜、王敬艳、徐作华和闫阳。

感谢您选择了本书，希望我们的努力对您的工作和学习有所帮助，也希望您把对本书的意见和建议告诉我们。我们的邮箱是 Helpkj@163.com，或者通过 QQ 群（15310023）进行互动交流。另外，书中难免有疏漏与不足之处，敬请专家与读者批评指正。

李波

目 录

第 1 章　AutoCAD 建筑设计基础

AutoCAD 软件是美国 Autodesk 公司开发的产品，是目前世界上应用最广泛的 CAD 软件之一。它已经在机械、建筑、航天、造船、电子、化工等领域得到了广泛的应用，并且取得了硕大的成果和巨大的经济效益。目前，AutoCAD 的最新版本为 AutoCAD 2014。

在本章中，首先针对 AutoCAD 2014 软件的基础来进行讲解，并针对其 AutoCAD 的常用绘图和编辑命令进行一个大致的讲解，再通过一个典型的建筑平面图来进行绘制，引导读者通过 AutoCAD 软件来学习绘制建筑平面图的方法和步骤。

1.1　AutoCAD 2014 软件基础

不论什么应用软件，都应对其软件的基础知识进行扎实地掌握，这样才能为今后的学习奠定好基础，同样，AutoCAD 软件也不例外。而要学习好 TArch 天正建筑软件的应用，必须对 AutoCAD 软件基础和绘图技能也熟练掌握，这样才能应对不断变化的升级和需求。

如果用户对 AutoCAD 软件已经能够熟练地掌握了，那么用户可以跳过第 1 章，直接进入第 2 章学习。

1.1.1　AutoCAD 2014 的启动与退出

当用户的计算机上安装好 AutoCAD 2014 软件以后，就可以对其进行启动并应用了。与大多数应用软件一样，要启动 AutoCAD 2014 软件，可以通过以下任意一种方法来实现。

1）依次选择“开始 | 程序 | Autodesk | AutoCAD 2014-Simplified Chinese | AutoCAD 2014-Simplified Chinese”命令，如图 1-1所示。

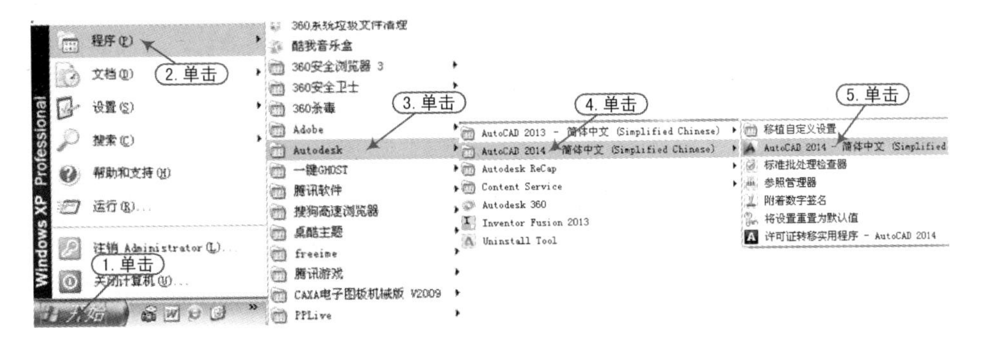

图 1-1　启动 AutoCAD 2014 的方法

2）成功安装好 AutoCAD 2014 软件后，双击桌面上的 AutoCAD 2014 图标。

3）打开任意一个 dwg 图形文件。

4）在 AutoCAD 2014 的安装文件夹中双击 acad.exe 执行文件。

如果要退出 AutoCAD 2014 软件，可以通过以下任意一种方法退出。

1）依次选择“文件\退出”命令。

2）在命令行中输入“Quit”或“Exit”命令后按〈Enter〉键。

3）在键盘上按〈Alt+F4〉组合键。

4）在 AutoCAD 2014 软件环境中单击右上角的“关闭”按钮。

在退出 AutoCAD 2014 时，如果当前所编辑的图形对象没有得到最后的保存，此时会弹出如图 1-2所示的对话框，提示用户是否对当前的图形文件进行保存。

图 1-2　提示是否保存

1.1.2　AutoCAD 2014 的工作界面

AutoCAD 软件从 2009 版本开始，其界面发生了比较大的改变，提供多种工作空间模式，即“草图与注释”、“三维基础”、“三维建模”和“AutoCAD 经典”。

1.“草图与注释”工作空间

当用户启动了 AutoCAD 2014 软件时，系统将以默认的“草图与注释”工作空间模式进行启动，其中“草图与注释”工作空间的界面如图 1-3所示。

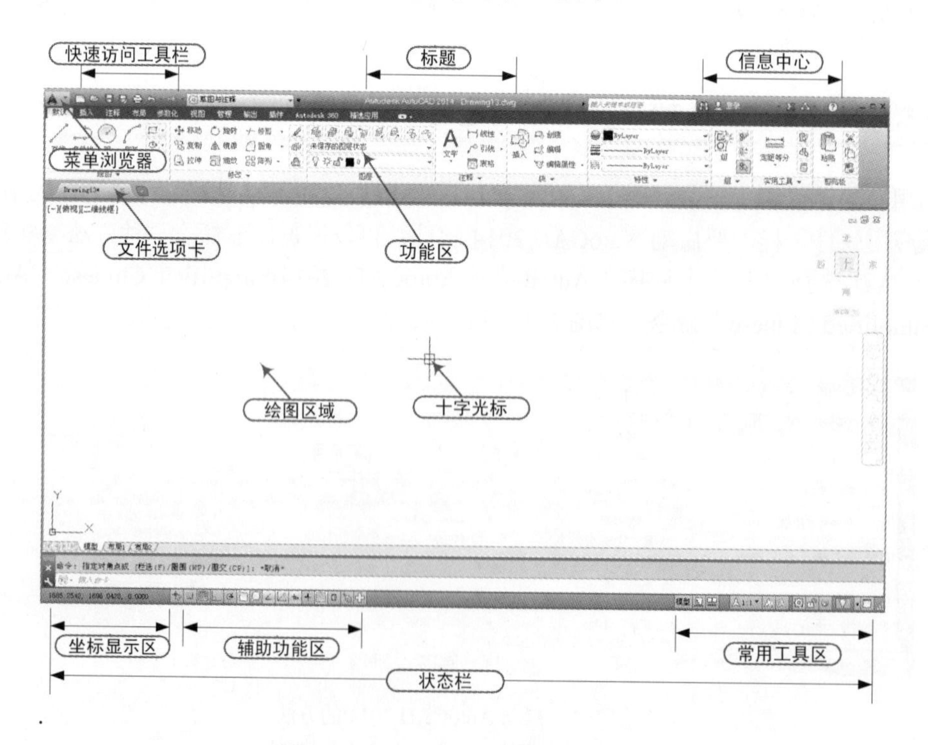

图 1-3　AutoCAD 2014 的工作界面

2."AutoCAD 经典"工作空间

不论新版的变化怎样，Autodesk 公司都为新老用户考虑到了 AutoCAD 的经典空间模式。在 AutoCAD 2014 的状态栏中，单击右下侧的⚙按钮，如图 1-4所示，然后从弹出的菜单中选择"AutoCAD 经典"项，即可将当前空间模式切换到"AutoCAD 经典"空间模式，如图 1-5所示。

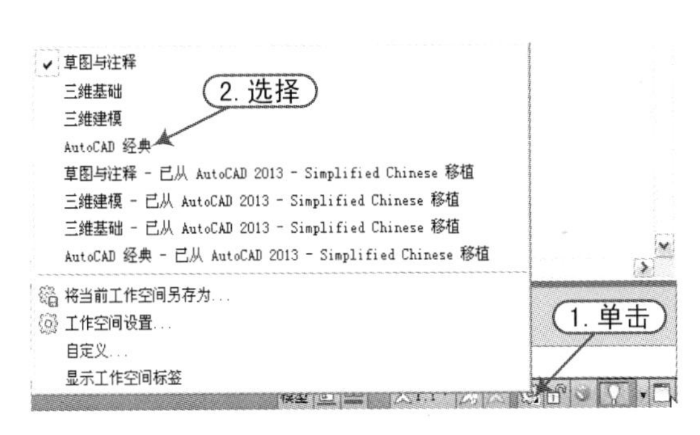

图 1-4　切换工作空间

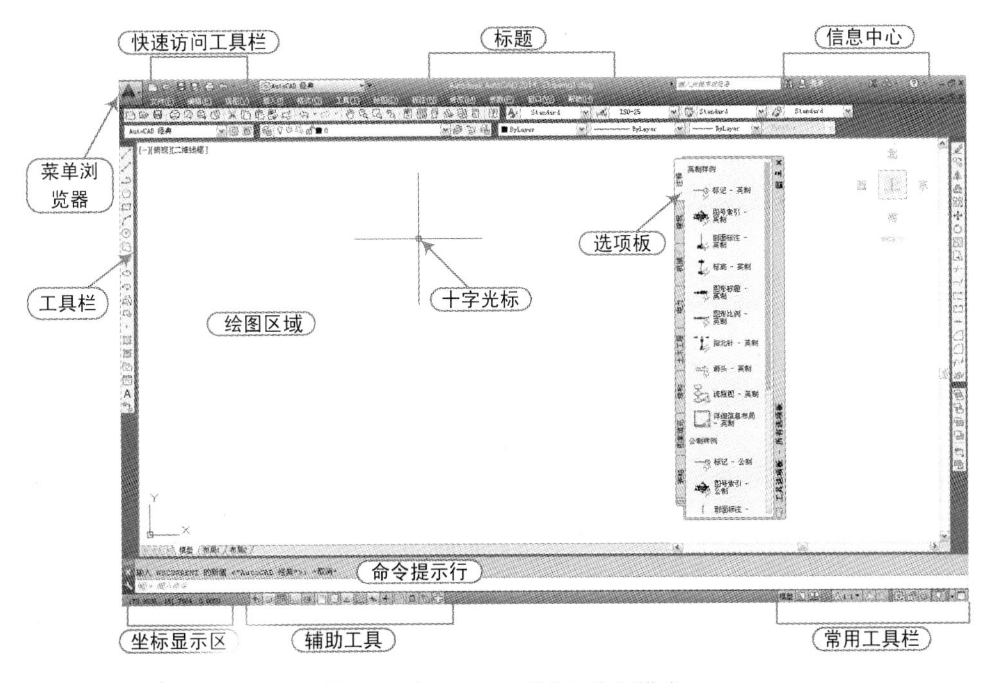

图 1-5　"AutoCAD 经典"空间模式

提示

在 AutoCAD 环境中，其菜单命令、工具按钮、命令行和系统变量大都是相互对应的。如选择"绘图|直线"命令，或单击"直线"按钮，或在命令行中输入"Line"命令都可以完成直线的绘制。

1.1.3 使用鼠标操作命令

在绘图窗口中，光标通常显示为“十”字线形式。当光标移至菜单选项、工具或对话框内时，它会变成一个箭头“↖”。无论光标是“十”字线形式还是箭头形式，当单击或者按动鼠标键时，都会执行相应的命令或动作。在 AutoCAD 中，鼠标键是按照下述规则定义的。

- 拾取键：通常指鼠标左键，用于指定屏幕上的点，也可以用来选择 Windows 对象、AutoCAD 对象、工具栏按钮和菜单命令等。
- 回车键：指鼠标右键，相当于〈Enter〉键，用于结束当前使用的命令，此时系统将根据当前绘图状态而弹出不同的快捷菜单，如图 1-6所示。
- 弹出菜单：当使用〈Shift〉键和鼠标右键的组合时，系统将弹出一个快捷菜单，用于设置捕捉点的方法，如图 1-7所示。对于三键鼠标，弹出按钮通常是鼠标的中间按钮。

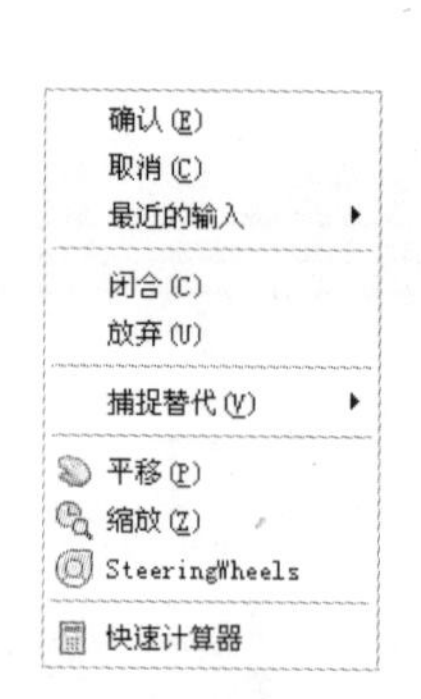

图 1-6　右键快捷菜单

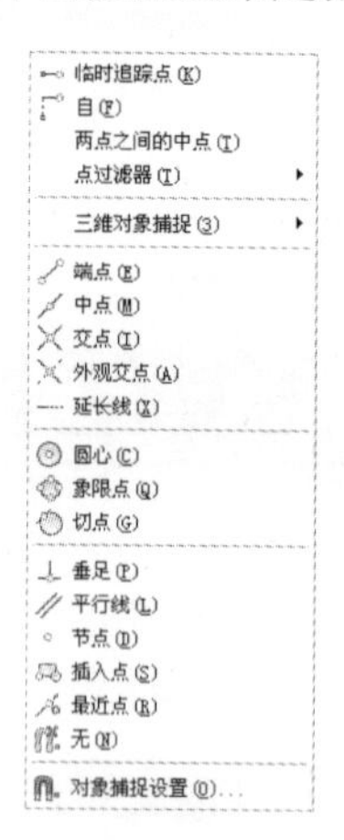

图 1-7　弹出菜单

1.1.4 使用“命令行”

在 AutoCAD 2014 中，默认情况下“命令行”是一个可固定的窗口，可以在当前命令行提示下输入命令、对象参数等内容。在“命令行”窗口中单击鼠标右键，AutoCAD 将显示一个快捷菜单，如图 1-8所示。在命令行中，还可以使用〈Backspace〉或〈Delete〉键删除命令行中的文字，也可以选中命令历史，并执行“粘贴到命令行”命令，将其粘贴到命令行中。

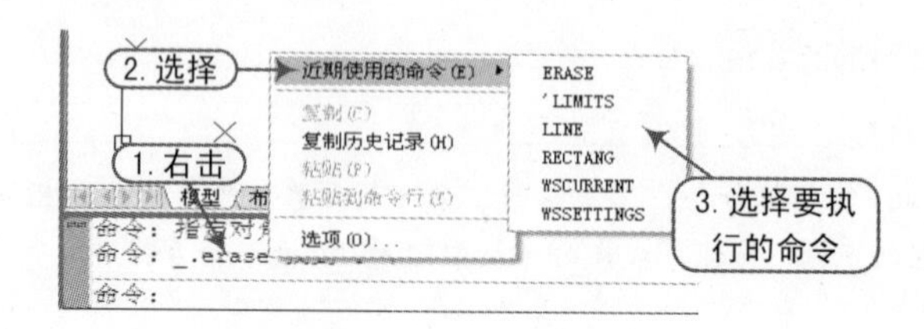

图 1-8　命令行的快捷菜单

用户若觉得"命令行"窗口不能显示更多的内容，可以将鼠标置于命令行上侧，待鼠标呈 ÷ 状时上下拖动，即可改变"命令行"窗口的高度。如果用户发现 AutoCAD 的命令行没有显示出来，可以按〈Ctrl+9〉组合键对其命令行进行显示或隐藏。

1.1.5 使用透明命令

在 AutoCAD 中，透明命令是指在执行其他命令的过程中可以执行的命令。常使用的透明命令多为修改图形设置的命令、绘图辅助工具命令，例如 SNAP、GRID、ZOOM 等。要以透明方式使用命令，应在输入命令之前输入单引号（'）。命令行中，透明命令的提示前有一个双折号（>>），当完成透明命令后，将继续执行原命令，如图 1-9所示。

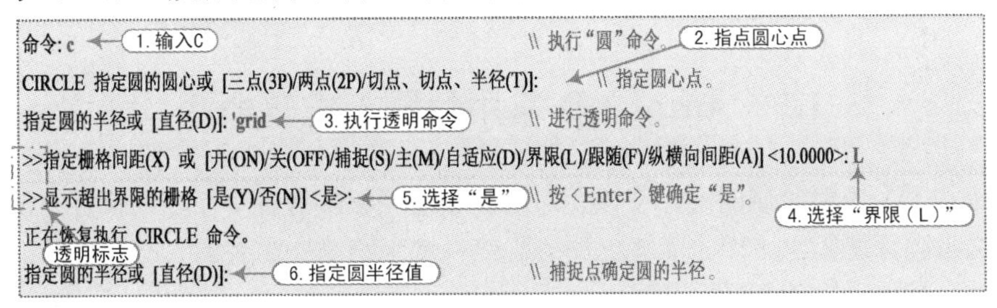

图 1-9 使用透明命令

1.1.6 使用系统变量

在 AutoCAD 中，系统变量用于控制某些功能和设计环境、命令的工作方式，它可以打开或关闭捕捉、栅格或正交等绘图模式，设置默认的填充图案，或存储当前图形和 AutoCAD 配置的有关信息。

系统变量通常是 6～10 个字符长的缩写名称，许多系统变量有简单的开关设置。例如，GRIDMODE 系统变量用来显示或关闭栅格，当在命令行的"输入 GRIDMODE 的新值 <1>: "提示下输入 0 时，可以关闭栅格显示；输入 1 时，可以打开栅格显示。

用户可以在对话框中修改系统变量，也可以直接在命令行中修改系统变量。例如，要使用 ISOLINES 系统变量修改曲面的线框密度，可在命令行提示下输入该系统变量名称并按〈Enter〉键，然后输入新的系统变量值并按〈Enter〉键即可，详细操作如图 1-10所示。

命令 : ISOLINES ← 1. 输入系统变量命令
输入 ISOLINES 的新值 <4>: 32 ← 2. 设置变量新值

图 1-10 使用系统变量

1.1.7 命令的终止、撤销与重做

在 AutoCAD 环境中绘制图形时，对所执行的命令可以进行终止、撤销以及重做操作。

1．终止

如果不准备执行正在进行的命令，可以将其终止。例如，在绘制直线时，在确定直线的起点后，又觉得不需要执行“直线”命令，此时可以按〈Esc〉键终止；或者右击鼠标，从弹出的快捷菜单中选择“取消”命令。

2．撤销

如果执行了错误的操作，可以通过撤销的方式撤销错误的操作。例如，在视图中绘制了一个半径为 25 的圆，但又觉得该圆的半径为 30，这时用户可以选择撤销该命令后重新绘制半径为 30 的圆，用户可在“标准”工具栏中单击“放弃”按钮，或者按〈Ctrl+Z〉组合键进行撤销最近的一次操作。

3．重做

如果错误地撤销了正确的操作，可以通过“重做”命令进行还原。用户可在“标准”工具栏中单击“重做”按钮；或者按〈Ctrl+Y〉组合键进行撤销最近的一次操作。

1.2 AutoCAD 常用绘图与编辑命令

在 AutoCAD 中要绘制图形，应该针对绘制和修改编辑等各个命令的执行方法、操作步骤、选项说明进行掌握，这样才能够更加得心应手地来绘制所需要的、符合要求的施工图。下面就针对一些常用的命令进行讲解。

1.2.1 直线的绘制

【执行方式】

- 面　板：在“绘图”面板中单击“直线”按钮。
- 菜单栏：选择“绘图 | 直线”命令。
- 命令行：在命令行中输入“LINE”命令（快捷键 L）。

【操作步骤】

执行“直线”命令后，根据命令行提示进行操作，即可绘制一系列首尾相连的直线段所构成的对象（梯形），如图 1-11所示。

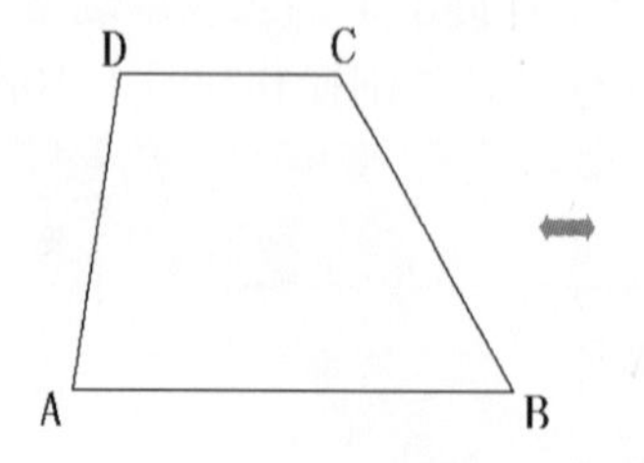

命令: _line ← 1. 执行“直线”命令
指定第一点: ← 2. 确定起点A
指定下一点或 [放弃(U)]: @100,0 ← 3. 确定端点B
指定下一点或 [放弃(U)]: @80<120 ← 4. 确定端点C
指定下一点或 [闭合(C)/放弃(U)]: @-50,0 ← 6. 确定端点D
指定下一点或 [闭合(C)/放弃(U)]: C ← 7. 与A点闭合

图 1-11　绘制的由直线对象构成的梯形

【选项说明】

1）若按〈Enter〉键或空格键响应“指定第一点：”提示，系统会把上次绘制线（或弧）

的终点作为本次操作的起点。若上次操作为绘制圆弧，按〈Enter〉键或空格键响应后，绘制通过圆弧终点且与该圆弧相切的直线段，该线段的长度由光标在屏幕上指定的点与切点之间线段的长度确定。

2）在“指定下一点:”提示下，用户可以指定多个端点，从而绘出多条直线段。但是，每一段直线都是一个独立的对象，可以进行单独的编辑操作。

3）绘制两条以上直线段后，若输入“C”响应“指定下一点”提示，系统会自动连接起始点最后一个端点，从而绘制出封闭的图形。

4）若输入“U”响应提示，则擦除最近一次绘制的直线段。

5）若设置正交方式（单击状态栏中的“正交模式”按钮），则只能绘制水平直线或垂直直线。

6）若设置动态数据输入方式（单击状态栏中的“动态输入”按钮），则可以动态输入坐标或长度值。除了特别需要，以后只按非动态数据输入方式输入相关数据。

1.2.2 矩形的绘制

【执行方式】

- 面　板：在“绘图”面板中单击“矩形”按钮。
- 菜单栏：选择“绘图｜矩形”命令。
- 命令行：在命令行中输入或动态输入“rectangle”命令（快捷键 REC）。

【操作步骤】

执行“矩形”命令后，根据命令行提示进行操作，即可绘制一个矩形，如图 1-12所示。

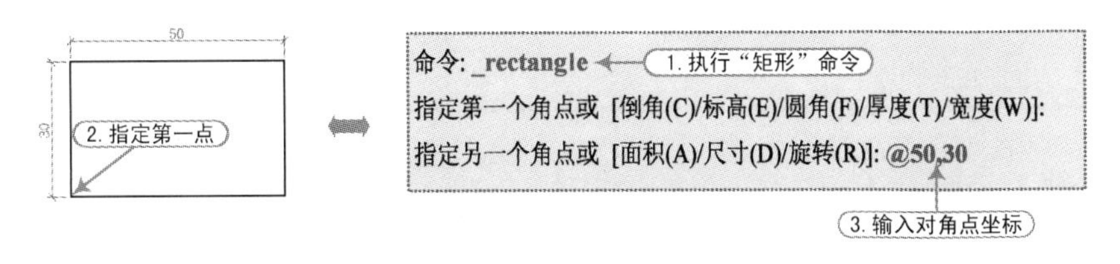

图 1-12　绘制的矩形

【选项说明】

1）倒角（C）：指定矩形的第一个与第二个倒角的距离，如图 1-13所示。

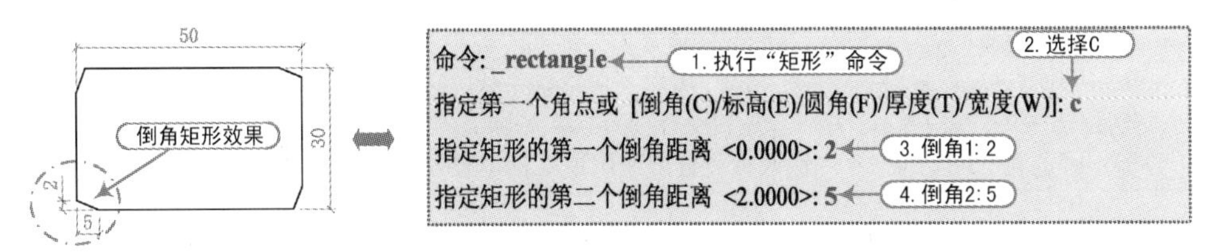

图 1-13　绘制的倒角矩形

2）标高（E）：指定矩形距 xy 平面的高度，如图 1-14所示。

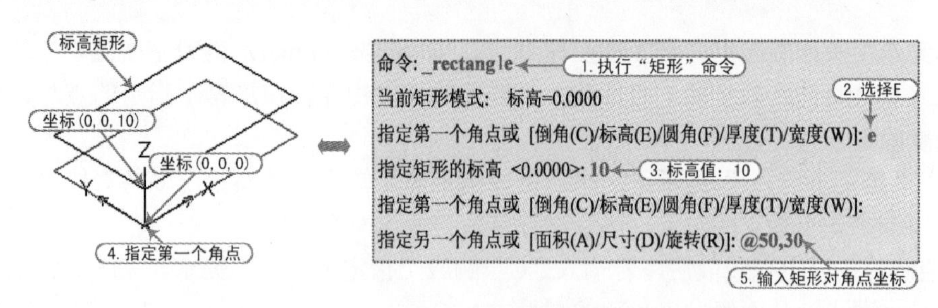

图 1-14　绘制的标高矩形

3）圆角（F）：指定带圆角半径的矩形，如图 1-15所示。

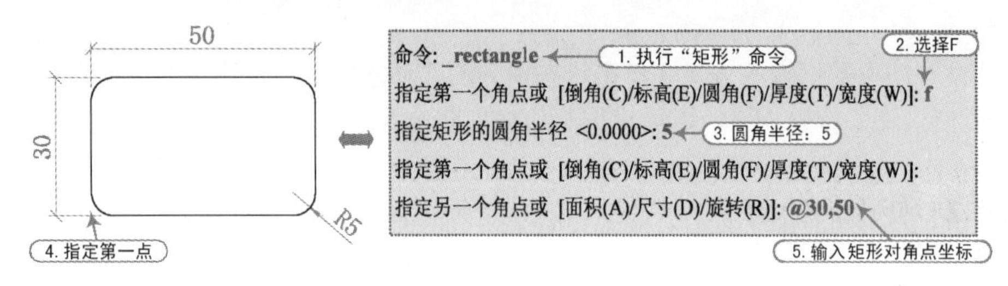

图 1-15　绘制的圆角矩形

4）厚度（T）：指定矩形的厚度。

5）宽度（W）：指定矩形的线宽。

6）面积（A）：通过指定矩形的面积来确定矩形的长或宽。

7）尺寸（D）：通过指定矩形的宽度、高度和矩形另一角点的方向来确定矩形。

8）旋转（R）：通过指定矩形旋转的角度来绘制矩形。

1.2.3　圆的绘制

【执行方式】

- 面　板：在“绘图”面板中单击“圆”按钮。
- 菜单栏：选择“绘图 | 圆”子菜单下的相关命令。
- 命令行：在命令行中输入或动态输入“circle”命令（快捷键 C）。

【操作步骤】

```
命令：CIRCLE↙
指定圆的圆心或 [三点(3P)/两点(2P)/切点、切点、半径(T)]: \\指定圆心
指定圆的半径或 [直径(D)]: D↙\\利用直径方式绘制圆
指定圆的直径<默认值>：\\输入直径数值或用鼠标指定直径长度
```

【选项说明】

1）三点（3P）：指定圆周上的三点绘制圆。

2）两点（2P）：指定直径的两端点绘制圆。

3）切点、切点、半径（T）：先指定两个相切对象，然后指定半径绘制圆。

提示

在 AutoCAD 中，可以使用 6 种方法来绘制圆对象，如图 1-16所示。

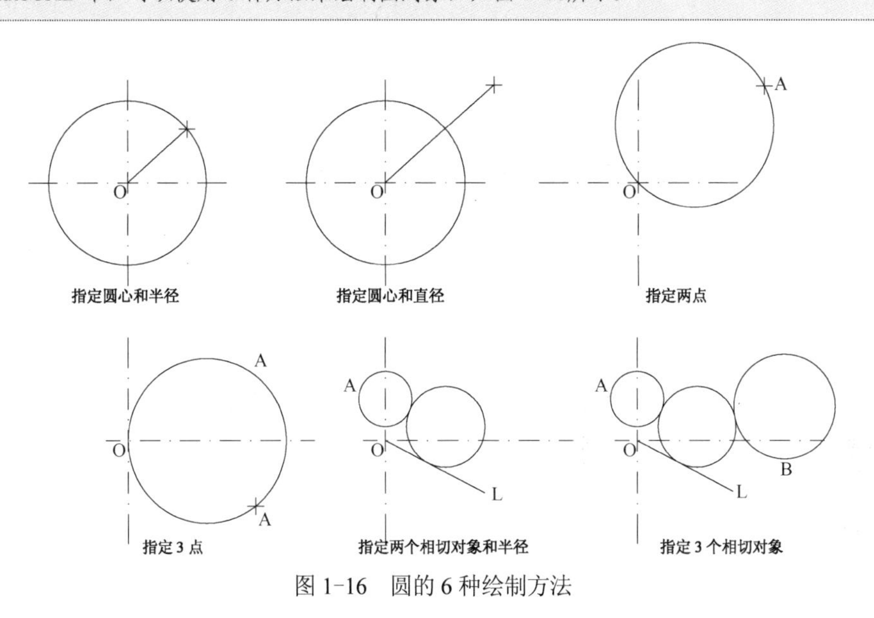

图 1-16　圆的 6 种绘制方法

1.2.4　阵列操作

【执行方式】

■ 面　板：在“绘图”面板中单击“阵列”按钮 阵列 。
■ 命令行：ARRAY（快捷键 AR）。
■ 菜单栏：选择“修改 | 阵列”命令。

【操作步骤】

执行上述任意一种操作后，都能执行阵列操作。在 AutoCAD 2014 中，阵列分为矩形、路径和极轴 3 种方式。

```
命令: ARRAY
选择对象:
选择对象:  输入阵列类型 [矩形(R)/路径(PA)/极轴(PO)] <矩形>:
```

【选项说明】

1．矩形阵列

执行“阵列”命令后，在命令窗口选择“矩形（R）”选项，再根据提示选择阵列图形，并按〈Enter〉键确认，在出现的如图 1-17所示的“矩形阵列”面板中设置参数，或者根据命令行提示将图形进行矩形阵列操作，如图 1-18所示。

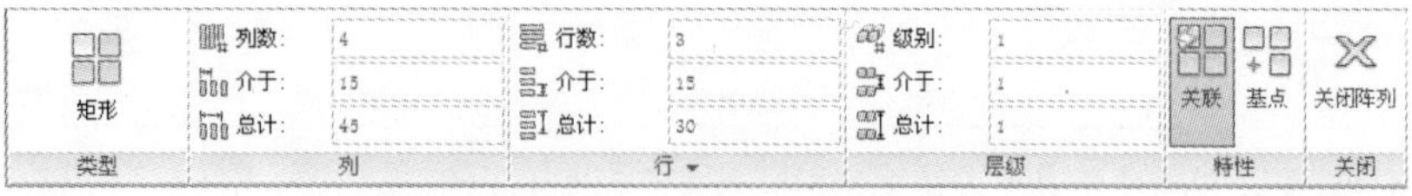

图 1-17 “矩形阵列”面板

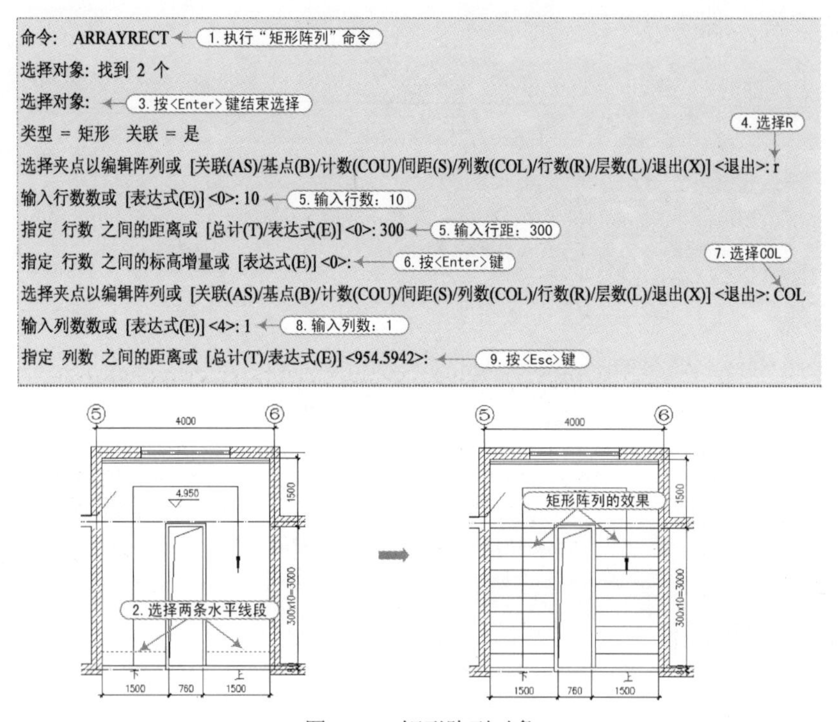
命令: ARRAYRECT ← 1. 执行“矩形阵列”命令
选择对象: 找到 2 个
选择对象: ← 3. 按<Enter>键结束选择
类型 = 矩形 关联 = 是
选择夹点以编辑阵列或 [关联(AS)/基点(B)/计数(COU)/间距(S)/列数(COL)/行数(R)/层数(L)/退出(X)] <退出>: r ← 4. 选择R
输入行数数或 [表达式(E)] <0>: 10 ← 5. 输入行数: 10
指定 行数 之间的距离或 [总计(T)/表达式(E)] <0>: 300 ← 5. 输入行距: 300
指定 行数 之间的标高增量或 [表达式(E)] <0>: ← 6. 按<Enter>键
选择夹点以编辑阵列或 [关联(AS)/基点(B)/计数(COU)/间距(S)/列数(COL)/行数(R)/层数(L)/退出(X)] <退出>: COL ← 7. 选择COL
输入列数数或 [表达式(E)] <4>: 1 ← 8. 输入列数: 1
指定 列数 之间的距离或 [总计(T)/表达式(E)] <954.5942>: ← 9. 按<Esc>键

图 1-18 矩形阵列对象

2. 路径阵列

执行“阵列”命令后，在命令窗口选择“路径（PA）”选项，再根据提示选择阵列图形，并按〈Enter〉键确认，在出现的如图 1-19所示的“路径阵列”面板中设置参数，或者根据命令行提示将图形进行路径阵列操作，如图 1-20所示。

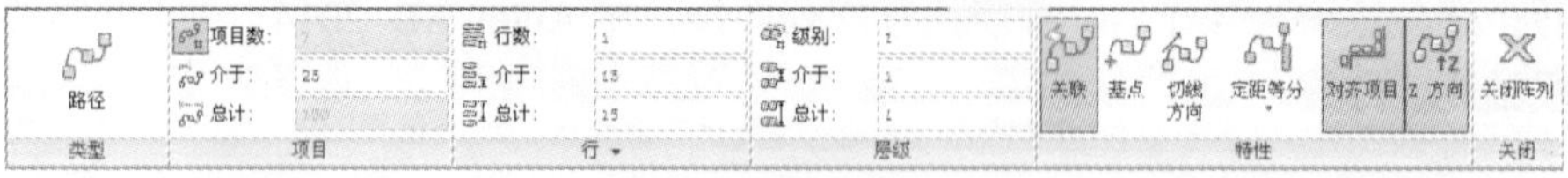

图 1-19 “路径阵列”面板

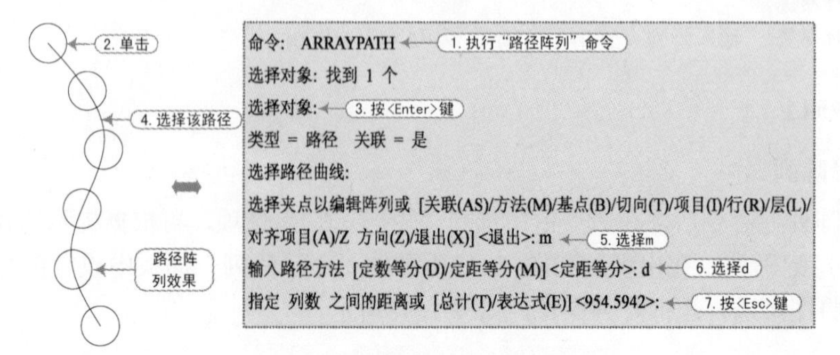
命令: ARRAYPATH ← 1. 执行“路径阵列”命令
选择对象: 找到 1 个
选择对象: ← 3. 按<Enter>键
类型 = 路径 关联 = 是
选择路径曲线:
选择夹点以编辑阵列或 [关联(AS)/方法(M)/基点(B)/切向(T)/项目(I)/行(R)/层(L)/对齐项目(A)/Z 方向(Z)/退出(X)] <退出>: m ← 5. 选择m
输入路径方法 [定数等分(D)/定距等分(M)] <定距等分>: d ← 6. 选择d
指定 列数 之间的距离或 [总计(T)/表达式(E)] <954.5942>: ← 7. 按<Esc>键

图 1-20 路径阵列效果

3. 极轴阵列

执行“阵列”命令后，在命令窗口选择“极轴（PO）”选项，再根据提示选择阵列图形，并按〈Enter〉键确认，在出现的如图 1-21所示的“极轴阵列”面板中设置参数，或者根据命令行提示将图形进行极轴阵列操作，如图 1-22所示。

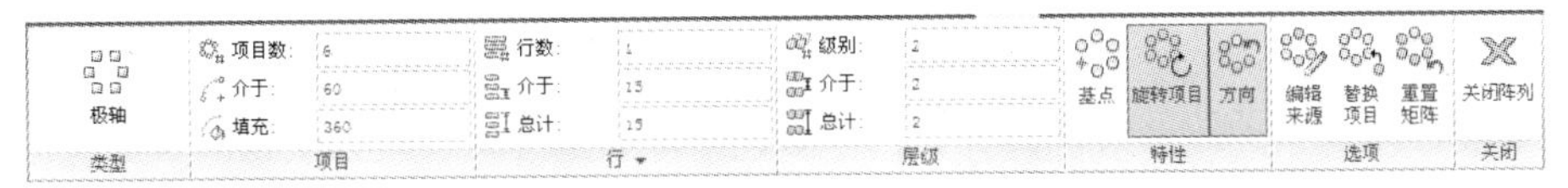

图 1-21 “极轴阵列”面板

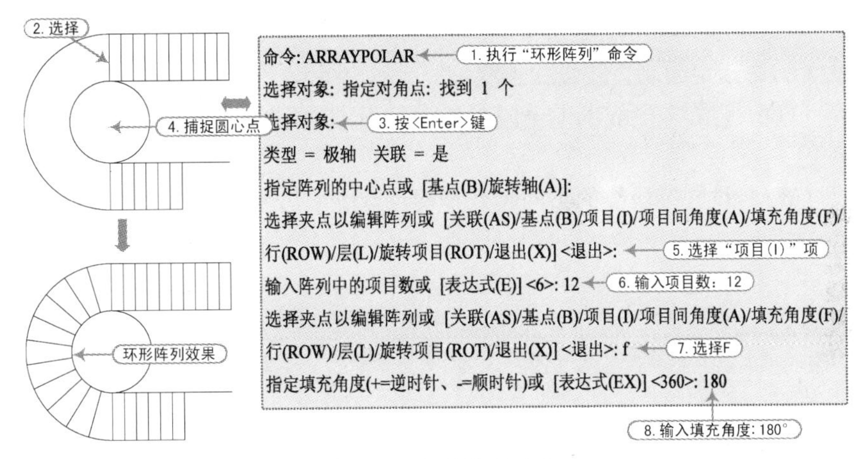

图 1-22 极轴阵列对象

1.2.5 多段线的绘制

【执行方式】

- 面　板：在“绘图”面板中单击“多段线”按钮。
- 菜单栏：选择“绘图 | 多段线”命令。
- 命令行：在命令行中输入或动态输入“pline”命令（快捷键 PL）。

【操作步骤】

执行“多段线”命令后，根据命令行提示进行操作，即可绘制带箭头的多段线，如图 1-23所示。

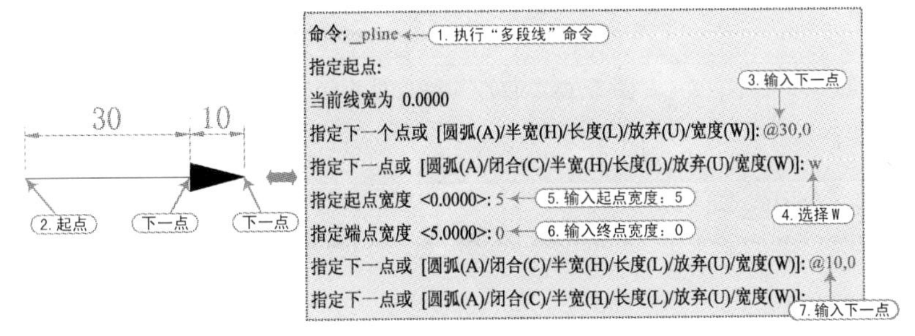

图 1-23 绘制带箭头的多段线

【选项说明】

1）圆弧（A）：从绘制的直线方式切换到绘制圆弧方式，如图 1-24所示。

2）半宽（H）：设置多段线的一半宽度，用户可分别指定多段线的起点半宽和终点半宽，如图 1-25所示。

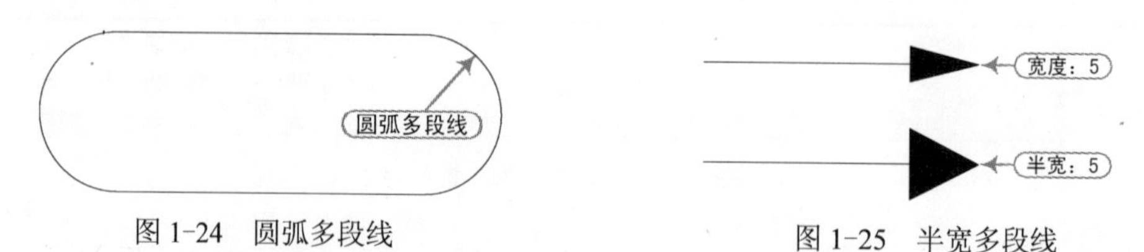

图 1-24　圆弧多段线　　图 1-25　半宽多段线

3）长度（L）：指定绘制直线段的长度。

4）放弃（U）：删除多段线的前一段对象，从而方便用户及时修改在绘制多段线过程中出现的错误。

5）宽度（W）：设置多段线的不同起点和端点宽度，如图 1-26所示。

当用户设置了多段线的宽度时，可通过 FILL 变量来设置是否对多段线进行填充。如果设置为“开（ON）”，则表示填充；若设置为“关（OFF），则表示不填充，如图 1-27所示。

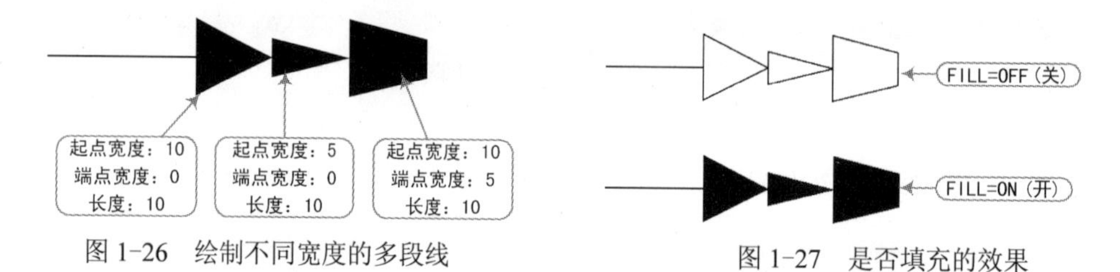

图 1-26　绘制不同宽度的多段线　　图 1-27　是否填充的效果

6）闭合（C）：与起点闭合，并结束命令。当多段线的宽度大于 0 时，若想绘制闭合的多段线，一定要选择“闭合（C）”选项，这样才能使其完全闭合，否则即使起点与终点重合，也会出现缺口现象，如图 1-28所示。

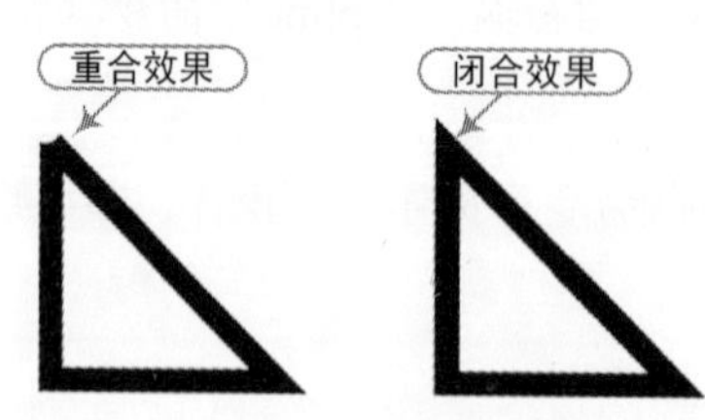

图 1-28　起点与终点是否闭合

1.2.6　多线的绘制

【执行方式】

■ 菜单栏：选择“绘图 | 多线”命令。

■ 工具栏：在“绘图”工具栏上单击“多线”按钮。
■ 命令行：在命令行中输入或动态输入“Mline”命令（快捷键 ML）。

【操作步骤】

当执行“多线”命令后，系统将显示当前的设置（如对正方式、比例和多线样式），用户可以根据需要进行设置，然后依次确定多线的起点和下一点，从而绘制多段线。其操作步骤如图 1-29所示。

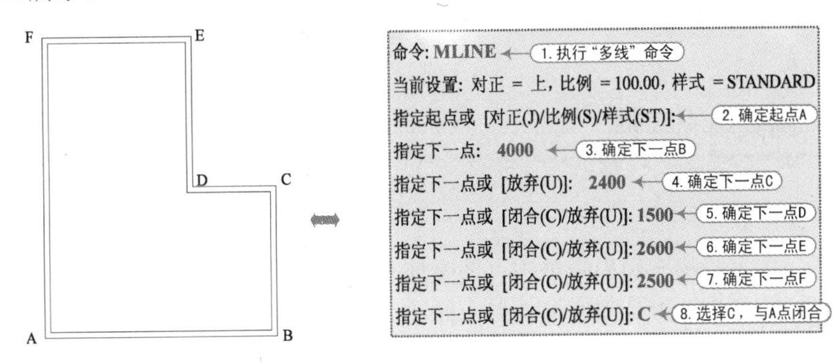

图 1-29　绘制的多线

【选项说明】

1）对正（J）：指定多线的对正方式。选择该项后，将显示如下提示，每种对正方式的示意图如图 1-30所示。

输入对正类型 [上(T)/无(Z)/下(B)] <上>:　　\\选择多线的样式。

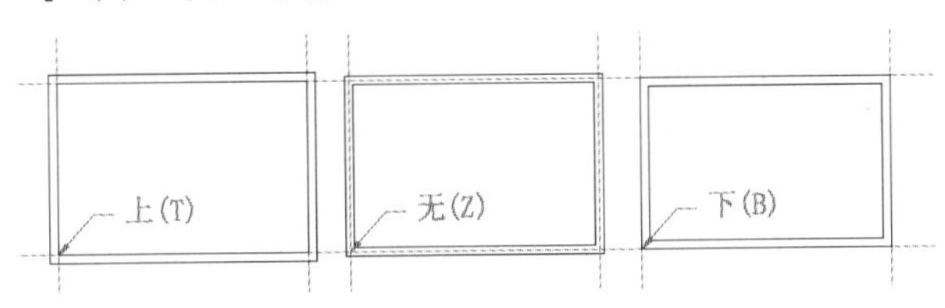

图 1-30　不同的对正方式

2）比例（S）：可以控制多线绘制时的比例。选择该项后，将显示如下提示，不同比例因子的示意图如图 1-31所示。

输入多线比例 <20.00>:　　\\输入多线的比例因子。

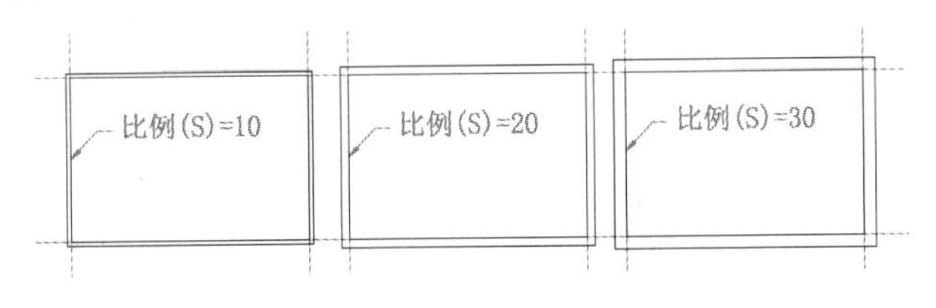

图 1-31　不同的比例因子

3）样式（ST）：用于设置多线的线型样式，其默认为标准型（STANDARD）。选择该项后，将显示如下提示，不同多线样式的示意图如图 1-32所示。

输入多线样式名或 [?]:　（输入多线的样式名称）

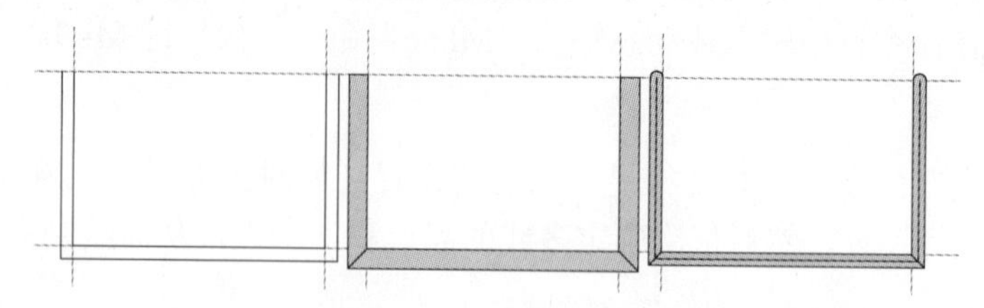

图 1-32　不同的多线样式

1.2.7　图案填充操作

【执行方式】

- 面　板：在“绘图”面板中单击“图案填充”按钮。
- 菜单栏：选择“绘图 | 图案填充”命令。
- 命令行：在命令行中输入或动态输入“bhatch”命令（快捷键 H）。

【操作步骤】

启动“图案填充”命令之后，将弹出“图案填充和渐变色”对话框，根据要求选择一封闭的图形区域，并设置填充的图案、比例、填充原点等，即可对其进行图案填充，如图 1-33 所示。

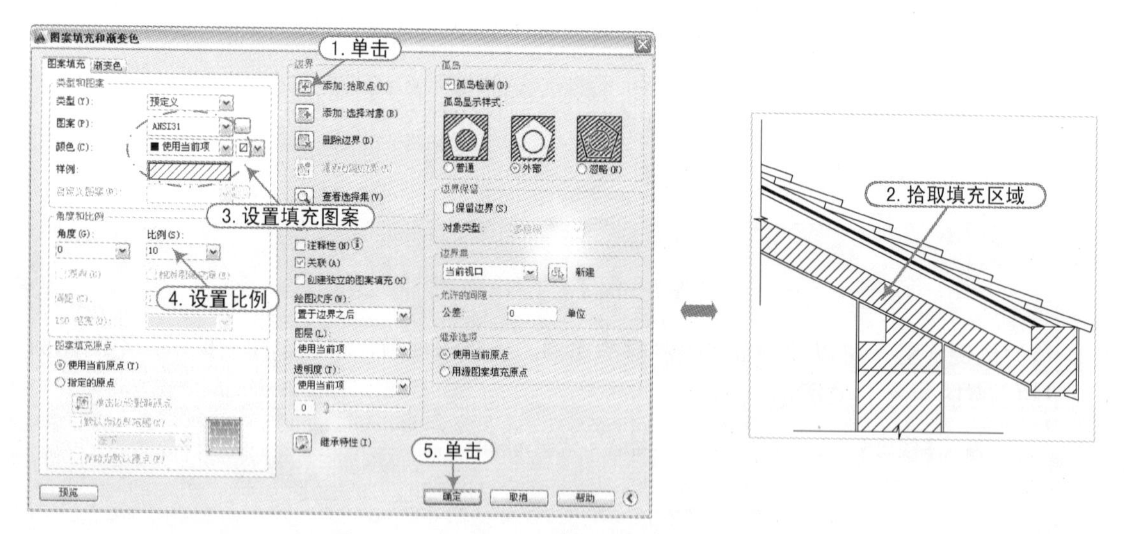

图 1-33　图案填充

如果用户是在“草图与注释”工作空间模式下操作，此时执行了“图案填充”命令后，将在上侧增加“图案填充创建”面板，从而可以对其边界、图案、特性、选项等进行设置，如图 1-34所示。

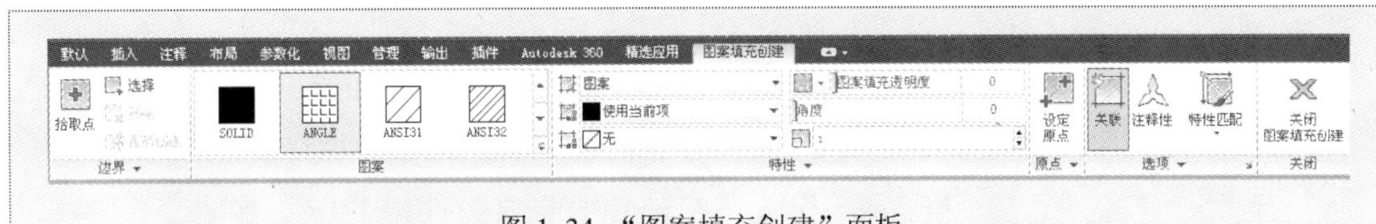

图 1-34 “图案填充创建”面板

1.2.8 移动操作

【执行方式】

■ 面　板：单击“修改”面板中的“移动”按钮✥。

■ 菜单栏：选择“修改 | 移动”命令。

■ 命令行：在命令行中输入或动态输入“move”命令（快捷键 M）。

【操作步骤】

执行“移动”命令之后，根据命令行提示选择移动的对象，并选择移动基点和指定目标点，如图 1-35所示。

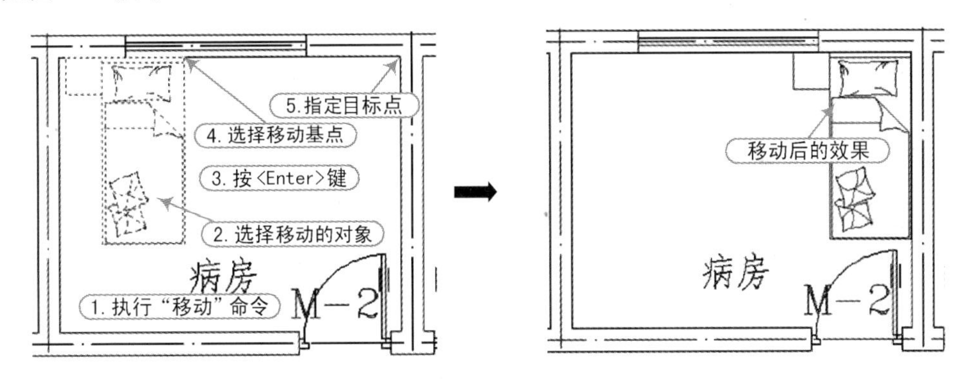

图 1-35 移动对象

【选项说明】

1）位移：输入坐标以表示矢量。输入的坐标值将指定相对距离和方向。

2）指定的两个点定义了一个矢量，表明选定对象将被移动的距离和方向。

如果在“指定第二个点:”提示下按〈Enter〉键，则第一个点将被认为是相对 X，Y，Z 位移。例如，如果将基点指定为（2，3），然后在下一个提示下按〈Enter〉键，则对象将从当前位置沿 X 方向移动 2 个单位，沿 Y 方向移动 3 个单位。

1.2.9 修剪操作

【执行方式】

■ 面板：单击“修改”面板中的“修剪”按钮-/--。

■ 菜单栏：选择“修改 | 修剪”命令。
■ 命令行：在命令行中输入或动态输入“trim”命令（快捷键 TR）。

【操作步骤】

执行“修剪”命令之后，根据命令行提示进行操作，即可修剪图形对象，如图 1-36所示。

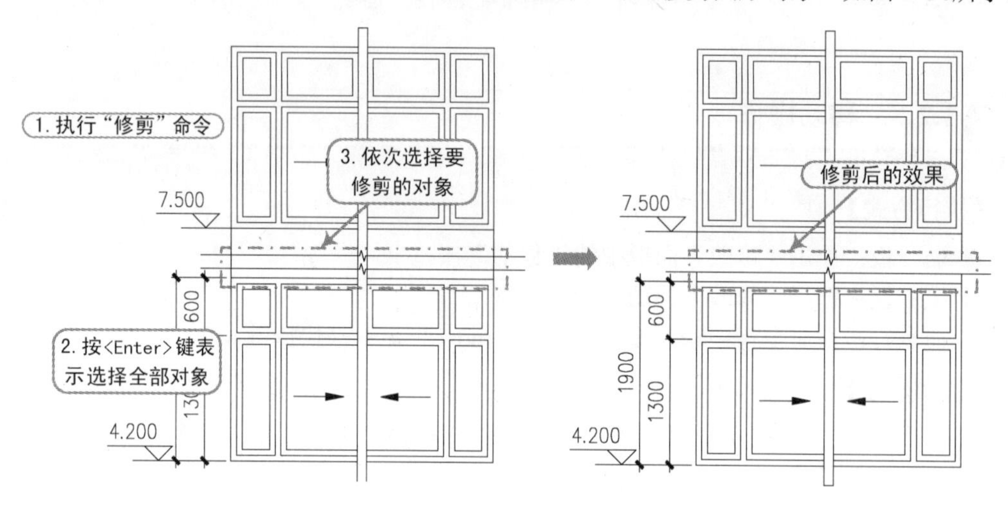

图 1-36　修剪对象

【选项说明】

1）选择对象时，如果按住〈Shift〉键，系统会自动将“修剪”命令转换成“延伸”命令。

2）选择“栏选”选项时，系统以栏选的方式选择被修剪对象，如图 1-37所示。

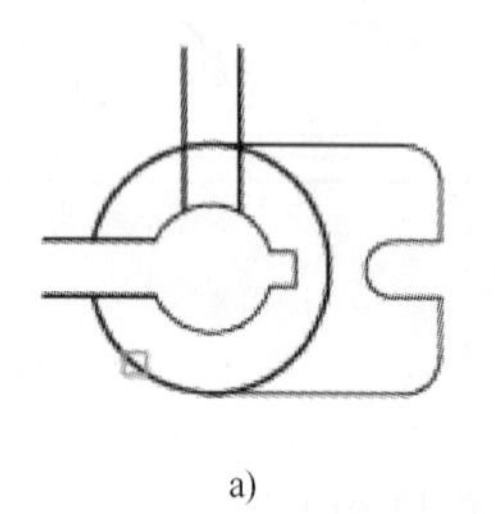

a)

b)

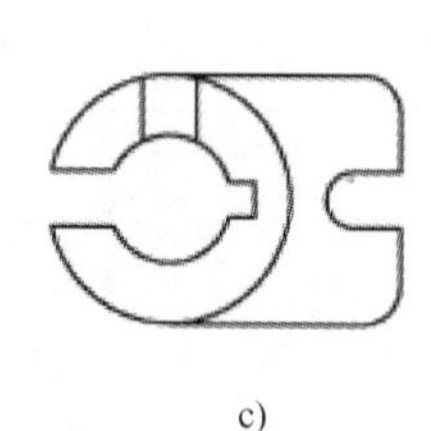

c)

图 1-37　以栏选方式选择修剪对象

a) 选择剪切边　b) 选择要修剪的对象　c) 修剪结果

3）选择“窗交”选项时，系统以窗选的方式选择被修剪对象，如图 1-38所示。

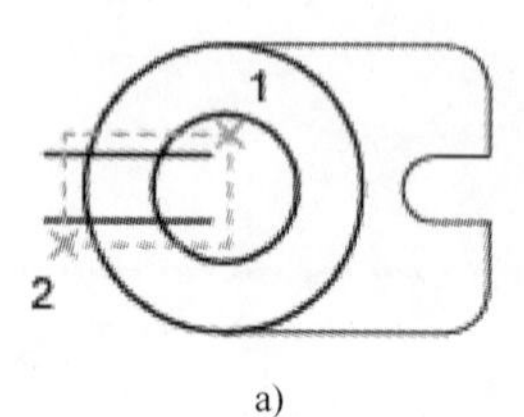

a)

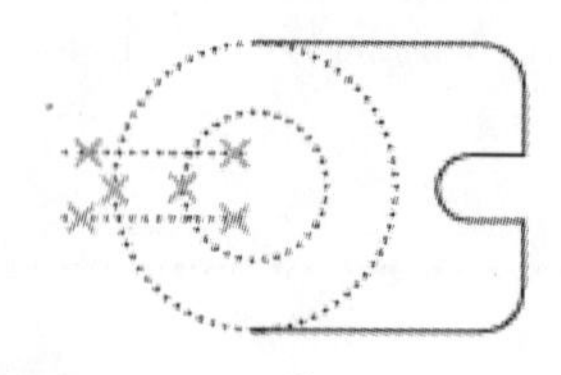

b)

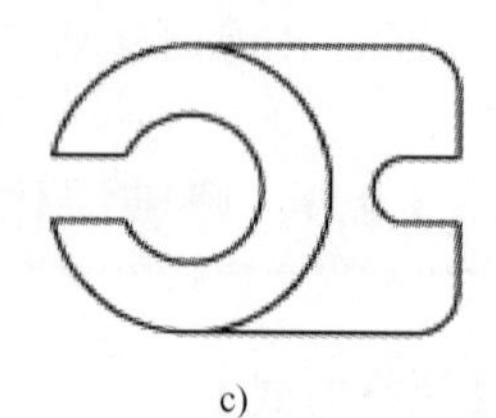

c)

图 1-38　以窗选方式选择修剪对象

a) 选择剪切边　b) 选择要修剪的对象　c) 修剪结果

4）被选择的对象可以互为边界和被修剪对象，此时系统会在选择的对象中自动判断边界。

1.2.10 删除操作

【执行方式】

■ 面　板：单击“修改”面板中的“删除”按钮。
■ 菜单栏：选择“修改 | 删除”命令。
■ 命令行：在命令行中输入或动态输入“erase”命令（快捷键 E）。

【操作步骤】

```
命令：ERASE↙
选择对象:
```

在“选择对象”下，使用一种选择方法选择要删除的对象或输入选项：

■ 输入“L”（上一个），删除绘制的上一个对象。
■ 输入“p”（上一个），删除上一个选择集。
■ 输入“all”，从图形中删除所有对象。
■ 输入“?”，查看所有选择方法列表。

【选项说明】

可以通过多种方法从图形中删除对象并清除显示。

1）删除未使用的定义、样式和对象：可以使用 PURGE 删除未使用的命名对象和未命名对象。可以清除的某些未命名对象包括块定义、标注样式、图层、线型和文字样式。通过 PURGE，还可以删除零长度几何图形和空文字对象。

2）删除重复对象：可以使用OVERKILL删除这些对象类型中重复的和重叠的直线、圆弧、多段线和线段。设置公差值，并指定在比较可疑重复对象时是否执行或忽略对象特性（例如，图层、颜色或打印样式）。OVERKILL 还提供了一种方法用来合并对象。

3）清除显示：使用 REGEN 或 REGENALL 命令可以删除执行某些编辑操作后遗留在显示区域中的零散像素。

1.2.11 偏移操作

【执行方式】

■ 面　板：单击“修改”面板中的“偏移”按钮。
■ 菜单栏：选择“修改 | 偏移”命令。
■ 命令行：在命令行中输入或动态输入“offset”命令（快捷键 O）。

【操作步骤】

启动“偏移”命令之后，根据命令行提示进行操作，即可进行偏移图形对象的操作。其偏移的图形效果如图 1-39所示。

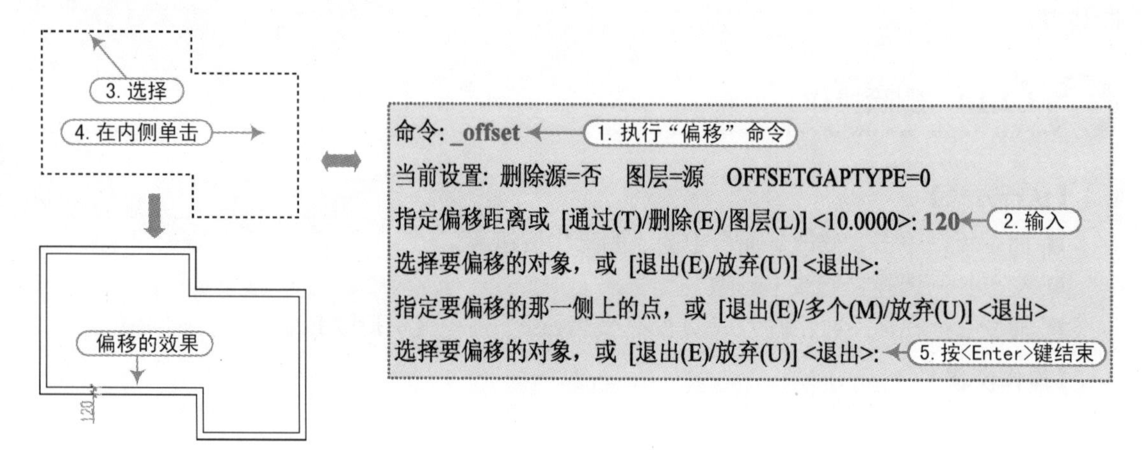

图 1-39　偏移对象

【选项说明】

1）指定偏移距离：输入一个距离值，或按〈Enter〉键或空格键使用当前的距离值，系统把该距离值作为偏移距离。

2）通过（T）：指定偏移的通过点。选择该选项，命令行中的提示与操作如下。

选择要偏移的对象，或 [退出(E)/放弃(U)] <退出>:	\\选择要偏移的对象，按〈Enter〉键或空格键结束选择。
指定通过点或 [退出(E)/多个(M)/放弃(U)] <退出>:	\\指定偏移对象的一个通过点。

操作完毕后，系统根据指定的通过点生成偏移对象。

3）删除（E）：偏移源对象后将其删除。

4）图层（L）：确定将偏移对象创建在当前图层上还是源对象所在的图层上。这样就可以在不同图层上偏移对象。如果偏移对象的图层选择为当前层，则偏移对象的图层特性与当前图层相同。

5）多个（M）：使用当前偏移距离重复进行偏移操作，并接受附加的通过点。

1.2.12　复制操作

【执行方式】

- 面　板：单击“修改”面板中的“复制”按钮。
- 菜单栏：选择“修改 | 复制”命令。
- 命令行：在命令行中输入或动态输入“copy”命令（快捷键 C）。

【操作步骤】

执行“复制”命令之后，根据命令行提示选择复制的对象，并选择复制基点和指定目标点（或输入复制的距离值），即可将选择的对象复制到指定的位置，如图 1-40所示。

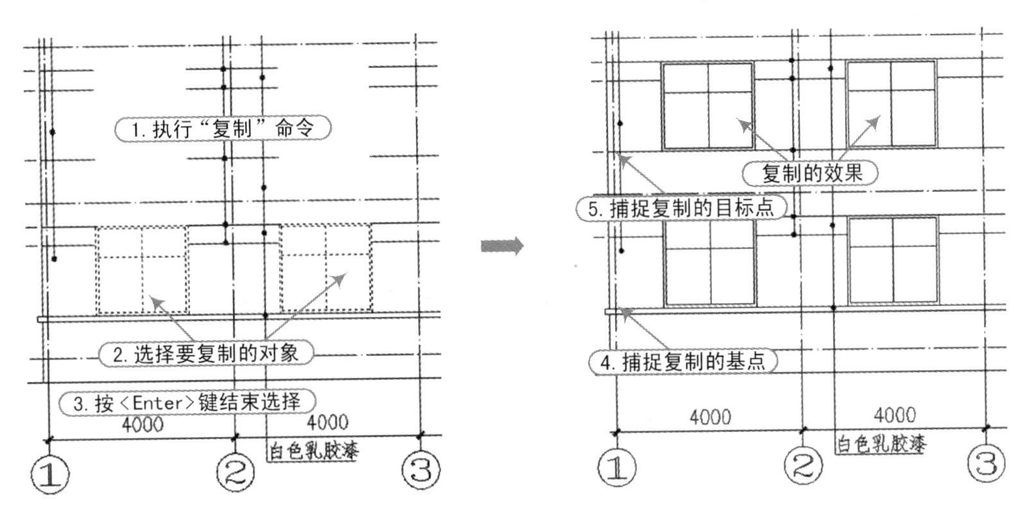

图 1-40　复制对象

【选项说明】

新版本的 AutoCAD 中的"复制"命令（CO），提供了"阵列(A)"和"模式(O)"选项。

1）阵列(A)，可以按照指定的距离一次性复制多个对象，如图 1-41所示；若选择"布满(F)"项，则在指定的距离内布置多个对象，如图 1-42所示。

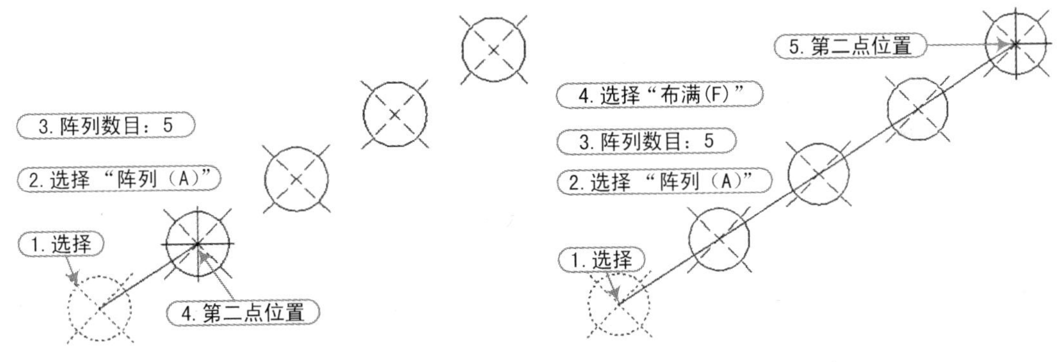

图 1-41　第二点形式　　　　图 1-42　布满形式

2）若选择"模式（O）"，则显示当前的两种复制模式，即"单个（S）"和"多个（M）"。"单个（S）"复制模式表示只能进行一次复制操作，而"多个（M）"复制模式表示可以进行多次复制操作。

1.2.13　镜像操作

【执行方式】

- 面　板：单击"修改"面板中的"镜像"按钮。
- 菜单栏：选择"修改 | 镜像"命令。
- 命令行：在命令行中输入或动态输入"mirror"命令（快捷键 MI）。

【操作步骤】

执行“镜像”命令之后，根据命令行提示选择镜像的对象，并选择镜像线的第一、第二点，然后确定是否删除源对象，如图 1-43所示。

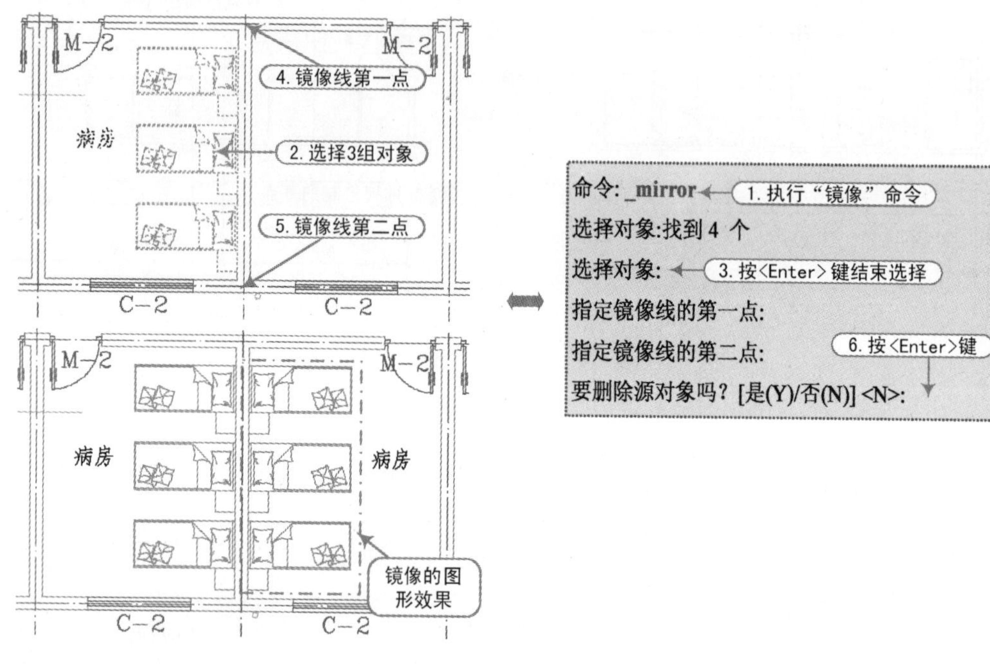

图 1-43　镜像对象

提示

镜像线由用户确定的两点决定，该线不一定要真实存在，且镜像线可以为任意角度的直线。另外，当对文字对象进行镜像时，其镜像结果由系统变量 MIRRTEXT 控制。当 MIRRTEXT=0 时，文字只是位置发生了镜像，但不产生颠倒；当 MIRRTEXT=1 时，文字不但位置发生镜像，而且产生颠倒，变为不可读的形式，如图 1-44所示。

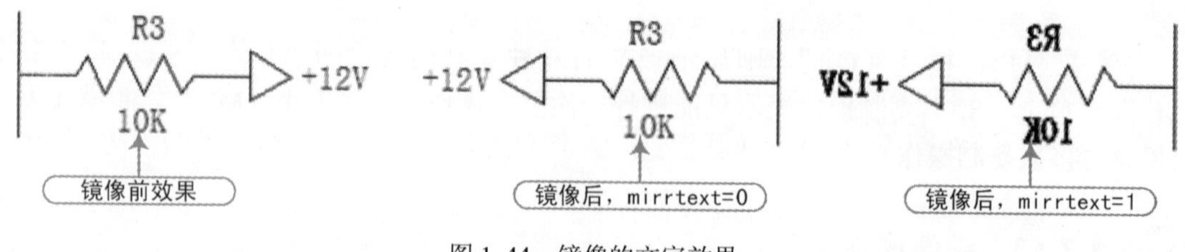

图 1-44　镜像的文字效果

1.2.14　旋转操作

【执行方式】

■ 面　板：单击“修改”面板中的“旋转”按钮。

■ 菜单栏：选择“修改 | 旋转”命令。
■ 命令行：在命令行中输入或动态输入“rotate”命令（快捷键 RO）。

【操作步骤】

执行“旋转”命令之后，根据提示进行操作，即可进行旋转图形对象操作，如图 1-45 所示。

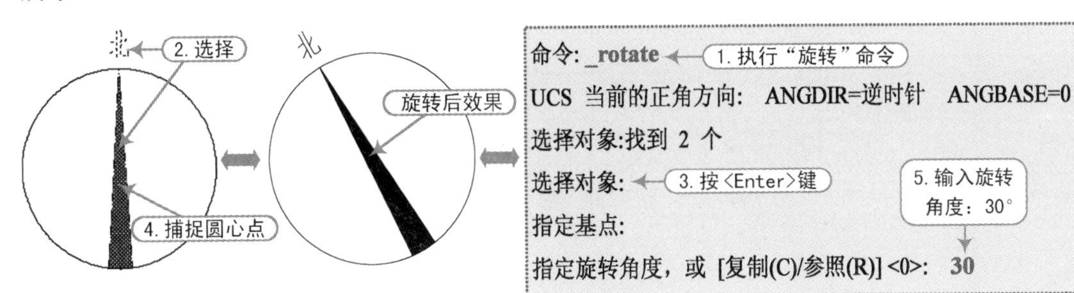

图 1-45 旋转对象

【选项说明】

在确定旋转的角度时，可通过输入角度值、通过光标进行拖动或指定参照角度进行旋转和复制旋转操作。

1）输入角度值：输入角度值（0° ～360° ），还可以按弧度、百分度或勘测方向输入值。一般情况下，若输入正角度值，表示按逆时针方向旋转对象；若输入负角度值，表示按顺时针方向旋转对象。

2）通过拖动旋转对象：绕基点拖动对象并指定第二点。有时为了更加精确地通过拖动鼠标操作来旋转对象，可以按切换到正交、极轴追踪或对象捕捉模式进行操作。

3）复制旋转：当选择“复制（C）”选项时，可以将选择的对象进行复制性的旋转操作。

4）指定参照角度：当选择“参照（R）”选项时，可以指定某一方向作为起始参照角度，然后选择一个对象以指定原对象将要旋转到的位置，或输入新角度值来指定要旋转到的位置。

1.2.15 缩放操作

【执行方式】

■ 面　板：单击“修改”面板中的“缩放”按钮。
■ 菜单栏：选择“修改 | 缩放”命令。
■ 命令行：在命令行中输入或动态输入“scale”命令（快捷键 SC）。

【操作步骤】

例如，要将宽度为 800 的门缩放到 1000，用户可按照如图 1-46所示进行缩放操作。

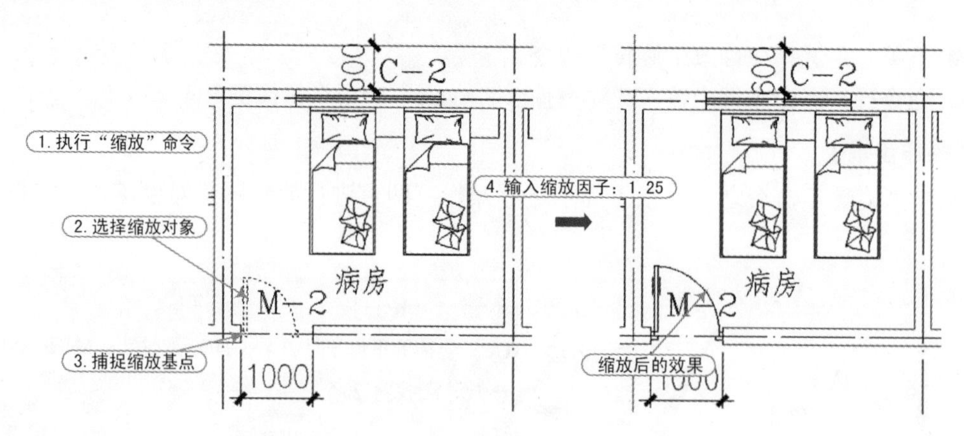

图 1-46　缩放对象

1.2.16　拉伸操作

【执行方式】

- 菜单栏：选择“修改 | 拉伸”命令。
- 工具栏：在“修改”工具栏上单击“拉伸”按钮。
- 命令行：在命令行中输入或动态输入“stretch”命令（快捷键 S）。

【操作步骤】

例如，要将 C—1 窗下半部分的高度拉伸至 1400，用户可按照如图 1-47所示进行拉伸操作。

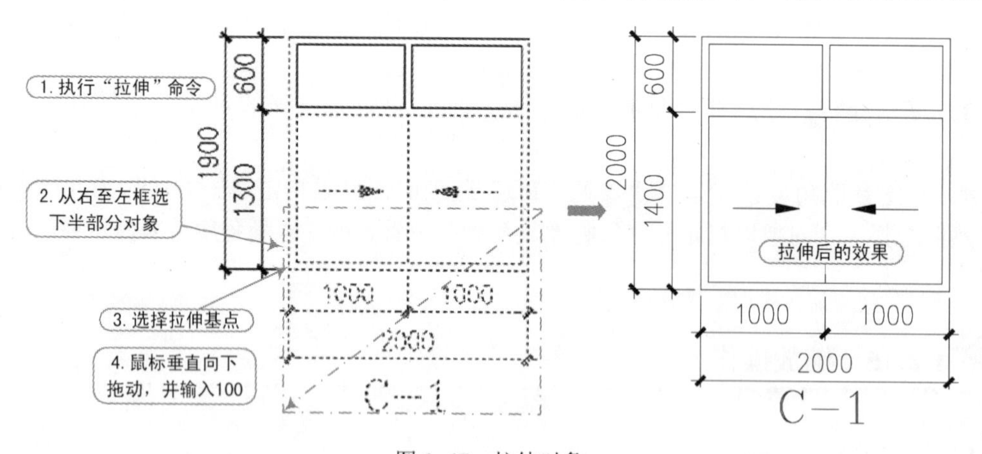

图 1-47　拉伸对象

提示

通过拉伸对象的操作，可以非常方便、快捷地修改图形对象。例如，当绘制了一个（2000 × 1000）的矩形时，要修改这个矩形的高度为 1500，用户可以使用“拉伸”命令来进行操作。首先执行“拉伸”命令，再使用鼠标从左至右框选矩形的上半部分，再指定左上角点作为拉伸基点，然后输入拉伸的距离为 500，从而将（2000 × 1000）的矩形快速修改为（2000 × 1500）的矩形，如图 1-48所示。

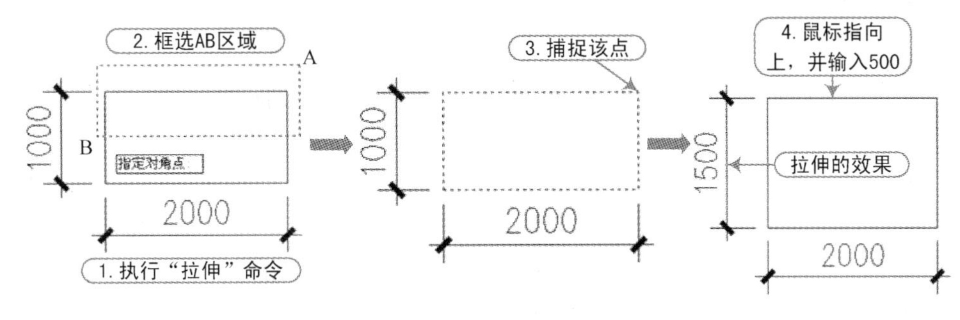

图 1-48 拉伸对象

1.2.17 倒角操作

【执行方式】

■ 面 板：在“修改”面板中单击“倒角”按钮。

■ 菜单栏：选择“修改 | 倒角”命令。

■ 命令行：在命令行中输入或动态输入“Chamfer”命令（快捷键 CHA）。

【操作步骤】

执行“倒角”命令后，首先显示当前的修剪模式及倒角 1、2 的距离值，用户可以根据需要来进行设置，再根据提示选择第一个、第二个需要倒角的对象后按〈Enter〉键，即可按照所设置的模式和倒角 1、2 的值进行倒角操作，如图 1-49所示。

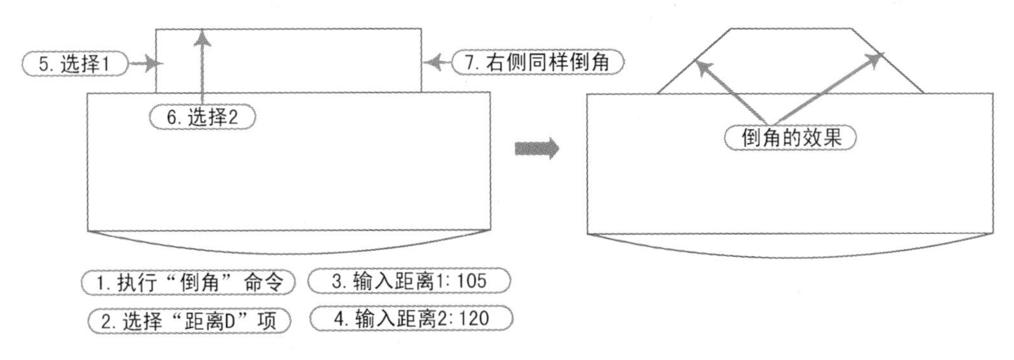

图 1-49 倒角操作

【选项说明】

```
命令: _chamfer
(“不修剪”模式) 当前倒角距离 1 = 10.0000，距离 2 = 10.0000
选择第一条直线或 [放弃(U)/多段线(P)/距离(D)/角度(A)/修剪(T)/方式(E)/多个(M)]:
```

1）选择第一条直线：该选项是系统的默认选项。选择该选项，直接在绘图窗口选取要进行倒角的第一条直线，系统继续提示“选择第二条直线，或按住〈Shift〉键选择要应用角点的直线:”，在该提示下，选取要进行倒角的第二条直线，系统将会按照当前的倒角模式对选取的两条直线进行倒角。

提示

如果按住〈Shift〉键选择直线或多段线，它们的长度将调整以适应倒角，并用 0 值替代当前的倒角距离。

2）放弃(U)：该选项用于恢复在命令执行中的上一个操作。

3）多段线(P)：该选项用于对整条多段线的各顶点处（交角）进行倒角。选择该选项，系统继续提示“选择二维多段线：”，在该提示下，选择要进行倒角的多段线，选择结束后，系统将在多段线的各顶点处进行倒角。

提示

“多段线(P)”选项也适用于矩形和正多边形。在对封闭多边形进行倒角时，采用不同方法画出的封闭多边形的倒角结果不同。若画多段线时用“闭合(C)”选项进行封闭，系统将在每一个顶点处倒角；若封闭多边形是使用点的捕捉功能画出的，系统则认为封闭处是断点，所以不进行倒角。

4）距离(D)：该选项用于设置倒角的距离。选择该选项，输入“D”并按〈Enter〉键后，系统继续提示“指定第一个倒角距离 <0.0000>：”，在该提示下，输入沿第一条直线方向上的倒角距离并按〈Enter〉键，系统继续提示“指定第二个倒角距离<5.0000>：”，在该提示下，输入沿第二条直线方向上的倒角距离并按〈Enter〉键，系统返回提示。

5）角度(A)：该选项用于根据第一个倒角距离和角度来设置倒角尺寸。选择该选项，系统继续提示“指定第一条直线的倒角长度<0.0000>：”，在该提示下，输入第一条直线的倒角距离后按〈Enter〉键，系统继续提示“指定第一条直线的倒角角度<0>：”，在该提示下，输入倒角边与第一条直线间的夹角后按〈Enter〉键，系统返回提示。

6）修剪(T)：该选项用于设置进行倒角时是否对相应的被倒角边进行修剪。选择该选项，系统继续提示“输入修剪模式选项[修剪(T)/不修剪(N)]<修剪>：”。选择“修剪(T)”选项，在倒角的同时对被倒角边进行修剪；选择“不修剪(N)”选项，在倒角时不对被倒角边进行修剪。

7）方式(E)：该选项用于设置倒角方法。选择该选项，系统继续提示“输入修剪方法[距离(D)/角度(A)] <角度>：”，前面对上述提示中的各选项已作过介绍，在此不再重述。

8）多个(M)：该选项用于对多个对象进行倒角。选择该选项，进行倒角操作后，系统将反复提示。

1.2.18 圆角操作

【执行方式】

- 面　板：在“修改”面板中单击“圆角”按钮。
- 菜单栏：选择“修改 | 圆角”命令。
- 命令行：在命令行中输入或动态输入“Fillet”命令（快捷键 F）。

【操作步骤】

执行“圆角”命令后，首先显示当前的修剪模式及圆角的半径值，用户可以事先根据需要来进行设置，再根据提示选择第一个、第二个对象后按〈Enter〉键，即可按照所设置的模式和半径值进行圆角操作，如图 1-50所示。

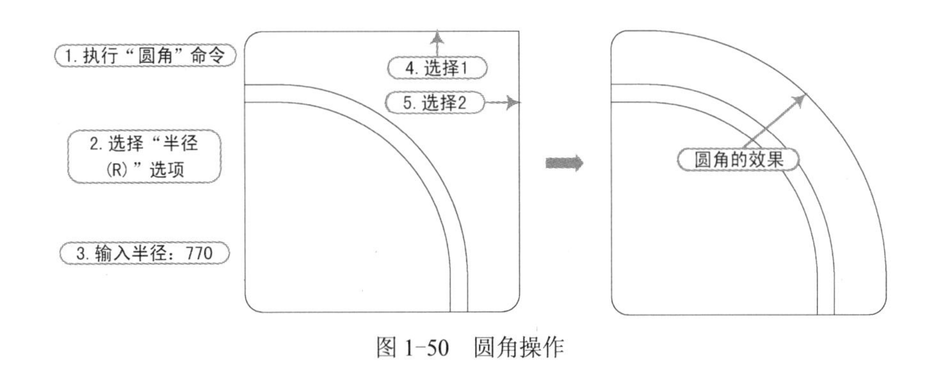

图 1-50　圆角操作

【选项说明】

执行"圆角"命令后，系统将显示如下提示：

```
命令: _fillet
当前设置: 模式 = 修剪，半径 = 0
选择第一个对象或 [放弃(U)/多段线(P)/半径(R)/修剪(T)/多个(M)]:
```

各选项的含义如下。

1）选择第一个对象：选项是系统的默认选项。选择该选项，直接在绘图窗口选取要用圆角连接的第一图形对象，系统继续提示"选择第二个对象，或按住〈Shift〉键选择要应用角点的对象:"，在该提示下，选取要用圆角连接的第二个图形对象，系统会按照当前的圆角半径将选取的两个图形对象用圆角连接起来。

提示

> 如果按住〈Shift〉键选择直线或多段线，它们的长度将调整以适应圆角，并用 0 值替代当前的圆角半径。

2）放弃(U)：该选项用于恢复在命令执行中的上一个操作。

3）多段线(P)：该选项用于对整条多段线的各顶点处（交角）进行圆角连接。该选项的操作过程与"倒角"命令的同名选项相同，在此不再重述。

4）半径(R)：该选项用于设置圆角半径。选择该选项，输入"R"并按〈Enter〉键，系统继续提示"指定圆角半径<0.0000>:"，在该提示下，输入新的圆角半径并按〈Enter〉键，系统返回提示"选择第一个对象或[放弃(U)/多段线(P)/半径(R)/修剪(T)/多个(M)]:"。

5）修剪(T)：该选项的含义和操作与"倒角"命令的同名选项相似，在此不再重述。如图 1-51所示为在执行"圆角"命令时修剪模式和不修剪模式的结果对比。

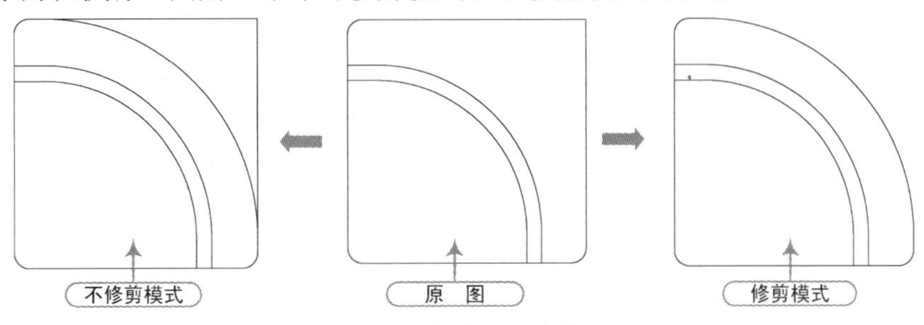

图 1-51　圆角的修剪与不修剪效果对比

6）多个(M)：该选项用于对图形对象的多处进行圆角连接。

提示

当出现按照用户的设置不能用圆角进行连接的情况时（例如圆角半径太大或太小），系统将在命令行给出信息提示。在修剪模式下对相交的两个图形对象进行圆角连接时，两个图形对象的保留部分将是拾取点的一边；当选取的是两条平行线时，系统会自动将圆角半径定义为两条平行线间距离的一半，并将这两条平行线用圆角连接起来，如图 1-52所示。

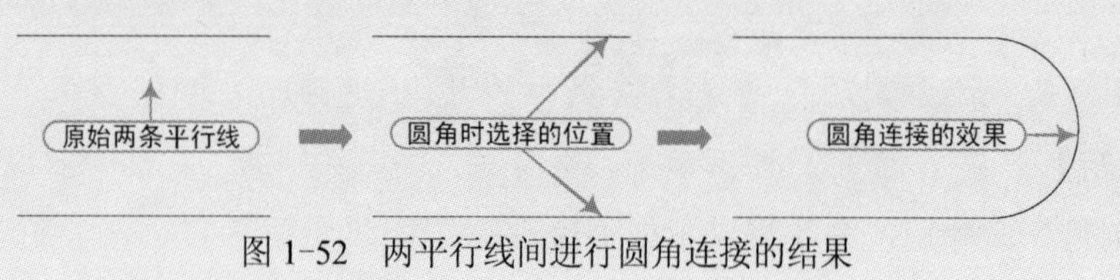

图 1-52　两平行线间进行圆角连接的结果

1.3　AutoCAD 绘制办公楼平面图的实例

视频\01\AutoCAD绘制办公楼平面图的实例.avi
案例\01\办公楼一层平面图.dwg

通过对 AutoCAD 软件的基础知识的掌握，和一些常用绘图和编辑命令的学习，在本节中通过某办公楼的一层建筑平面图的绘制，让用户通过使用 AutoCAD 软件来学习绘制建筑平面图的方法和技巧。

1.3.1　建筑平面图文件的创建

用户在绘制建筑平面图之前，首先就是对其进行文件的创建，以及进行绘图环境的设置，包括设置绘图区域和界限、规划图层、设置文字和标注样式等。但考虑篇幅有限，以及本书是以 TArch 天正软件为主，所以在此就不具体讲解绘图环境的创建方法了，而是直接调用事先准备好的样板文件来进行创建。

1）启动 AutoCAD 2014 软件，在快速访问工具栏中单击“打开”按钮，将弹出“选择文件”对话框，按照如图 1-53所示步骤将“案例\01\建筑样板.dwt”文件打开。

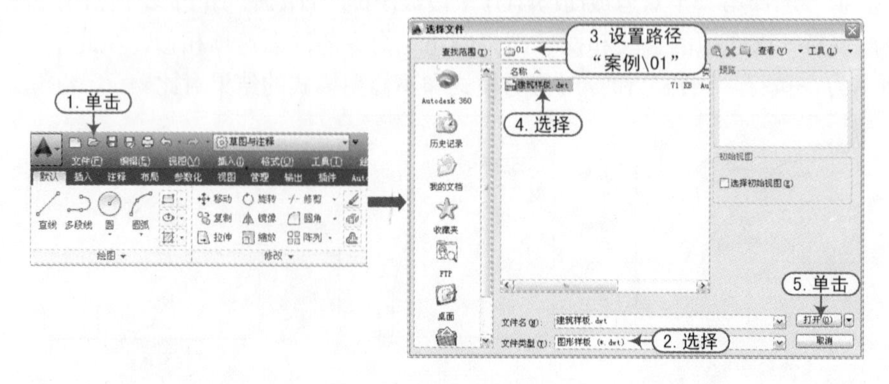

图 1-53　打开的样板文件

2）在快速访问工具栏中单击“另存为”按钮，将弹出“图形另存为”对话框，按照如图 1-54所示步骤将其另存为“案例\01\办公楼一层平面图.dwg”文件。

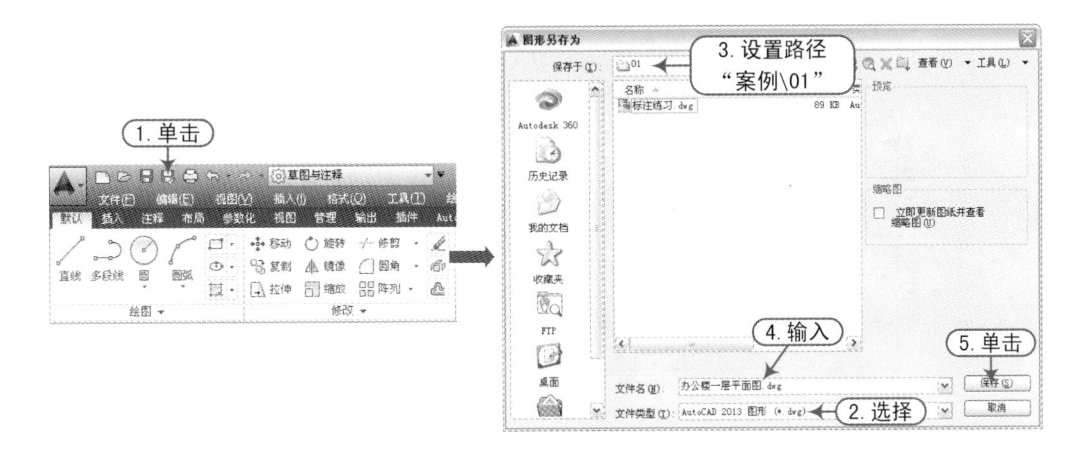

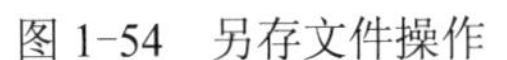
图 1-54　另存文件操作

3）按〈Ctrl+2〉组合键打开“设计中心”面板，即可看到已经创建好了的图层、文字样式、标注样式和图块等，如图 1-55所示。

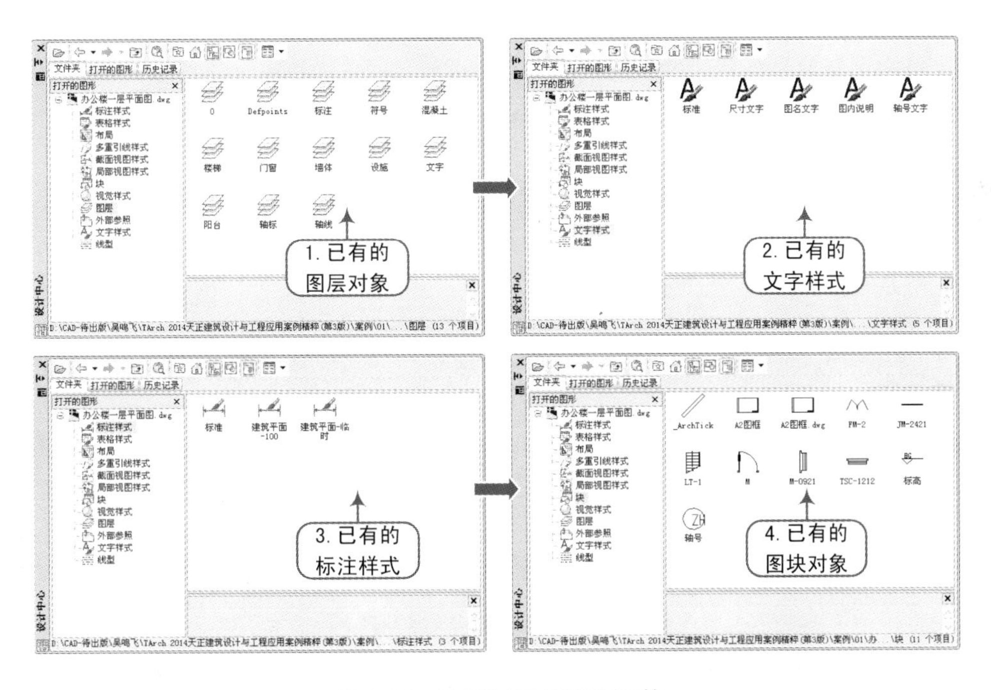

图 1-55　已经设置好的绘图环境

1.3.2　绘制轴线、墙体和柱子

根据办公楼施工图的要求，有 6 条纵向轴线，开间间距均为 6000；4 条横向轴线，横向间距为 3100、7000、5000。外墙为 180、内墙为 120，柱子尺寸为 400×500。

1）将“轴线”图层置为当前图层；执行“构造线”命令（XL），分别绘制水平和垂直的两条构造线；再执行“偏移”命令（O），将水平构造线向上偏移 3100、7000、5000，将垂直构造线向右均偏移 6000，偏移的次数为 5 次，如图 1-56所示。

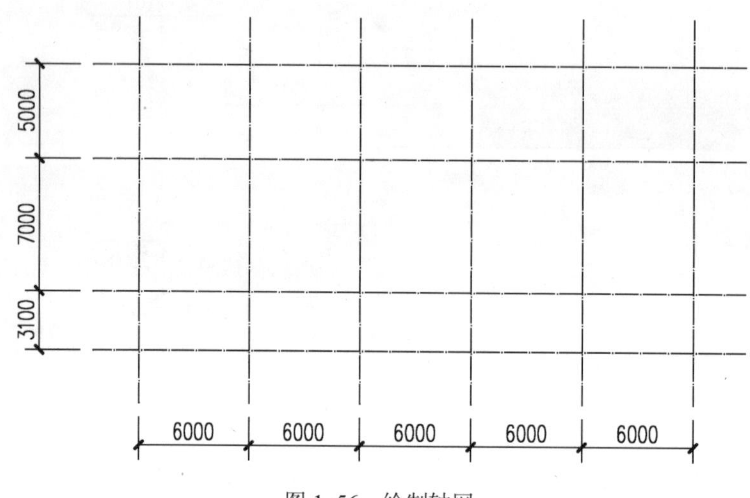

图 1-56　绘制轴网

2）将“墙体”图层置为当前图层；执行“格式｜多线样式”命令，弹出“多线样式”对话框，单击“新建”按钮，输入样式名为“180Q”，再单击“继续”按钮，再修改图元的偏移量分别为 90 和-90，然后依次单击“确定”按钮，如图 1-57所示。

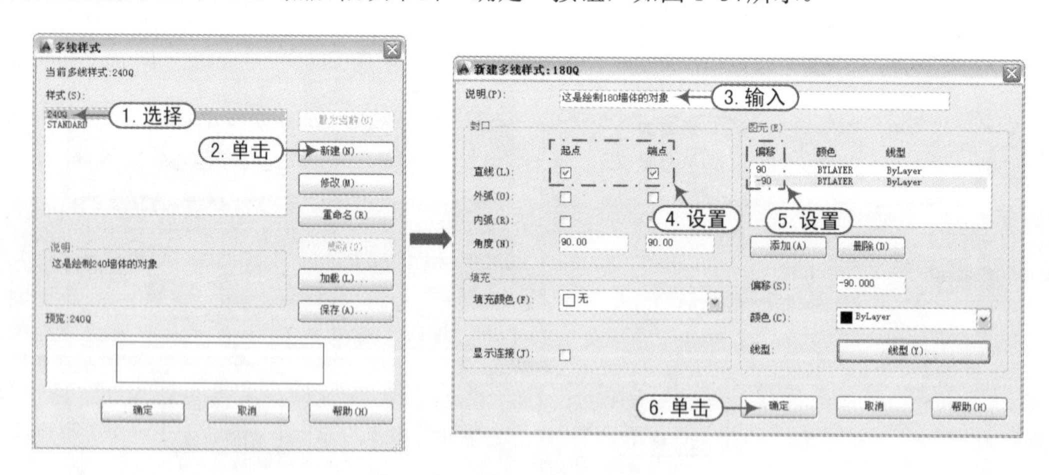

图 1-57　新建“180Q”多线样式

3）同样，按照上一步的方法新建“120Q”多线样式。

4）执行“多线”命令（ML），按照“当前设置：对正 = 上，比例 = 1.00，样式 = 180Q”进行设置，依次捕捉轴网的交点（1 和 2）、（2 和 3）、（3 和 4）、（4 和 5）、（5 和 1），然后按〈Esc〉键结束绘制。

5）执行“移动”命令（M），将由交点（3 和 4）所绘制的水平墙体垂直向下移动 180，将由交点（5 和 1）所绘制的水平墙体垂直向上移动 250，如图 1-58所示。

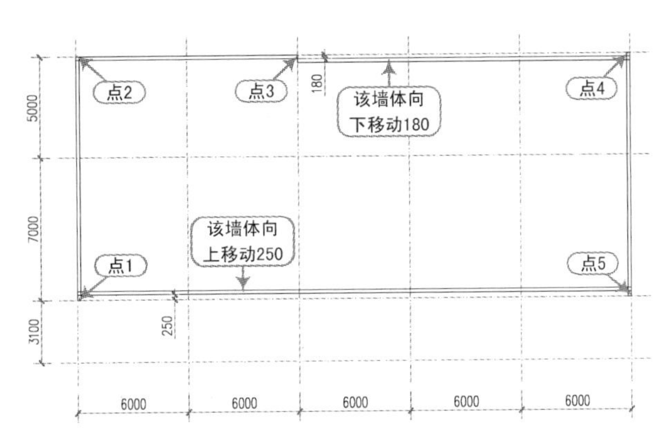

图 1-58 移动墙体

6）同样，执行“多线”命令（ML），按照“当前设置: 对正 = 无，比例 = 1.00，样式 = 180Q”进行设置，依次捕捉轴网的交点（6 和 7）、（8 和 9），从而绘制这两段 180 墙体，如图 1-59所示。

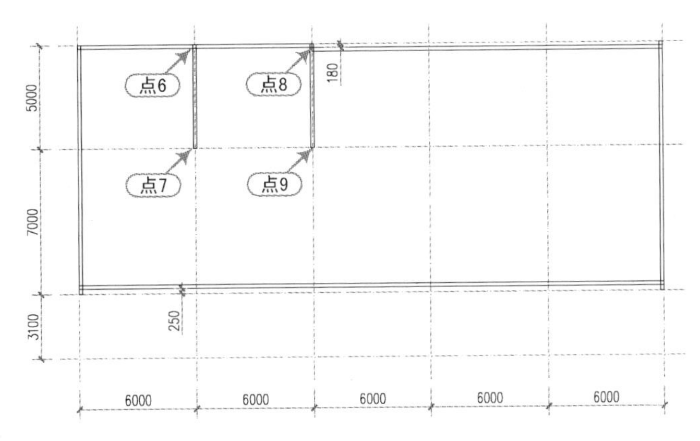

图 1-59 绘制的垂直墙体

7）执行“偏移”命令（M），按照如图 1-60所示的尺寸对其轴线进行偏移，并将多余的轴线进行修剪操作。

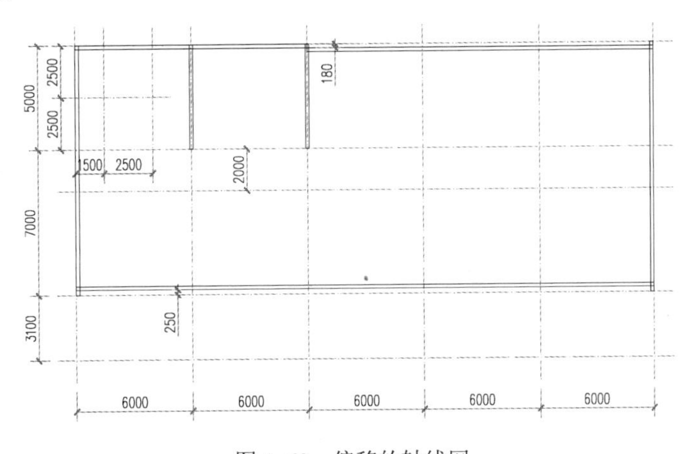

图 1-60 偏移的轴线网

8）执行“多线”命令（ML），按照“当前设置：对正 = 无，比例 = 1.00，样式 = 120Q”进行设置，然后捕捉相应的轴网交点来绘制120墙体，如图1-61所示。

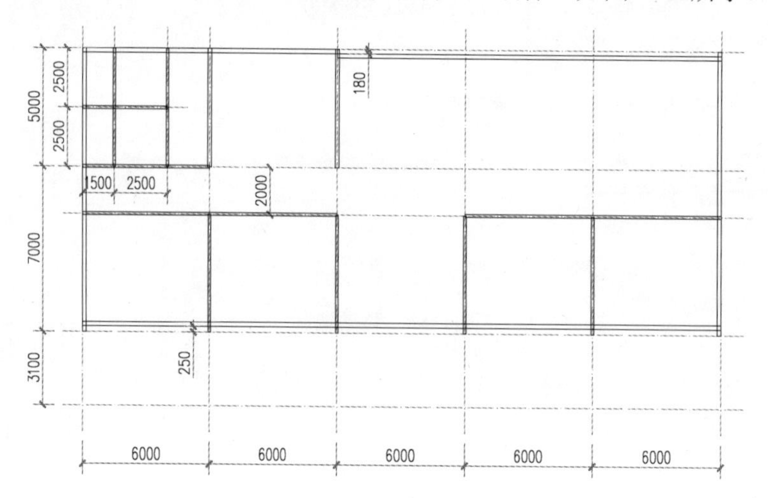

图1-61 绘制的120墙体

9）使用鼠标双击所绘制的多线对象，将弹出“多线编辑工具”对话框，分别使用“T形打开”、“角点结合”和“十字打开”工具对图形中的多线进行编辑操作，如图1-62所示。

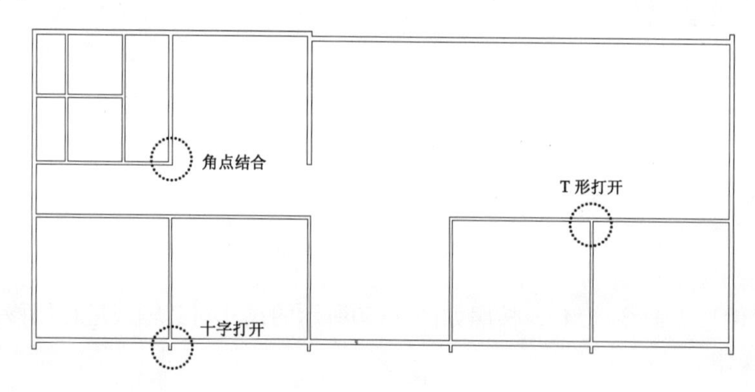

图1-62 编辑的墙体

提示

为了更好地观察所编辑的墙体效果，用户可将不需要的图层暂时隐藏关闭，只显示出“墙体”图层。

10）从当前的图层列表中可以看出，并没有“柱子”图层，这时用户可通过边绘制边创建图层的方式来完善图层的规划。执行“图层”命令(LA)，新建“柱子”图层，设置颜色为“洋红”，并设置为当前图层。

11）执行“矩形”命令，绘制400×500和450×450的两矩形对象；再执行“图案填充”命令（H），分别对其矩形填充“SOLID”图案，使之形成柱子；再执行“移动”或“复

制”命令，将其柱子对象“安装”在相应的轴线交点位置，如图 1-63所示。

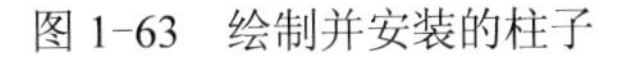

图 1-63 绘制并安装的柱子

12）执行“直线”命令（L），分别在相应的墙体位置绘制直线段；再执行“图案填充”命令（H），对其进行图案填充，使之形成 250 的混凝土柱子；同样，在下侧中间位置绘制直径为 400 的圆形柱子，如图 1-64所示。

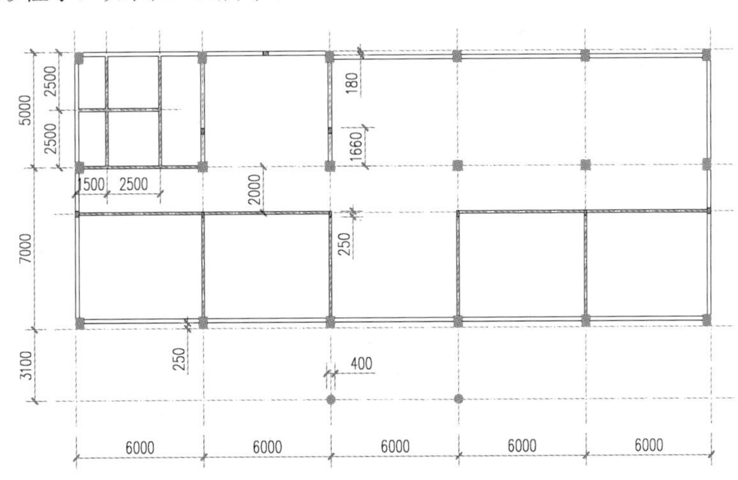

图 1-64 绘制的 250 混凝土柱及圆形柱

1.3.3 开启门窗洞口

一层平面图中，在其他墙上安装有 C1 窗（4000×2000）、C3 窗（1500×1200）、C4 窗（600×1400）、C5 窗（1400×11200）、C6 窗（1400×13100）和 C11 窗（1500×2000）；以及安装相应的 M1 转门（2000×3000）、M2 门（1200×2500）、M3 门（900×2500）、M4 门（800×2100）、M5 门（700×2000）、

1）执行“偏移”命令（O），将垂直轴线分别向左、右各偏移 1000；再执行“修剪”命令（TR），将其多余的墙体进行修剪，从而开启窗（C1）和转门（M1）洞口，如图 1-65所示。

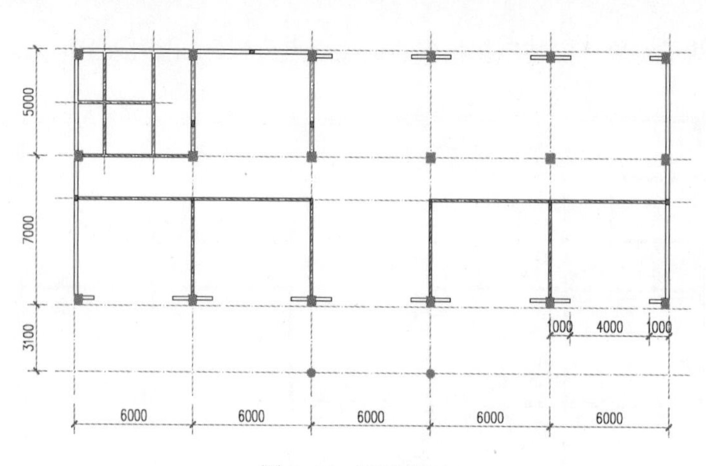

图 1-65　开启洞口

2）按照同样的方法来开启其他窗洞口，如图 1-66所示。

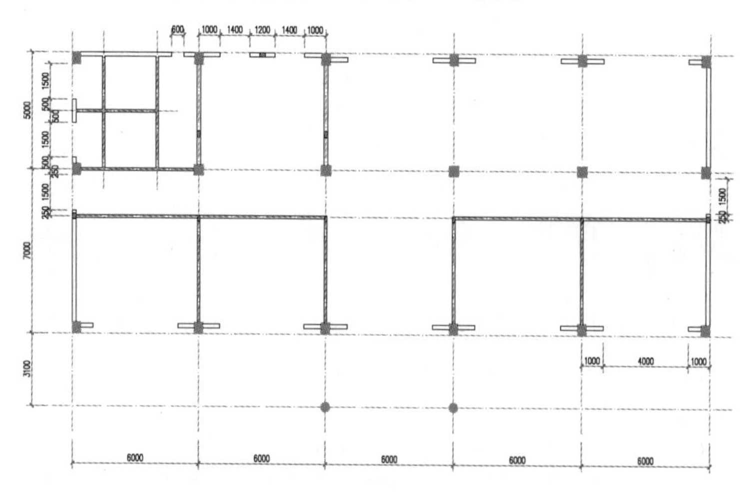

图 1-66　开启其他窗洞口

3）将“墙体”图层置为当前图层，再按照图形的要求对其卫生间绘制 120 墙体，如图 1-67所示。

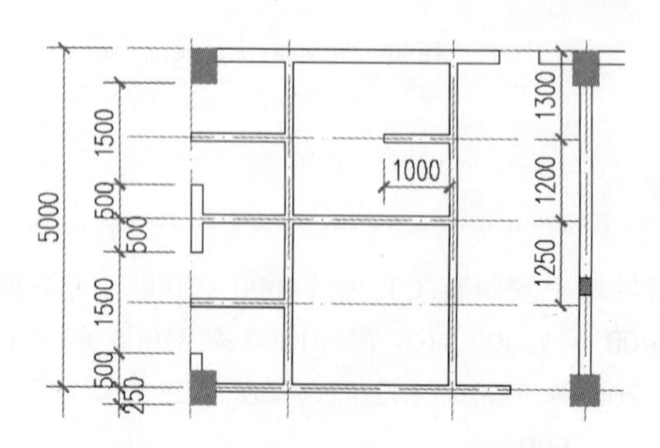

图 1-67　绘制卫生间的 120 墙体

4）同样，再按照要求对其开启门洞口，如图 1-68所示。

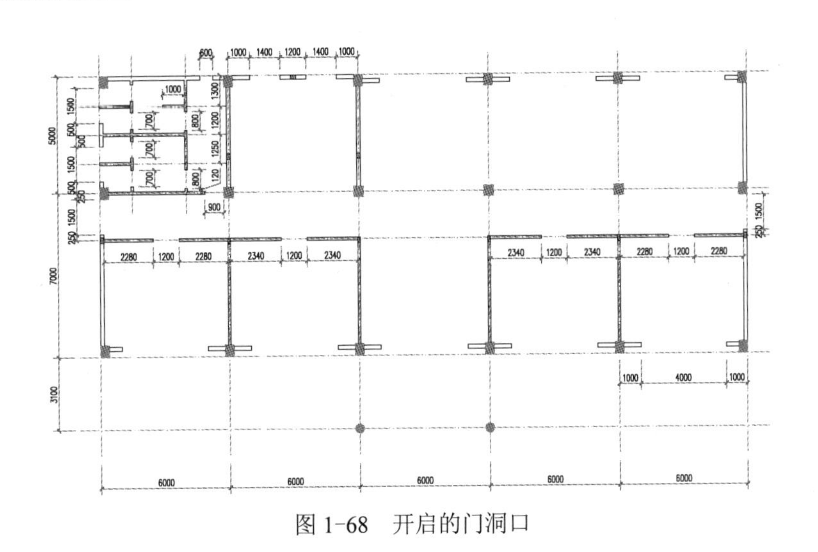

图 1-68 开启的门洞口

1.3.4 安装门窗对象

用户开启门窗洞口后，应分别绘制相应的门、窗对象，然后将其安装在相应的位置。

> 用户在绘制平面窗时，可以使用多线（4线）的方式来绘制相应长度的平面窗效果。

1）执行“格式｜多线样式”命令，新建“180C”多线样式，多线总的宽度为 180，其图元的偏移量分别为 90、45、-45 和-90，如图 1-69所示。

2）将“门窗”图层置为当前图层，执行“多线”命令，选择“180C”多线样式，设置对正方式为“无（Z）”，然后分别捕捉相应的中点来绘制相应的平面窗效果，如图 1-70 所示。

图 1-69 新建“180C”多线样式

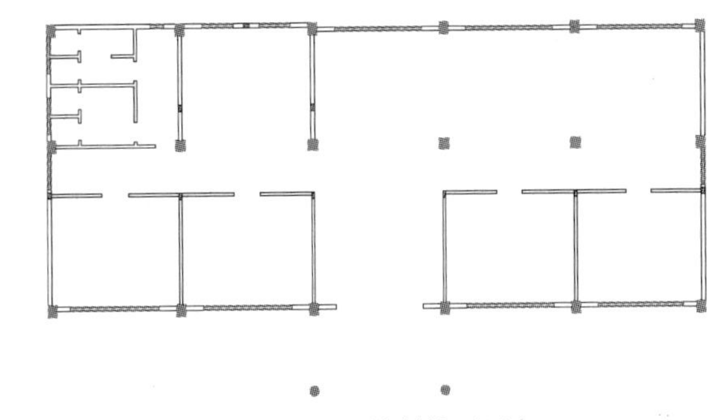

图 1-70 绘制的平面窗

3）将“0”图层置为当前图层，使用“直线”“圆”“修剪”等命令，按照如图 1-71所示来绘制转门 M1，然后将其保存为图块“案例\01\M1.dwg”。

4）同样，再按照如图 1-72所示来绘制标准的平开门（以 1000 的宽度来绘制标准门），然后将其保存为图块“案例\01\M.dwg”。

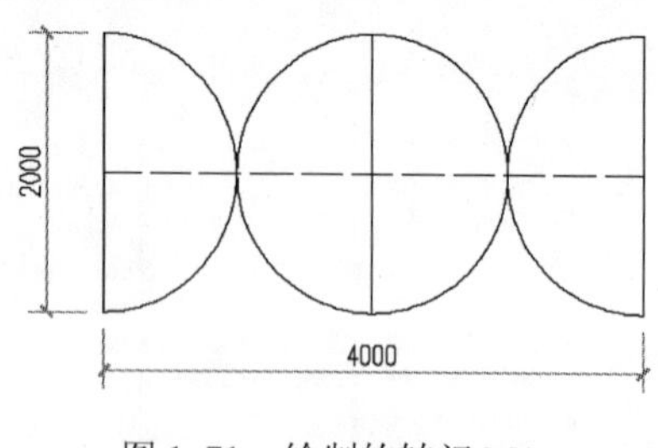

图 1-71　绘制的转门 M1

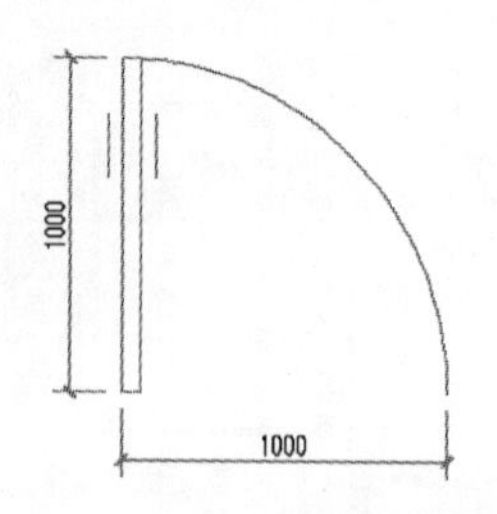

图 1-72　绘制的门 M

5）将“门窗”图层置为当前图层，执行“插入块”命令（I），分别将前面所创建的转门“M1”和标准门“M”图块插入到当前平面图形门洞口的相应位置，并对其门洞口的尺寸要求进行比例缩放，如图 1-73所示。

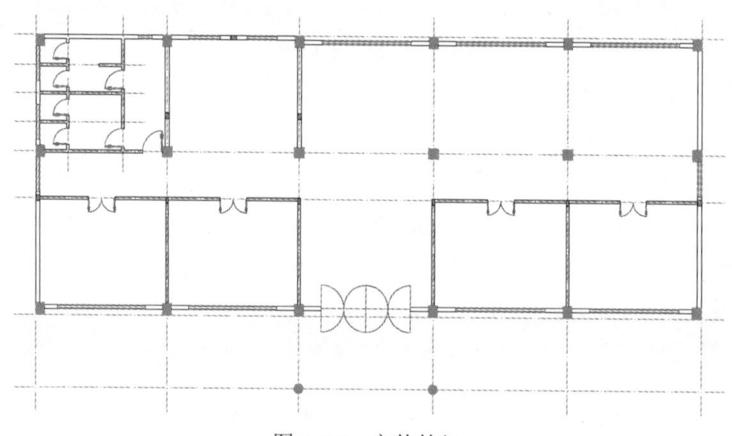

图 1-73　安装的门

1.3.5　绘制并安装楼梯对象

根据图形的需要，在 2、3 号轴线墙体的上侧安装有旋转楼梯，其旋转楼梯的宽度为两墙体的距离，即 5820，在一层平面图的旋转楼梯起步位置，还有一段直跑楼梯，其长度为 1800。

1）将“0”图层置为当前图层，使用“圆”“直线”“阵列”“修剪”等命令，绘制如图 1-74所示的旋转楼梯对象。

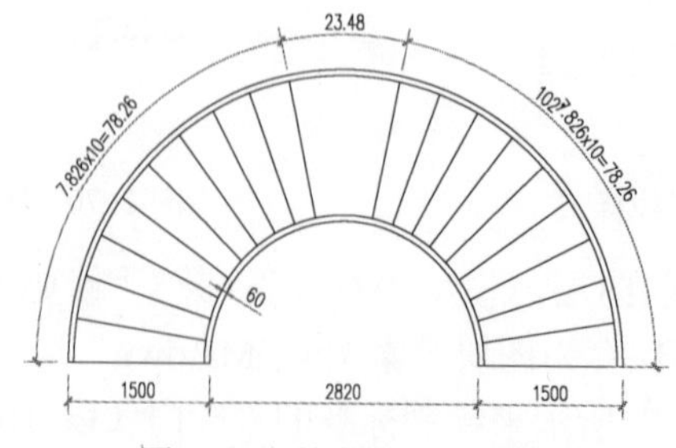

图 1-74　绘制的旋转楼梯

2）执行“写块”命令（W），将绘制的旋转楼梯对象保存为“案例\01\LT.dwg”图块。

3）将“楼梯”图层置为当前图层，执行“插入块”命令（I），将保存的 LT.dwg 图块文件插入到墙体的相应位置，如图 1-75所示。

4）使用“直线”“修剪”“偏移”等命令，在旋转楼梯的右侧绘制宽度为 1500、长度为 1800 的直跑楼梯，并与旋转楼梯相接，如图 1-76所示。

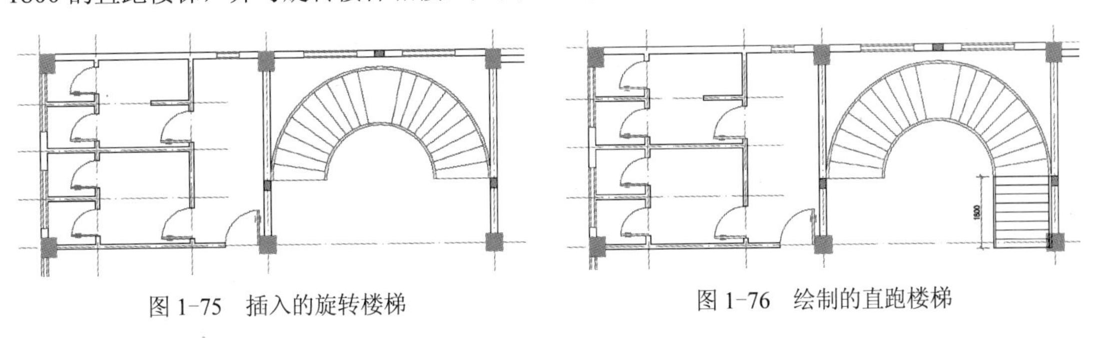

图 1-75 插入的旋转楼梯

图 1-76 绘制的直跑楼梯

1.3.6 布置卫生间对象

卫生间分男、女卫生间，共安装有 4 个便槽，以及相应的地漏，在男、女卫生间分别安装有洗手池。

1）将“设施”图层置为当前图层，执行“插入块”命令（I）将“案例\01”文件夹下面的便槽、便池、洗手池图块插入到相应的位置，如图 1-77所示。

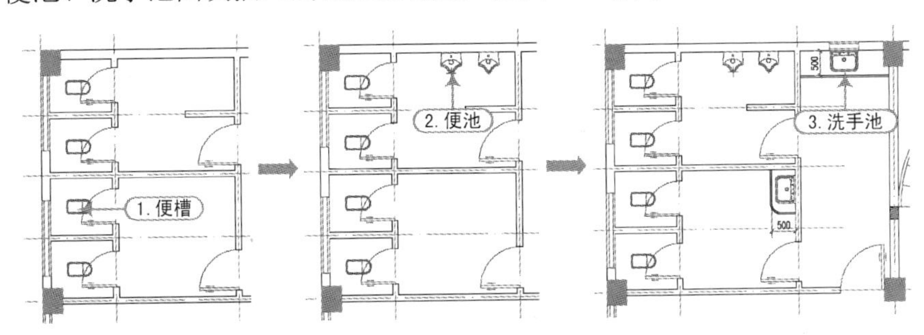

图 1-77 插入的图块

2）使用“圆”命令（C），在卫生间的相应位置绘制直径为 150 或 100 的圆作为放水阀，再绘制直径为 100 的圆，并填充“ANSI 31”图案，从而绘制地漏效果，如图 1-78所示。

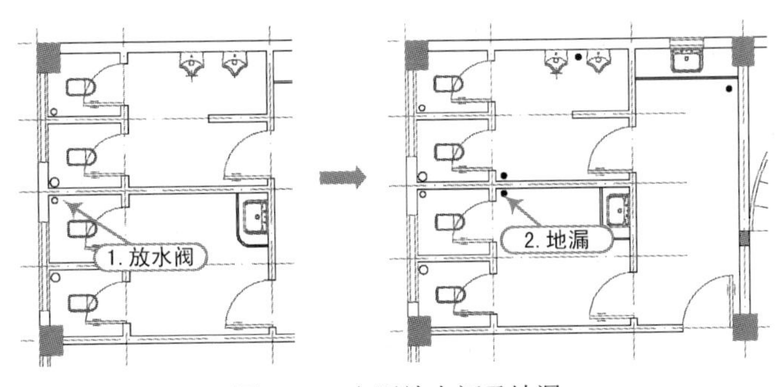

图 1-78 布置放水阀及地漏

1.3.7 绘制办公楼大门台阶

在前面大门位置有 4 步台阶，每级台阶的宽度为 300，用户可使用多段线，然后对其偏移台阶的宽度值（300）即可。

1）执行“格式｜图层”命令，新建“台阶”图层并将其置为当前，如图 1-79所示。

台阶 白 Continuous —— 默认

图 1-79 新建“台阶”图层

2）执行“多段线”命令（PL），过相应的位置绘制一多段线；再执行“偏移”命令（O），将其多段线向外偏移 300，再向内偏移 2 次，偏移的距离均为 300，如图 1-80所示。

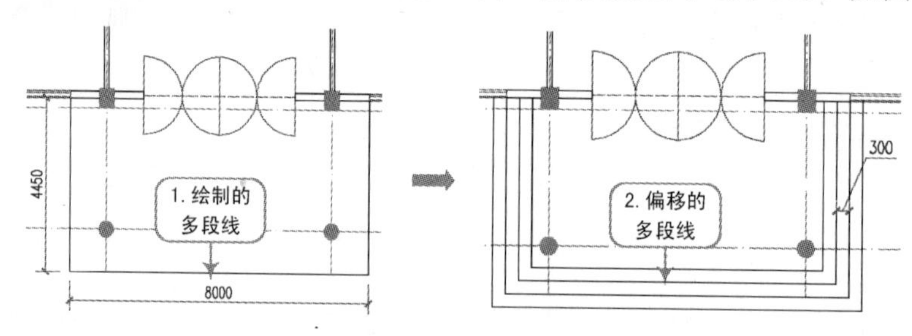

图 1-80 绘制的台阶

1.3.8 平面图的标注

目前其一层平面图的大致轮廓对象已经基本绘制完成，还需要对其进行文字标注、标高标注、尺寸标注、图名标注、说明等。

1）暂时将“轴线”图层隐藏关闭，并将“文字”图层置为当前图层。

2）在“文字”工具栏中单击“单行文字”按钮 AI，并设置文字的高度为 450，分别在指定的位置输入文字内容，如图 1-81所示。

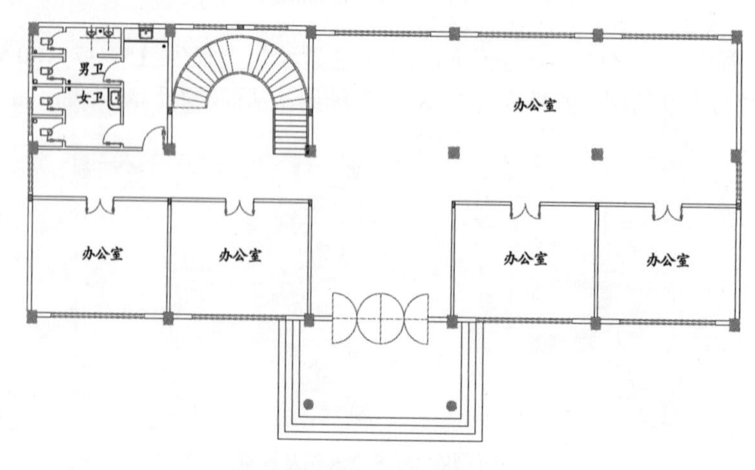

图 1-81 文字标注

3）同样，再单击“单行文字”按钮AI，并设置文字的高度为300，分别在指定的位置输入门窗代号，并标明卫生间的坡度及箭头，如图1-82所示。

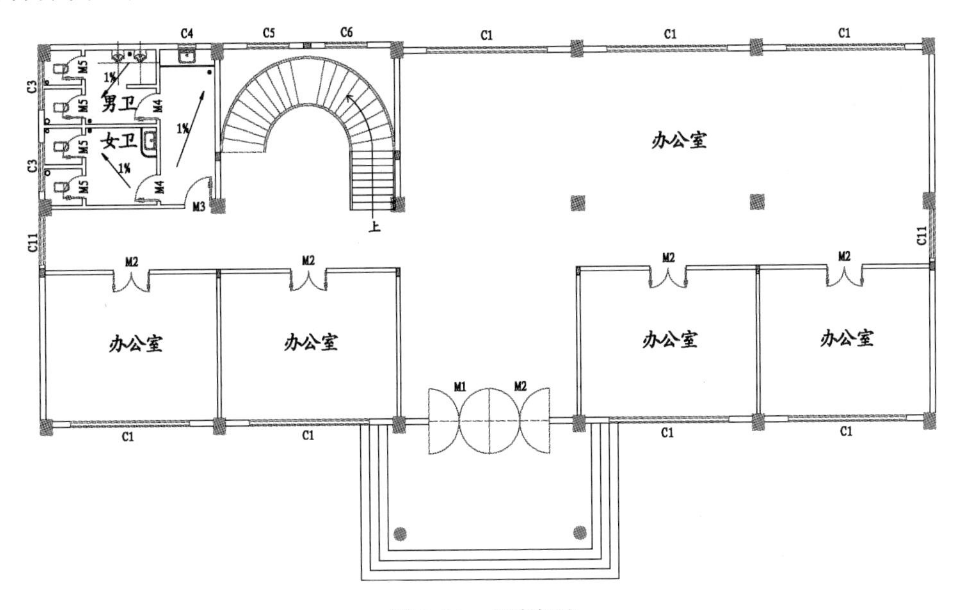

图1-82　门窗标注

4）将“标注”图层置为当前图层，在“标注”工具栏中单击“线性标注”按钮及“连续标注”按钮，首先对其进行内部尺寸标注，如图1-83所示。

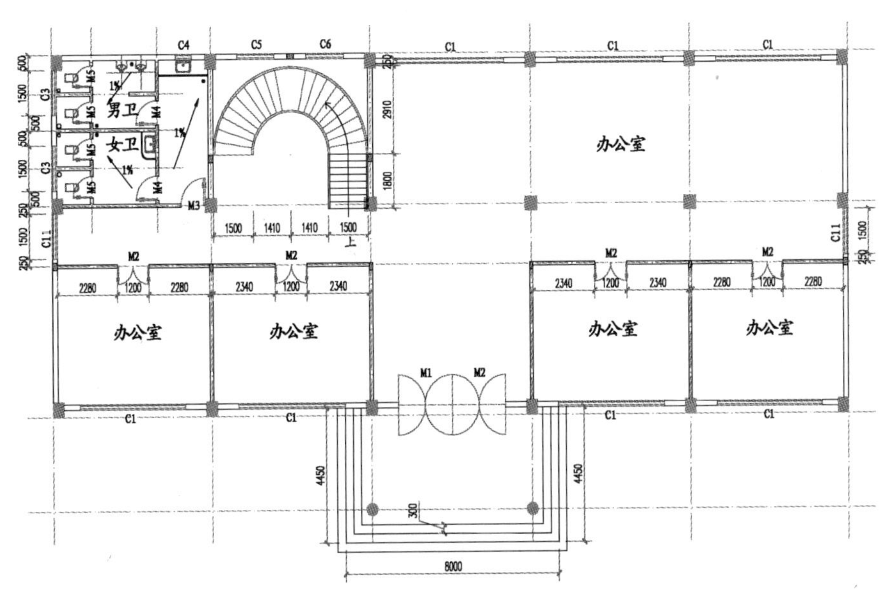

图1-83　内部尺寸的标注

5）同样，再对其外部尺寸进行标注。执行“插入块”命令（I），将“案例\01\标高.dwg”属性图块插入到图形中的指定位置，并修改相应的标高值，如图1-84所示。

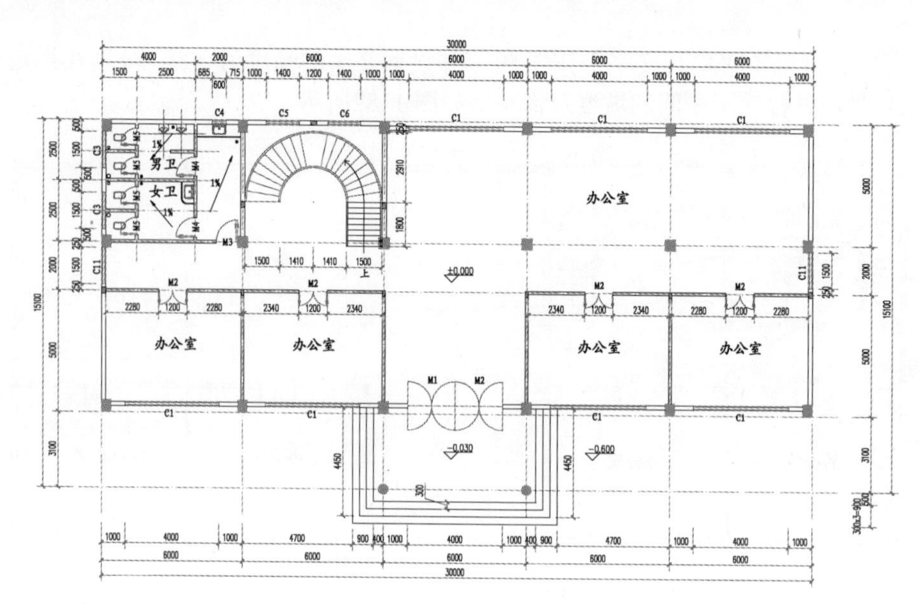

图 1-84　外部尺寸及标高标注

6）将“轴标”图层置为当前图层，使用“圆”命令（C）绘制一个半径为 400 的圆，再在圆中输入数字 1，并设置数字 1 为“轴号文字”文字样式，且置于“正中（MC）”位置。

7）使用“直线”命令（L），以圆的上侧象限点为起点，向上绘制长度为 1000 的垂线，从而完成一个单独轴标号的绘制。

8）执行“复制”命令（CO），将其前面绘制的轴标号复制到相应的轴线位置，并双击圆中的文字对象，修改相应的轴号，如图 1-85所示。

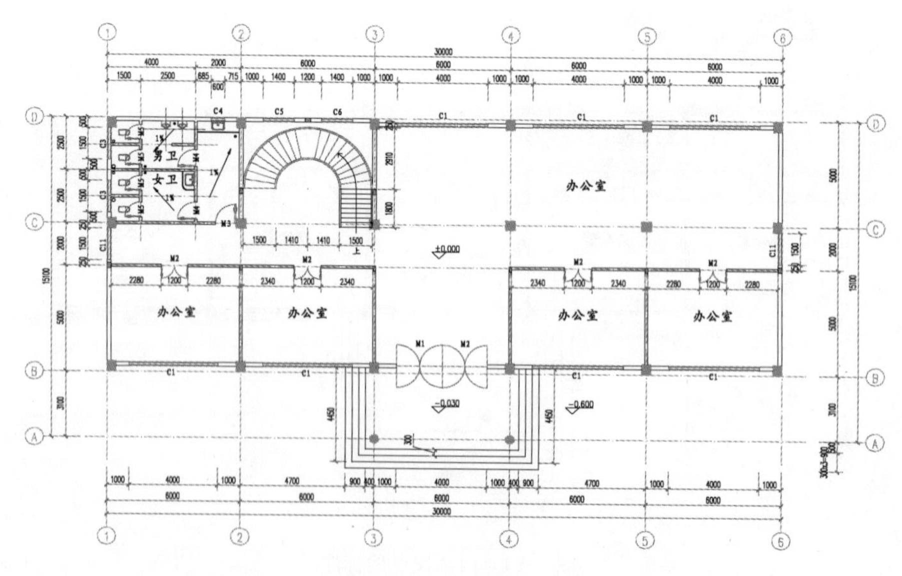

图 1-85　轴标号标注

9）将“文字”图层置为当前图层。执行“多段线”命令（PL），过左侧窗 C3、中间楼梯、右侧窗 C11 位置来绘制一多段线，且多段线的宽度为 50；再执行“打断”命令，将多余的线段进行打断、修剪处理；再在其相应位置输入数字 1，从而形成剖切符号 1-1。

10）在“文字”工具栏中单击“多行文字”按钮A，在图形的右下方输入图名及比例，并设置图名的字高为 700，比例的字高为 450；再使用“直线”命令（L），在图名的正下方绘制两条水平线段，如图 1-86所示。

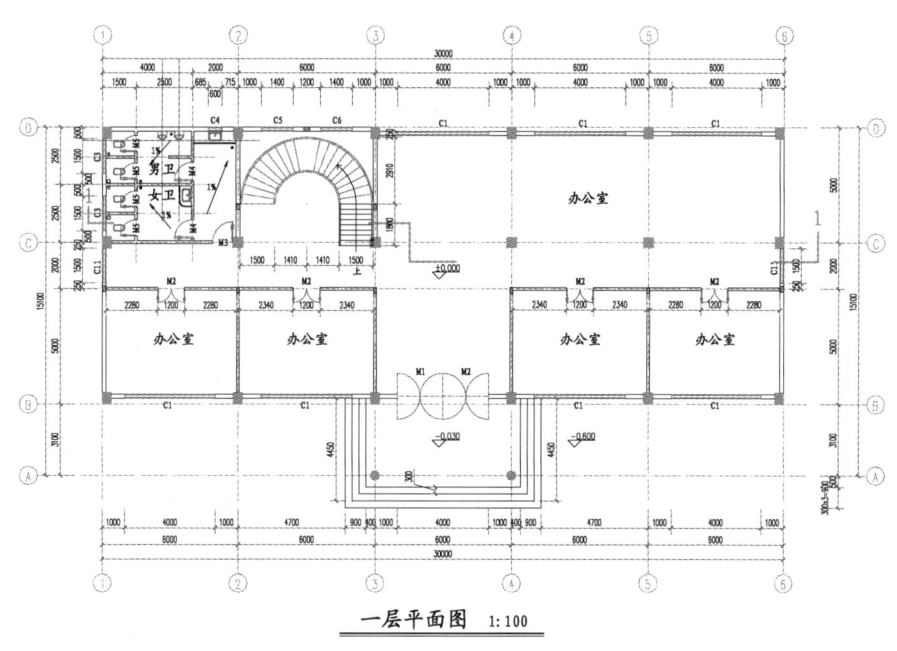

图 1-86　剖切号及图名标注

11）至此，该办公楼一层平面图已经绘制完成，按〈Ctrl+S〉组合键对文件进行保存。

软件技能　1.4　思考与练习

一、填空题

1. 在 AutoCAD 中绘制直线的工具是____________。
2. 在 AutoCAD 中绘制正圆的工具是____________。
3. 在 AutoCAD 中绘制椭圆时，应先指定___________，再确定____________。
4. 尺寸标注由____________________________构成。
5. 默认情况下，图形的颜色会随_________的属性一同发生变化。

二、选择题

1. （　　）是椭圆弧工具。

　A.　　　　B.　　　　C.　　　　D.

2. 若需关闭或开启 AutoCAD 的动态输入功能，则应单击（　　）按钮。

　A. DUCS　　　　B. DYN　　　　C. 线宽　　　　D. 极轴

3. 在 AutoCAD 的动态输入状态下，若需以绝对坐标的方式指定下一点的位置，则首先应输入（　　）符号。

A. @　　　　B. <　　　　C. ,　　　　D. #

三、操作题

1. 按照如图 1-87 所示来绘制梯间平面图。

2. 按照如图 1-88 所示来绘制楼梯间大样图，并对其进行标注。

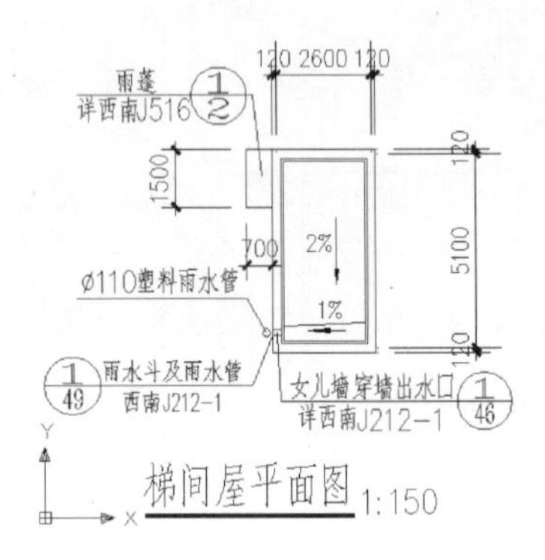

图 1-87　梯间屋平面图

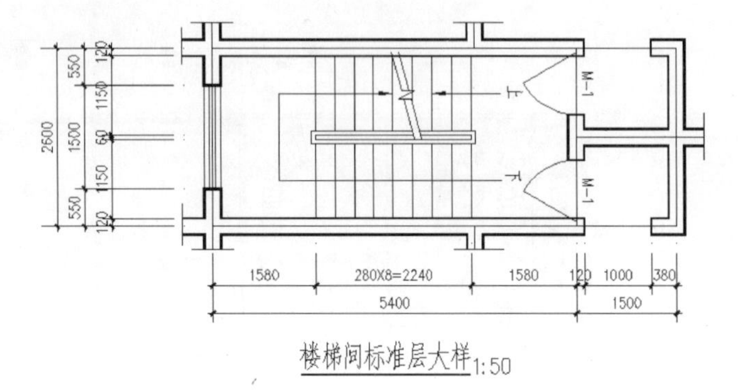

图 1-88　楼梯间标准层大样图

第 2 章　TArch 2014 天正建筑设计基础

TArch 2014 天正建筑为天正建筑的最新一代产品，于 2013 年 8 月发布。天正建筑又名天正 CAD，它采用了全新的开发技术，利用 AutoCAD 图形平台开发的最新一代建筑软件 TArch 2014，继续以先进的建筑对象概念服务于建筑施工图设计，成为建筑 CAD 的首选软件。

在本章中，针对天正建筑 TArch 2014 进行大致的介绍，包括天正建筑 TArch 2014 的新增功能，软件的操作界面，天正与 AutoCAD 的关联和区别，最后给出一个简单的办公楼平面图实例，使读者通过天正软件的绘制，对其有了一个全方位的掌握和了解，并产生浓厚的学习兴趣。

2.1　天正建筑 TArch 2014 的功能概述

天正建筑软件广泛用于建筑施工图设计和日照、节能分析，支持最新的 AutoCAD 图形平台。目前，基于天正建筑对象的建筑信息模型已经成为天正系列软件的核心，逐渐受到多数建筑设计单位的青睐，成为设计行业软件正版化的首选。

天正公司新推出的 TArch 2014，支持 32 位 AutoCAD 2004～2014 以及 64 位 AutoCAD 2010～2014 平台。为了使大家能尽快对 TArch 2014 新版本有一个大致了解，在此简单介绍一下它的主要新增功能和改进之处。

1．配合新的制图规范和实际工程需要完善天正注释系统

1）增加“快速标注”命令，用于一次性批量标注框选实体的尺寸。

2）增加“弧弦标注”命令，通过鼠标位置，切换要标注的尺寸类型，可标注弧长、弧度和弦长。

3）增加“双线标注”命令，可同时标注第一道和第二道尺寸线。

4）改进“等式标注”命令，可以自动进行计算。

5）优化“取消尺寸”命令，不仅可以取消单个区间，也可框选删除尺寸。

6）优化“两点标注”命令，通过单击门窗、柱子增补或删除区间。

7）“合并区间”支持单击选择区间进行合并。

8）“尺寸标注”支持文字带引线的形式。

9）“逐点标注”支持通过键盘精确输入数值来指定尺寸线位置，在布局空间操作时支持根据视口比例自动换算尺寸值。

10）“连接尺寸”支持框选。

11）“角度标注”取消逆时针单击的限制，改为手工单击标注侧。

12）“弧长标注”可以设置其尺寸界线是指向圆心（新国标）还是垂直于该圆弧的弦

(旧国标)。

13)“角度标注”“弧长标注”支持修改箭头大小。

14)修改尺寸自调方式,使其更符合工程实际需要。

15)“坐标标注”增加线端夹点,用于修改文字基线长度。

16)坐标在动态标注状态下按当前 UCS 换算坐标值。

17)建筑标高在“楼层号/标高说明”项中支持输入“/”。

18)标高符号在动态标注状态下按当前 UCS 换算标高值。

19)“标高检查”支持带说明文字的标高和多层标高,增加根据标高值修改标高符号位置的操作方式。

20)增大“作法标注”的文字编辑框。

21)索引图名采用无模式对话框,增加对文字样式、字高等的设置,增加比例文字夹点。

2. 支持代理对象显示,解决导出低版本问题并优化功能

1)解决 AutoCAD 2013 图形导出天正 8.0 以后,再用 TArch 9.0 打开崩溃的问题。

2)解决 AutoCAD 2013 图形导出天正 8.0 以后,用 TArch 8.0 打开后门窗、洞口丢失的问题。

3)解决构件导出命令无法导出天正对象信息的问题。

4)解决批量转旧命令在选取某些图形后退出命令的问题。

5)解决设置为文字可出圈这种形式的索引图名,在导出成 T8 格式时不用分解的问题。

6)新增选中图形“部分导出”的功能。

7)解决图形导出 T3 后不支持用户自定义尺寸样式、文字样式的问题。

8)符号标注对象在导出低版本时可设置分解出来的文字是随符号所在图层,还是统一到文字图层。

9)解决“门窗”图层关闭后在打印时仍会被打印出来的问题。

3. 改进墙、柱、门窗等核心对象及部分相关功能

1)“墙体分段”命令采用更高效的操作方式,允许在墙体外取点,可以作用于玻璃幕墙对象。

2)将原“转为幕墙”命令更名为“幕墙转换”,增加玻璃幕墙转为普通墙的功能。

3)“绘制轴网”命令增加通过拾取图中的尺寸标注得到轴网开间和进深尺寸的功能。

4)“门窗检查设置”对话框中的所有参数改为永久保存,直到再次手工修改。

5)在“门窗检查设置”对话框中修改门窗的二维、三维样式后,原图门窗改为“更新原图”后再修改。

6)转角凸窗支持在两段墙上设置不同的出挑长度。

7)普通凸窗支持修改挑板尺寸。

8)门窗对象编辑时,同编号的门窗支持选择部分编辑修改。

9)改进了门窗、转角窗、带形窗按尺寸自动编号的规则。

10)使用“门窗检查”命令检查外部参照中的门窗时,对话框中所有外部参照中的门窗参数改为灰显。

11）解决绘制台阶时，若单击了“沿墙偏移绘制”后，再单击“矩形单面台阶”“矩形三面台阶”或者“圆弧台阶”，“起始无踏步”和“终止无踏步”项依然亮显的问题。

12）修改柱子的边界计算方式，以柱子的实际轮廓计算其所占范围。

13）解决带形窗在通过“丁”字相交的墙时，在相交处的显示问题。

14）解决删除与带形窗所在墙体相交的墙，带形窗也会被错误删除的问题。

15）解决钢筋混凝土材料的门窗套加粗和填充显示问题。

16）解决墙体线图案填充存在的各种显示问题。

4．其他新增改进功能

1）改进“局部可见”命令，在执行“局部隐藏”命令后仍可执行命令。

2）解决打开文档时，原空白的drawing1.dwg文档不会自动关闭的问题。

3）“关闭图层”和“冻结图层”支持选择对象后空格确定。

4）“查询面积”当没有勾选“生成房间对象”一项时，生成的面积标注支持屏蔽背景，其数字精度受天正基本设定的控制。

5）支持将图样直接拖到天正图标处打开。

6）新增“踏步切换”快捷菜单命令，用于切换台阶某边是否有踏步。

7）新增“栏板切换”快捷菜单命令，用于切换阳台某边是否有栏板。

8）新增“图块改名”命令，用于修改图块名称。

9）新增“长度统计”命令，用于查询多个线段的总长度。

10）增加“布停车位”命令，用于布置直线与弧形排列的车位。

11）增加“总平图例”命令，用于绘制总平面图的图例块。

12）新增“图纸比对”和“局部比对”命令，用于对比两张dwg图样内容的差别。

13）新增“备档拆图”命令，用于把一张dwg中的多张图样按图框拆分为多个dwg文件。

14）“图层转换”命令解决某些对象内部图层以及图层颜色和线型无法正常转换的问题。

软件技能

2.2 TArch 2014天正建筑软件的界面

要使用TArch 2014天正建筑软件来进行建筑施工图的绘制，就要启动该软件，并熟悉该软件的操作环境。

2.2.1 TArch 2014天正建筑软件的启动

用户在计算机上成功安装好TArch 2014天正建筑软件后，可以通过以下3种方式来启动。

1）在桌面上双击“天正建筑2014”图标。

2）依次选择“开始 | 程序 | 天正软件-建筑系统T-Arch 2014 | 天正建筑 2014”命令。

3）在天正建筑软件的安装文件中双击运行文件（D:\Tangent\TArch9\TGStart32.exe）。

通过任意一种方法启动天正软件后，将弹出“启动平台选择”对话框，在列表中列出了当前系统中所安装的AutoCAD软件版本，在其中选择其AutoCAD平台，并单击“确定”按钮即可，如图2-1所示。

提示

在启动 TArch 软件时，可能“启动平台选择”对话框未显示出来，则无法选择 AutoCAD 平台，这时用户可以在天正屏幕菜单中选择“设置 | 自定义”命令，在弹出的“天正自定义”对话框中来设置，如图 2-2所示。

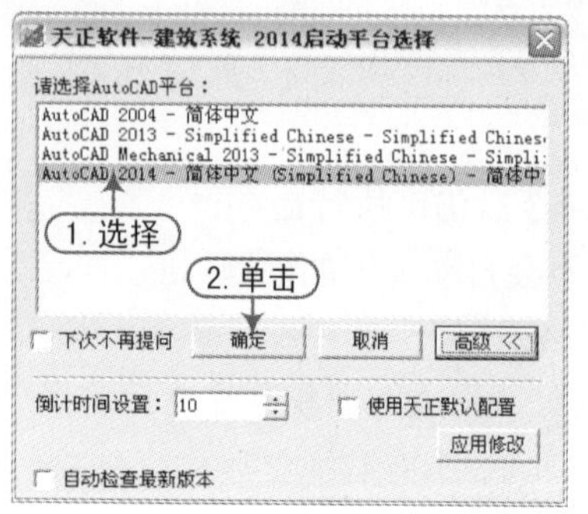

图 2-1 “启动平台选择”对话框

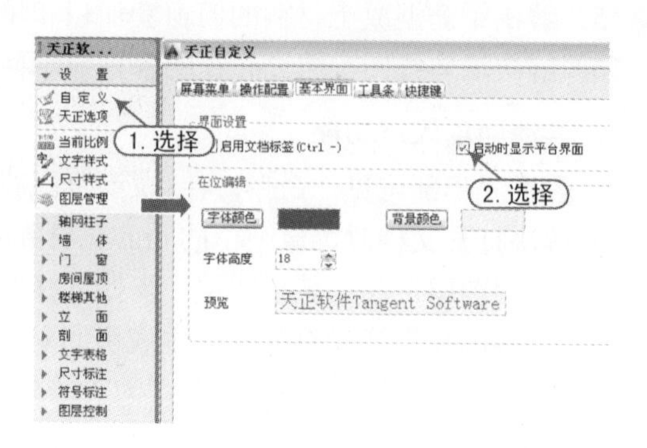

图 2-2 启动平台的设置

2.2.2 TArch 2014 天正建筑软件的操作界面

选择好相应的 AutoCAD 平台后，系统将进入 TArch 2014 天正建筑软件的操作界面。若打开一工程文件，并将多个平面图文件打开，则其操作界面如图 2-3所示。

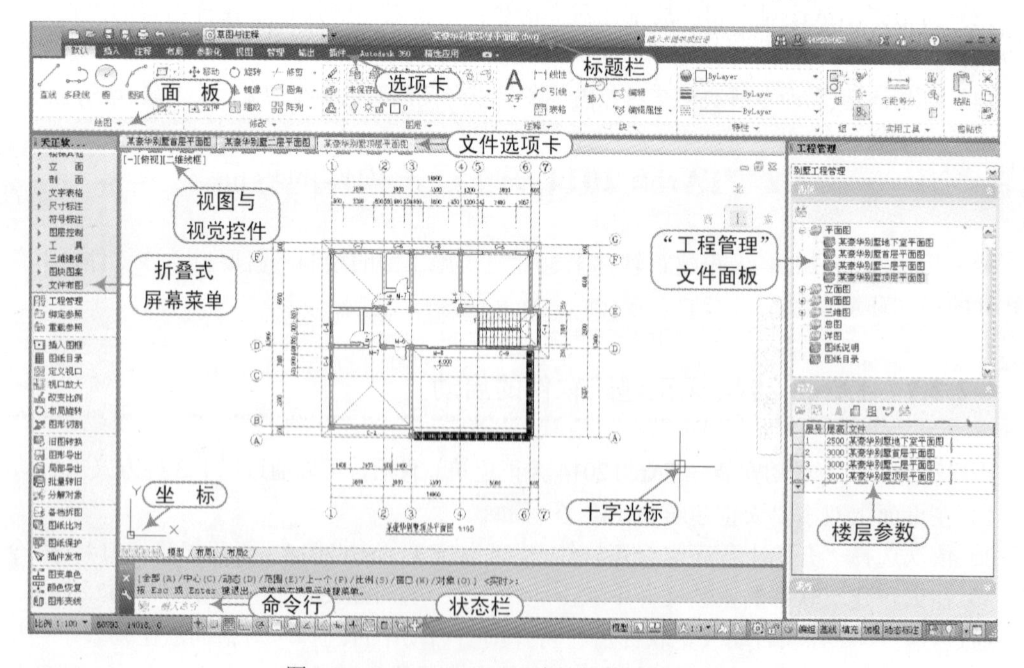

图 2-3 TArch 2014 天正建筑软件的操作界面

提示

若当前选择的启动平台为 AutoCAD 2014，则默认情况下以“草图与注释”工作空间模式显示；而对于习惯使用 AutoCAD 低版本“经典”模式的用户来讲，也可以将其切换为“AutoCAD 经典”工作空间模式显示，如图 2-4所示。

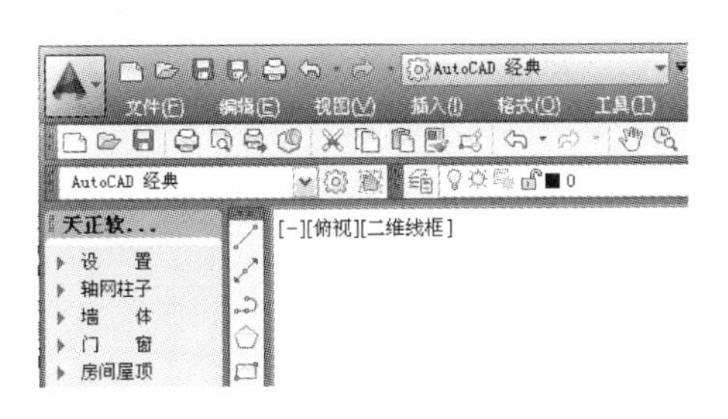

图 2-4 切换“AutoCAD 经典”界面

2.2.3 TArch 2014 天正建筑软件的退出

同大多数应用软件的退出一样，直接单击 TArch 2014 软件最右上角的“关闭”按钮 即可；若当前已经打开文件，并且文件已经有所改变，则会弹出提示对话框，询问是否对该文件进行保存，如图 2-5所示。

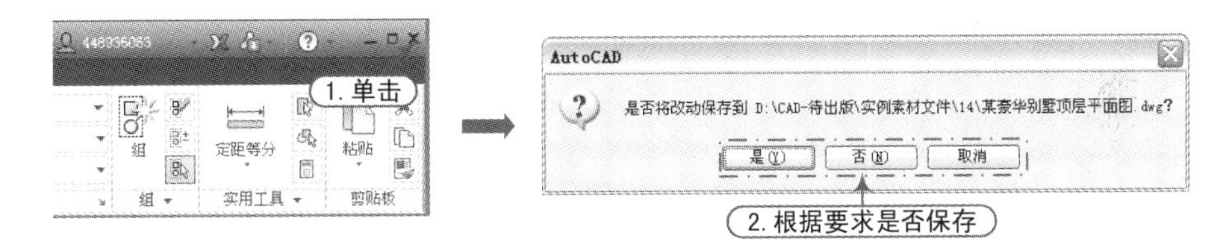

图 2-5 TArch 2014 天正建筑软件的退出

2.3 TArch 2014 天正建筑软件的设置

与其他应用软件一样，TArch 2014 天正建筑软件也可以根据用户的需要，来设置不同的绘图环境，包括天正自定义、天正选项、当前比例、文字样式、尺寸样式和图层管理等。

2.3.1 天正自定义的设置

TArch 天正建筑软件为用户提供了“天正自定义”设置。在 TArch 天正屏幕菜单中选择“设置 | 自定义”命令（快捷键 ZDY），弹出“天正自定义”对话框，如图 2-6所示。用户可以修改有关参数设置，包括“屏幕菜单”“操作配置”“基本界面”“工具条”和“快捷键”等。

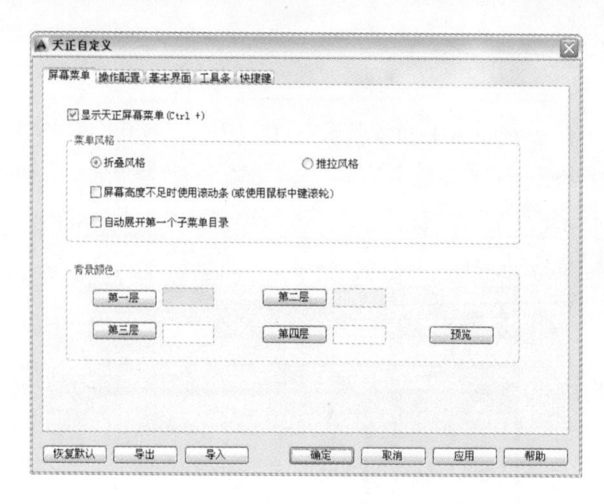

图 2-6 “天正自定义”对话框

至于各项参数的作用及设置方法，在后面的讲解过程中会逐步给予讲解。

当启动好 TArch 天正软件时，其天正屏幕菜单未显示出来怎么办呢？这时用户可以直接在键盘上按〈Ctrl + +〉组合键即可。

2.3.2 天正选项的设置

用户在通过天正软件绘图之前，对于一些必要的选项设置可以事先设置，从而使绘图工作更加顺畅，包括设置比例、层高、绘图单位、图案填充和一些高级选项。

在 TArch 天正屏幕菜单中选择“设置 | 天正选项”命令（快捷键 TZXX），弹出“天正选项”对话框，用户可以对天正的“基本设定”“加粗填充”和“高级选项”选项进行设置，如图 2-7所示。

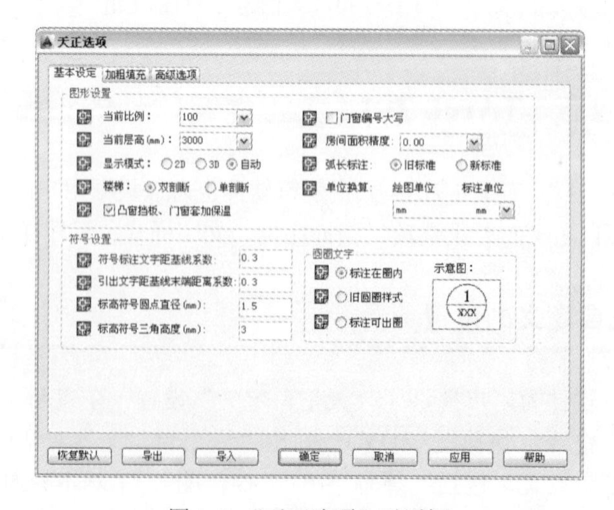

图 2-7 “天正选项”对话框

至于各项参数的作用及设置方法，在后面的讲解过程中会逐步给予讲解。

提示

在 TArch 天正软件中，绘制平面图形后，其相关的三维模型也自动建立好了；如绘制的墙体高度没有设置，则系统自动以“当前层高”来进行创建。在“天正选项”对话框的“基本设定”选项卡中，通过“当前层高”组合框中可以设置或输入墙体的高度。

2.3.3 天正图层的管理

TArch 天正建筑软件与 AutoCAD 一样，在绘制施工图的过程中，都需要将一些特定的对象放在相应的图层，并设置图层的名称、线型、颜色等特性。

在 TArch 天正屏幕菜单中选择“设置｜图层管理”命令（快捷键 TCGL），弹出“图层管理”对话框，用户设置当前绘图的图层标准，并可以修改图层的特性，以及对不同图层标准的转换，如图 2-8所示。

图层管理

图层标准：当前标准(TArch)　置为当前标准　新建标准

图层关键字	图层名	颜色	线型	备注
轴线	DOTE	1	CONTINUOUS	此图层的直线和弧认为是平面轴线
阳台	BALCONY	6	CONTINUOUS	存放阳台对象，利用阳台做的雨篷
柱子	COLUMN	9	CONTINUOUS	存放各种材质构成的柱子对象
石柱	COLUMN	9	CONTINUOUS	存放石材构成的柱子对象
砖柱	COLUMN	9	CONTINUOUS	存放砖砌筑成的柱子对象
钢柱	COLUMN	9	CONTINUOUS	存放钢材构成的柱子对象
砼柱	COLUMN	9	CONTINUOUS	存放砼材料构成的柱子对象
门	WINDOW	4	CONTINUOUS	存放插入的门图块
窗	WINDOW	4	CONTINUOUS	存放插入的窗图块
墙洞	WINDOW	4	CONTINUOUS	存放插入的墙洞图块
防火门	DOOR_FIRE	4	CONTINUOUS	防火门
防火窗	DOOR_FIRE	4	CONTINUOUS	防火窗
防火卷帘	DOOR_FIRE	4	CONTINUOUS	防火卷帘
轴标	AXIS	3	CONTINUOUS	存放轴号对象，轴线尺寸标注
地面	GROUND	2	CONTINUOUS	地面与散水
道路	ROAD	2	CONTINUOUS	存放道路绘制命令所绘制的道路线
道路中线	ROAD_DOTE	1	CENTERX2	存放道路绘制命令所绘制的道路中心线
树木	TREE	74	CONTINUOUS	存放成片布树和任意布树命令生成的植物
停车位	PKNG-TSRP	83	CONTINUOUS	停车位及标注

图层转换　颜色恢复　关 闭

图 2-8 “图层管理”对话框

至于各项参数的作用及设置方法，在后面的讲解过程中会逐步给予讲解。

如果当前 AutoCAD 的背景为白色，对于像“地面”“道路”之类的图层对象，颜色为“黄色(2)”，这时其黄色就不易被用户所观察。在“图层管理”对话框中，单击“颜色”列中需要修改的颜色对象，将弹出“选择颜色”对话框，从中选择新的颜色即可，如图 2-9所示。

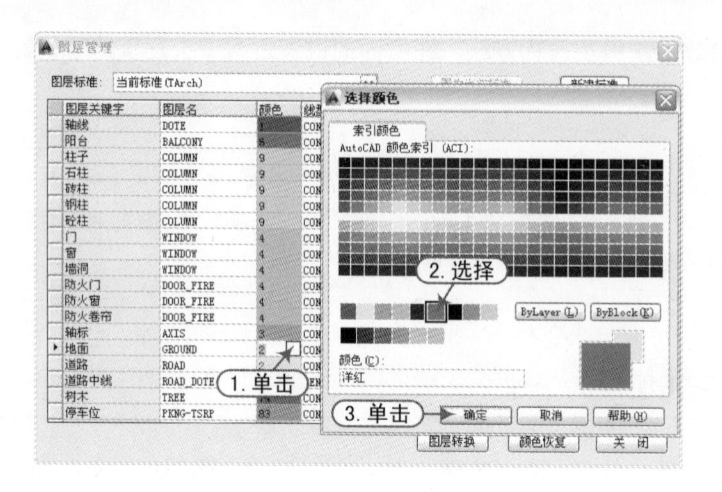

图 2-9　更改图层颜色

软件技能

2.4　TArch 与 AutoCAD 软件的关联与区别

有人会问，AutoCAD 软件已经那么强大了，为什么还要学习 TArch 天正建筑软件呢？或者说 AutoCAD 与 Tarch 天正建筑有什么关联和区别呢？下面从以下几个方面来进行讲解。

2.4.1　TArch 与 AutoCAD 的关系

AutoCAD 是外国公司开发生产的，功能非常强大，而 TArch 是我国在 AutoCAD 基础上进行二次开发而成，软件内有大量的图库以及各种模块，并且操作上非常人性化，简单易学，为设计者提供了极大方便。

就建筑方面来说，天正能画出来的图样，基本上 AutoCAD 都能完成，但 AutoCAD 画图时没有天正画得快。打个比方，在 AutoCAD 中，如果需要画墙线，则首先需要从图层管理中设置墙线的类型开始，再根据已有的轴线分为内外墙逐条画，但在天正中，通过生成的轴网，在生成的轴网上输入好墙厚，则可快速地生成墙线，很节省时间。还有在很多方面，天正都是很有优越性的。但需要强调的是，天正使用前必须要安装相应版本的 AutoCAD，因为天正是在 AutoCAD 的基础上进行开发的。

2.4.2　天正绘图要素的变化

在以前的 AutoCAD 中，任何图块以及新设置的图元素都必须进行绘制，然后进行设置块的操作，这样使得用户在绘图时花了大量时间。而在 TArch 天正建筑软件中，这些新的元素可以直接调用插入，TArch 中提供了大量的绘图元素，如墙、门、窗、楼梯等，如图 2-10 所示。

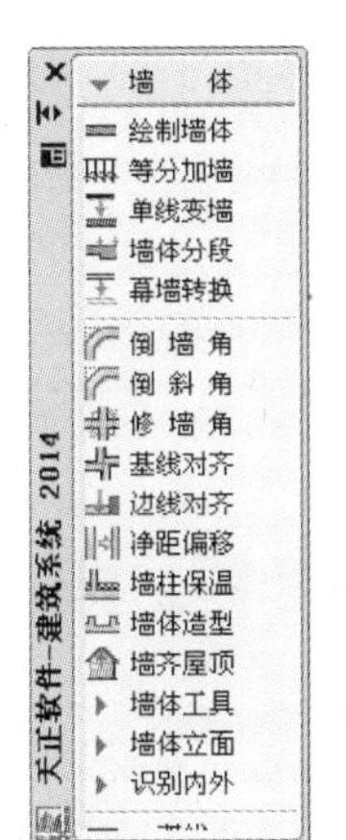

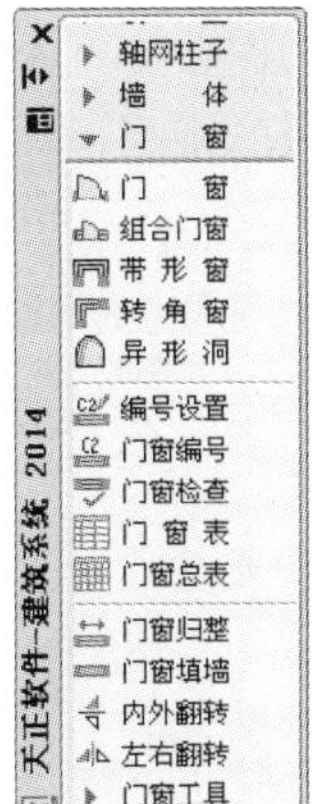

图 2-10 天正部分绘图元素

2.4.3 天正可保证绘图的完整性

在天正环境中绘制图形时，应最大程度地使用天正来绘制，而针对一些小地方，则可使用 AutoCAD 命令来补充与修饰。天正建筑软件在 AutoCAD 的平台上针对建筑专业增加了相应的应用工具和图库，AutoCAD 有的天正都有，从而使天正满足了各种绘图的需求。

2.4.4 天正与 AutoCAD 文档的转换

由于天正是在 AutoCAD 基础上开发的，因此在安装和使用天正前必须要先装好 AutoCAD 程序，天正的解释器才能识别天正文档，并且 AutoCAD 是不能打开天正文档的。

AutoCAD 不能打开天正文档，打开后会出现乱码，纯粹的 AutoCAD 不能完全显示天正建筑所绘制的图形，如需打开并完全显示，需要对天正文件进行导出，而天正可以打开 AutoCAD 的任何文档。

将天正文件导入 AutoCAD 中，可以使用 3 种方法。

1）在天正屏幕菜单中选择“文件布图 | 图形导出”命令，将图形文件保存为 t3.dwg 格式，此时就把文件转换成了天正 3。

2）选择所绘制的全部图形，在天正屏幕菜单中选择“文件布图 | 分解对象”命令，再进行保存即可。

3）在天正屏幕菜单中选择“文件布图 | 批量转旧”命令，从而把图形文件转换成 t3.dwg 格式。

2.4.5 天正二维与三维同步进行

运用 AutoCAD 所绘制的图形为二维图，天正在绘制二维图形时同时可以生成三维图形，不需要另行建模，其中自带了快速建模工具，减少了绘图量，绘图的规范性也大大提高，这是天正开发的重要成就。在二维与三维的保存中，不存在具体的二维和三维表现所要用到的所有空间坐标点和线条，天正绘图时运用二维视口比三维视口快一些，三维视口表现的线条比二维表现的线条更多，如图 2-11所示。

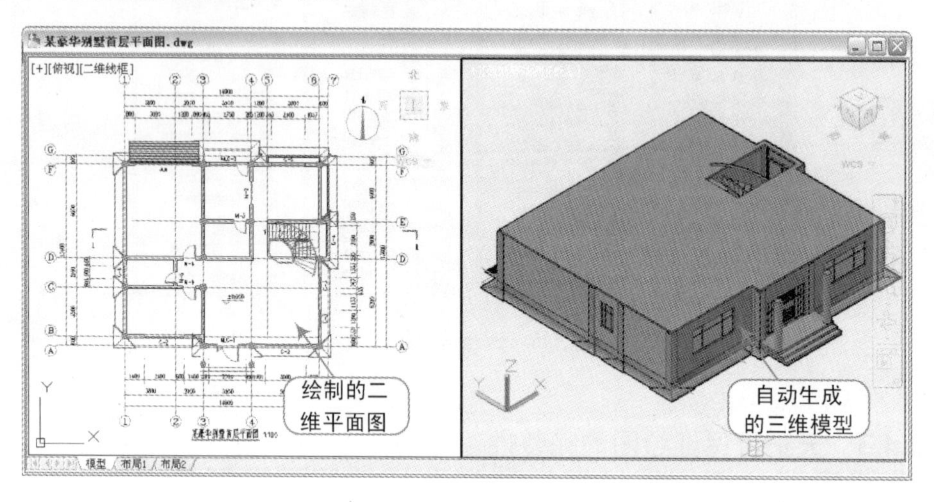

图 2-11　天正二维与三维同步

2.5　TArch 天正绘制办公楼一层平面图的实例

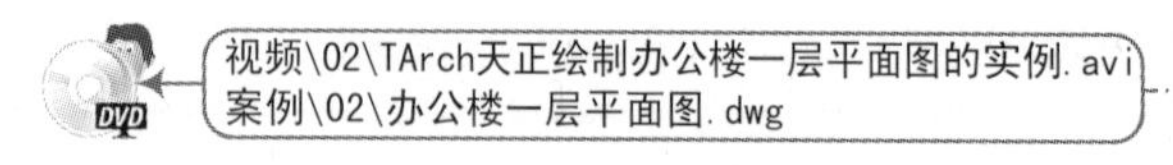

在 1.3 节中，通过 AutoCAD 讲解了某办公楼建筑平面图的绘制方法和技巧。在本节中，将采用 TArch 软件工具对该办公楼建筑平面图进行绘制，从而让读者对 TArch 天正建筑软件的绘制步骤、流程和功能有一个全方位的了解。

2.5.1　文件的创建

在天正软件中，要创建建筑平面图文件，与 AutoCAD 软件没有多大区别。但是必须是要启动 TArch 软件，从而使后面的绘制流程是在 TArch 环境中进行的。

1）在系统桌面上，双击“天正建筑 2014”图标，稍等片刻，就会出现“启动平台选择”对话框，在此选择 AutoCAD 2014 平台，并单击“确定”按钮即可，如图 2-12所示。

2）随后系统开始启动 TArch 2014 for AutoCAD 2014 软件，待启动成功后，将会弹出天正特有的“日积月累”对话框，用户可以单击“下一条”或“上一条”按钮，来对 TArch 2014 软件的新增功能有一个大致的了解，然后单击“关闭”按钮退出此对话框，如图 2-13所示。

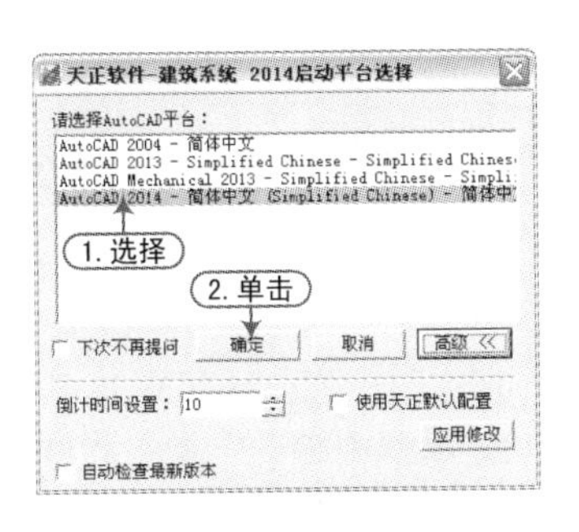

图 2-12　选择 AutoCAD 2014 平台

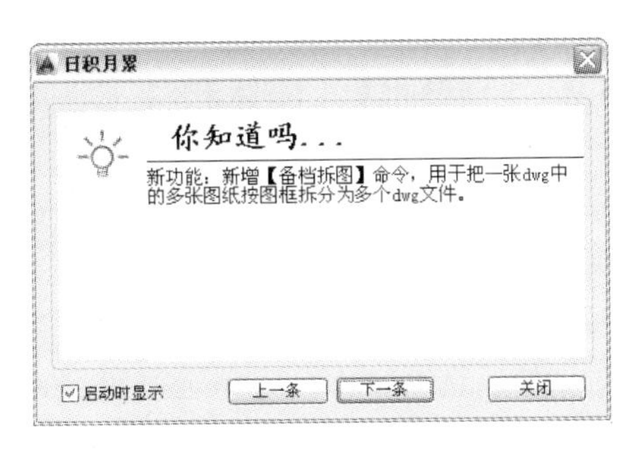

图 2-13　“日积月累”对话框

3）这时，系统首先会弹出一个 AutoCAD 特有的“欢迎”界面，用户可以根据需要来进行工作、学习和扩展方面的操作；完成之后，再单击“关闭”按钮即可正式进入 TArch 2014 For AutoCAD 2014 软件环境中，并且自动创建一个新的空白文档，如图 2-14所示。

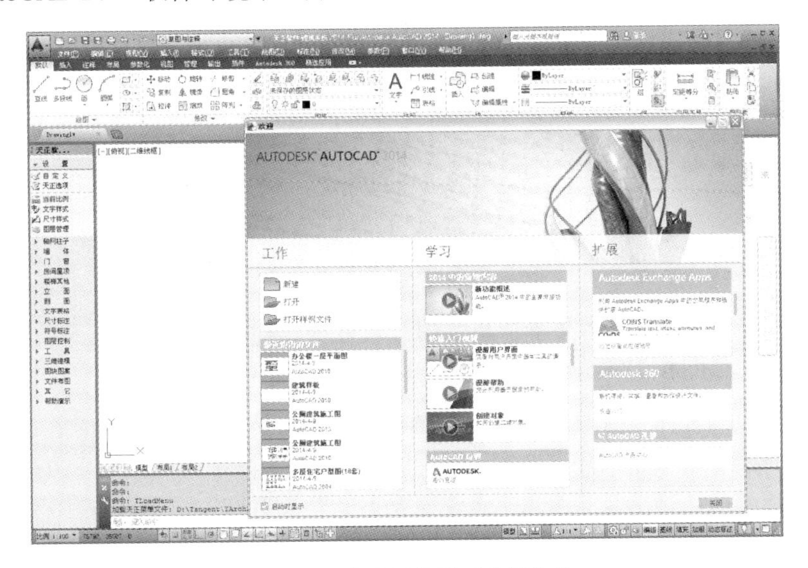

图 2-14　启动好的天正建筑软件

4）在界面左上角的快速访问工具栏中，单击“另存为”按钮，将弹出“图形另存为”对话框，按照如图 2-15所示步骤将其保存为“案例\02\办公楼一层平面图.dwg”文件。

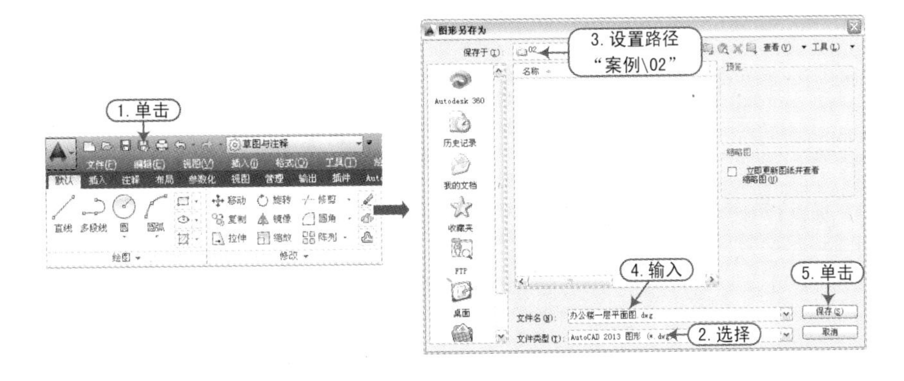

图 2-15　另存文件操作

2.5.2 绘制轴线、墙体和柱子

在天正建筑软件的环境中，系统提供了专门用来绘制轴网、柱体和柱子的命令，这样可以大大提高绘图效率。

1）在天正屏幕菜单中选择“轴网柱子丨绘图轴网”命令（快捷键 HZZW），将弹出“绘制轴网”对话框，选择“上开”单选按钮，并在“键入”文本框中输入“5×6000”；再选择“左进”单选按钮，在“键入”文本框中输入“3100 7000 5000”，然后单击“确定”按钮，如图 2-16所示。

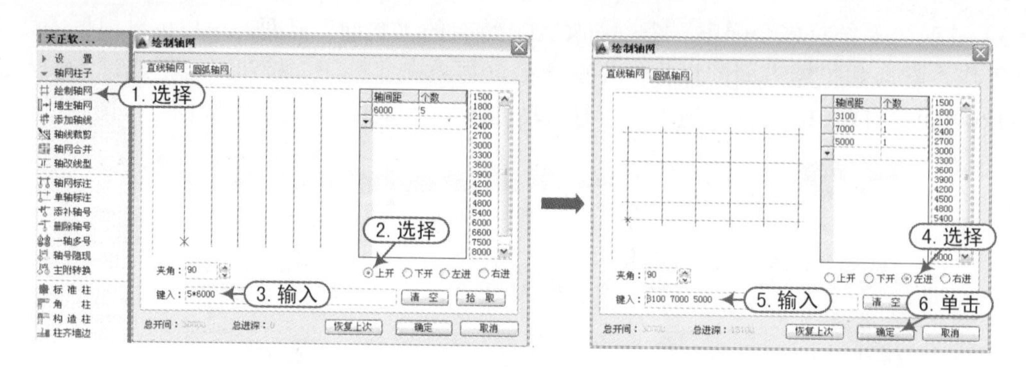

图 2-16 设置轴网参数

2）此时，命令行中将提示如下信息，用户可以根据需要在窗口的任意位置单击，以确定轴网的插入点，如图 2-17所示。

点取位置或 [转 90 度(A)/左右翻(S)/上下翻(D)/对齐(F)/改转角(R)/改基点(T)]<退出>:

3）从当前所绘制的轴网情况来看，是实线效果，作为轴网对象，应该是点画线效果，幸好天正提供了轴网线型的修改命令。在天正屏幕菜单中选择“轴网柱子丨轴改线型”命令（快捷键 ZGXX），则当前所绘制的轴网对象变成点画线效果，如图 2-18所示。

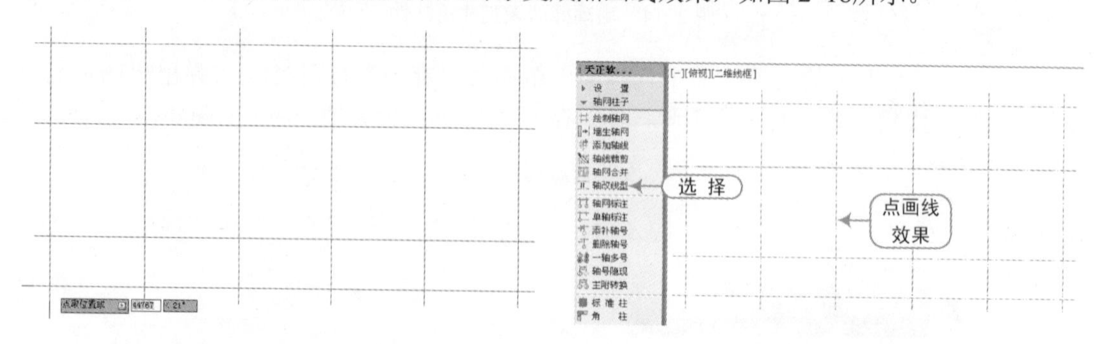

图 2-17 绘制的轴网

图 2-18 轴改线型

4）为了调整图形的注释标注，可将屏幕左下角的“比例”设置为“1:200”，如图 2-19所示。

5）在天正屏幕菜单中选择“轴网柱子丨轴网标注”命令（快捷键 ZWBZ），将弹出“轴网标注”对话框，选择“双侧标注”单选按钮，然后选择最左侧和最右侧的竖直轴网并按

〈Enter〉键确认，则将该轴网上下侧进行轴网标注，如图 2-20所示。

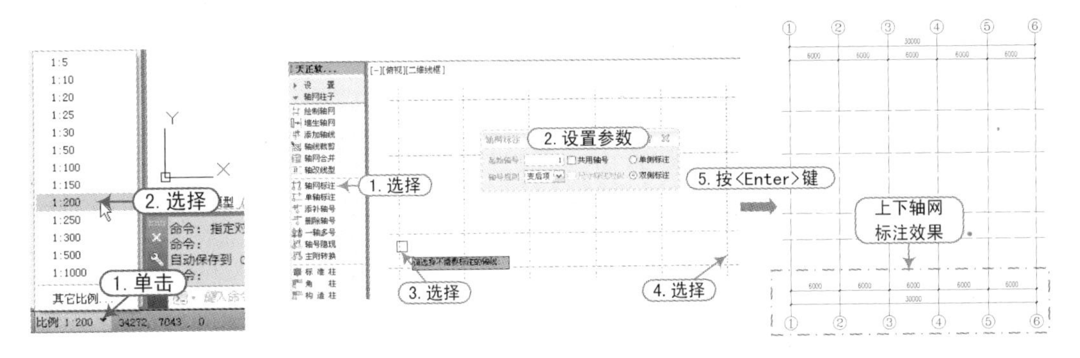

图 2-19 设置比例

图 2-20 上下轴网标注

6）同样，选择左下侧和最上侧的水平轴网并按〈Enter〉键，从而对其轴网进行左右轴网标注，如图 2-21所示。

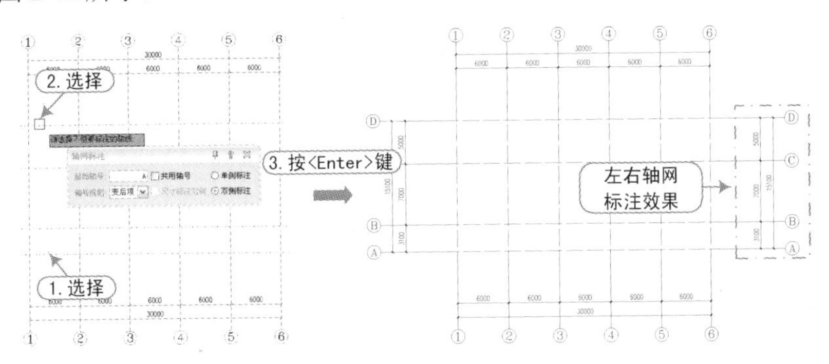

图 2-21 左右轴网标注

提示

用户在进行轴网标注时，选择竖直轴网时应从左至右选择，选择水平轴网时应从下至上选择；否则，轴网标注的序号就颠倒了。

7）在天正屏幕菜单中选择“墙体｜绘制墙体”命令（快捷键 HZQT），将弹出“绘制墙体”对话框，设置墙体左宽为 180、右宽为 0，并单击“矩形绘墙”绘图方式，然后在视图中捕捉轴网的对角点来绘制一矩形墙体对象，如图 2-22所示。

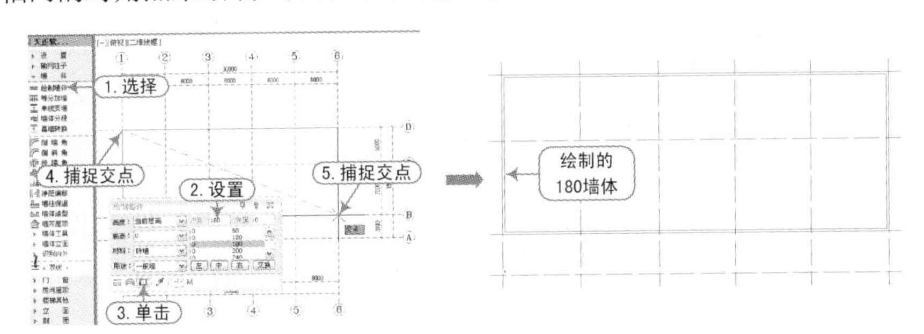

图 2-22 绘制的矩形外墙

8）按空格键重复执行“绘制墙体”命令，在“绘制墙体”对话框中设置墙体的左右宽度均为 90，单击“绘制直墙”绘图方式☰，然后捕捉轴网的相应交轴来绘制两段墙体，如图 2-23所示。

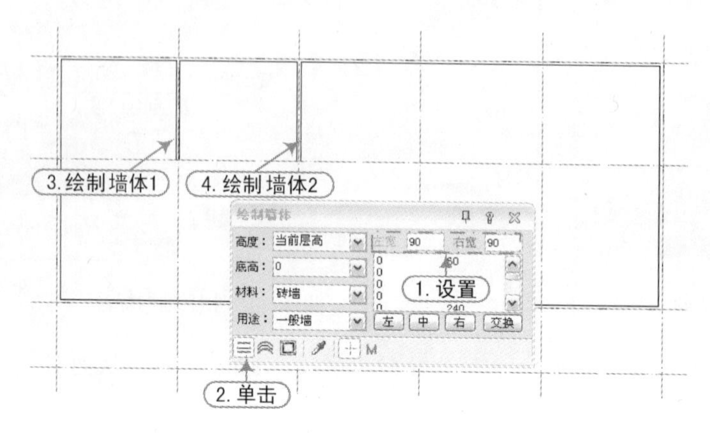

图 2-23　绘制两段直墙

用户在捕捉轴网交点时，应按〈F3〉键开启“对象捕捉”项，这样能更加精确地捕捉到轴网的交点。

9）执行 AutoCAD 的“移动”命令，将最下侧的墙体垂直向上移动 250，将右上侧的墙体向下移动 180，如图 2-24所示。

10）执行 AutoCAD 的“偏移”命令（O），将轴线对象按照如图 2-25所示进行偏移。

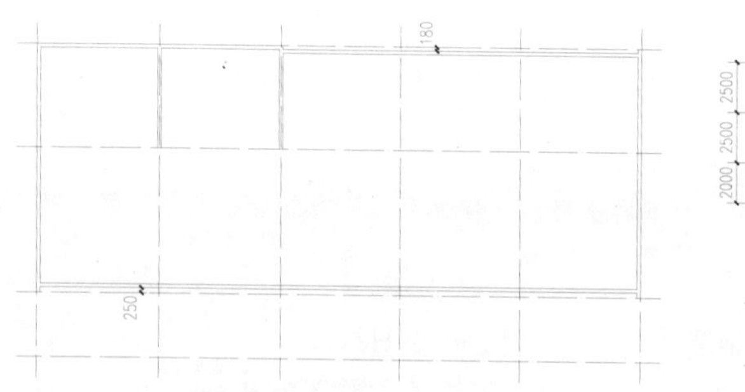

图 2-24　移动的墙体

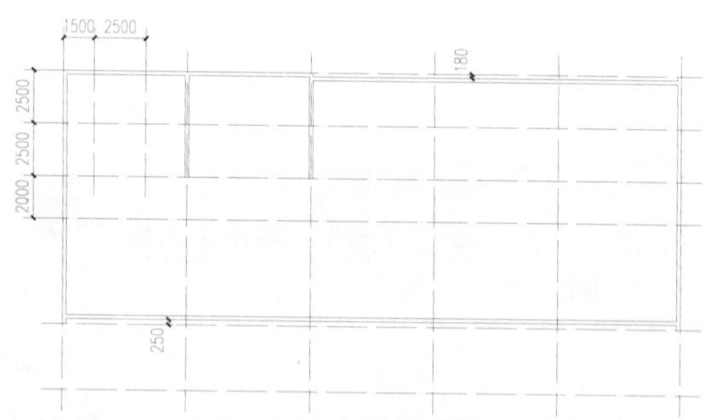

图 2-25　偏移的轴线

11）在天正屏幕菜单中选择“墙体 | 绘制墙体”命令（快捷键 HZQT），在“绘制墙体”对话框中设置墙体的左右宽度均为 60，单击“绘制直墙”绘图方式☰，然后捕捉轴网的相应交点来绘制 120 墙体，如图 2-26所示。

12）在天正屏幕菜单中选择“轴网柱子 | 标准柱”命令（快捷键 BZZ），在“标准柱”对话框中设置柱子尺寸为 400×500，单击“点选插入柱子”绘图方式✛，然后捕捉轴网的相应交点来绘制柱子，如图 2-27所示。

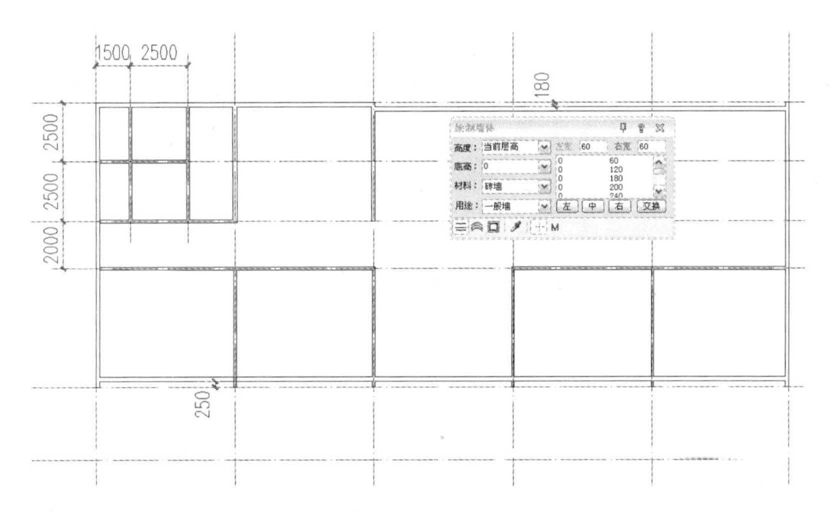

图 2-26　绘制的 120 墙体

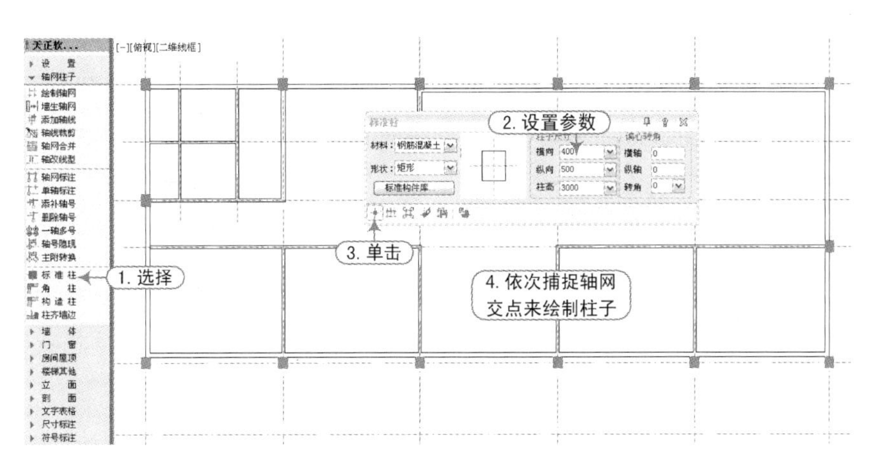

图 2-27　插入 400×500 柱子

13）同样，按照如图 2-28所示来插入 450×450 的柱子对象。

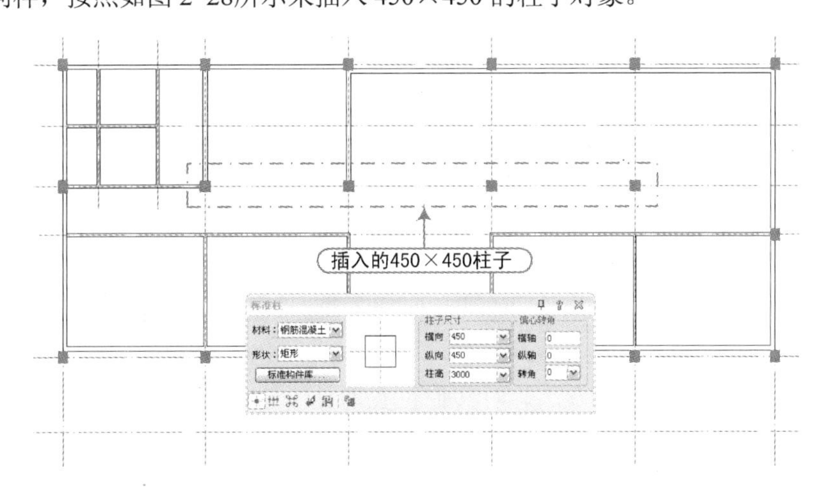

图 2-28　插入 450×450 柱子

提示

用户可以选择“设置 | 天正选项”命令，在弹出的“天正选项”对话框的“加粗填充”选项卡中勾选“对墙柱进行图案填充”复选框，从而对插入的柱子对象进行填充显示，如图 2-29所示。

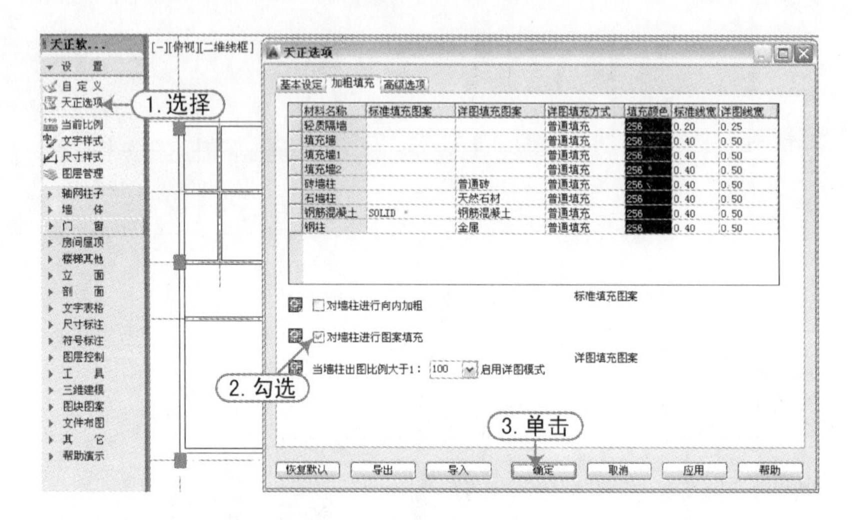

图 2-29　对墙柱进行图案填充

14）此时，可发现一些墙体与柱子并没有对齐。选择柱子对象并右击，从弹出的快捷菜单中选择“柱齐墙边”命令，根据命令行提示，首先选择对齐的墙边，再选择要对齐的柱子对象，然后单击柱边，从而进行柱齐墙边操作，如图 2-30所示。

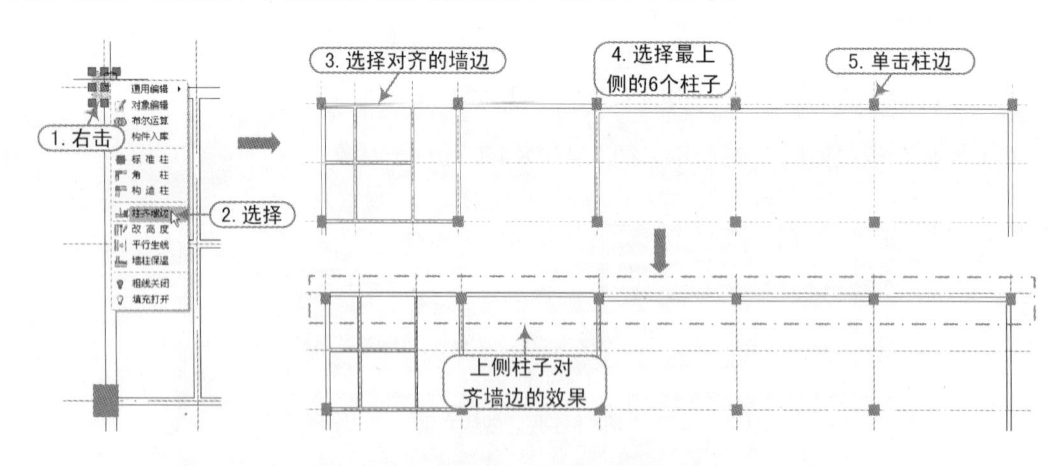

图 2-30　上侧柱子对齐墙边

15）再按照上一步相同的方法，对其他位置的柱子与墙边进行对齐操作，如图 2-31所示。

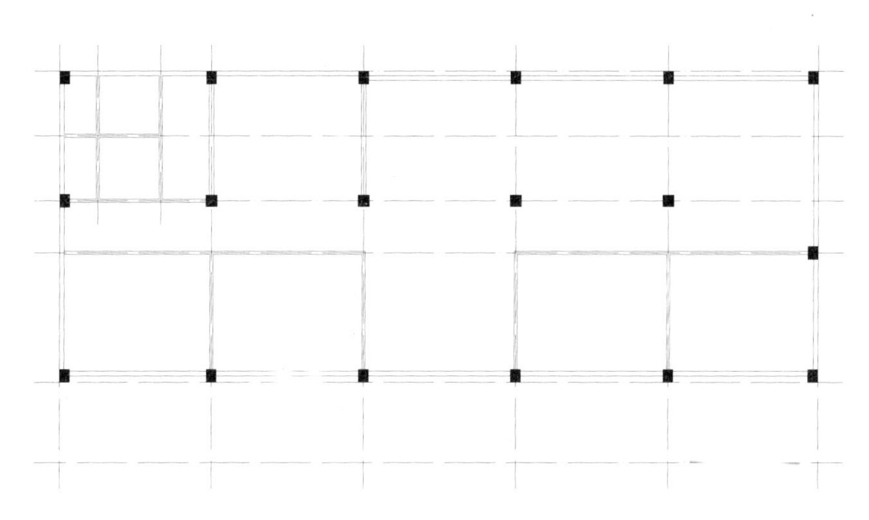

图 2-31　其他柱子对齐的效果

2.5.3　安装门窗对象

在天正绘图环境中，用户不需要像 AutoCAD 中那样先开启门窗洞口，再绘制并制作门窗图块对象，天正本身就自带了许多的门窗对象，直接按照给定的参照安装在墙体上即可。

1）在天正屏幕菜单中选择“门窗丨门窗”命令，将弹出“门窗”对话框，单击“插门”，再单击“墙段上等分”，并设置门窗的样式和相关尺寸，然后在下侧中间的墙体位置单击，再按〈Enter〉键，从而安装好旋转门对象，如图 2-32所示。

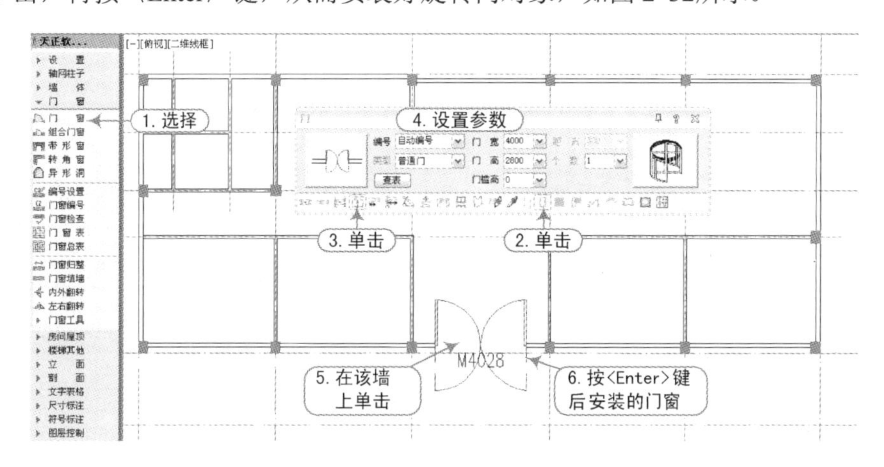

图 2-32　安装的旋转门

对于已经安装好的门窗对象，其编号如果是设置为“自动编号”，这时会根据门窗的宽度和高度来编号，如 M4028，则表示门宽为 4000，门高为 28000。当然，用户可以双击门窗的文字标签，进入文字在位编辑状态，将其门窗标注修改为“M1”。

2）再按照相同的方法，在指定的墙体中间位置布置双开门 M2，如图 2-33所示。

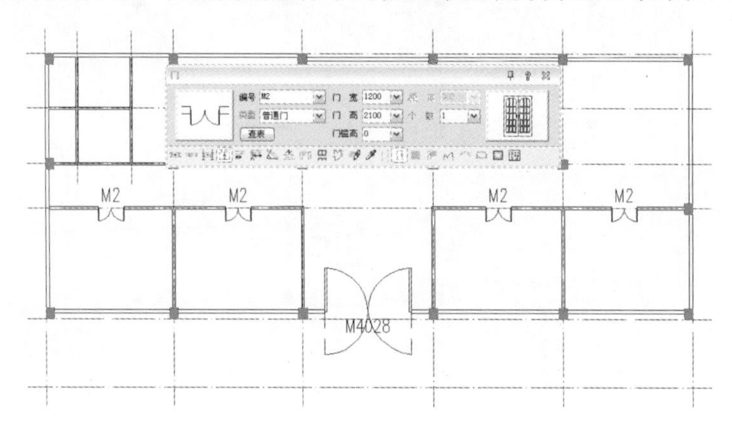

图 2-33　布置的双开门 M2

3）同样，在卫生间位置布置单开门 M3（900×2100）、M4（800×2100），如图 2-34和图 2-35所示。

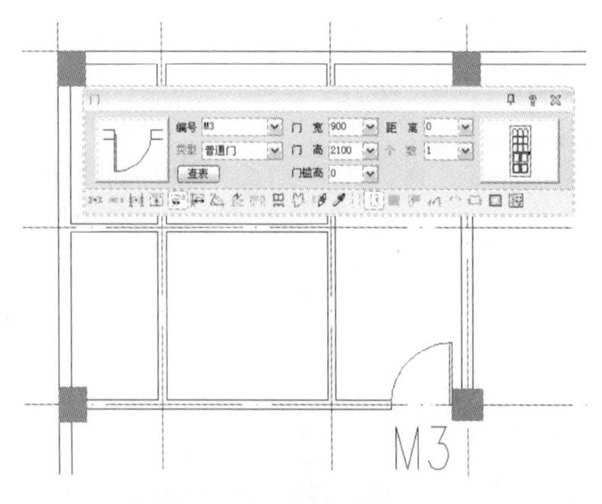

图 2-34　布置的单开门 M3

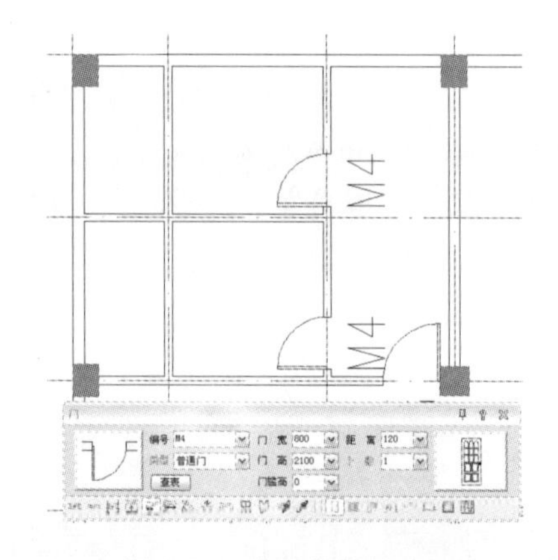

图 2-35　布置的单开门 M4

4）由于天正提供的“布置隔断”和“布置隔板”命令，所以用户可以将卫生间处的两扇墙体对象选择，并按〈Delete〉键将其删除，如图 2-36所示。

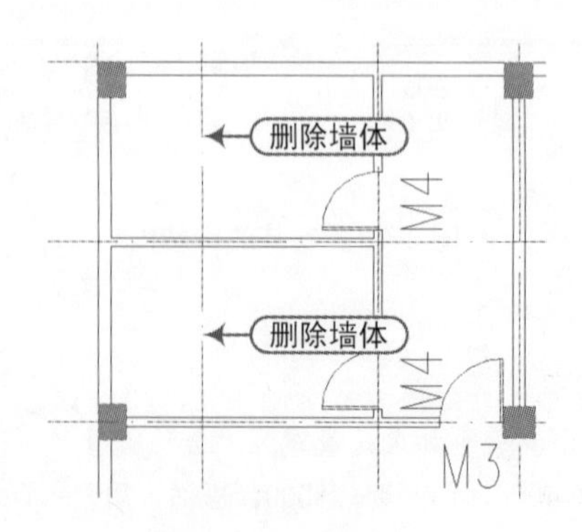

图 2-36　删除墙体

5）在天正屏幕菜单中选择“房间屋顶｜房间布置｜布置洁具”命令，从弹出的“天正洁具”对话框中选择“大便器”图块，在指定的两段墙体上各布置两个大便器对象，如图 2-37所示。

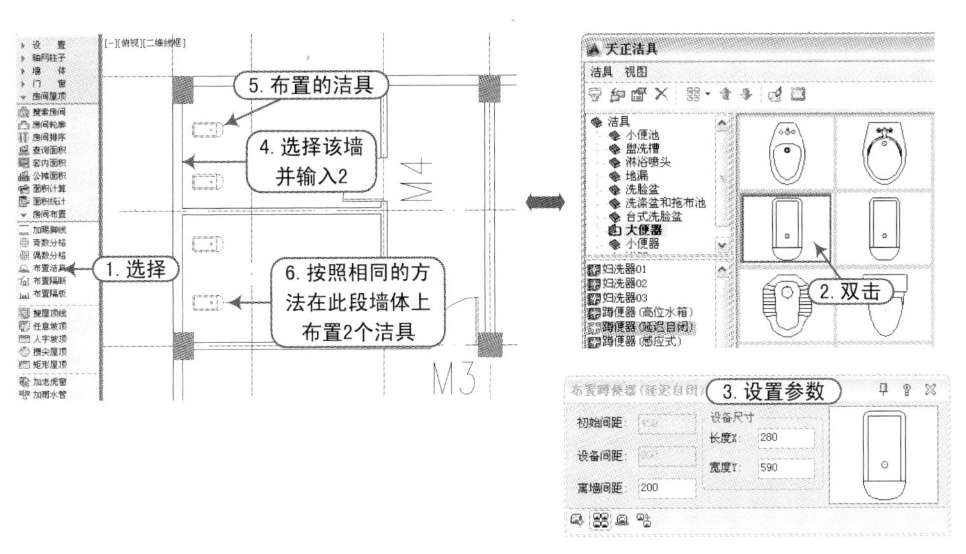

图 2-37　布置大便器

6）在天正屏幕菜单中选择“房间屋顶｜房间布置｜布置隔断”命令，根据命令行提示，以两侧墙边过两点“穿”过洁具对象，然后分别输入隔板长度 1200，隔板门宽 600，如图 2-38所示。

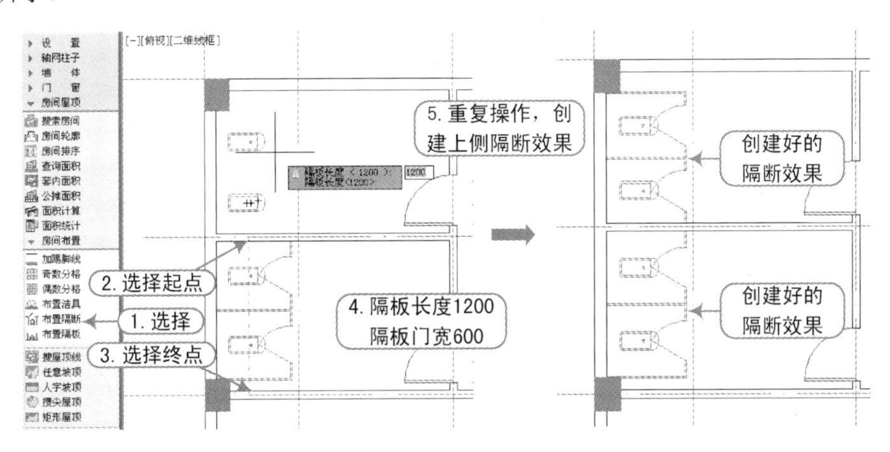

图 2-38　布置隔断

7）同样，在天正屏幕菜单中选择“房间屋顶｜房间布置｜布置洁具”命令，在卫生间位置分别布置好洗手盆和拖布池，并使用“直线”命令绘制好相应的案台效果，如图 2-39所示。

8）在天正屏幕菜单中选择“门窗｜门窗”命令，将弹出“门窗”对话框，单击“插窗”，再单击“墙段上等分”，并设置门窗的样式和相关尺寸，分别在指定墙体位置单击，按〈Enter〉键，从而布置好推拉窗 C1 对象，如图 2-40所示。

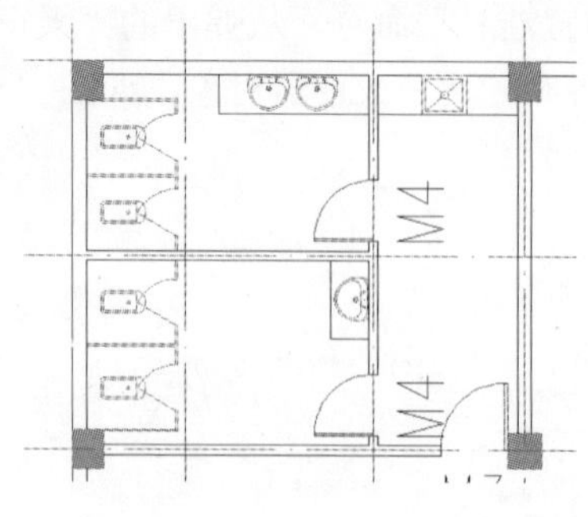

图 2-39　布置好洗手盆和拖布池

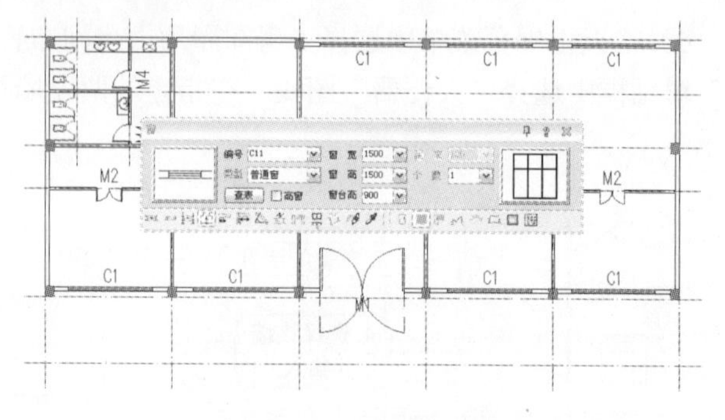

图 2-40　布置好推拉窗 C1

9）同样，按照如图 2-41所示在其他位置布置推拉窗效果。

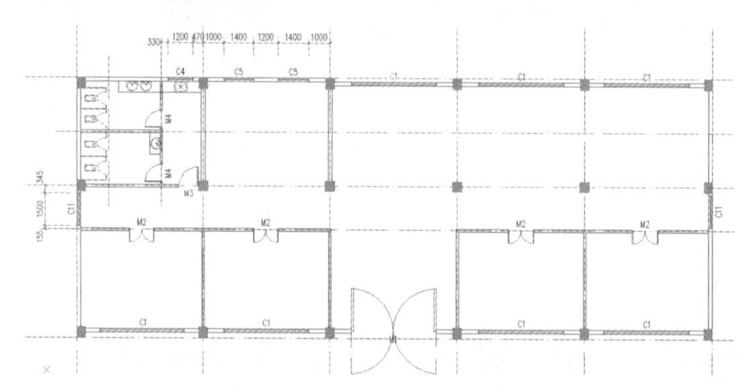

图 2-41　布置的其他推拉窗

2.5.4　其他附属设施的布置

该图形还有一圆弧楼梯对象，在前面还有台阶和圆形柱子。

1）在天正屏幕菜单中选择“楼梯其他 | 圆弧梯段”命令，在弹出的“圆弧梯段”对话框中设置好相应的参数，然后在指定的位置确定插入点即可，如图 2-42所示。

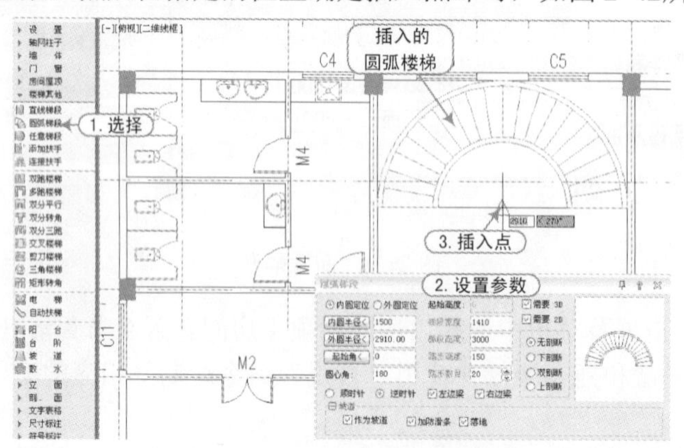

图 2-42　插入的圆弧楼梯

2）在天正屏幕菜单中选择“楼梯其他 | 直线梯段”命令，在弹出的“直线梯段”对话

框中设置好相应的参数，再在指定的位置确定插入点即可，如图 2-43所示。

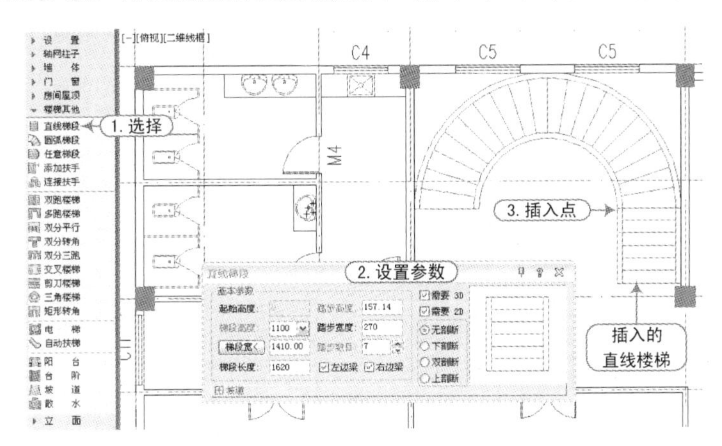

图 2-43　插入的直线楼梯

3）在天正屏幕菜单中选择“轴网柱子 | 标准柱”命令，在弹出的“标准柱”对话框中设置好相应的参数，然后在指定的位置确定插入点即可，如图 2-44所示。

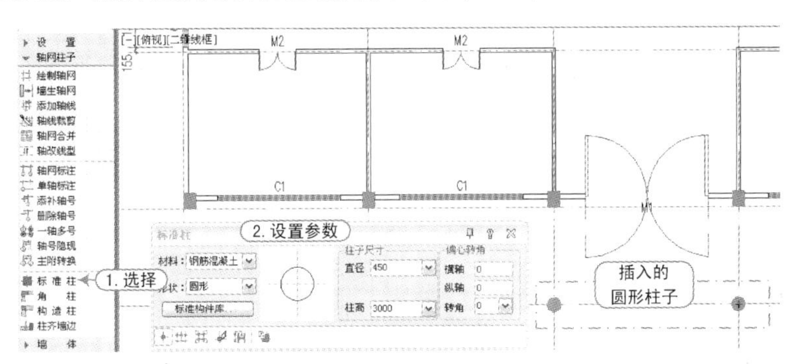

图 2-44　插入的圆形柱子

4）在天正屏幕菜单中选择“楼梯其他 | 台阶”命令，在弹出的“台阶”对话框中设置好相应的参数，根据命令行提示，选择“中心定位(C)”项，在双开门的中点位置单击，并向左右拖动，然后输入 3400，从而绘制好台阶，如图 2-45所示。

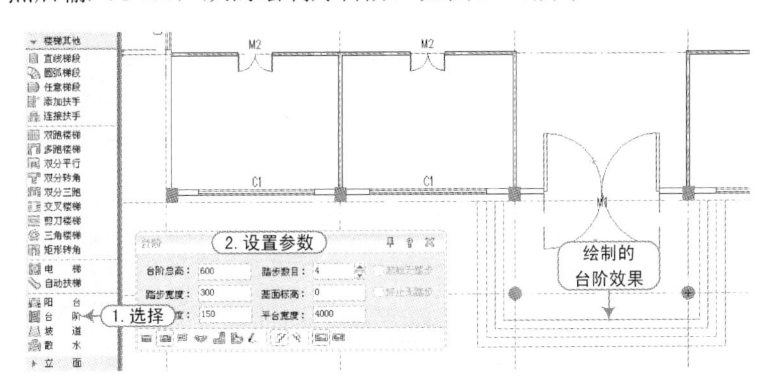

图 2-45　绘制的台阶

5）对于该办公楼一层平面图的文字、标高、尺寸、剖切符号等注释，在此就不作详细的讲解了，后面的相关章节中将会给出详细的讲解过程。其最终的效果如图 2-46所示。

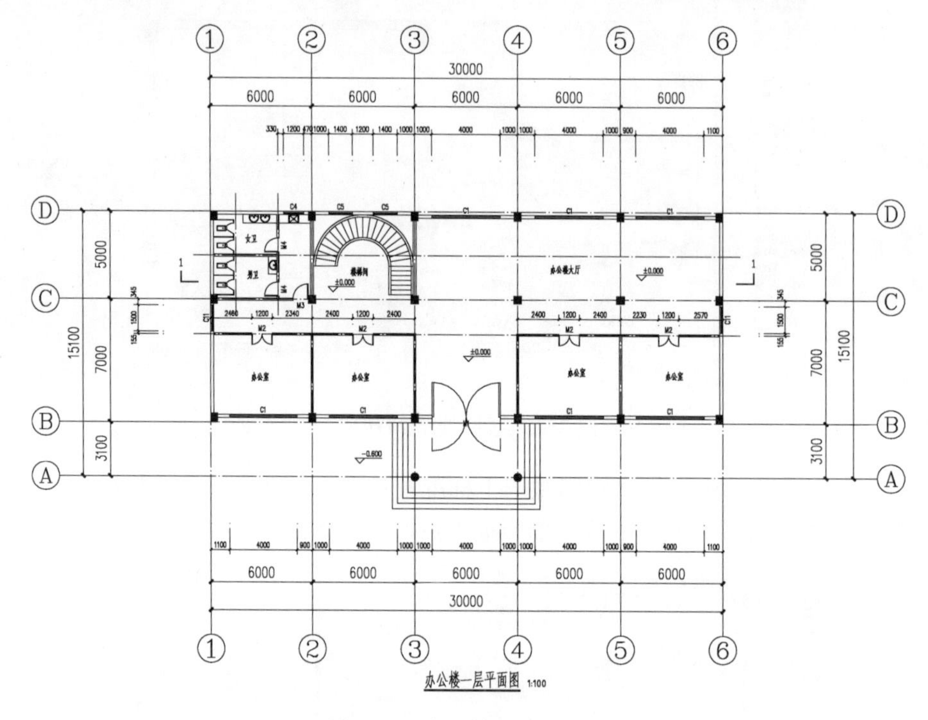

图 2-46　办公楼一层平面图

2.6　思考与练习

一、填空题

1．天正建筑系统 TArch 2014 支持 32 位____________________平台和______位 AutoCAD 2010～2014 平台。

2．TArch 天正建筑软件为用户提供了“天正自定义”设置，在 TArch 天正屏幕菜单中选择“设置”菜单下的________命令即可进行设置。

3．在 TArch 环境中可以设置当前绘图的图层标准，并可以修改图层的特性，以及对不同图层标准的转换，可选择“设置”菜单下的____________命令来执行。

4．将天正文件导入 AutoCAD 中，可在天正屏幕菜单中选择“文件布图｜图形导出”命令，将图形文件保存为__________格式，此时就把文件转换成了天正 3。

5．在天正环境中，要绘制轴网对象，其天正屏幕菜单命令为________________。

二、选择题

1．在天正环境中绘制轴网对象，其快捷键为（　　）。

A．F7　　B．Ctrl+F7　　C．HZZW　　D．ZW

2．在天正环境中绘制墙体对象，其快捷键为（　　）。

A. F6　　B. Ctrl+F6　　C. HZQT　　D. QT

3. 在天正环境中要开启正交模式，其快捷键为（　　）。

A. F8　　B. Ctrl+F8　　C. KQZJ　　D. AJ

三、操作题

1. 按照天正软件的不同方式来进行启动，并对启动时显示的“日积月累”对话框中的功能一一进行浏览掌握。

2. 使用天正软件打开光盘中的“案例\02\公厕建筑施工.dwg”文件，并使用天正的相关命令来初步练习如图 2-47所示的图形。

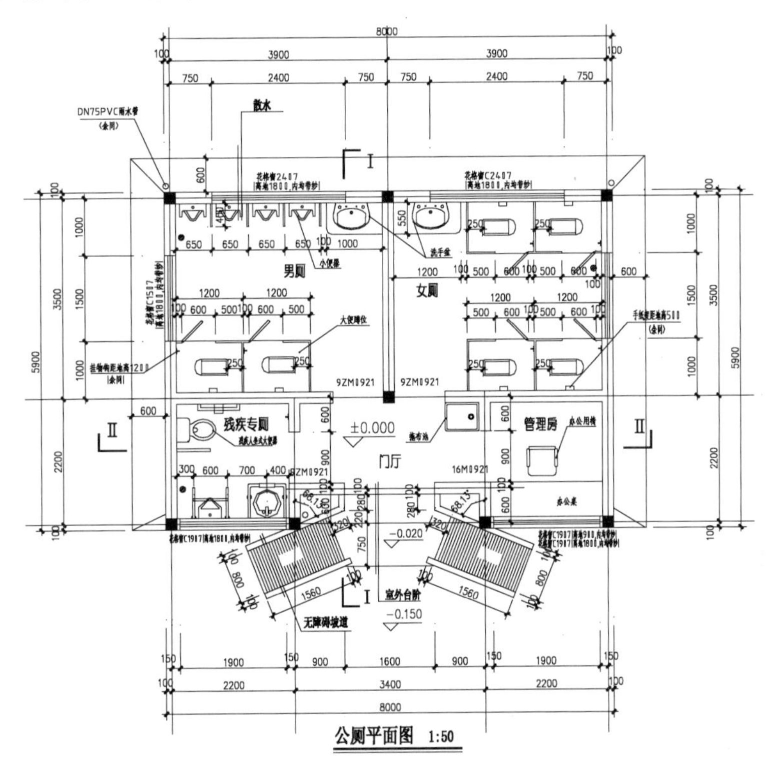

图 2-47　公厕平面图

第 3 章　绘制轴网和柱子

轴网是由两组到多组轴线与轴号、尺寸标注组成的平面网格，是建筑物单体平面布置和墙柱构件定位的依据。柱子是结构中极为重要的部分，它主要承受压力，有时也同时承受弯矩的竖向杆件，用以支承梁、桁架、楼板等。柱子按截面形式分为方柱、圆柱、矩形柱、工字形柱、H 形柱、T 形柱、 L 形柱、十字形柱、双肢柱、格构柱；按所用材料分为石柱、砖柱、砌块柱、木柱、钢柱、钢筋混凝土柱、劲性钢筋混凝土柱、钢管混凝土柱和各种组合柱。本章将介绍如何在 TArch 天正建筑中绘制轴网和柱子。

3.1　轴网的概念

完整的轴网由轴线、轴号和尺寸标注 3 个相对独立的系统构成，如图 3-1所示。

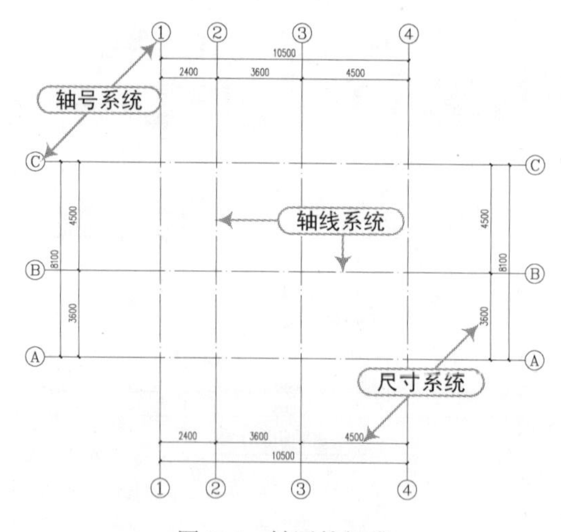

图 3-1　轴网的组成

3.1.1　轴线系统

考虑到轴线的操作比较灵活，为了避免使用时给用户带来不必要的限制，轴网系统没有做成自定义对象，而是把位于“轴线”图层上的 AutoCAD 的基本图形对象，包括 LINE、ARC、CIRCLE 识别为轴线对象，天正软件默认轴线的图层是“DOTE”。用户可以通过设置菜单中的“图层管理”命令修改默认的图层标准，如图 3-2所示。

轴线默认使用的线型是细实线，是为了绘图过程中方便捕捉，用户在出图前应该用“轴改线型”命令改为规范要求的点画线。

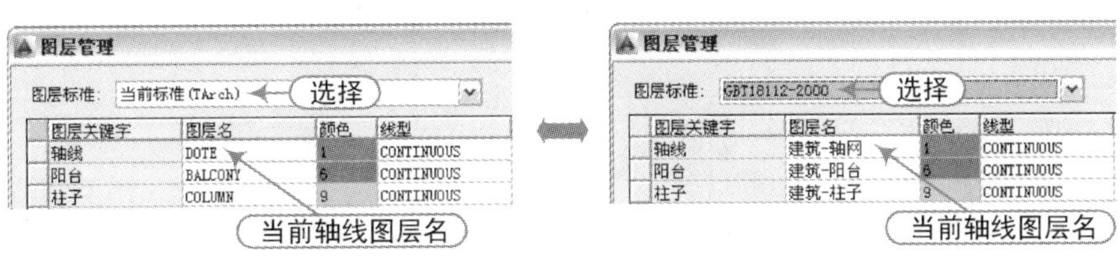

图 3-2 “轴线”图层名称

3.1.2 轴号系统

轴号是内部带有比例的自定义专业对象，是按照《房屋建筑制图统一标准》（GB/T 50001—2001）的规定编制的，它默认在轴线两端成对出现，可以通过对象编辑单独控制隐藏单侧轴号或者隐藏某个轴号的显示，“轴号隐现”命令管理轴号的隐藏和显示。

轴号号圈的轴号顺序默认是水平方向号圈以数字排序，垂直方向号圈以字符排序，但按标准规定 I、O、Z 不用于轴线编号，1 号轴线和 A 号轴线前不排主轴号，附加轴号分母分别为 01 和 0A，如图 3-3所示。

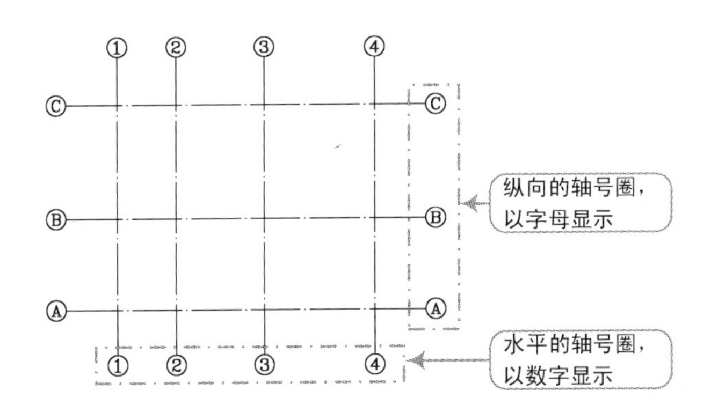

图 3-3 轴号系统

天正建筑轴号对象的大小与编号方式符合现行制图规范要求，保证出图后号圈的大小是 8 或用户在“高级选项”选项卡中预设的数值。软件限制了规范规定不得用于轴号的字母，轴号对象预设有用于编辑的夹点，通过拖动夹点可以实现轴号偏移、改变引线长度、轴号横向移动等。

1．轴号的默认参数设置

在“高级选项”选项卡中提供了多项参数，轴号字高系数用于控制编号大小和号圈的关系，轴号号圈大小是依照国家现行规范规定直径为 8～10，在“高级选项”选项卡中默认号圈直径为 8，还可控制在一轴多号命令中是否显示附加轴号等，如图 3-4所示。

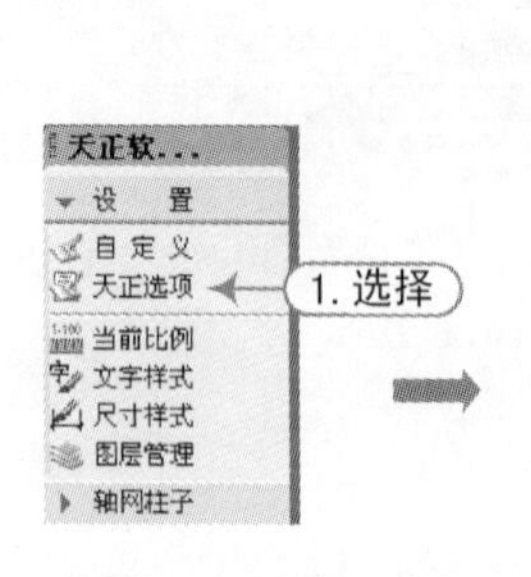

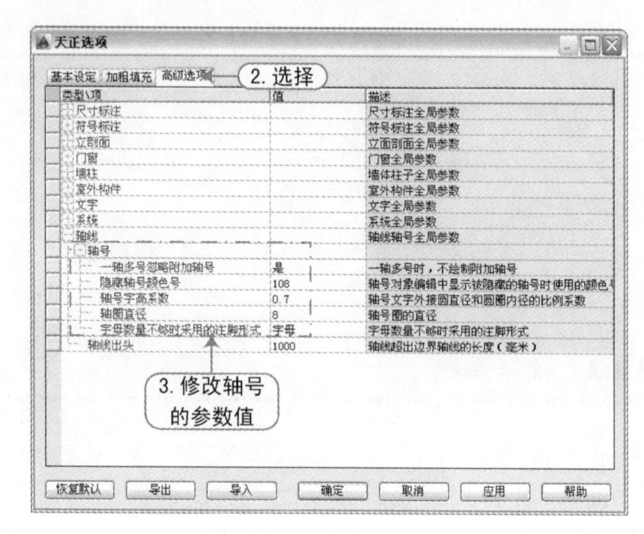

图 3-4　轴号参数的设置

2．轴号的特性参数编辑

在按〈Ctrl+1〉组合键启动的“特性”面板中，包括了轴号的各项对象特性，从 2013 版本开始新增了“隐藏轴号文字”特性栏。由于轴号对象是一个整体，此特性统一控制上下或者左右所有轴号文字的显示，便于获得轴号编号为空的轴网，如图 3-5所示。

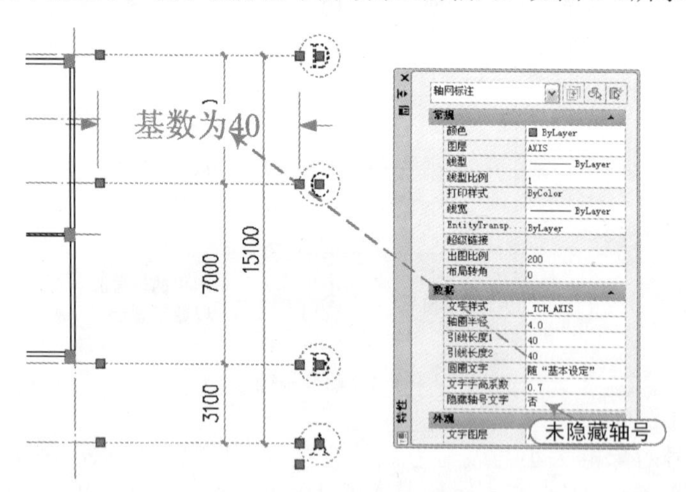

图 3-5　轴号特性编辑

3.1.3　尺寸标注系统

尺寸标注系统由自定义尺寸标注对象构成，在标注轴网时自动生成于轴标图层“AXIS”上，除了图层不同外，与其他命令的尺寸标注没有区别，如图 3-6所示。

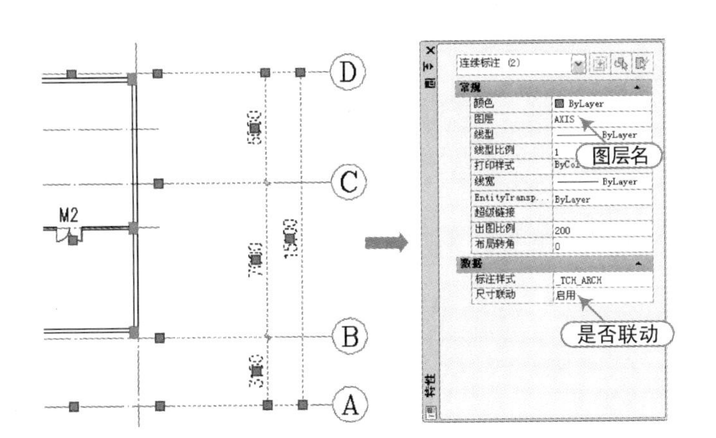

图 3-6 尺寸标注特性编辑

对于尺寸标注系统的编辑方法，将在后面的章节中作详细的讲解。

提示

对于轴网的创建，用户可以通过多种方法来创建。

1）使用“绘制轴网”命令生成标准的直轴网或弧轴网。

2）根据已有的建筑平面布置图，使用“墙生轴网”命令生成轴网。

3）在轴线层上绘制 LINE、ARC、CIRCLE，轴网标注命令识别为轴线。

软件技能

3.2 直线轴网的创建

直线轴网功能用于生成正交轴网、斜交轴网或单向轴网，由“绘制轴网”命令中的“直线轴网”标签执行。从 2013 版本开始新增“拾取”按钮，可对已有轴网参数进行自动拾取。

3.2.1 绘制轴网

执行方法：选择“轴网柱子”｜“绘制轴网”命令（快捷键 HZZW）。

例如，要绘制如表 3-1 所示数据的轴网对象，其操作步骤如图 3-7所示。

表 3-1 轴网数据

上开间	4×6000，7500，4500
下开间	2400，3600，4×6000，3600，2400
左进深	4200，3300，4200
右进深	与左进深相同，不必输入

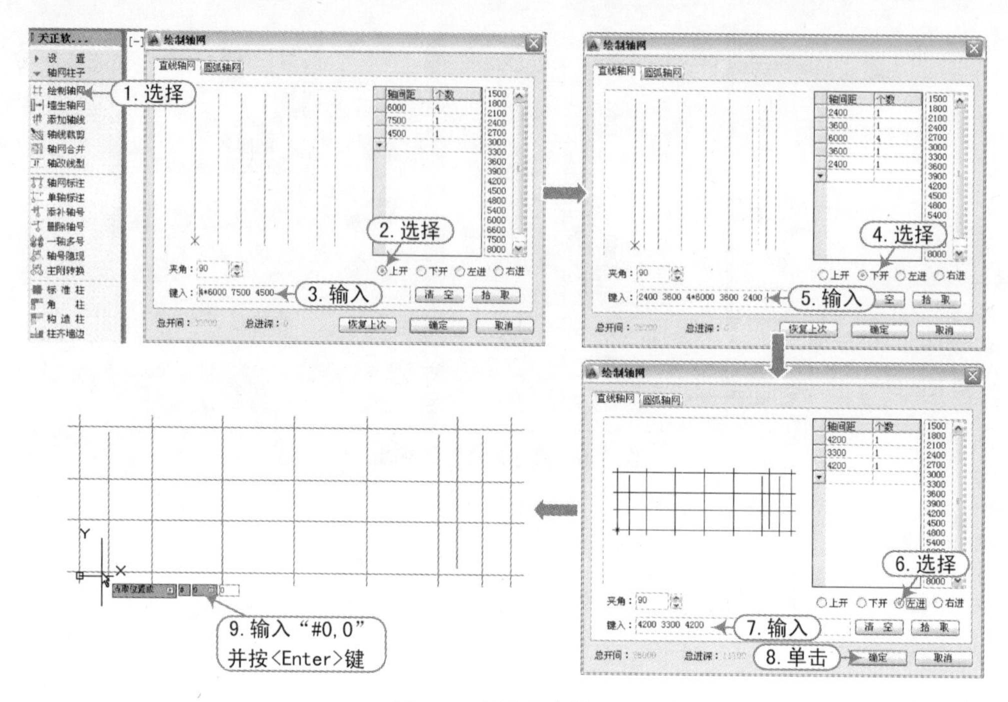

图 3-7 创建直交轴网

提示

如果用户在“夹角”微调框中输入夹角为 75°，则创建斜交轴网，如图 3-8所示。

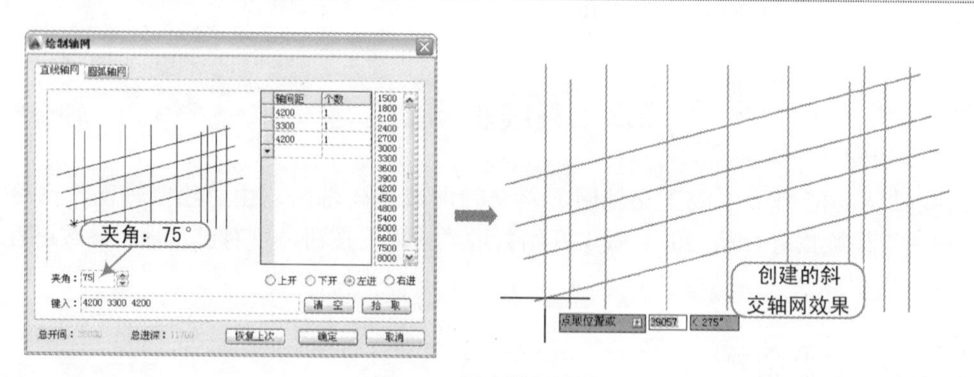

图 3-8 创建斜交轴网

在“绘制轴网”对话框中，各选项的含义如下：

- 上开：在轴网上方进行轴网标注的房间开间尺寸。
- 下开：在轴网下方进行轴网标注的房间开间尺寸。
- 左进：在轴网左侧进行轴网标注的房间进深尺寸。
- 右进：在轴网右侧进行轴网标注的房间进深尺寸。
- 个数/尺寸：栏中数据的重复次数，通过单击右侧数值栏或下拉列表获得，也可以输入。
- 轴间距：开间或进深的尺寸数据，通过单击右侧数值栏或下拉列表获得，也可以输入。

- 键入：输入一组尺寸数据，用空格或英文逗号隔开，按〈Enter〉键将数据输入到电子表格中。
- 夹角：输入开间与进深轴线之间的夹角数据，默认为夹角 90° 的正交轴网。
- 清空：把某一组开间或者某一组进深数据栏清空，保留其他组的数据。
- 拾取：提取图上已有的某一组开间或者进深尺寸标注对象获得数据。
- 恢复上次：把上次绘制直线轴网的参数恢复到对话框中。
- 确定：单击后开始绘制直线轴网并保存数据。
- 取消：取消绘制轴网并放弃输入数据。

用户在输入轴网数据时，可以按照以下 3 种方法：

1）直接在“键入”文本框中输入轴网数据，每个数据之间用空格或英文逗号隔开，输入完毕后按〈Enter〉键生效。

2）在电子表格中输入“轴间距”和“个数”，常用值可直接单击右侧数据栏或下拉列表中的预设数据。

3）切换到单选按钮“上开”“下开”“左进”“右进”之一，单击“拾取”按钮，在已有的标注轴网中拾取尺寸对象获得轴网数据。

另外，在对话框中输入所有尺寸数据并单击“确定”按钮后，命令行显示如下提示：

点取位置或 [转 90 度(A)/左右翻(S)/上下翻(D)/对齐(F)/改转角(R)/改基点(T)]<退出>:

此时可拖动基点插入轴网，直接单击轴网目标位置，或者选择其他选项来对其轴网进行旋转、翻转、改基点等操作。

若在对话框中仅仅输入了单向尺寸数据后，单击“确定”按钮，则命令行显示如下提示：

单向轴线长度<16200>:

此时给出指示该轴线的长度的两个点，或者直接输入该轴线的长度，接着提示：

点取位置或 [转 90 度(A)/左右翻(S)/上下翻(D)/对齐(F)/改转角(R)/改基点(T)]<退出>:

此时可拖动基点插入轴网，直接单击轴网目标位置或按选项提示回应，如图 3-9所示。

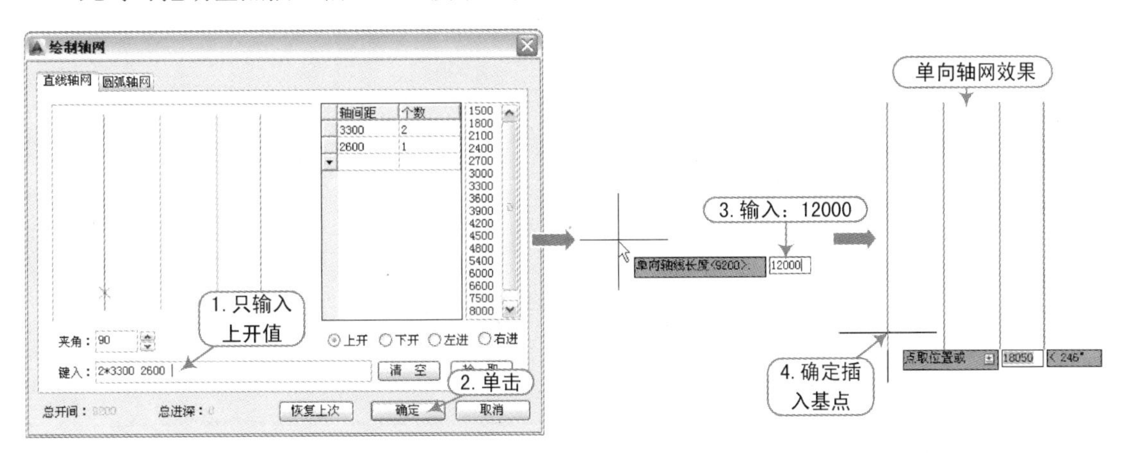

图 3-9 单向轴网的创建

对于拾取已有轴网参数，首先选择“上开”“下开”“左进”“右进”单选按钮其中一项，再单击“拾取”按钮，在视图中拾取已有轴标注对象，按〈Enter〉键后返回对话框，则在“键入”文本框中获得下开间尺寸参数2400、3600、6000、6000，如图3-10所示。

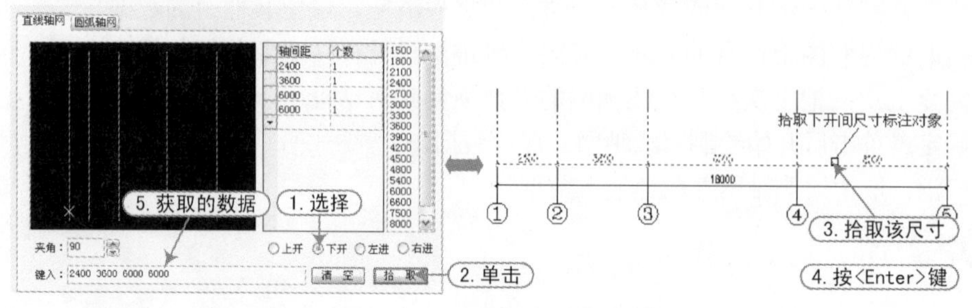

图3-10　拾取轴网获取数据

3.2.2　墙生轴网

执行方法：选择“轴网柱子 | 墙生轴网”命令（快捷键QSZW）。

在方案设计中，建筑师需反复修改平面图，如增、删墙体，改开间、进深等，用轴线定位有时并不方便，为此天正提供根据墙体生成轴网的功能，建筑师可以在参考栅格点上直接进行设计，待平面方案确定后再用本命令生成轴网。也可用墙体命令绘制平面草图，然后生成轴网。

例如，要针对已经打开的“案例\02\墙体.dwg”文件来生成轴网对象，其操作步骤如图3-11所示。

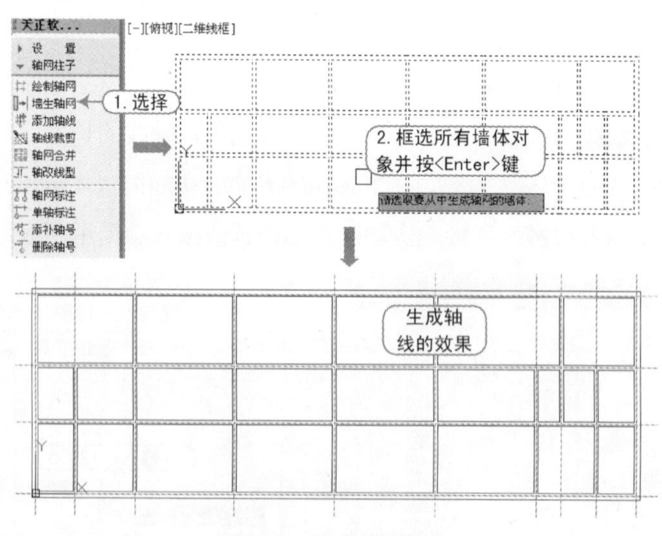

图3-11　墙生轴网操作

3.2.3　轴网合并

执行方法：选择“轴网柱子 | 轴网合并”命令（快捷键ZWHB）。

本命令用于将多组轴网的轴线按指定的一个到四个边界延伸，合并为一组轴线，同时将其中重合的轴线清理。目前，本命令不对非正交的轴网和多个非正交排列的轴网进行处理。

例如，在如图 3-12所示中，其左图为选取两组轴线后，用户在 4 条可选的对齐边界中选择了右方和下方的边界，命令执行结果如右图所示。

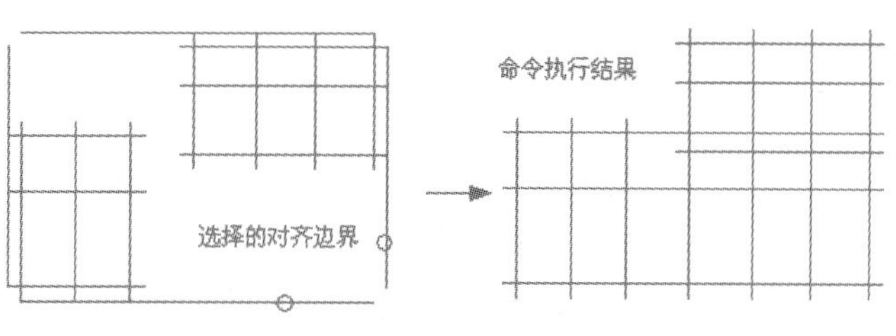

图 3-12　轴网合并

3.3　圆弧轴网的创建

执行方法：选择“轴网柱子丨绘制轴网”命令（快捷键 HZZW）。

圆弧轴网由一组同心弧线和不过圆心的径向直线组成，常组合其他轴网，端径向轴线由两轴网共用，由“绘制轴网”命令中的“圆弧轴网”标签执行。从 2013 版本开始新增“拾取已有轴网参数”的方法。

例如，要绘制如表 3-2 所示数据的轴网对象，其操作步骤如图 3-13所示。

表 3-2　轴网数据

直线轴网	上开间	3900
	下开间	与上开间相同，不必输入
	左进深	1500，3000
	右进深	与左进深相同，不必输入
圆弧轴网	开间（圆心角）	20，3×30
	进深	1500，3000
	内弧半径	3300

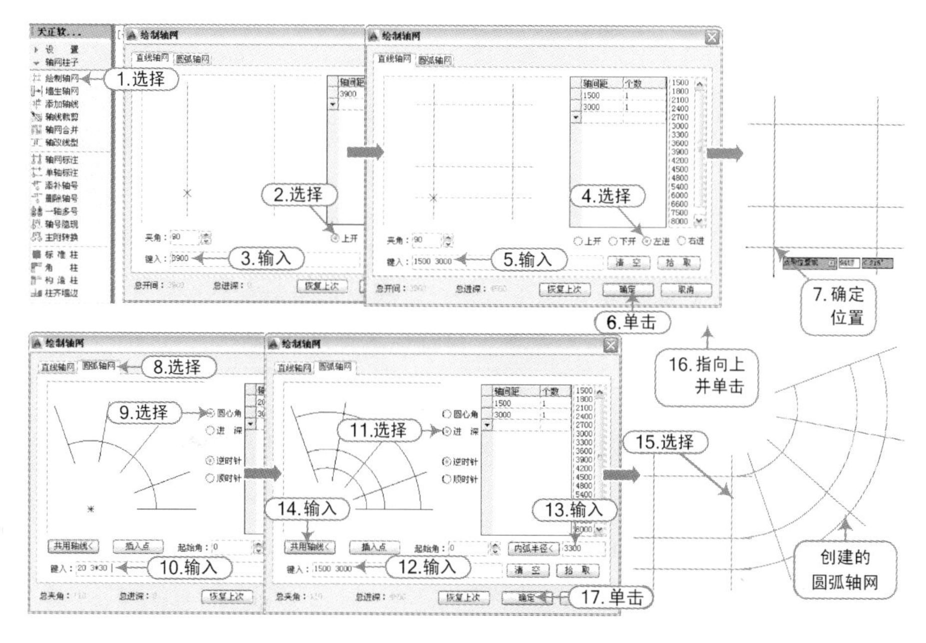

图 3-13　创建的圆弧轴网

在“圆弧轴网”选项卡中，各主要选项的含义如下：

- 进深：在轴网径向，由圆心起算到外圆的轴线尺寸序列，单位 mm。
- 圆心角：由起始角起算，按旋转方向排列的轴线开间序列，单位角度。
- 轴间距：进深的尺寸数据，通过单击右侧数值栏或下拉列表获得，也可以输入。
- 轴夹角：开间轴线之间的夹角数据，常用数据从下拉列表获得，也可以输入。
- 内弧半径<：从圆心起算的最内侧环向轴线圆弧半径，可从图上取两点获得，也可以为 0。
- 起始角：X 轴正方向到起始径向轴线的夹角（按旋转方向定）。
- 逆时针/顺时针：径向轴线的旋转方向。
- 共用轴线<：在与其他轴网共用一根径向轴线时，从图上指定该径向轴线不再重复绘出，单击时通过拖动圆轴网确定与其他轴网连接的方向。

提示

如果用户在输入圆心角的时候，若几个圆心角的总和加起来为 360°，则就形成了圆形轴网效果，如图 3-14所示。

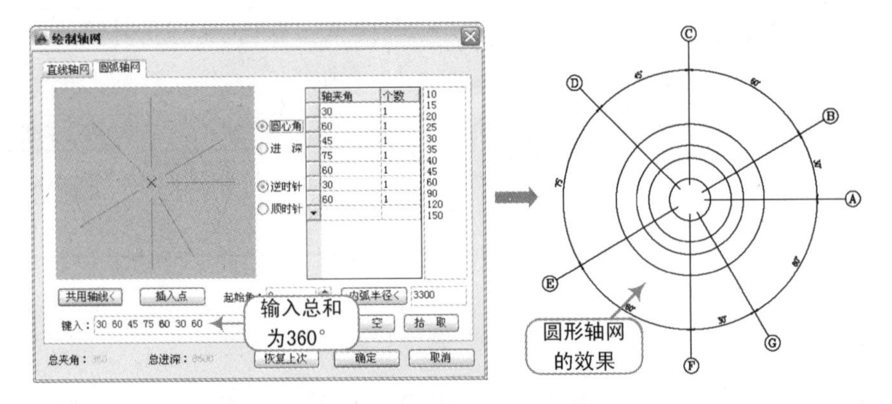

图 3-14　创建的圆形轴网

3.4　轴网的标注与编辑

轴网的标注包括轴号标注和尺寸标注，轴号可按规范要求用数字、大写字母、小写字母、双字母、双字母间隔连字符等方式标注，可适应各种复杂分区轴网的编号规则。系统按照《房屋建筑制图统一标准》7.0.4 条的规定，字母 I、O、Z 不用于轴号，在排序时会自动跳过这些字母。

提示

尽管“轴网标注”命令能一次完成轴号和尺寸的标注，但轴号和尺寸标注二者属于独立存在的不同对象，不能联动编辑，用户修改轴网时应注意自行处理。

3.4.1　轴网标注

执行方法：选择“轴网柱子 | 轴网标注”命令（快捷键 ZWBZ）。

本命令对始末轴线间的一组平行轴线（直线轴网与圆弧轴网的进深），或者径向轴线（圆弧轴线的圆心角）进行轴号和尺寸标注，自动删除重叠的轴线。

例如，要针对已经打开的“案例\02\轴网.dwg”文件来进行轴网标注操作，其操作步骤如图 3-15所示。

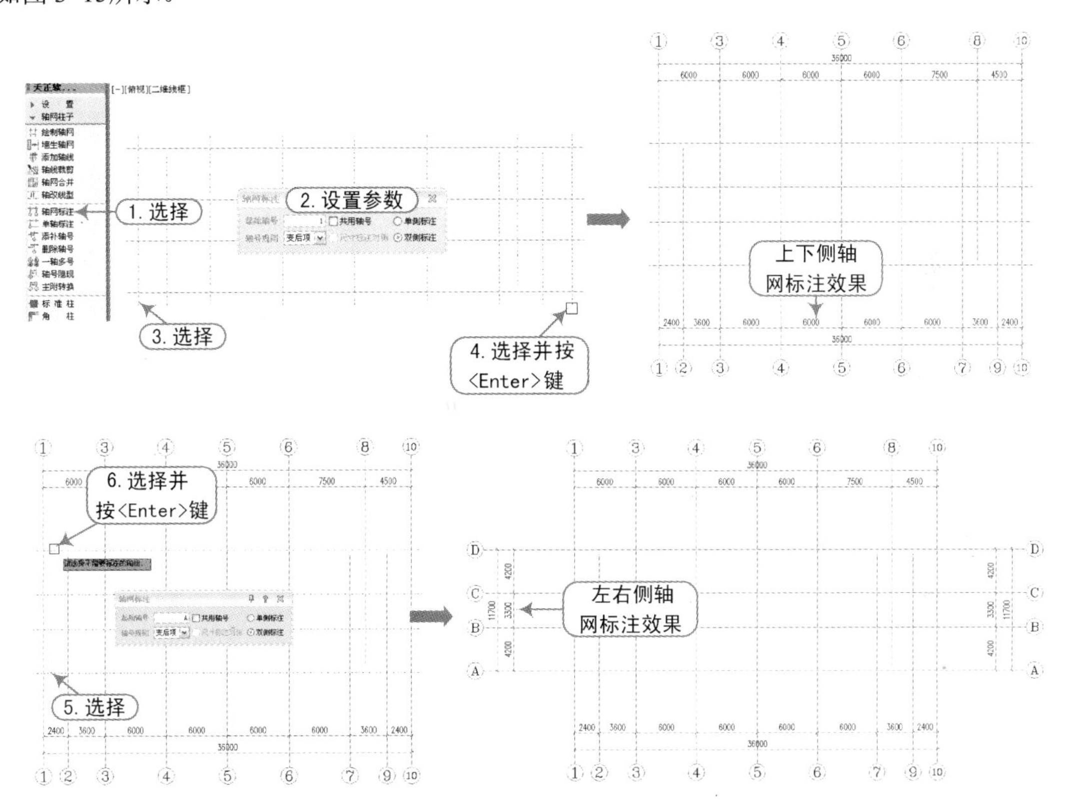

图 3-15　轴网标注操作

在“轴网标注”对话框中，各选项的含义如下：

- 起始轴号：希望起始轴号不是默认值 1 或者 A 时，在此处输入自定义的起始轴号，可以使用字母和数字组合轴号。
- 轴号规则：使用字母和数字的组合表示分区轴号，共有“变前项”和“变后项”两种情况，默认“变后项”。
- 尺寸标注对侧：用于单侧标注，勾选此复选框，尺寸标注不在轴线选取一侧标注，而在另一侧标注。
- 共用轴号：勾选后表示起始轴号由所选择的已有轴号后继数字或字母决定。
- 单侧标注：表示在当前选择一侧的开间（进深）标注轴号和尺寸。
- 双侧标注：表示在两侧的开间（进深）均标注轴号和尺寸。

提示

用户在选择起始、终止轴线时，应根据从左至右、从下至上的原则来进行选择；如果选择的方向颠倒，则标注的轴号也会跟着颠倒，如图 3-16所示。

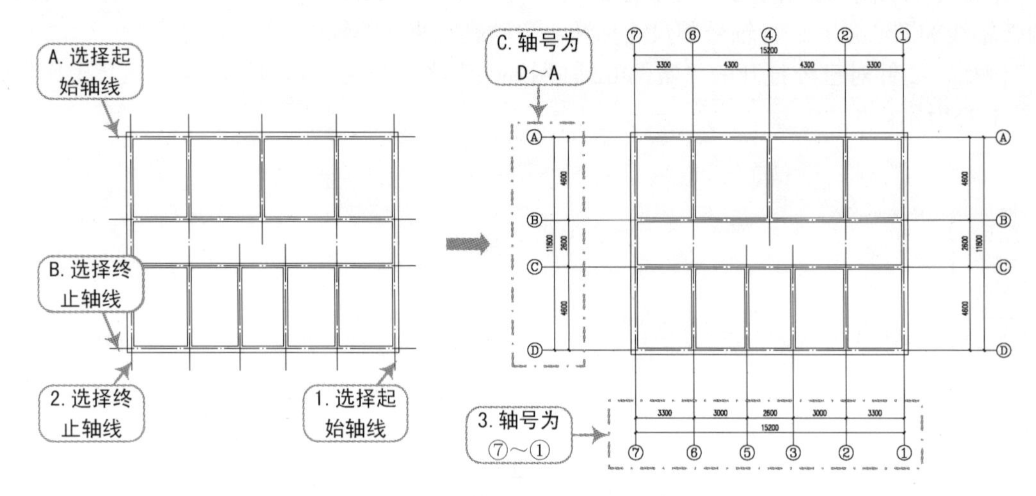

图 3-16　轴网标注的选择顺序

若进深为 2×6000、圆心角为 6×60 的圆形轴网对象，要求按逆时针标注径向轴号与引出的环向进深轴号，操作示意图如图 3-17所示。

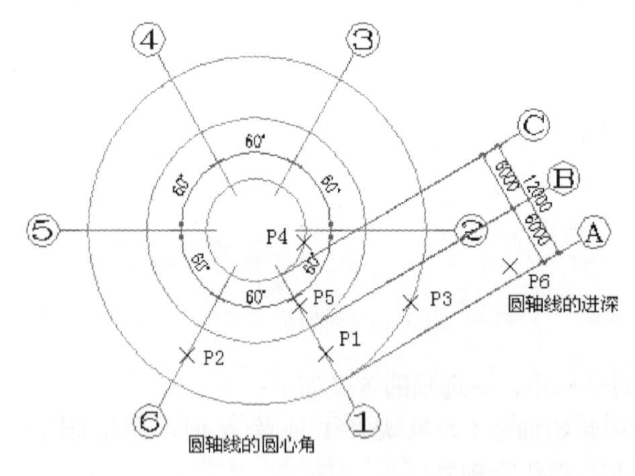

图 3-17　圆形轴网的标注

其操作步骤如下。

1）首先启动“轴网标注”命令，在弹出的对话框中勾选标注尺寸与当前侧轴号，命令行提示：

请选择起始轴线<退出>:	\\ 单击起始径向轴线上任何一点 P1。
请选择终止轴线<退出>:	\\ 单击结束径向轴线上任何一点 P2。
请选择不需要标注的轴线:	\\ 选择不需要标注轴号的辅助轴线。
是否为按逆时针方向排序编号?(Y/N) [Y]:	\\ 按〈Enter〉键确认。

2）这时标注完成圆轴线圆心角的尺寸标注，以及径向轴线的轴号，默认尺寸线是标注在外侧的，图中拖动到里侧。

3）重复本命令，命令行提示：

请选择起始轴线<退出>:	\\ 单击环向最外侧轴线任何一点 P3。
请选择终止轴线<退出>:	\\ 单击环向最内侧轴线任何一点 P4，注意以下的命令提示是针对圆形轴网标注才出现的。
请选择不需要标注的轴线:	\\ 选择不需要标注轴号的辅助轴线。
请选择圆形轴网的横(径)线:	\\ 单击要标注的径向轴线 1 的点 P5。
请输入起始轴号(.空号)<A>:	\\ 按〈Enter〉键取默认轴号 A。
请输入标注位置<退出>:	\\ 拖动标注轴号与标注线给点 P6。

3.4.2 单轴标注

执行方法：选择“轴网柱子 | 单轴标注”命令，（快捷键 DZBZ）。

本命令只对单个轴线标注轴号，轴号独立生成，不与已经存在的轴号系统和尺寸系统发生关联。不适用于一般的平面图轴网，常用于立面与剖面、详图等个别单独的轴线标注，按照制图规范的要求，可以选择几种图例进行表示，如果“轴号”文本框内不填写轴号，则创建空轴号；本命令创建的对象的编号是独立的，其编号与其他轴号没有关联，如需要与其他轴号对象有编号关联，请使用“添补轴号”命令。

1）单击“单轴标注”命令后，弹出“单轴标注”对话框，在其中选择“单轴号”或“多轴号”单选按钮，单轴号时在“轴号”文本框中输入轴号，如图 3-18所示。

2）多轴号有多种情况，当表示的轴号非连续时，应在“轴号”文本框中输入多个轴号，其间以逗号分隔；若选择“文字”单选按钮，则第二轴号以上的文字注写在轴号旁，如图 3-19所示；若选择“图形”单选按钮，则第二轴号以上的编号用号圈注写在轴号下方，如图 3-20所示。

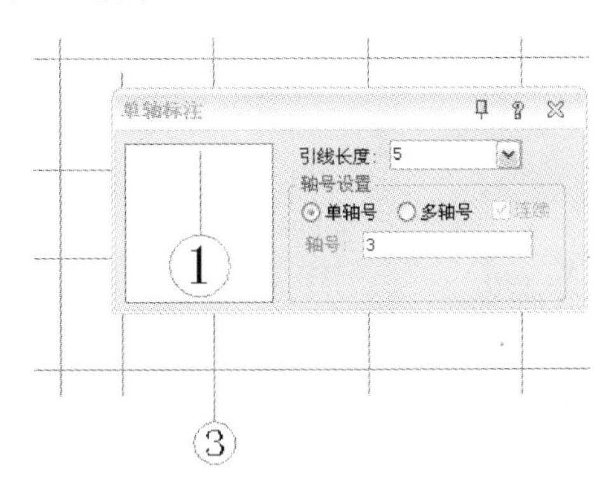

图 3-18 单轴号标注

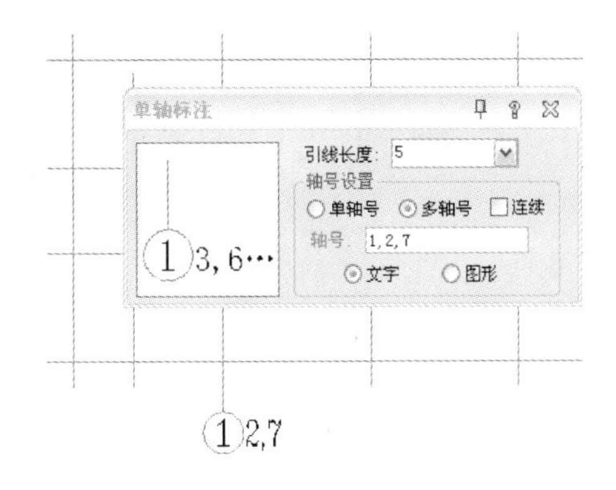

图 3-19 多轴号文字标注

3）当表示的轴号连续排列时，勾选“连续”复选框，然后在其中输入“起始轴号”和“终止轴号”，如图 3-21所示。

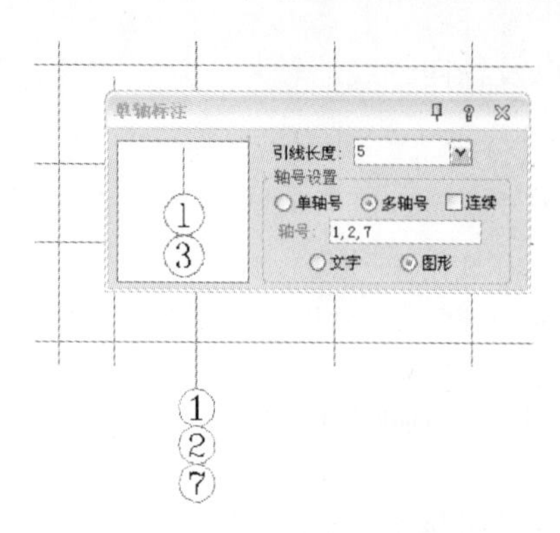

图 3-20 多轴号图形标注

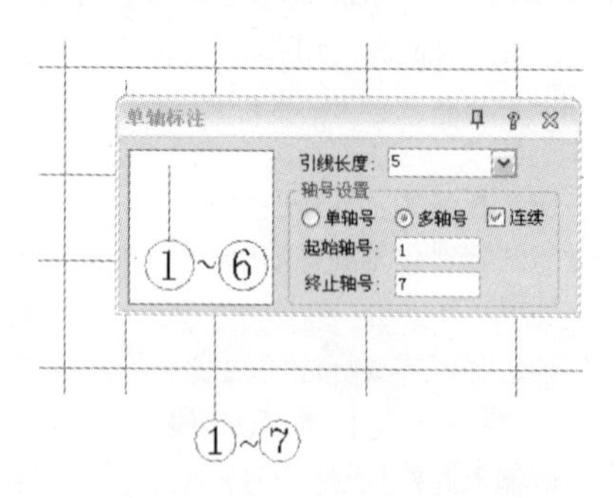

图 3-21 单轴的连续标注

3.4.3 添加轴线

执行方法：选择“轴网柱子丨添加轴线”命令，（快捷键 TJZX）。

本命令应在“轴网标注”命令完成后执行，功能是参考某一条已经存在的轴线，在其任意一侧添加一条新轴线，同时根据用户的选择赋予新的轴号，把新轴线和轴号一起融入到已有的参考轴网中。从 2013 版开始，增加“是否重排轴号:”的选择，在非附加轴线时可重排轴号，已有的参考轴网可以是直线轴网和圆弧轴网。

例如，要针对已经打开的“案例\02\轴网 1.dwg”文件来进行添加轴线操作，其操作步骤如图 3-22所示。

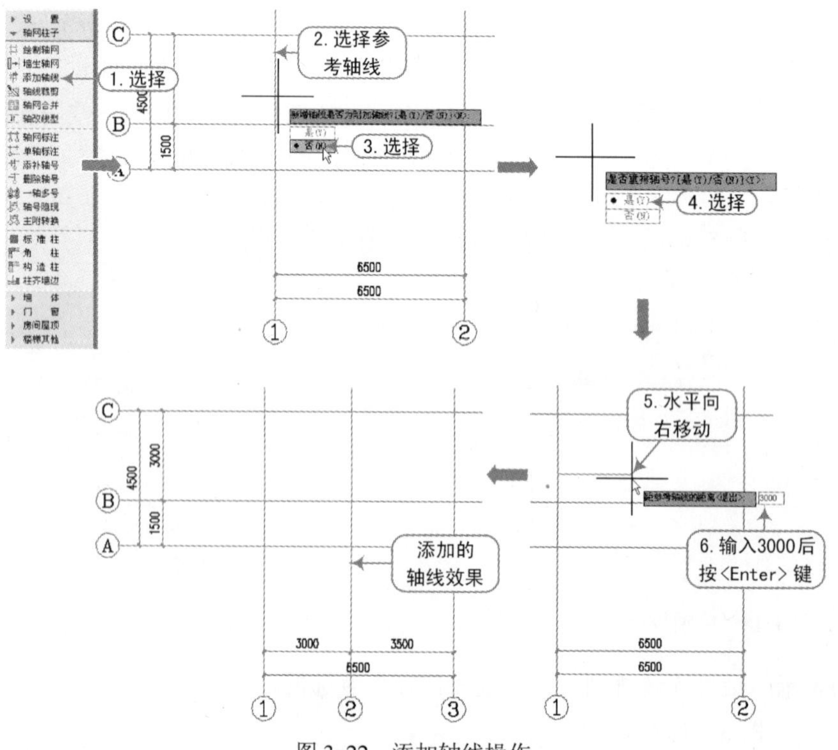

图 3-22 添加轴线操作

3.4.4 轴线裁剪

执行方法：选择“轴网柱子 | 轴线裁剪”命令，（快捷键 ZXCJ）。

本命令可根据设定的多边形与直线范围，裁剪多边形内的轴线或者直线某一侧的轴线。

例如，针对图 3-22 中 2 号轴号右侧的水平轴线进行裁剪，其操作步骤如图 3-23所示。

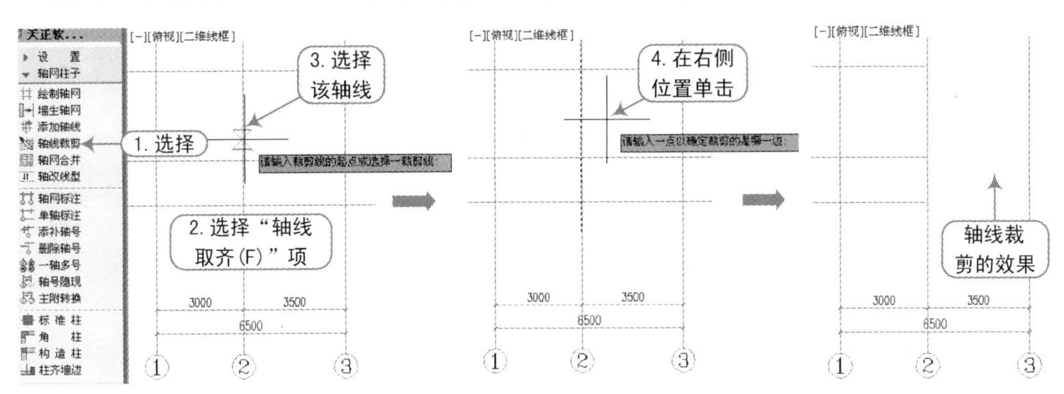

图 3-23 轴线裁剪操作

3.4.5 轴改线型

执行方法：选择“轴网柱子 | 轴改线型”命令，（快捷键 ZGXX）。

本命令在点画线和连续线两种线型之间切换。建筑制图要求轴线必须使用点画线，但由于点画线不便于对象捕捉，常在绘图过程中使用连续线，在输出的时候切换为点画线。如果使用模型空间出图，则线型比例用“10×当前比例”来决定，当出图比例为 1:100 时，默认线型比例为 1000。如果使用图纸空间出图，天正建筑软件内部已经考虑了自动缩放。

例如，要针对已经打开的“案例\02\轴网 1.dwg”文件来进行轴改线型操作，其操作步骤如图 3-24所示。

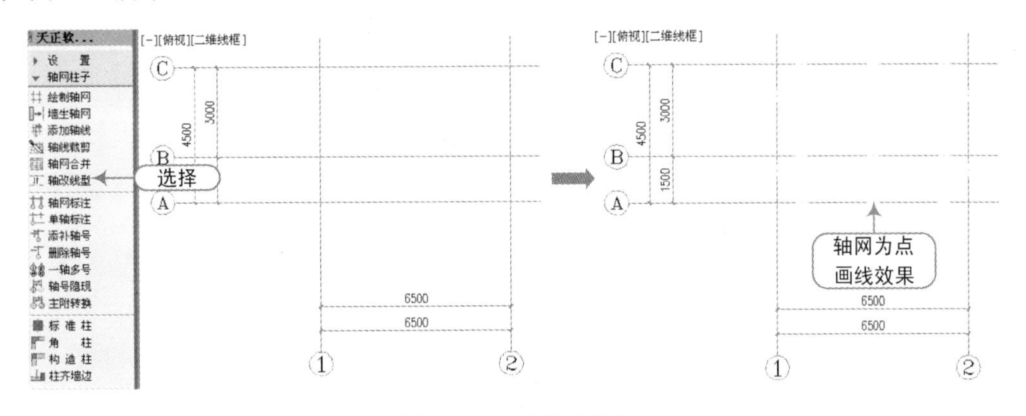

图 3-24 轴改线型操作

3.5 轴号的操作

轴号对象是一组专门为建筑轴网定义的标注符号，通常就是轴网的开间或进深方向上的一排轴号。按国家制图规范，即使轴间距上下不同，同一个方向轴网的轴号也是统一编号的系统，以一个轴号对象表示，但一个方向的轴号系统和其他方向的轴号系统是独立的对象。

天正轴号对象中的任何一个单独的轴号，可设置为双侧显示或者单侧显示，也可以一次关闭打开一侧全体轴号，不必为上下开间（进深）各自建立一组轴号（这样做反而会导致轴号排序功能错误），也不必为关闭其中某些轴号而炸开对象进行轴号删除。从 2013 版开始新提供的“隐藏轴号文字”新特性，可以方便地获得轴号编号为空的轴网。

提示

对于轴号的操作，用户除了在天正屏幕菜单的“轴网柱子”菜单下选择相应的命令外，还可以使用鼠标右击轴号对象，从弹出的快捷菜单中选择命令来进行编辑，如图 3-25所示。

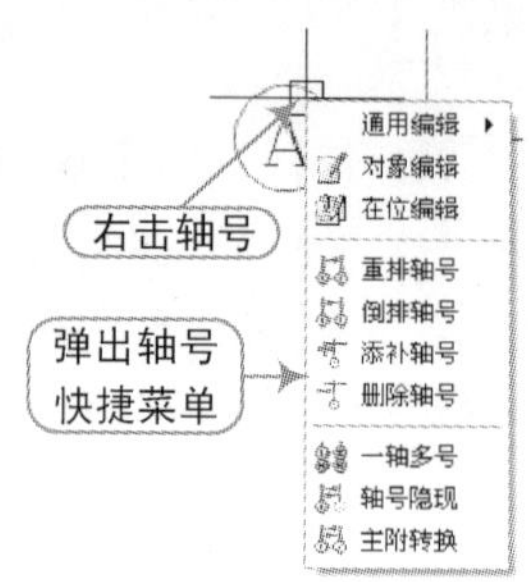

图 3-25 轴号快捷菜单

3.5.1 添补轴号

执行方法：选择“轴网柱子｜添补轴号”命令，（快捷键 TBZH）。

本命令可在矩形、弧形、圆形轴网中对新增轴线添加轴号，新添轴号成为原有轴网轴号对象的一部分，但不会生成轴线，也不会更新尺寸标注，适合以其他方式增添或修改轴线后进行的轴号标注。从 2013 版开始新增“是否重排轴号：”的选择。

例如，要针对已经打开的“案例\02\轴网 1.dwg”文件来进行添补轴号操作，其操作步骤如图 3-26所示。

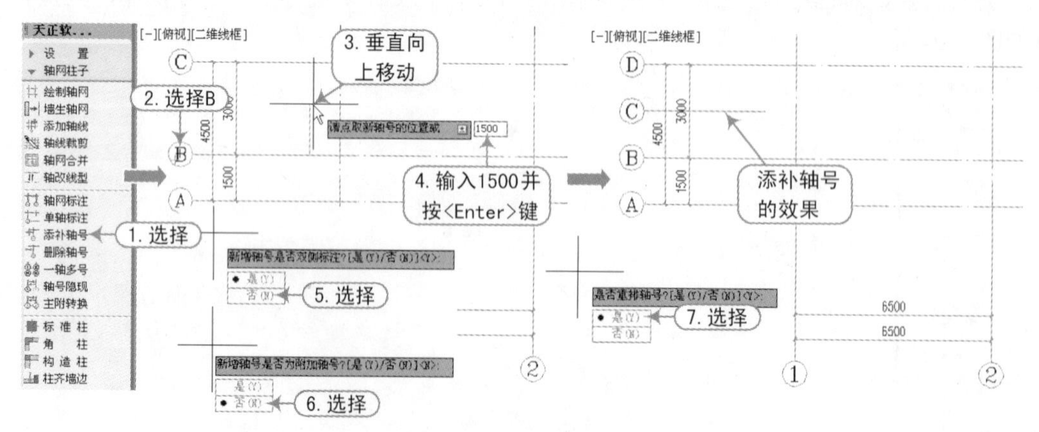

图 3-26 添补轴号操作

3.5.2 删除轴号

执行方法：选择“轴网柱子丨删除轴号”命令，（快捷键 SCZH）。

本命令用于在平面图中删除个别不需要轴号的情况，被删除轴号两侧的尺寸应并为一个尺寸，并可根据需要决定是否调整轴号，可框选多个轴号一次性删除。

例如，针对上一节中所添补的轴号进行删除操作，其操作步骤如图 3-27所示。

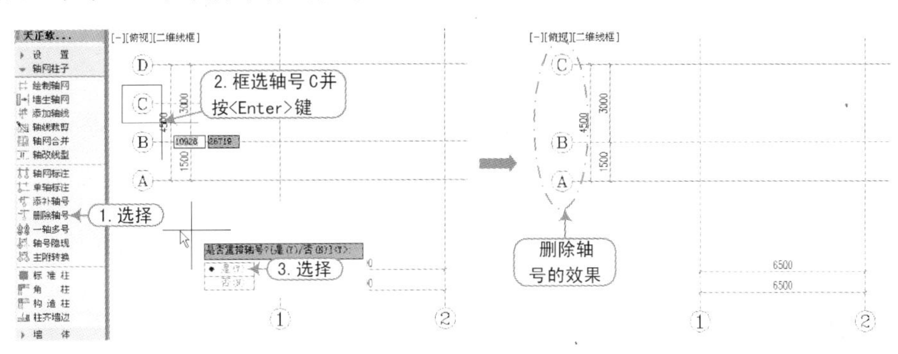

图 3-27 删除轴号操作

3.5.3 一轴多号

执行方法：选择“轴网柱子丨一轴多号”命令，（快捷键 YZDH）。

本命令用于平面图中同一部分由多个分区共用的情况，利用多个轴号共用一条轴线可以节省图面和减少工作量。本命令将已有轴号作为源轴号进行多排复制，用户进一步对各排轴号编辑获得新轴号系列，如图 3-28所示。

提示

“一轴多号”命令，默认情况下不复制附加轴号。当然，用户可以通过“天正设置”对话框的“高级选项”选项卡中的轴线丨轴号丨不绘制附加轴号”来设置是否对其附加轴号进行复制操作，如图 3-29所示。

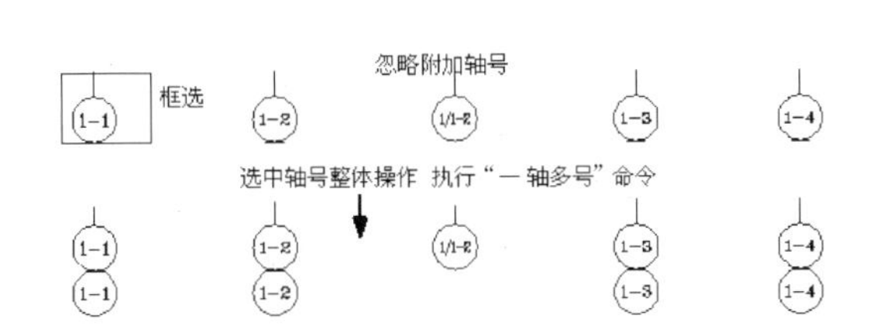

图 3-28 一轴多号操作

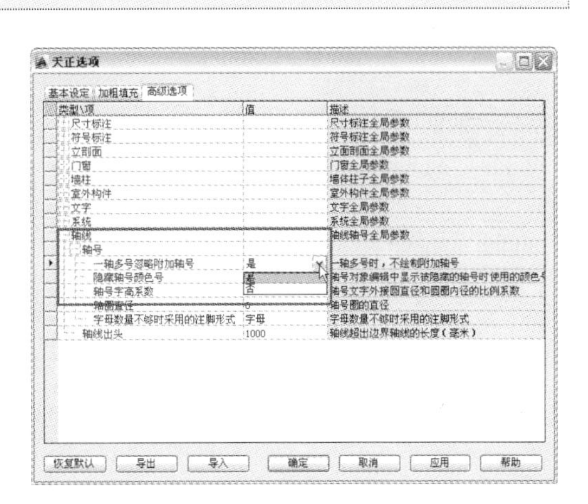

图 3-29 是否忽略附加轴号

3.5.4 主附转换

执行方法：选择“轴网柱子｜主附转换”命令，（快捷键 ZFZH）。

本命令用于在平面图中将主轴号转换为附加轴号，或者反过来将附加轴号转换回主轴号，本命令的重排模式对轴号编排方向的所有轴号进行重排。

例如，要针对已经打开的“案例\02\轴网 2.dwg”文件来进行主附转换操作，其操作步骤如图 3-30所示。

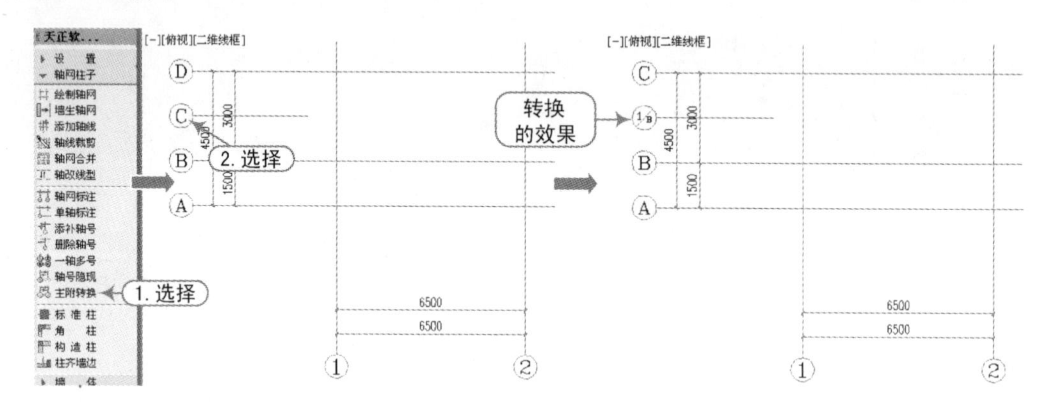

图 3-30　主附转换操作

3.5.5 重排轴号

执行方法：右击轴号，在弹出的快捷菜单中选择“重排轴号”命令。

对于轴号的操作，用户除了在天正屏幕菜单的“轴网柱子”菜单下选择相应的命令外，还可以使用鼠标右击轴号对象，从弹出的快捷菜单中选择命令来进行编辑，如图 3-31所示。

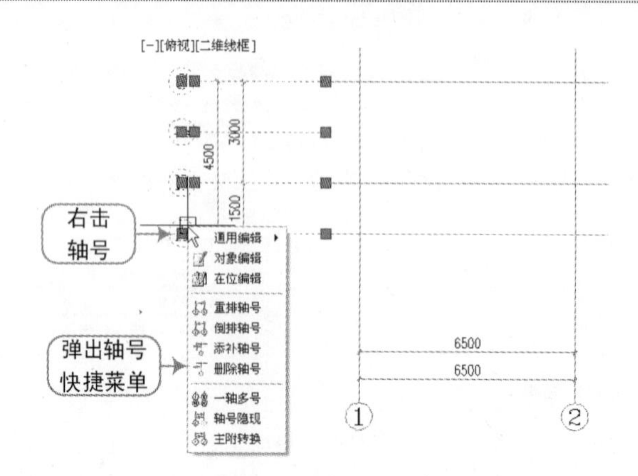

图 3-31　轴号快捷菜单

本命令在所选择的一个轴号对象（包括轴线两端）中，从所选轴号开始，对轴网的开间（或进深）按输入的新轴号重新排序，方向默认从左到右或从下到上；在此新轴号左（下）方的其他轴号不受本命令影响。

例如，要针对已经打开的“案例\02\轴网 3.dwg”文件来进行重排轴号操作，其操作步骤如图 3-32所示。

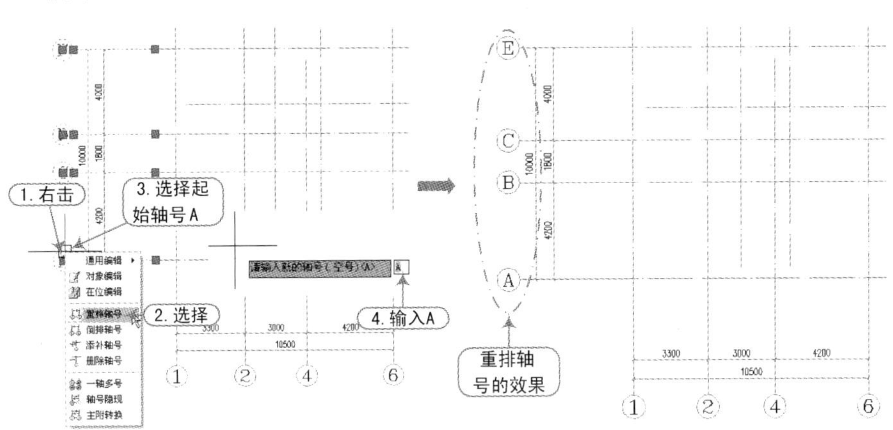

图 3-32 重排轴号操作

若轴号对象事先执行过倒排轴号，则重排轴号的排序方向会按当前轴号的排序方向。

3.5.6 倒排轴号

执行方法：右击轴号，在弹出的快捷菜单中选择“倒排轴号”命令。

例如，改变如图 3-33所示（左图）中轴线编号的排序方向。该组编号自动进行倒排序，即原来从右到左 1-3 排序改为从左到右 1-3 排序，保持原附加轴号依然为附加轴号，同时影响到今后该轴号对象的排序方向，如果倒排为从右到左的方向，重排轴号会按照从右到左进行。

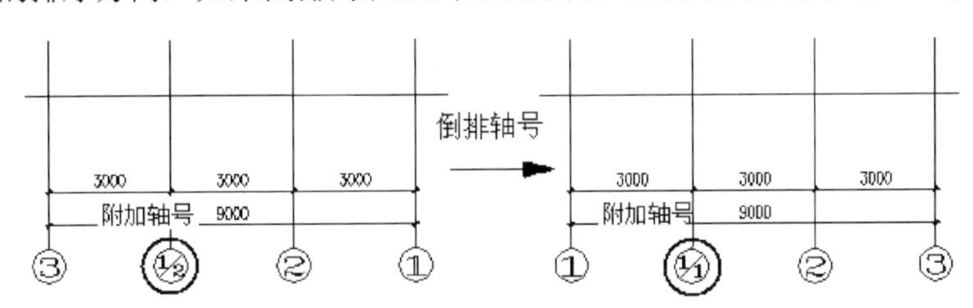

图 3-33 倒排轴号效果

3.5.7 轴号夹点编辑

轴号对象预设了专用夹点，用户可以用鼠标拖动这些夹点编辑轴号，解决以前众多命令才能解决的问题，如轴号的外偏与恢复、成组轴号的相对偏移都直接拖动完成，对象每个夹点的用途均在光标靠近时出现提示，夹点预设功能如图 3-34所示。

其中轴号的横移是两侧号圈一致的，而纵移则是仅对单侧号圈有效，拖动每个轴号引线端夹点都能拖动一侧轴号一起纵向移动。

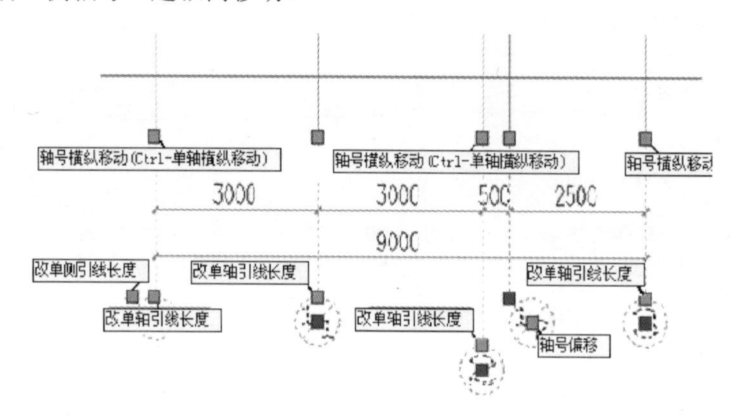

图 3-34　轴号不同夹点的功能

从 2013 版本开始，“改单侧引线长度”夹点独立设在轴号外侧，避免了以往关闭首轴号的同时将此夹点关闭的问题；第一轴号可以改单轴引线长度，新增“单轴横纵移动”夹点，可以拖动单个轴号到任意位置。

3.5.8　轴号在位编辑

可方便地使用在位编辑来修改轴号，光标在轴号对象范围内，然后双击轴号文字，即可进入在位编辑状态，在轴号上出现编辑框。如果要关联修改后续的多个编号，右击出现快捷菜单，在其中单击“重排轴号”命令即可完成轴号排序，否则只修改当前编号，如图 3-35所示。

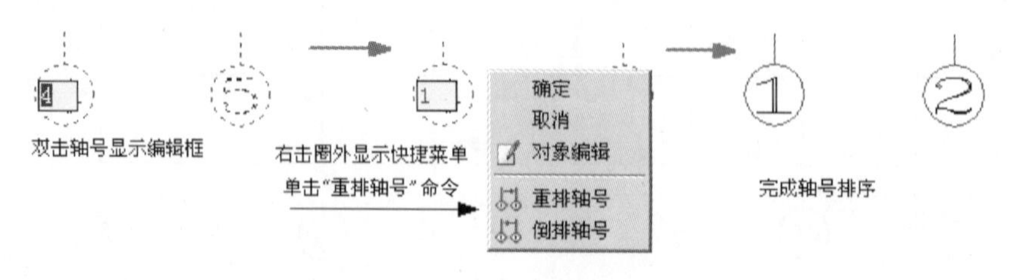

图 3-35　轴号在位编辑

3.6　柱子的操作

柱子在建筑设计中主要起到结构支撑作用，有时柱子也用于纯粹的装饰。本软件以自定

义对象来表示柱子，但各种柱子对象定义不同，标准柱用底标高、柱高和柱截面参数描述其在三维空间的位置和形状；构造柱用于砖混结构，只有截面形状而没有三维数据描述，只用于施工图。

3.6.1 柱子的概念

柱与墙相交时，根据墙柱之间的材料等级关系来决定柱自动打断墙或者墙穿过柱；如果柱与墙体同材料，则墙体被打断的同时与柱连成一体。

另外，柱子的填充方式与柱子和墙的当前比例有关。若当前比例大于预设的详图模式比例，柱子和墙的填充图案按详图填充图案填充；否则，按标准填充图案填充。

1．柱子与墙的保温层特性

柱子的保温层与墙保温层均通过“墙柱保温”命令添加，柱保温层与相邻的墙保温层的边界自动融合，但两者具有不同的性质。柱保温层在独立柱中能自动环绕柱子一周添加，保温层厚度对每一个柱子可独立设置、独立开关，但更广泛的应用场合中，柱保温层更多的是被墙（包括虚墙）断开，分别为外侧保温或者内侧保温、两侧保温，但保温层不能设置不同厚度；柱保温的范围可随柱子与墙的相对位置自动调整，如图 3-36所示。

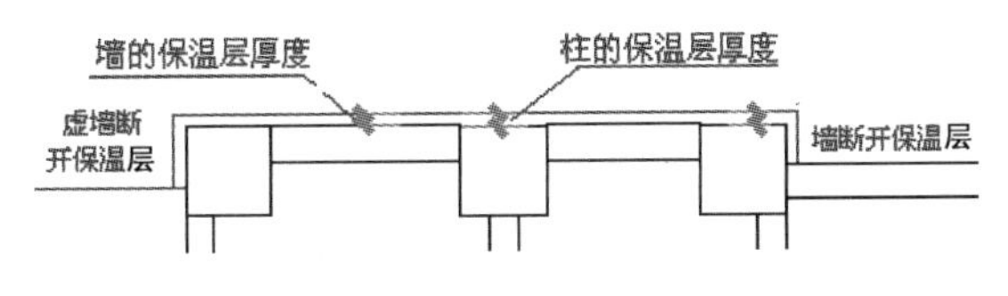

图 3-36　墙柱保温层

2．柱子的夹点定义

柱子的每一个角点处的夹点，都可以拖动改变柱子的尺寸或者位置。如矩形柱的边中夹点用于改变柱子的边长，对角夹点用于改变柱子的大小，中心夹点用于改变柱子的转角或移动柱子；圆柱的象限夹点用于改变柱子的半径，中心夹点用于移动柱子，如图 3-37所示。

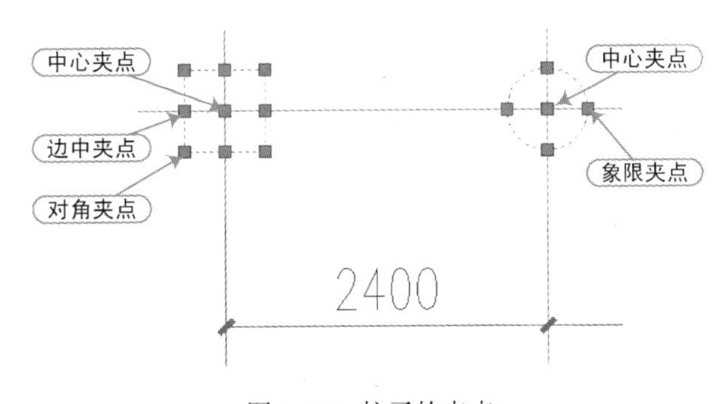

图 3-37　柱子的夹点

3．柱子与墙的连接方式

柱子的材料决定了柱与墙体的连接方式，如图 3-38所示是不同材质墙柱连接关系的示意图。标准填充模式与详图填充模式的切换由在“天正选项”对话框的加粗填充”选项卡中设定的比例控制，如图 3-39所示。

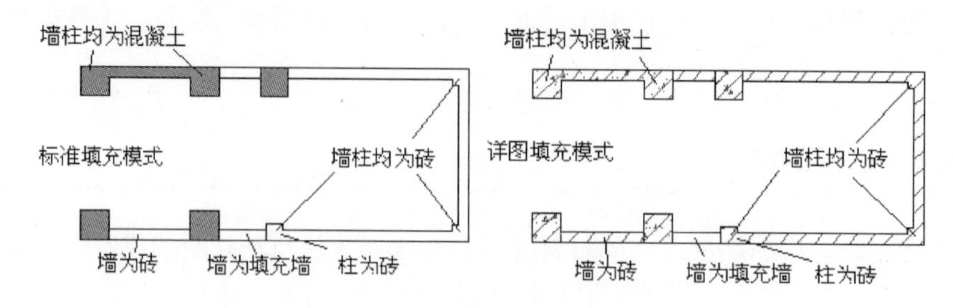

图 3-38　柱子与墙的连接方式

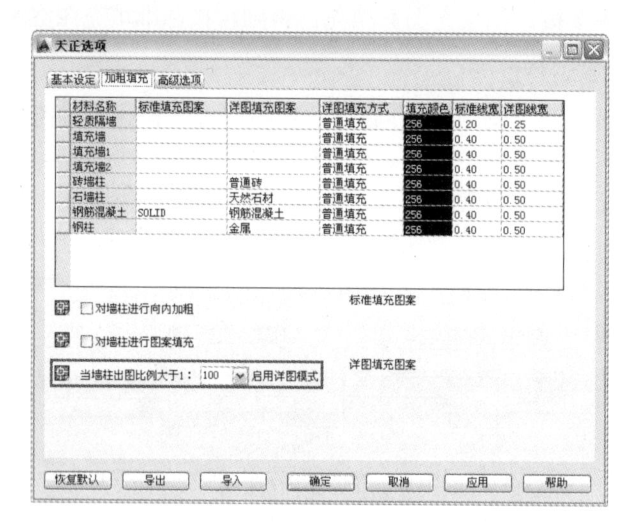

图 3-39　墙柱填充设置

4．柱子的交互和显示特性

1）自动裁剪特性：楼梯、坡道、台阶、阳台、散水、屋顶等对象可以自动被柱子裁剪。

2）矮柱特性：矮柱表示在平面图假定水平剖切线以下的可见柱；在平面图中这种柱不被加粗和填充，柱顶和墙顶标高相同、材料相同的矮墙和矮柱会自动融合；与矮墙能在墙体绘制命令中直接创建不同，矮柱只能利用普通柱通过柱特性表设置。

3）柱填充颜色：柱子具有材料填充特性，柱子的填充不再单独受各对象的填充图层控制，而是优先由选项中材料颜色控制，更加合理、方便。

3.6.2　创建标准柱

执行方法：选择“轴网柱子｜标准柱”命令，(快捷键 BZZ)。

本命令可在轴线的交点或任何位置插入矩形柱、圆柱或正多边形柱，后者包括常用的三、五、六、八、十二边形断面，还具有创建异形柱的功能。柱子也能通过“墙柱保温”命令添加保温层。

提示

插入柱子的基准方向总是沿着当前坐标系的方向，如果当前坐标系是 UCS，柱子的基准方向自动按 UCS 的 X 轴方向，不必另行设置。

例如，要针对已经打开的“案例\02\轴网 2.dwg”文件，在此轴网的指定交点位置插入柱子，其操作步骤如图 3-40所示。

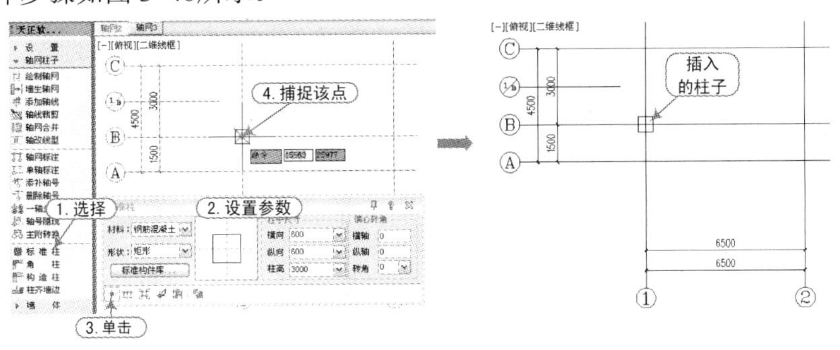

图 3-40　创建标准柱

在对话框中输入所有尺寸数据后，单击“点选插入柱子”按钮，命令行显示如下提示，用户可以根据需要来对所插入的柱子进行翻转、对齐、改转角、改基点等操作。

点取位置或 [转 90 度(A)/左右翻(S)/上下翻(D)/对齐(F)/改转角(R)/改基点(T)/参考点(G)]<退出>:

在创建标准柱时，其“标准柱”对话框中主要选项参数的含义如下：

- 柱子尺寸：用于确定柱子的横向和纵向尺寸，以及柱子的高度（柱高默认取当前层高）。其中的参数因柱子形状不同而略有差异。
- 偏心转角：其中旋转角度在矩形轴网中以 X 轴为基准线；在弧形、圆形轴网中以环向弧线为基准线，以逆时针为正，顺时针为负自动设置。
- 材料：由下拉列表选择材料，柱子与墙之间的连接形式由两者的材料决定，目前包括砖、石材、钢筋混凝土或金属，默认为钢筋混凝土。
- 形状：设定柱截面类型，列表框中有矩形、圆形、正三角形、异形柱等柱截面，选择任一种类型成为选定类型，当选择异形柱时调出柱子构件库，如图 3-41所示。

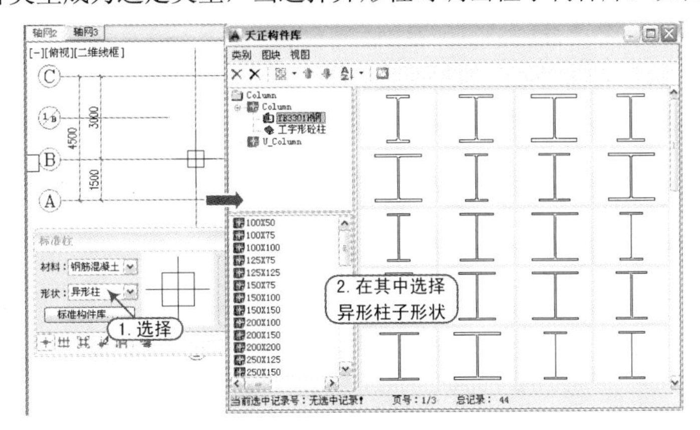

图 3-41　选择异形柱构件

■ 点选插入柱子：优先捕捉轴线交点插入柱子，如未捕捉到轴线交点，则在单击位置按当前 UCS 方向插入柱子。

■ 沿一根轴线布置柱子：在选定的轴线与其他轴线的交点处插入柱子，如图 3-42 所示。

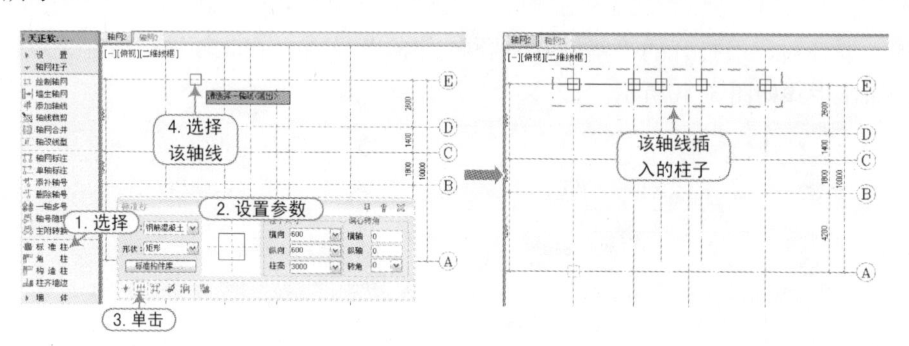

图 3-42　沿轴线布置柱子

■ 矩形区域的轴线交点布置柱子：在指定的矩形区域内所有的轴线交点处插入柱子，如图 3-43所示。

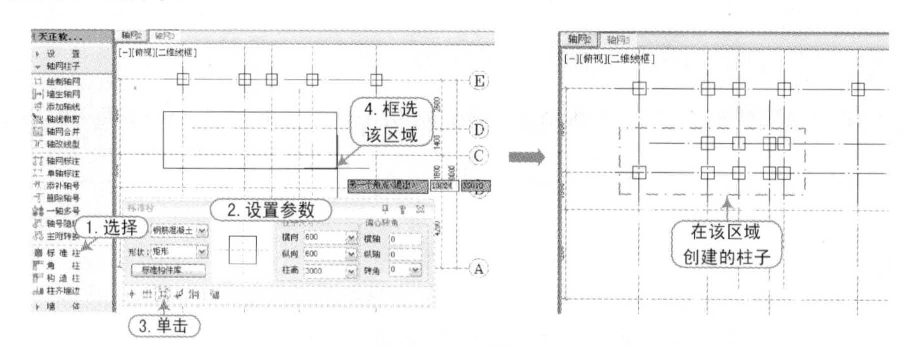

图 3-43　在矩形区域内布置柱子

■ 替换图中已插入柱子：以当前参数的柱子替换图上已有的柱子，可以单个替换或者以窗选形式成批替换，如图 3-44所示。

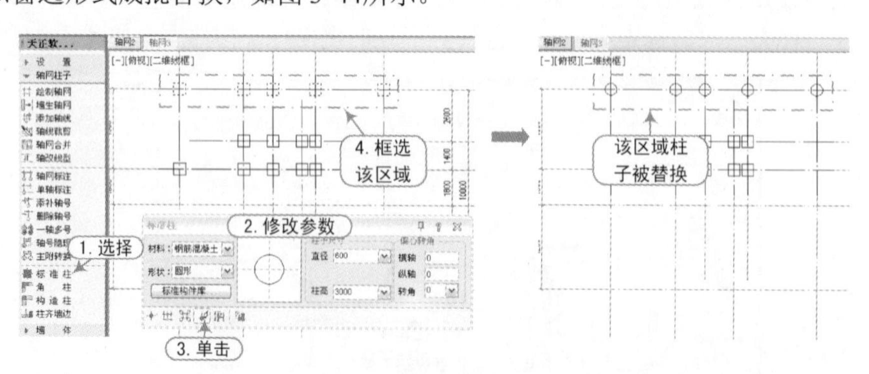

图 3-44　替换图中柱子

■ 选择 PLINE 创建异形柱：以图上已绘制的闭合 PLINE 线就地创建异形柱，如图 3-45 所示。

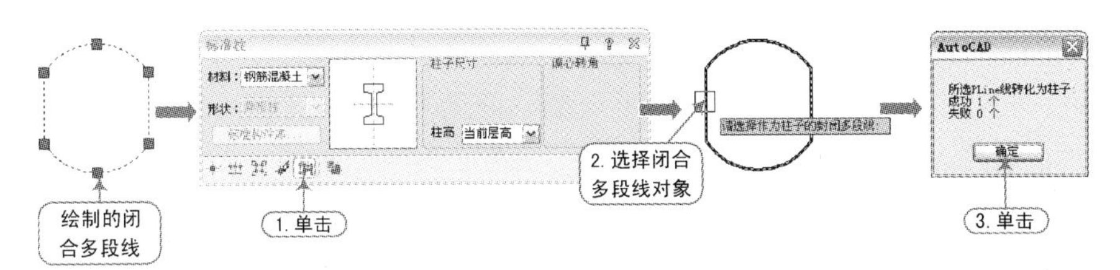

图 3-45　创建异形柱

■ 在图中拾取柱子形状或已有柱子：以图上已绘制的闭合 PLINE 线或者已有柱子作为当前标准柱读入界面，接着插入该柱，如图 3-46所示。

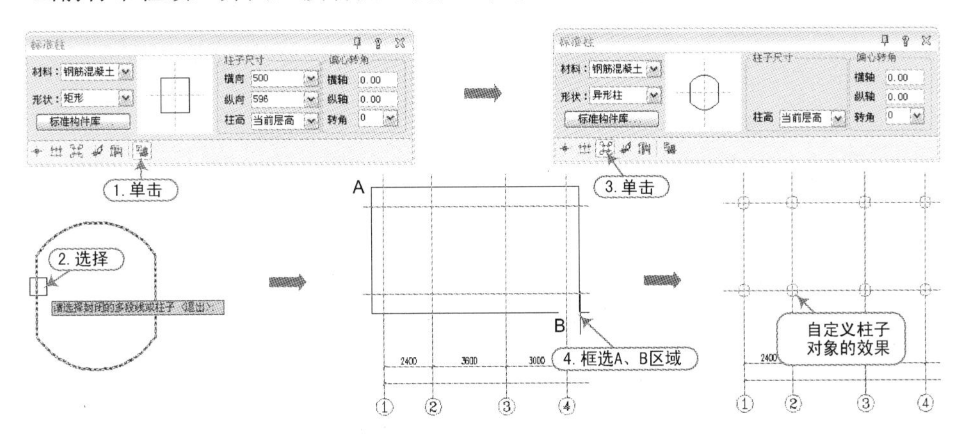

图 3-46　将自定义的异形柱插入网轴点上

3.6.3　创建角柱

执行方法：选择“轴网柱子 | 角柱”命令，(快捷键 JZ)。

本命令在墙角插入轴线与形状与墙一致的角柱，可修改各分支长度以及各分支的宽度，宽度默认居中，高度为当前层高。生成的角柱与标准柱类似，每一边都有可调整长度和宽度的夹点，可以方便地按要求修改。

例如，要针对已经打开的“案例\02\墙体 1.dwg”文件，在此图形的左上角墙体上来创建角柱，其操作步骤如图 3-47所示。

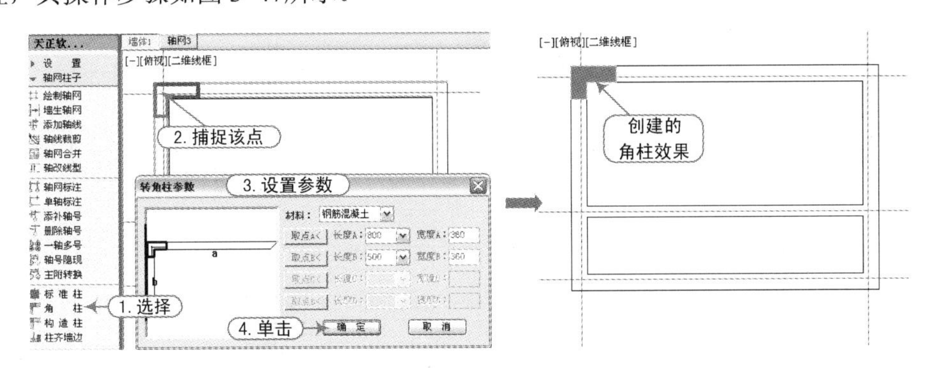

图 3-47　创建角柱

在“转角柱参数”对话框中，各主要选项的含义如下：

■ 材料：由下拉列表选择材料，柱子与墙之间的连接形式由两者的材料决定，目前包括砖、石材、钢筋混凝土或金属，默认为钢筋混凝土。

■ 长度：其中旋转角度在矩形轴网中以 X 轴为基准线；在弧形、圆形轴网中以环向弧线为基准线，以逆时针为正，顺时针为负自动设置。

■ 取点 X<：单击“取点 X<” 按钮，可通过墙上取点得到真实长度。注意，依照“取点 X<”按钮的颜色从对应的墙上给出角柱端点。

■ 宽度：各分肢宽度默认等于墙宽，改变柱宽后默认对中变化，要求偏心变化在完成后以夹点修改。如偏心变宽可通过夹点拖动调整，如图 3-48所示。

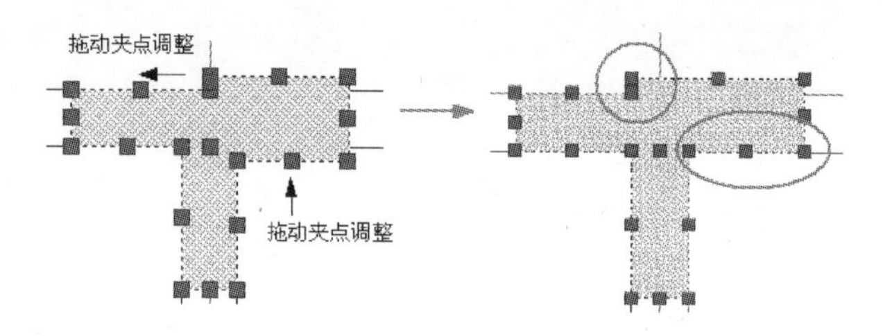

图 3-48　调整角柱宽度

3.6.4　创建构造柱

执行方法：选择“轴网柱子 | 构造柱”命令，(快捷键 GZZ)。

本命令在墙角交点处或墙体内插入构造柱，以所选择的墙角形状为基准，输入构造柱的具体尺寸，指出对齐方向，默认为钢筋混凝土材质，仅生成二维对象。目前，本命令还不支持在弧墙交点处插入构造柱。

例如，要在图形墙体的指定位置来创建构造柱，其操作步骤如图 3-49所示。

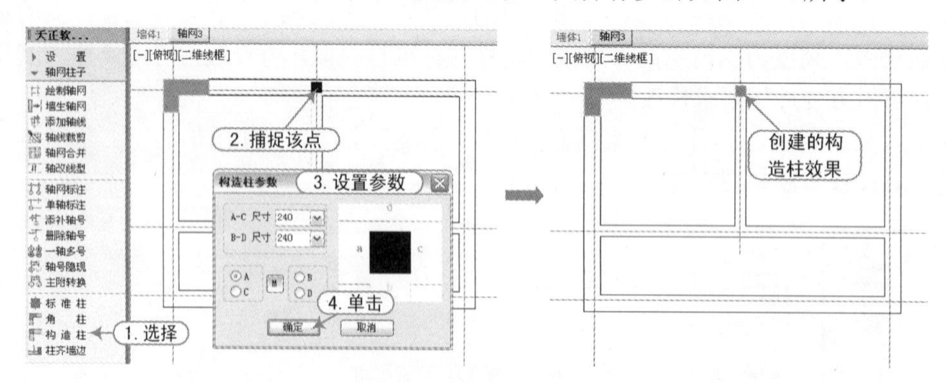

图 3-49　创建构造柱

在“构造柱参数”对话框中，各主要选项的含义如下：

■ A-C 尺寸：沿着 A-C 方向的构造柱尺寸，在本软件中尺寸数据可超过墙厚。

■ B-D 尺寸：沿着 B-D 方向的构造柱尺寸。

■ A/C 与 B/D：对齐边的互锁按钮，用于对齐柱子到墙的两边。

如果构造柱超出墙边，请使用夹点拉伸或移动，如图 3-50所示。

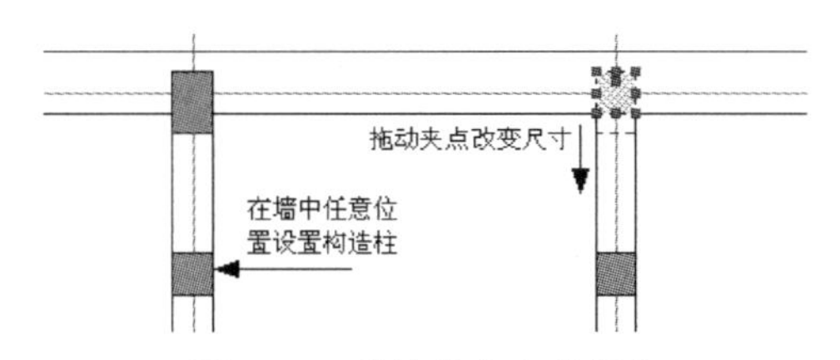

图 3-50　构造柱夹点的操作

3.6.5　柱子对象编辑修改参数

针对图形中已经创建的柱子对象，如果要对其参数进行修改，这时只需要双击要编辑的柱子，即可显示出对象编辑对话框，与“标准柱”对话框类似，进行相应参数的修改，然后单击“确定”按钮即可，如图 3-51所示。

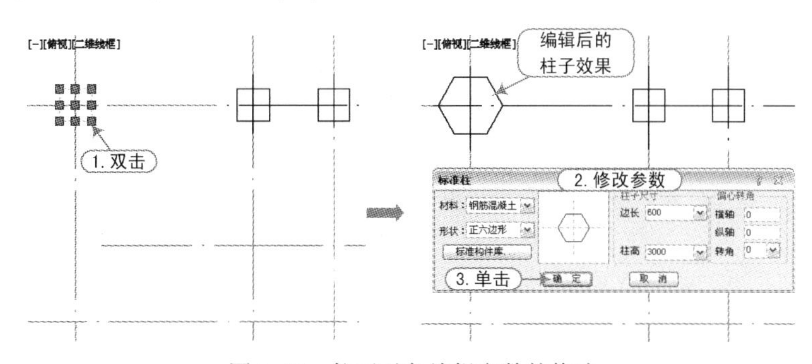

图 3-51　柱子对象编辑参数的修改

3.6.6　柱子对象特性的编辑

在前面讲解中，是通过对柱对象编辑来修改参数，但只能逐个对象进行修改，如果要一次修改多个柱子，就要使用“特性”面板来进行编辑修改了。

例如，针对图形中的多个柱子对象，若要一次性对其进行修改，应按照如图 3-52所示来进行操作。

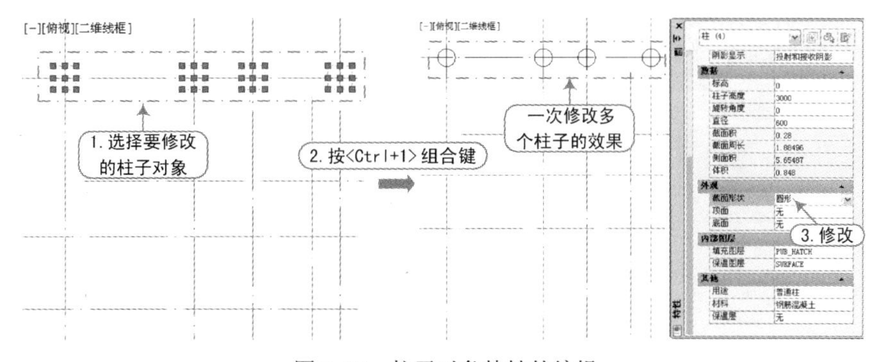

图 3-52　柱子对象特性的编辑

3.6.7　柱齐墙边

执行方法：选择“轴网柱子丨柱齐墙边”命令，（快捷键 ZQQB）。

本命令将柱子边与指定墙边对齐，可一次选择多个柱子一起完成墙边对齐，条件是柱子都在同一墙段，且对齐方向的柱子尺寸相同。

例如，要针对已经打开的“案例\02\墙体 2.dwg”文件中已有的柱子对象来进行柱齐墙边操作，其操作步骤如图 3-53所示。

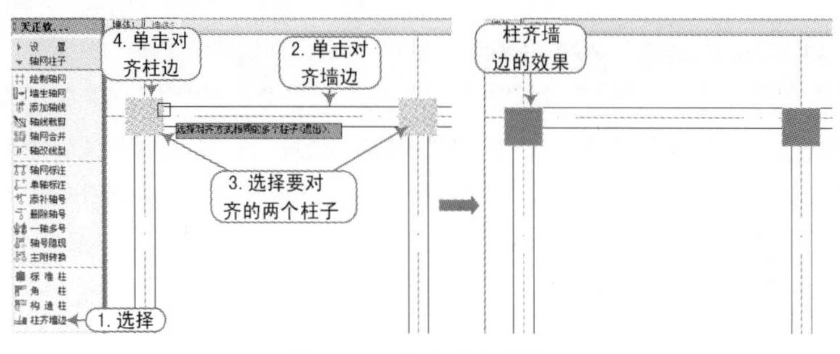

图 3-53　柱齐墙边操作

3.7　住宅建筑轴网和柱子的创建实例

视频\03\住宅建筑轴网和柱子的创建实例.avi
案例\03\住宅建筑轴网和柱子.dwg

通过本章对轴网、轴网标注和柱子对象的讲解，并通过下面某住宅建筑轴网和柱子的创建实例来巩固所学的知识。

1）启动 TArch 天正建筑软件，系统自动创建一新的空白文档。

2）在快速访问工具栏中单击“保存”按钮，弹出“图形另存为”对话框，将其保存为“住宅建筑轴网和柱子.dwg”文件。

3）选择“轴网柱子丨绘制轴网”命令（快捷键 HZZW），弹出“绘制轴网”对话框，输入上下开间为（3300，3000，4200，3300，2700）、左右进深为（4200，1800，4000）来创建轴网对象，如图 3-54所示。

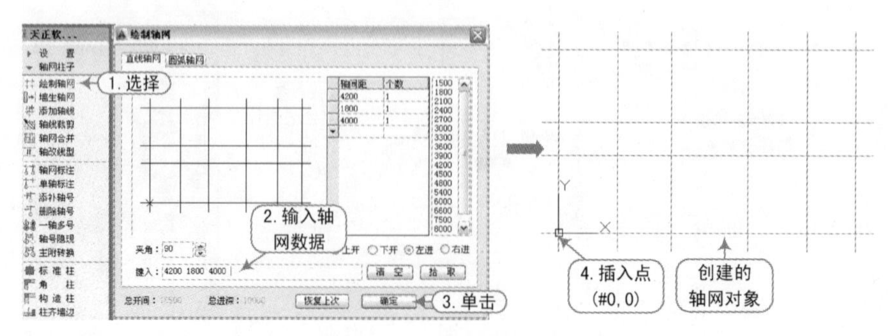

图 3-54　创建轴网对象

4）选择“轴网柱子丨轴网标注”命令（快捷键 ZWBZ），弹出“轴网标注”对话框，选择“双侧标注”单选按钮，按照从左至右、从下至上的顺序来选择轴网对象，从而对其进行轴网标注操作，如图 3-55所示。

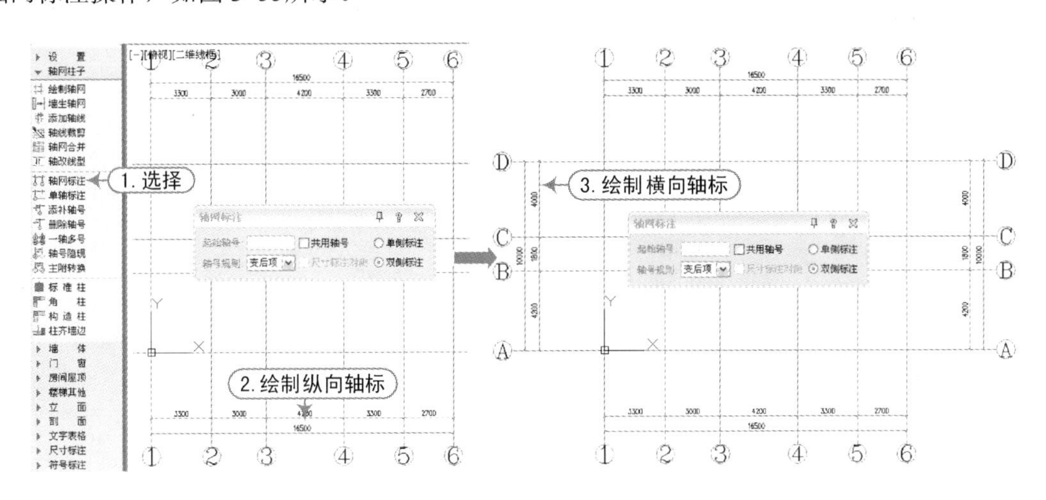

图 3-55　轴网标注操作

5）选择“轴网柱子丨添加轴线”命令（快捷键 TJZX），然后按如图 3-56所示方法添加一纵向轴线。

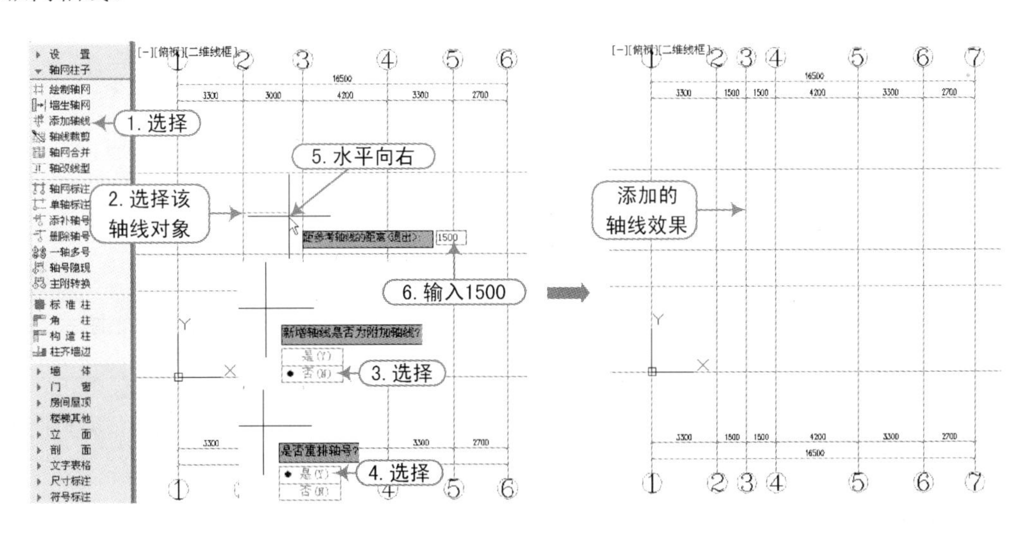

图 3-56　添加轴线操作

6）执行 AutoCAD 的“修剪”命令（TR），将添加轴线的下侧进行修剪操作，如图 3-57所示。

7）按照相同的方法，按照如图 3-58所示对其进行添加轴线，以及进行轴线的修剪。

8）选择“尺寸标注丨合并区间”命令（快捷键 HBQJ），然后按照如图 3-59所示对下侧 2、3 号轴线之间的尺寸进行合并操作。

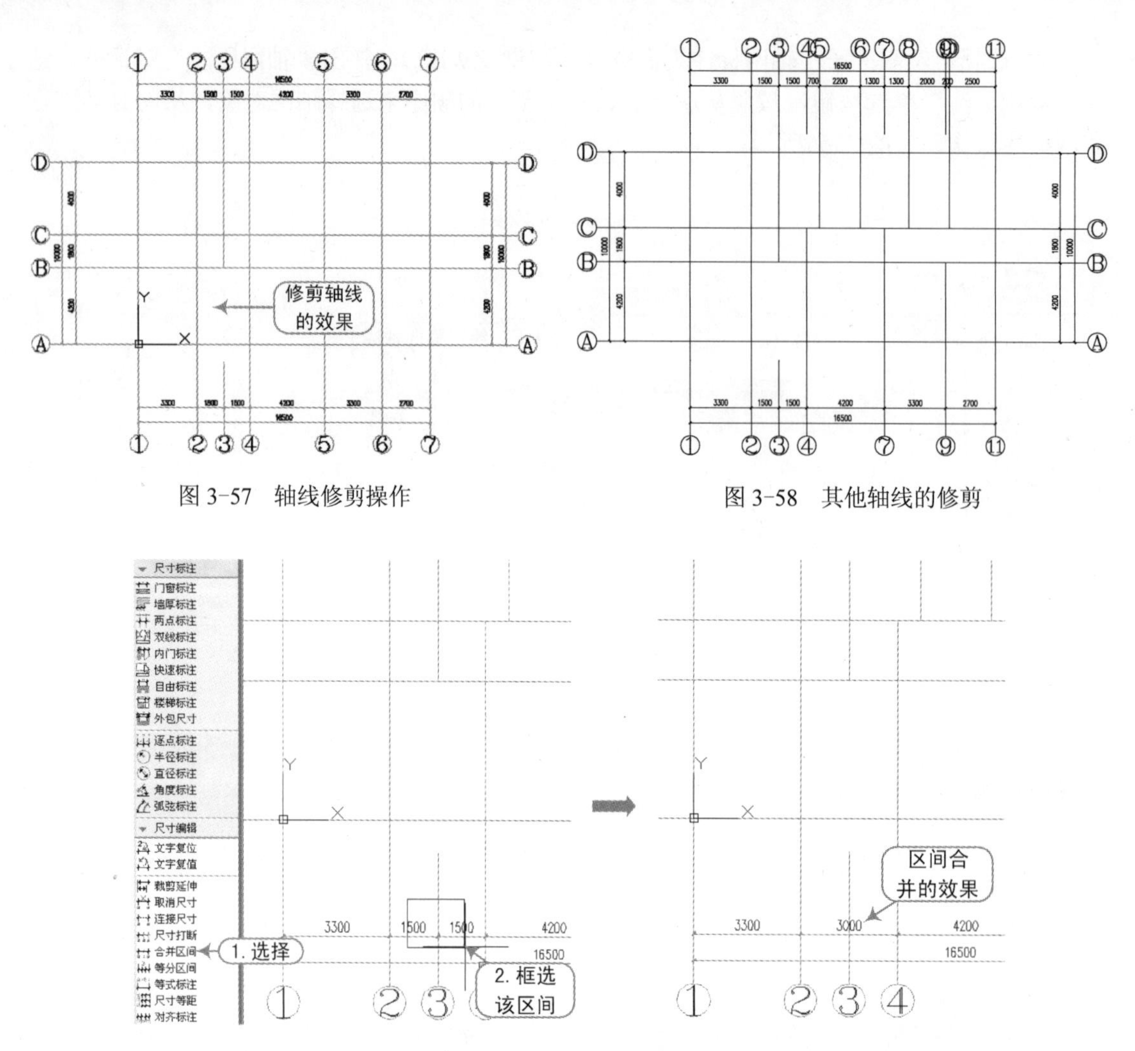

图 3-57　轴线修剪操作　　图 3-58　其他轴线的修剪

图 3-59　合并区间操作

9）选择“轴网柱子 | 删除轴号”命令（快捷键 SCZH），然后按照如图 3-60所示对下侧 3 号轴进行删除操作。

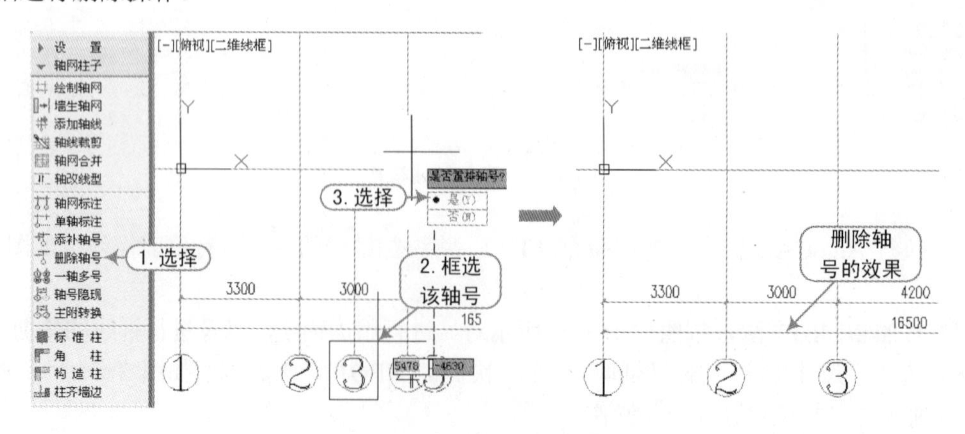

图 3-60　删除轴号操作

10）按照步骤8）、9）的操作方法，将其图形按照如图3-61所示编辑。

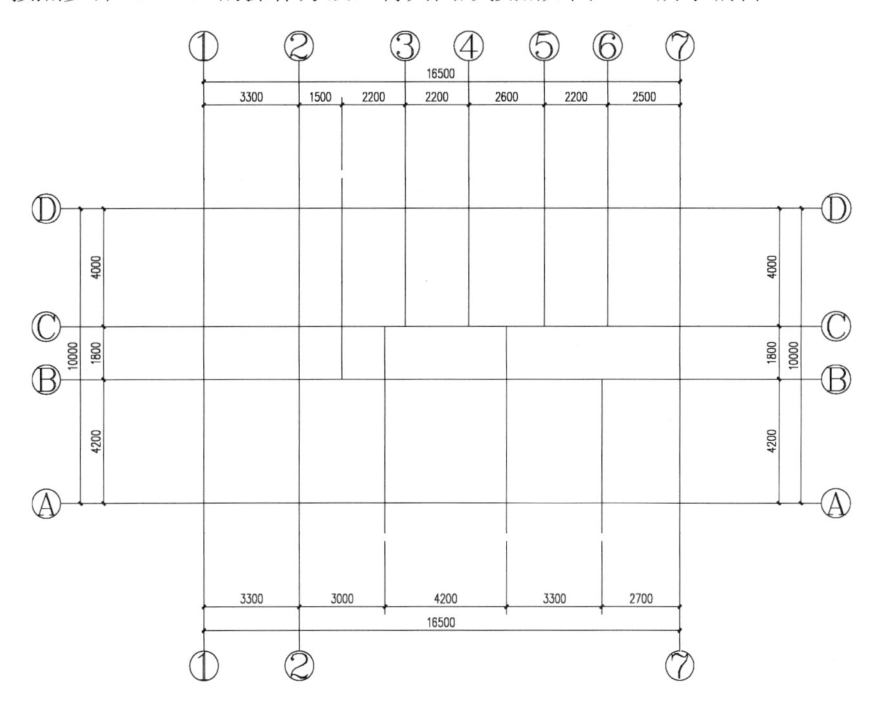

图3-61 编辑后的效果

11）选择“轴网柱子｜添补轴号”命令（快捷键 TBZH），然后按照如图 3-62所示对上侧2号右侧轴线进行添补轴号操作。

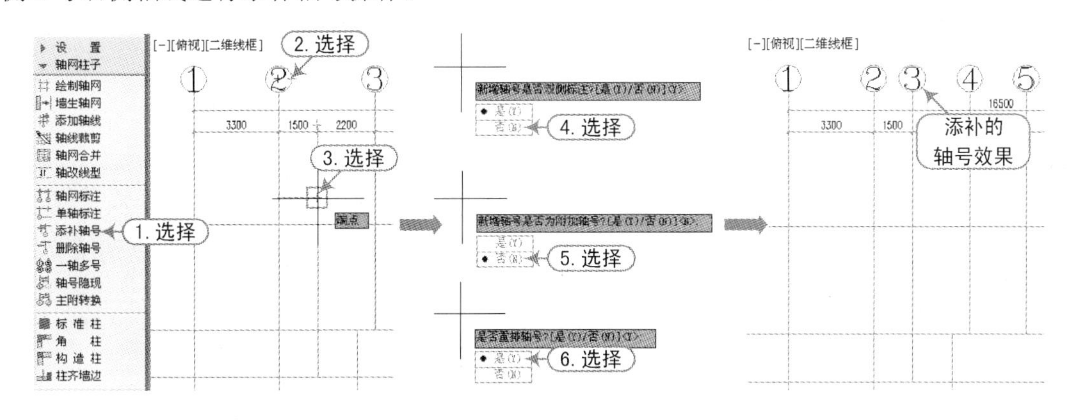

图3-62 添补轴号操作

12）按照前面同样的方法，对其他轴线进行添补轴号操作，如图3-63所示。

对于前面的轴网和轴标的操作，用户是可以一次性进行操作的，但为了对本章所学习的内容进行练习，所以绕了一大弯子来进行讲解。

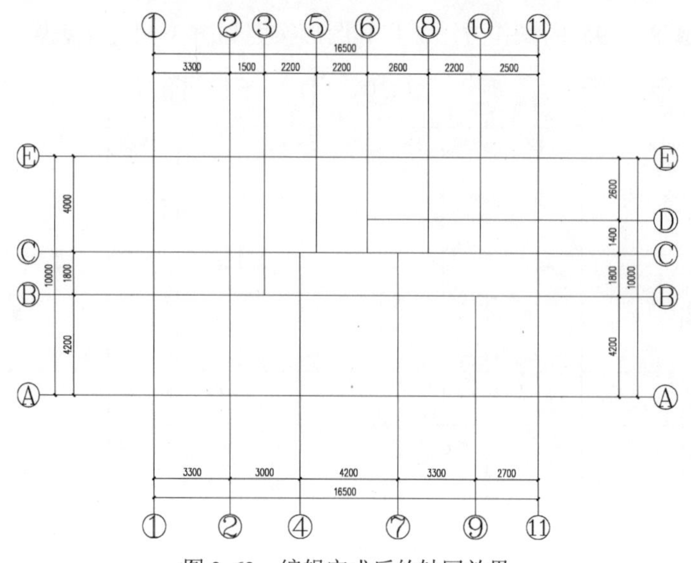

图 3-63　编辑完成后的轴网效果

13）选择“轴网柱子 | 标准柱”命令（快捷键 BZZ），然后按照如图 3-64所示在指定的轴网上插入标准柱子。

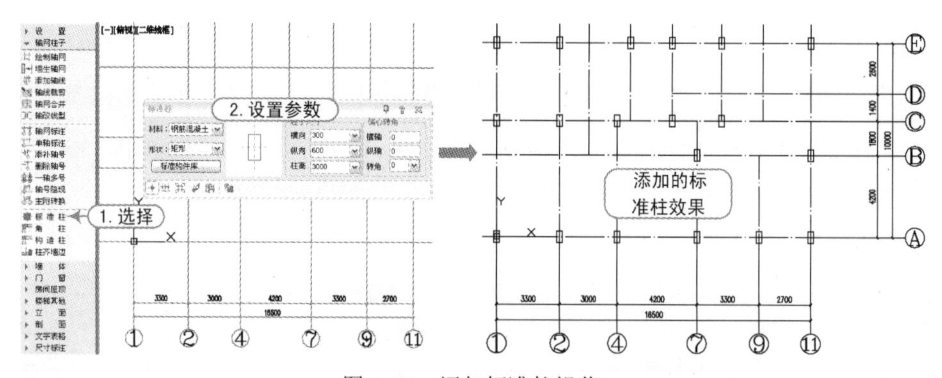

图 3-64　添加标准柱操作

14）执行 AutoCAD 的“旋转”命令（RO），将指定轴线上的柱子对象分别旋转 90°，如图 3-65所示。

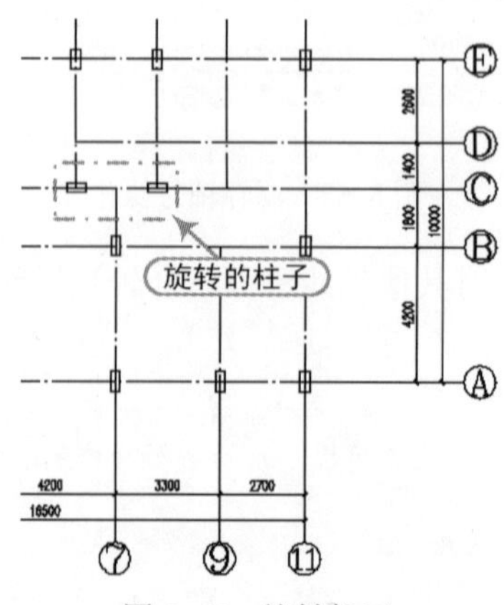

图 3-65　旋转柱子

15）选择“设置｜天正选项”命令（快捷键 TZXX），弹出“天正选项”对话框，在“加粗填充”选项卡中勾选“对墙柱进行图案填充”复选框，然后单击“确定”按钮，则视图中的柱子进行黑色填充，如图 3-66所示。

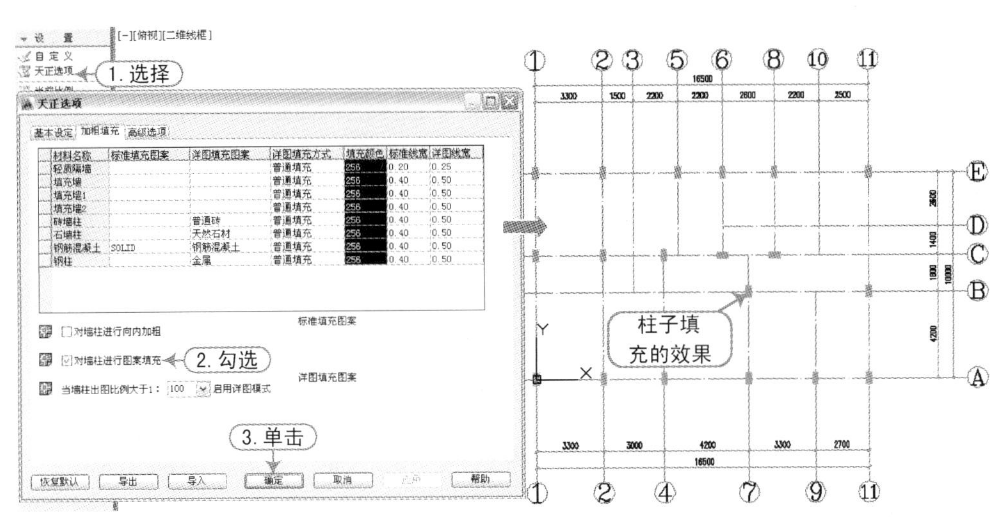

图 3-66　墙柱填充效果

16）至此，该住宅建筑的轴网和柱子已经创建完成，按〈Ctrl+S〉组合键进行保存即可。

3.8　思考与练习

一、填空题

1. 在使用 TArch 创建弧线轴网时，需使用＿＿＿＿＿＿命令。
2. TArch 单轴变号功能可以更改＿＿＿＿＿＿。
3. 用户在创建转角柱前，必须先创建＿＿＿＿＿＿。
4. 如果需要移动柱子，用户可直接使用 AutoCAD 的＿＿＿＿＿＿命令进行操作。
5. 使用重排轴号功能时，需指定一个＿＿＿＿＿＿。

二、选择题

1. 在 TArch 中可使用的 AutoCAD“修剪”命令是（　　）。

   A. TRIM　　B. MOVE　　C. EXTEND　　D. LENGTHEN

2. TArch 中将标准轴定位到轴网上的方法有（　　）种。

   A. 2　　B. 3　　C. 4　　D. 1

3. TArch 的柱齐墙边功能的作用是（　　）。

   A. 将墙边与柱子对齐　　B. 将柱子与墙边对齐

   C. 将墙边进行旋转　　D. 将柱子进行旋转

三、操作题

1. 根据本章所学习的知识，按照如表 3-3 所示数据绘制轴网。

表 3-3　轴网数据

上开间	2800，1400，3×3300，4500
下开间	3500，4000，2×3300，4500
左进深	7200，2000，7200
右进深	7200，2000，7200

2．按照如图 3-67所示图形来创建相应的轴网、柱子，以及进行相应的轴号标注操作。

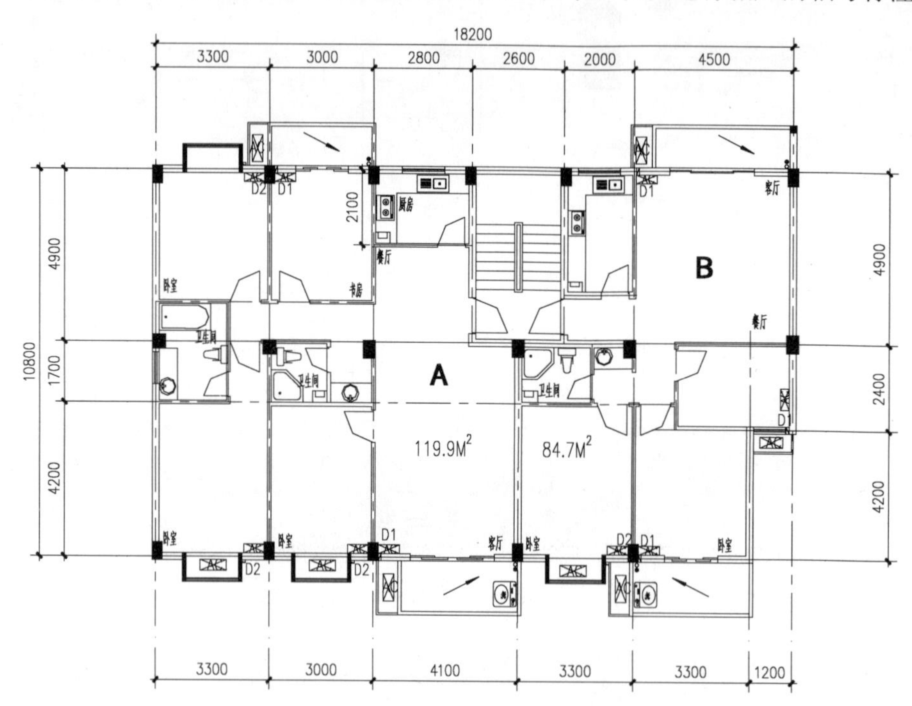

图 3-67　住宅建筑平面图

第4章　绘制墙体和门窗

墙体和门窗是建筑物的重要组成部分，有通风、采光和通行的作用，建筑图纸中主要也就是体现墙体和门窗的位置和样式，这将直接决定建筑物的设计水平。为了在制图过程中方便用户操作，有效地提高工作效率，TArch 天正建筑为用户提供了多种墙体类型和门窗样式，用户可根据自己的需要选择并创建。

4.1　墙体的概念

墙体是天正建筑软件中的核心对象，它模拟实际墙体的专业特性构建而成，因此可实现墙角的自动修剪、墙体之间按材料特性连接、与柱子和门窗互相关联等智能特性，并且墙体是建筑房间的划分依据。墙对象不仅包含位置、高度、厚度这样的几何信息，还包括墙类型、材料、内外墙这样的内在属性。

4.1.1　墙基线的概念

墙基线是墙体的定位线，通常位于墙体内部并与轴线重合，但必要时也可以在墙体外部（此时左宽和右宽之一为负值），墙体的两条边线就是依据基线按左右宽度确定的。墙基线同时也是墙内门窗测量基准，如墙体长度指该墙体基线的长度，弧窗宽度指弧窗在墙基线位置上的宽度。应注意墙基线只是一个逻辑概念，出图时不会打印到图纸上。

墙体的相关判断都是依据于基线，比如墙体的连接相交、延伸和剪裁等，因此互相连接的墙体应当使得它们的基线准确交接。本软件规定墙基线不准重合，如果在绘制过程产生重合墙体，系统将弹出警告，并阻止这种情况的发生。在用 AutoCAD 命令编辑墙体时产生的重合墙体现象，系统将给出警告，并要求用户选择删除相同颜色的重合墙体部分，如 图 4-1 所示。

通常不需要显示基线，选中墙对象后显示的 3 个夹点位置就是基线的所在位置。如果需要判断墙是否准确连接，可以单击右下角状态栏中的“基线”按钮，或选择“墙体”菜单中的“单线”“双线”和“单双线”命令切换墙的二维表现方式，如图 4-2所示。

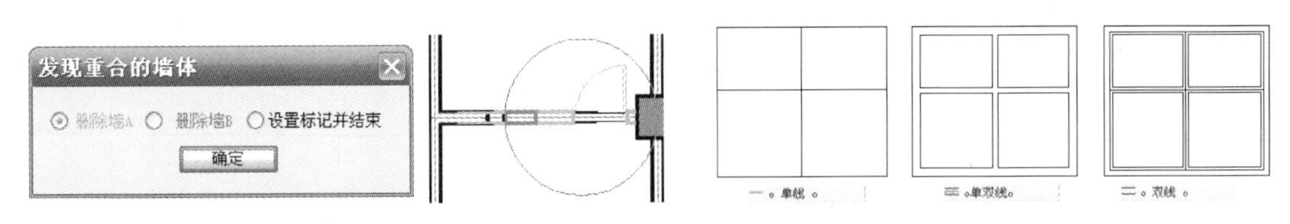

图 4-1　天正墙体重合　　图 4-2　墙体的 3 种显示状态

4.1.2 墙体的类别

在 TArch 天正建筑中，墙体分为一般墙、虚墙、卫生隔断和矮墙 4 种类型。

- 一般墙：包括建筑物的内外墙，参与按材料的加粗和填充。
- 虚墙：用于空间的逻辑分隔，以便计算房间面积。
- 卫生隔断：卫生间洁具隔断用的墙体或隔板，不参与加粗填充与房间面积计算。
- 矮墙：表示在水平剖切线以下的可见墙（如女儿墙），不会参与加粗和填充。矮墙的优先级低于其他所有类型的墙，矮墙之间的优先级由墙高决定，不受墙体材料控制。

提示

女儿墙是建筑物屋顶外围的矮墙，主要作用为防止坠落的栏杆，以维护安全，另于底处施作防水压砖收头，避免防水层渗水及防止屋顶雨水漫流。女儿墙高度依建筑技术规则规定，视为栏杆的作用，如建筑物在二层楼以下不得小于 1m，三层楼以上不得小于 1.1m，十层楼以上不得小于 1.2m。另外，亦规定女儿墙高度不得超过 1.5m，主要为避免建筑物兴建时建筑业者刻意加高女儿墙，预留以后搭盖违建使用。

4.1.3 墙体的用途与特征

墙体的材料类型用于控制墙体的二维平面图效果。相同材料的墙体在二维平面图上墙角连通一体，系统约定按优先级高的墙体打断优先级低的墙体，并按预设规律处理墙角清理，其优先级由高到低的材料依次为钢筋混凝土墙、石墙、砖墙、填充墙、玻璃幕墙和轻质隔墙，它们之间的连接关系如图 4-3所示。

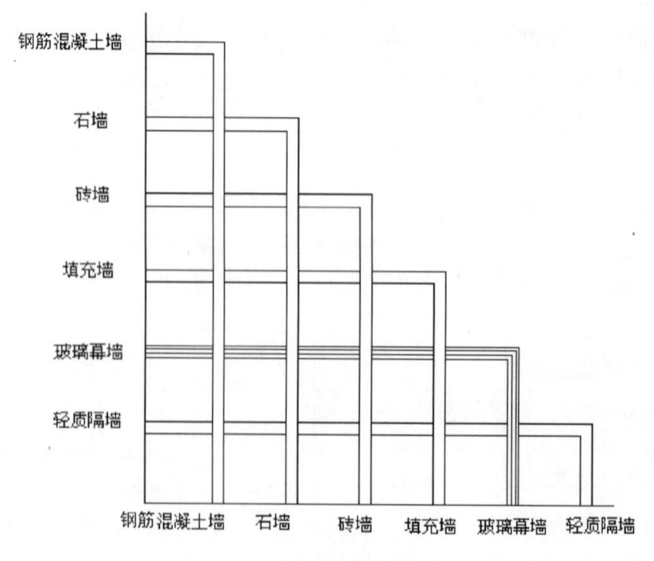

图 4-3 墙体的连接关系

4.2 墙体的创建

墙体可使用“绘制墙体”命令（快捷键 HZQT）创建，或由“单线变墙”命令（快捷键 DXBQ）从直线、圆弧或轴网转换。墙体的底标高为当前标高，墙高默认为楼层层高。墙体的底标高和墙高可在墙体创建后用“改高度”命令（快捷键 GGD）命令进行修改，当墙高为 0 时，墙体在三维视图下不生成三维。

本软件支持圆墙的绘制，圆墙可由两段同心圆弧墙拼接而成，但不能直接通过画圆生成。

4.2.1 绘制墙体

执行方法：选择“墙体 | 绘制墙体”命令，（快捷键 HZQT）。

本命令启动名为“绘制墙体”的非模式对话框，其中可以设定墙体参数，不必关闭对话框即可直接使用“直墙”“弧墙”和“矩形布置”3 种方式绘制墙体对象，墙线相交处自动处理，墙宽随时定义、墙高随时改变，在绘制过程中墙端点可以回退，用户使用过的墙厚参数在数据文件中按不同材料分别保存。

例如，要针对已经打开的“案例\03\轴网 3.dwg”文件来绘制相应的墙体对象，其操作步骤如图 4-4所示。

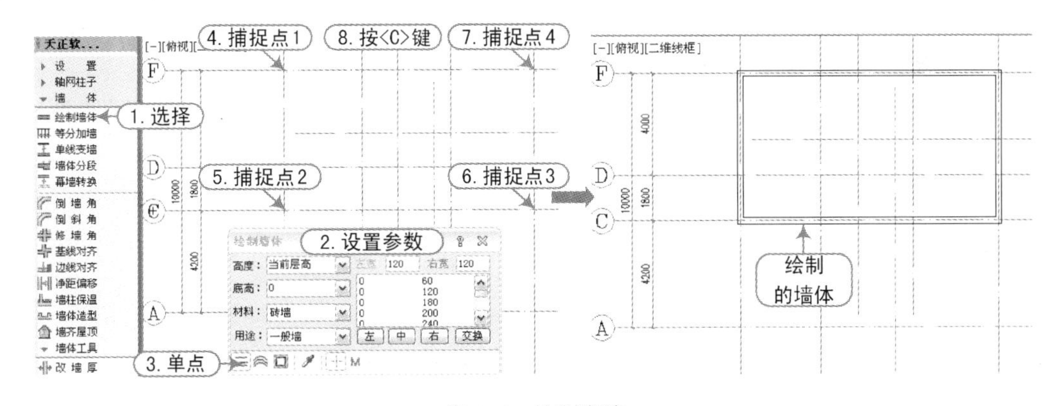

图 4-4 绘制直墙

提示

为了准确地定位墙体端点位置，天正软件内部提供了对已有墙基线、轴线和柱子的自动捕捉功能。必要时，用户也可以按〈F3〉键打开 AutoCAD 的捕捉功能。

在“绘制墙体”对话框中有不同的选项与设置按钮，下面对各选项的含义进行讲解。

- 墙宽参数：包括左宽、右宽两个参数，其中墙体的左、右宽度指沿墙体定位点顺序，基线左侧和右侧部分的宽度，对于矩形布置方式，则分别对应基线内侧宽度和基线外侧的宽度，对话框相应提示改为内宽、外宽。其中左宽（内宽）、右宽（外宽）可以是正数，也可以是负数，还可以为零。

- 墙宽组：数据列表中预设有常用的墙宽参数，每一种材料都有各自常用的墙宽组系列供选用，用户新的墙宽组定义使用后会自动添加进列表，用户选择其中某组数据，按〈Del〉键可删除当前这个墙宽组。
- 墙基线：基线位置设“左”“中”“右”“交换”共 4 种控制。其中，“左”“右”是计算当前墙体总宽后，全部左偏或右偏的设置。例如，当前墙宽组为 120、240，单击“左”按钮后即可改为 360、0，单击“中”按钮后即可改为 180、180，“交换”按钮用于把当前左右墙厚交换方向，即把数据改为 240、120。
- 高度/底高：高度是墙高，从墙底到墙顶计算的高度；底高是墙底标高，从本图零标高（Z=0）到墙底的高度，如图 4-5所示。

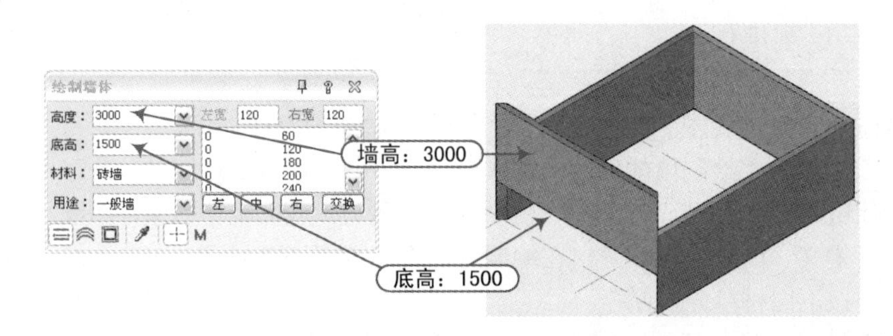

图 4-5 墙体的高度与底高比较

- 材料：包括从轻质隔墙、玻璃幕墙、填充墙到钢筋混凝土墙共 8 种材质。按材质的密度预设了不同材质之间的遮挡关系，通过设置材料绘制玻璃幕墙。
- 用途：包括一般墙、卫生隔断、虚墙和矮墙 4 种类型。其中矮墙是新添的类型，具有不加粗、不填充、墙端不与其他墙融合的新特性。
- 绘制直墙：单击此按钮，用户可用鼠标在绘图区域的空白处或轴网的交点进行绘制墙体。
- 绘制弧墙：可以通过起点、终点和圆弧绘制墙体，如图 4-6所示。

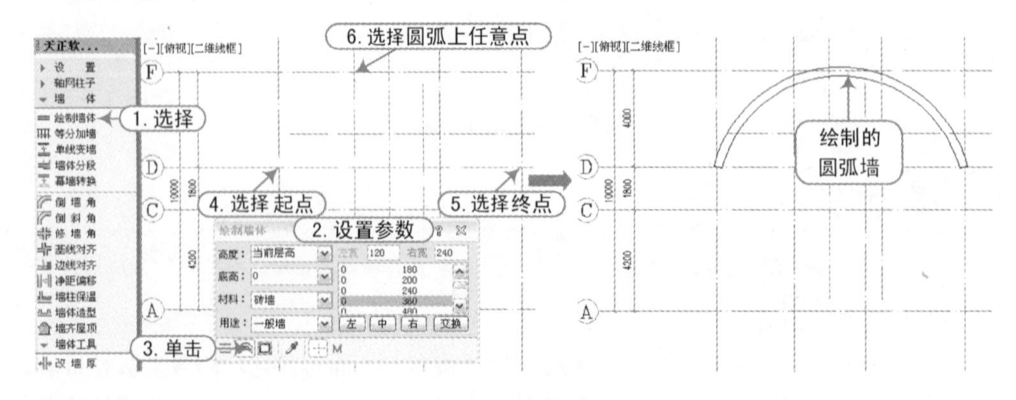

图 4-6 绘制弧墙

- 矩形绘墙：用户可以使用鼠标指定起点和另一个角点，会生成这个范围内所有轴线的墙体，如图 4-7所示。

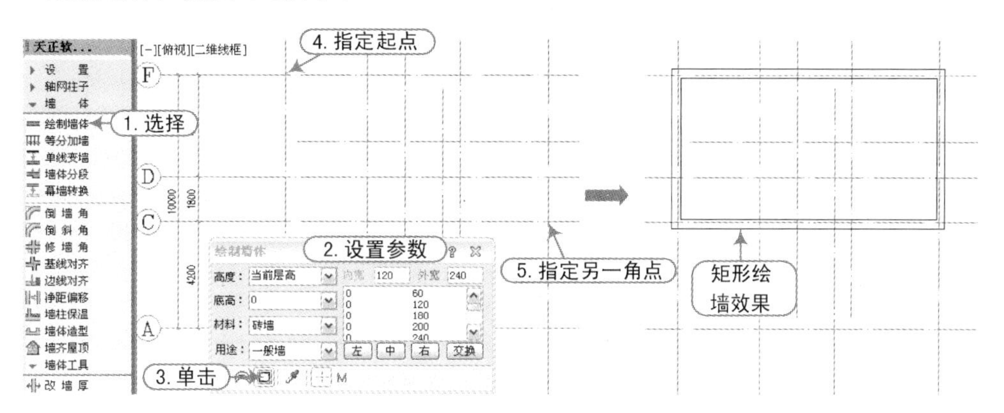

图 4-7　矩形绘墙

- 拾取墙体参数：相当于拾取其他墙体的属性。单击此按钮后选取一个已经绘制好的墙体，再绘制新的墙体，绘制出的新墙体与拾取墙体的属性相同。
- 自动捕捉：用于自动捕捉墙体基线和交点来绘制新墙体，不单击“自动捕捉”按钮时执行 AutoCAD 默认的捕捉模式，此时可捕捉墙体边线和保温层线。
- 模数开关 M：在工具栏中提供模数开关，打开模数开关，墙的拖动长度按“自定义 | 操作配置”页面中的模数变化，如图 4-8所示。

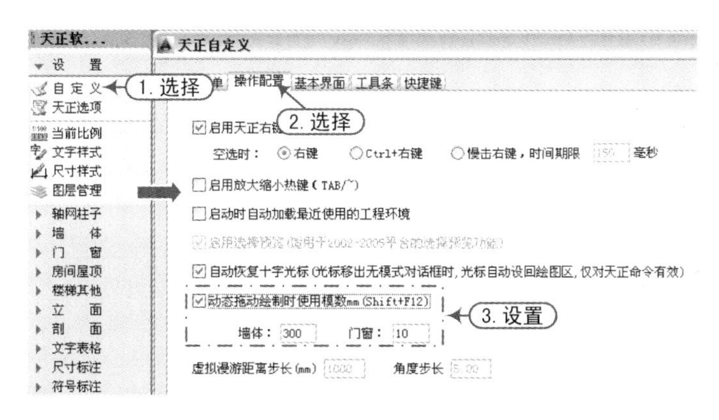

图 4-8　模数设置

4.2.2　等分加墙

执行方法：选择“墙体 | 等分加墙”命令，（快捷键 DFJQ）。

本命令用于在已有的大房间按等分的原则划分出多个小房间，将一段墙在纵向等分，垂直方向加入新墙体，同时新墙体延伸到给定边界。本命令有参照墙体、边界墙体和生成的新墙体 3 种相关墙体参与操作过程。

例如，要针对已经打开的“案例\04\墙体 1.dwg”文件的上侧进行等分加墙操作，其操作步骤如图 4-9所示。

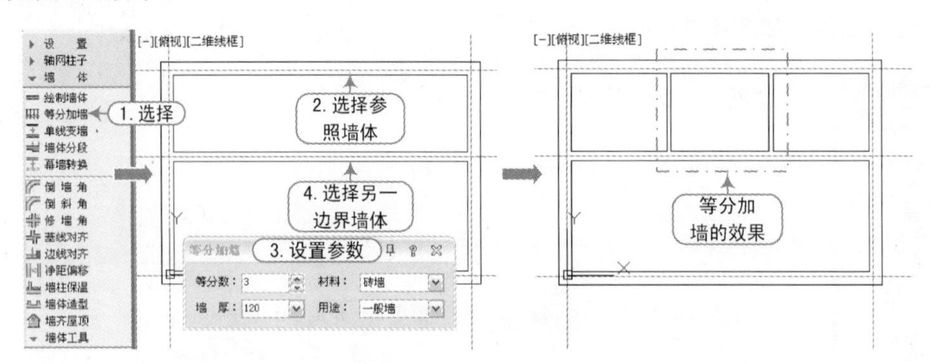

图 4-9 等分加墙操作

4.2.3 单线变墙

执行方法：选择“墙体 | 单线变墙”命令，(快捷键 DXBQ)。

本命令有两个功能：一是将 LINE、ARC、PLINE 绘制的单线转为墙体对象，其中墙体的基线与单线相重合；二是基于设计好的轴网创建墙体，然后进行编辑，创建墙体后仍保留轴线，智能判断清除轴线的伸出部分。本命令可以自动识别新旧两种多段线。

提示

通过将系统变量 PELLIPSE 设置为 1 创建基于多段线的椭圆，以本命令来生成椭圆墙。

例如，要针对已经打开的“案例\04\轴网 4.dwg”文件进行单线变墙操作，其操作步骤如图 4-10所示。

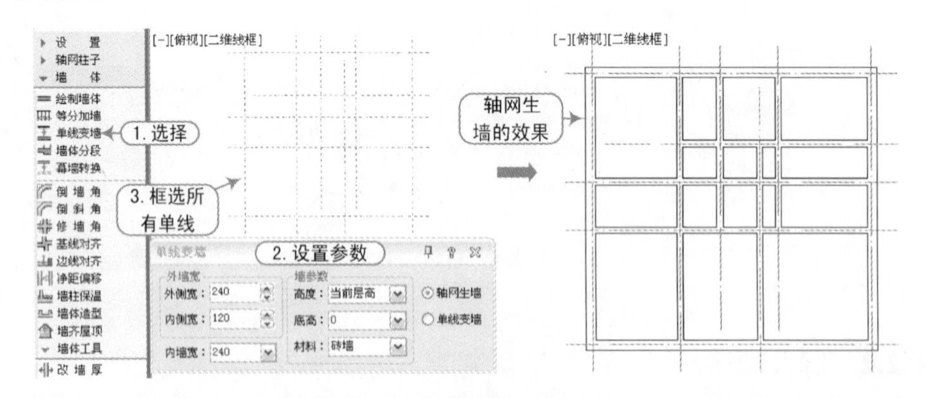

图 4-10 轴网生墙操作

提示

如果用户将 LINE、ARC、PLINE 绘制的单线转为墙体对象，必须保证所绘制的单线对象在轴线“DOTE”图层上，否则系统不会将其转为墙体对象。

如果用户在“单线变墙”对话框中选择“单线变墙”单选按钮，则生成的效果如图 4-11 所示。

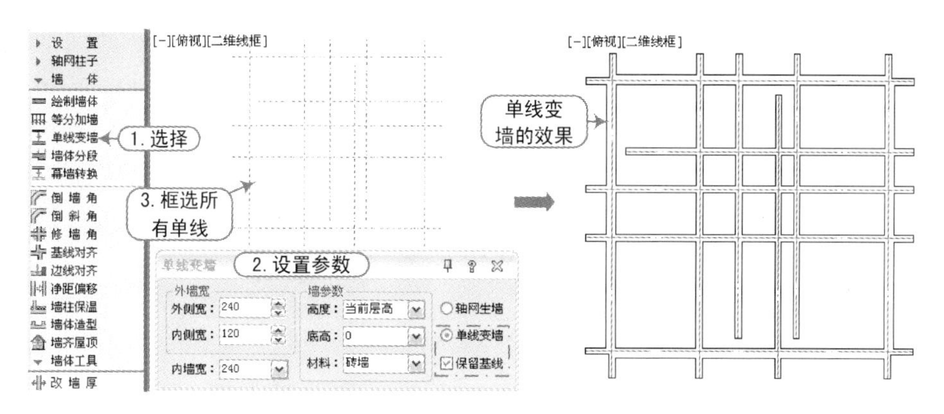

图 4-11 单线变墙操作

4.2.4 墙体分段

执行方法：选择“墙体 | 墙体分段”命令，（快捷键 QTFD）。

本命令在 2013 版开始改进了分段的操作，可预设分段的目标：给定墙体材料、保温层厚度、左右墙宽，然后以该参数对墙进行多次分段操作，不需要每次分段重复输入。新的“墙体分段”命令既可分段为玻璃幕墙，又能将玻璃幕墙分段为其他墙。

例如，要针对已经打开的“案例\04\墙体 2.dwg”文件进行墙体分段操作，其操作步骤如图 4-12所示。

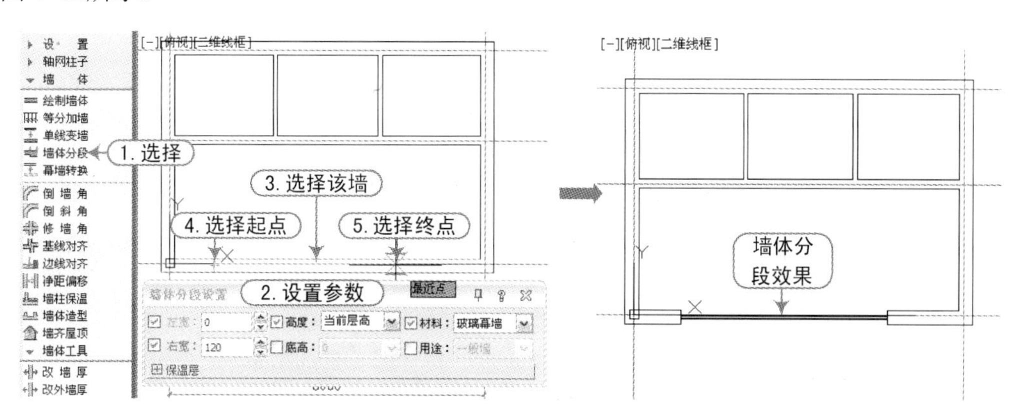

图 4-12 墙体分段操作

4.2.5 净距偏移

执行方法：选择“墙体 | 净距偏移”命令，（快捷键 JJPY）。

本命令功能类似 AutoCAD 的“偏移”（Offset）命令，可以用于室内设计中以测绘净距建立墙体平面图的场合，且自动处理墙端交接，但不处理由于多处净距偏移引起的墙体交叉，如有墙体交叉，请使用“修墙角”命令自行处理。

例如，要针对已经打开的“案例\04\墙体 2.dwg”文件进行净距偏移操作，其操作步骤如图 4-13所示。

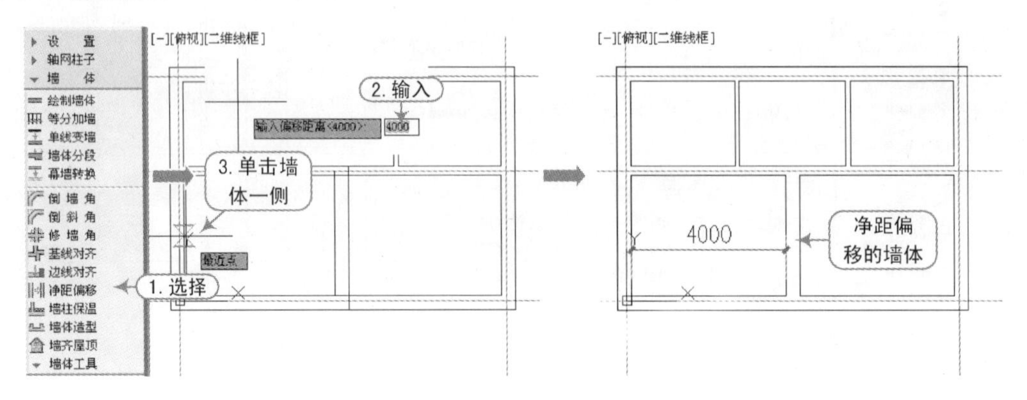

图 4-13　净距偏移操作

4.3　墙体的编辑

墙体对象支持 AutoCAD 的通用编辑命令，可使用“偏移”（Offset）、“修剪”（Trim）、“延伸”（Extend）等命令进行修改，对墙体执行以上操作时均不必显示墙基线。此外可直接使用“删除”（Erase）、“移动”（Move）和“复制”（Copy）命令进行多个墙段的编辑操作。

4.3.1　倒墙角

执行方法：选择“墙体 | 倒墙角”命令，（快捷键 DQJ）。

本命令功能与 AutoCAD 的“圆角”（Fillet）命令相似，专门用于处理两段不平行的墙体的端头交角，使两段墙以指定圆角半径进行连接。

提示

圆角半径按墙中线计算时，注意如下几点：

1）当圆角半径不为 0 时，两段墙体的类型、总宽和左右宽必须相同，否则不进行倒角操作。

2）当圆角半径为 0 时，自动延长两段墙体进行连接，此时两墙段的厚度和材料可以不同；当参与倒角的两段墙平行时，系统自动以墙间距为直径加弧墙连接。

3）在同一位置不应反复进行半径不为 0 的圆角操作，再次圆角前应先把上次圆角时创建的圆弧墙删除。

例如，对已经打开的“案例\04\墙体 2.dwg”文件进行倒墙角操作，其操作步骤如图 4-14所示。

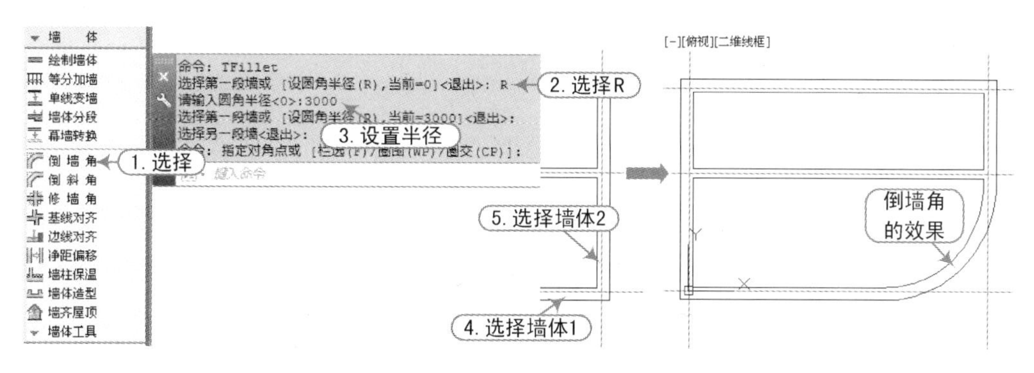

图 4-14　倒墙角操作

4.3.2　倒斜角

执行方法：选择“墙体｜倒斜角”命令，（快捷键 DXJ）。

本命令功能与 AutoCAD 的“倒角”（Chamfer）命令相似，专门用于处理两段不平行的墙体的端头交角，使两段墙以指定的倒角长度进行连接，倒角距离按墙中线计算。

例如，对已经打开的“案例\04\墙体 2.dwg”文件进行倒斜角操作，其操作步骤如图 4-15 所示。

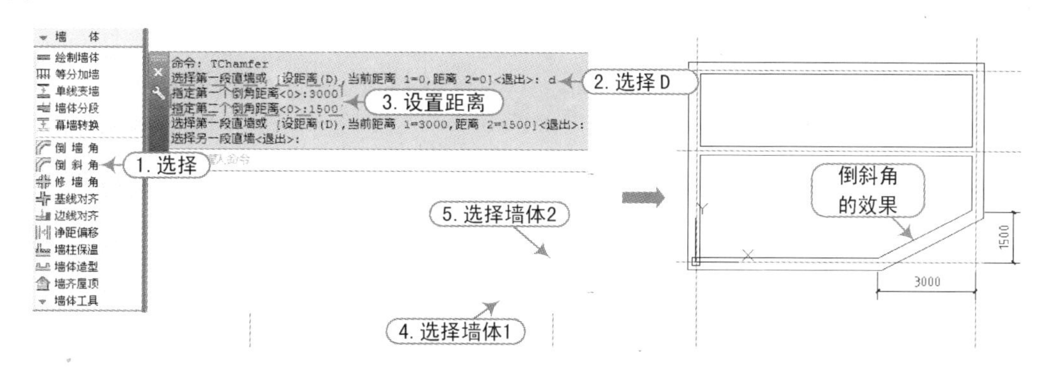

图 4-15　倒斜角操作

4.3.3　基线对齐

执行方法：选择“墙体｜基线对齐”命令，（快捷键 JXDQ）。

本命令用于纠正以下两种情况的墙线错误：

1）由于基线不对齐或不精确对齐，而导致墙体显示或搜索房间出错。

2）由于矮墙存在而造成墙体显示不正确的情况下，去除矮墙并连接剩余墙体。

选择“墙体｜基线对齐”命令后，其命令行提示如下信息：

请点取墙基线的新端点或新连接点或 [参考点(R)]<退出>:　　\\ 单击作为对齐点的一个基线端点，不应选取端点外的位置。

请选择墙体（注意:相连墙体的基线会自动联动!）<退出>:　　\\ 选择要对齐该基线端点的墙体对象。

请选择墙体（注意:相连墙体的基线会自动联动!）<退出>:　　\\ 继续选择后按〈Enter〉键退出。
请点取墙基线的新端点或新连接点或 [参考点(R)]<退出>:　　\\ 单击其他基线交点作为对齐点。

其基线对齐效果如图 4-16所示。

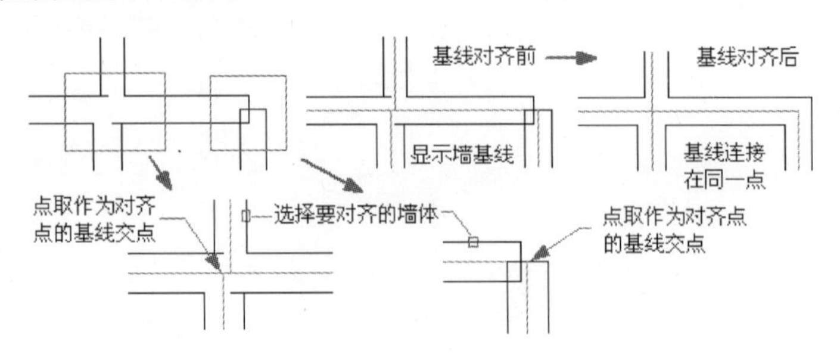

图 4-16　基线对齐效果

4.3.4　边线对齐

执行方法：选择“墙体 | 边线对齐”命令，（快捷键 BXDQ）。

本命令就是维持基线位置和总宽不变，通过修改左右宽度达到边线与给定位置对齐的目的。通常用于处理墙体与某些特定位置的对齐，特别是和柱子的边线对齐。墙体与柱子的关系并非都是中线对中线，要把墙边与柱边对齐，无非两个途径，直接用基线对齐柱边绘制，或者先不考虑对齐，而是快速地沿轴线绘制墙体，待绘制完毕后用本命令处理。后者可以把同一延长线方向上的多个墙段一次取齐，推荐使用。

例如，对已经打开的“案例\04\墙体 2.dwg”文件进行边线对齐操作，其操作步骤如图 4-17所示。

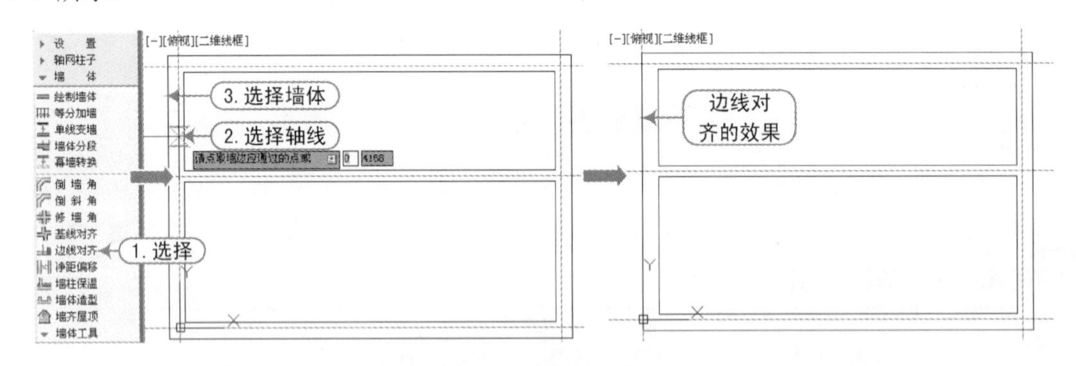

图 4-17　边线对齐操作

4.3.5　普通墙的对象编辑

执行方法：双击墙体，从弹出的“墙体编辑”对话框中进行修改。

例如，针对 4.3.4 节边线对齐操作的墙体对象，双击左侧墙体对象，然后按照如图 4-18 所示进行墙体的编辑操作。

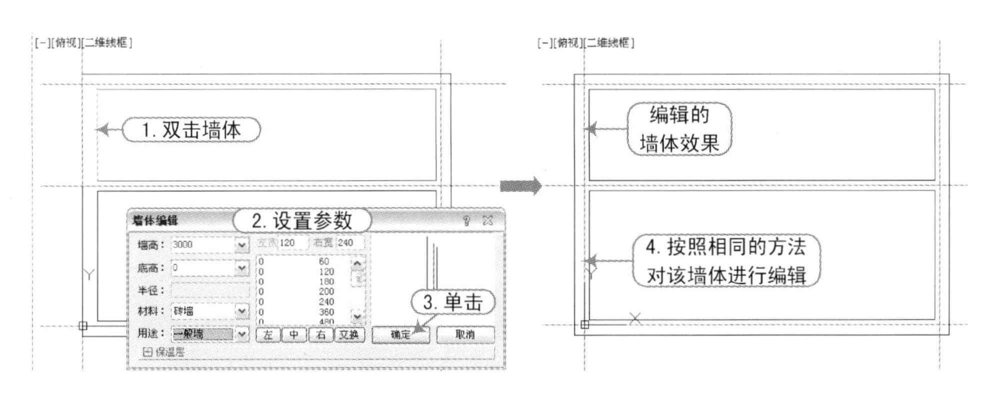

图 4-18 双击墙体编辑

4.4 墙体编辑工具

墙体在创建后，可以双击进行本墙段的对象编辑修改，但对于多个墙段的编辑，使用下面的墙体编辑工具更有效。

4.4.1 改墙厚

执行方法：选择“墙体 | 墙体工具 | 改墙厚”命令，（快捷键 GQH）。

本命令按照墙基线居中的规则，批量修改多段墙体的厚度，但不适合修改偏心墙，对于单段修改墙厚使用“对象编辑”命令即可。

例如，对已经打开的“案例\04\墙体 2.dwg”文件进行改墙厚操作，其操作步骤如图 4-19 所示。

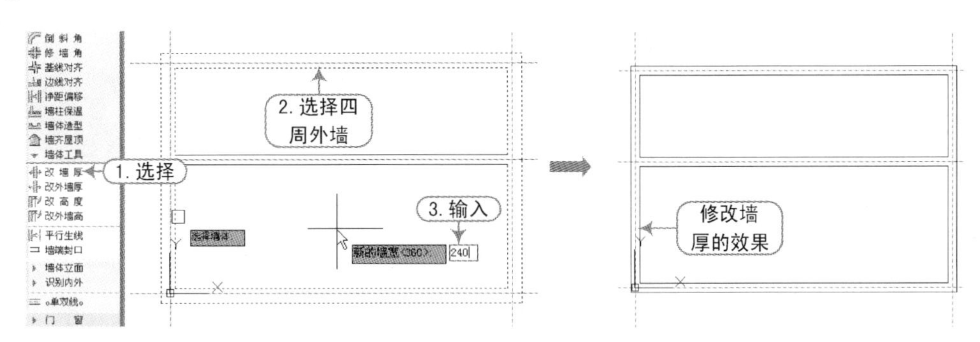

图 4-19 改墙厚操作

4.4.2 改外墙厚

执行方法：选择“墙体 | 墙体工具 | 改外墙厚”命令，（快捷键 GWQH）。

本命令用于整体修改外墙厚度。执行本命令前应事先识别外墙，否则无法找到外墙进行处理。

例如，对已经打开的“案例\04\墙体 2.dwg”文件进行改外墙厚操作，其操作步骤如图 4-20所示。

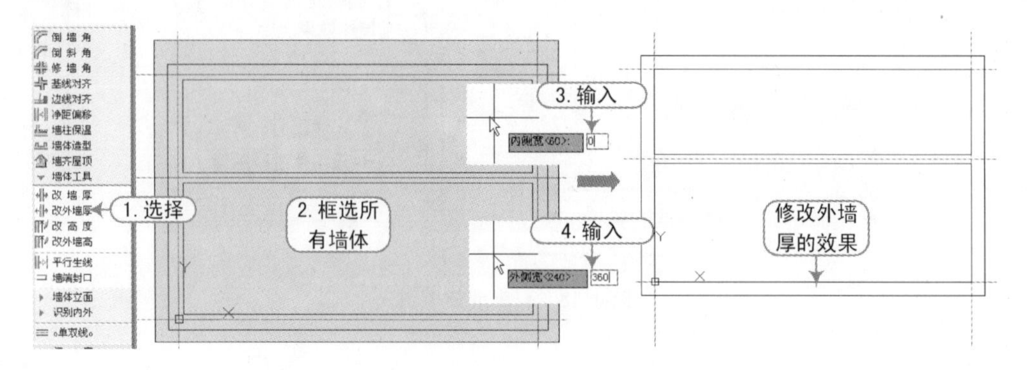

图 4-20　改外墙厚操作

4.4.3　改高度

执行方法：选择“墙体 | 墙体工具 | 改高度”命令，（快捷键 GGD）。

本命令可对选中的柱、墙体及其造型的高度和底标高成批进行修改，是调整这些构件竖向位置的主要手段。修改底标高时，门窗底的标高可以和柱、墙联动修改。

例如，对已经打开的“案例\04\墙体 2.dwg”文件进行改高度操作，其操作步骤如图 4-21 所示。

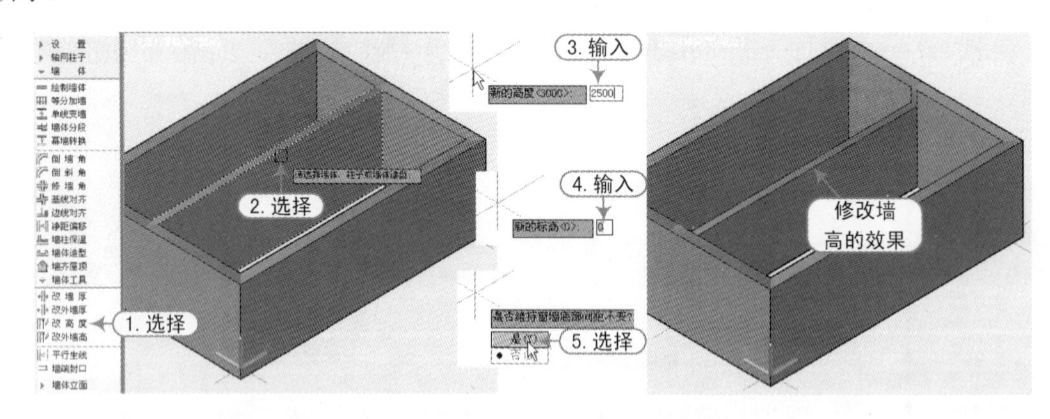

图 4-21　改高度操作

提示

如果墙底标高不变，窗墙底部间距不论输入 Y 或 N 都没有关系，但如果墙底标高改变了，就会影响窗台的高度，比如底标高原来是 0，新的底标高是-300，以 Y 响应时各窗的窗台相对墙底标高而言高度维持不变，但从立面图看就是窗台随墙下降了 300；如以 N 响应，则窗台高度相对于底标高间距就作了改变，而从立面图看窗台却没有下降。

4.4.4 改外墙高

执行方法：选择“墙体｜墙体工具｜改外墙高”命令，（快捷键 GWQG）。

本命令与“改高度”命令类似，只是仅对外墙有效。运行本命令前，应已做过内外墙的识别操作。此命令通常用在无地下室的首层平面，把外墙从室内标高延伸到室外标高。

4.4.5 平行生线

执行方法：选择“墙体｜墙体工具｜平行生线”命令，（快捷键 PXSX）。

本命令类似 Offset 命令，用于生成一条与墙线（分侧）平行的曲线，也可以用于柱子，生成与柱子周边平行的一圈粉刷线。

例如，对已经打开的“案例\04\墙体 2.dwg”文件进行平行生线操作，其操作步骤如图 4-22所示。

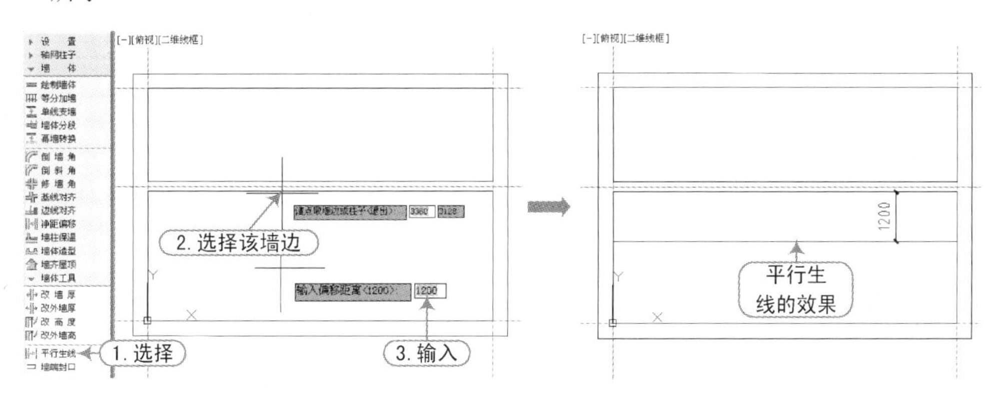

图 4-22 平行生线操作

提示

本命令可以用来生成依靠墙边或柱边定位的辅助线，如粉刷线、勒脚线等。

软件技能

4.5 墙体立面与内外识别工具

墙体立面工具不是在立面施工图上执行的命令，而是在平面图绘制时为立面或三维建模作准备而编制的几个墙体立面设计命令。

4.5.1 墙面 UCS

执行方法：选择“墙体｜墙体立面｜墙面 UCS”命令，（快捷键 QMUCS）。

为了构造异形洞口或构造异形墙立面，必须在墙体立面上定位和绘制图元，需要把 UCS

设置到墙面上，本命令临时定义一个基于所选墙面（分侧）的 UCS 用户坐标系，在指定视口转为立面显示。

例如，对已经打开的“案例\04\墙体 2.dwg”文件进行墙面 UCS 操作，其操作步骤如图 4-23所示。

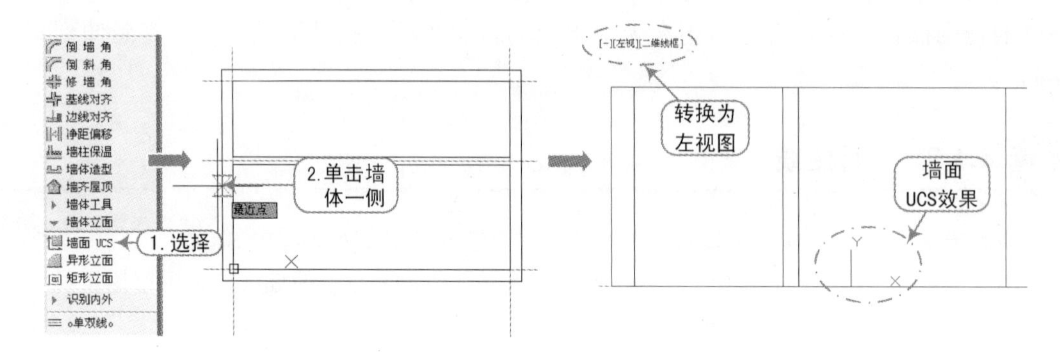

图 4-23　墙面 UCS 操作

4.5.2　异形立面

执行方法：选择“墙体 | 墙体立面 | 异形立面”命令，（快捷键 YXLM）。

本命令通过对矩形立面墙进行适当剪裁来构造不规则立面形状的特殊墙体，如创建人字或单坡山墙与坡屋顶底面相交。

例如，对已经打开的“案例\04\立面墙.dwg”文件进行异形立面操作，其操作步骤如图 4-24所示。

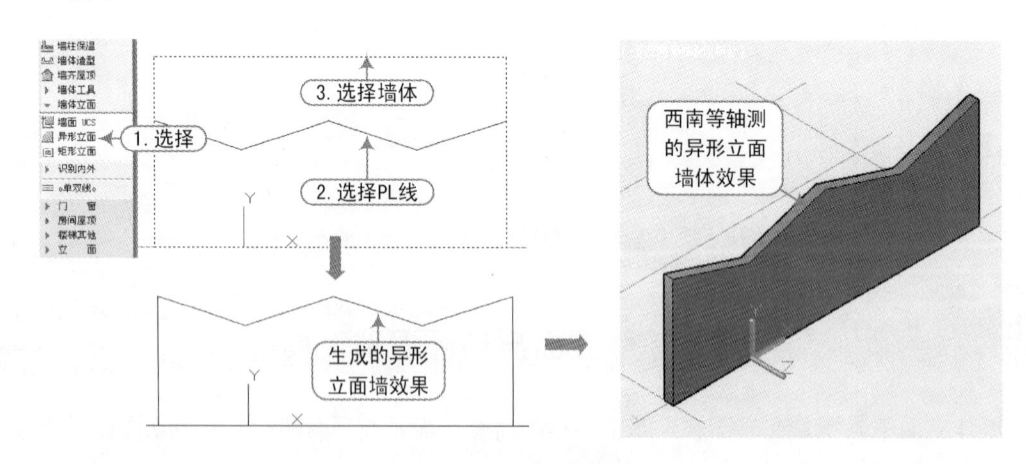

图 4-24　异形立面操作

提示

在进行“异形立面”命令时应注意以下几个要点：

1）异形立面的剪裁边界依据墙面上绘制的多段线（PLINE）表述，如果想构造后保留矩形墙体的下

部，多段线从墙两端一边入一边出即可；如果想构造后保留左部或右部，则在墙顶端的多段线端头指向保留部分的方向。

2）墙体变为异形立面后，夹点拖动等编辑功能将失效。异形立面墙体生成后，如果接续墙端延续画新墙，异形墙体能够保持原状，如果新墙与异形墙有交角，则异形墙体恢复原来的形状。

3）运行本命令前，应先用“墙面 UCS”命令临时定义一个基于所选墙面的 UCS，以便在墙体立面上绘制异形立面墙边界线。为便于操作，可将屏幕置为多视口配置，立面视口中用“多段线”（PLINE）命令绘制异形立面墙剪裁边界线，其中多段线的首段和末段不能是弧段。

4.5.3 识别内外

执行方法：选择“墙体 | 识别内外 | 识别内外”命令，（快捷键 SBNW）。

本命令可自动识别内、外墙，同时可设置墙体的内外特征，在节能设计中要使用外墙的内外特征。

例如，对已经打开的“案例\04\墙体 2.dwg”文件进行识别内外操作，其操作步骤如图 4-25所示。

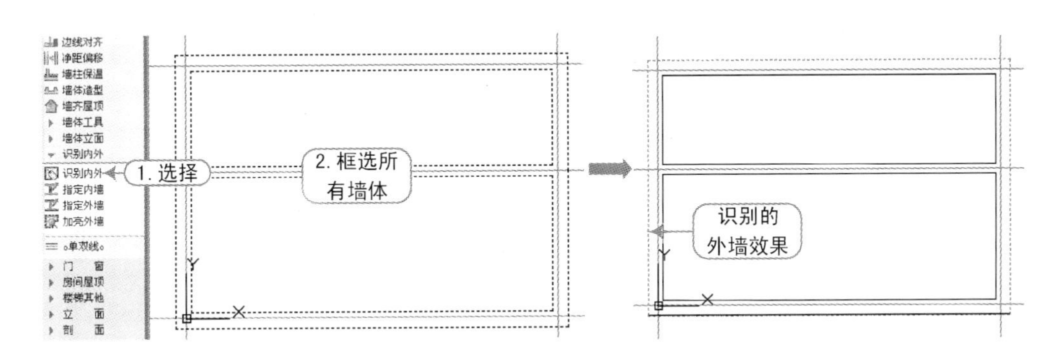

图 4-25 识别内外操作

提示

执行“识别内外”命令后，系统自动判断所选墙体的内、外墙特性，并用红色虚线亮显外墙外边线，用“重画”（Redraw）命令可消除亮显虚线，如果存在天井或庭院，外墙的包线是多个封闭区域，要结合“指定外墙”命令进行处理。

4.5.4 指定内墙

执行方法：选择“墙体 | 识别内外 | 指定内墙”命令，（快捷键 ZDNQ）。

本命令用手工选取方式将选中的墙体置为内墙，内墙在三维组合时不参与建模，可以减少三维渲染模型的大小与内存开销。

4.5.5 指定外墙

执行方法：选择“墙体 | 识别内外 | 指定外墙”命令，（快捷键 ZDWQ）。

本命令将选中的普通墙体内外特性置为外墙，除了把墙指定为外墙外，还能指定墙体的内外特性用于节能计算，也可以把选中的玻璃幕墙两侧翻转，适用于设置了隐框（或框料尺寸不对称）的幕墙，调整幕墙本身的内外朝向。

4.5.6 加亮外墙

执行方法：选择“墙体 | 识别内外 | 加亮外墙”命令，（快捷键 JLWQ）。

本命令可将当前图中所有外墙的外边线用红色虚线亮显，以便用户了解哪些墙是外墙，哪一侧是外侧。用“重画”（Redraw）命令可消除亮显虚线。

软件技能

4.6 门窗的创建

软件中的门窗是一种附属于墙体并需要在墙上开启洞口，带有编号的 AutoCAD 自定义对象，包括通透的和不通透的墙洞；门窗和墙体建立了智能联动关系，门窗插入墙体后，墙体的外观几何尺寸不变，但墙体对象的粉刷面积、开洞面积已经立刻更新以备查询。门窗和其他自定义对象一样可以用 AutoCAD 的命令和夹点编辑修改，并可通过电子表格检查和统计整个工程的门窗编号。

4.6.1 门窗概念

门窗对象附属在墙对象之上，离开墙体的门窗将失去意义。按照和墙的附属关系，软件中定义了两类门窗对象：一类是只附属于一段墙体，即不能跨越墙角，对象 DXF 类型 TCH_OPENING；另一类是附属于多段墙体，即跨越一个或多个转角，对象 DXF 类型 TCH_CORNER_WINDOW。前者和墙之间的关系非常严谨，因此系统根据门窗和墙体的位置，能够可靠地在设计编辑过程中自动维护和墙体的包含关系，例如可以把门窗移动或复制到其他墙段上，系统可以自动在墙上开洞并安装上门窗；后者比较复杂，离开了原始的墙体，可能就不再正确，因此不能像前者那样可以随意地编辑。

门窗创建对话框提供门窗的所有参数，包括编号、几何尺寸和定位参考距离，如果把门窗高参数改为 0，系统在三维下不开该门窗。门窗模块现在增加了比较实用的多项功能，如连续插入门窗，同一洞口插入多个门窗等，前者用于幕墙和入口门等连续门窗的绘制，后者解决了多年来防火门和户门等的需要。

在天正环境中，创建诸如普通门、普通窗、弧窗、凸窗和矩形洞等对象时，都是通过“门窗” | “门窗”命令（快捷键 MC）来实现的，其弹出的对话框的内容会根据选择的不同门窗类型而有所不同，如图 4-26所示。

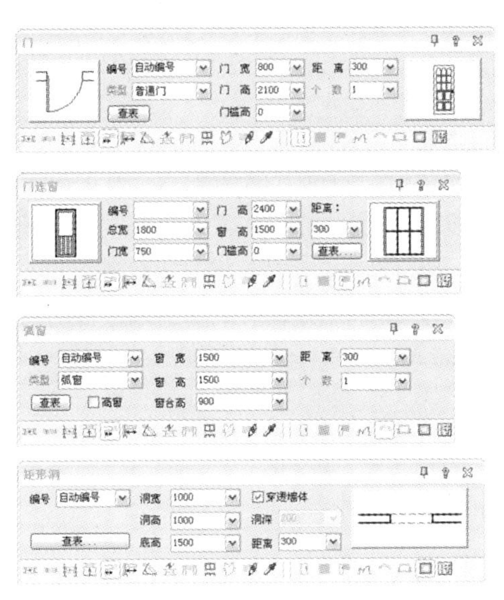

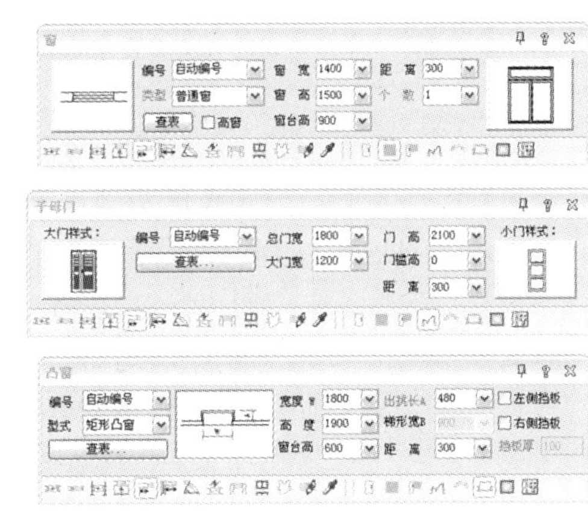

图 4-26 不同的“门窗参数”对话框

4.6.2 创建插门

选择“门窗” | “门窗”命令（快捷键 MC），在弹出的“门窗参数”对话框中单击“插门”按钮，然后按照如图 4-27所示步骤来创建插门。

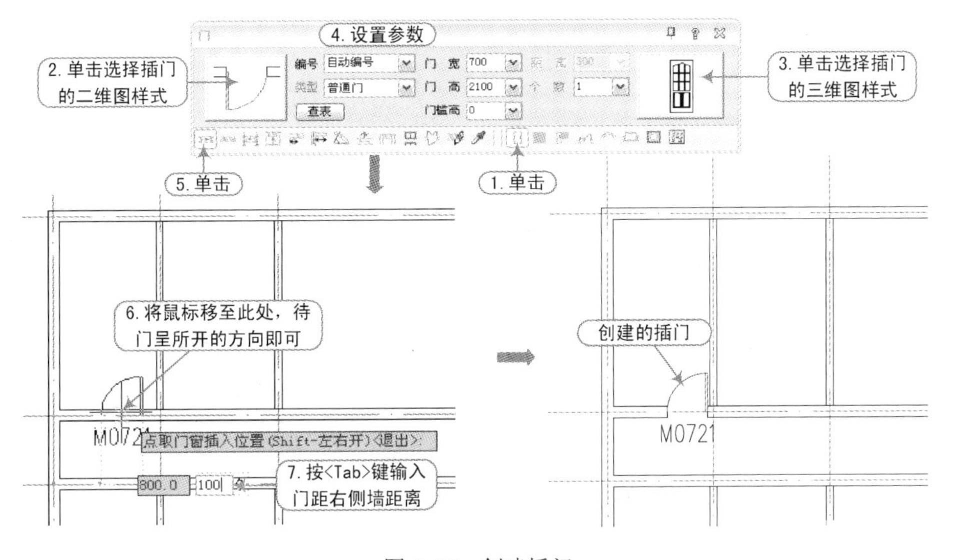

图 4-27 创建插门

提示

在插入门窗对象时，在命令行中将显示“点取门窗大致的位置和开向(Shift－左右开)：”提示，这时用户可以按〈Shift〉键将门窗进行左右、内外转换。

在“门窗参数”对话框中，按工具栏的门窗定位方式从左到右依次介绍，各选项的含义如下：

- 自由插入：使用鼠标左键单击门窗插入墙体中的位置即可，按〈Shift〉键改变开向。
- 沿墙顺序插入：以距离单击位置比较近的墙边端点或基线为起点，按给定的距离插入选定的门窗，此后顺着前进方向连续插入，插入过程中可以随意改变门窗类型和参数。在弧墙对象顺序插入门窗时，门窗是按照墙基线弧长进行定位的。
- 点取位置按轴线等分插入：可将一个或多个门窗按两条基线间的墙段等分插入，如果该墙段没有轴线，则会按墙段基线等分插入，如图 4-28所示。

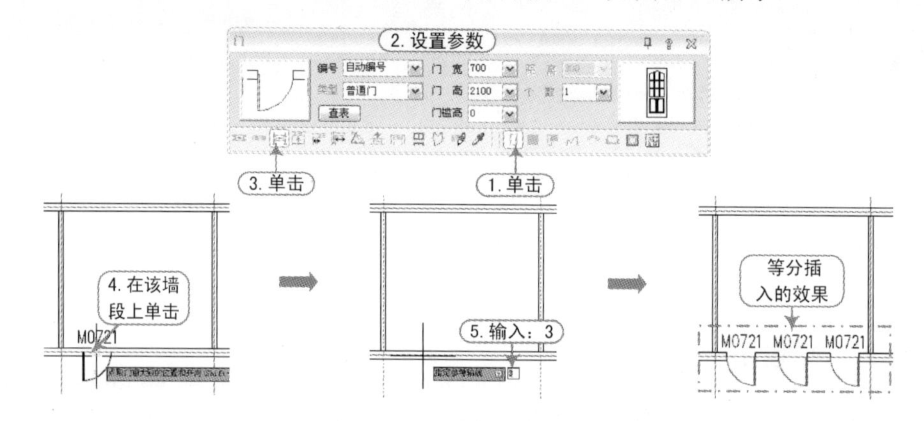

图 4-28　按轴线等分插入操作

- 点取位置按墙段等分插入：与轴线等分插入相似，是指在该墙段上较短一侧边线插入一个或多个门窗，使各个门窗之间墙垛的间距相等。
- 垛宽定距插入：单击该按钮后，对话框中“距离”文本框就可以输入一个数值，该值就是垛宽，指定垛宽后，再在靠近该距离的墙垛的墙体上单击即可插入门窗。
- 轴线定距插入：单击该按钮后，对话框中“距离”文本框就可以输入一个数值，该值就是门窗左侧距离基线的距离，再在墙体上单击即可插入门窗。
- 按角度插入弧墙上的门窗：专用于弧墙插入门窗，按给定角度在弧墙上插入直线型门窗。
- 根据鼠标位置居中或定距插入门窗：单击该按钮，命令行会提示“键入 Q”，选择按墙体或轴线定距离插入门窗，同时系统会给出标识，大概居中位置，然后供读者自行选择插入门窗的位置。
- 充满整个墙段插入门窗：表示门窗在门窗宽度方向上完全充满一段墙。使用这种方式时，门窗宽度参数由系统自动确定，如图 4-29所示。

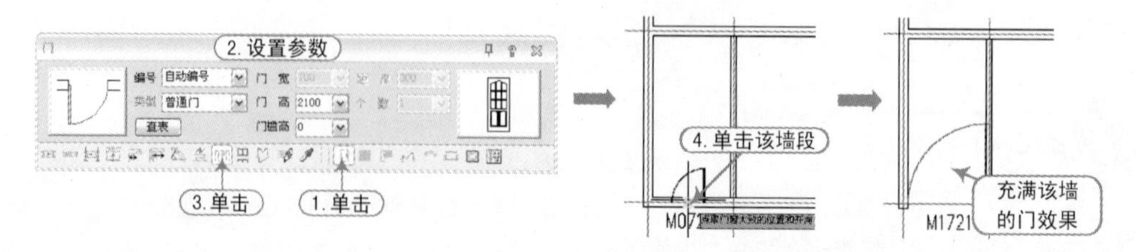

图 4-29　充满整个墙段插入门窗

■ 插入上层门窗：在墙段上现有的门窗上方再加一个宽度相同、高度不同的门或窗，这种情况常常出现在高大的厂房外墙中。

■ 在已有洞口插入多个门窗：在同一段墙体已有的门窗洞口内再插入其他样式的门窗，常用于防火门、密闭门、户门和车库门中。

■ 替换门窗：此功能可批量修改门窗类型，用对话框内的当前参数作为目标参数，替换图中已经插入的门窗。在对话框右侧会出现参数过滤开关，如果不打算改变某一参数，可去除该参数开关，对话框中该参数按原图保持不变。读者可根据参数开关自行选择控制，如图 4-30所示。

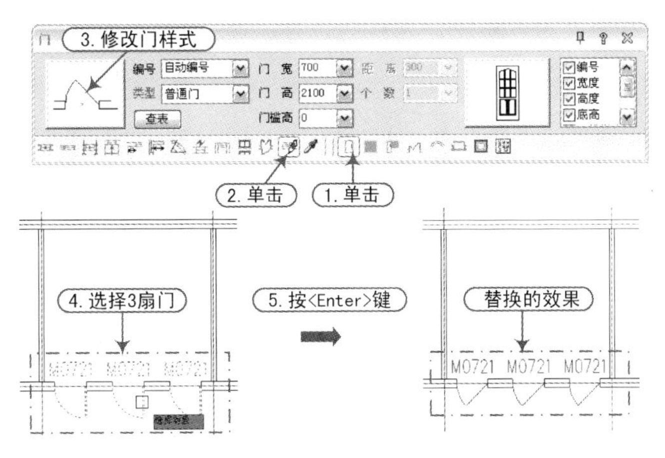

图 4-30 替换门窗操作

■ 拾取门窗参数：单击该按钮后，直接单击门或窗，会弹出对话框，如图 4-31所示。

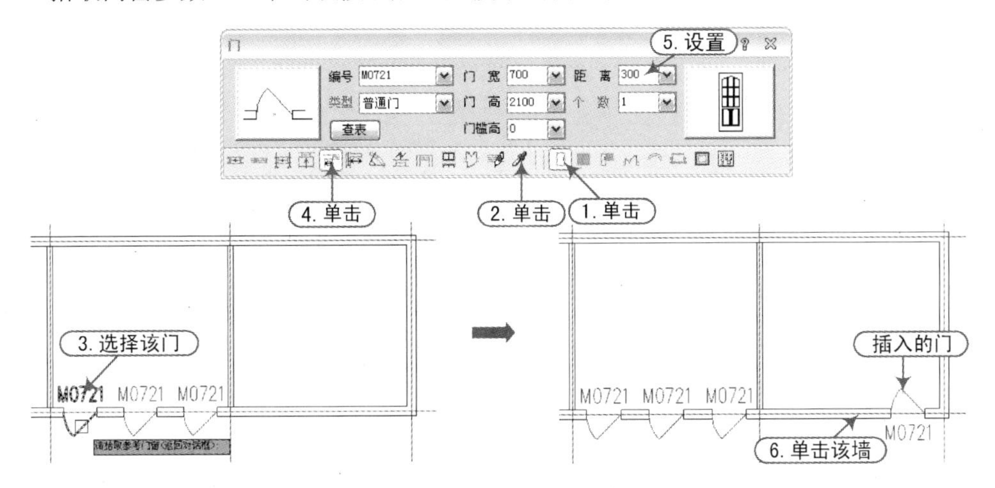

图 4-31 拾取门窗参数操作

4.6.3 创建子母门

选择“门窗 | 门窗”命令（快捷键 MC），在弹出的“门窗参数”对话框中单击“子母

门”按钮，然后按照如图 4-32所示步骤来创建子母门。

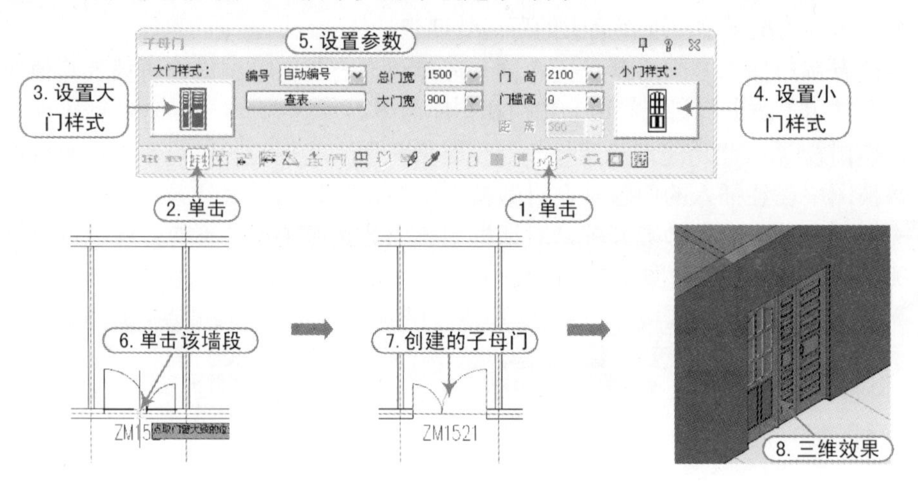

图 4-32　插入子母门的操作

4.6.4　创建插窗

选择“门窗 | 门窗”命令（快捷键 MC），在弹出的“门窗参数”对话框中单击“插窗”按钮，然后按照如图 4-33所示步骤来创建插窗。

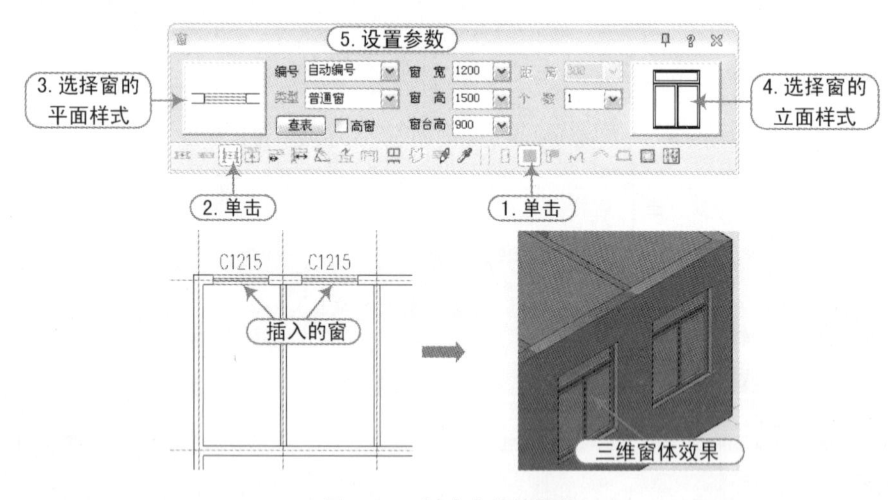

图 4-33　创建窗体的操作

4.6.5　创建插门联窗

选择“门窗 | 门窗”命令（快捷键 MC），在弹出的“门窗参数”对话框中单击“插门联窗”按钮，然后按照如图 4-34所示步骤来创建插门联窗。

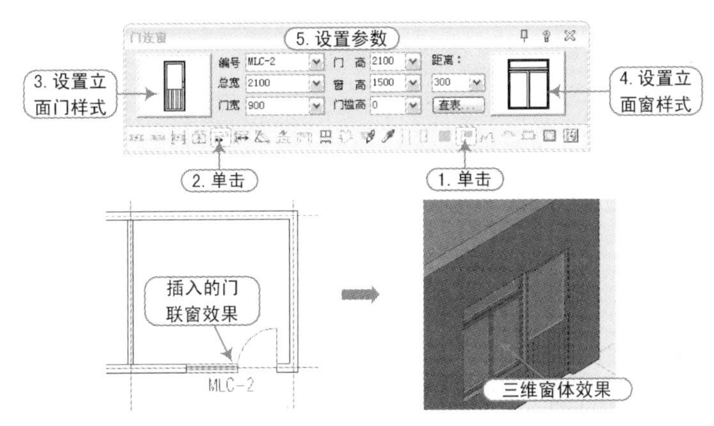

图 4-34　创建门联窗的操作

4.6.6　创建弧窗

选择“门窗 | 门窗”命令（快捷键 MC），在弹出的“门窗参数”对话框中单击“弧窗”按钮，然后按照如图 4-35所示步骤来创建弧窗。

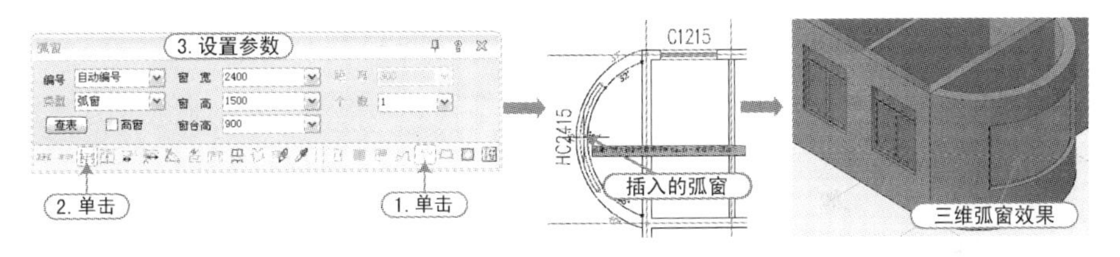

图 4-35　创建弧窗的操作

4.6.7　创建凸窗

选择“门窗 | 门窗”命令（快捷键 MC），在弹出的“门窗参数”对话框中单击“凸窗”按钮，然后按照如图 4-36所示步骤来创建凸窗。

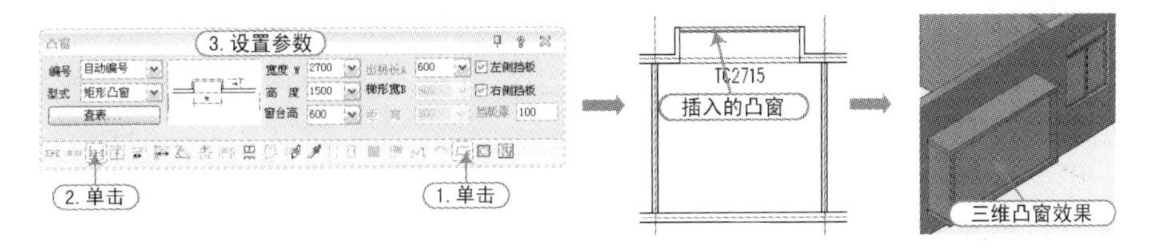

图 4-36　创建凸窗的操作

4.6.8　创建矩形洞

选择“门窗 | 门窗”命令（快捷键 MC），在弹出的“门窗参数”对话框中单击“插矩

形洞”按钮，然后按照如图 4-37所示步骤来插矩形洞。

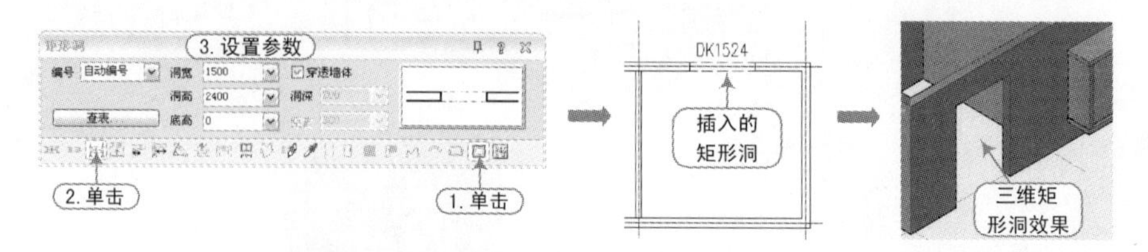

图 4-37　创建矩形洞的操作

4.6.9　创建组合门窗

执行方法：选择“门窗 | 组合门窗”命令，（快捷键 ZHMC）。

本命令不会直接插入一个组合门窗，而是把使用“门窗”命令插入的多个门窗组合为一个整体的“组合门窗”，组合后的门窗按一个门窗编号进行统计，在三维显示时子门窗之间不再有多余的面片；还可以使用“构件入库”命令把创建好的常用组合门窗放入构件库，使用时从构件库中直接选取。

选择“门窗 | 组合门窗”命令后，再分别选择需组合在一起的门和窗，按〈Enter〉键结束选择并输入新的组合门窗名称即可，其操作方法如图 4-38所示。

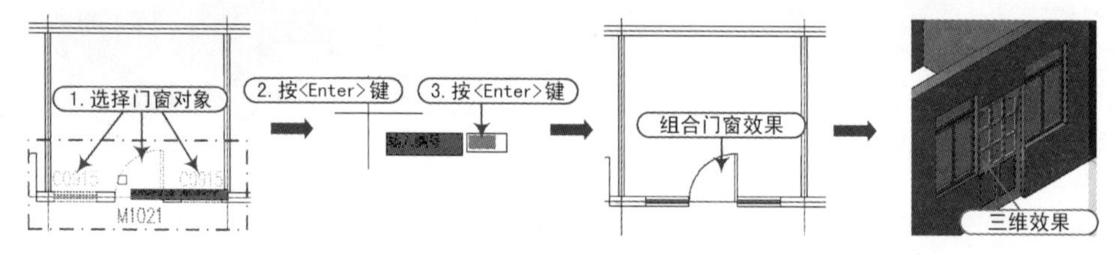

图 4-38　创建组合门窗

提示

组合后的门窗与在“门窗参数”对话框中“门联窗”按钮插入门联窗的效果是相同的，但组合门窗更加灵活一些。但组合门窗命令不会自动对各子门窗的高度进行对齐，修改组合门窗时临时分解为子门窗，修改后重新进行组合。

4.6.10　创建带形窗

执行方法：选择“门窗 | 带形窗”命令，（快捷键 DXC）。

带形窗是跨越多段墙体的多扇普通窗的组合，各扇窗共享一个编号，它没有凸窗特性，窗的宽度与墙体长度一致，窗台高与窗高相同。

选择“门窗 | 带形窗”命令后，在弹出的“带形窗”对话框中设置好参数，在带形窗开始墙段单击准确的起始位置，再在带形窗结束墙段单击准确的结束位置，然后选择带形窗经过的多个墙段，最后按〈Enter〉键结束命令，其操作方法如图 4-39所示。

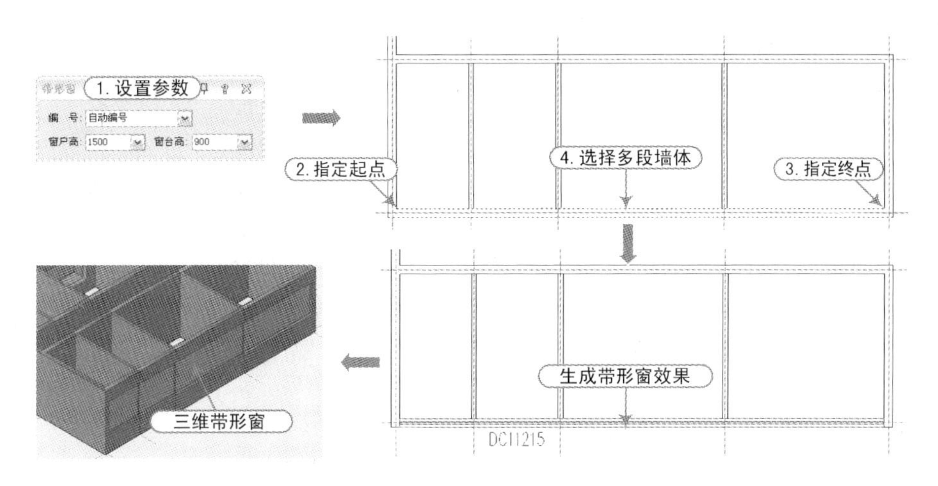

图 4-39 创建带形窗

创建带形窗时，要注意以下几个要点。

1）如果在带形窗经过的路径存在相交的内墙，应把它们的材料级别设置得比带形窗所在墙低，才能正确表示窗墙相交。

2）玻璃分格的三维效果请使用“窗棂展开”与“窗棂映射”命令处理。

3）带形窗暂时还不能设置为洞口。

4）带形窗本身不能被 Stretch（拉伸）命令拉伸，否则会消失。

5）转角处插入柱子可以自动遮挡带形窗，其他位置应先插入柱子后创建带形窗。

4.6.11 创建转角窗

执行方法：选择“门窗｜转角窗”命令，（快捷键 ZJC）。

跨越两段相邻转角墙体的普通窗或凸窗称为转角窗，在二维视图中用三线或四线表示（当前出图比例小于 1:100 时按三线表示），三维视图有窗框和玻璃，可在“特性”面板设置为转角洞口，角凸窗还有窗楣和窗台板，侧面碰墙时自动剪裁，获得正确的平面图效果。

选择“门窗｜转角窗”命令后，在弹出的“绘制角窗”对话框中设置好参数，使用鼠标单击转角窗所在墙内角，再分别输入距离 1 和距离 2（当前墙段变虚），然后按〈Enter〉键退出，其操作方法如图 4-40所示。

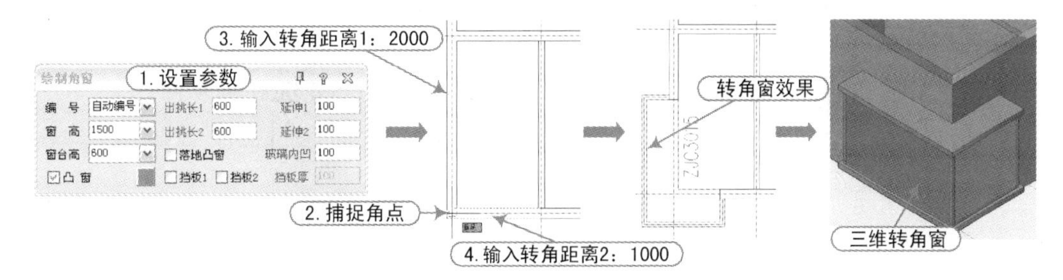

图 4-40 创建转角窗

在“绘制角窗”对话框中，各选项的含义如下：

- 玻璃内凹：窗玻璃到窗台外缘的退入距离。
- 延伸 1、延伸 2：窗台板与檐口板分别在两侧延伸出窗洞口外的距离，常作为空调搁板花台等。
- 出挑长 1/出挑长 2：凸窗窗台凸出于墙面外的距离。
- 落地凸窗：勾选后，墙内侧不画窗台线。
- 挡板 1、挡板 2：勾选后，凸窗的侧窗改为实心的挡板。
- 挡板厚：挡板厚度默认为 100，勾选挡板后可在这里修改。

软件技能

4.7 门窗的编辑

最简单的门窗编辑方法就是选取门窗来激活门窗夹点，拖动夹点进行夹点编辑不必使用任何命令，批量翻转门窗可使用专门的门窗翻转命令。

4.7.1 门窗的夹点编辑

普通门、普通窗都有若干个预设好的夹点，拖动夹点时门窗对象会按预设的行为做出动作。熟练操纵夹点进行编辑是用户应该掌握的高效编辑手段，但夹点编辑的缺点是一次只能对一个对象操作，而不能一次更新多个对象，为此系统提供了各种门窗编辑命令。

门窗对象提供的编辑夹点功能如图 4-41所示。需要指出的是，部分夹点用〈Ctrl〉键来切换功能。

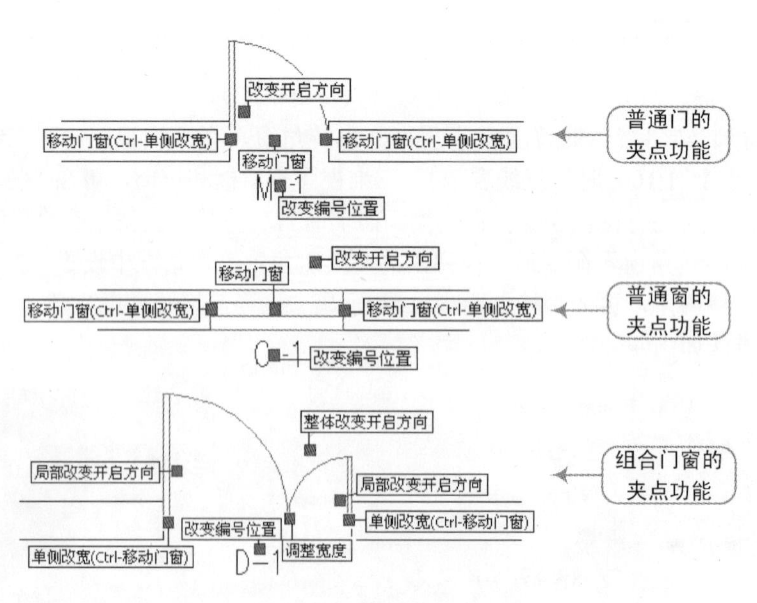

图 4-41　门窗夹点示意图

4.7.2 对象编辑与特性编辑

双击门窗对象即可进入“对象编辑”命令对门窗进行参数修改，选择门窗对象右击，在弹出的快捷菜单中可以选择“对象编辑”或者“特性编辑”命令，虽然两者都可以用于修改门窗属性，但是相对而言，“对象编辑”命令启动了创建门窗的对话框，参数比较直观，而且可以替换门窗的外观样式。

“门窗参数”对话框与插入对话框类似，只是没有了插入或替换的一排图标，并增加了“单侧改宽”复选框，如图 4-42所示。

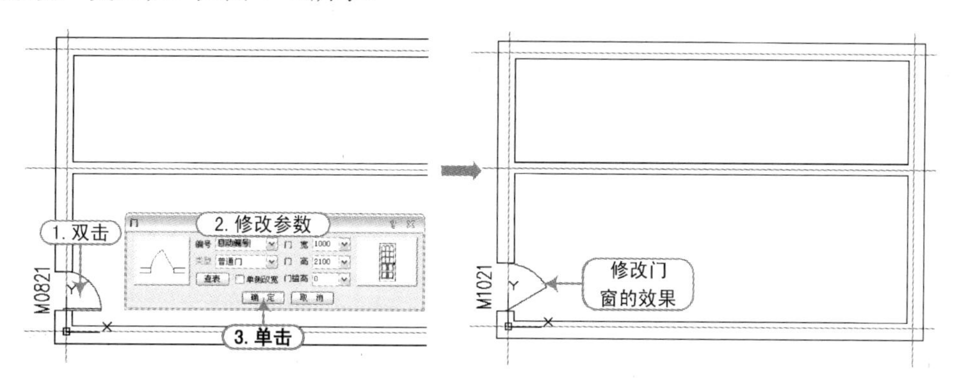

图 4-42　门窗对象的编辑

如果当前图形中同类型的门窗对象有多个，这时系统会弹出“其他 X 个相同编号的门窗也同时参与修改?[全部(A)/部分(S)/否(N)]：”提示，如果用户是要所有相同门窗都一起修改，那就回应 A，否则回应 S 或者 N。

提示

而对于“特性编辑”，可以批量修改门窗的参数，并且可以控制一些其他途径无法修改的细节参数，如门口线、编号的文字样式和内部图层等，如图 4-43所示。

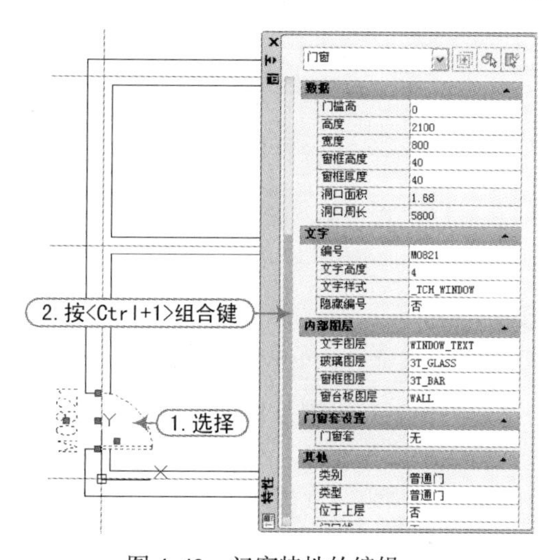

图 4-43　门窗特性的编辑

4.7.3 门窗的翻转

当用户创建好门窗对象后，才发现门窗的开启方向或安装方向翻转了，这时可利用 TArch 天正建筑软件为用户提供的“内外翻转”和“左右翻转”命令。

执行方法：选择“门窗 | 内外翻转”命令，（快捷键 NWFZ）。

选择需要内外翻转的门窗，统一以墙中为轴线进行翻转，适用于一次处理多个门窗的情况，方向总是与原来相反。

执行方法：选择“门窗 | 左右翻转”命令，（快捷键 ZYFZ）。

选择需要左右翻转的门窗，统一以门窗中垂线为轴线进行翻转，适用于一次处理多个门窗的情况，方向总是与原来相反。

软件技能

4.8 门窗工具

对于安装好的门窗对象，用户还可以使用 TArch 天正建筑的门窗工具来进行操作，以便安装的门窗对象更加完善。

4.8.1 编号复位

执行方法：选择“门窗 | 门窗工具 | 编号复位”命令，（快捷键 BHFW）。

本命令把门窗编号恢复到默认位置，特别适用于解决门窗“改变编号位置”夹点与其他夹点重合，而使两者无法分开的问题。其操作步骤如图 4-44所示。

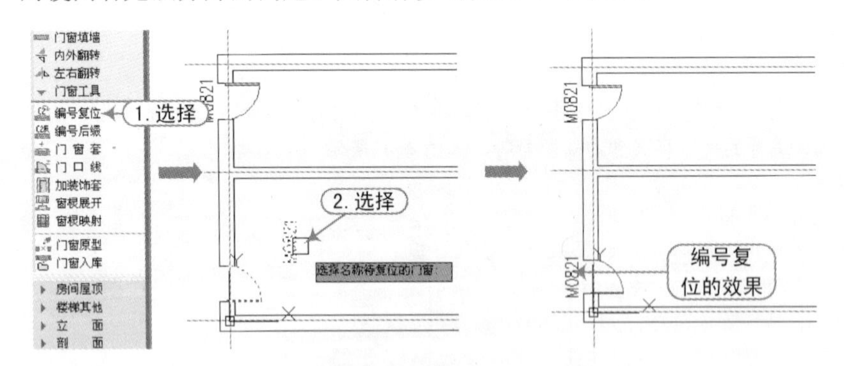

图 4-44 编号复位操作

4.8.2 编号后缀

执行方法：选择“门窗 | 门窗工具 | 编号后缀”命令，（快捷键 BHHZ）。

本命令把选定的一批门窗编号添加指定的后缀，适用于对称的门窗在编号后增加“反”缀号的情况，添加后缀的门窗与原门窗独立编号。其操作步骤如图 4-45所示。

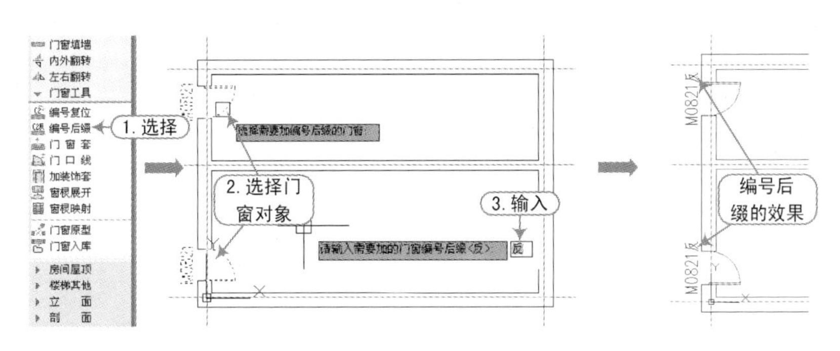

图 4-45　编号后缀操作

4.8.3　门窗套

执行方法：选择“门窗 | 门窗工具 | 门窗套”命令，（快捷键 MCT）。

本命令在外墙窗或者门联窗两侧添加向外突出的墙垛，三维显示为四周加全门窗框套，其中可单击选项删除添加的门窗套。其操作步骤如图 4-46所示。

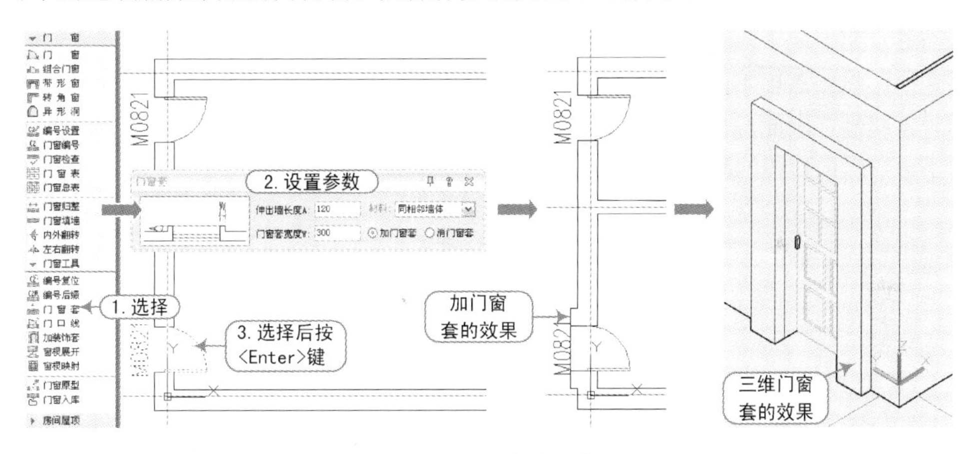

图 4-46　门窗套操作

门窗套是门窗对象的附属特性，可通过“特性”面板设置门窗套的有无和参数；门窗套在加粗墙线和图案填充时与墙一致，如图 4-47所示；此命令不用于内墙门窗，内墙的门窗套线是附加装饰物，由专门的“加装饰套”命令完成。

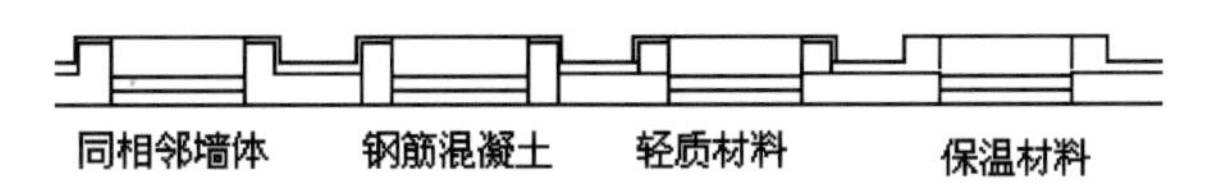

图 4-47　不同墙体的门窗套

提示

对于已经添加了门窗套的门窗对象，如果要取消该门窗套，这时可通过“特性”面板中的“有”“无”来进行设置，如图 4-48所示。

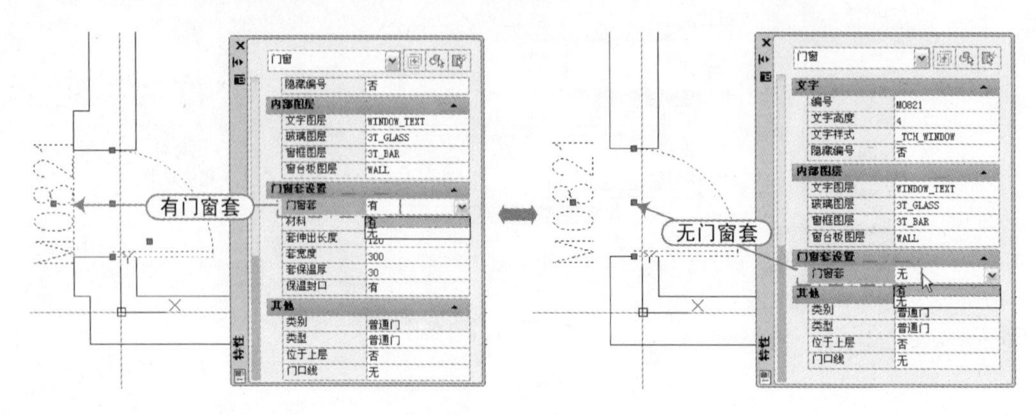

图 4-48　门窗套的设置

4.8.4　门口线

执行方法：选择“门窗 | 门窗工具 | 门口线”命令，（快捷键 MKX）。

本命令在平面图上指定的一个或多个门的某一侧添加门口线，也可以一次为门加双侧门口线，新增偏移距离用于门口有偏移的门口线，表示门槛或者门两侧地面标高不同，门口线是门的对象属性，因此门口线会自动随门复制和移动，门口线与开门方向互相独立，改变开门方向不会导致门口线的翻转。其操作步骤如图 4-49所示。

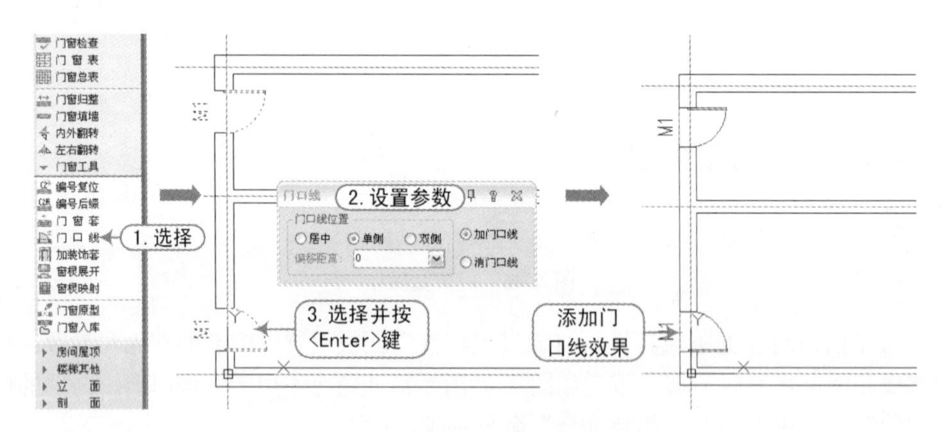

图 4-49　门口线的操作

4.8.5　加装饰套

执行方法：选择“门窗 | 门窗工具 | 加装饰套”命令，（快捷键 JZST）。

本命令用于添加装饰门窗套线，选择门窗后在“装饰套”对话框中选择各种装饰风格和参数的装饰套。装饰套细致地描述了门窗附属的三维特征，包括各种门套线与筒子板、檐口板和窗台板的组合，主要用于室内设计的三维建模以及通过立面、剖面模块生成立、剖面施工图中的相应部分；如果不要装饰套，可直接删除装饰套对象。其操作步骤如图 4-50所示。

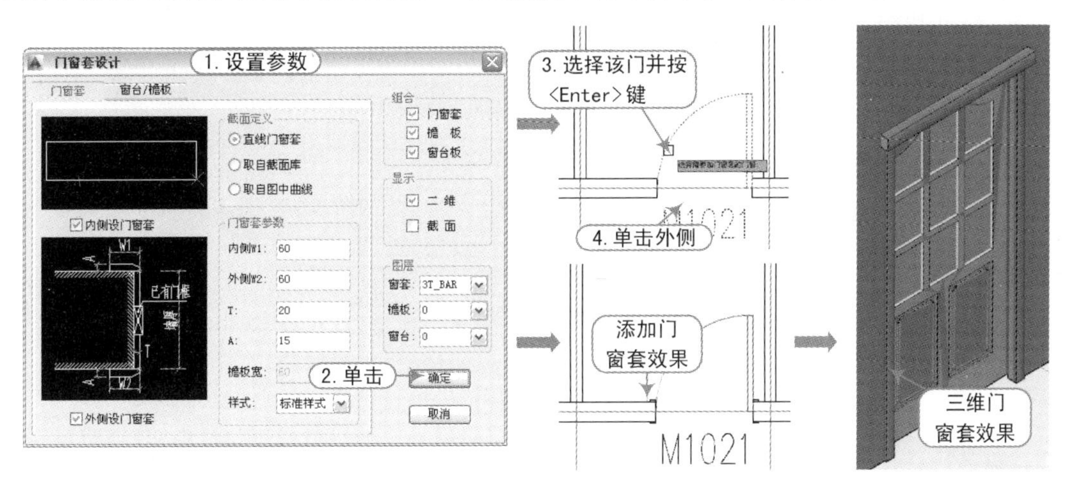

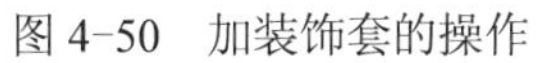
图 4-50　加装饰套的操作

4.8.6　窗棂展开

执行方法：选择“门窗 | 门窗工具 | 窗棂展开”命令，（快捷键 CLZK）。

默认门窗三维效果不包括玻璃的分格，本命令把窗玻璃在图上按立面尺寸展开，用户可以在上面以直线和圆弧添加窗棂分格线，通过“窗棂映射”命令创建窗棂分格。其操作步骤如图 4-51所示。

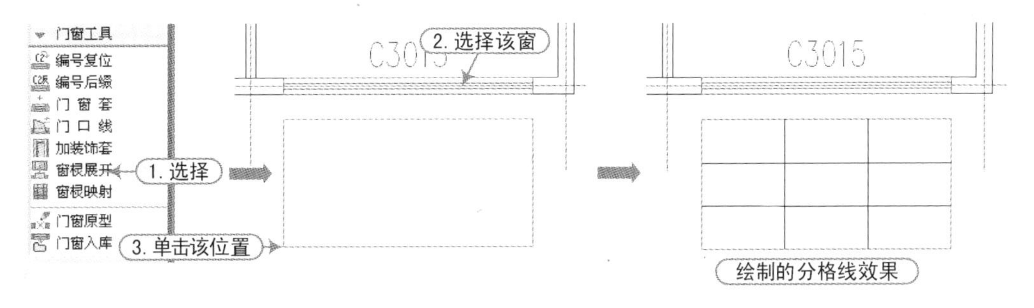

图 4-51　窗棂展开及画分格线

提示

创建窗棂展开的效果后，用户可使用 LINE、ARC 和 CIRCLE 添加窗棂分格线，细化窗棂的展开图，但这些线段要求绘制在 0 图层上。

4.8.7　窗棂映射

执行方法：选择“门窗 | 门窗工具 | 窗棂映射”命令，（快捷键 CLYS）。

用于把门窗立面展开图上由用户定义的立面窗棂分格线，在目标门窗上按默认尺寸映射，在目标门窗上更新为用户定义的三维窗棂分格效果。其操作步骤如图 4-52所示。

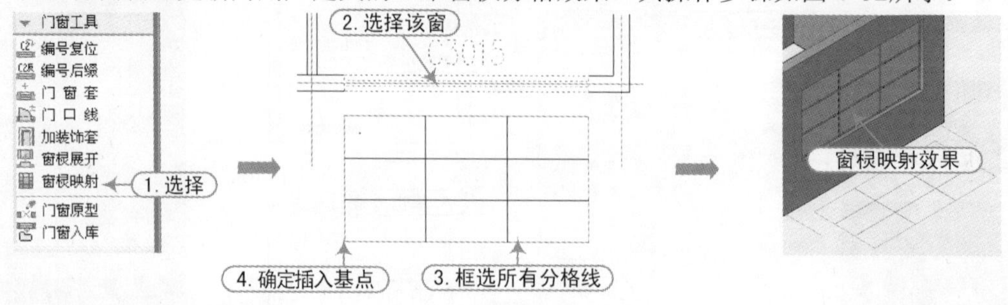

图 4-52　窗棂映射的操作

1）经过窗棂映射后，带有窗棂的窗如果后来修改了窗框尺寸，窗棂不会按比例缩放大小，而是从基点开始保持原尺寸，窗棂超出窗框时，超出部分被截断。

2）使用了窗棂映射后，由门窗库选择的三维门窗样式将被用户的窗棂分格代替。

3）构成带形窗（转角窗）的各窗段是一次分段展开的，定义分格线后一次映射更新。

4.9　门窗编号与门窗表

默认情况下，创建门窗时，在“门窗参数”对话框中会要求用户输入门窗编号或选择自动编号，当门窗都创建完成后，用户还要创建门窗表，从门窗表中可以看出门窗的数量和尺寸等。

4.9.1　门窗编号

执行方法：选择“门窗 | 门窗编号”命令，（快捷键 MCBH）。

本命令用于生成或者修改门窗编号，根据普通门窗的门洞尺寸大小编号，可以删除（隐去）已经编号的门窗，转角窗和带形窗按默认规则编号，使用“自动编号”选项，可以不需要样板门窗，按〈S〉键直接按照洞口尺寸自动编号。其操作步骤如图 4-53所示。

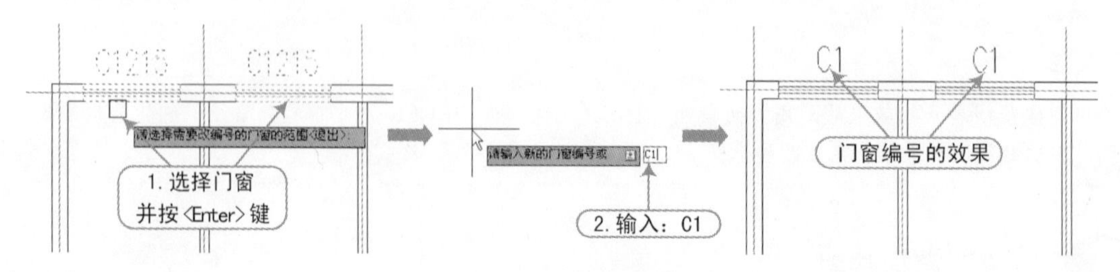

图 4-53　门窗编号的操作

如果需要编号的范围内门窗还没有编号，会出现选择要修改编号的样板门窗的提示，本命令每一次执行只能对同一种门窗进行编号，因此只能选择一个门窗作为样板，多选后会要求逐个确认，对与这个门窗参数相同的编为同一个号，如果以前这些门窗有过编号，即使删除编号，也会提供默认的门窗编号值。

如果用户在输入新的门窗编号时，输入“NULL”将删除编号。另外，转角窗的默认编号规则为ZJC1、ZJC2…，带形窗为DC1、DC2…由用户根据具体情况自行修改。

4.9.2 门窗检查

执行方法：选择“门窗丨门窗检查”命令，（快捷键 MCJC）。

本命令实现了3项功能：

1）“门窗检查”对话框中的门窗参数与图中的门窗对象可以实现双向的数据交流。

2）可以支持块参照和外部参照（暂不支持嵌套）内部的门窗对象。

3）支持把指定图层的文字当成门窗编号进行检查。在电子表格中可检查当前图和当前工程中已插入的门窗数据是否合理，并可以即时调整图上指定门窗的尺寸。

例如，打开“门窗检查.dwg”文件，选择“门窗丨门窗检查”命令，将弹出“门窗检查”对话框，从而可以看出当前图形对象中各门窗对象的数量、类型、宽度、高度、样式等，如图4-54所示。

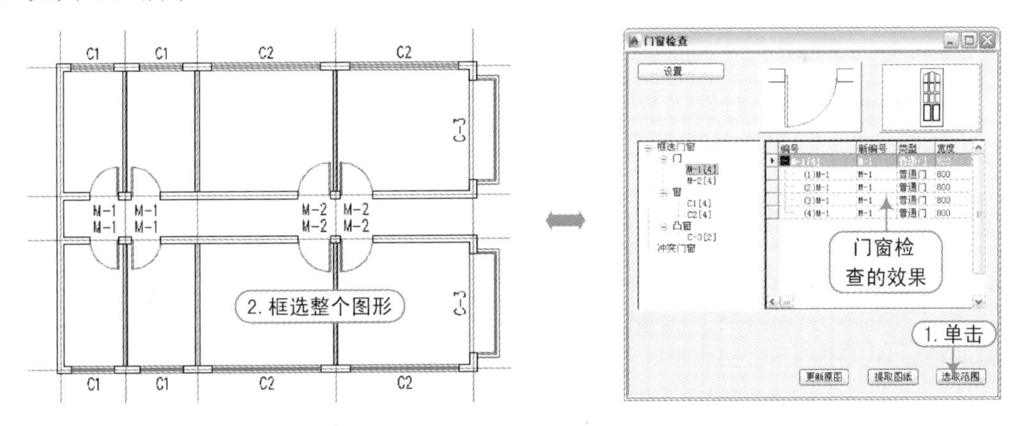

图4-54 门窗检查的操作

4.9.3 创建门窗表

执行方法：选择“门窗丨门窗表”命令，（快捷键 MCB）。

门窗表是建筑施工图中不可缺少的部分，通常用于统计当前图形文件中所有门窗的数量和参数。选择“门窗丨门窗表”命令后，在绘图区中框选全部的门窗对象（用户可直接框选包括门窗对象的墙体），再按〈Enter〉键，然后指定门窗表的插入位置即可，如图4-55所示。

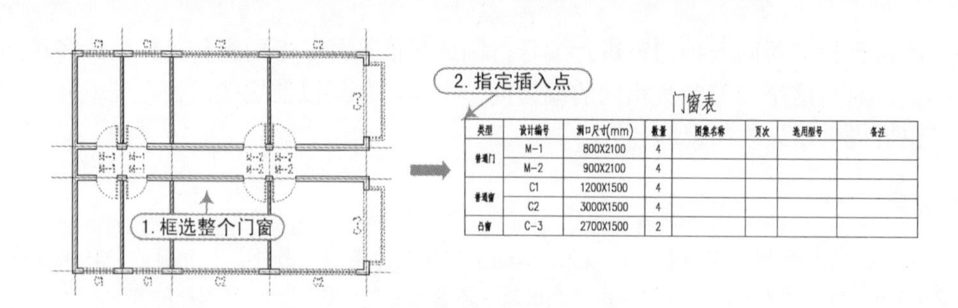

图 4-55　创建门窗表

提示

在选择“门窗表”命令（MCB）后，可直接选择“设置(S)”项，将弹出“选择门窗表样式”对话框，在其中选择新的表头样式，如图 4-56所示。

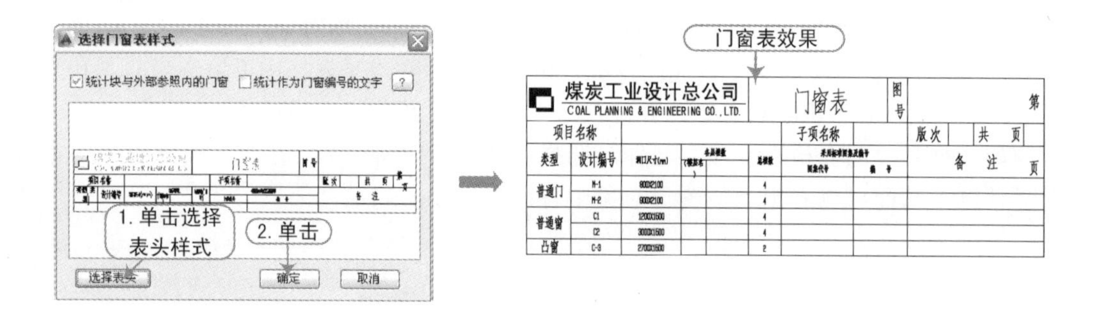

图 4-56　设置新的表头样式

4.10　住宅建筑墙体和门窗的创建实例

软件技能

视频\04\住宅建筑墙体和门窗的创建实例.avi
案例\04\住宅建筑墙体和门窗.dwg

在第 3 章中，已经针对某住宅建筑的轴网和柱子对象进行了创建。本实例将针对具体的墙体和门窗等对象进行创建。

1）启动 TArch 天正建筑软件，在快速访问工具栏中单击“打开”按钮，将“案例\03\住宅建筑轴网和柱子.dwg”文件打开。

2）在快速访问工具栏中单击“另存为”按钮，弹出“图形另存为”对话框，将其保存为“住宅建筑墙体和门窗.dwg”文件。

3）选择“墙体 | 绘制墙体”命令（快捷键 HZQT），在弹出的“绘制墙体”对话框中设置墙宽为 200，然后绘制最外沿的矩形墙体，如图 4-57所示。

4）同样，选择“墙体 | 绘制墙体”命令（快捷键 HZQT），在弹出的“绘制墙体”对话框中设置墙宽为 200，在图形的内部绘制 4 段直线墙体，如图 4-58所示。

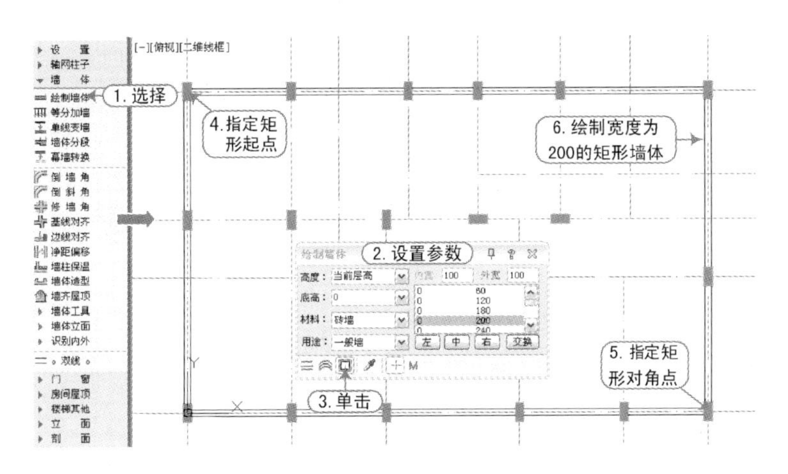

图 4-57　绘制宽为 200 的矩形墙体

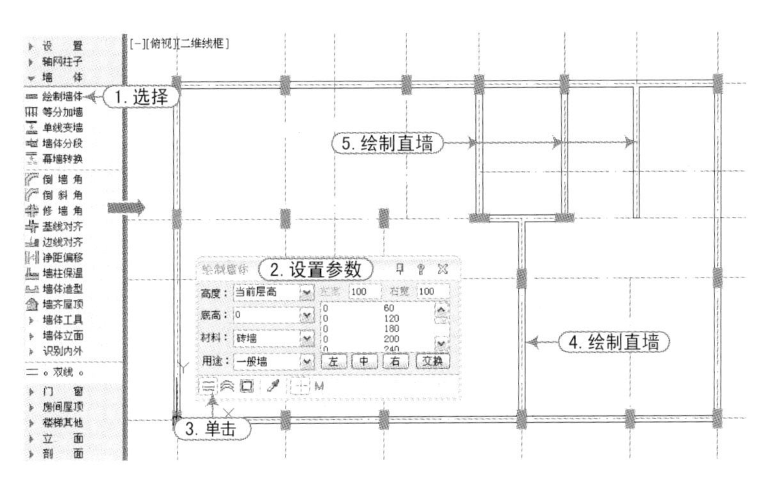

图 4-58　绘制宽为 200 的直线墙体

5）同样，选择“墙体 | 绘制墙体”命令（快捷键 HZQT），在弹出的“绘制墙体”对话框中设置墙宽为 100，在图形的内部绘制多段直线墙体，如图 4-59所示。

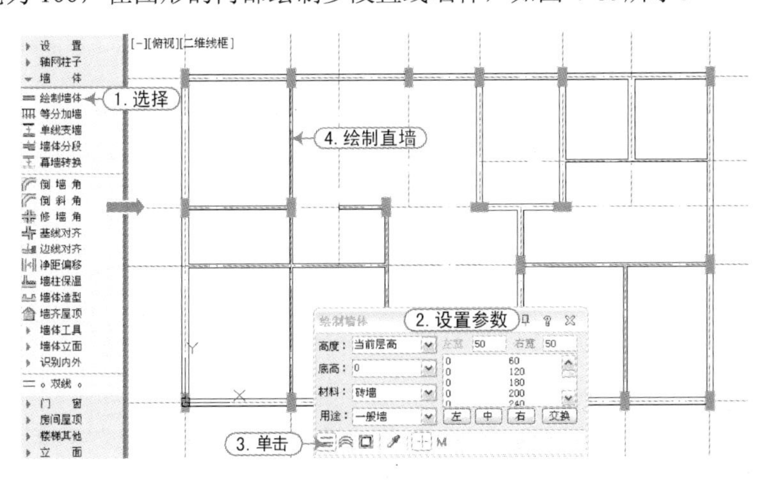

图 4-59　绘制宽为 100 的直线墙体

6）在创建墙体对象后，发现有些墙体并非是以中线对齐的，这时就需要对其进行边线对齐操作。选择需要调整的墙体并右击，从弹出的快捷菜单中选择“边线对齐”命令，然后选择对齐的轴线，再选择墙体的对齐边即可，如图 4-60所示。

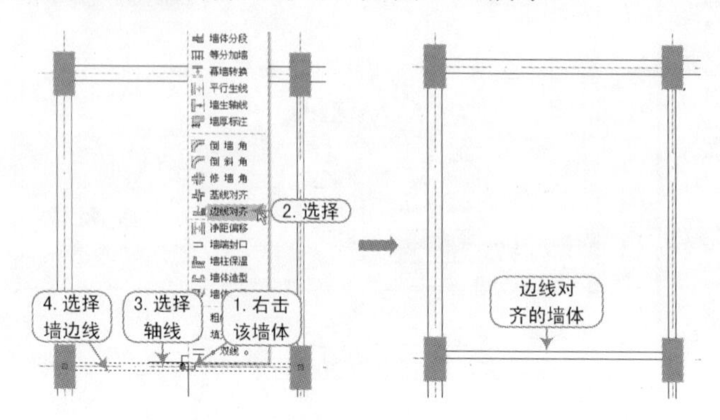

图 4-60　边线对齐操作

7）按照前面同样的方法，对其他墙体的内部墙体进行绘制和编辑操作，如图 4-61所示。

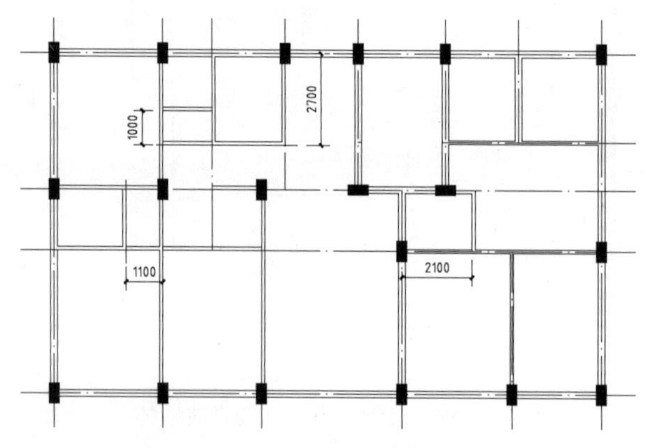

图 4-61　绘制和编辑的内部墙体

8）当墙体绘制完成后，才发现所布置的柱子对象也需要进行对齐操作。右击柱子对象，从弹出的快捷菜单中选择“柱齐墙边”命令，根据提示单击墙体，再选择需要对齐的柱子对象，最后单击柱边即可，如图 4-62所示。

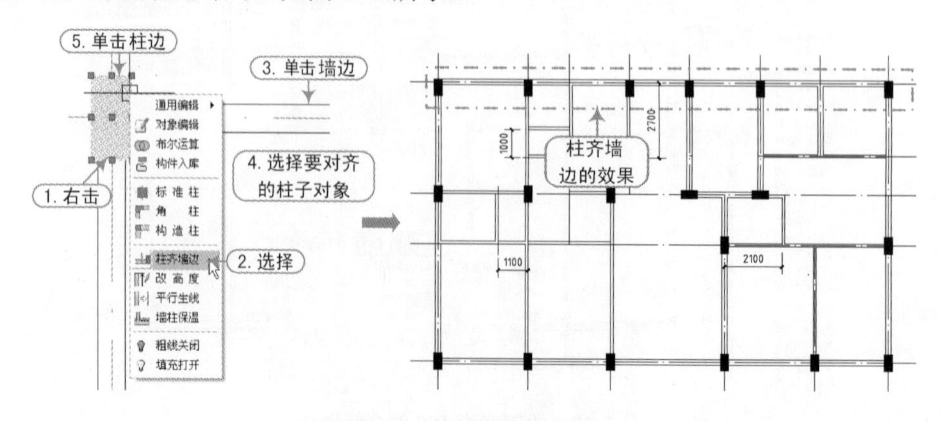

图 4-62　柱齐墙边的操作

9）按照相同的方法，分别对其他柱子进行相应的操作，如图 4-63所示。

10）对于上侧楼梯间位置的墙体处，用户应删除多余墙体，再绘制墙体和构造柱对象，从而形成凸出效果，如图 4-64所示。

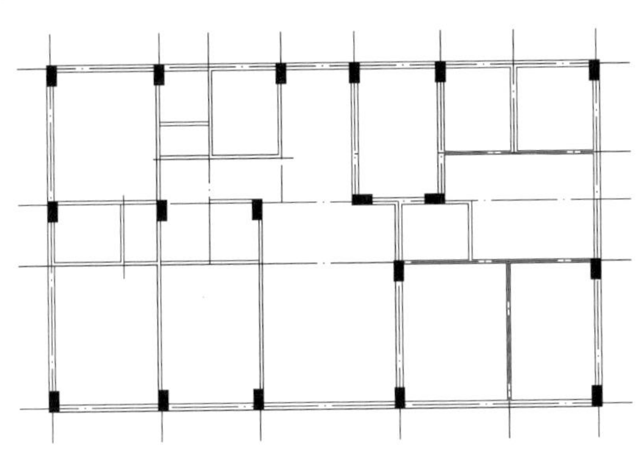

图 4-63　对其他柱子进行柱齐墙边操作

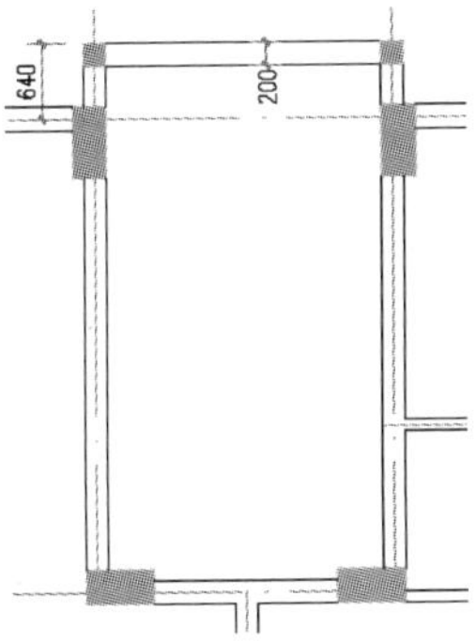

图 4-64　绘制墙体和构造柱

11）选择“门窗｜门窗”命令（快捷键 MC），在弹出的“门窗”对话框中单击“插窗”按钮，并设置好相应的参数，然后在指定的墙段上等分插入插窗对象，如图 4-65所示。

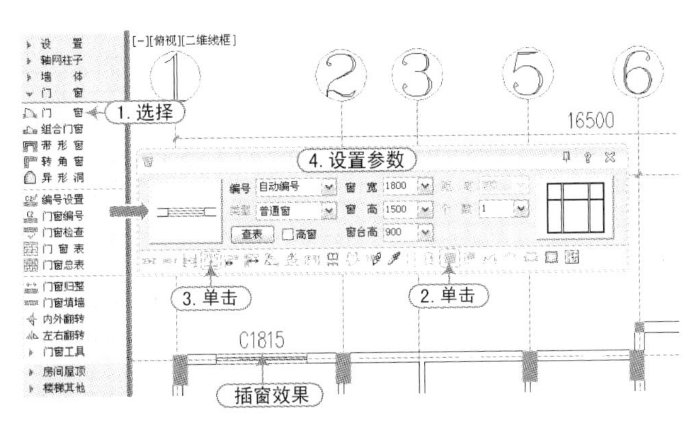

图 4-65　等分插入插窗

12）按照同样的方法，在其他墙体上等分插入插窗，如图 4-66所示。

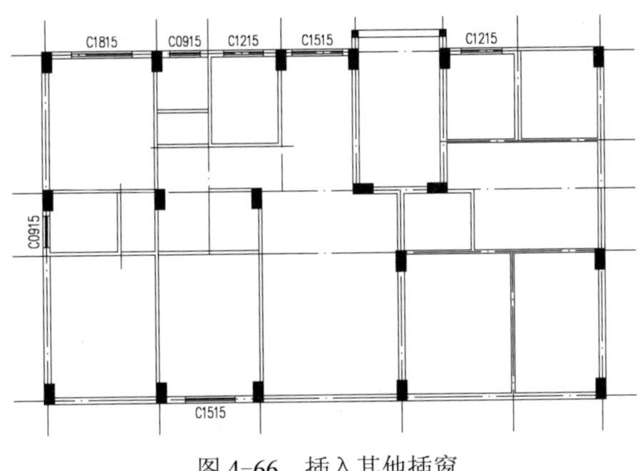

图 4-66　插入其他插窗

13）同样，执行“门窗”命令（MC），在下侧指定位置创建凸窗，如图 4-67所示。

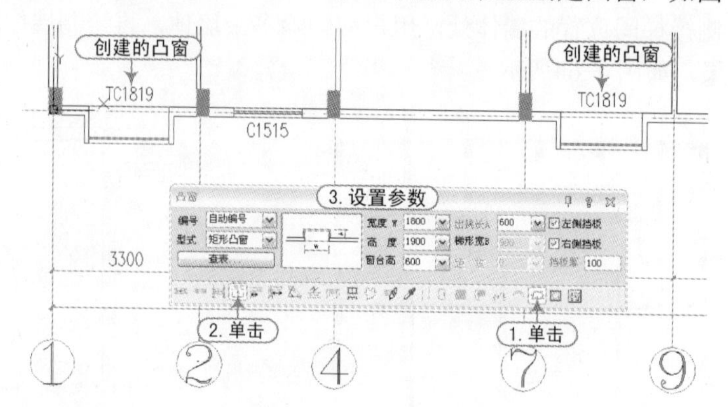

图 4-67　创建的凸窗

14）同样，执行“门窗”命令（MC），在下侧指定位置创建推拉门对象，如图 4-68所示。

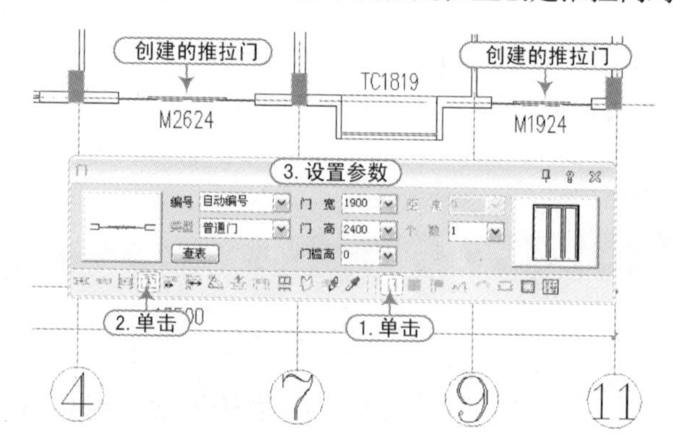

图 4-68　创建的推拉门

15）同样，执行“门窗”命令（MC），在图形内部的其他墙体上分别创建不同宽度的实木平开门对象，如图 4-69所示。

16）由于步骤 15）所创建的实木平开门对象是以“自动编号”的方式对其门编号的，这时用户可选择“门窗｜门窗编号”命令（快捷键 MCBH），将其同类型宽度的门窗进行代号编号，如图 4-70所示。

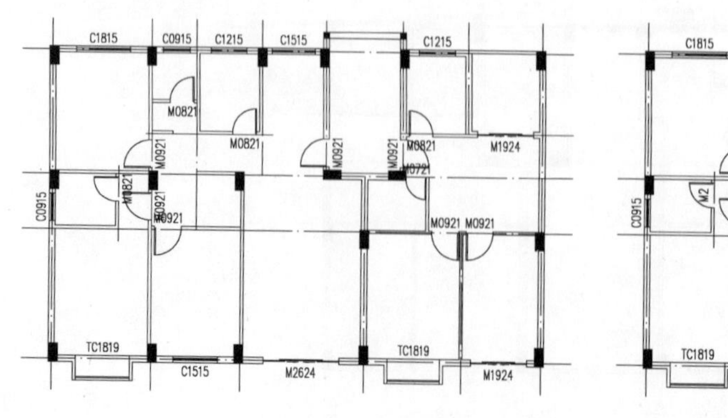

图 4-69　创建的实木平开门对象

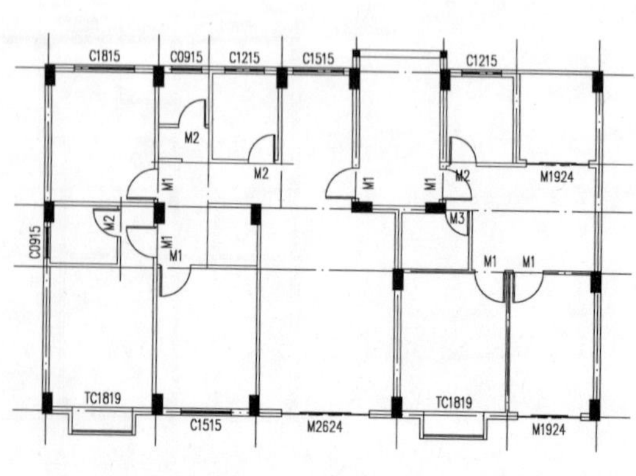

图 4-70　门窗编号操作

17）对于上侧的楼梯间位置处的墙体，要创建两个洞口，以便在两楼层“重叠”时形成楼梯间洞口效果。这时在“门窗参数”对话框中单击“矩形洞口”按钮，分别设置洞口的底高和洞高值来创建两洞口效果，如图 4-71所示。

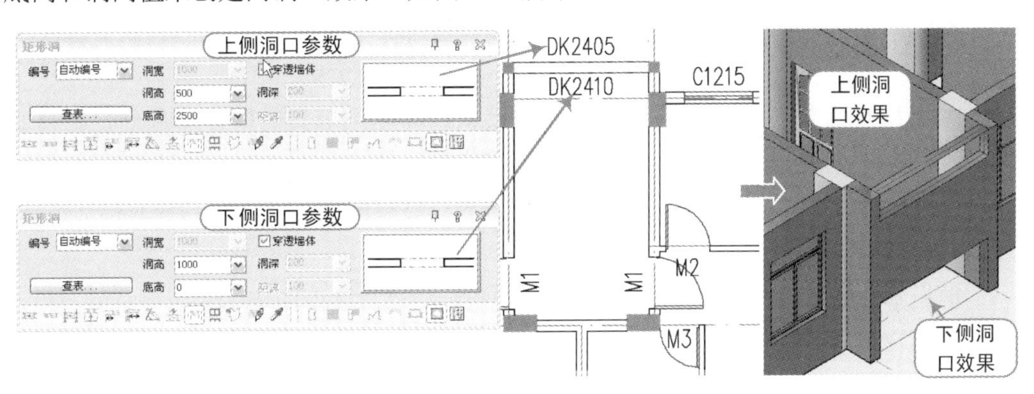

图 4-71 创建的矩形洞口

18）至此，该住宅建筑的墙体和门窗对象已经创建完成，其平面和三维效果如图 4-72所示，然后按〈Ctrl+S〉组合键进行保存即可。

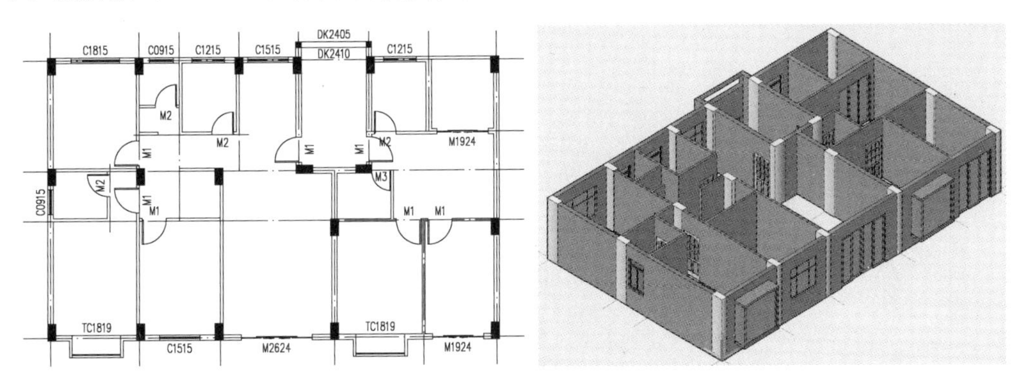

图 4-72 创建好的墙体和门窗效果

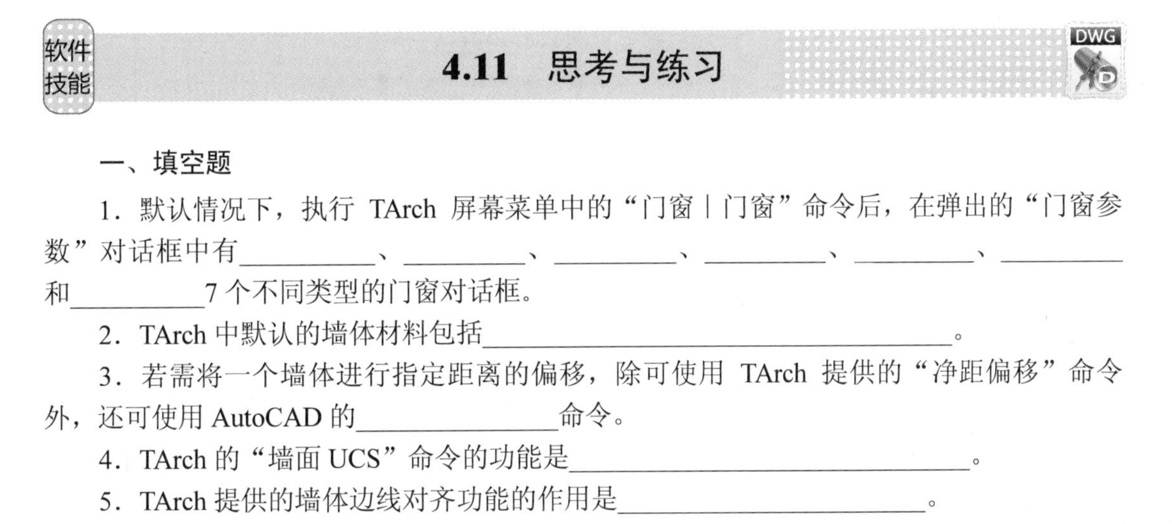

4.11 思考与练习

一、填空题

1．默认情况下，执行 TArch 屏幕菜单中的“门窗｜门窗”命令后，在弹出的“门窗参数”对话框中有________、________、________、________、________、________和________7个不同类型的门窗对话框。

2．TArch 中默认的墙体材料包括________________。

3．若需将一个墙体进行指定距离的偏移，除可使用 TArch 提供的“净距偏移”命令外，还可使用 AutoCAD 的________命令。

4．TArch 的“墙面 UCS”命令的功能是________________。

5．TArch 提供的墙体边线对齐功能的作用是________________。

二、选择题

1．如果需要在轴线间等分插入窗体，则需在“门窗参数”对话框中单击（　　）按钮。

A．　　　　B．　　　　C．　　　　D．

2．在绘制异面墙的过程中，将使用（　　）工具显示墙体的立面。

A．矩形立面　　B．墙体立面　　C．墙体 UCS　　D．异形立面

3．如果用户需要更改墙体的高度，除直接双击需更改墙高的墙体对象外，还可执行 TArch 屏幕菜单中的（　　）命令。

A．墙保温层　　B．墙齐屋顶　　C．改墙高　　D．净距偏移

三、操作题

1．根据本章所学习的知识，绘制如图 4-73所示的二层平面图墙体和门窗对象，用户可参照光盘中“案例\04\二层平面图.dwg”文件来进行绘制。

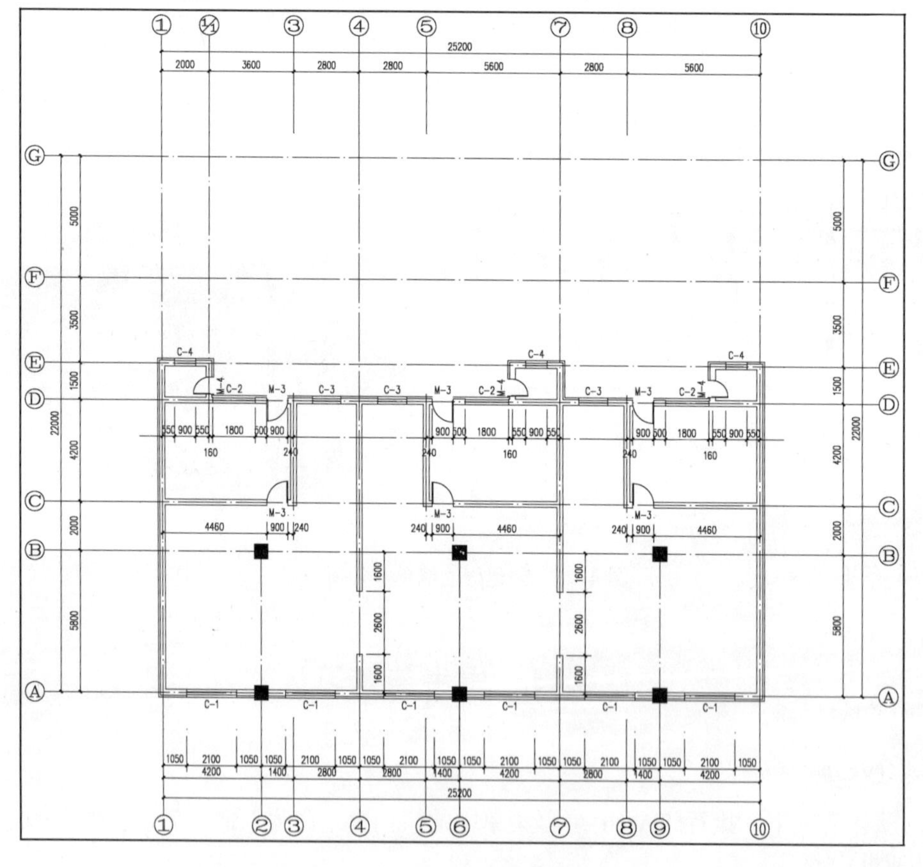

图 4-73　二层平面图

2．按图 4-73 所示创建门窗，其中全部门高为 2100，窗高为 1500，窗台高为 900。

第 5 章　创建室内外构件

楼梯、阳台及扶手都属于室内外构件范围，作为多层建筑物来说，每一幢房屋的上下都离不开楼梯，楼梯是上下层建筑的直接通道，而作为楼梯的扶手与栏杆也成了建筑的附件。

在本章中，首先讲解建筑室外构件设施的创建方法，包括阳台、散水、台阶和坡道等；然后讲解建筑室内构件设施的创建方法，包括各种楼梯对象、楼梯栏杆及扶手、电梯及自动扶梯等；最后通过民宅室内外构件实例的创建方法，让读者能够结合实际工程进行绘制。

5.1　楼梯的创建

楼梯是建筑物的竖向构件，供人和物上下楼层以及疏散人流之用。因此，对楼梯的设计要求首先是应具有足够的通行能力，即保证楼梯有足够的宽度和合适的坡度；其次为使楼梯通行安全，应保证楼梯有足够的强度、刚度，并具有防火、防烟和防滑等方面的作用；另外楼梯造型要美观，增强建筑物内部空间的观赏效果。

5.1.1　直线梯段

执行方法：选择“楼梯其他｜直线梯段”命令，(快捷键 ZXTD)。

本命令通过在对话框中输入梯段参数绘制直线梯段，可以单独使用或用于组合复杂楼梯与坡道；利用“添加扶手”命令可以为梯段添加扶手，对象编辑显示上下剖断后重生成(Regen)，添加的扶手能随之切断。

例如，打开“建筑平面图.dwg”文件，在楼梯间位置创建直线梯段，其操作步骤如图5-1所示。

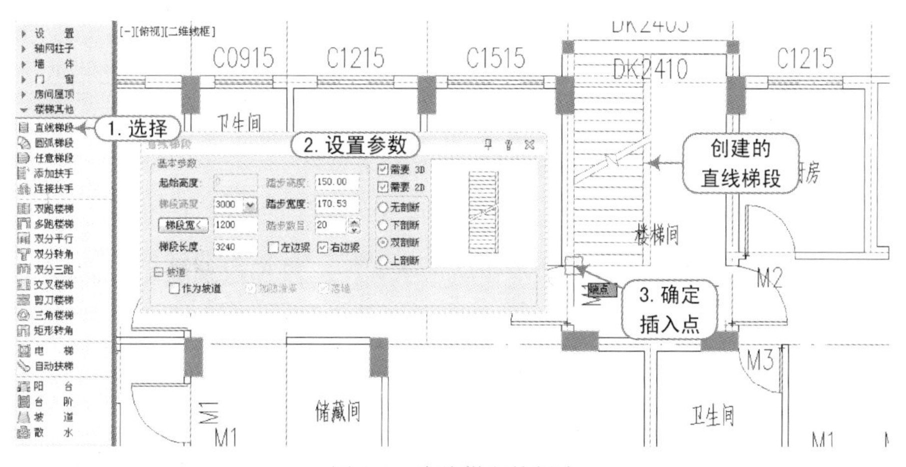

图 5-1　直线梯段的创建

同样，在“直线梯段”对话框中输入参数后，拖动光标到绘图区，其命令行显示如下提示：

点取位置或(转 90 度(A)/左右翻(S)/上下翻(D)/对齐(F)/改转角(R)/改基点(T)]<退出>:

这时用户可以针对所设置的楼梯对象，进行翻转、对齐、改基点等操作。

在“直线梯段”对话框中，各主要选项的含义如下：

■ 梯段宽：梯段宽度，该项为按钮项，可在图中单击两点获得梯段宽。

■ 起始高度：相对于本楼层地面起计算的楼梯起始高度，梯段高以此算起。

■ 梯段长度：直段楼梯的踏步宽度×(踏步数目－1)=平面投影的梯段长度。

■ 梯段高度：直段楼梯的总高，始终等于踏步高度的总和。如果梯段高度被改变，自动按当前踏步高调整踏步数，最后根据新的踏步数重新计算踏步高。

■ 踏步高度：输入一个概略的踏步高设计初值，由楼梯高度推算出最接近初值的设计值。由于踏步数目是整数，梯段高度是一个给定的整数，因此踏步高度并非总是整数。用户给定一个概略的目标值后，系统经过计算确定踏步高的精确值。

■ 踏步数目：该项可直接输入或者步进调整，由梯段高和踏步高概略值推算取整获得，同时修正踏步高，也可改变踏步数，与梯段高一起推算踏步高。

■ 踏步宽度：楼梯段的每一个踏步板的宽度。

■ 需要 3D/2D：用来控制梯段的二维视图和三维视图，某些梯段只需要二维视图，某些梯段则只需要三维视图。

■ 剖断设置：包括“无剖断”“下剖断”“双剖断”和“上剖断”4 种设置，“下（上）剖断”表示在平面图保留下（上）半梯段，“双剖断”用于剪刀楼梯，“无剖断”用于顶层楼梯。剖断设置仅对平面图有效，不影响梯段的三维显示效果，如图 5-2所示。

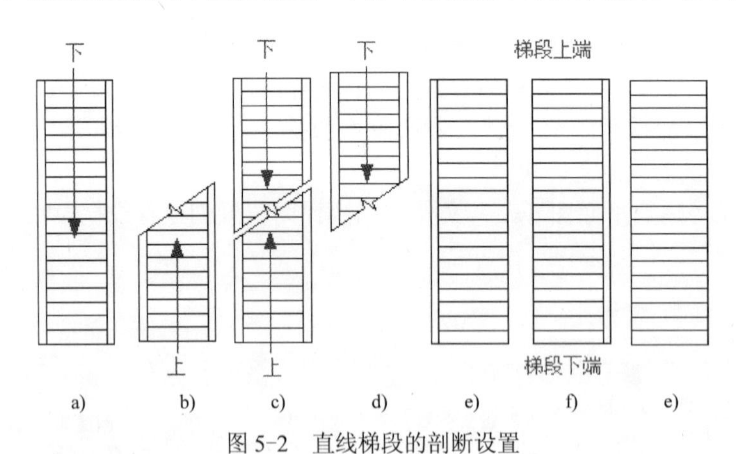

图 5-2　直线梯段的剖断设置

a) 无剖断　b) 下剖断　c) 双剖断　d) 上剖断　e) 左边梁　f) 右边梁　e) 无边梁

■ 作为坡道：勾选此复选框，踏步作防滑条间距，楼梯段按坡道生成，有“加防滑条”和“落地”复选框。

5.1.2　圆弧梯段

执行方法：选择“楼梯其他 | 圆弧梯段”命令，（快捷键 YHTD）。

本命令用于创建单段弧线型梯段，适合单独的圆弧楼梯，也可与直线梯段组合创建复杂楼梯和坡道，如大堂的螺旋楼梯与入口的坡道。

例如，打开“建筑平面图.dwg”文件，在楼梯间位置创建圆弧梯段，其操作步骤如图 5-3所示。

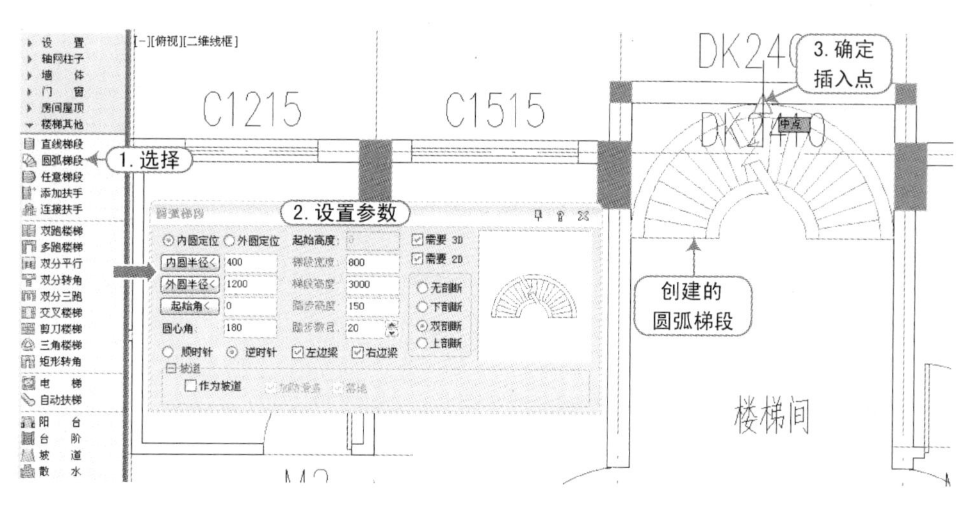

图 5-3　圆弧梯段的创建

在“圆弧梯段”对话框中，各主要选项的含义如下：

■ 内圆半径：用于确定圆弧梯段的内圆弧半径，也可直接单击“内圆半径”按钮后，在绘图区中指定半径大小。

■ 外圆半径：用于确定圆弧梯段的外圆弧半径，也可直接单击“外圆半径”按钮后，在绘图区中指定半径大小。

■ 起始角：用于确定圆弧梯段弧线的起始角度。

■ 圆心角：用于确定圆弧梯段的夹角。这个值越大，梯段也就越长，这个长是指弧线长。

■ 内圆定位：由于“外圆半径=内圆半径+梯段宽度”，选择了“内圆定位”单选按钮，更改外圆半径时，梯段宽度就会自动计算；改变梯段宽度时，外圆半径就会自动计算。

■ 外圆定位：若选择了“外圆定位”单选按钮，更改内圆半径时，梯段宽度就会自动计算；改变梯段宽度时，内圆半径就会自动计算。

5.1.3　任意梯段

执行方法：选择“楼梯其他｜任意梯段”命令，（快捷键 RYTD）。

本命令以用户预先绘制的直线或弧线作为梯段两侧边界，在“任意梯段”对话框中输入踏步参数，创建形状多变的梯段，除了两个边线为直线或弧线外，其余参数与直线梯段相同。

例如，在 5.1.2 节创建圆弧梯段的基础上先绘制两条直线段，然后以此来创建任意梯段，其操作步骤如图 5-4所示。

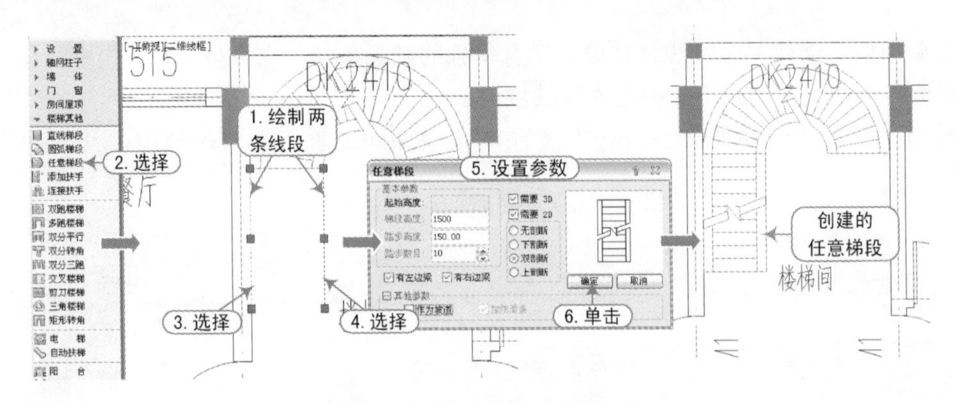

图 5-4　任意梯段的创建

5.1.4　双跑楼梯

执行方法：选择“楼梯其他 | 双跑楼梯”命令，（快捷键 SPLT）。

双跑楼梯是最常见的楼梯形式之一，是由两跑直线梯段、一个休息平台、一个或两个扶手和一组或两组栏杆构成的自定义对象，具有二维视图和三维视图。双跑楼梯可分解（EXPLODE）为基本构件即直线梯段、平板和扶手栏杆等。楼梯方向线在天正建筑中属于楼梯对象的一部分，方便随着剖切位置改变自动更新位置和形式，在天正建筑中还增加了扶手的伸出长度、扶手在平台是否连接、梯段之间位置可任意调整、“特性”面板中可以修改楼梯方向线的文字等新功能。

例如，打开“建筑平面图.dwg”文件，在楼梯间位置创建双跑楼梯，其操作步骤如图 5-5所示。

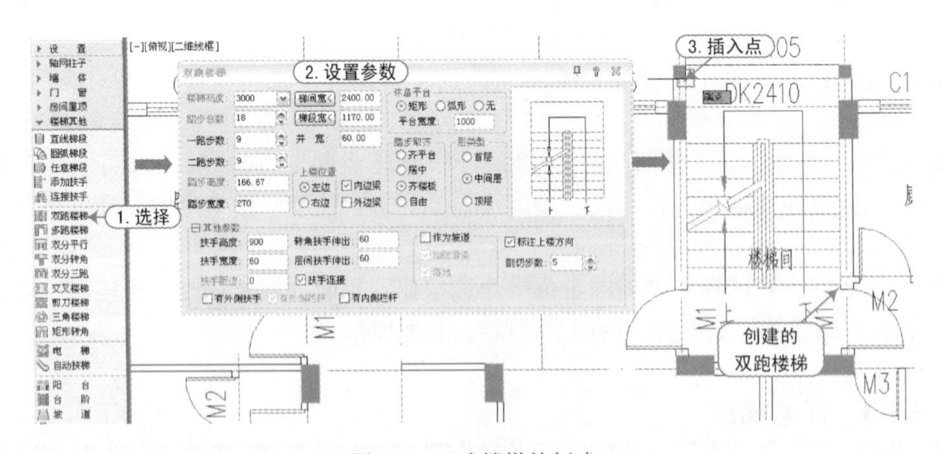

图 5-5　双跑楼梯的创建

在“双跑楼梯”对话框中，各主要选项的含义如下：

- 梯间宽：双跑楼梯的总宽。单击该按钮，可从平面图中直接量取楼梯间净宽作为双跑楼梯总宽。
- 井宽：设置井宽参数，“井宽＝梯间宽－（2×梯段宽）”，最小井宽可以等于 0，这 3

个数值互相关联。

- 踏步总数：默认踏步总数为 20，是双跑楼梯的关键参数。
- 一跑步数：以踏步总数推算一跑与二跑步数，总数为奇数时先增二跑步数。
- 二跑步数：二跑步数默认与一跑步数相同，两者都允许用户修改。
- 休息平台：有“矩形”“弧形”“无”3 个选项。在创建非矩形休息平台时，可以选“无”，以便自己用平板功能设计休息平台。
- 平台宽度：按建筑设计规范，休息平台的宽度应大于梯段宽度，在选弧形休息平台时应修改宽度值，最小值不能为零。
- 踏步取齐：除了两跑步数不等时，可直接在“齐平台”“居中”“齐楼板”中选择两梯段相对位置外，也可以通过拖动夹点任意调整两梯段之间的位置，此时踏步取齐为“自由”。
- 层类型：在平面图中按楼层分为 3 种类型绘制：首层只给出一跑的下剖断；中间层的一跑是双剖断；顶层的一跑无剖断。
- 扶手高宽：默认值分别为 900 高，60×100 的扶手断面尺寸。
- 扶手距边：在 1:100 图上一般取 0，在 1:50 详图上应标以实际值。
- 转角扶手伸出：设置在休息平台扶手转角处的伸出长度。默认值为 60，为 0 或者负值时扶手不伸出。
- 层间扶手伸出：设置在楼层间扶手起末端和转角处的伸出长度。默认值为 60，为 0 或者负值时扶手不伸出。
- 扶手连接：默认勾选此复选框。扶手过休息平台和楼层时连接，否则扶手在该处断开。
- 有外侧扶手：在外侧添加扶手，但不会生成外侧栏杆。
- 有外侧栏杆：外侧绘制扶手，也可选择是否勾选绘制外侧栏杆，边界为墙时一般不用绘制栏杆。
- 有内侧栏杆：默认创建内侧扶手。若勾选此复选框，则自动生成默认的矩形截面竖栏杆。
- 标注上楼方向：默认勾选此复选框。在楼梯对象中，按当前坐标系方向创建标注上楼下楼方向的箭头和“上”“下”文字。
- 剖切步数（高度）：作为楼梯时，按步数设置剖切线中心所在位置；作为坡道时，按相对标高设置剖切线中心所在位置。
- 作为坡道：勾选此复选框，楼梯段按坡道生成，对话框中会显示出用于输入长度的“单坡长度”文本框。
- 单坡长度：勾选“作为坡道”复选框后，显示此文本框，在这里输入其中一个坡道梯段的长度，但精确值依然受踏步数×踏步宽度的制约。

提示

1）勾选“作为坡道”复选框前要求楼梯的两跑步数相等，否则坡长不能准确定义。
2）坡道的防滑条的间距用步数来设置，要在勾选“作为坡道”复选框前设置好。

5.1.5 多跑楼梯

执行方法：选择“楼梯其他 | 多跑楼梯”命令，（快捷键 DPLT）。

本命令用于创建由梯段开始且以梯段结束、梯段和休息平台交替布置、各梯段方向自由的多跑楼梯。要点是先在对话框中确定“基线在左”或“基线在右”的绘制方向，在绘制梯段过程中能实时显示当前梯段步数、已绘制步数以及总步数，便于设计中决定梯段起止位置。绘图交互中的热键切换基线路径左右侧的命令选项，便于绘制休息平台间走向左右改变的 Z 型楼梯。在天正建筑中，在对象内部增加了上楼方向线，用户可定义扶手的伸出长度，剖切位置可以根据剖切点的步数或高度设定，可定义有转折的休息平台。

选择“楼梯其他 | 多跑楼梯”命令（快捷键 DPLT）创建直行多跑楼梯，其操作步骤如图 5-6所示。

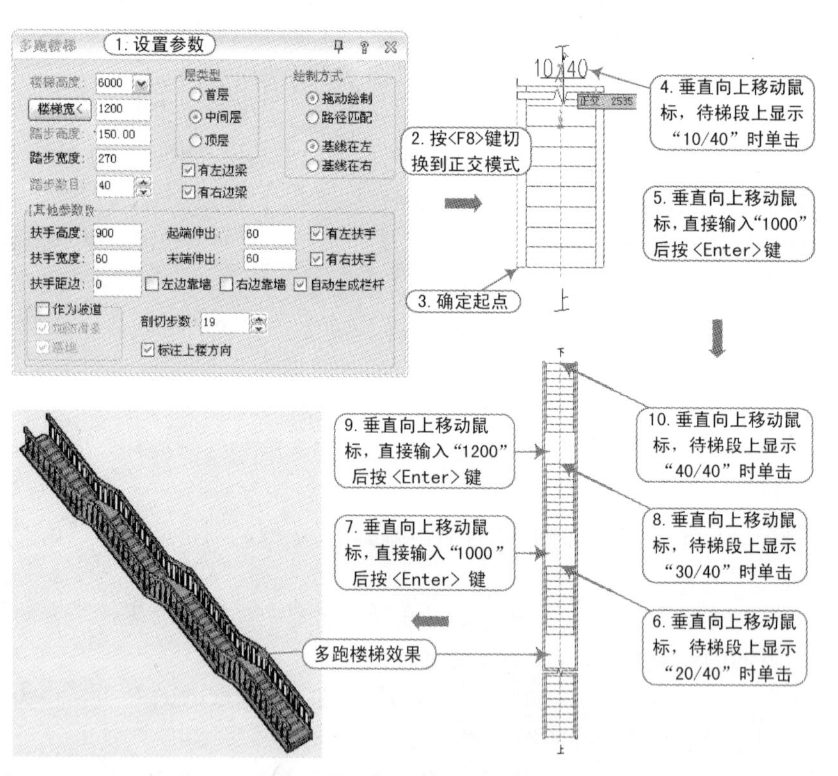

图 5-6 直行多跑楼梯的创建

提示

在创建多跑楼梯的过程中，当鼠标指针提示类似于“10,20/40”时单击是确定梯段的长度，再次确定下一点距离时是指定休息平面的长度。“10,20/40”是指“当前梯段的踏步数，已绘制梯段的踏步数 / 楼梯的总踏步数”。若需观看楼梯的立体图效果，则应执行“视图 | 三维视图”菜单中的各项命令切换视图。

选择“楼梯其他|多跑楼梯”命令（快捷键 DPLT）创建折行多跑楼梯，其操作步骤如图 5-7所示。

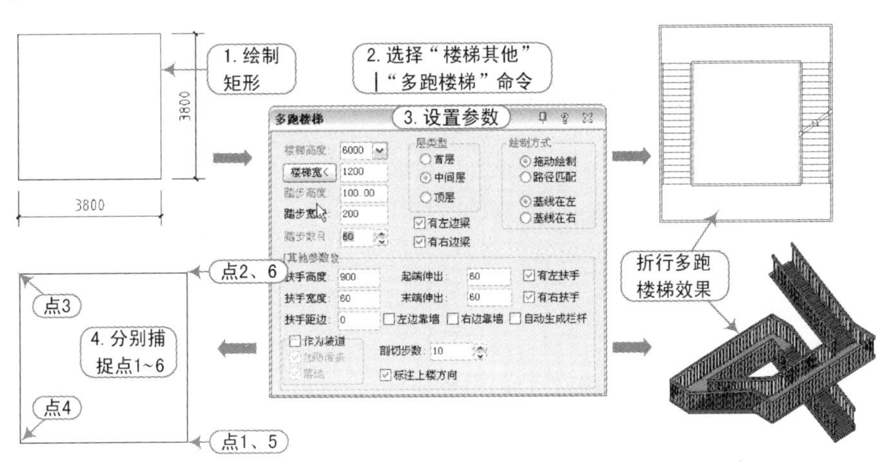

图 5-7 折行多跑楼梯的创建

在“多跑楼梯”对话框中，各主要选项的含义如下：

■ 拖动绘制：暂时进入图形中量取楼梯间净宽作为双跑楼梯总宽。

■ 路径匹配：楼梯按已有多段线路径（红色虚线）作为基线绘制，线中给出梯段起末点，不可省略或重合。例如，直角楼梯给 4 个点（三段），三跑楼梯是 6 个点（五段），路径分段数是奇数。如图 5-8所示分别是以上楼方向为准，选“基线在左”和“基线在右”的两种情况。

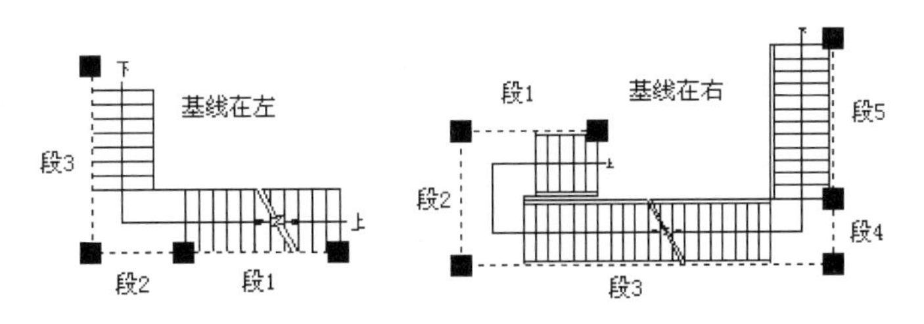

图 5-8 路径匹配情况

■ 基线在左：拖动绘制时是以基线为标准的，这时楼梯画在基线右边。

■ 基线在右：拖动绘制时是以基线为标准的，这时楼梯画在基线左边。

■ 左边靠墙：按上楼方向，左边不画出边线。

■ 右边靠墙：按上楼方向，右边不画出边线。

多跑楼梯由给定的基线生成，基线就是多跑楼梯左侧或右侧的边界线。基线可以事先绘制好，也可以交互确定，但不要求基线与实际边界完全等长，按照基线交互点取顶点，当步数足够时结束绘制，基线的顶点数目为偶数，即梯段数目的两倍。多跑楼梯的休息平台是自动确定的，休息平台的宽度与梯段宽度相同，休息平台的形状由相交的基线决定，默认的剖切线位于第一跑，可拖动改为其他位置。如图 5-9所示，最右侧图形为选路径匹配，“基线在左”时的转角楼梯生成，注意，即使 P2、P3 为重合点，绘图时也应分开两点绘制。

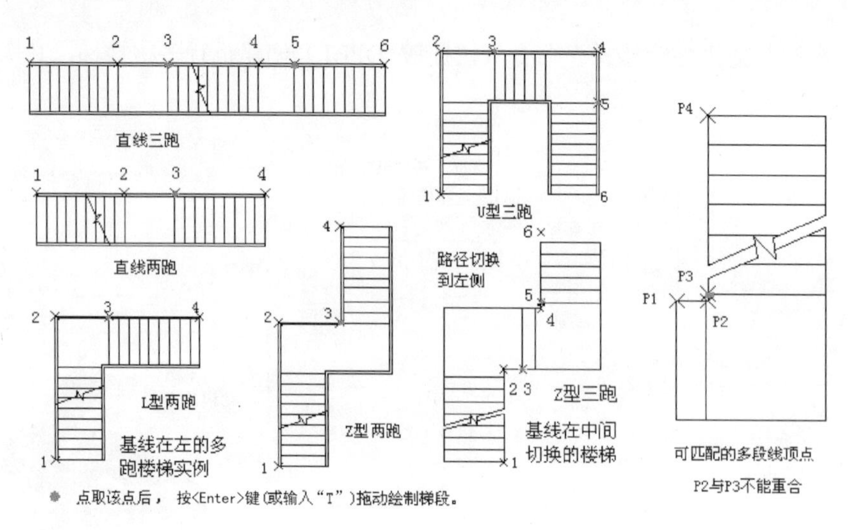

图 5-9　多跑楼梯类型实例

5.1.6　双分平行

执行方法：选择"楼梯其他｜双分平行"命令，（快捷键 SFPX）。

本命令通过在对话框中输入梯段参数来绘制双分平行楼梯，可以选择从中间梯段上楼或者从边梯段上楼，通过设置平台宽度可以解决复杂的梯段关系。其操作步骤如图 5-10 所示。

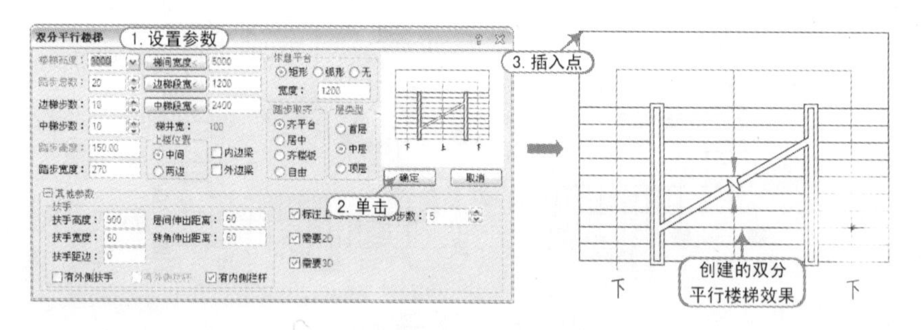

图 5-10　双分平行楼梯的创建

5.1.7　其他楼梯的创建

在 TArch 天正中除了前面讲解的楼梯外，还包括双分转角、双分三跑、交叉楼梯、剪刀楼梯、三角楼梯和矩形转角楼梯等。在屏幕菜单的"楼梯其他"菜单中选择相应的命令后，在弹出的相应对话框中设置相应的参数，然后单击"确定"按钮，最后在视图中指定插入的位置即可。

在如图 5-11～图 5-16中，给出了相应楼梯的对话框参数设置以及创建的平面楼梯和三维效果。

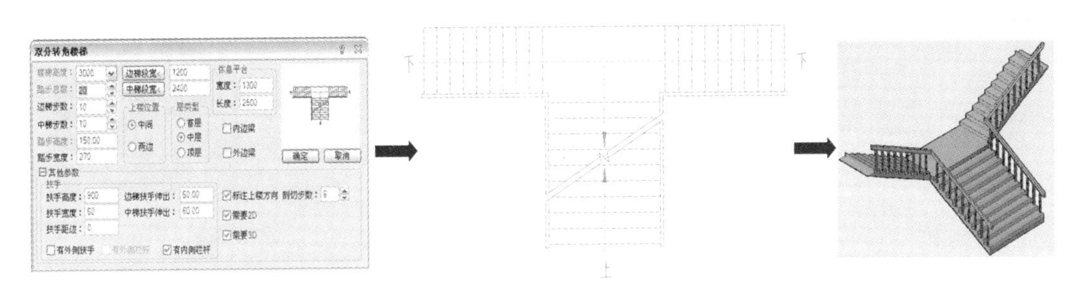

图 5-11　双分转角楼梯的创建

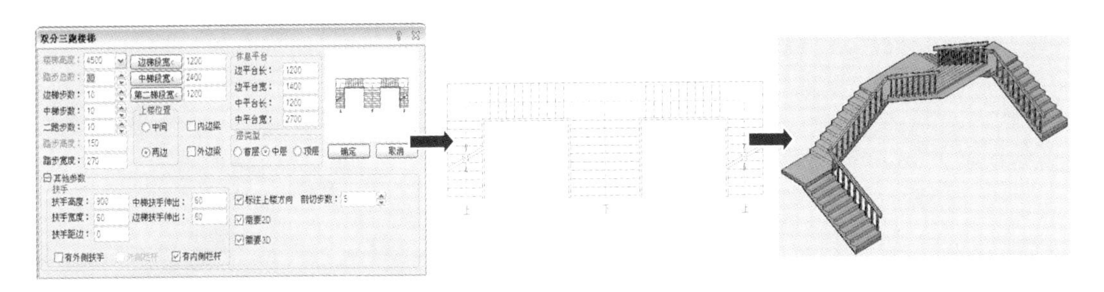

图 5-12　双分三跑楼梯的创建

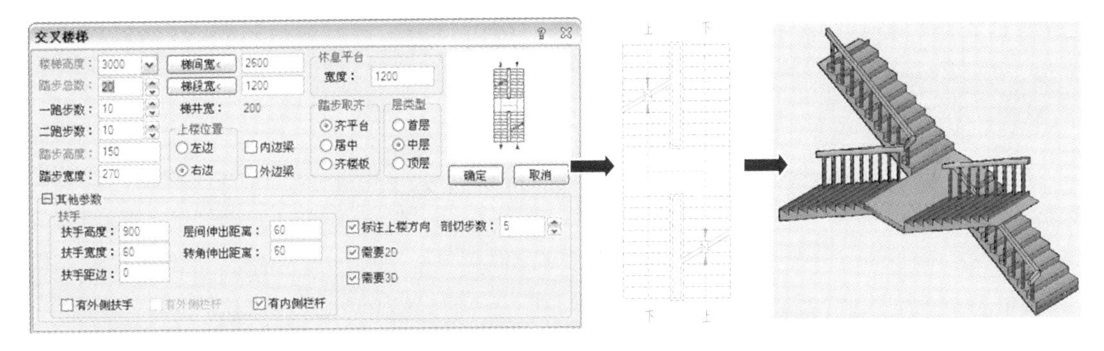

图 5-13　交叉楼梯的创建

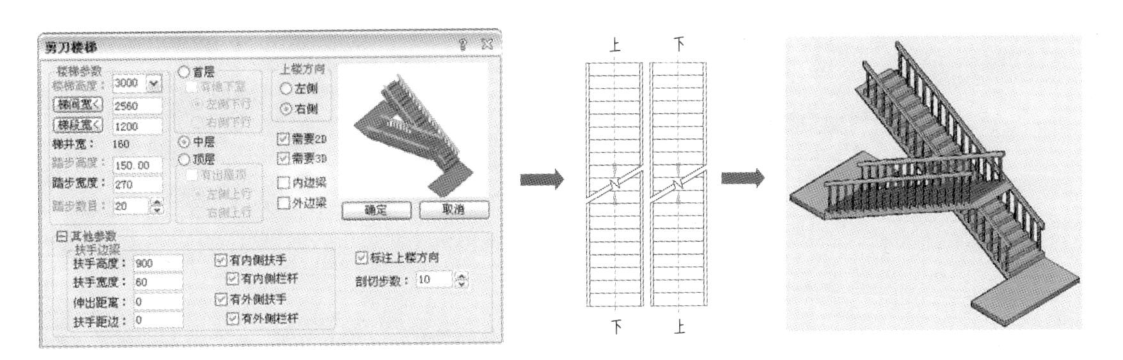

图 5-14　剪刀楼梯的创建

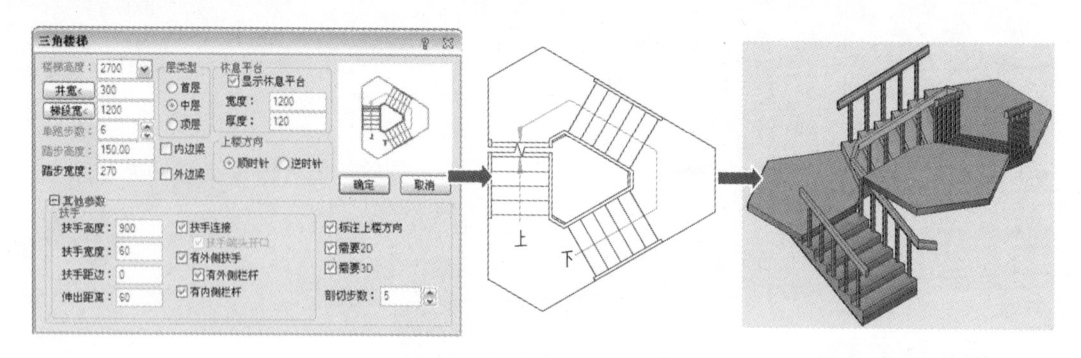

图 5-15　三角楼梯的创建

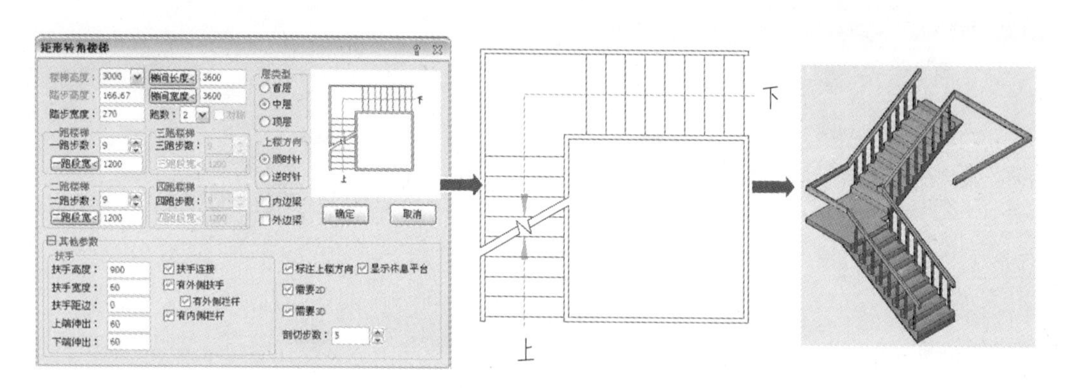

图 5-16　矩形转角楼梯的创建

提示

创建楼梯后，可以使用 AutoCAD 提供的“分解”命令（EX）对其进行打散操作，此时可以单独修改楼梯的各个对象。如图 5-17所示为打散后的楼梯，其扶手为方形，如果要改更为圆形，则双击扶手对象，然后在弹出的“扶手”对话框中选择“圆形”单选按钮后单击“确定”按钮即可。

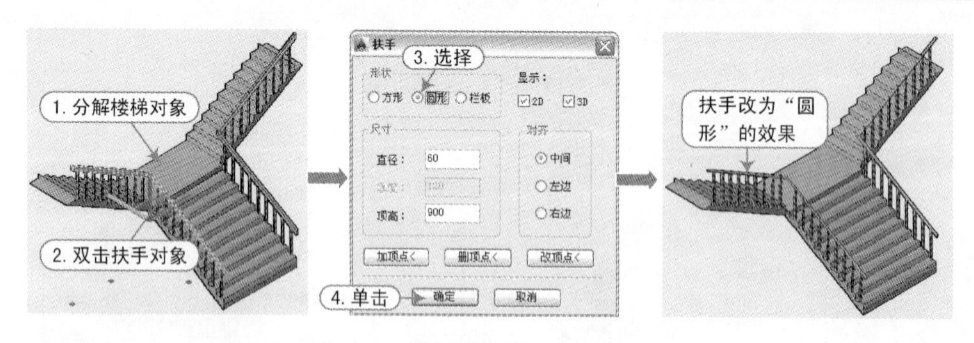

图 5-17　分解楼梯并改变单独对象

5.2　楼梯扶手与栏杆

扶手作为与梯段配合的构件，与梯段和台阶产生关联。放置在梯段上的扶手，可以遮挡

梯段，也可以被梯段的剖切线剖断，通过“连接扶手”命令把不同分段的扶手连接起来。

5.2.1 添加扶手

执行方法：选择“楼梯其他 | 添加扶手”命令，(快捷键 TJFS)。

本命令以楼梯段或沿上楼方向的 PLINE 路径为基线，生成楼梯扶手；本命令可自动识别楼梯段和台阶，但是不识别组合后的多跑楼梯与双跑楼梯。添加扶手的操作步骤如图 5-18所示。

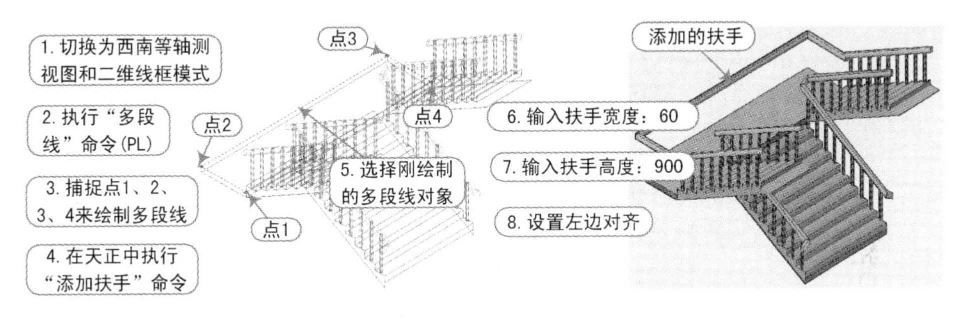

图 5-18 添加扶手操作

当创建过扶手对象后，双击创建的扶手，可进入“扶手”对话框进行扶手的编辑，如图 5-19所示。

图 5-19 “扶手”对话框

5.2.2 连接扶手

执行方法：选择“楼梯其他 | 连接扶手”命令，(快捷键 LJFS)。

本命令用于把未连接的扶手彼此连接起来。如果准备连接的两段扶手的样式不同，连接后的样式以第一段为准；连接顺序要求是前一段扶手的末端连接下一段扶手的始端，梯段的扶手则按上行方向为正向，需要从低到高顺序选择扶手的连接，接头之间应留出空隙，不能相接和重叠。其操作步骤如图 5-20所示。

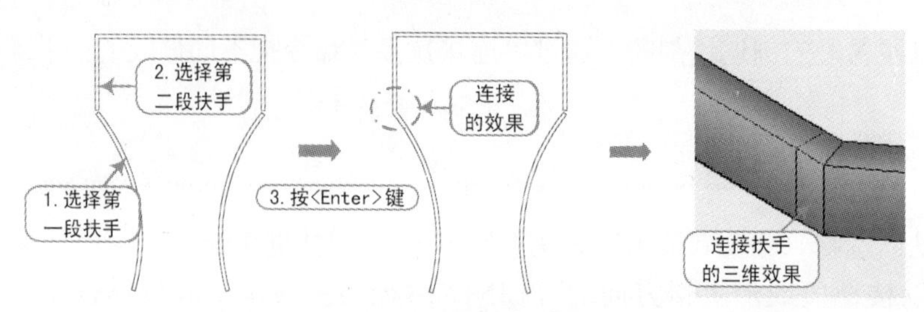

图 5-20　连接扶手操作

5.2.3　楼梯栏杆的创建

在“双跑楼梯”对话框中有自动添加竖栏杆的设置，但有些楼梯命令仅可创建扶手或者栏杆与扶手都没有，此时可先按上述方法创建扶手，然后使用“三维建模”下“造型对象”菜单中的“路径排列”命令来绘制栏杆。由于栏杆在施工平面图中不必表示，主要用于三维建模和立剖面图；在平面图中没有显示栏杆时，注意选择视图类型。

楼梯栏杆的创建步骤如下：

1）选择“三维建模”｜“造型对象”｜“栏杆库”命令，在栏杆库中选择栏杆的造型效果。

2）在平面图中插入合适的栏杆单元（也可用其他三维造型方法创建栏杆单元）。

3）选择“三维建模”｜“造型对象”｜“路径排列”命令构造楼梯栏杆。

软件技能

5.3　电梯与自动扶梯

随着社会的发展，楼层越来越高，电梯也就成为高层建筑的主要交通工具；而自动扶梯是一种以运输带方式运送行人的运输工具，一般是斜置的，如车站、机场、商场等大型公共场合比较常见。

5.3.1　电梯的创建

执行方法：选择“楼梯其他｜电梯”命令，（快捷键 DT）。

本命令创建的电梯图形包括轿厢、平衡块和电梯门，其中轿厢和平衡块是二维线对象，电梯门是天正门窗对象；绘制条件是每一个电梯周围已经由天正墙体创建了封闭房间作为电梯井，如要求电梯井贯通多个电梯，请临时加虚墙分隔。电梯间一般为矩形，梯井道宽为开门侧墙长。其操作步骤如图 5-21所示。

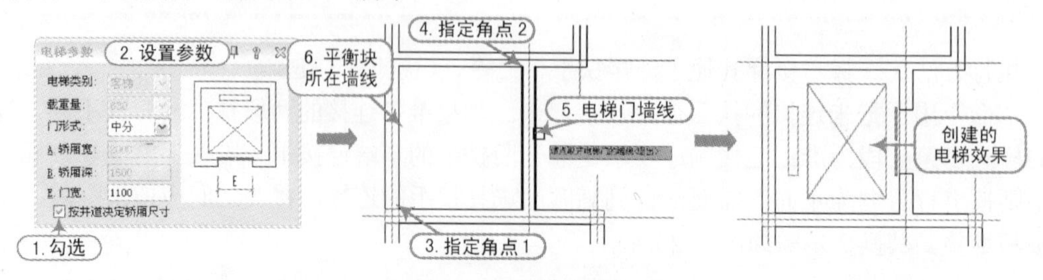

图 5-21　电梯的操作

在“电梯参数”对话框中，已经设定好了电梯类型、载重量、门形式、门宽、轿厢宽、轿厢深等参数。其中电梯有客梯、住宅梯、医院梯、货梯 4 种类别，每种电梯形式均有已设定好的不同的设计参数，输入参数后按命令行提示执行命令，不必关闭对话框。

提示

对不需要按类别选取预设设计参数的电梯，可以按井道决定适当的轿厢与平衡块尺寸，勾选对话框中的“按井道决定轿厢尺寸”复选框，对话框把不用的参数虚显，门形式和门宽两项参数由用户设置，同时把门宽设为常用的 1100，门宽和门形式会保留用户修改值。取消对复选框的勾选后，门宽等参数由电梯类别决定。

另外，可以按用户需要，使用“门口线”命令在电梯门外侧添加和删除门口线，电梯轿箱与平衡块的图层改为“建筑-电梯/EVTR”，与“楼梯”图层分开了。

5.3.2 自动扶梯的创建

执行方法：选择“楼梯其他 | 自动扶梯”命令，（快捷键 ZDFT）。

本命令通过在对话框中输入自动扶梯的类型和梯段参数，创建单梯和双梯及其组合，在顶层还设有洞口选项，拖动夹点可以解决楼板开洞时扶梯局部隐藏的问题。

选择“楼梯其他 | 自动扶梯”命令（快捷键 ZDFT），可以根据需要创建不同类型的自动扶梯效果，如图 5-22所示。

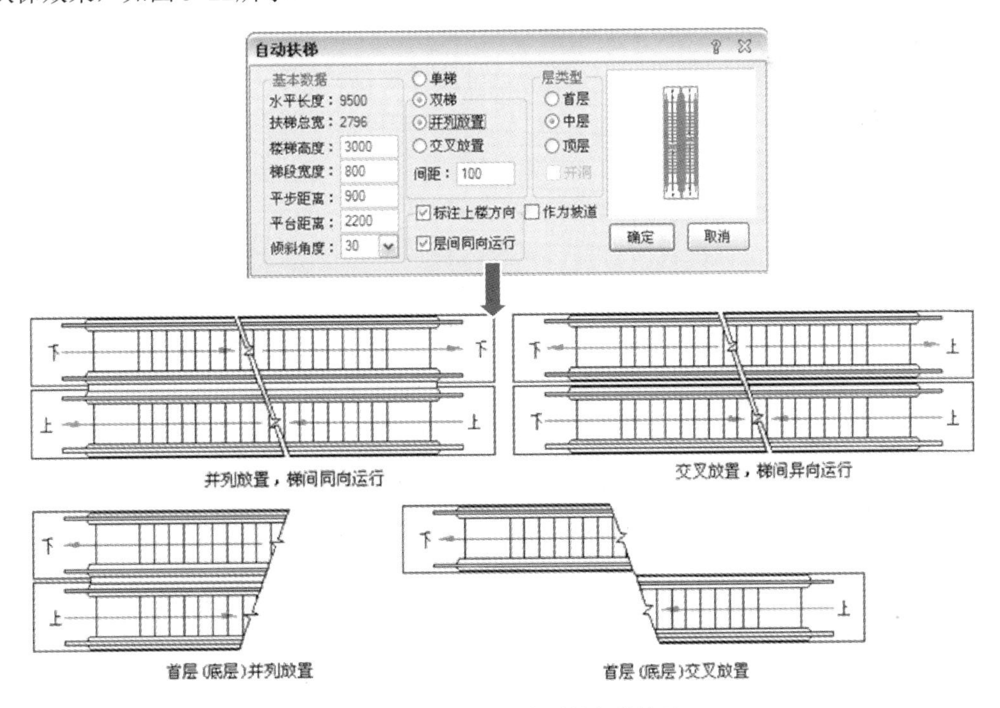

图 5-22 创建不同类型的电梯效果

“自动扶梯”对话框中各主要选项的相关示意图如图 5-23所示，其含义如下：

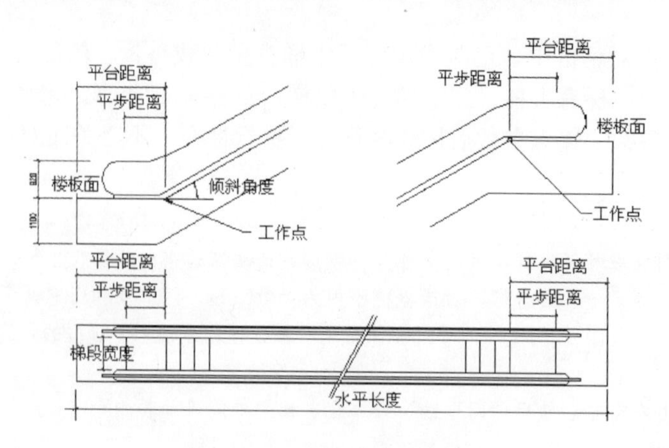

图 5-23　自动扶梯参数示意图

■ 平步距离：从自动扶梯工作点开始到踏步端线的距离。当为水平步道时，平步距离为 0。
■ 平台距离：从自动扶梯工作点开始到扶梯平台安装端线的距离。当为水平步道时，平台距离由用户重新设置。
■ 倾斜角度：自动扶梯的倾斜角，商品自动扶梯为 30°、35°，坡道为 10°、12°。当倾斜角为 0°时作为步道，交互界面和参数相应修改。
■ 单梯与双梯：可以一次创建成对的自动扶梯或者单台的自动扶梯。
■ 并列放置与交叉放置：双梯两个梯段的倾斜方向可选方向一致或者方向相反。
■ 间距：双梯之间相邻裙板之间的净距。
■ 作为坡道：勾选此复选框，扶梯按坡道的默认角度 10°或 12°取值，长度重新计算。
■ 标注上楼方向：默认勾选此复选框，标注自动扶梯上下楼方向。默认“中层”时，剖切到的上行和下行梯段运行方向箭头表示相对运行（上楼/下楼）。
■ 层间同向运行：勾选此复选框后，中层时剖切到的上行和下行梯段运行方向箭头表示同向运行（都是上楼）。
■ 层类型：3 个互锁按钮，分别表示当前扶梯处于底层、中层和顶层。
■ 开洞：开洞功能可绘制顶层板开洞的扶梯，隐藏自动扶梯洞口以外的部分。勾选“开洞”复选框后遮挡扶梯下端，提供一个夹点拖动改变洞口长度，如图 5-24所示。

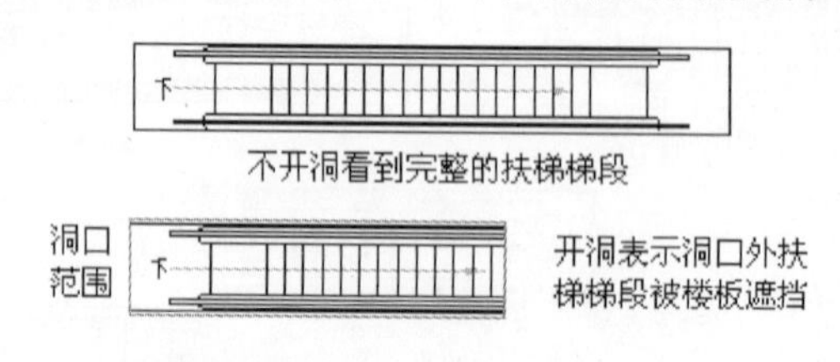

图 5-24　顶层楼板开洞示意图

5.4　室外设施的创建

室外设施是指外墙外侧的建筑构件，如阳台、坡道、台阶、散水等，这些构件都是实际

建筑中不可缺少的重要组成部分，本节将对这些设施的创建方法进行介绍。

5.4.1 阳台的创建

执行方法：选择“楼梯其他丨阳台”命令，（快捷键 YT）。

本命令以几种预定样式绘制阳台，或选择预先绘制好的路径转成阳台，以任意绘制方式创建阳台；一层的阳台可以自动遮挡散水，阳台对象可以被柱子局部遮挡。

例如，打开“建筑平面图.dwg”文件，在图形正下方推拉门位置创建阳台，其操作步骤如图 5-25所示。

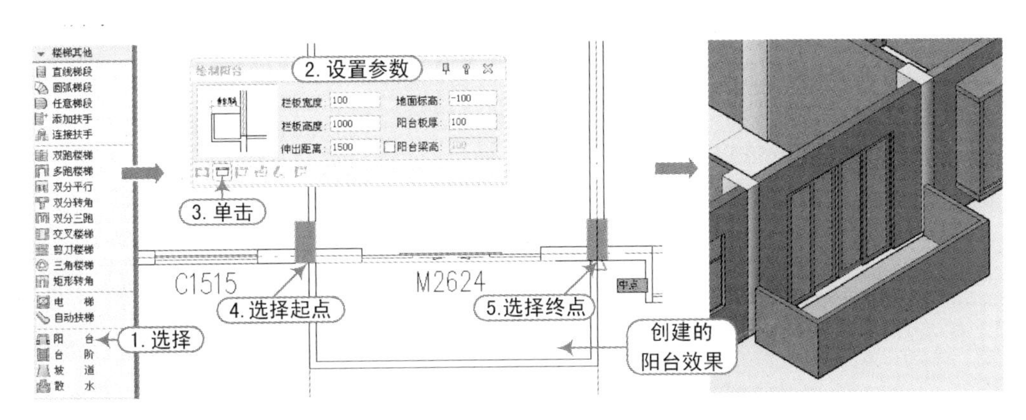

图 5-25 创建阳台的操作

从图 5-25 的操作可以看出，“绘制阳台”对话框中有很多参数，这些参数所指阳台的位置如图 5-26所示。

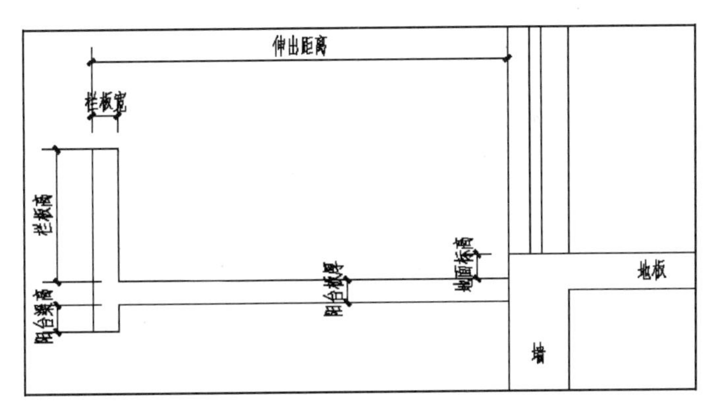

图 5-26 阳台参数示意图

“绘制阳台”对话框下侧工具栏中的，从左到右分别为“凹阳台”“矩形三面阳台”“阴角阳台”“偏移生成”“任意绘制”与“选择已有路径绘制”，共 6 种阳台绘制方式。除“矩形三面阳台”和“偏移生成”外，另外 4 种阳台的创建方法如图 5-27～图 5-30所示。

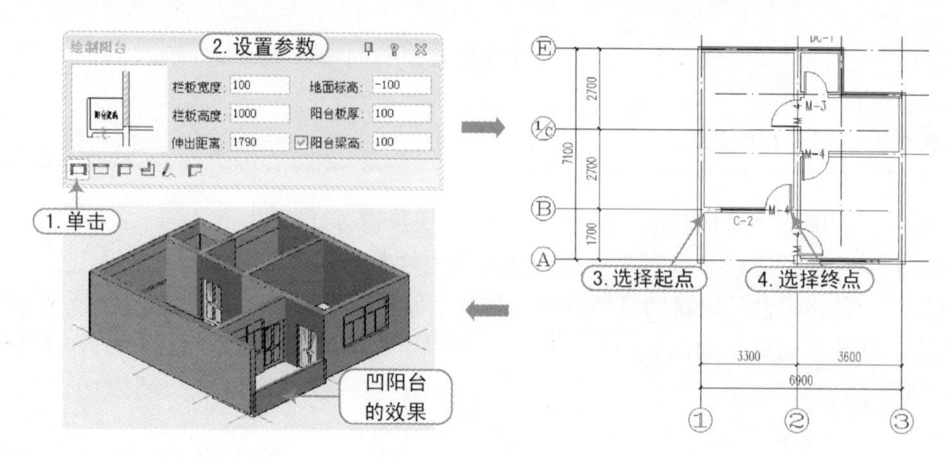

图 5-27 凹阳台的创建

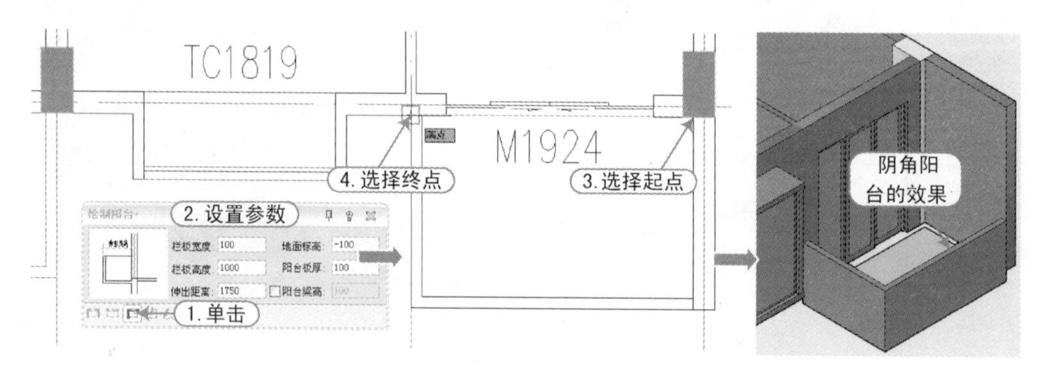

图 5-28 阴角阳台的创建

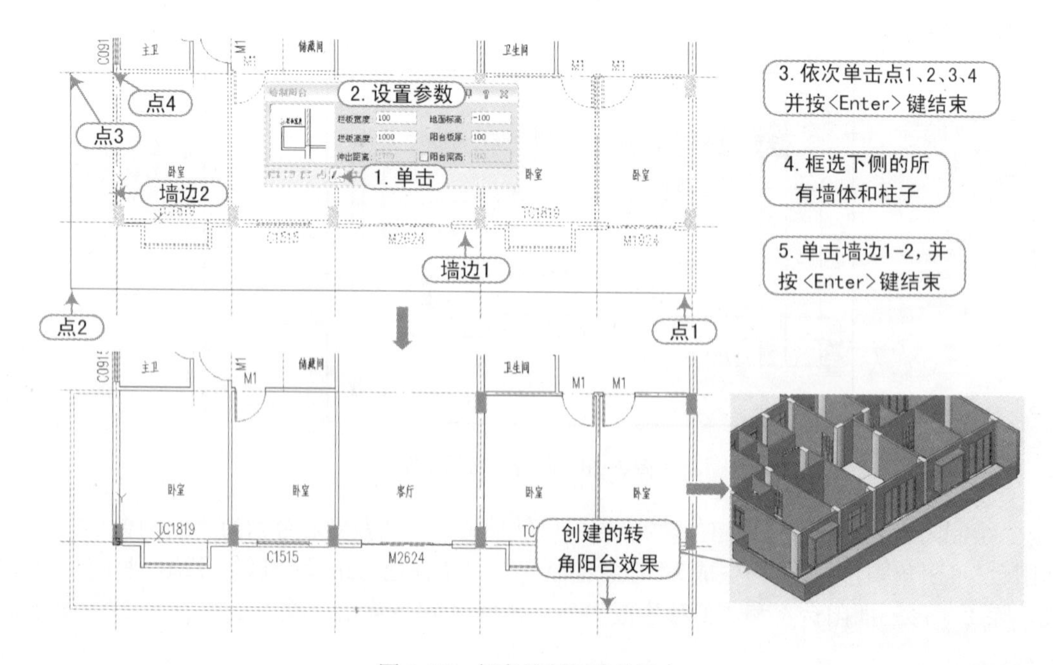

图 5-29 任意绘制创建的阳台

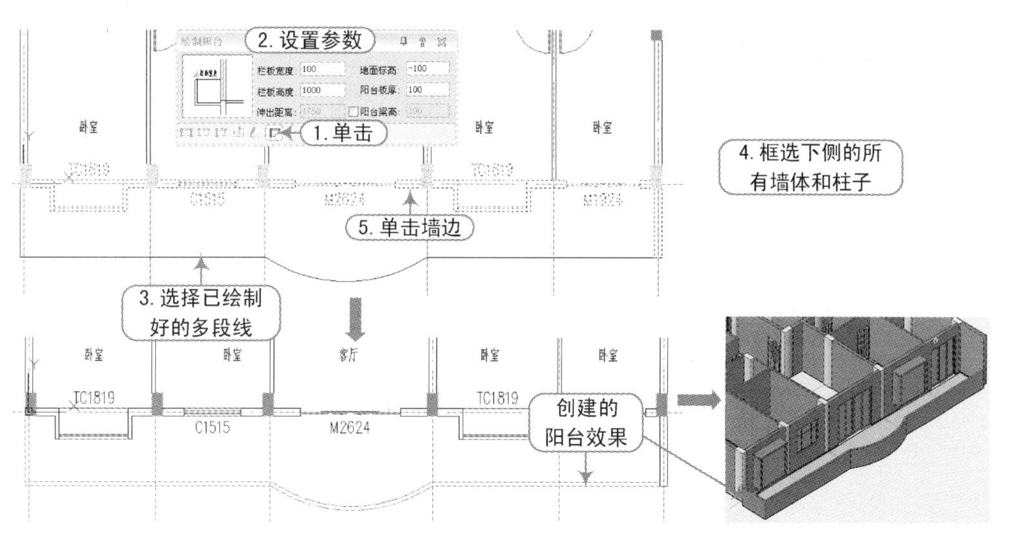

图 5-30　选择已有路径创建的阳台

提示

在创建阴角阳台的过程中，可随时按〈F〉键切换阳台的方向。

提示

在 TArch 天正软件中，阳台栏板可按不同要求设置与保温墙体的保温层的关系，在“高级选项”选项卡中用户可以设定阳台栏板是否遮挡墙保温层，如图 5-31所示。

天正选项

基本设定　加粗填充　高级选项

类型\项	值	描述
尺寸标注		尺寸标注全局参数
符号标注		符号标注全局参数
立剖面		立面剖面全局参数
门窗		门窗全局参数
墙柱		墙体柱子全局参数
室外构件		室外构件全局参数
阳台		
阳台栏板遮挡保温层	否	阳台栏板遮挡墙柱保温层
文字		文字全局参数
系统		系统全局参数
轴线		轴线轴号全局参数

图 5-31　阳台是否加保温层

5.4.2　台阶的创建

执行方法：选择“楼梯其他 | 台阶”命令，（快捷键 TJ）。

本命令直接绘制矩形单面台阶、矩形三面台阶、阴角台阶、沿墙偏移等预定样式的台阶，或把预先绘制好的 PLINE 转成台阶、直接绘制平台创建台阶。如果平台不能由本命令创建，则应下降一个踏步高绘制下一级台阶作为平台；直台阶两侧需要单独补充 LINE 线画出二维边界；台阶可以自动遮挡之前绘制的散水。

例如，打开“建筑平面图.dwg”文件，在图形正下方推拉门位置创建台阶，其操作步骤如图 5-32所示。

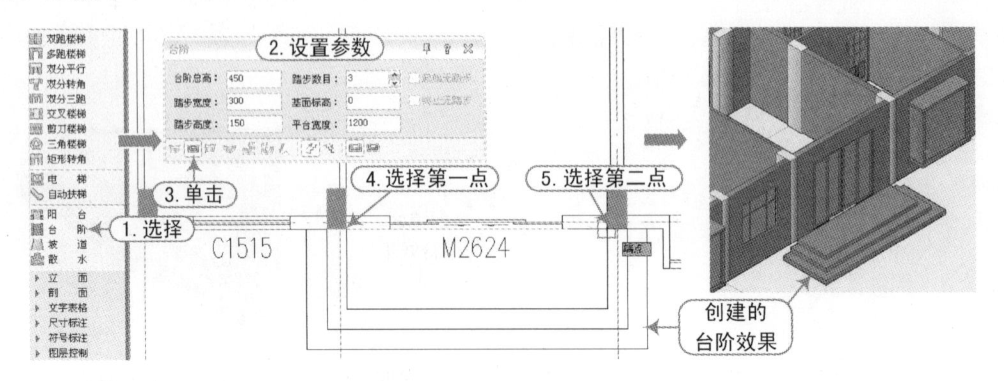

图 5-32　台阶的创建操作

“台阶”对话框中各控件的参数示意图如图 5-33所示。

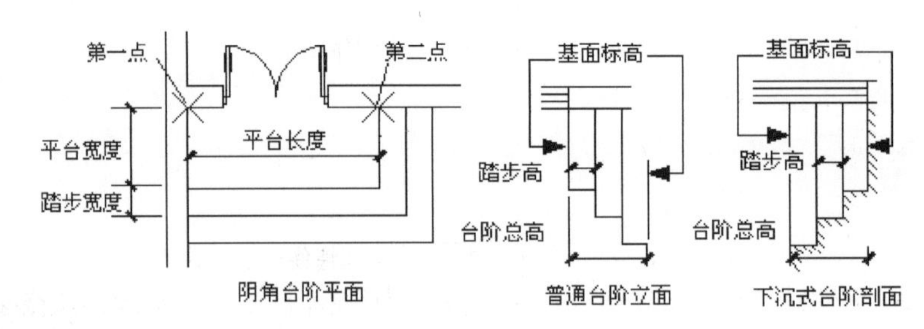

图 5-33　台阶控件的参数示意图

在“台阶”对话框下侧的工具栏中，从左到右分别为“绘制方式”“楼梯类型”和“基面定义”3 个区域，可组合成满足工程需要的各种台阶类型。

1）绘制方式包括：矩形单面台阶、矩形三面台阶、阴角台阶、弧形台阶、沿墙偏移绘制、选择已有路径绘制和任意绘制7 种绘制方式，如图 5-34～图 5-37 所示。

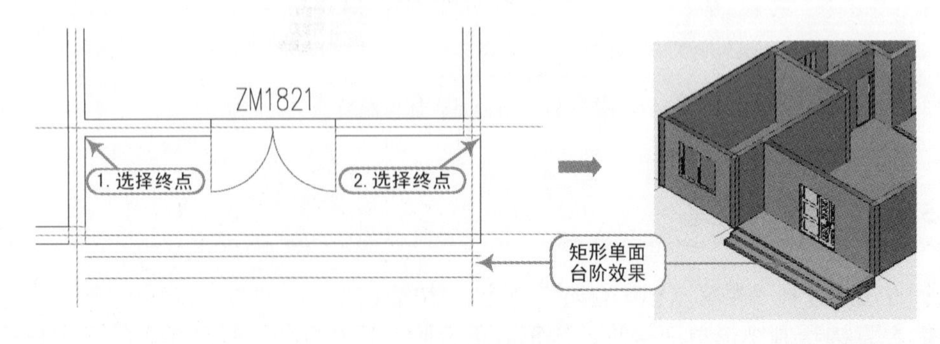

图 5-34　创建矩形单面台阶

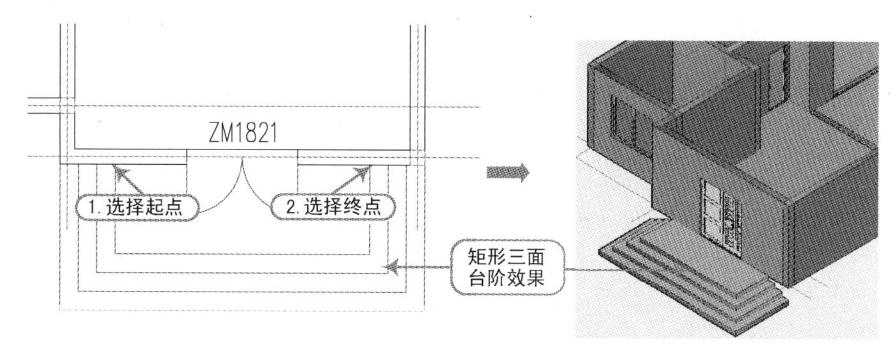

图 5-35 创建矩形三面台阶

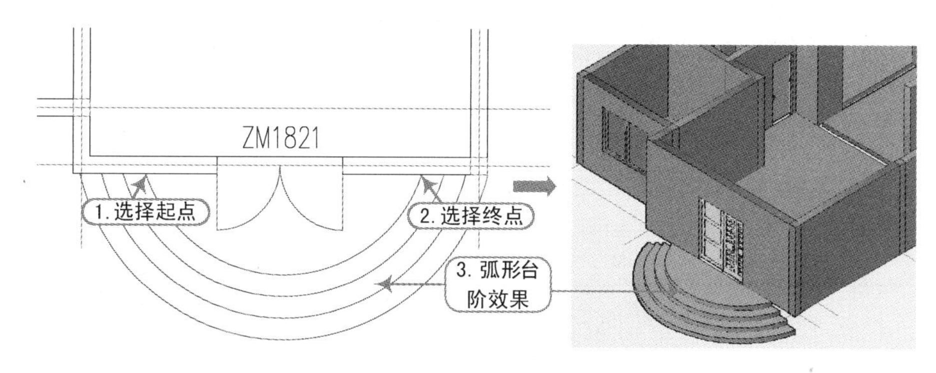

图 5-36 创建弧形台阶

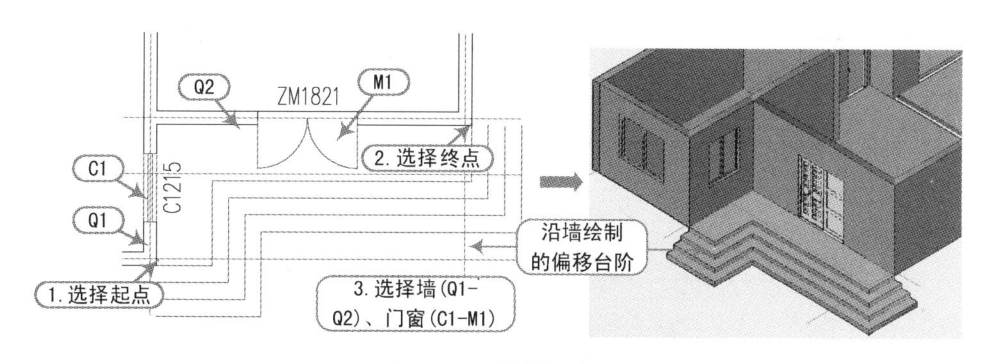

图 5-37 沿墙体创建的台阶

2）台阶类型：分为普通台阶与下沉式台阶两种，前者用于门口高于地坪的情况，后者用于门口低于地坪的情况，如地下商场等，如图 5-38所示。

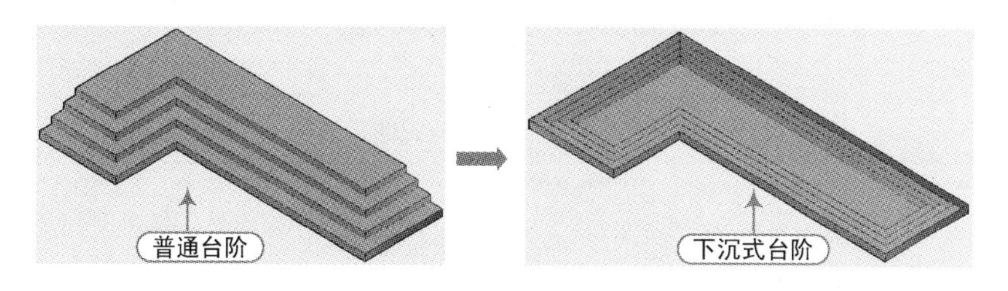

图 5-38 台阶类型

3）基面定义：可以是平台面和外轮廓面，后者多用于下沉式台阶。

5.4.3 坡道的创建

执行方法：选择“楼梯其他｜坡道”命令，（快捷键 PD）。

本命令通过参数构造单跑的入口坡道，多跑、曲边与圆弧坡道由各楼梯命令中的“作为坡道”选项创建，坡道也可以遮挡之前绘制的散水。

坡道按照其用途的不同，可分为行车坡道和轮椅坡道。其中，行车坡道又分为普通行车坡道和回车坡道，普通行车坡道通常设在有车辆进出的建筑物入口处，如车库入口。轮椅坡道是专门供残疾人使用的。

例如，打开“建筑平面图.dwg”文件，在图形正下方推拉门位置创建坡道，其操作步骤如图 5-39所示。

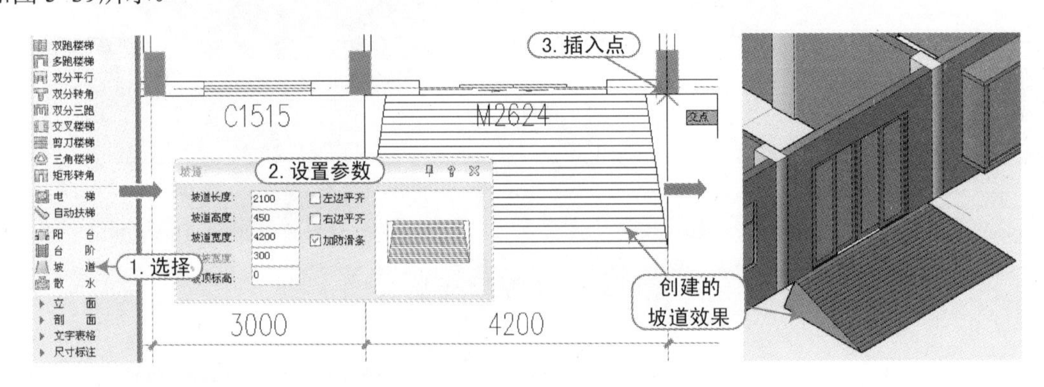

图 5-39 坡道的创建操作

“坡道”对话框中各控件的参数示意图如图 5-40所示。

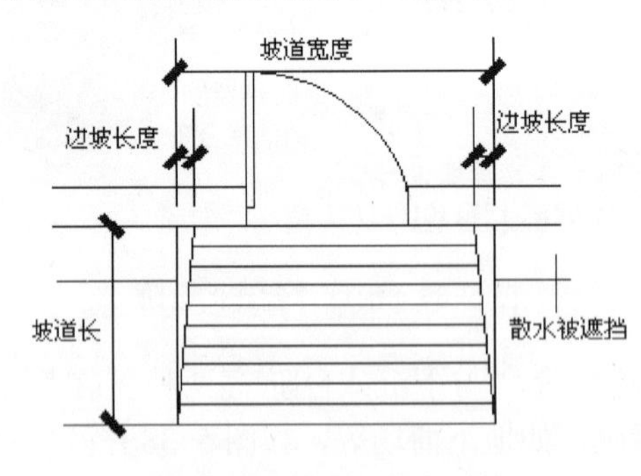

图 5-40 坡道参数意示图

5.4.4 散水的创建

执行方法：选择“楼梯其他｜散水”命令，（快捷键 SS）。

本命令通过自动搜索外墙线绘制散水对象，可自动被凸窗、柱子等对象裁剪，也可以通过勾选复选框或者对象编辑，使散水绕壁柱、绕落地阳台生成；阳台、台阶、坡道、柱子等对象自动遮挡散水，位置移动后遮挡自动更新。

例如，打开“建筑平面图.dwg”文件，在图形外侧创建散水对象，其操作步骤如图 5-41 所示。

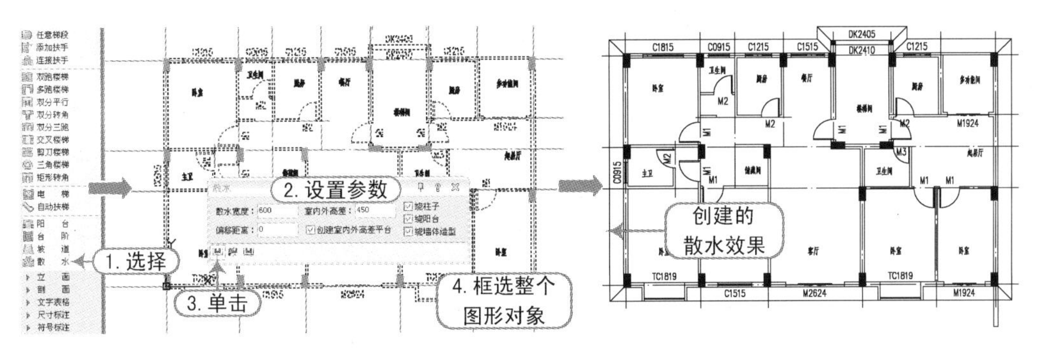

图 5-41　散水的创建操作

在“散水”对话框中，各选项的含义如下：

- 室内外高差：输入本工程范围使用的室内外高差，默认为 450。
- 偏移距离：输入本工程外墙勒脚对外墙皮的偏移值。
- 散水宽度：输入新的散水宽度，默认为 600。
- 创建室内外高差平台：勾选复选框后，在各房间中按零标高创建室内地面。
- 绕柱子/阳台/墙体造型：勾选复选框后，散水绕过柱子、阳台、墙体造型创建，否则穿过这些构件创建。请按设计实际要求勾选，如图 5-42所示。

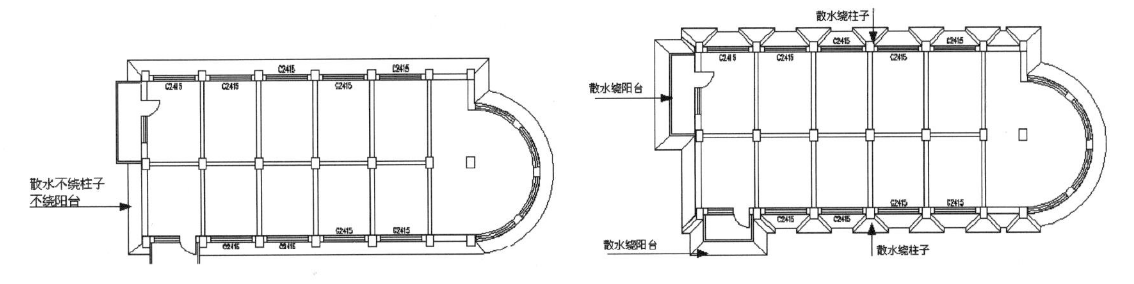

图 5-42　散水是否绕过柱子、阳台、墙体

- 搜索自动生成：搜索墙体自动生成散水对象。
- 任意绘制：逐点给出散水的基点，动态地绘制散水对象。注意，散水在路径的右侧生成。
- 选择已有路径生成：选择已有的多段线或圆作为散水的路径生成散水对象，多段线不要求闭合。

提示

> 散水对象每一条边宽度可以不同，开始时，会按统一的全局宽度创建，通过夹点和对象编辑单独修改各段宽度，也可以再修改为统一的全局宽度。

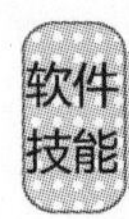

5.5 住宅建筑室内外构件的创建实例

视频\05\住宅建筑室内外构件的创建实例.avi
案例\05\住宅建筑室内外构件.dwg

在前面第 4 章中，已经针对某住宅建筑的墙体和门窗对象进行了创建。在本实例中，将对室内和室外构件进行创建。

1）启动 TArch 天正建筑软件，在快速访问工具栏中单击“打开”按钮，将“案例\04\住宅建筑墙体和门窗.dwg”文件打开。

2）在快速访问工具栏中单击“另存为”按钮，弹出“图形另存为”对话框，将其保存为“住宅建筑室内外构件.dwg”文件。

3）选择“楼梯其他 | 双跑楼梯”命令（快捷键 SPLT），在弹出的“双跑楼梯”对话框中设置好相应的参数，然后在楼梯间位置处创建双跑楼梯对象，如图 5-43所示。

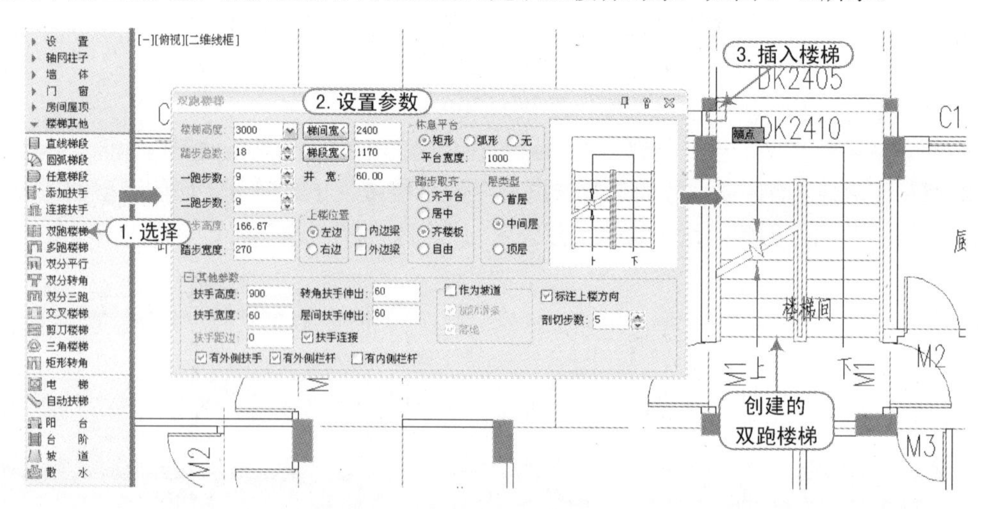

图 5-43 创建的双跑楼梯

4）选择“楼梯其他 | 阳台”命令（快捷键 YT），在弹出的“绘制阳台”对话框中设置好相应的参数，然后在下侧轴号 4～7 的相应位置绘制矩形三面阳台，如图 5-44所示。

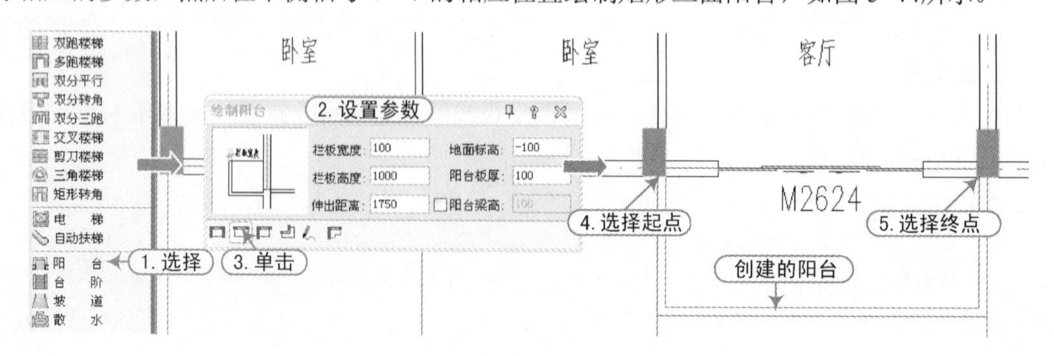

图 5-44 创建的阳台

5）使用 AutoCAD 的“直线”和“圆弧”命令，在图形右下角相应位置绘制直线段和圆弧；再使用“合并”命令（J），将绘制的圆弧和直线段合并为多段线，如图 5-45所示。

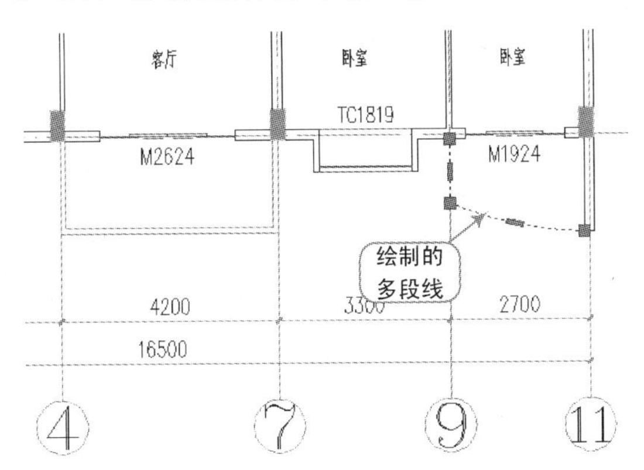

图 5-45 绘制的多段线

6）选择“楼梯其他 | 阳台”命令（快捷键 YT），在弹出的“绘制阳台”对话框中设置好相应的参数，并单击“已有路径”按钮，然后在右下侧轴号 9～11 的相应位置绘制阳台，如图 5-46所示。

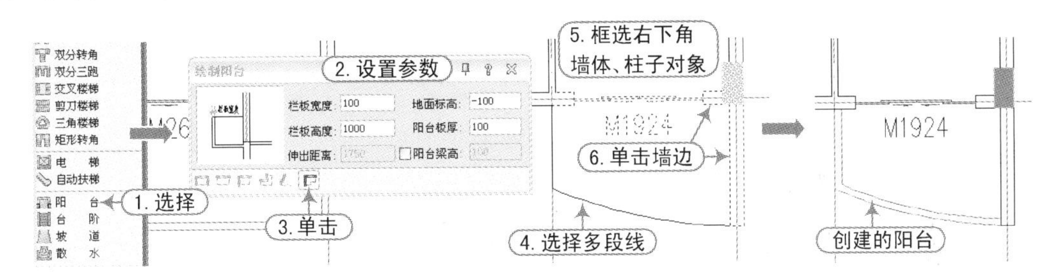

图 5-46 创建的阳台

7）选择“楼梯其他 | 台阶”命令（快捷键 TJ），在弹出的“台阶”对话框中设置好相应的参数，并单击“矩形三面阶台”按钮，然后在上侧轴号 6～8 的相应位置绘制台阶，如图 5-47所示。

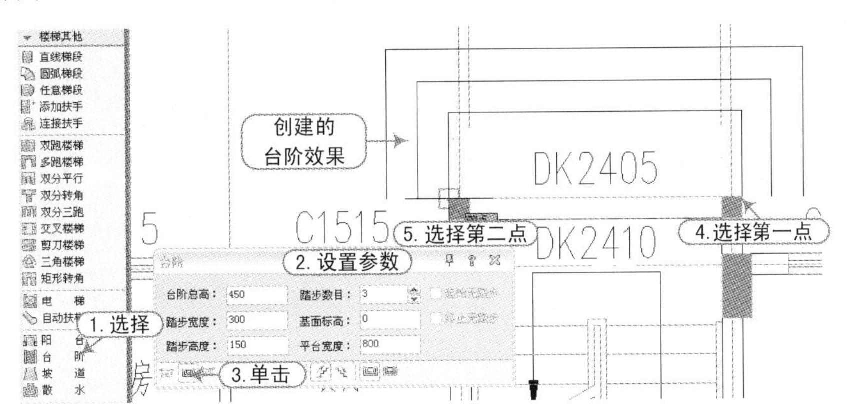

图 5-47 创建的台阶

8）选择所创建的台阶对象，这时台阶显示多个夹点，拖动相应的夹点将该台阶的两侧对齐墙体，如图 5-48所示。

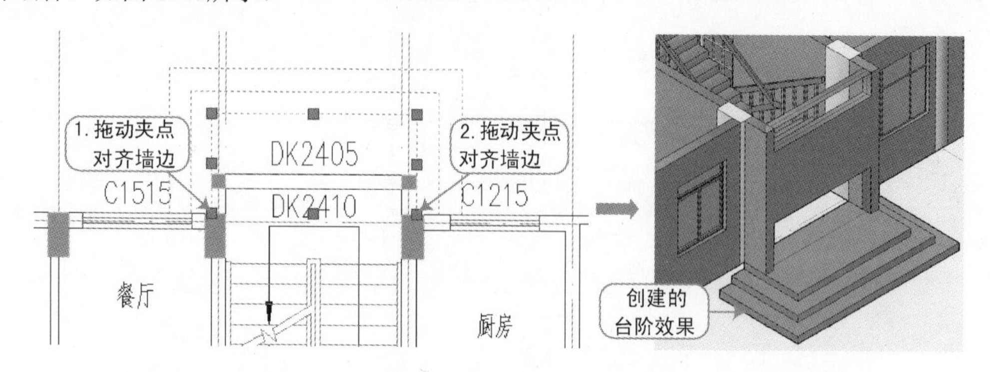

图 5-48　通过台阶夹点进行调整

9）选择“楼梯其他 | 散水”命令（快捷键 SS），在弹出的“散水”对话框中设置好相应的参数，然后框选所有图形对象并按〈Enter〉键，从而创建好散水，如图 5-49所示。

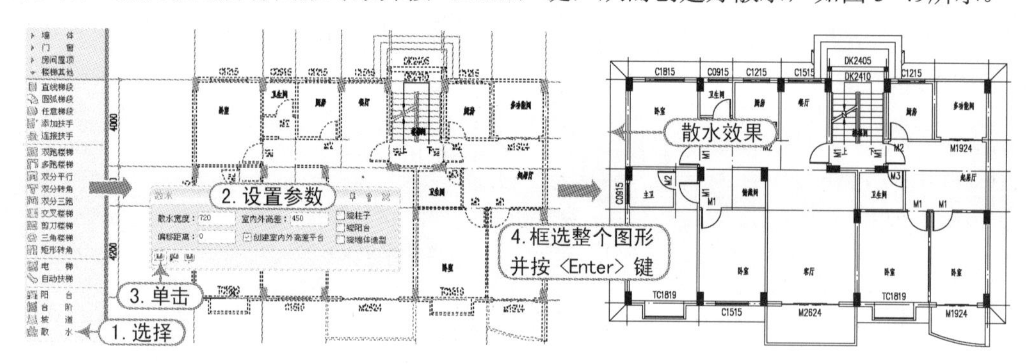

图 5-49　创建的散水

10）至此，该住宅建筑的室内外构件已经创建完成了，其效果如图 5-50所示。按〈Ctrl+S〉组合键进行保存即可。

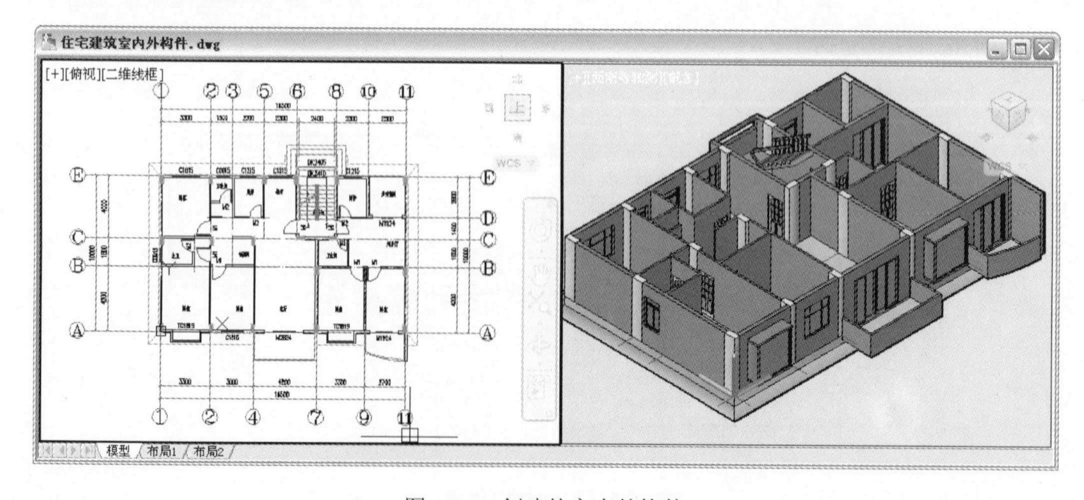

图 5-50　创建的室内外构件

5.6 思考与练习

一、填空题

1．室外建筑设施主要包括阳台、坡道、台阶、________________。

2．如果按照阳台外观形式分，可分为凹阳台和____________两种。

3．散水的作用是____。

4．普通的双跑楼梯由________________________组成。

5．如果用户需要创建多跑楼梯，可在 TArch 屏幕菜单中选择_______________命令。

二、选择题

1．以下（　　）按钮用于创建阴角阳台。

A.　　　　B.　　　　C.　　　　D.

2．如果需要打开“矩形双跑楼梯”对话框，用户可在命令行中输入（　　）命令。

A．JXSP　　B．MIRROR　　C．SPLT　　D．SP

3．在创建散水时，（　　）是不可以同步生成的。

A．室内地面　　B．室外地面　　C．坡道　　D．室内外高差

三、操作题

1．根据本章所学习的知识，绘制如图 5-51所示的户型平面图，门窗尺寸可参照光盘中的“案例\05\户型平面图.dwg”文件。

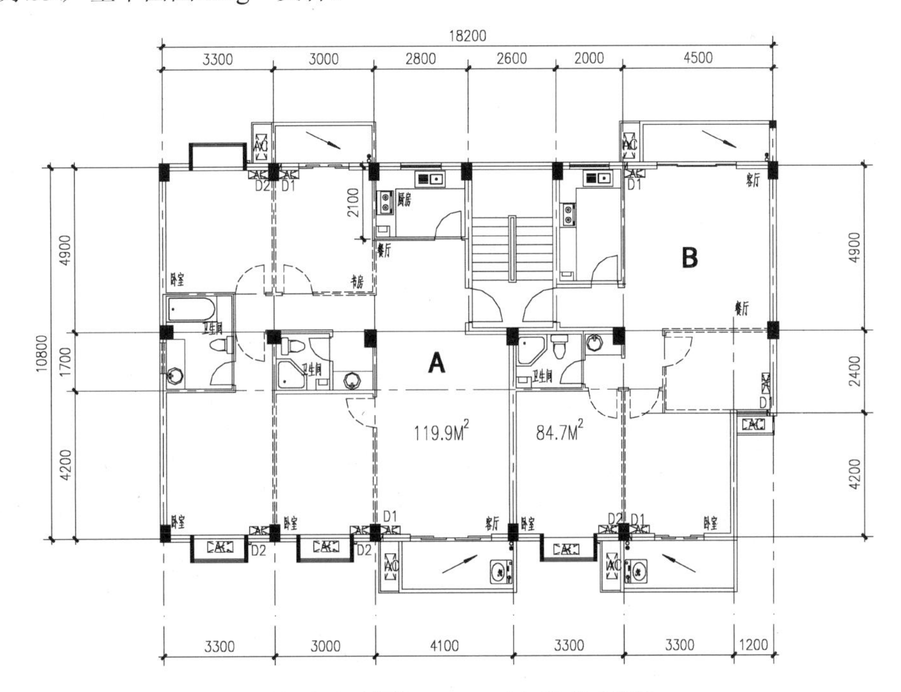

A.四房二厅二卫　建筑面积120.0m2　B.二房半二厅一卫　建筑面积85.0m2

图 5-51　户型平面图

2．将已绘制完成的所有对象选中，对其进行内外墙识别。

第 6 章　创建房间与屋顶

当平面图形中的墙、门窗、楼梯都绘制完成后，还需要针对不同的房间来加踢脚线、奇偶数分格操作，同时针对一些厨房、卫生间等位置，还需要布置一些洁具、隔板和隔断等对象，以便图形更加完善。针对一套房屋创建完成后，还需要对各个房间、套房、公摊面积等进行计算，它是房屋建筑设计中的必要环节。然而，针对一些顶层房屋，还需要创建屋顶轮廓，以此来创建屋顶和创建相应的老虎窗等对象。

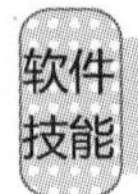

6.1　房间面积的相关概念

建筑各个区域的面积计算、标注和报批是建筑设计中的一个必要环节。天正建筑的房间对象用于表示不同的面积类型，描述一个由墙体、门窗、柱子围合而成的闭合区域，按房间对象所在的图层识别为不同的含义，包括房间面积、套内面积、建筑轮廓面积、洞口面积、公摊面积和其他面积，不同含义的房间使用不同的文字标识。

基本的文字标识是名称和编号，前者描述对象的功能，后者用来唯一区别不同的房间。例如，用于标识房间使用面积时，名称是房间名称“客厅”“卧室”，编号不显示，但在标识套内面积时，名称是套型名称“1－A”，编号是户号“101”，可以选择显示编号用于房产面积配图。

房间面积是一系列符合《房产测量规范》和《建筑设计规范统计规则》的命令，按这些规范的不同计算方法，获得多种面积指标统计表格，分别用于房产部门的面积统计和设计审查报批。此外，为创建用于渲染的室内三维模型，房间对象提供了一个三维地面的特性，开启该特性就可以获得三维楼板，一般建筑施工图不需要开启这个特性。

在天正环境中，面积指标统计使用“搜索房间”“套内面积”“查询面积”“公摊面积”和“面积统计”命令执行。

- 房间面积：在房间内标注室内净面积即使用面积，阳台用外轮廓线按建筑设计规范标注一半面积。
- 套内面积：按照国家《房产测量规范》的规定，标注由多个房间组成的单元住宅，由分户墙以及外墙的中线所围成的面积。
- 公摊面积：按照国家《房产测量规范》的规定，套内面积以外，作为公共面积由本层各户分摊的面积，或者由全楼各层分摊的面积。
- 建筑面积：整个建筑物的外墙皮构成的区域，可以用来表示本层的建筑面积，也可以按要求选择是否包括凸出墙面的柱子面积。注意，此时建筑面积不包括阳台面积，在“面积统计”表格中最终获得的建筑总面积包括按《建筑工程面积计算规范》计算的阳台面积。

6.2 房间面积的创建

房间面积可通过以下多种命令创建，按要求分为建筑面积和使用面积、套内面积，按2005 年国家颁布的最新建筑面积测量规范，“搜索房间”等命令在搜索面积时可忽略柱子、墙垛超出墙体的部分。房间通常以墙体划分，可以通过绘制虚墙划分边界或者楼板洞口，如客厅上空的中庭空间。

6.2.1 搜索房间

执行方法：选择“房间屋顶 | 搜索房间”命令，（快捷键 SSFJ）。

本命令可用来批量搜索建立或更新已有的普通房间和建筑面积，建立房间信息并标注室内使用面积，标注位置自动置于房间的中心。

例如，针对打开的“住宅平面图.dwg”文件，要对其进行搜索房间操作，其操作步骤如图 6-1所示。

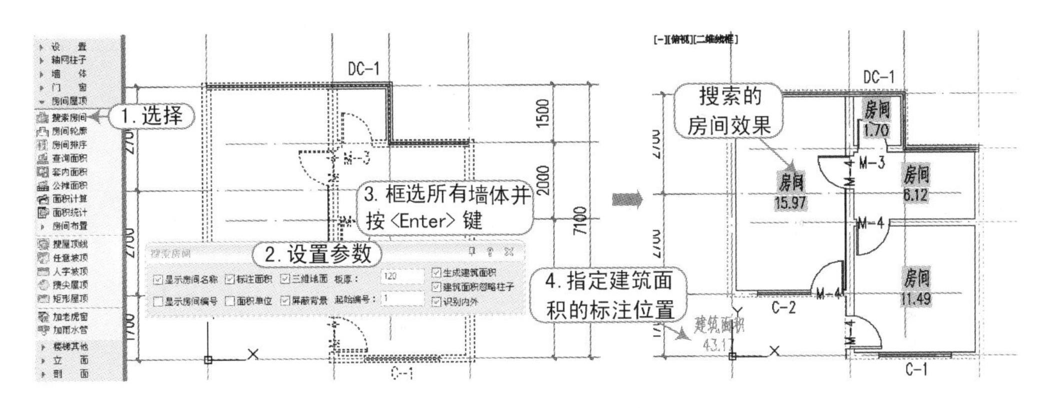

图 6-1　搜索房间的操作

提示

如果用户编辑墙体改变了房间边界，房间信息不会自动更新，可以通过再次执行本命令更新房间或拖动边界夹点，和当前边界保持一致。当勾选“显示房间编号”复选框时，会依照默认的排序方式对编号进行排序，若因编辑、删除房间造成房间号不连续、重号或者编号顺序不理想，则可用后面介绍的“房间排序”命令重新排序。

在“搜索房间”对话框中，各主要选项的含义如下：

- 标注面积：房间使用面积的标注形式，决定是否显示面积数值。
- 面积单位：是否标注面积单位，默认以平方米（m^2）单位标注。
- 显示房间名称/显示房间编号：房间的标识类型，建筑平面图标识房间名称，其他专业标识房间编号，也可以同时标识。
- 三维地面：勾选该复选框，则表示同时沿着房间对象边界生成三维地面。

■ 板厚：生成三维地面时，给出地面的厚度。
■ 生成建筑面积：在搜索生成房间的同时计算建筑面积。
■ 建筑面积忽略柱子：根据建筑面积测量规范，建筑面积包括凸出的结构柱与墙垛，也可以选择忽略凸出的装饰柱与墙垛。如图 6-2所示为是否忽略柱子的对比效果。

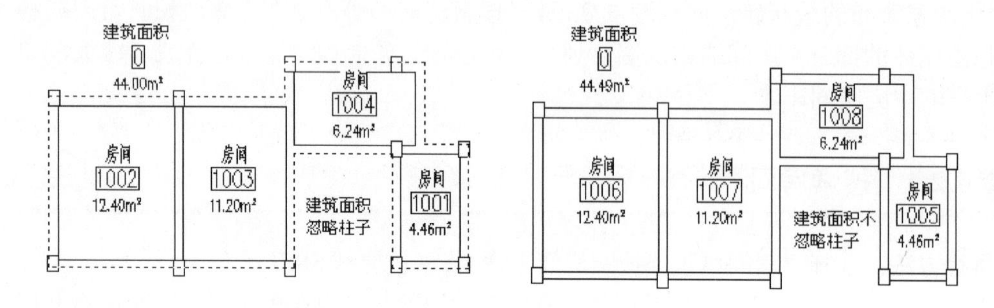

图 6-2　是否忽略柱子的对比

■ 屏蔽背景：勾选该复选框后，利用 Wipeout 的功能屏蔽房间标注下面的填充图案。
■ 识别内外：勾选该复选框，则表示同时执行识别内外墙功能，用于建筑节能。

6.2.2　房间对象编辑的方法

执行方法：选择“房间屋顶｜搜索房间”命令，(快捷键 SSFJ)。

在使用“搜索房间”命令后，当前图形中生成房间对象显示为房间面积的文字对象，但默认的名称需要重新命名。双击房间对象进入在位编辑直接命名，也可以选中后右击，在弹出的快捷菜单中选择“对象编辑”命令，弹出“编辑房间”对话框，用于编辑房间编号和房间名称。若勾选“显示填充”复选框，则可以对房间进行图案填充。可指定最小、最大尺寸的房间不进行搜索。

例如，针对前面已经搜寻的房间对象，这时双击其中的房间轮廓，在弹出的“编辑房间”对话框中修改参数，从而对其房间进行编辑，如图 6-3所示。

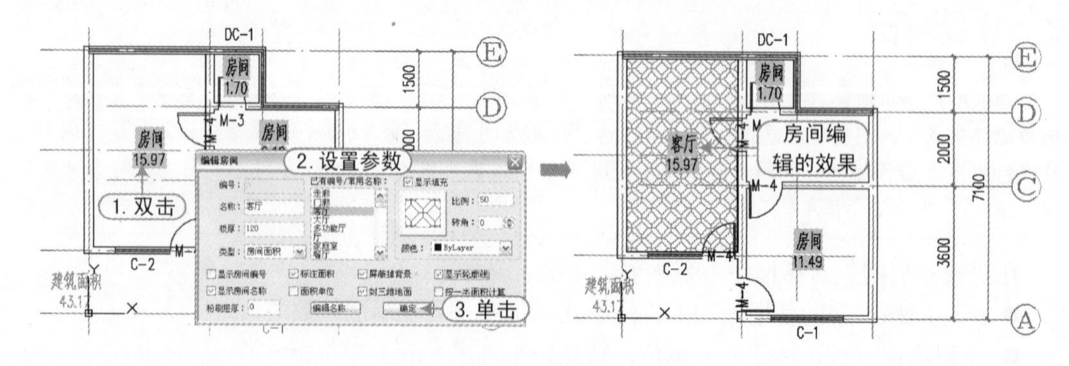

图 6-3　房间的编辑

在“编辑房间”对话框中，各主要选项的含义如下：
■ 编号：对应每个房间的自动数字编号，用于其他专业标识房间。

■ 名称：用户对房间给出的名称，可从右侧的“已有编号/常用名称”列表框中选取，房间名称与面积统计的厅室数量有关，类型为洞口时，默认名称是“洞口”，其他类型为“房间”。

■ 粉刷层厚：房间墙体的粉刷层厚度，用于扣除实际粉刷厚度，精确统计房间面积。

■ 类型：可以通过本列表修改当前房间对象的类型为“套内面积”“建筑轮廓面积”“洞口面积”“分摊面积”“套内阳台面积”等。

■ 封三维地面：勾选该复选框，则表示同时沿着房间对象边界生成三维地面。

■ 显示轮廓线：勾选该复选框，则显示面积范围的轮廓线，否则选择面积对象才能显示。

■ 按一半面积计算：勾选该复选框后该房间按一半面积计算，用于净高小于 2.1m、大于 1.2m 的房间。

■ 屏蔽掉背景：勾选该复选框后，利用 Wipeout 的功能屏蔽房间标注下面的填充图案。

■ 显示房间编号/显示房间名称：选择面积对象显示房间编号或者房间名称。

■ 编辑名称：光标进入“名称”文本框时，该按钮可用，单击进入对话框列表，可修改或者增加名称。

■ 显示填充：勾选该复选框后可以当前图案对房间对象进行填充，图案比例、颜色和图案可选，单击图像框进入图案管理界面选择其他图案或者下拉颜色列表修改颜色。

提示

房间对象还支持“特性”面板编辑，用户选中需要注写两行的房间名称，按〈Ctrl + 1〉组合键打开“特性”面板，在“名称类型”中改为“两行名称”，即可在名称第二行中写入内容，满足涉外工程标注中英文房间名称的需要，如图 6-4所示。

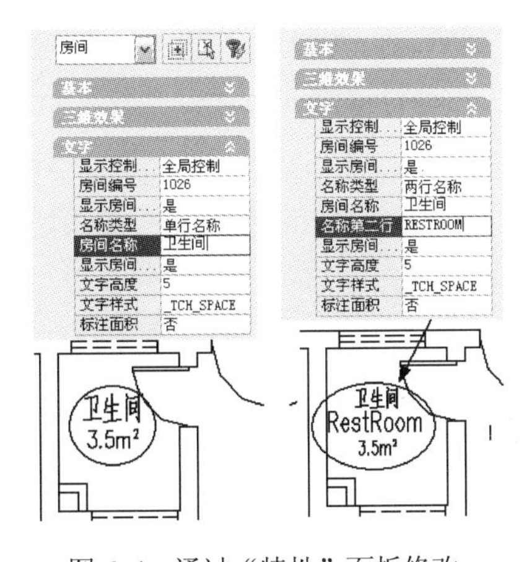

图 6-4　通过“特性”面板修改

6.2.3　查询面积

执行方法：选择“房间屋顶 | 查询面积”命令，（快捷键 CXMJ）。

本命令用于动态查询由天正墙体组成的房间使用面积、套内阳台面积以及闭合多段线面积、创建面积对象标注在图上，光标在房间内时显示的是使用面积。注意，本命令获得的建筑面积不包括墙垛和柱子凸出部分，“查询面积”对话框提供了“计一半面积”复选框，房间对象可以不显示编号和名称，仅显示面积。

选择“房间屋顶 | 查询面积”命令（快捷键 CXMJ），将弹出“查询面积”对话框，可选择是否生成房间对象，如图 6-5所示。

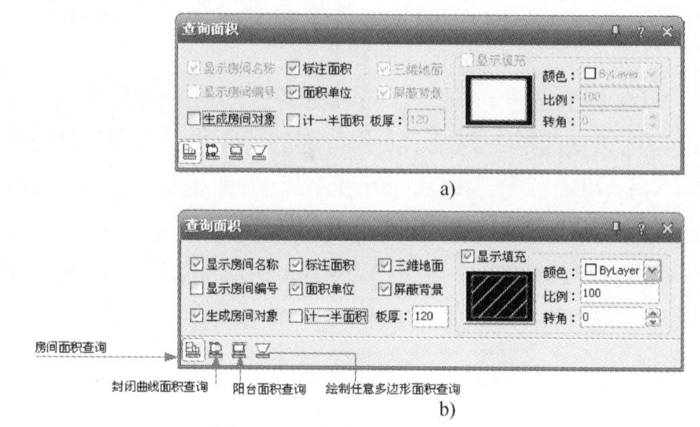

图 6-5 “查询面积”对话框

a) 仅标注不创建房间对象 b) 标注的同时创建房间对象

1）房间面积查询，命令提示：

请选择查询面积的范围: \\ 请给出两点框选要查询面积的平面图范围，可在多个平面图中选择查询。

请在屏幕上点取一点<返回>: \\ 光标移动到房间的同时显示面积。如果要标注，请在图上给出点，光标移到平面图外面时，会显示和标注该平面图的建筑面积。

2）封闭曲线面积查询，命令行提示：

选择闭合多段线或圆<退出>: \\ 此时可选择表示面积的闭合多段线或者圆，光标处显示面积。

请点取面积标注位置<中心>: \\ 此时可按〈Enter〉键在该闭合多段线中心标注面积。

3）阳台面积查询，命令行提示：

选择阳台<退出>: \\ 此时选取天正阳台对象，光标处显示阳台面积。

请点取面积标注位置<中心>: \\ 此时可在面积标注位置给出点，或者按〈Enter〉键在该阳台中心标注面积，如图 6-6所示。

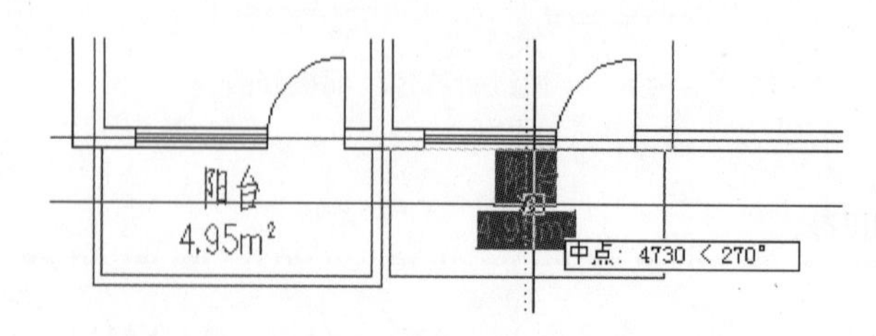

图 6-6 阳台面积查询

提示

阳台面积的计算是算一半面积还是算全部面积，各地不尽相同，用户可通过修改“天正选项”的“基本设定”页的“阳台按一半面积计算”的设定来实现，个别不同的通过阳台面积对象编辑修改。

4）绘制任意多边形面积查询，命令行提示即时单击多边形角点：

多边形起点<退出>: \\ 此时单击需要查询的多边形的第一个角点。
直段下一点或 [弧段(A)/回退(U)]<结束>: \\ 单击需要查询的多边形的第二个角点。
直段下一点或 [弧段(A)/回退(U)]<结束>: \\ 单击需要查询的多边形的第三个角点。
....
直段下一点或 [弧段(A)/回退(U)]<结束>: \\ 按〈Enter〉键封闭需要查询的多边形。
请点取面积标注位置<中心>: \\ 此时可在面积标注位置给出点，创建多边形面积对象。

提示

在阳台平面不规则，无法用天正阳台对象直接创建阳台面积时，可使用本选项创建多边形面积，然后对象编辑为“套内阳台面积”。

6.2.4 房间轮廓

执行方法：选择“房间屋顶｜房间轮廓”命令，(快捷键 FJLK)。

房间轮廓线以封闭 PLINE 线表示，轮廓线可以用在其他用途，如把它转为地面或用来作为生成踢脚线等装饰线脚的边界。

选择“房间屋顶｜房间轮廓”命令（快捷键 FJLK），其命令行提示：

请指定房间内一点或 {参考点[R]}<退出>: \\ 单击房间内任意一点。
请是否生成封闭的多段线?[是(Y)/否(N)]<Y>: \\按要求输入 N 或按〈Enter〉键。

6.2.5 套内面积

执行方法：选择“房间屋顶｜套内面积”命令，(快捷键 TNMJ)。

本命令用于计算住宅单元的套内面积，并创建套内面积的房间对象。按照《房产测量规范》的要求，自动按分户单元墙中线计算套内面积，选择时注意仅选取本套套型内的房间面积对象（名称），而不要把其他房间面积对象（名称）包括进去。但本命令获得的套内面积不含阳台面积，而选择阳台面积对象的目的是指定阳台所归属的户号。

例如，针对打开的“单元户型图.dwg”文件，要对其左下侧的套内面积进行计算，其操作步骤如图 6-7所示。

提示

在“套内面积”对话框中输入需要标注的套型编号和户号。前者是套型的分类，同一套型编号可以在不同楼层（单元）重复（尽管面积也许有差别）；而户号是区别住户的唯一编号。

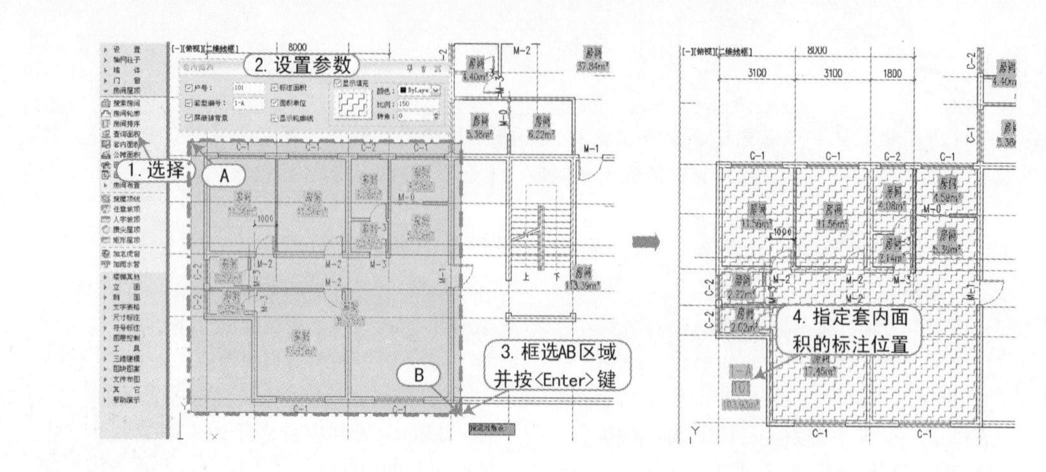

图 6-7　套内面积的操作

6.2.6　公摊面积

执行方法：选择“房间屋顶｜公摊面积”命令，（快捷键 GTMJ）。

本命令用于定义按本层或全楼（幢）进行公摊的房间面积对象，需要预先通过“搜索房间”或“查询面积”命令创建房间面积。标准层自身的共用面积不需要执行本命令进行定义，没有归入套内面积的部分自动按层公摊。本命令可把这些面积对象归入“SPACE_SHARE”图层，公摊的房间名称不变。

例如，针对打开的“单元套内面积计算.dwg”文件，将其中间的公共区域进行公摊面积的操作，其操作步骤如图 6-8所示。

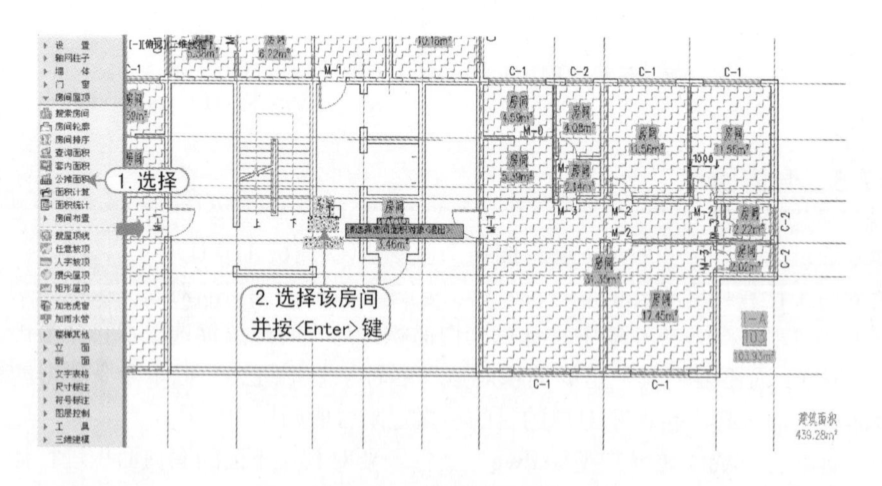

图 6-8　公摊面积的操作

6.2.7　面积统计

执行方法：选择“房间屋顶｜面积统计”命令，（快捷键 MJTJ）。

本命令按《房产测量规范》和《住宅设计规范》以及建设部限制大套型比例的有关文件，统计住宅的各项面积指标，为管理部门进行设计审批提供参考依据。

- 套型统计中的“室”和“厅”的数量，是从“名称分类”中定义的房间名称中提取的。
- 本项目有多个标准层时，建议以自然层为基础编写户号。注意，户号在不同标准层不要重复。
- 若有通高大厅，则要把上层围绕洞口自动搜索到的“房间面积”以对象编辑设为“洞口面积”，否则统计面积不准确。
- 跃层住宅一个户号占两个楼层，它的面积统计结果在下面楼层显示，上一楼层的面积分摊、套型合并在同一户号一起统计。
- 阳台面积按当前图形上标注的阳台面积对象统计，详见 6.2.3 节的“阳台面积 查询”相关内容。
- 阳台面积在各地设计习惯中使用不同的术语，在本命令的输出表格中以“阳台面积”表示，用户自行按各单位或项目要求修改即可。

例如，针对打开的“面积统计-A.dwg”文件，执行面积统计操作，其操作步骤如图 6-9 所示。

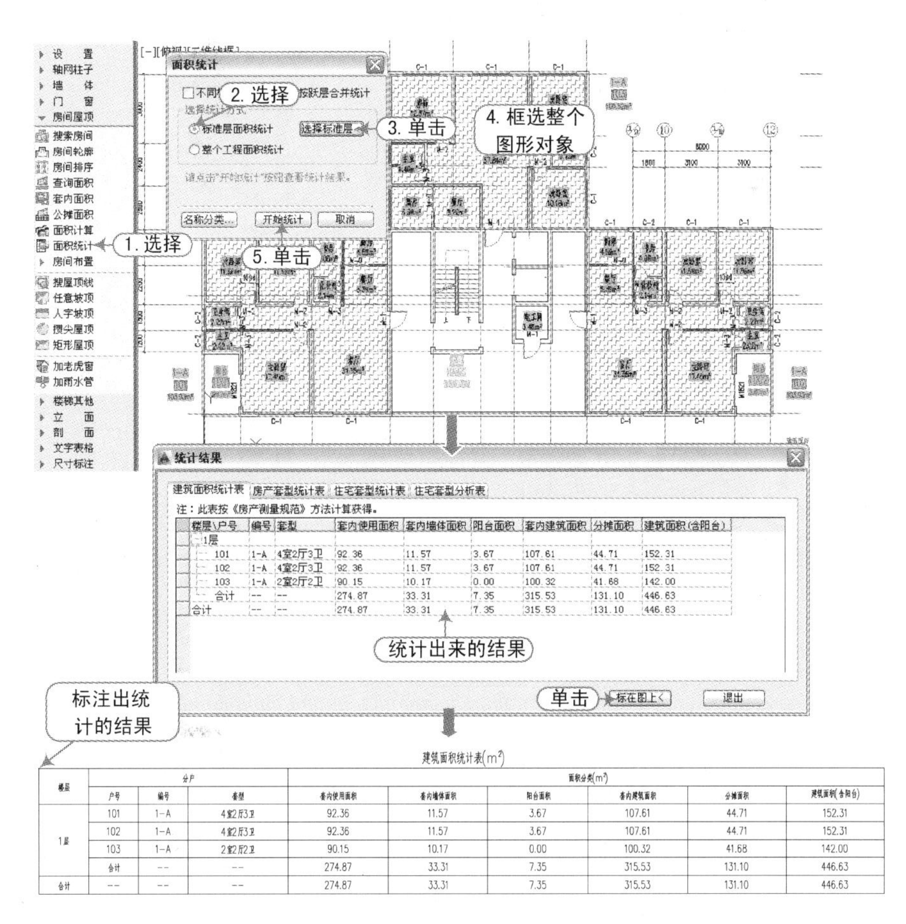

建筑面积统计表(m²)

楼层	分户			面积分类(m²)					
	户号	编号	套型	套内使用面积	套内墙体面积	阳台面积	套内建筑面积	分摊面积	建筑面积(含阳台)
1层	101	1-A	4室2厅3卫	92.36	11.57	3.67	107.61	44.71	152.31
	102	1-A	4室2厅3卫	92.36	11.57	3.67	107.61	44.71	152.31
	103	1-A	2室2厅2卫	90.15	10.17	0.00	100.32	41.68	142.00
	合计	--	--	274.87	33.31	7.35	315.53	131.10	446.63
合计	--	--	--	274.87	33.31	7.35	315.53	131.10	446.63

图 6-9 面积统计的操作

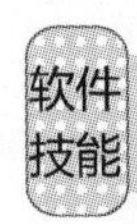

软件技能

6.3 楼层房间面积统计的实例

视频\06\楼层房间面积统计的实例.avi
案例\06\楼层面积统计.dwg

前面已经对房间面积的概念、搜索房间和各种面积的统计查询等操作进行了详细讲解，下面通过一个实例来讲解某楼层的面积统计操作。

1）启动 TArch 2014 软件，选择“文件｜打开”命令，打开“楼层平面图.dwg”文件，如图 6-10所示。

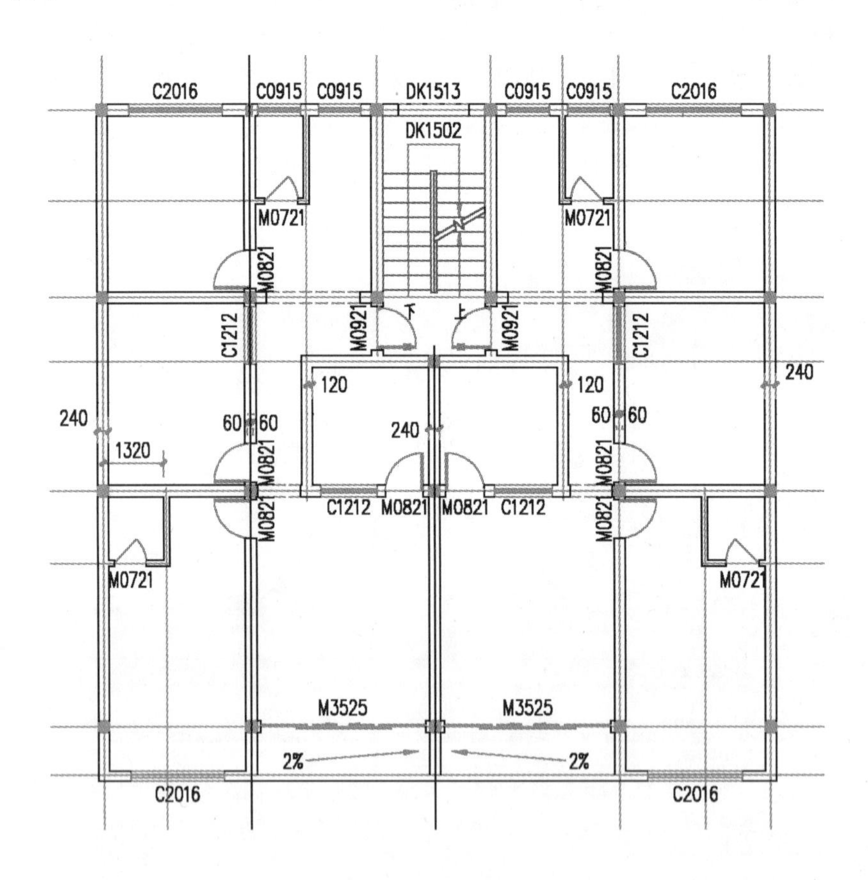

图 6-10　打开的文件

2）选择“房间屋顶｜搜索房间”命令（快捷键 SSFJ），框选整个平面图对象，从而对其房间进行搜索，如图 6-11所示。

3）使用鼠标分别双击每个房间的名称，使其呈在位编辑状态，然后修改其相应的功能名称，如图 6-12所示。

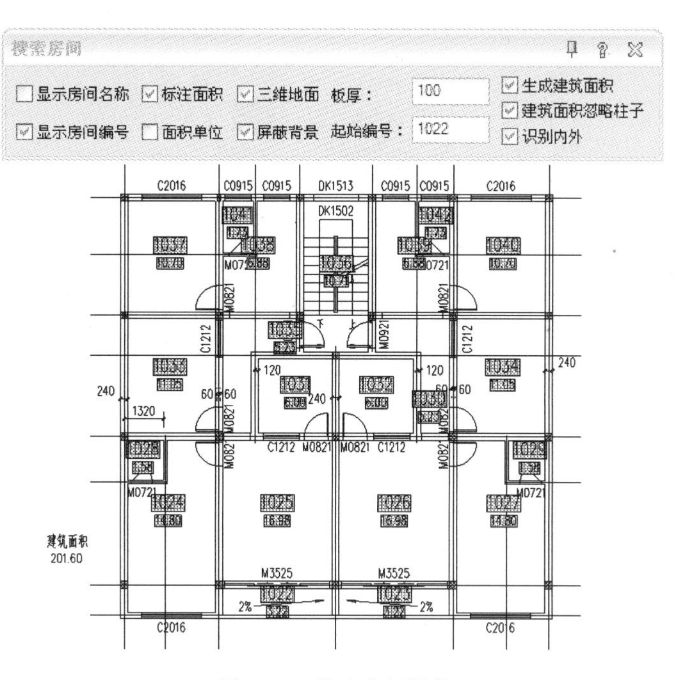

图 6-11 搜索房间操作

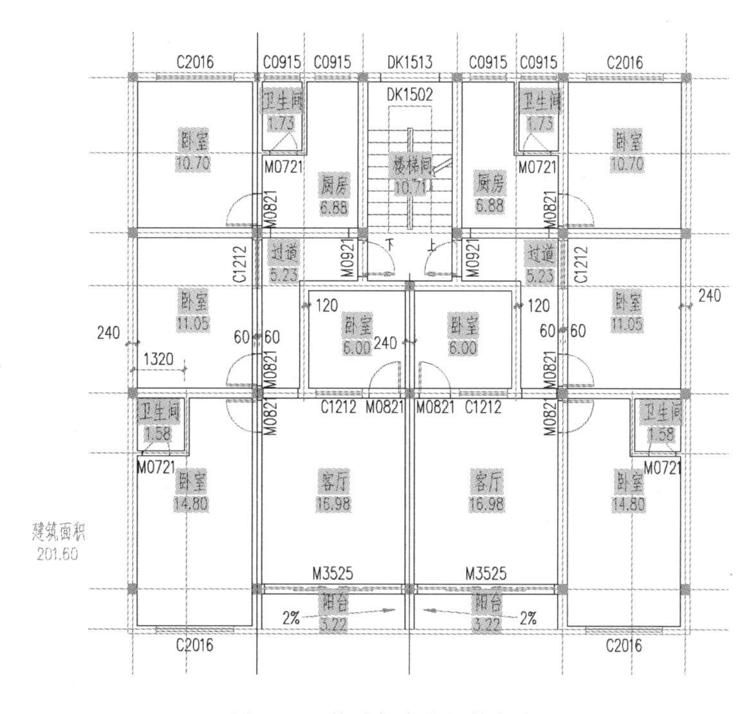

图 6-12 修改每个房间的名称

4）选择“房间屋顶 | 套内面积”命令（快捷键 TNMJ），先使用鼠标选择左侧的房间对象，对其左侧进行套内面积的计算；再对其右侧进行套内面积的计算，但楼梯不计入任何套内计算，如图 6-13所示。

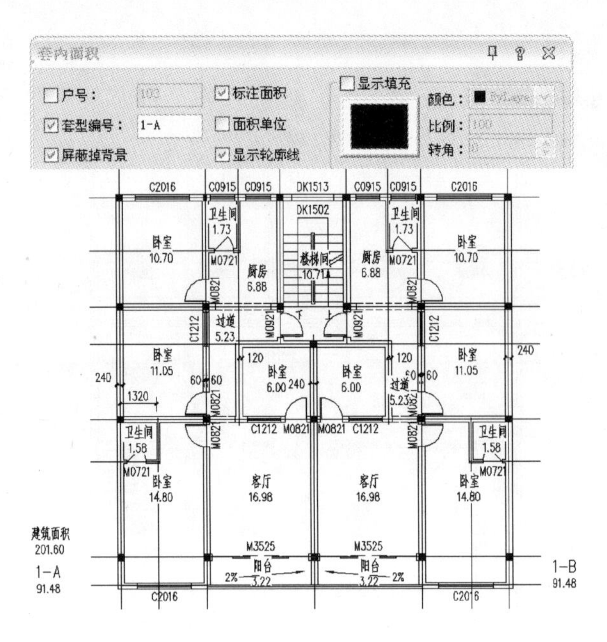

图 6-13　套内面积操作

5）选择“房间屋顶 | 面积统计”命令（快捷键 MJTJ），在弹出的“面积统计”对话框中选择“标准层面积统计”单选按钮，并单击“选择标准层”按钮，然后框选整个平面图，如图 6-14所示。

6）单击“名称分类”按钮，将弹出“名称分类”对话框，分别在“厅”“室”和“卫”选项卡中查看所含的名称是否包括平面图中的房间名称。如果平面图中房间的名称没有在相应的分类中，这时用户可以自定义，然后单击“确定”按钮，如图 6-15所示。

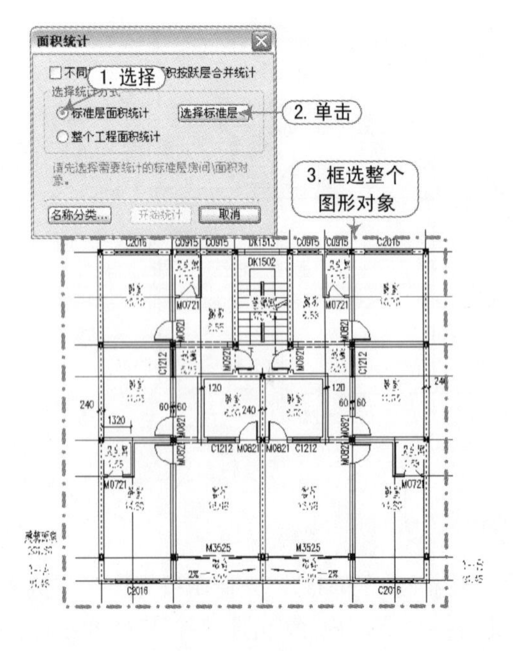

图 6-14　选择标准层

图 6-15　自定义房间名称

7）这时单击“开始统计”按钮，将弹出“统计结果”对话框，从而分别对其进行统计，如图 6-16所示。

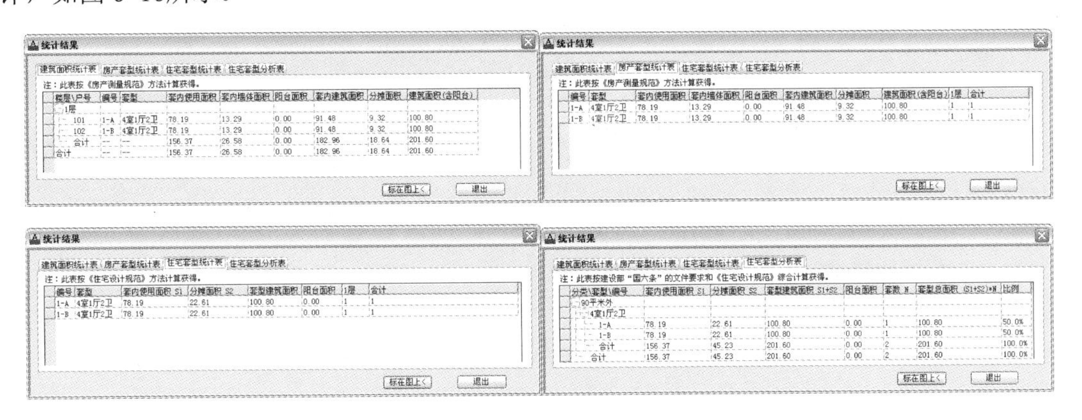

图 6-16 “统计结果”对话框

8）如果用户需要将所统计的结果标注在平面图上，可单击“标在图上”按钮，然后在视图的指定位置标注即可，如图 6-17所示。

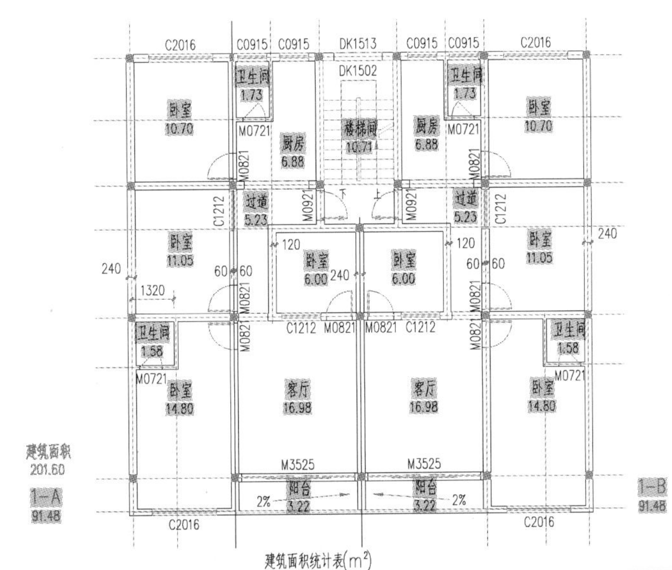

建筑面积统计表(m^2)

楼层	分户			面积分类(m^2)					
	户号	编号	套型	套内使用面积	套内墙体面积	阳台面积	套内建筑面积	分摊面积	建筑面积(含阳台)
1层	101	1-A	4室1厅2卫	78.19	13.29	0.00	91.48	9.32	100.80
	102	1-B	4室1厅2卫	78.19	13.29	0.00	91.48	9.32	100.80
	合计	--	--	156.37	26.58	0.00	182.96	18.64	201.60
合计	--	--	--	156.37	26.58	0.00	182.96	18.64	201.60

住宅套型分析表(m^2)

分类	套型	编号	套内使用面积 S1	分摊面积 S2	套型建筑面积 S1+S2	阳台面积	套数 N	套型总面积 (S1+S2)*N	比例
90平米外	4室1厅2卫	1-A	78.19	22.61	100.80	0.00	1	100.80	50.0%
		1-B	78.19	22.61	100.80	0.00	1	100.80	50.0%
		合计	156.37	45.23	201.60	0.00	2	201.60	100.0%
	合计	--	156.37	45.23	201.60	0.00	2	201.60	100.0%

图 6-17 标上统计面积的结果

9）至此，该单元楼的面积统计已经完成。按〈Ctrl+Shift+S〉组合键将该文件另存为“楼层面积统计.dwg”文件。

6.4 房间的布置

“房间布置”菜单提供了多种工具命令，用于房间与天花的布置，添加踢脚线适用于装修建模。

6.4.1 加踢脚线

执行方法：选择“房间屋顶 | 房间布置 | 加踢脚线”命令，（快捷键 JTJX）。

本命令自动搜索房间轮廓，按用户选择的踢脚截面生成二维和三维一体的踢脚线，门和洞口处自动断开，可用于室内装饰设计建模，也可以作为室外的勒脚使用，踢脚线支持 AutoCAD 的 Break（打断）命令，因此取消了“断踢脚线”命令。

例如，针对打开的“加踢脚线-A.dwg”文件，对其左下角的卧室添加踢脚线，其操作步骤如图 6-18所示。

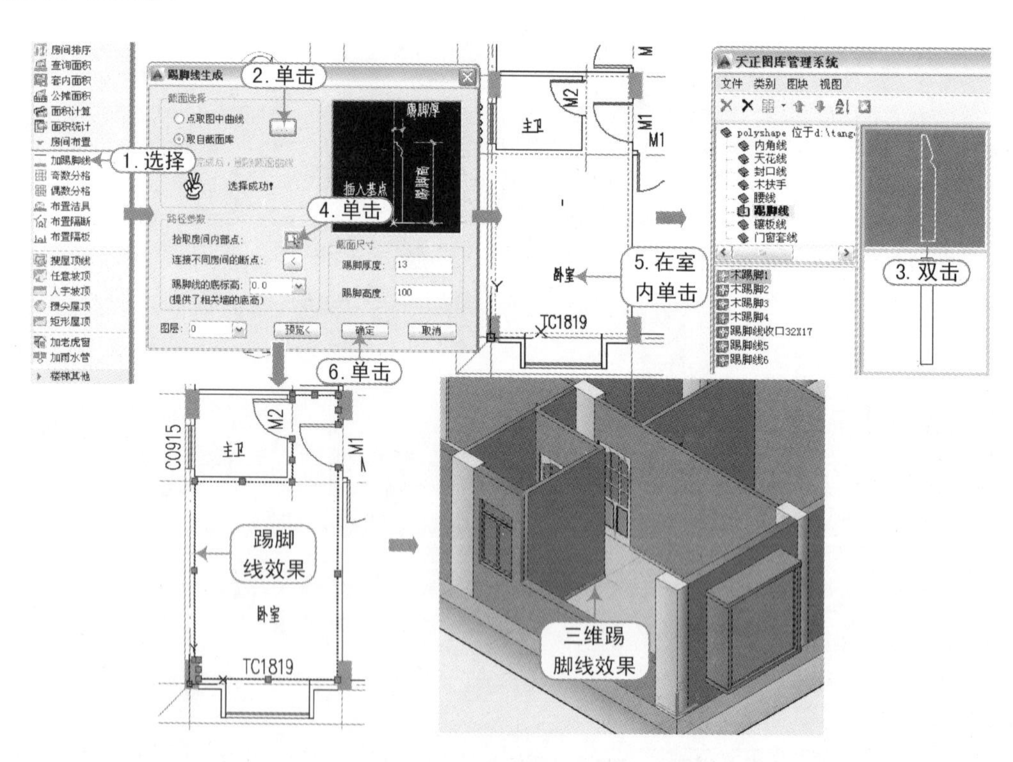

图 6-18　加踢脚线的操作

在“踢脚线生成”对话框中，各主要选项的含义如下：

■ 取自截面库：选择该单选按钮后，单击右边的“...”按钮进入踢脚线图库，在右侧预览区双击即可选择需要的截面样式。

■ 点取图中曲线：选择该单选按钮后，单击右边的□按钮进入图形中选取截面形状。
■ 拾取房间内部点：单击此按钮，然后在加踢脚线的房间里单击一个点。
■ 连接不同房间的断点：单击此按钮，然后单击门洞外侧的点 P1 和 P2。
■ 踢脚线的底标高：用户可以在对话框中选择输入踢脚线的底标高，在房间内有高差时在指定标高处生成踢脚线。
■ 预览：该按钮用于观察参数是否合理，此时应切换到三维轴测视图，否则看不到三维显示的踢脚线。
■ 截面尺寸：截面的高度和厚度尺寸，默认为选取的截面的实际尺寸，用户可修改。

6.4.2 奇数分格

执行方法：选择“房间屋顶丨房间布置丨奇数分格”命令，（快捷键 JSFG）。

本命令用于绘制按奇数分格的地面或天花平面，分格使用 AutoCAD 对象直线（line）绘制。按奇数分格的地面或天花平面，在中心位置出现对称轴。

例如，针对打开的“奇偶分格-A.dwg”文件，对其右上角厨房进行奇数分格操作，其操作步骤如图 6-19所示。

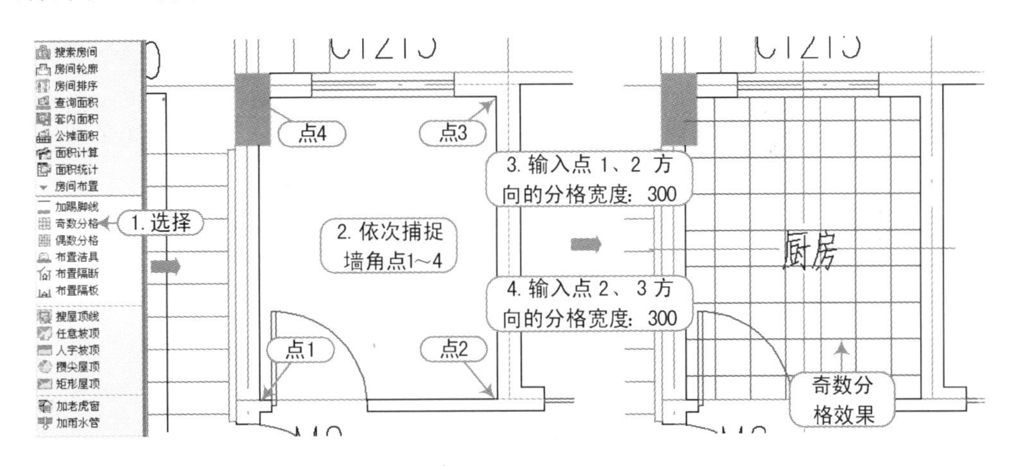

图 6-19 奇数分格的操作

6.4.3 偶数分格

执行方法：选择“房间屋顶丨房间布置丨偶数分格”命令，（快捷键 OSFG）。

本命令用于绘制按偶数分格的地面或天花平面，分格使用 AutoCAD 对象直线（line）绘制。此命令行提示与奇数分格相同，只是分格是偶数，不出现对称轴。

例如，针对打开的“奇偶分格-A.dwg”文件，对其右上角多功能进行偶数分格操作，其效果如图 6-20所示。

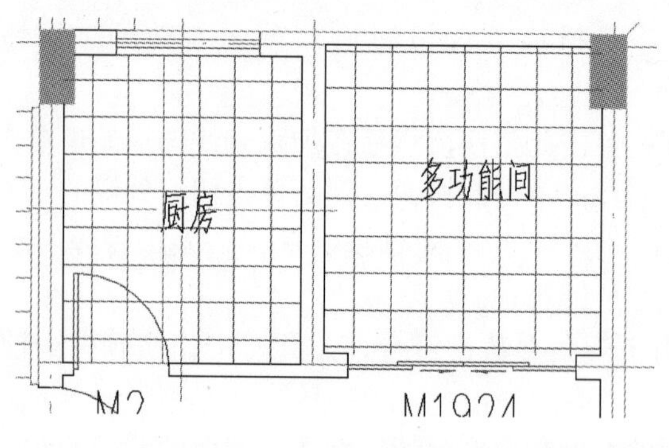

图 6-20　偶数分格的操作

6.5　洁具的布置

“房间布置”菜单提供了多种工具命令，适用于卫生间的各种洁具的布置。

6.5.1　布置洁具

执行方法：选择“房间屋顶｜房间布置｜布置洁具”命令，（快捷键 BZJJ）。

本命令按选取的洁具类型的不同，沿天正建筑墙对象等距离布置卫生洁具等设施。本软件的洁具是从洁具图库调用的二维天正图块对象，其他辅助线采用了 AutoCAD 的普通对象，在天正建筑中支持洁具沿弧墙布置，洁具布置默认参数依照国家标准《民用建筑设计通则》中的规定。

选择“房间屋顶｜房间布置｜布置洁具”命令（快捷键 BZJJ），将弹出“天正洁具”对话框，从中选择相应的洁具对象并双击，将弹出相应的布置洁具对话框，设置参数，并选择洁具的布置方式即可，如图 6-21所示。

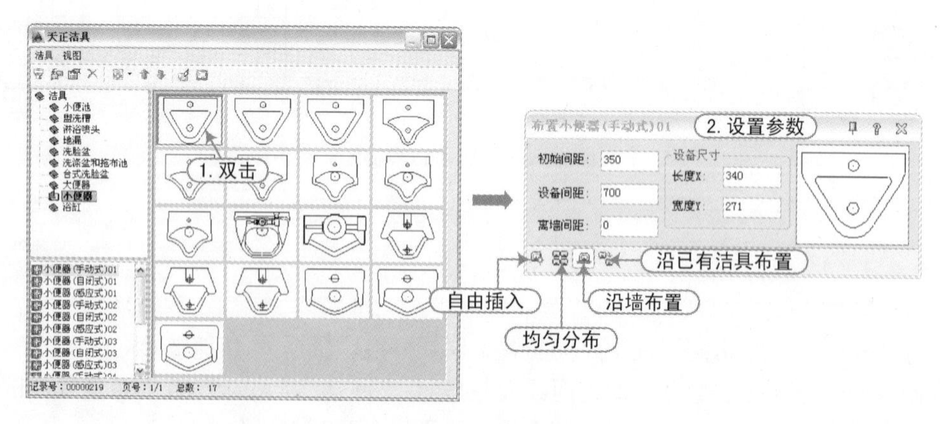

图 6-21　布置洁具

在相应的布置洁具对话框中，左侧 3 个选项的含义如下：

■ 初始间距：侧墙和背墙同材质时，第一个洁具插入点与墙角点的默认距离。

■ 设备间距：插入的多个卫生设备的插入点之间的间距。

■ 离墙间距：若为坐便器，紧靠墙边布置，插入点距墙边的距离为 0；若为蹲便器，插入点距墙边的距离默认为 300。

1. 普通洗脸盆、大小便器、淋浴喷头、洗涤盆的布置

单击“沿墙布置”按钮，背墙为砖墙、侧墙为填充墙时，命令行提示如下：

请选择沿墙边线<退出>: \\ 在洁具背墙内皮上，靠近初始间距的一端取点。
请插入第一个洁具[插入基点(B)]<退出>: \\ 在第一个洁具的插入位置附近给点，此时应输入“B”，在墙角定义基点，否则初始间距会错误缩小；各墙材质一致时能自动得到正确基点，不用输入“B”定义基点。
下一个<结束>: \\ 在洁具增加方向单击。
......
下一个<结束>: \\ 洁具插入完成后按〈Enter〉键结束交互，然后通过命令完成绘图，各参数与效果如图 6-22所示。

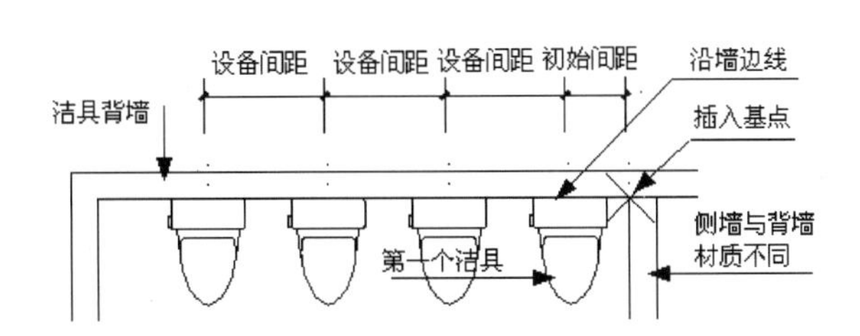

图 6-22 沿墙布置的洁具

2. 台式洗脸盆的布置

在“天正洁具”图库中双击所需布置的卫生洁具，屏幕弹出相应的布置洁具对话框与上述普通洗脸盆等相同，其命令行提示如下：

请选择沿墙边线<退出>: \\ 在洁具背墙内皮上，靠近初始间距的一端单击。
插入第一个洁具[插入基点(B)] <退出>: \\ 在第一个洁具的插入位置附近给点，必要时定义基点，如上例。
下一个<结束>: \\ 在洁具增加方向单击。
......
下一个<结束>: \\ 洁具插入完成后按〈Enter〉键，接着出现如下提示。
台面宽度<600>: \\ 在命令行输入台面宽度。
台面长度<2500>: \\ 输入台面长度，然后通过命令完成绘图，各参数与效果如图 6-23所示。

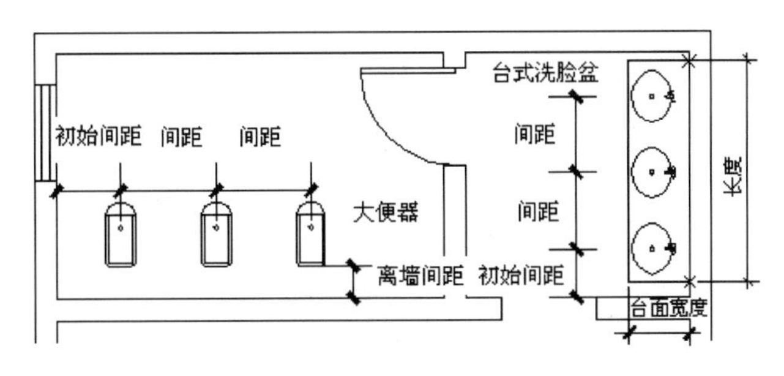

图 6-23 台式洗脸盆的布置

3．浴缸、拖布池的布置

在“天正洁具”图库中选中浴缸，双击图中相应的样式，屏幕出现如图 6-24所示的对话框。在该对话框中直接选取浴缸尺寸列表，或者输入其他尺寸，随后命令行指示如下：

请选择布置洁具沿线位置 [点取方式布置(D)]：\\ 单击浴缸短边所在墙体一侧，对应短边中点输入 D 时改为类似图块插入的方式。
点取位置或 [转 90 度(A)/左右翻(S)/上下翻(D)/对齐(F)/改转角(R)/改基点(T)/参考点(Q)]<退出>：\\ 按需要的方式输入选项关键字。
请选择布置洁具沿线位置 [点取方式布置(D)]：\\ 按〈Enter〉键结束浴缸插入，各参数与效果如图 6-25所示。

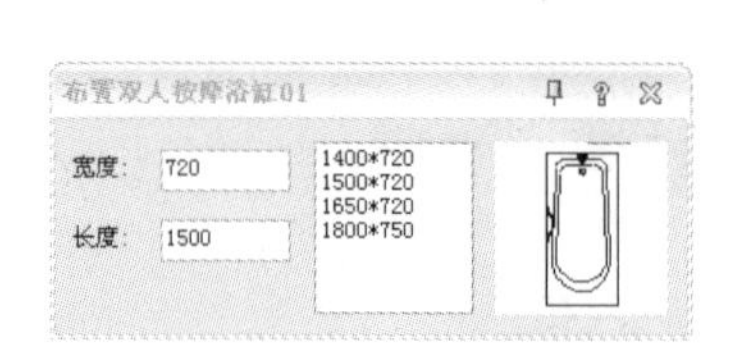

图 6-24　设置尺寸

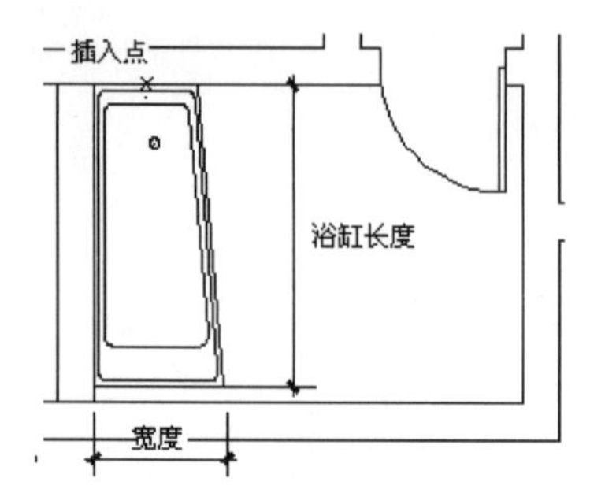

图 6-25　浴缸、拖布池的布置

4．小便池的布置

在“天正洁具”图库找到小便池分类，双击小便池图块后命令行提示如下：

请选择布置洁具的墙线 <退出>：\\ 单击安装小便池的墙内皮。
输入小便池离墙角的距离<0>：200 \\ 给出小便池开始点。
请输入小便池长度 <3000>：2400 \\ 输入小便池长度。
请输入小便池宽度<600>：620 \\ 输入新值。
请输入台阶宽度<300>： \\ 按〈Enter〉键接受默认值。
请选择布置洁具的墙线 <退出>： \\ 按〈Enter〉键结束小便池的布置，各参数与效果如图 6-26所示。

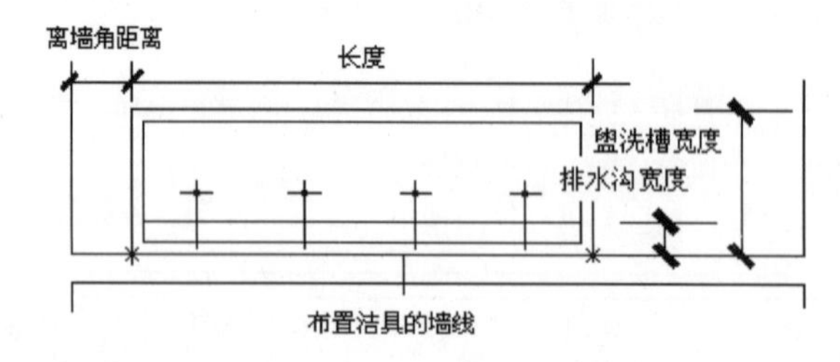

图 6-26　小便池的布置

6.5.2　布置隔断

执行方法：选择“房间屋顶 | 房间布置 | 布置隔断”命令，（快捷键 BZGD）。

本命令通过两点选取已经插入的洁具，布置卫生间隔断，要求先布置洁具才能执行，隔板与门采用了墙对象和门窗对象，支持对象编辑；墙类型由于使用卫生隔断类型，隔断内的面积不参与房间划分与面积计算。

选择“房间屋顶｜房间布置｜布置隔断”命令（快捷键 BZGD），其命令行提示如下，操作步骤如图 6-27所示。

```
输入一直线来选洁具，起点:        \\ 单击靠近端墙的洁具外侧。
终点:                            \\ 第二点过要布置隔断的一排洁具的另一端。
隔板长度<1200>: 1000             \\ 输入新值或按〈Enter〉键用默认值。
隔断门宽<600>: 600               \\ 输入新值或按〈Enter〉键用默认值。
```

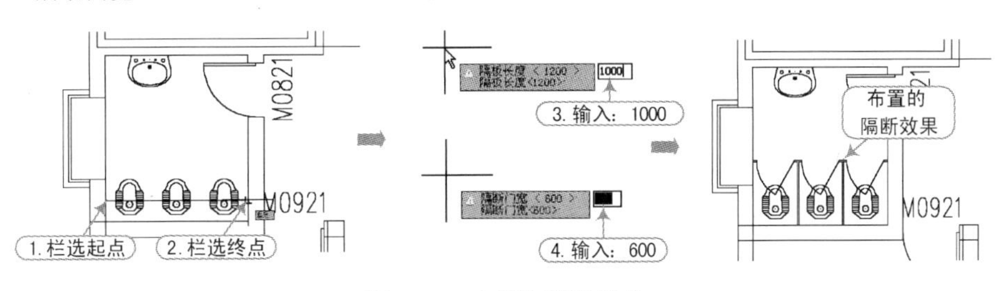

图 6-27 布置隔断的操作

6.5.3 布置隔板

执行方法：选择“房间屋顶｜房间布置｜布置隔板”命令，（快捷键 BZGB）。

本命令通过两点选取已经插入的洁具对象，以此来布置隔板对象，主要用于小便器之间的隔板。操作步骤如图 6-28所示。

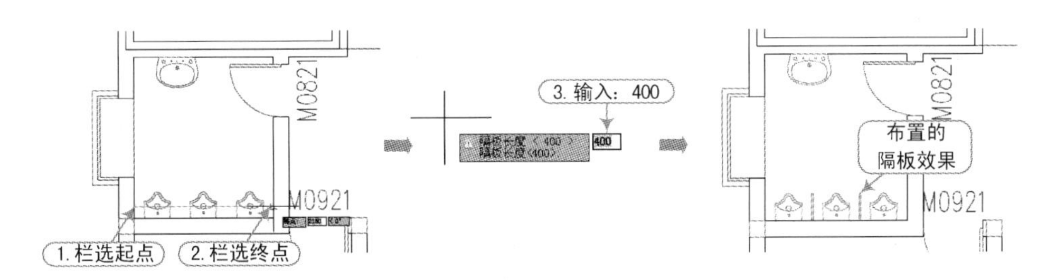

图 6-28 布置隔板的操作

在布置隔断、隔板时，各参数的示意图如图 6-29所示。

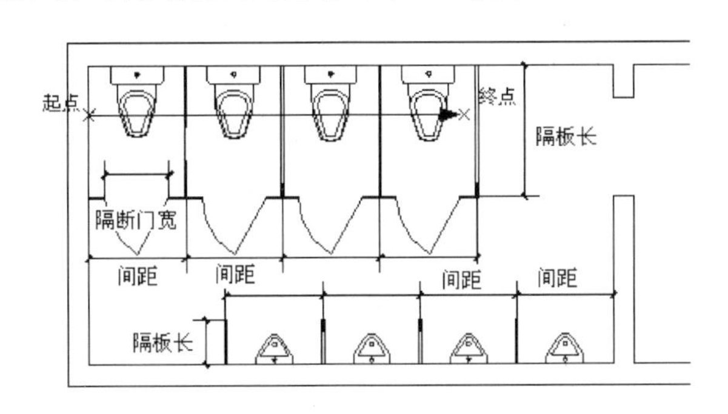

图 6-29 隔断、隔板的参数示意图

软件技能 6.6 公厕平面布置图绘制的实例

视频\06\公厕平面布置图的绘制.avi
案例\06\公厕平面布置图.dwg

根据前面所学的知识，打开事先准备好的公厕建筑平面图，然后对其布置洁具、隔断、隔板、地漏，再使用 AutoCAD 的“直线”命令来绘制案台，最后对其进行水平镜像操作。

1）启动 TArch 2014 软件，选择“文件 | 打开”命令，打开“公厕建筑平面图.dwg”文件，如图 6-30所示。

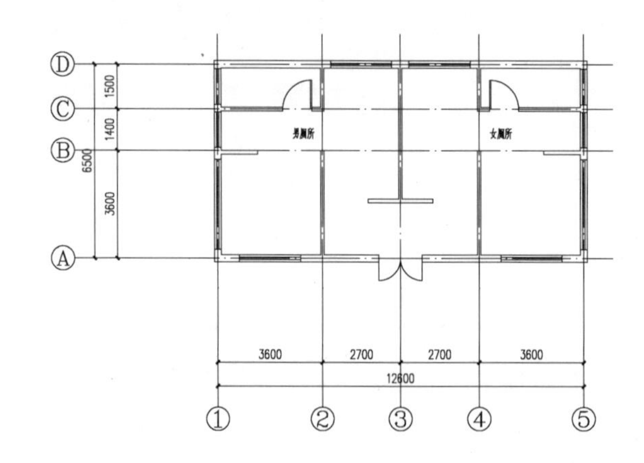

图 6-30　公厕建筑平面图

2）选择“文件 | 另存为”命令，将文件另存为“公厕平面布置图.dwg”文件。

3）选择“房间屋顶 | 房间布置 | 布置洁具”命令（快捷键 BZJJ），然后按照如图 6-31所示来布置左方男厕的蹲便器。

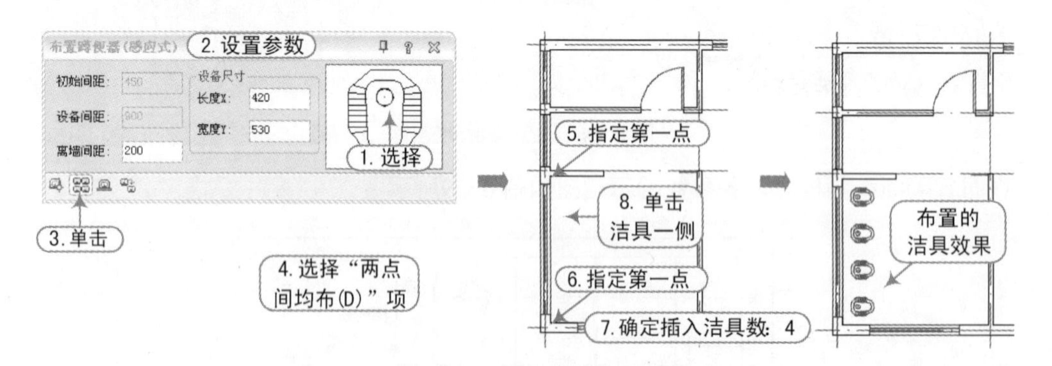

图 6-31　均布的蹲便器

4）选择“房间屋顶 | 房间布置 | 布置隔断”命令（快捷键 BZGD），然后按照如图 6-32所示来布置蹲便器的隔断。

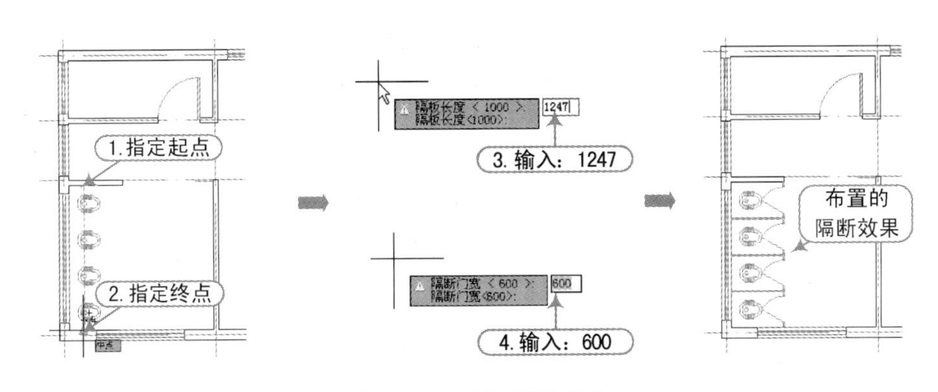

图 6-32 布置隔断的操作

5）选择“房间屋顶 | 房间布置 | 布置洁具”命令（快捷键 BZJJ），然后按照如图 6-33 所示来布置左方男厕的小便器。

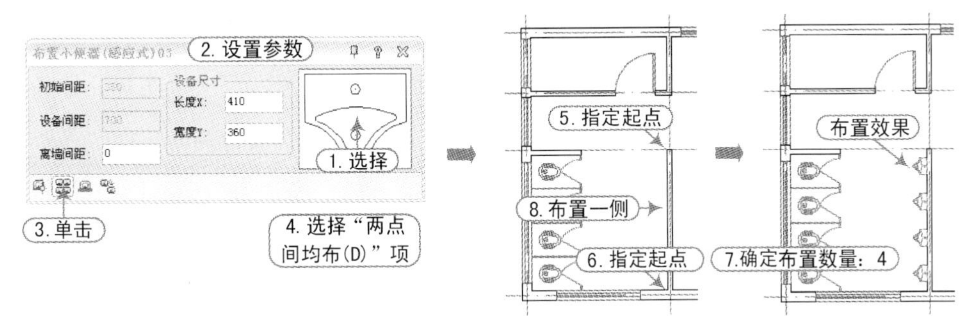

图 6-33 均布的小便器

6）选择“房间屋顶 | 房间布置 | 布置隔板”命令（快捷键 BZGB），捕捉起点和终点，然后输入隔板的长度为 400，如图 6-34所示。

7）同样，选择“房间屋顶 | 房间布置 | 布置洁具”命令，在弹出的“洁具布置”对话框中单击“自由插入”按钮，然后在左侧分别布置一个洗手盆和蹲便器，再单击“均匀分布”按钮在过道墙处均布 3 个洗手盆，如图 6-35所示。

8）使用 AutoCAD 的“直线”命令在洗手盆处绘制直线段，从而形成案台，如图 6-36 所示。

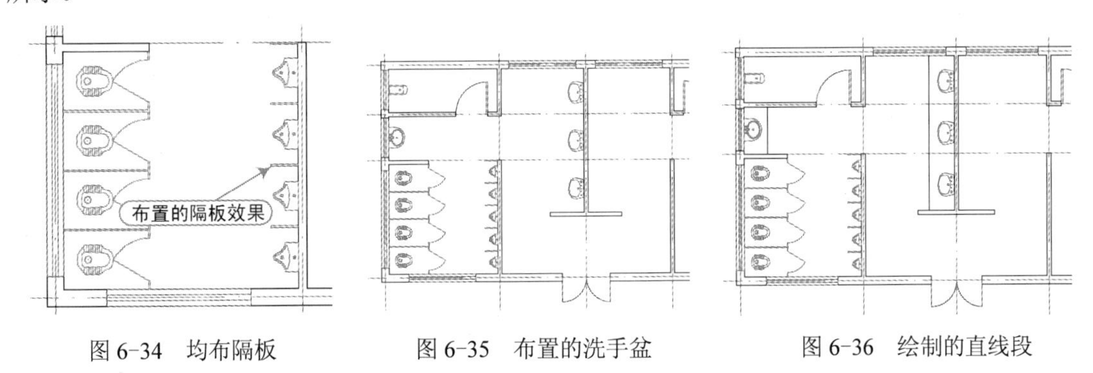

图 6-34 均布隔板　　图 6-35 布置的洗手盆　　图 6-36 绘制的直线段

9）至此，左方男厕所的洁具已经布置完毕。使用 AutoCAD 的“镜像”命令，将左侧的所有洁具、隔板、隔断等选择作为镜像的对象，再选择 3 号轴线作为镜像轴，从而完成右方女厕所的洁具布置，如图 6-37所示。

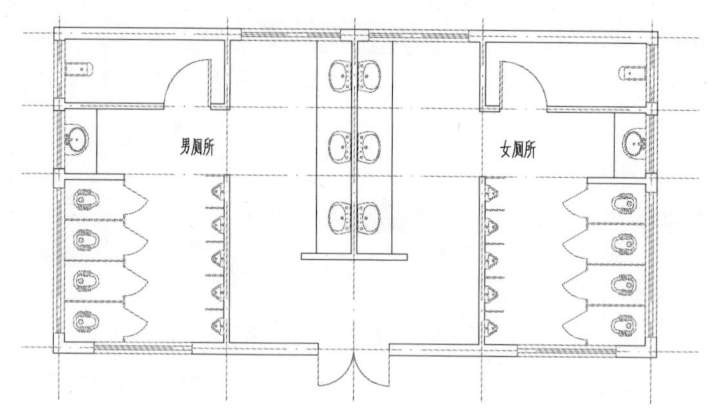

图 6-37　水平镜像的洁具

10）由于女厕所中不应该有小便器和隔板，所以应将右侧中的小便器及隔板删除。

11）选择“房间屋顶｜房间布置｜布置洁具”命令，可以根据要求来布置几处的地漏，如图 6-38所示。

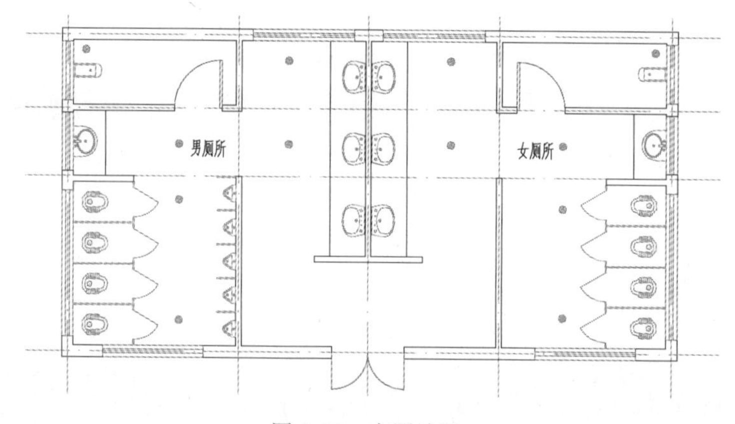

图 6-38　布置地漏

12）至此，该公厕平面布置图已经绘制完毕，按〈Ctrl+S〉组合键对其进行保存即可。

6.7　屋顶的创建

屋顶是房屋建筑的重要组成部分，其作用有 3 点：一是隔绝风霜雨雪、阳光辐射，为室内创造良好的生活空间；二是承受和传递屋顶上各种负载，对房屋起着支撑作用，是房屋主要水平构件；三是屋顶的形状、颜色对建筑艺术有着很大的影响，也是建筑造型的重要部分。

6.7.1　搜屋顶线

执行方法：选择“房间屋顶｜搜屋顶线”命令，（快捷键 SWDX）。

本命令搜索整栋建筑物的所有墙线，按外墙的外皮边界生成屋顶平面轮廓线。屋顶线在属性上为一个闭合的 PLINE 线，可以作为屋顶轮廓线，进一步绘制出屋顶的平面施工图，也可以用于构造其他楼层平面轮廓的辅助边界或用于外墙装饰线脚的路径。

例如，针对打开的“标准平面图.dwg”文件，对其左侧的一层平面图来搜索屋顶线，其操作步骤如图 6-39所示。

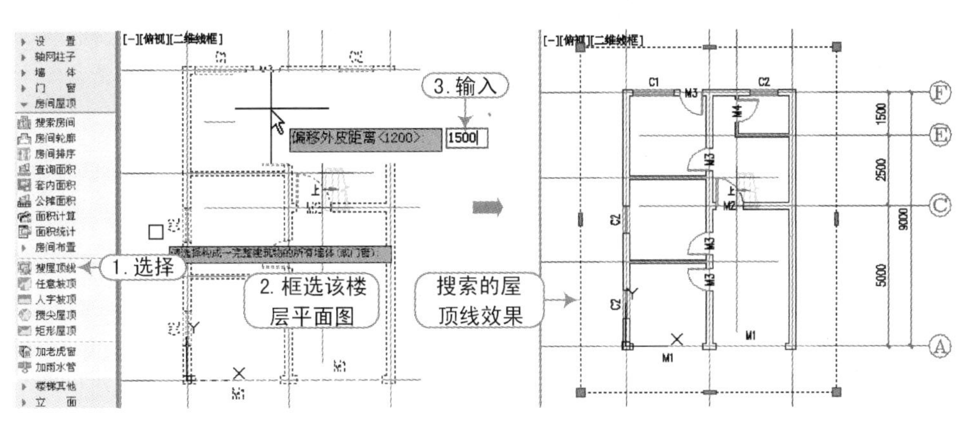

图 6-39　搜屋顶线的操作

在个别情况下，屋顶线有可能自动搜索失败，用户可沿外墙外皮绘制一条封闭的多段线（PLINE），然后再用 Offset 命令偏移出一个屋檐挑出长度，以后可把它当做屋顶线进行操作。

6.7.2　人字坡顶

执行方法：选择“房间屋顶｜人字坡顶”命令，（快捷键 RZPD）。

以闭合的 PLINE 为屋顶边界生成人字坡屋顶和单坡屋顶。两侧坡面的坡度可具有不同的坡角，可指定屋脊位置与标高，屋脊线可随意指定和调整，因此两侧坡面可具有不同的底标高。除了使用角度设置坡顶的坡角外，还可以通过限定坡顶高度的方式自动求算坡角，此时创建的屋面具有相同的底标高。

例如，针对 6.7.1 节中所搜索的屋顶轮廓线来创建人字坡顶，其操作步骤如图 6-40所示。

在“人字坡顶”对话框中，各主要选项的含义如下：

- 左坡角/右坡角：在各文本框中分别输入坡角，无论脊线是否居中，默认左右坡角都是相等的。
- 限定高度：勾选“限定高度”复选框，用高度而非坡角定义屋顶；脊线不居中时，左右坡角不等。
- 高度：勾选“限定高度”复选框后，在此文本框中输入坡屋顶高度。
- 屋脊标高：以本图 Z=0 起算的屋脊高度。
- 参考墙顶标高：选取相关墙对象，可以沿高度方向移动坡顶，使屋顶与墙顶关联。
- 图像框：在其中显示屋顶三维预览图，拖动光标可旋转屋顶，支持滚轮缩放、中键平移。

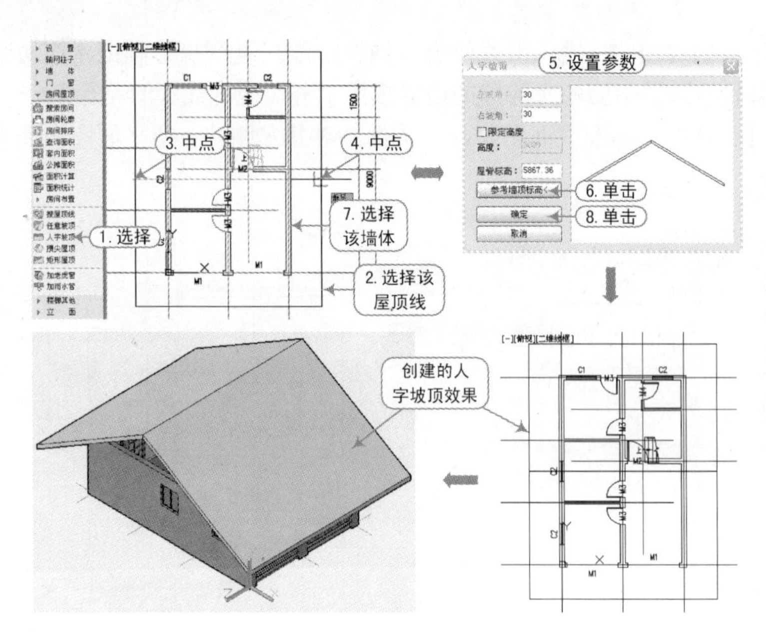

图 6-40　人字坡顶的创建操作

6.7.3　任意坡顶

执行方法：选择“房间屋顶 | 任意坡顶”命令，（快捷键 RYPD）。

本命令由封闭的任意形状的 PLINE 线生成指定坡度的坡形屋顶，可采用对象编辑单独修改每个边坡的坡度，可支持布尔运算，而且可以被其他闭合对象剪裁。

例如，针对打开的“任意轮廓.dwg”文件，对其进行任意坡顶的创建，其操作步骤如图 6-41所示。

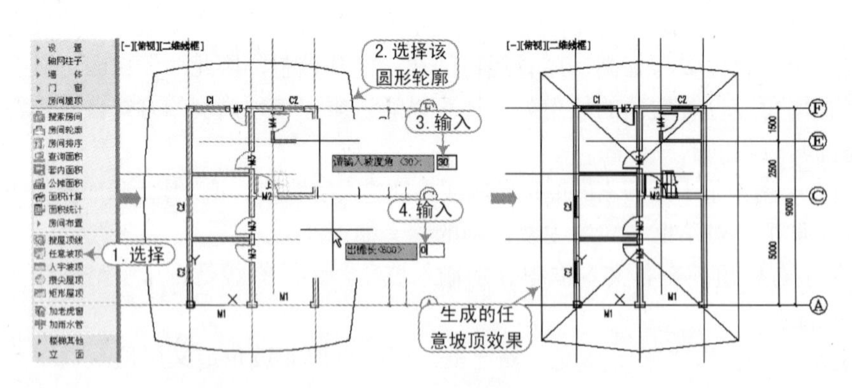

图 6-41　任意坡顶的创建操作

提示

在默认情况下，所创建的任意坡顶是以底标高+0 为基准创建的，所以用户在创建好任意坡顶对象后，再将其向+Z 轴移动墙体高度的距离。

屋顶创建完成后，当用户再次双击已创建好的屋顶，即可弹出“任意坡顶”对话框。在该对话框中可更改各坡面的坡角、坡度等，当修改好各项参数后单击“应用”按钮即可使新的参数生效。“任意坡顶”对话框及参数示意图如图 6-42所示。

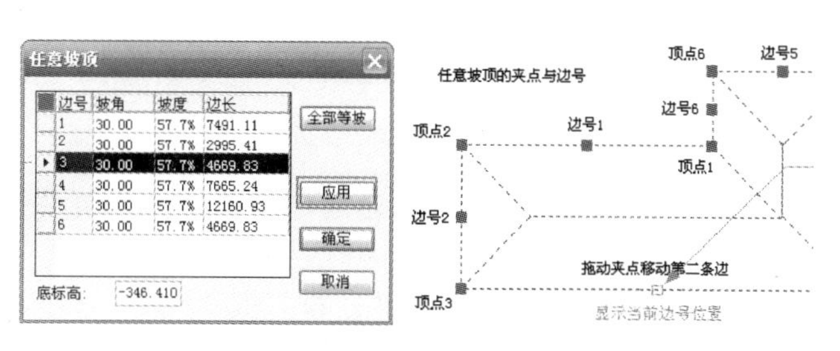

图 6-42 “任意坡顶”对话框及参数示意图

6.7.4 矩形屋顶

执行方法：选择“房间屋顶 | 矩形屋顶”命令，（快捷键 JXWD）。

本命令是一个能绘制歇山屋顶、四坡屋顶、人字屋顶和攒尖屋顶的新屋顶命令。与人字屋顶不同，本命令绘制的屋顶平面限于矩形；此对象对布尔运算的支持仅限于作为第二运算对象，它本身不能被其他闭合对象剪裁。

例如，对打开的“标准平面图.dwg”文件创建矩形屋顶，其操作步骤如图 6-43所示。

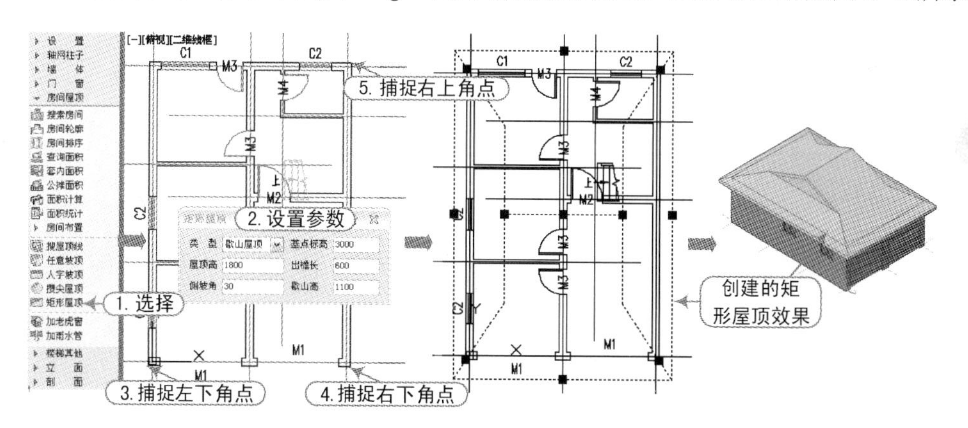

图 6-43 矩形屋顶的创建操作

在“矩形屋顶”对话框中，各主要选项的含义如下：

■ 类型：有歇山、四坡、人字、攒尖共计 4 种类型。

■ 屋顶高：是指从插入基点开始到屋脊的高度（不含檐板厚度），其矩形屋顶高示意图如图 6-44所示。

■ 基点标高：默认屋顶单独作为一个楼层，默认基点位于屋面，标高是 0，屋顶在其下层墙顶放置时，应为墙高加檐板厚。

■ 出檐长：屋顶檐口到主坡墙外皮的距离。

■ 歇山高：歇山屋顶侧面垂直部分的高度。歇山高为 0 时，屋顶的类型退化为四坡屋顶。

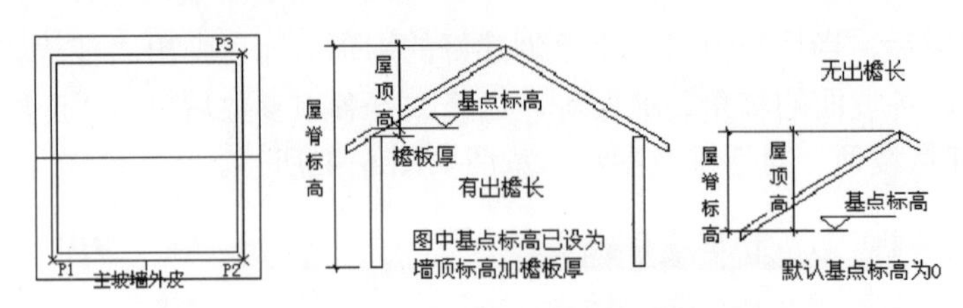

图 6-44　矩形屋顶高参数示意图

- 侧坡角：位于矩形短边的坡面与水平面之间的倾斜角。该角度受屋顶高的限制，两者之间的配合有一定的取值范围。
- 出山长：人字屋顶时短边方向屋顶的出挑长度。
- 檐板厚：屋顶檐板的厚度垂直向上计算，默认为 200，在“特性”面板修改。
- 屋脊长：屋脊线的长度，由侧坡角算出，在“特性”面板修改。

6.7.5　加老虎窗

执行方法：选择“房间屋顶 | 加老虎窗”命令，(快捷键 JLHC)。

本命令在三维屋顶生成多种老虎窗形式，老虎窗对象提供了墙上开窗功能，并提供了图层设置、窗宽、窗高等多种参数，可通过对象编辑修改。本命令支持米（m）单位的绘制，便于日照软件的配合应用。

例如，对打开的“四坡屋顶.dwg”文件创建老虎窗，其操作步骤如图 6-45所示。

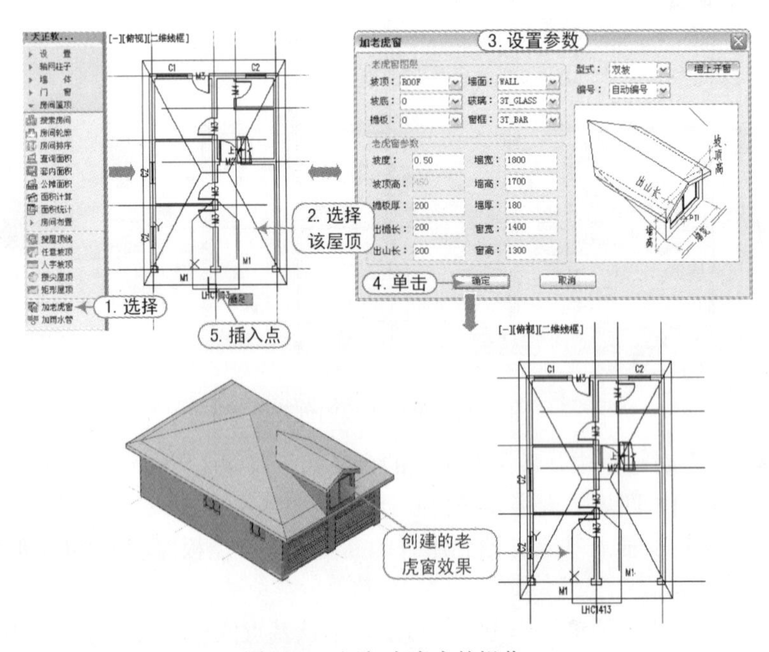

图 6-45　添加老虎窗的操作

在“加老虎窗”对话框中，各主要选项的含义如下：

- 型式：有人字、三角坡、平顶坡、梯形坡和三坡共计 5 种类型。
- 编号：老虎窗编号，由用户给定。

- 窗高/窗宽：老虎窗开启的小窗高度与宽度。
- 墙宽/墙高：老虎窗正面墙体的宽度与侧面墙体的高度。
- 坡顶高/坡度：老虎窗自身坡顶高度与坡面的倾斜度。
- 墙上开窗：本按钮是默认打开的属性；如果关闭，老虎窗自身的墙上不开窗。

当用户指定老虎窗的插入点后，随即程序会在坡顶处插入指定形式的老虎窗，求出与坡顶的相贯线。同样，双击老虎窗进入对象编辑即可在对话框中进行修改；也可以选择老虎窗，按〈Ctrl+1〉组合键进入“特性”面板进行修改。

6.7.6 加雨水管

执行方法：选择“房间屋顶 | 加雨水管”命令，（快捷键 JYSG）。

本命令在屋顶平面图中绘制雨水管穿过女儿墙或檐板的图例，从 TArch 8.2 版本开始提供了洞口宽和雨水管的管径大小的设置。

选择“房间屋顶 | 加雨水管”命令（快捷键 JYSG），其命令行提示如下：

```
命令：JYSG
当前管径为 200,洞口宽 140
请给出雨水管入水洞口的起始点[参考点(R)/管径(D)/洞口宽(W)]<退出>: \\ 单击雨水管入水洞起始点。
出水口结束点[管径(D)/洞口宽(W)]<退出>:        \\ 单击雨水管出水洞结束点。
```

在平面图中绘制好雨水管位置的图例效果，如图 6-46所示。

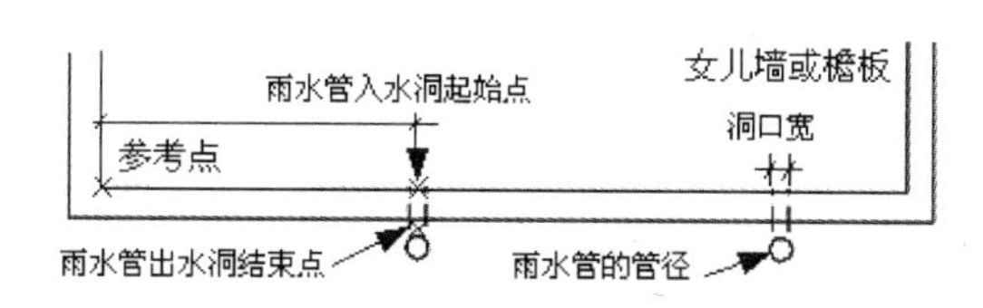

图 6-46 加雨水管示意图

提示

在命令行中输入“D”可以改变雨水立管的管径，输入“W”可以改变雨水洞的宽度，输入“R”给出雨水管入水洞起始点的参考定位点。

6.8 公厕屋顶创建的实例

视频\06\公厕屋顶的创建.avi
案例\06\公厕屋顶.dwg

根据前面所学的知识，来创建公厕屋顶。首先打开前面绘制好的公厕平面布置图，再使用“搜索屋顶”命令来创建屋顶轮廓，然后使用“矩形屋顶”命令创建屋顶对象，最后在左右两侧添加两扇老虎窗。

1）启动 TArch 天正建筑软件，选择“文件 | 打开”命令，将“公厕平面布置.dwg”文件打开，再选择“文件 | 另存为”命令将其文件另存为“公厕屋顶.dwg”文件。

2）选择“房间屋顶 | 搜屋顶线”命令（快捷键 SWDX），然后框选所有墙体对象，再输入偏移外皮距离为 600，从而创建屋顶轮廓，如图 6-47所示。

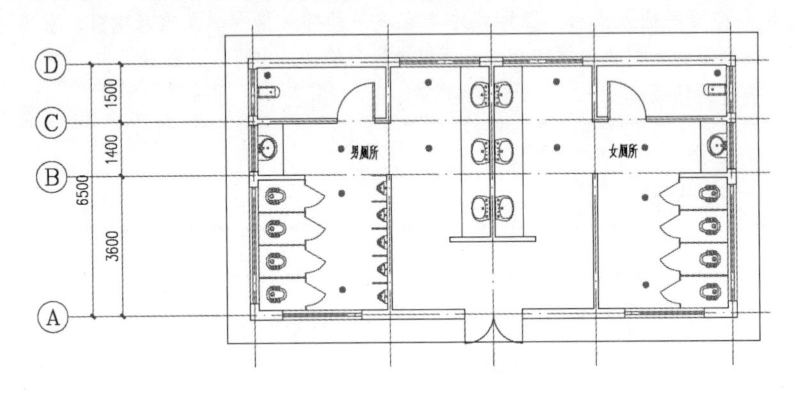

图 6-47　搜索的屋顶轮廓

3）选择“房间屋顶 | 矩形屋顶”命令（快捷键 JXWD），在弹出的“矩形屋顶”对话框中设置好相应的参数，再根据要求分别捕捉搜索出来的屋顶轮廓的 3 个角点，即可创建矩形屋顶，如图 6-48所示。

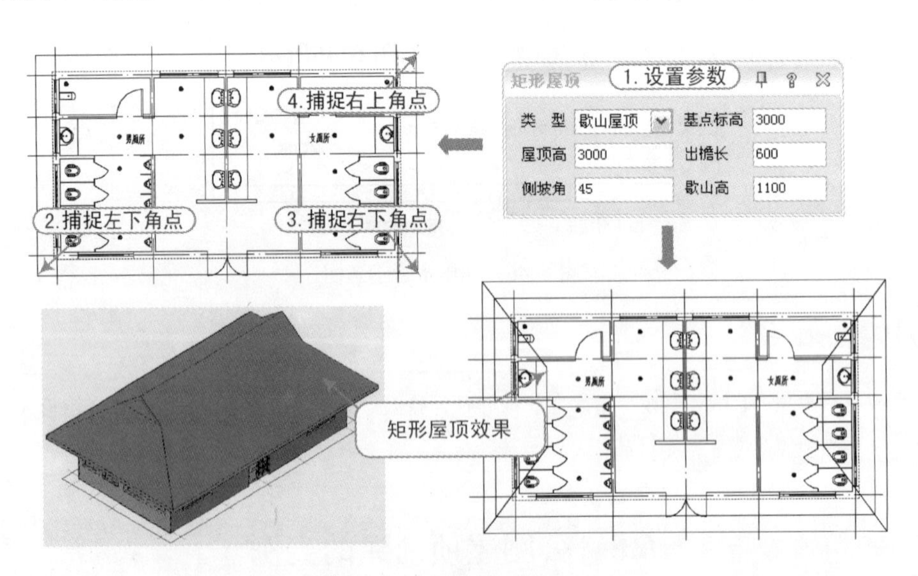

图 6-48　创建的矩形屋顶

4）选择“房间屋顶 | 加老虎窗”命令，选择刚创建的矩形屋顶对象后按〈Enter〉键，将弹出“加老虎窗”对话框，设置好相应的参数后单击“确定”按钮，然后分别在视图中屋顶对象的左侧和右侧中点处单击，从而添加两个老虎窗，如图 6-49所示。

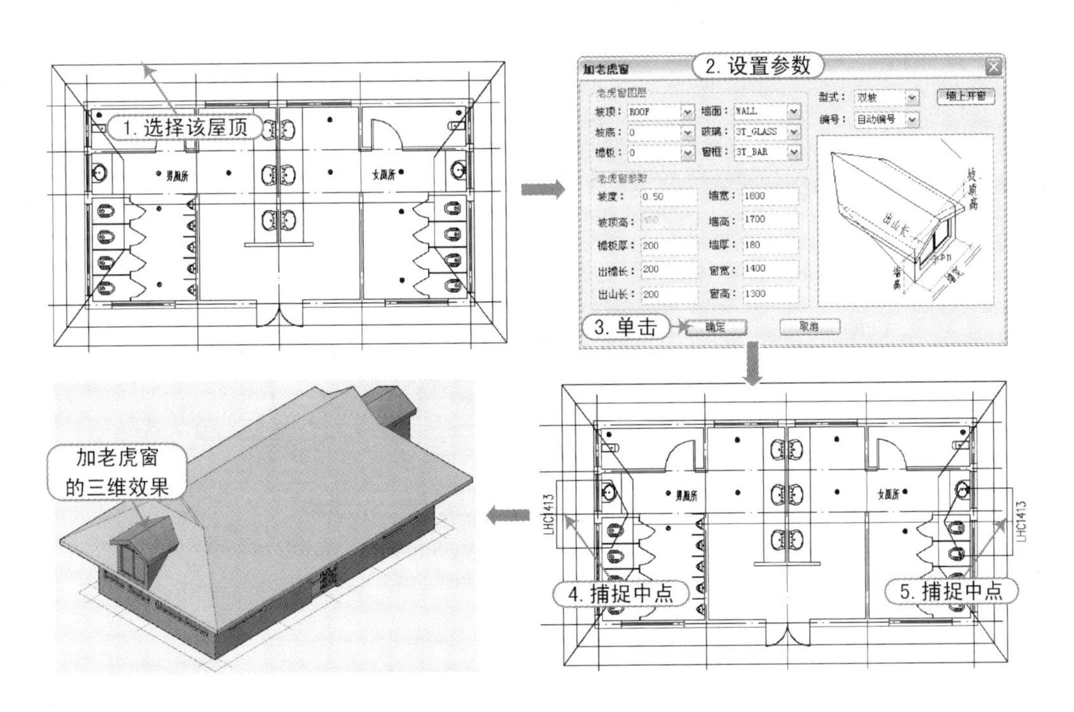

图 6-49　添加老虎窗

5）至此，该公厕的屋顶已经创建完毕，按〈Ctrl+S〉组合键对其进行保存即可。

软件技能

6.9　思考与练习

一、填空题

1．房间面积可通过________________命令来创建。

2．在 TArch 中，若需创建标准坡顶，应在命令窗口中选择___________命令。

3．TArch 提供了两种绘制网格的方法，分别是__________和___________。

4．在人字与单坡屋顶中同时可生成__________，与其下方的墙体进行连接。

5．对于标准坡顶的造型有 4 种，分别是_______、______、______和_______。

二、选择题

1．如果需要查询房间的套内面积，则应选择（　　）命令。

A．“房间屋顶｜搜索房间”　　B．“房间屋顶｜查询面积”

C．TLMJ　　D．“房间屋顶｜面积累加”

2．如果用户需要创建踢脚线，则首先应选择“房间轮廓”命令，生成的房间轮廓是（　　）。

A．踢脚线　　B．矩形　　C．二维图形　　D．长方体

3．TArch 的攒尖屋顶可以创建（　　）。

A．棱锥形屋顶　　B．锥形屋顶　　C．圆形屋顶　　D．单坡型屋顶

三、操作题

1．将光盘中“案例\06\布置洁具.dwg”文件打开，再按如图 6-50 所示布置卫生洁具。

2．将光盘中“案例\06\创建隔断与屋顶.dwg”文件打开，再按如图 6-51 所示创建卫生隔断和隔板，同时创建四坡屋顶。

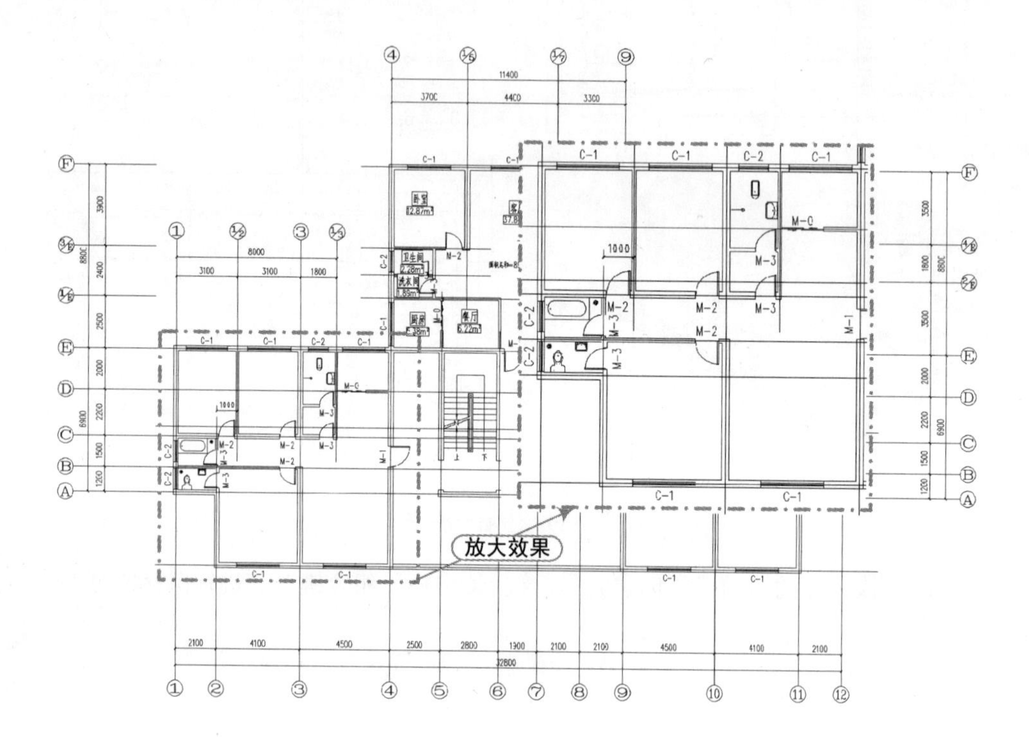

图 6-50　布置卫生洁具

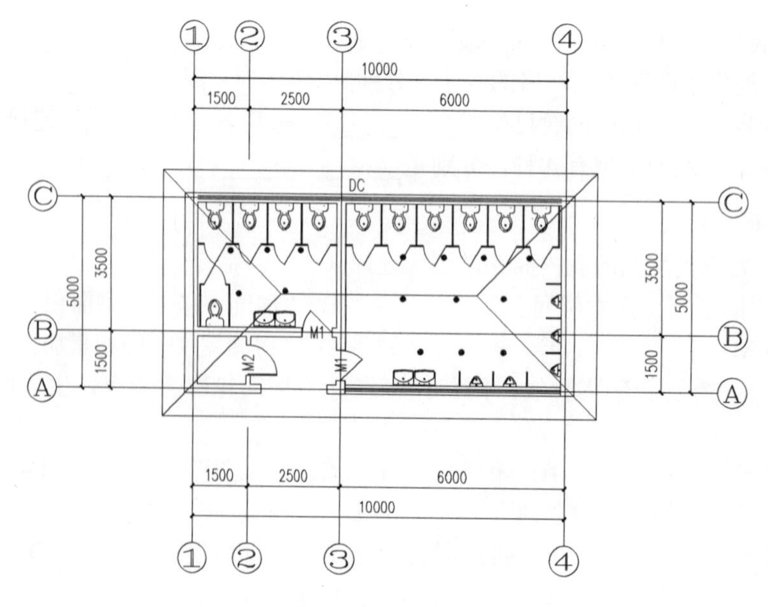

图 6-51　创建卫生隔断、隔板和屋顶

第 7 章　文字、表格、尺寸和符号标注

一套工程图的轴网柱子、墙体结构、楼梯等对象绘制完成后，还需要对其进行详细的文字说明、尺寸标注、符号注释等操作，这样才有利于工程图的完整性、可读性、可实施性等。

文字与表格是设计图纸的重要组成部分，添加到图形中的文字可更好地表达各种信息，如工程图的设计说明和技术要求、门窗统计表、标题栏信息等。而图纸中的尺寸标注对象，它建筑制图标准中有严格的规定要求，若直接沿用 AutoCAD 自身提供的尺寸标注命令，就不适合建筑制图的要求，特别是编辑尺寸尤其显得不便。幸好 TArch 天正软件提供了自定义的尺寸标注系统，完全取代了 AutoCAD 的尺寸标注功能，并且完全符合建筑制图的规范要求，大大地提高了设计与绘图效率。

7.1　天正文字的创建与编辑

文字的使用在建筑制图中占有重要的地位，所有的符号标注和尺寸标注的注写都离不开文字内容。虽然 AutoCAD 也提供了文字创建功能，但主要在英文方面功能比较突出，若需创建中文文本，则需要另外设置中文字体，这样就较为烦琐，幸好 TArch 天正建筑提供了更为方便快速的文字创建与编辑方法。

7.1.1　文字样式的创建

执行方法：选择“文字表格 | 文字样式”命令，（快捷键 WZYS）。

本命令的作用是设置文字的高度、宽度、字体、样式名称等特征的集合。

例如，要创建基于 Windows 字体的文字样式，其操作步骤如图 7-1所示。

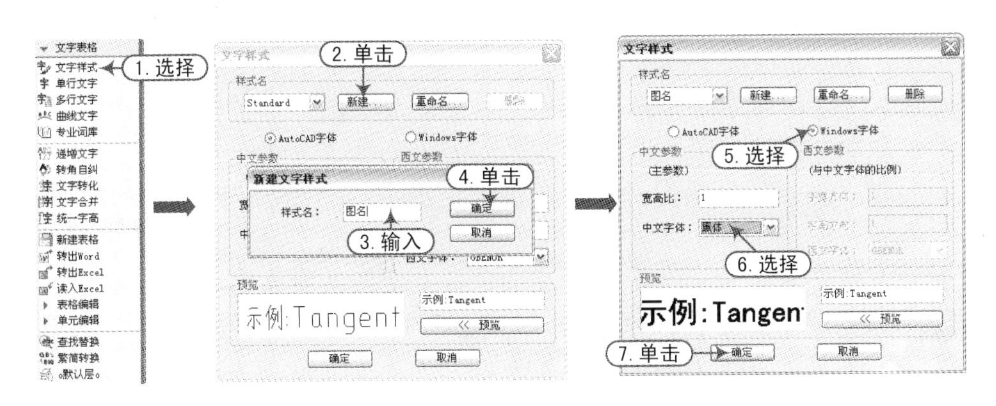

图 7-1　文字样式的创建操作

“文字样式”对话框中各选项的含义比较简单，只要能够使用 AutoCAD 的文字样式，相信大家对该文本框的含义就能够了解。

7.1.2 单行文字的创建

执行方法：选择“文字表格 | 单行文字”命令，(快捷键 DHWZ)。

本命令使用已经建立的天正文字样式输入单行文字，可以方便地为文字设置上下标、加圆圈、添加特殊符号、导入专业词库内容。

例如，打开“公厕平面图.dwg”文件，使用事先创建好的“黑体”文字样式来对其进行图名标注，其操作步骤如图 7-2所示。

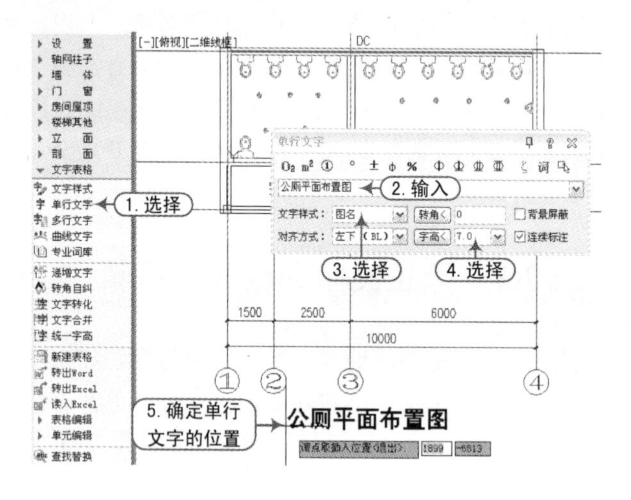

图 7-2 单行文字的创建操作

提示

双击图上的单行文字即可进入在位编辑状态，直接在图上显示编辑框，方向总是按从左到右的水平方向方便修改，如图 7-3所示。在需要使用特殊符号、专业词汇等时，移动光标到编辑框外右击，即可调用单行文字的快捷菜单进行编辑，使用方法与对话框中的工具栏图标完全一致，如图 7-4所示。

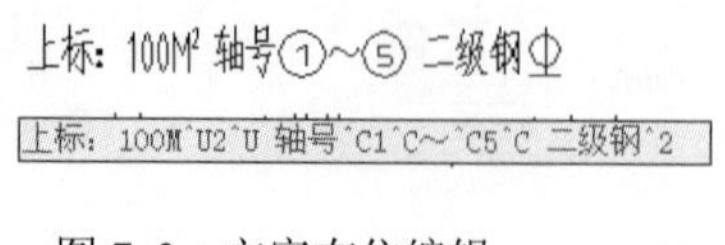

图 7-3 文字在位编辑

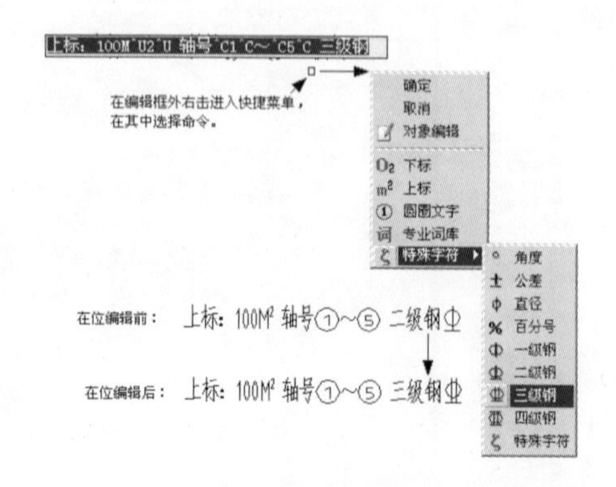

图 7-4 特殊符号的在位编辑

7.1.3 多行文字的创建

执行方法：选择“文字表格 | 多行文字”命令。

本命令使用已经建立的天正文字样式按段落输入多行中文文字，可以方便地设定页宽与硬回车位置，并随时拖动夹点改变页宽。其操作步骤如图 7-5所示。

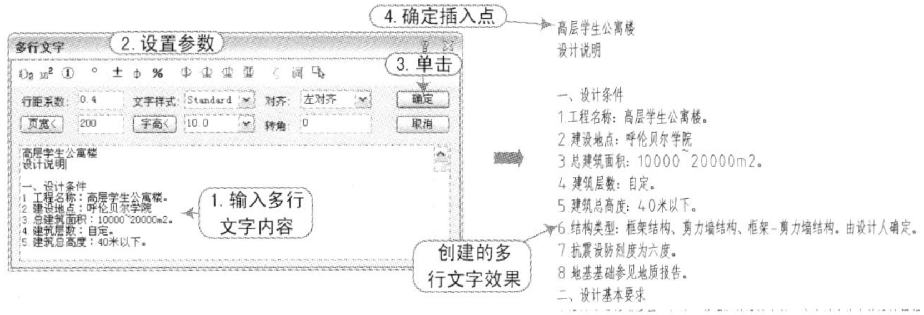

图 7-5　多行文字的创建操作

提示

多行文字对象设有两个夹点，左侧的夹点用于整体移动，而右侧的夹点用于拖动改变段落宽度。当宽度小于设定时，多行文字对象会自动换行，而最后一行的结束位置由该对象的对齐方式决定。另外，多行文字的编辑考虑到排版的因素，默认双击进入多行文字对话框，而不推荐使用“在位编辑”，但是可通过快捷菜单进入在位编辑。

7.1.4 曲线文字的创建

执行方法：选择“文字表格 | 曲线文字”命令，(快捷键 QXWZ)。

本命令有两种功能：直接按弧线方向书写中英文字符串，或者在已有的多段线（POLYLINE）上布置中英文字符串，可将图中的文字改排成曲线。

例如，打开“曲线文字-A.dwg”文件，在天正屏幕菜单中选择“文字表格 | 曲线文字”命令，根据需要选择“A-直接写弧线文字”选项，输入文字内容后按〈Enter〉键结束，再输入模型空间的高度即可，如图 7-6所示。

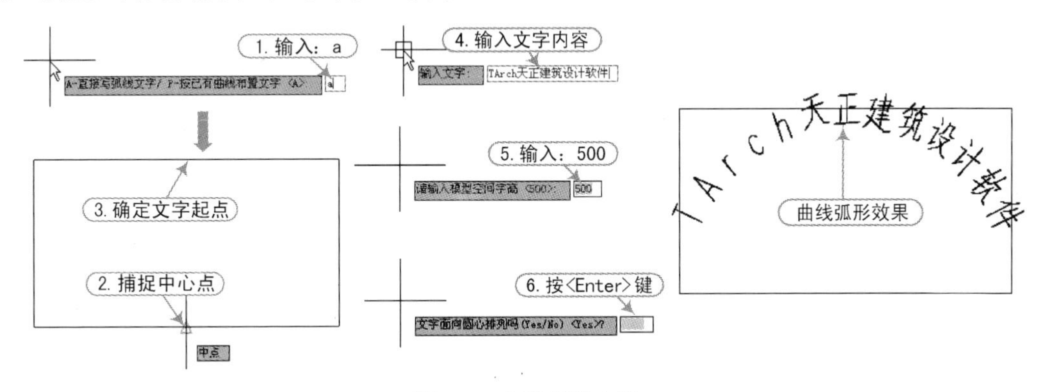

图 7-6　创建弧线文字

如果用户要创建沿多段线弯曲的文本，则应先使用 AutoCAD 的“多段线”（PLINE）命令绘制一条多段线，如图 7-7所示。

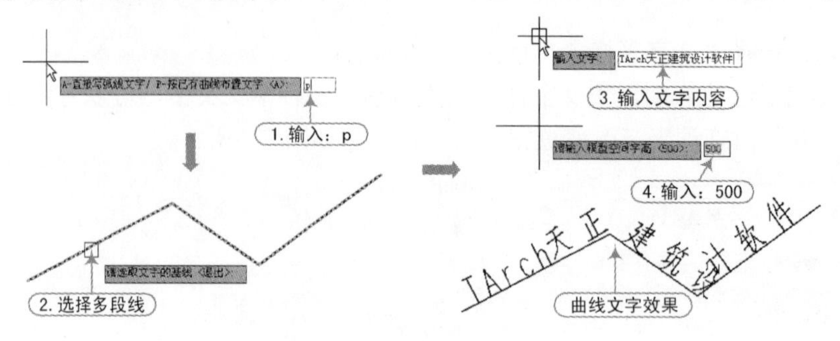

图 7-7 创建曲线文字

7.1.5 递增文字的创建

执行方法：选择“文字表格 | 递增文字”命令，（快捷键 DZWZ）。

本命令用于附带有序数的天正单行文字、AutoCAD 单行文字、图名标注、剖面剖切、断面剖切以及索引图名，支持的文字内容包括数字（如 1、2、3）、字母（如 A\B\C、a\b\c）、中文数字（如一、二、三），同时对序数进行递增或者递减的复制操作。其操作步骤如图 7-8所示。

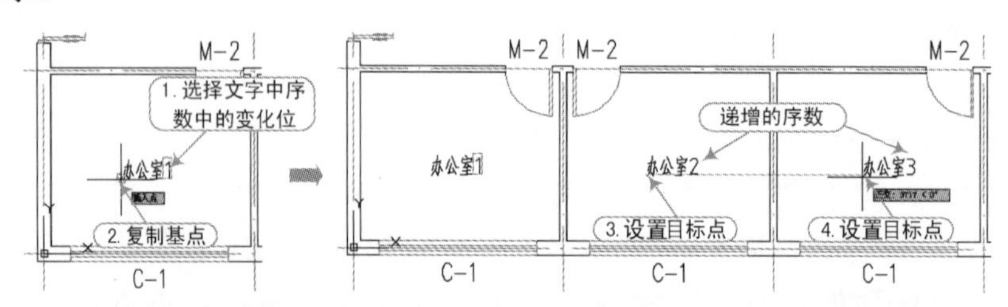

图 7-8 递增文字操作

7.1.6 转角自纠的操作

执行方法：选择“文字表格 | 转角自纠”命令，（快捷键 ZJZJ）。

本命令用于翻转、调整图中单行文字的方向，使其符合制图标准对文字方向的规定，可以一次选取多个文字一起纠正。其操作步骤如图 7-9所示。

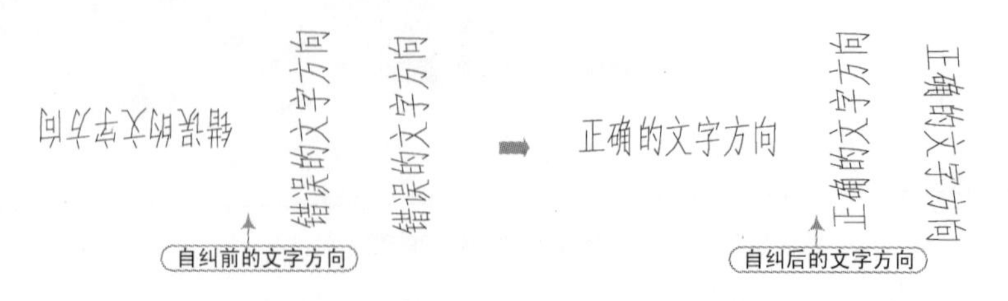

图 7-9 转角自纠

7.1.7 文字转化的操作

执行方法：选择“文字表格｜文字转化”命令，（快捷键 WZZH）。

本命令将天正旧版本生成的 AutoCAD 格式单行文字转化为天正文字，保持原来每一个文字对象的独立性，不对其进行合并处理。

AutoCAD 的单行文字不提供“对象编辑”功能，而天正的单行文字对象提供了“对象编辑”功能，从而即可进入“单行文字”对话框进行编辑，如图 7-10所示。

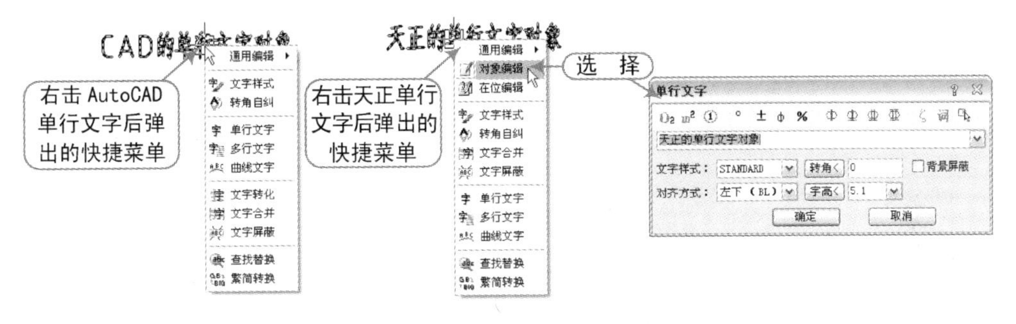

图 7-10 AutoCAD 与天正的单行文字比较

7.1.8 文字合并的操作

执行方法：选择“文字表格｜文字合并”命令，（快捷键 WZHB）。

本命令将天正旧版本生成的 AutoCAD 格式单行文字转化为天正多行文字或者单行文字，同时对其中多行排列的多个 text 文字对象进行合并处理，由用户决定生成一个天正多行文字对象或者一个单行文字对象。其操作步骤如图 7-11所示。

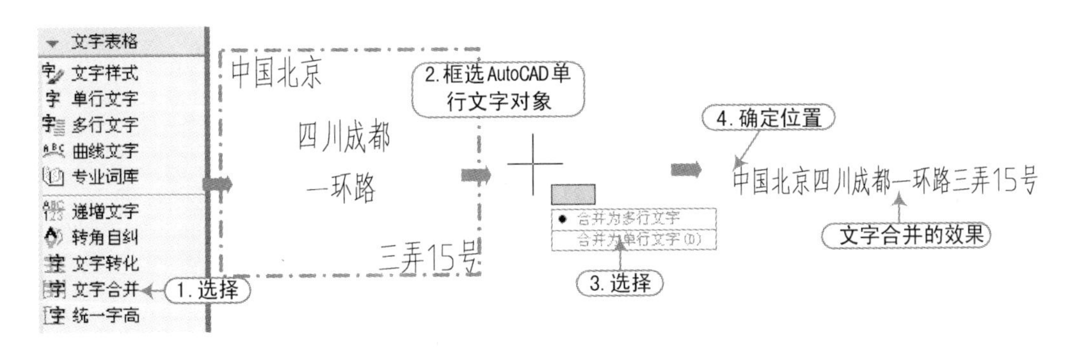

图 7-11 文字合并

7.1.9 统一字高的操作

执行方法：选择“文字表格｜统一字高”命令，（快捷键 TYZG）。

本命令将涉及 AutoCAD 文字、天正文字的文字字高按给定尺寸进行统一。其操作步骤如图 7-12所示。

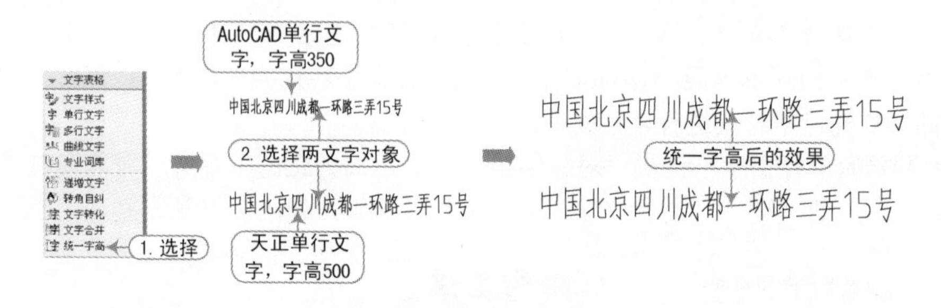

图 7-12　统一字高的操作

7.2　天正表格的创建与编辑

天正表格是一个具有层次结构的复杂对象，用户应该完整地掌握如何控制表格的外观表现，才能制作出美观的表格。天正表格对象除了独立绘制外，还在门窗表和图纸目录、窗日照表等处应用。另外，天正表格还可以在它的表格单元中插入 AutoCAD 图块对象。

7.2.1　新建表格

执行方法：选择“文字表格 | 新建表格”命令，（快捷键 XJBG）。

本命令利用已知行列参数通过对话框新建一个表格，提供以最终图纸尺寸值（mm）为单位的行高与列宽的初始值，考虑了当前比例后自动设置表格尺寸大小。其操作步骤如图 7-13所示。

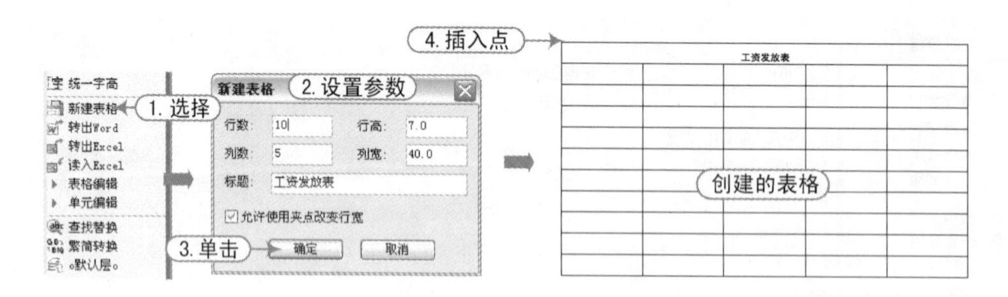

图 7-13　创建的表格

7.2.2　全屏编辑

执行方法：选择“文字表格 | 表格编辑】 | 【全屏编辑”命令，（快捷键 QPBJ）。

本命令用于从图形中取得所选表格，在对话框中进行行列编辑以及单元编辑，单元编辑也可由在位编辑取代。

例如，针对 7.2.1 节所创建的表格进行全屏编辑，其操作步骤如图 7-14所示。

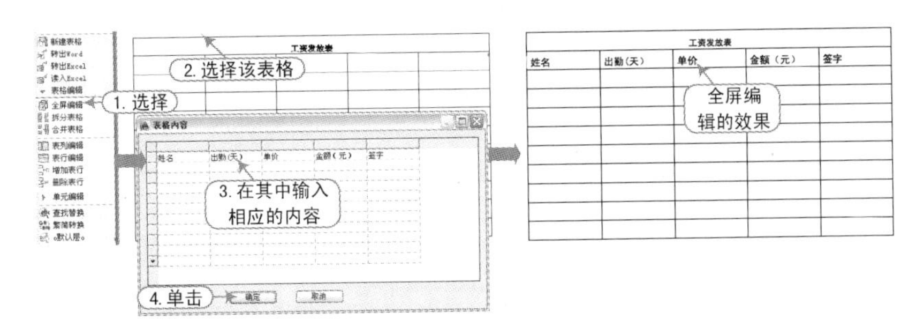

图 7-14 全屏编辑操作

提示

在对话框的电子表格中，可以输入各单元格的文字，以及表行、表列的编辑：选择一到多个表行（表列）后右击行（列）首，弹出快捷菜单，如图 7-15所示（实际行列不能同时选择），还可以拖动多个表行（表列）实现移动、交换的功能，最后单击“确定”按钮完成全屏编辑操作，全屏编辑界面的“最大化”按钮适用于大型表格的编辑。

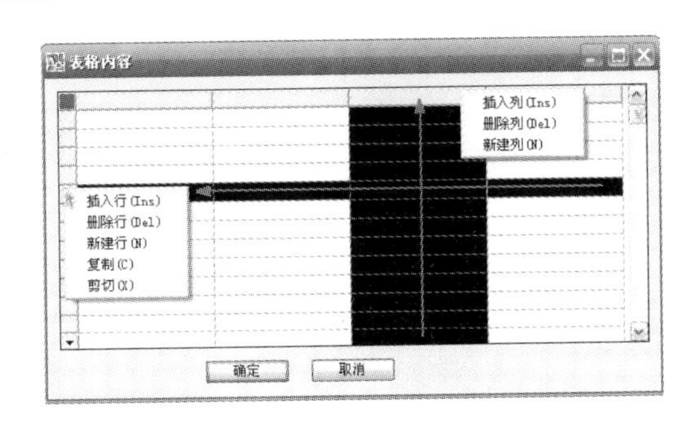

图 7-15 全屏表格操作

7.2.3 拆分表格

执行方法：选择“文字表格｜表格编辑｜拆分表格”命令，（快捷键 CFBG）。

本命令把表格按行或者按列拆分为多个表格，也可以按用户设定的行列数自动拆分，有丰富的选项供用户选择，如保留标题、规定表头行数等。其操作步骤如图 7-16所示。

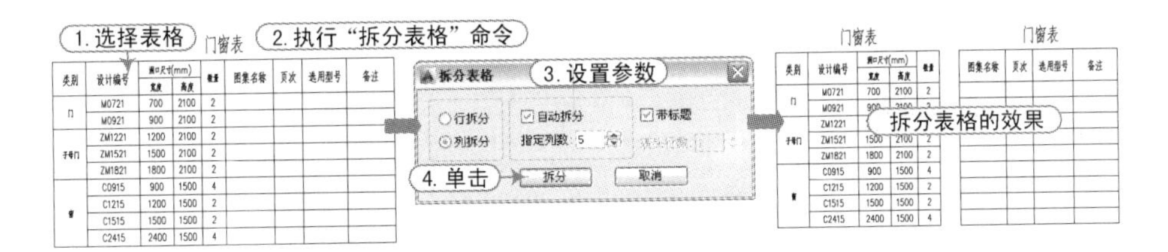

图 7-16 拆分表格

7.2.4 合并表格

执行方法：选择“文字表格｜表格编辑｜合并表格”命令，（快捷键 HBBG）。

本命令可把多个表格逐次合并为一个表格，这些待合并的表格行列数可以与原来表格不等，默认按行合并，也可以改为按列合并。其操作步骤如图 7-17所示。

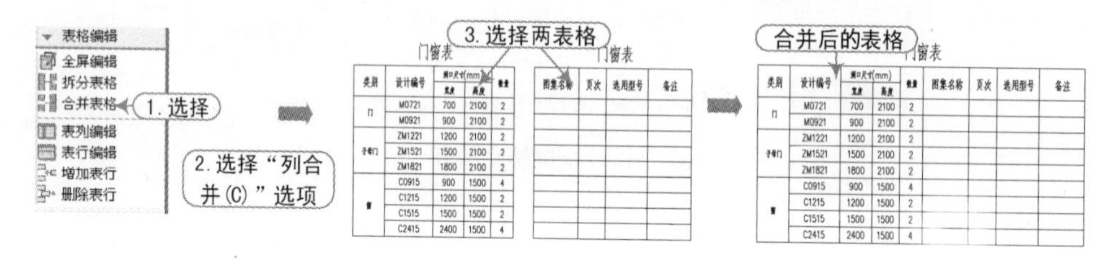

图 7-17 合并表格

7.2.5 单元编辑

执行方法：选择“文字表格｜单元编辑｜单元编辑”命令，（快捷键 DYBJ）。

本命令启动“单元格编辑”对话框，可方便地编辑该单元内容或改变单元文字的显示属性，实际上可以使用在位编辑取代，双击要编辑的单元即可进入在位编辑状态，可直接对单元内容进行修改。其操作步骤如图 7-18所示。

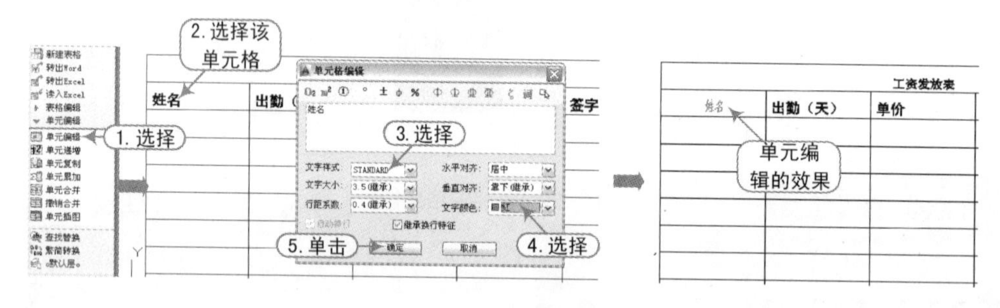

图 7-18 单元编辑操作

提示

执行过“单元编辑”命令后，在命令行显示“[多格属性(M)/单元分解(X)]”，若选择“多格属性(M)”项，则可以一次性选择多个单元格来进行编辑。

7.2.6 单元递增

执行方法：选择“文字表格｜单元编辑｜单元递增”命令，（快捷键 DYDZ）。

本命令将含数字或字母的单元文字内容在同一行或一列复制，并同时将文字内的某一项递增或递减；同时按〈Shift〉键为直接复制，按〈Ctrl〉键为递减。其操作步骤如图 7-19所示。

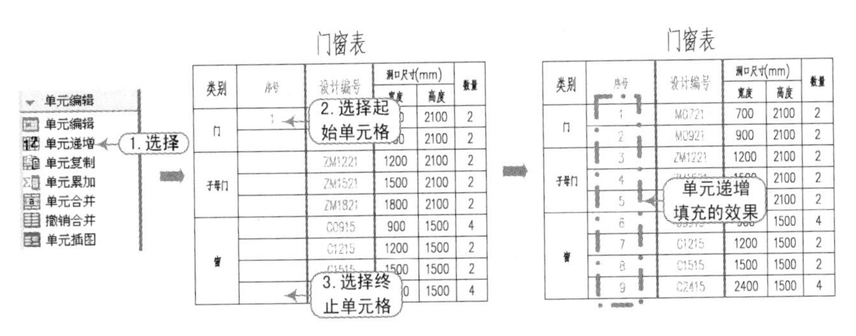

图 7-19　单元递增操作

7.2.7　单元复制

执行方法：选择“文字表格 | 单元编辑 | 单元复制”命令，(快捷键 DYFZ)。

本命令复制表格中某一单元格内容或者图内的文字至目标单元格。其操作步骤如图 7-20 所示。

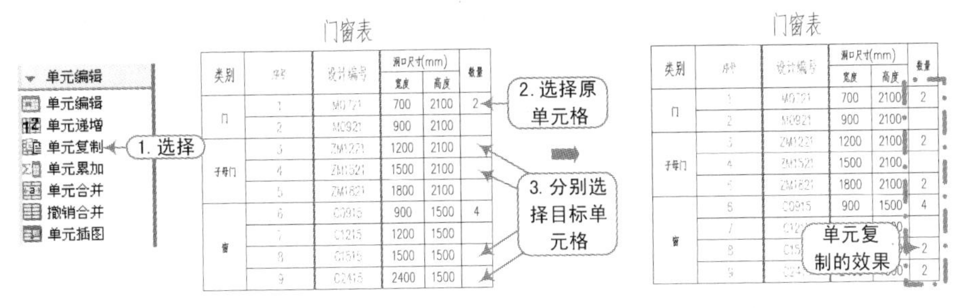

图 7-20　单元复制操作

7.2.8　单元累加

执行方法：选择“文字表格 | 单元编辑 | 单元累加”命令，(快捷键 DYLJ)。

本命令累加行或列中的数值，结果填写在指定的空白单元格中。其操作步骤如图 7-21 所示。

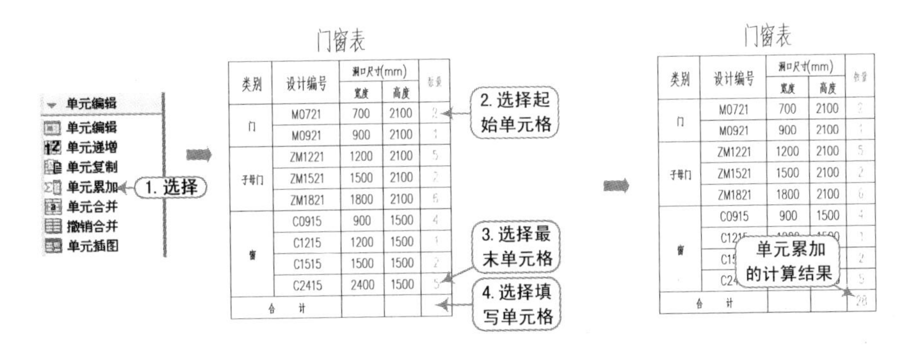

图 7-21　单元累加操作

7.2.9 单元合并

执行方法：选择“文字表格 | 单元编辑 | 单元合并”命令，（快捷键 DYHB）。

本命令将几个单元格合并为一个大的表格单元。其操作步骤如图 7-22所示。

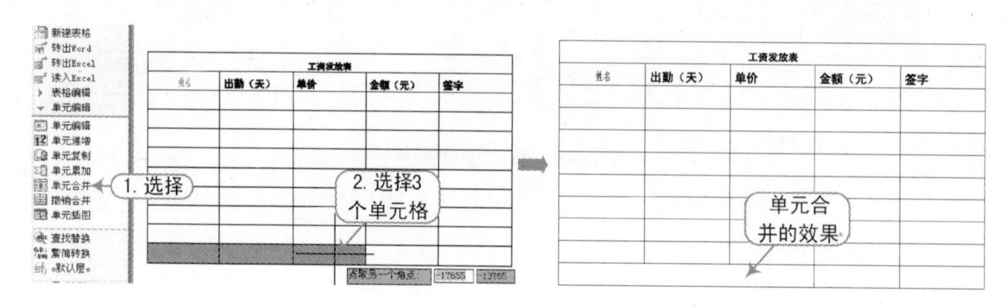

图 7-22 单元合并操作

7.2.10 单元插图

执行方法：选择“文字表格 | 单元编辑 | 单元插图”命令（快捷键 DYCT）。

本命令将 AutoCAD 图块或者天正图块插入到天正表格中指定的一个或者多个单元格，配合“单元编辑”和“在位编辑”可对已经插入图块的表格单元进行修改。其操作步骤如图 7-23所示。

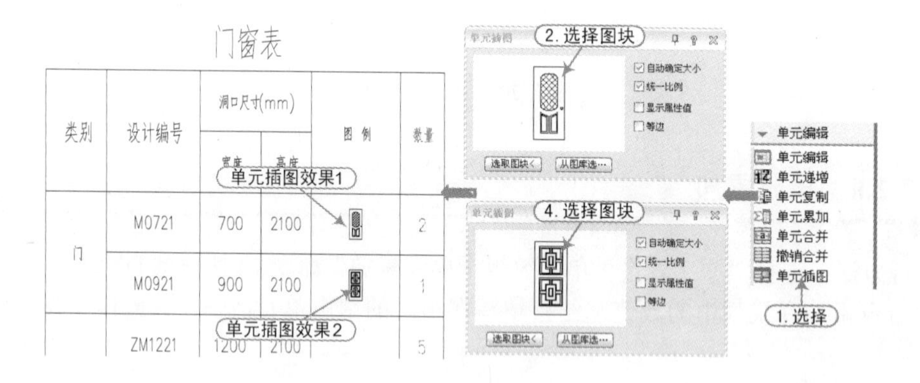

图 7-23 单元插图操作

7.2.11 转出 Word

执行方法：选择“文字表格 | 转出 Word”命令。

天正提供了与 Word 之间导出表格文件的接口，把表格对象的内容输出到 Word 文件中，供用户在其中制作报告文件。其操作步骤如图 7-24所示。

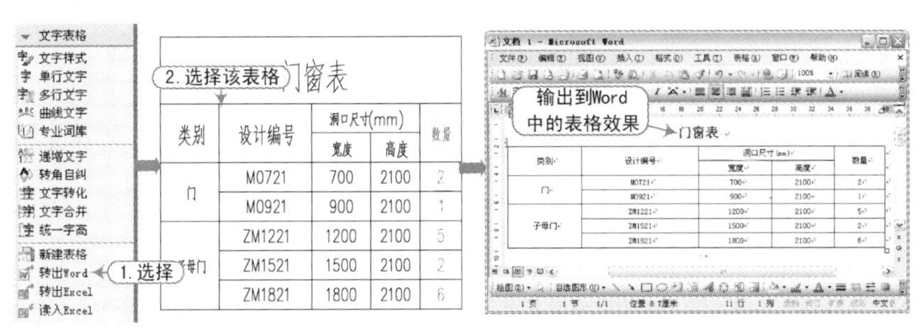

图 7-24 转出到 Word 中

7.2.12 转出 Excel

执行方法：选择“文字表格 | 转出 Excel”命令。

天正提供了天正建筑与 Excel 之间交换表格文件的接口，把表格对象的内容输出到 Excel 中，供用户在其中进行统计和打印；还可以根据 Excel 中的数据表更新原有的天正表格；当然，也可以读入 Excel 中建立的数据表格，创建天正表格对象。其操作步骤如图 7-25所示。

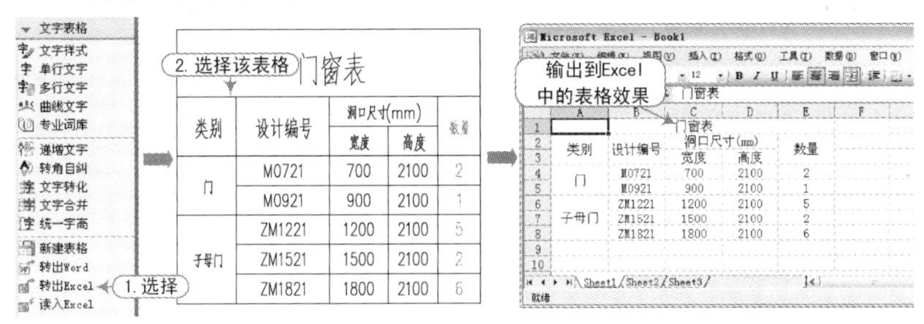

图 7-25 转出到 Excel 中

7.2.13 读入 Excel

执行方法：选择“文字表格 | 读入 Excel”命令。

本命令用于把当前 Excel 表单中选中的数据更新到指定的天正表格中，支持 Excel 中保留的小数位数。其操作步骤如图 7-26所示。

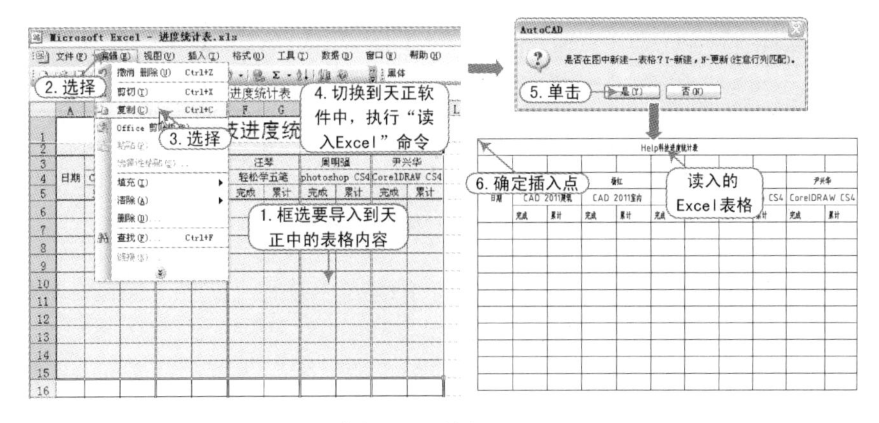

图 7-26 读入 Excel

提示

在执行"读入 Excel"命令后，将弹出"AutoCAD"对话框，在该对话框中有"是"和"否"两个按钮；若单击"否"按钮，则需在 TArch 天正绘图窗口中选择已有的一个表格对象，此时 Excel 表格中的内容将会自动替换当前所选表格中的内容。

软件技能

7.3 建筑设计说明创建的实例

视频\07\建筑设计说明书的创建.avi
案例\07\建筑设计说明书.dwg

根据前面所学的知识，来创建建筑设计说明书。首先使用"插入图框"命令在新建的文件中插入 A4 图框，再使用"单行文字"命令创建标题文字，然后使用"多行文字"命令创建设计内容，最后使用"创建表格"命令在视图的右下角处插入门窗明细表，并进行表格内容的合并、内容的输入、表格的美化等操作，其效果如图 7-27所示。

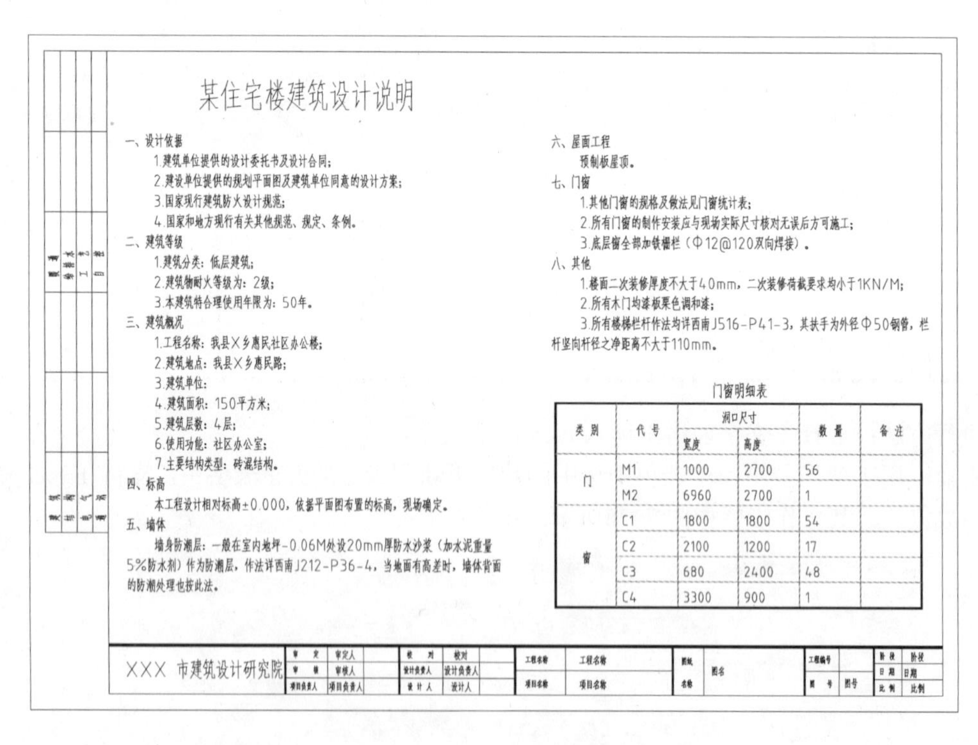

某住宅楼建筑设计说明

一、设计依据
1.建筑单位提供的设计委托书及设计合同；
2.建设单位提供的规划平面图及建筑单位同意的设计方案；
3.国家现行建筑防火设计规范；
4.国家和地方现行有关其他规范、规定、条例。
二、建筑等级
1.建筑分类：低层建筑；
2.建筑物耐火等级为：2级；
3.本建筑特合理使用年限为：50年。
三、建筑概况
1.工程名称：我县X乡惠民社区办公楼；
2.建筑地点：我县X乡惠民路；
3.建筑单位：
4.建筑面积：150平方米；
5.建筑层数：4层；
6.使用功能：社区办公室；
7.主要结构类型：砖混结构。
四、标高
本工程设计相对标高±0.000，依据平面图布置的标高，现场确定。
五、墙体
墙身防潮层：一般在室内地坪-0.06M处设20mm厚防水沙浆（加水泥重量5%防水剂）作为防潮层，作法详西南J212-P36-4，当地面有高差时，墙体背面的防潮处理也按此法。
六、屋面工程
预制板屋顶。
七、门窗
1.其他门窗的规格及做法见门窗统计表；
2.所有门窗的制作安装应与现场实际尺寸核对无误后方可施工；
3.底层窗全部加铁栅栏（Φ12@120双向焊接）。
八、其他
1.楼面二次装修厚度不大于40mm，二次装修荷截要求均小于1KN/M；
2.所有木门均漆板栗色调和漆；
3.所有楼梯栏杆作法均详西南J516-P41-3，其扶手为外径Φ50钢管，栏杆竖向杆径之净距离不大于110mm。

门窗明细表

类别	代号	洞口尺寸		数量	备注
		宽度	高度		
门	M1	1000	2700	56	
	M2	6960	2700	1	
窗	C1	1800	1800	54	
	C2	2100	1200	17	
	C3	680	2400	48	
	C4	3300	900	1	

XXX 市建筑设计研究院
审定 审定人
审核 审核人
项目负责人 项目负责人
校对 校对
设计负责人 设计负责人
设计人 设计人
工程名称 工程名称
项目名称 项目名称
图纸名称 图名
工程编号
图号 图号
阶段 阶段
日期 日期
比例 比例

图 7-27 建筑设计说明书效果

1）启动 TArch 天正建筑软件，在 AutoCAD 的菜单中选择"文件 | 保存"命令，将该文件另存为"案例\07\建筑设计说明书.dwg"文件。

2）选择"文件布图 | 插入图框"命令，在弹出的"图框选择"对话框中选择图幅大小为"A4"，单击"插入"按钮后在绘图区单击指定插入点，如图 7-28所示。

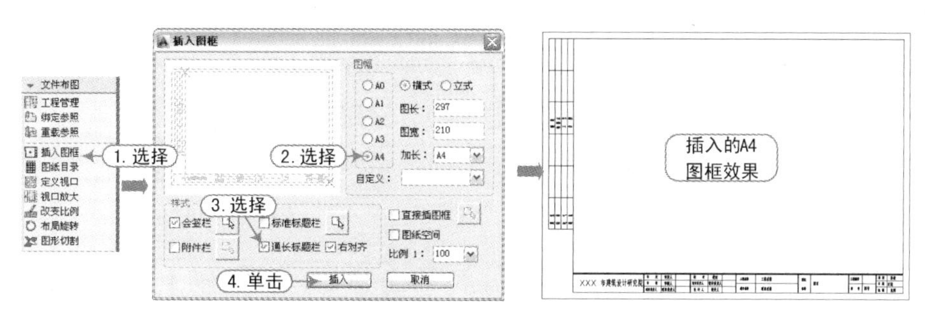

图 7-28 插入 A4 图框

3）选择“文字表格 | 单行文字”命令，按照如图 7-29 所示的方法创建一个单行文本对象。

图 7-29 创建单行文本

4）选择“文字表格 | 多行文字”命令，在弹出的“多行文字”对话框中输入设计说明文本内容，以及设置多行文本对象的宽度、字高大小等，然后在图框中相应位置单击完成多行文本的创建，如图 7-30 所示。

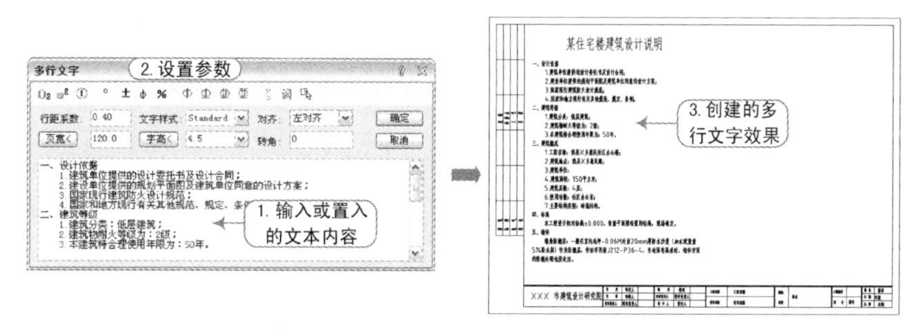

图 7-30 创建多行文本

提示

用户可打开“案例\07\建筑设计说明内容.txt”文本文件，首先选择前面 5 条内容，再按〈Ctrl+C〉组合键将其内容复制到内存中，然后切换到天正软件中，在“多行文字”对话框的文本框中单击，最后按〈Ctrl+V〉组合键将其内容粘贴到此文本框中即可。

5）同样，参照上一步的方法，将剩余的第 6～8 条内容以多行文本的方式创建在 A4 图框的右侧，如图 7-31 所示。

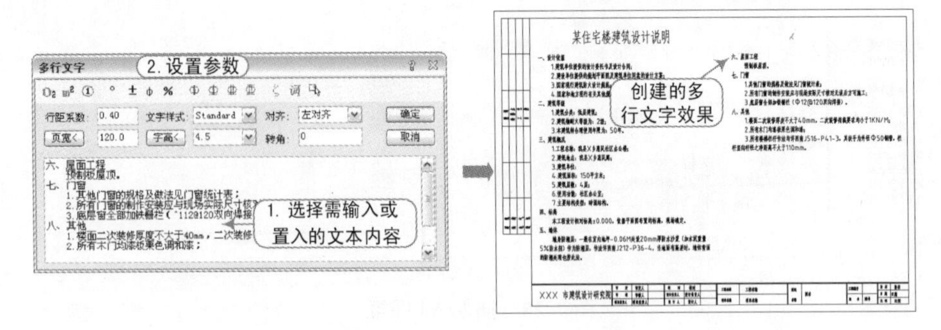

图 7-31　创建多行文本

6）选择“文字表格 | 新建表格”命令，将弹出“新建表格”对话框，设置行数为 8，列数为 6，输入标题为“门窗统计表”，再单击“确定”按钮，然后在 A4 图框的右下侧处插入表格，如图 7-32 所示。

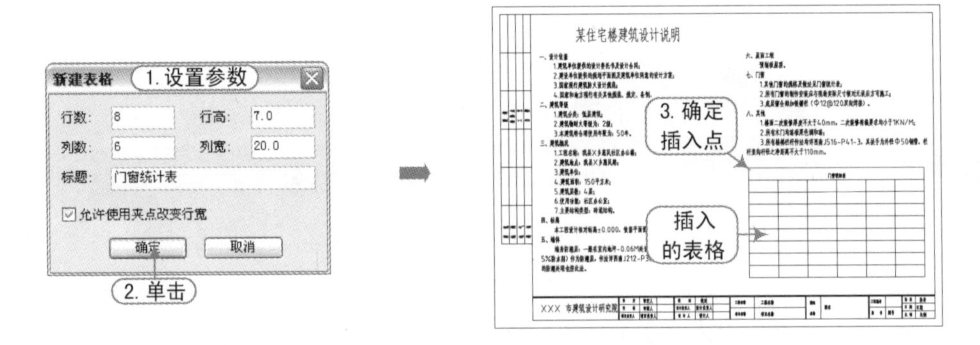

图 7-32　插入表格

提示

当用户插入表格对象后，可以选择该表格，使用鼠标拖动该表格右下角的“角点缩放”夹点来改变表格的大小。

7）选择“文字表格 | 单元编辑 | 单元合并”命令，将插入的表格按照如图 7-33 所示进行合并操作。

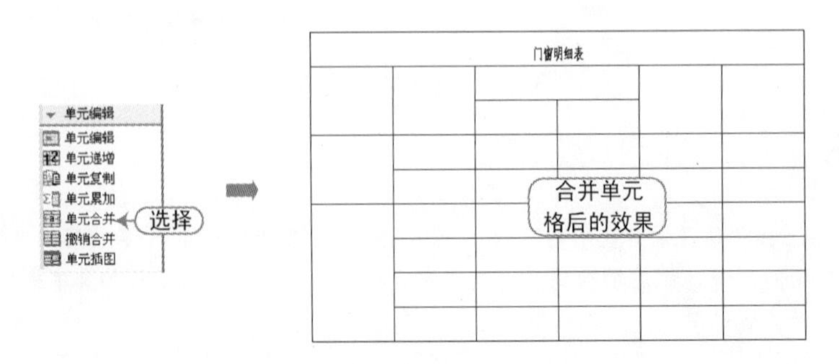

图 7-33　单元格合并

8）使用鼠标分别双击相应的单元格，然后在每个单元格中输入相应的内容，如图 7-34 所示。

门窗明细表

类 别	代 号	洞口尺寸		数 量	备 注
		宽度	高度		
门	M1	1000			
	M2	6960			
窗	C1	1800			
	C2	2100			
	C3	680			
	C4				

1. 双击

2. 分别双击单元格后输入新的内容

门窗明细表

类 别	代 号	洞口尺寸		数 量	备 注
		宽度	高度		
门	M1	1000	2700	56	
	M2	6960	2700	1	
窗	C1	1800	1800	54	
	C2	2100	1200	17	
	C3	680	2400	48	
	C4	3300	900	1	

图 7-34 输入表格中的内容

9）使用鼠标双击表格对象，将弹出“表格设定”对话框，然后分别设置表格横线的宽度与颜色、竖线的宽度与颜色、表格边框的宽度与颜色、标题文字的高度与颜色等，从而美化表格，如图 7-35 所示。

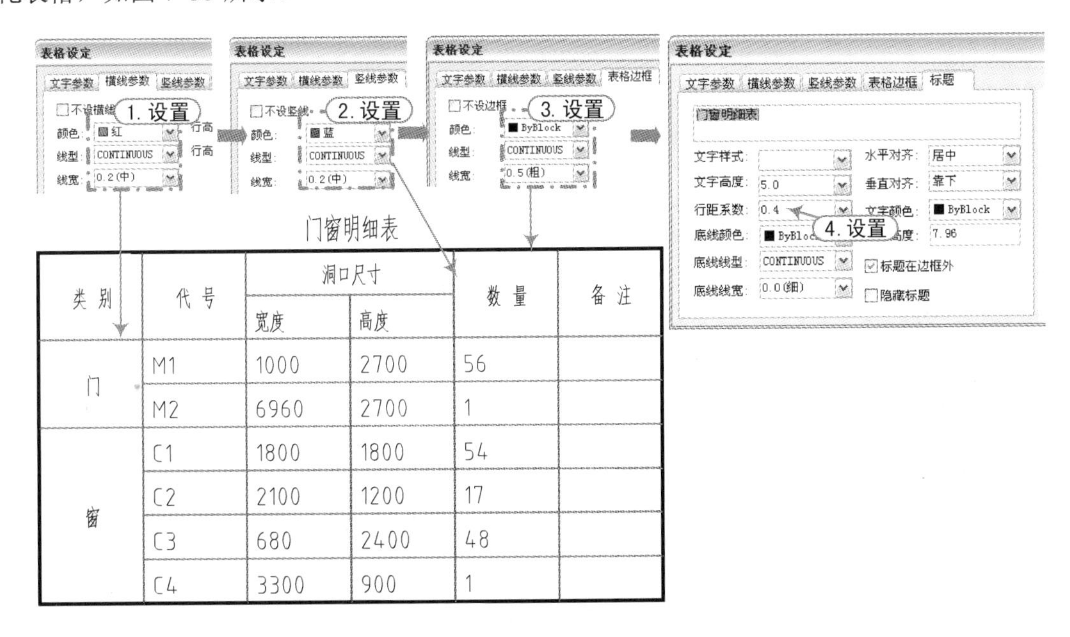

图 7-35 对表格进行美化操作

10）至此，该建筑设计说明书已经制作完毕，按〈Ctrl+S〉组合键对其进行保存即可。

7.4 天正尺寸标注的创建

尺寸标注是设计图纸中的重要组成部分，在国家颁布的建筑制图标准中有严格的规定，直接沿用 AutoCAD 本身提供的尺寸标注命令已经不适合建筑制图的要求，编辑尺寸尤其显得不便。为此，天正软件提供了自定义的尺寸标注系统，完全取代了 AutoCAD 的尺寸标注功能，分解后退化为 AutoCAD 的尺寸标注。

7.4.1 门窗标注

执行方法：选择“尺寸标注 | 门窗标注”命令（快捷键 MCBZ）。

本命令适合标注建筑平面图的门窗尺寸，有两种使用方式。

1）在平面图中参照轴网标注的第一、二道尺寸线，自动标注直墙和圆弧墙上的门窗尺寸，生成第三道尺寸线。

2）没有轴网标注的第一、二道尺寸线时，在用户选定的位置标注出门窗尺寸线。

选择“尺寸标注 | 门窗标注”命令（快捷键 MCBZ），然后按照如下命令行提示进行操作。

```
命令：MCBZ        \\ 选择“门窗标注”命令，请用线选第一、二道尺寸线及墙体。
起点<退出>:       \\ 在第一道尺寸线外面不远处取一个点 P1。
终点<退出>:       \\ 在外墙内侧取一个点 P2，系统自动定位绘制该段墙体的门窗标注。
选择其他墙体:     \\ 添加被内墙断开的其他要标注的墙体，按〈Enter〉键结束命令。
```

如图 7-36 所示是两种门窗标注的示意图。

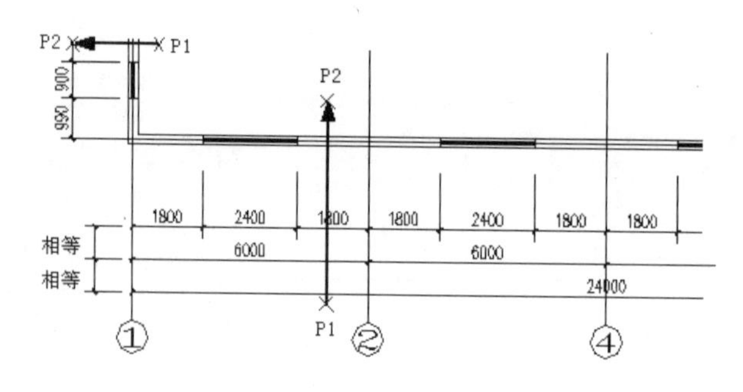

图 7-36 门窗标注示意图

7.4.2 门窗标注的联动

“门窗标注”命令创建的尺寸对象与门窗宽度具有联动的特性，在发生门窗移动、夹点改宽、对象编辑、特性编辑（Ctrl+1）和格式刷特性匹配，使门窗宽度发生线性变化时，线性的尺寸标注将随门窗的改变联动更新。如图 7-37 所示为门窗移动前后的效果对比示意图。

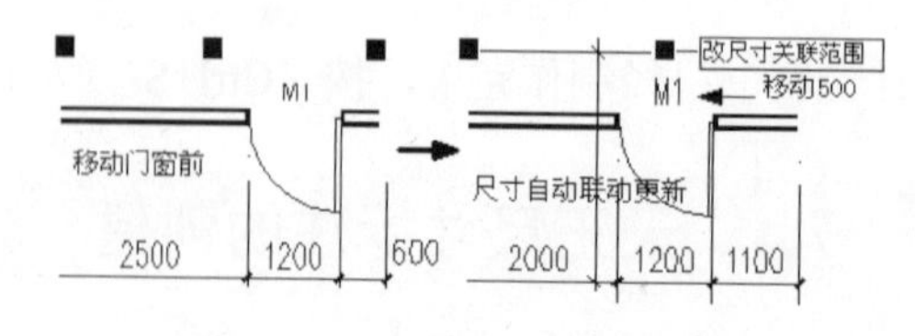

图 7-37 门窗标注的联动效果

门窗的联动范围取决于尺寸对象的联动范围设定，即由起始尺寸界线、终止尺寸界线以及尺寸线和尺寸关联夹点所围合范围内的门窗才会联动，避免发生误操作。

沿着门窗尺寸标注对象的起点、中点和结束点，另一侧共提供了 3 个尺寸关联夹点，其位置可以通过鼠标拖动改变，对于任何一个或多个尺寸对象可以在特性表中设置联动是否启用。

目前带形窗与角窗（角凸窗）、弧窗还不支持门窗标注的联动；通过镜像、复制创建新门窗不属于联动，不会自动增加新的门窗尺寸标注。

7.4.3 墙厚标注

执行方法：选择“尺寸标注｜墙厚标注”命令（快捷键 QHBZ）。

本命令在图中一次标注两点连线经过的一至多段天正墙体对象的墙厚尺寸，标注中可识别墙体的方向，标注出与墙体正交的墙厚尺寸。在墙体内有轴线存在时，标注以轴线划分的左右墙宽；墙体内没有轴线存在时，标注墙体的总宽。

选择“尺寸标注｜墙厚标注”命令（快捷键 QHBZ），然后按照如下命令行提示进行操作。

命令：QHBZ　　　　　　\\ 选择“墙厚标注”命令。
直线第一点<退出>:　　　\\ 在标注尺寸线处单击起始点 P1。
直线第二点<退出>:　　　\\ 在标注尺寸线处单击结束点 P2。

如图 7-38 所示，是进行墙厚标注的示意图。

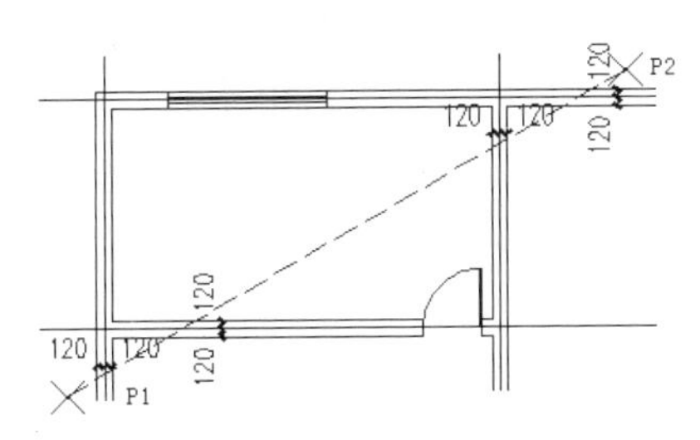

图 7-38　墙厚标注示意图

7.4.4 两点标注

执行方法：选择“尺寸标注｜两点标注”命令（快捷键 LDBZ）。

本命令为两点连线附近有关系的轴线、墙线、门窗、柱子等构件标注尺寸，并可标注各墙中点或者添加其他标注点，热键“U”可撤销上一个标注点。

选择“尺寸标注｜两点标注”命令（快捷键 LDBZ），然后按照如下命令行提示进行操作。如图 7-39 所示是进行两点标注的示意图。

命令：LDBZ　　\\ 选择“两点标注”命令。
选择起点(当前墙面标注)或 [墙中标注(C)]<退出>:　\\ 在标注尺寸线一端单击起始点。或输入“C”进入墙中标注，提示相同，如图 7-40 所示。

选择终点<退出>: \\ 在标注尺寸线另一端单击结束点。
选择标注位置点: \\ 通过光标移动的位置，程序自动搜索离尺寸段最近的墙体上的门窗和柱子对象，靠近哪侧的墙体，该侧墙上的门窗、柱子对象的尺寸线会被预览出来。
选择终点或门窗柱子: \\ 可继续选择门窗、柱子标注，按〈Enter〉键结束选择。

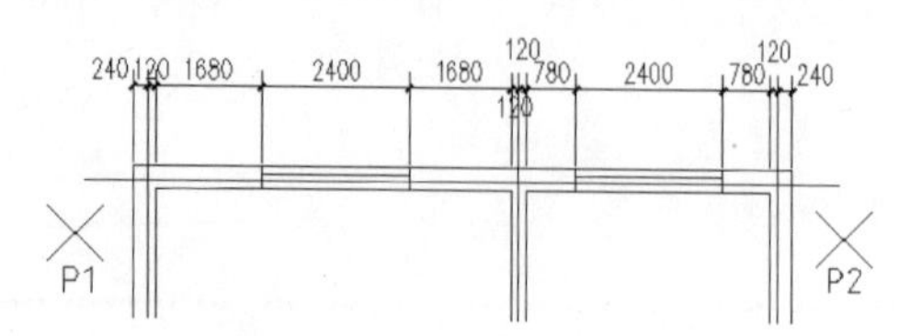

图 7-39　两点标注示意图

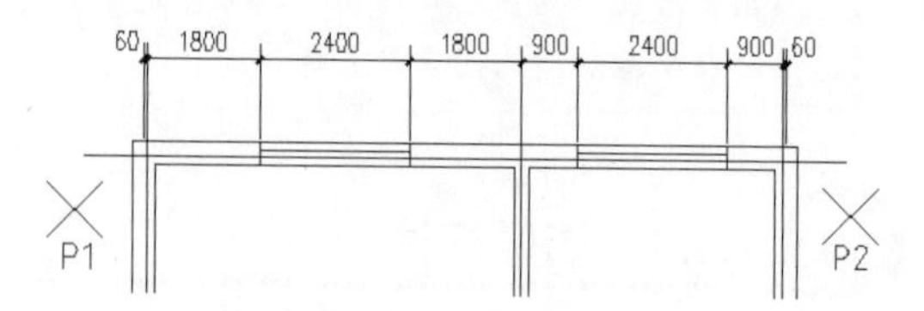

图 7-40　两点标注墙中示意图

取点时可选用有对象捕捉（用快捷键〈F3〉切换）的取点方式定点，天正将前后多次选定的对象与标注点一起完成标注。

7.4.5　双线标注

执行方法：选择“尺寸标注 | 双线标注”命令（快捷键 SXBZ）。

本命令为两点标注的衍生命令，可为附近有关系的轴线、墙线、门窗、柱子等构件标注尺寸及外包尺寸，并可标注各墙中点或者添加其他标注点，热键“U”可撤销上一个标注点。

选择“尺寸标注 | 双线标注”命令（快捷键 SXBZ），然后按照如下命令行提示进行操作。

命令：SXBZ　\\ 选择“双线标注”命令。
选择起点(当前墙面标注)或 [墙中标注(C)]<退出>:　\\ 在标注尺寸线一端单击起始点或输入 C 进入墙中标注，提示相同。
选择终点<退出>: \\ 在标注尺寸线另一端单击结束点。
选择标注位置点: \\ 通过光标移动的位置，程序自动搜索离尺寸段最近的墙体上的门窗和柱子对象，靠近哪侧的墙体，该侧墙上的门窗、柱子对象的尺寸线会被预览出来，
选择终点或门窗柱子: \\ 可继续选择门窗、柱子标注，按〈Enter〉键结束选择。

如图 7-41 所示是进行双线标注的示意图。

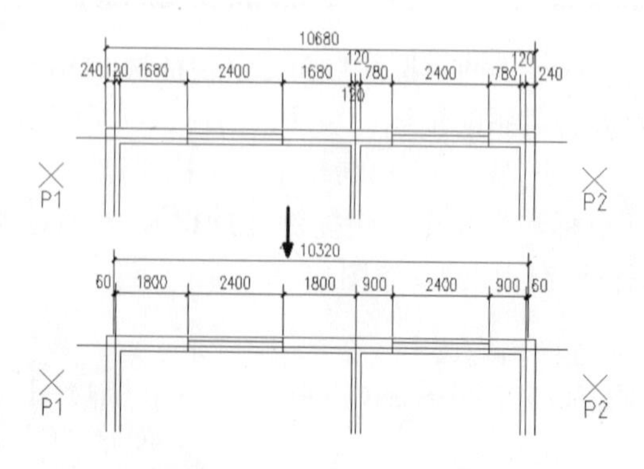

图 7-41　双线标注示意图

7.4.6 内门标注

执行方法：选择“尺寸标注 | 内门标注”命令（快捷键 NMBZ）。

本命令用于标注平面室内门窗尺寸以及定位尺寸线，其中定位尺寸线与邻近的正交轴线或者墙角（墙垛）相关。

选择“尺寸标注 | 内门标注”命令（快捷键 NMBZ），然后按照如下命令行提示进行操作。

```
命令：NMBZ                          \\ 选择“内门标注”命令。
标注方式：轴线定位. 请用线选门窗，并且第二点作为尺寸线位置!
起点或 [垛宽定位(A)]<退出>:          \\ 在标注门窗的另一侧单击起点 P1，或者输入 A 改为垛宽定位。
终点<退出>:                         \\ 经过标注的室内门窗，在尺寸线标注位置上给出终点 P2。
```

如图 7-42 所示是进行内门标注的示意图。

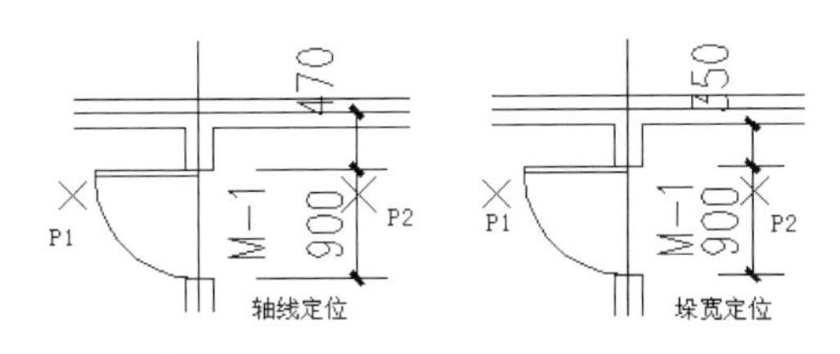

图 7-42 内门标注示意图

7.4.7 快速标注

执行方法：选择“尺寸标注 | 快速标注”命令（快捷键 KSBZ）。

本命令适用于天正实体对象，包括墙体、门窗、柱子对象，可以对所选范围内的天正实体对象进行快速批量标注。

选择“尺寸标注 | 快速标注”命令（快捷键 KSBZ），然后按照命令行提示选取天正对象或平面图，从而对其天正对象进行快速标注，如图 7-43 所示。

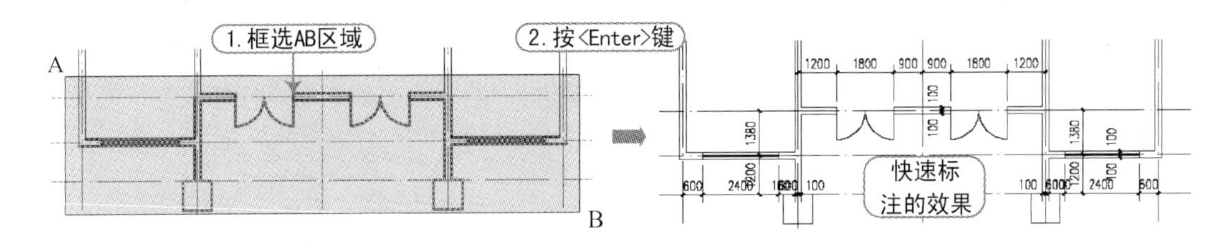

图 7-43 快速标注示意图

7.4.8 自由标注

执行方法：选择“尺寸标注 | 自由标注”命令（快捷键 ZYBZ）。

本命令类似 AutoCAD 的同名命令，适用于天正对象，特别适用于选取平面图后快速标注外包尺寸线。

选择“尺寸标注 | 自由标注”命令（快捷键 ZYBZ），然后按照如下命令行提示进行操作。

```
命令：ZYBZ                \\ 选择“自由标注”命令。
选择要标注的几何图形：    \\ 选取天正对象或平面图。
选择要标注的几何图形：    \\ 选取其他对象或按〈Enter〉键结束。
请指定尺寸线位置或 [整体(T)/连续(C)/连续加整体(A)]<整体>:      \\ 确定标注位置。
```

如图 7-44 所示是进行自由标注的示意图。

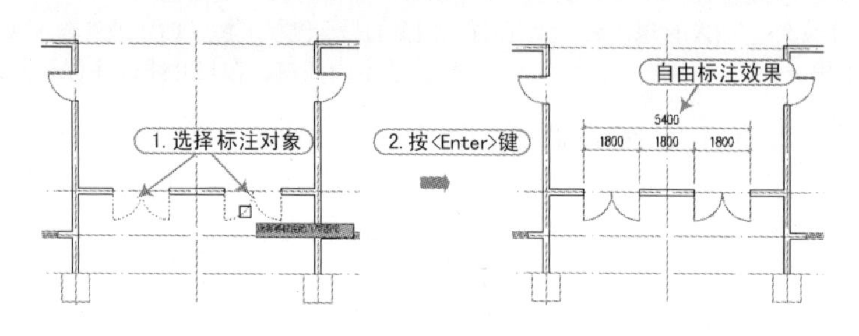

图 7-44　自由标注示意图

提示

> 选项中“整体(T)”是指从整体图形创建外包尺寸线，“连续(C)”是指提取对象节点创建连续直线标注尺寸，“连续加整体(A)”是指两者同时创建。

7.4.9　逐点标注

执行方法：选择“尺寸标注 | 逐点标注”命令（快捷键 ZDBZ）。

本命令是一个通用的灵活标注工具，对选取的一串给定点沿指定方向和选定的位置标注尺寸；特别适用于没有指定天正对象特征，需要取点定位标注的情况，以及其他标注命令难以完成的尺寸标注。

选择“尺寸标注 | 逐点标注”命令（快捷键 ZDBZ），然后按照如下命令行提示进行操作。

```
命令：ZDBZ                                        \\ 选择“逐点标注”命令。
起点或 [参考点(R)]<退出>:                         \\ 单击第一个标注点作为起始点。
第二点<退出>:                                     \\ 单击第二个标注点。
请点取尺寸线位置或 [更正尺寸线方向(D)]<退出>:     \\ 拖动尺寸线，单击尺寸线就位点。
请输入其他标注点或 [撤销上一标注点(U)]<结束>:     \\ 逐点给出标注点，并可以回退。
......
请输入其他标注点或 [撤销上一标注点(U)]<结束>:     \\ 继续取点，按〈Enter〉键结束命令。
```

如图 7-45 所示是进行逐点标注的示意图。

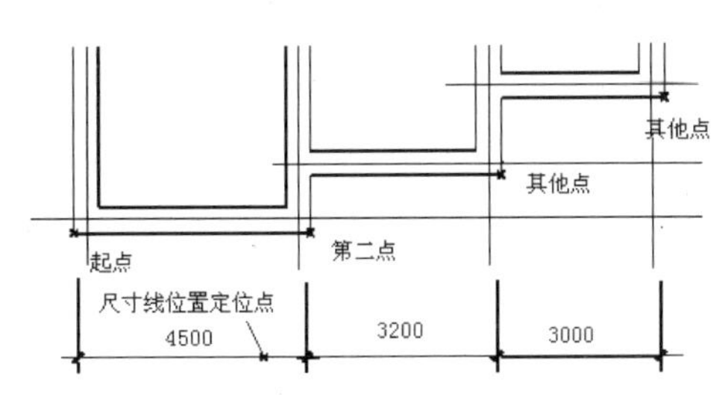

图 7-45　逐点标注示意图

7.4.10　楼梯标注

执行方法：选择“尺寸标注 | 楼梯标注”命令（快捷键 LTBZ）。

本命令是从 2013 版开始新增的命令，用于标注各种直楼梯、梯段的踏步、楼梯井宽、梯段宽、休息平台深度等楼梯尺寸，提供“踏步数×踏步宽=总尺寸”的梯段长度标注格式。

选择“尺寸标注 | 楼梯标注”命令（快捷键 LTBZ），然后按照如下命令行提示进行操作。

```
命令：LTBZ                                    \\ 选择“楼梯标注”命令。
请点取待标注的楼梯<退出>:                      \\ 用十字光标单击楼梯不同位置可标注不同尺寸。
请点取尺寸线位置<退出>:                        \\ 拖动尺寸线，单击尺寸线就位点。
请输入其他标注点或 [参考点(R)]<退出>:          \\ 继续给出其他标注点，按〈Enter〉键结束命令。
```

如图 7-46 所示是进行楼梯标注的示意图。

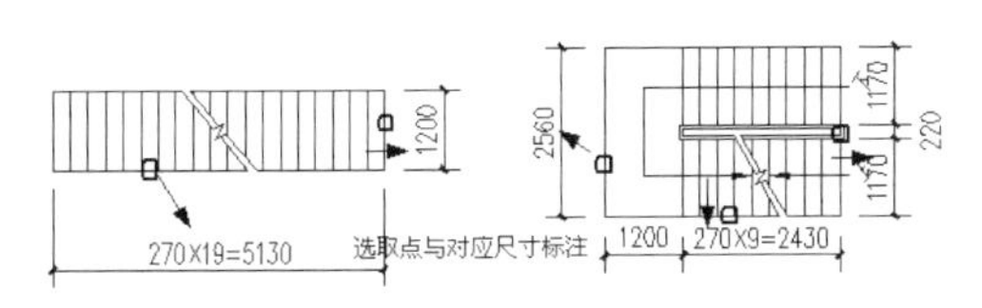

图 7-46　楼梯标注示意图

7.4.11　外包尺寸

执行方法：选择“尺寸标注 | 外包尺寸”命令（快捷键 WBCC）。

本命令是一个简捷的尺寸标注修改工具，在大部分情况下，可以一次按规范要求完成 4 个方向的两道尺寸线共 16 处修改，期间不必输入任何墙厚尺寸。其操作步骤如图 7-47 所示。

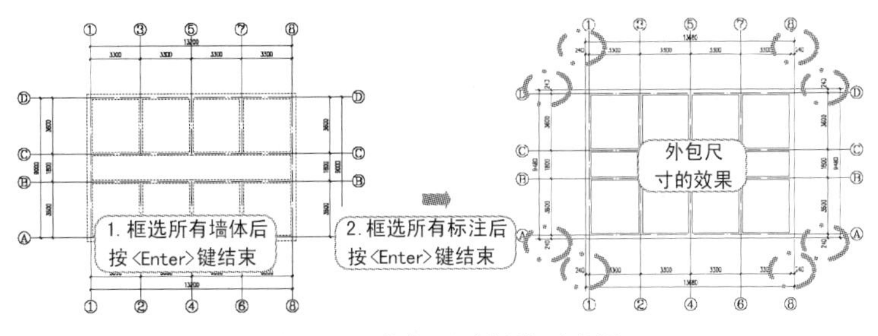

图 7-47　外包尺寸标注示意图

7.4.12 半径标注

执行方法：选择“尺寸标注 | 半径标注”命令（快捷键 BJBZ）。

本命令在图中标注弧线或圆弧墙的半径，尺寸文字容纳不下时会按照制图标准规定，自动引出标注在尺寸线外侧。

7.4.13 直径标注

执行方法：选择“尺寸标注 | 直径标注”命令（快捷键 ZJBZ）。

本命令在图中标注弧线或圆弧墙的直径，尺寸文字容纳不下时会按照制图标准规定，自动引出标注在尺寸线外侧。如图 7-48 所示为半径和直径标注的示意图。

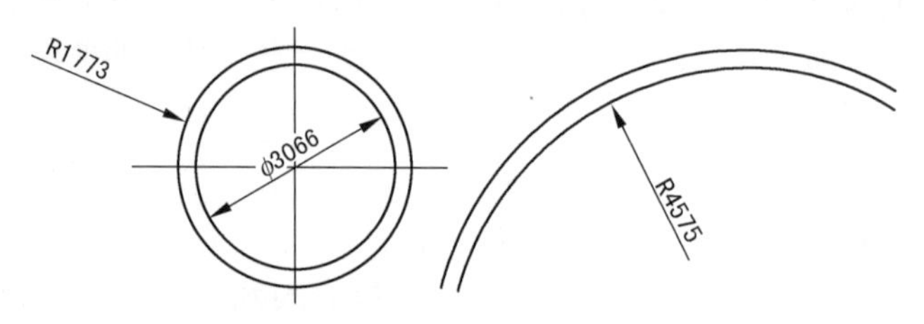

图 7-48　半径和直径标注示意图

7.4.14 角度标注

执行方法：选择“尺寸标注 | 角度标注”命令（快捷键 JDBZ）。

本命令用于标注两条直线之间的内角，从 2013 版本开始不需要考虑按逆时针方向单击两条直线的顺序，自动在两条直线形成的任意交角标注角度。

选择“尺寸标注 | 角度标注”命令（快捷键 JDBZ），然后按照如下命令行提示进行操作。

```
命令：JDBZ                    \\ 选择“角度标注”命令。
请选择第一条直线<退出>:        \\ 在任意位置点 P1 取第一条线。
请选择第二条直线<退出>:        \\ 在任意位置点 P2 取第二条线。
请确定尺寸线位置<退出>:        \\ 在两直线形成的内外角之间，动态拖动尺寸选取标注的夹
                                 角，给点确定标注位置 P3。
```

如图 7-49 所示是进行角度标注的示意图。

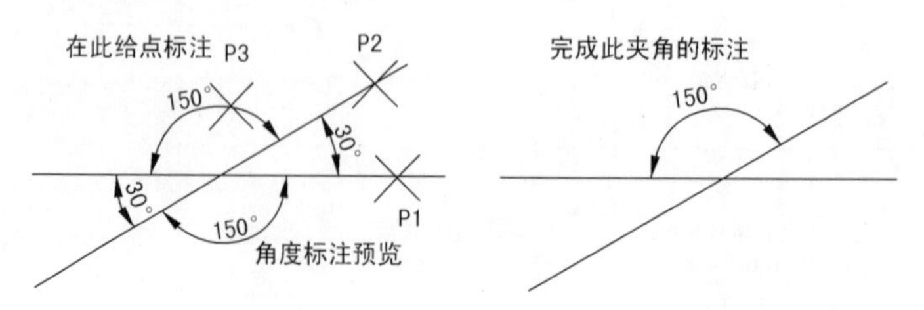

图 7-49　角度标注示意图

7.5 天正尺寸的编辑

尺寸标注对象是天正自定义对象，支持裁剪、延伸、打断等编辑命令，使用方法与AutoCAD 尺寸对象相同。以下介绍的是本软件提供的专用尺寸编辑命令的详细使用方法，除了尺寸编辑命令外，双击尺寸标注对象即可进入对象编辑的增补尺寸功能。

7.5.1 文字复位

执行方法：选择“尺寸标注｜尺寸编辑｜文字复位”命令（快捷键 WZFW）。

本命令将尺寸标注中被拖动夹点移动过的文字恢复到初始位置，可解决夹点拖动不当时与其他夹点合并的问题。如图 7-50 所示为文字复位的前后比较。

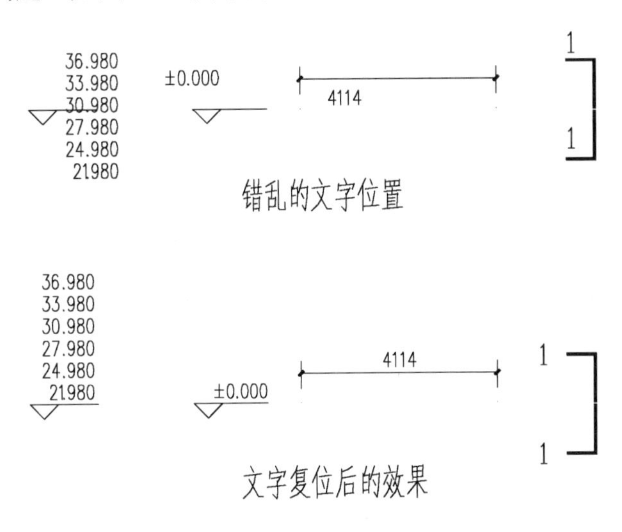

图 7-50 文字复位前后比较

提示

“文字复位”命令能用于符号标注中的“标高符号”“箭头引注”“剖面剖切”和“断面剖切”4 个对象中的文字，特别是在“剖面剖切”和“断面剖切”对象改变比例时，文字可以用本命令恢复正确位置。

7.5.2 文字复值

执行方法：选择“尺寸标注｜尺寸编辑｜文字复值”命令（快捷键 WZFZ）。

本命令将尺寸标注中被有意修改的文字恢复回尺寸的初始数值。有时为了方便起见，会把其中一些标注尺寸文字加以改动，为了校核或提取工程量等需要尺寸和标注文字一致的场合，可以使用本命令按实测尺寸恢复文字的数值。其操作步骤如图 7-51 所示。

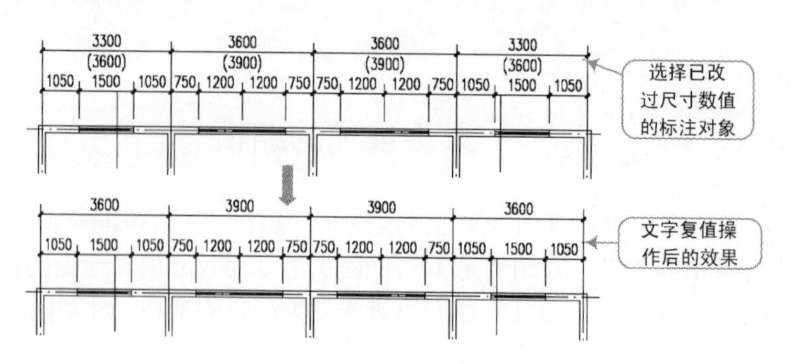

图 7-51　文字复值操作

7.5.3　裁剪延伸

执行方法：选择“尺寸标注 | 尺寸编辑 | 裁剪延伸”命令（快捷键 JCYS）。

本命令在尺寸线的某一端，按指定点裁剪或延伸该尺寸线。本命令综合了 AutoCAD 的 Trim（修剪）和 Extend（延伸）命令，自动判断对尺寸线的裁剪或延伸。

选择“尺寸标注 | 尺寸编辑 | 裁剪延伸”命令（快捷键 JCYS），然后按照如下命令行提示进行操作。

```
命令：JCYS                                    \\ 选择“裁剪延伸”命令。
请给出裁剪延伸的基准点或[参考点(R)]<退出>：    \\ 单击裁剪线要延伸到的位置。
要裁剪或延伸的尺寸线<退出>：  \\ 单击要作裁剪或延伸的尺寸线后，该尺寸线被单击的一
                                端即作了相应的裁剪或延伸。
要裁剪或延伸的尺寸线<退出>：  \\ 命令行重复以上显示，按〈Enter〉键退出。
```

如图 7-52 所示是进行裁剪延伸的示意图。

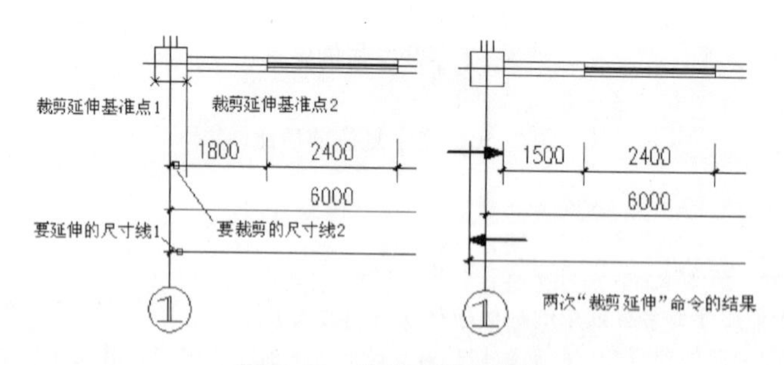

图 7-52　裁剪延伸示意图

7.5.4　连接尺寸

执行方法：选择“尺寸标注 | 尺寸编辑 | 连接尺寸”命令（快捷键 LJCC）。

本命令连接两个独立的天正自定义直线或圆弧标注对象，将单击的两尺寸线区间段加以连接，原来的两个标注对象合并成一个标注对象，如果准备连接的标注对象尺寸线之间不共线，连接后的标注对象以第一个单击的标注对象为主标注尺寸对齐，通常用于把 AutoCAD

的尺寸标注对象转为天正尺寸标注对象。其操作示意图如图 7-53 所示。

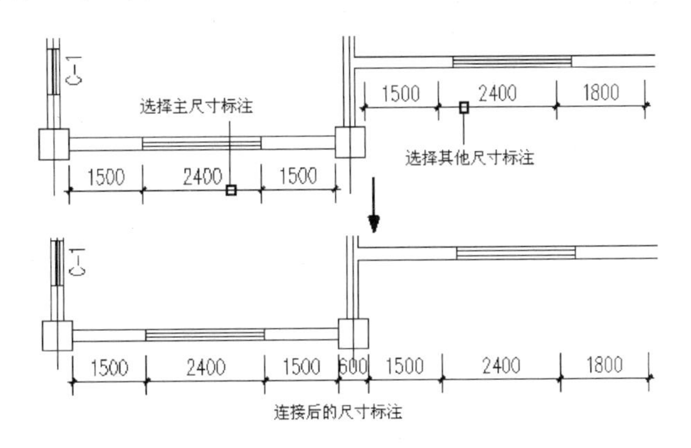

图 7-53 连接尺寸示意图

7.5.5 尺寸打断

执行方法：选择“尺寸标注｜尺寸编辑｜尺寸打断”命令（快捷键 CCDD）。

本命令把整体的天正自定义尺寸标注对象在指定的尺寸界线上打断，成为两段互相独立的尺寸标注对象，可以各自拖动夹点、移动和复制。其操作示意图如图 7-54 所示。

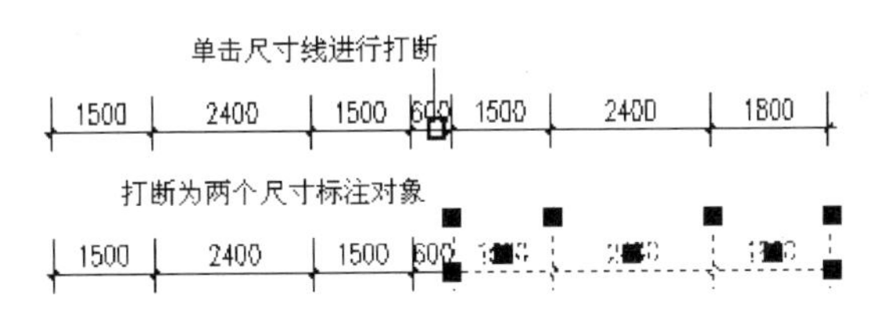

图 7-54 尺寸打断示意图

7.5.6 合并区间

执行方法：选择“尺寸标注｜尺寸编辑｜合并区间”命令（快捷键 HBQJ）。

合并区间新增加了一次框选多个尺寸界线箭头的命令交互方式，可大大提高合并多个区间时的效率。本命令可作为“增补尺寸”命令的逆命令使用。其操作示意图如图 7-55 所示。

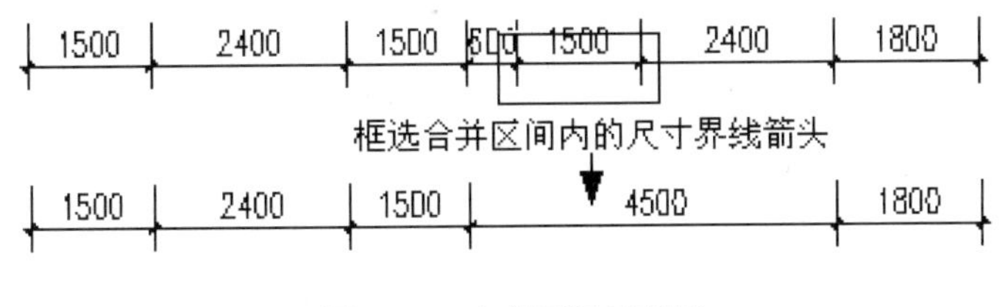

图 7-55 合并区间示意图

7.5.7 等分区间

执行方法：选择“尺寸标注 | 尺寸编辑 | 等分区间”命令（快捷键 DFQJ）。

本命令用于等分指定的尺寸标注区间，类似于多次执行“增补尺寸”命令，可提高标注效率。

选择“尺寸标注 | 尺寸编辑 | 等分区间”命令（快捷键 DFQJ），然后按照如下命令行提示进行操作。

```
命令：DFQJ                              \\ 选择“等分区间”命令。
请选择需要等分的尺寸区间<退出>:          \\ 单击要等分区间内的尺寸线。
输入等分数<退出>:3                       \\ 输入等分数量。
请选择需要等分的尺寸区间<退出>:          \\ 继续执行本命令或按〈Enter〉键退出命令。
```

如图 7-56 所示是进行等分区间的示意图。

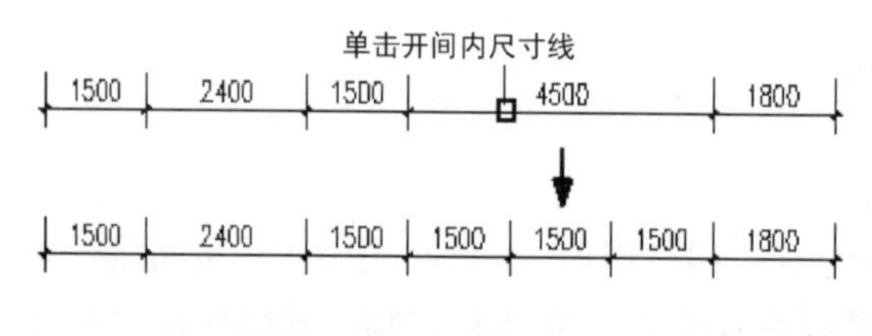

图 7-56　等分区间示意图

7.5.8 等式标注

执行方法：选择“尺寸标注 | 尺寸编辑 | 等式标注”命令（快捷键 DSBZ）。

本命令对指定的尺寸标注区间尺寸，自动按等分数列出等分公式作为标注文字，除不尽的尺寸保留一位小数。等式标注支持在位编辑，可以实现自动计算的功能。

选择“尺寸标注 | 尺寸编辑 | 等式标注”命令（快捷键 DSBZ），然后按照如下命令行提示进行操作。

```
命令：DSBZ                              \\ 选择“等式标注”命令。
请选择需要等分的尺寸区间<退出>:          \\ 单击要按等式标注的区间尺寸线。
输入等分数<退出>:6                       \\ 按该处的等分公式要求输入等分数。
请选择需要等分的尺寸区间<退出>:          \\ 该区间的尺寸文字按等式标注，按〈Enter〉键退出命令。
```

如图 7-57 所示是进行等式标注的示意图。

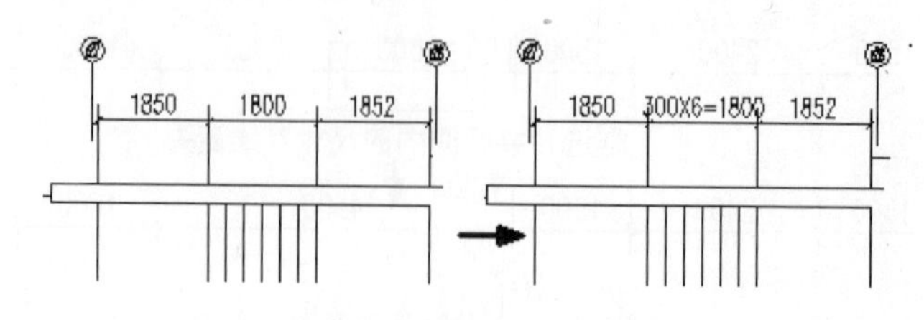

图 7-57　等式标注示意图

7.5.9 尺寸等距

执行方法：选择“尺寸标注｜尺寸编辑｜尺寸等距”命令（快捷键 CCDJ）。

本命令用于对选中的尺寸标注在垂直于尺寸线方向进行尺寸间距的等距调整。

选择“尺寸标注｜尺寸编辑｜尺寸等距”命令（快捷键 CCDJ），然后按照如下命令行提示进行操作。

```
命令：CCDJ                    \\ 选择“尺寸等距”命令。
选择参考标注<退出>:           \\ 选取作为基点的尺寸标注，在等距调整中参考标注不动，
                                 其他标注按要求调整位置。
选择其他标注<退出>:           \\ 选取等距调整的尺寸标注，支持点选和框选。
请选择其他标注:               \\ 重复提示直至按〈Enter〉键或空格键确认。
请输入尺寸线间距<2000>:3000   \\ 输入尺寸线间距，按〈Enter〉键退出命令。
```

如图 7-58 所示是进行尺寸等距的示意图。

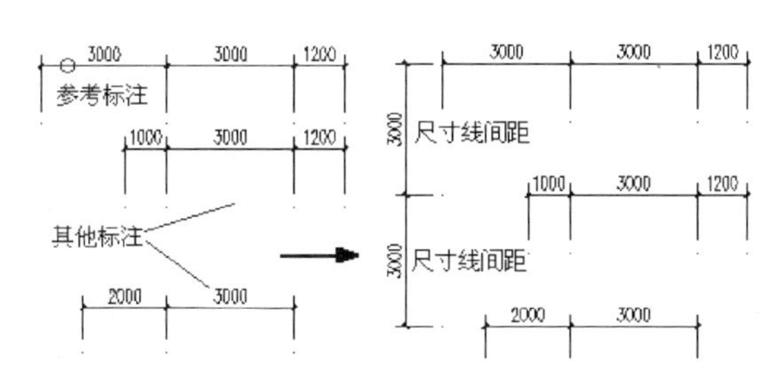

图 7-58 尺寸等距示意图

1）命令仅对线性标注起作用。

2）在其他标注选择的多个尺寸标注中，命令只对与参考标注同一方向的尺寸标注执行操作。

3）下次命令执行给出的尺寸间距默认值为上一次的修改值。

7.5.10 对齐标注

执行方法：选择“尺寸标注｜尺寸编辑｜对齐标注”命令（快捷键 DQBZ）。

本命令用于一次按 Y 向坐标对齐多个尺寸标注对象，对齐后各个尺寸标注对象按参考标注的高度对齐排列。其操作示意图如图 7-59 所示。

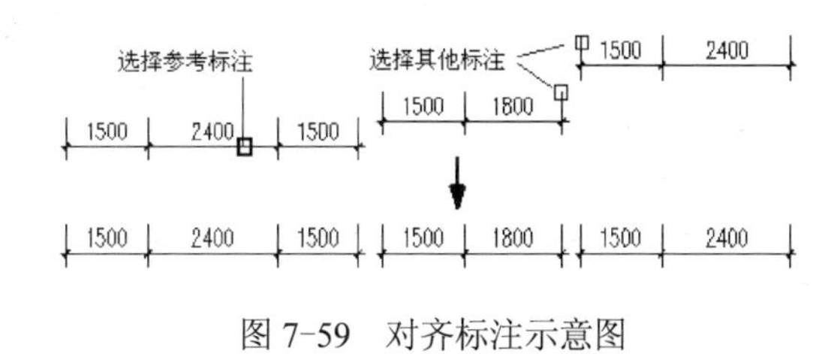

图 7-59 对齐标注示意图

7.5.11　增补尺寸

执行方法：选择“尺寸标注 | 尺寸编辑 | 增补尺寸”命令（快捷键 ZBCC）。

本命令在一个天正自定义直线标注对象中增加区间，增补新的尺寸界线，断开原有区间，但不增加新标注对象，双击尺寸标注对象即可进入本命令。其操作示意图如图 7-60 所示。

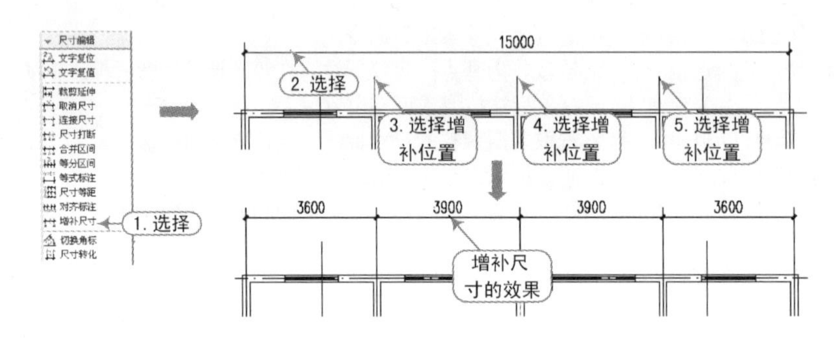

图 7-60　增补尺寸操作

7.5.12　尺寸转化

执行方法：选择“尺寸标注 | 尺寸编辑 | 尺寸转化”命令（快捷键 CCZH）。

本命令将 AutoCAD 尺寸标注对象转化为天正标注对象。

7.5.13　标注的状态设置

执行方法：选择“尺寸标注 | 尺寸自调”命令（快捷键 CCZT）。

本命令用于控制尺寸线上的标注文字拥挤时，是否自动进行上下移位调整，可来回反复切换，自调开关的状态影响各标注命令的结果，如图 7-61 所示。

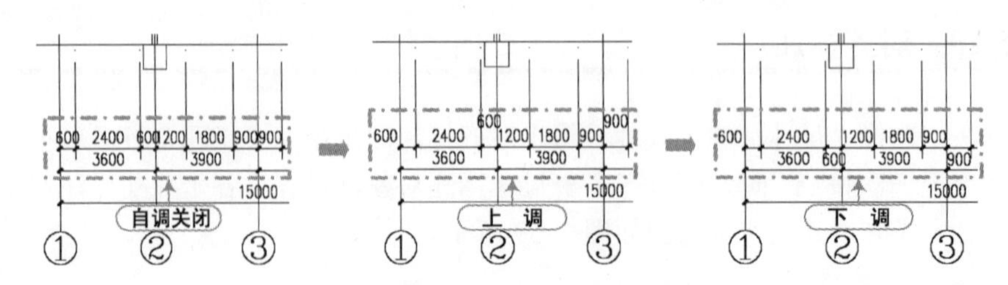

图 7-61　尺寸标注的自调

而 TArch 天正提供的“检查关闭”命令，用于控制尺寸线上的文字是否自动检查与测量值不符的标注尺寸，经人工修改过的尺寸显示在尺寸线上，原有的尺寸标注对象以红色显示在尺寸线下的括号中，如图 7-62 所示。

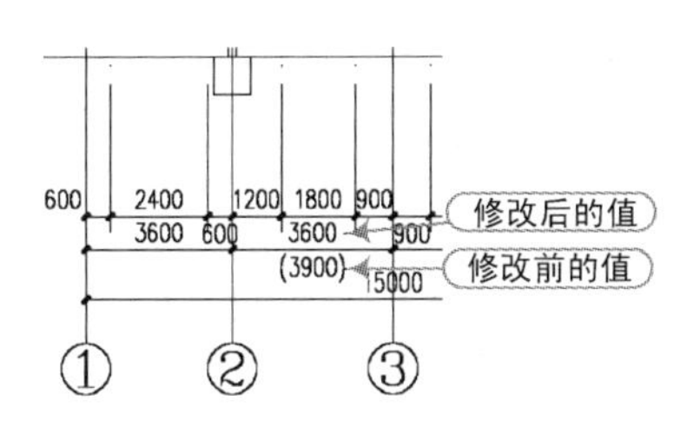

图 7-62 尺寸标注的自动检查

7.5.14 天正尺寸的夹点编辑

用户在进行了天正尺寸标注后，即可选择该标注对象，将显示其天正尺寸的相关夹点，从而可以控制天正尺寸的特性，如图 7-63 所示。

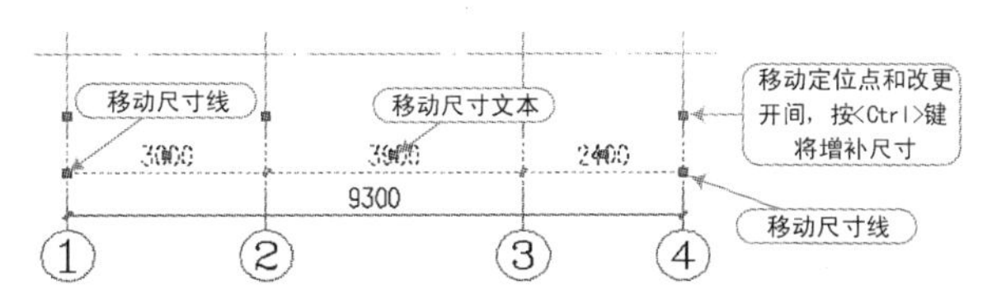

图 7-63 尺寸标注对象夹点示意图

当然，其天正尺寸标注对象同 AutoCAD 的标注对象一样，也可以通过双击其尺寸文字对象进入在位编辑状态，以此来修改标注的数值，如图 7-64 所示。如果选择该标注对象，按〈Ctrl+1〉组合键进入“特性”面板中，也可作相应的编辑修改，如调整标注样式、设置是否尺寸联动等，如图 7-65 所示。

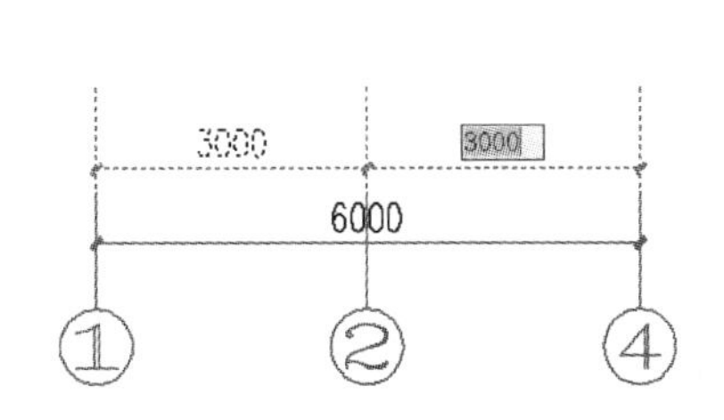

图 7-64 标注在位编辑

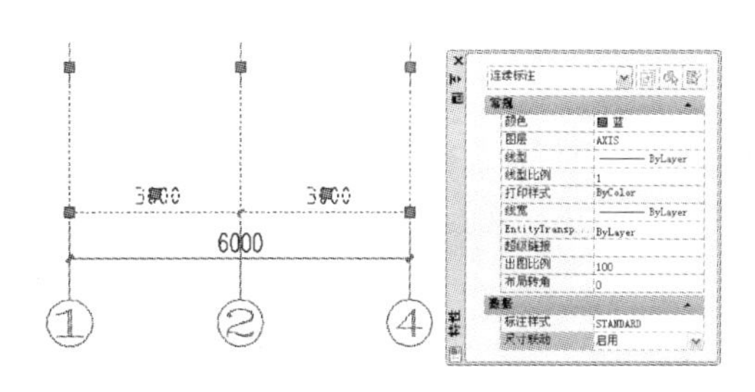

图 7-65 标注的“特性”面板编辑

7.6 住宅平面图的尺寸标注实例

根据前面所学的尺寸标注命令，将打开的平面图形进行尺寸标注。首先对图形的上下、左右两侧进行两点轴标操作；再进行上下、左右两侧的门窗标注以及对齐标注操作；接着对其不同侧面的门窗标注进行连接尺寸操作，以及进行合并区间操作；然后将图形内部的门进

行内门标注操作，以及内部的门窗进行逐点标注操作；最后对其轴号进行在位编辑和重排轴号操作。其标注的效果如图 7-66 所示。

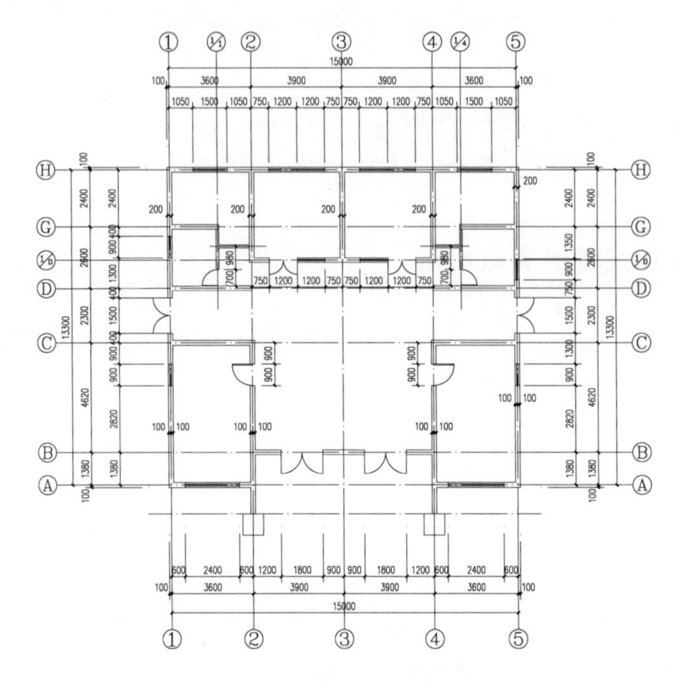

图 7-66　图形尺寸标注的效果

1）启动 TArch 天正建筑软件，按〈Ctrl+O〉组合键，将“案例\07\住宅平面图.dwg”文件打开，如图 7-67 所示；再按〈Ctrl+Shift+S〉组合键，将该图形文件另存为“住宅平面图的标注.dwg”。

2）选择“轴网柱子 | 轴网标注”命令（快捷键 ZBBZ），弹出“轴网标注”对话框，选择“双侧标注”单选按钮，然后分别在图形中单击 P1、P2 点，再单击 A1、A2 点，从而对其图形进行轴网标注，如图 7-68 所示。

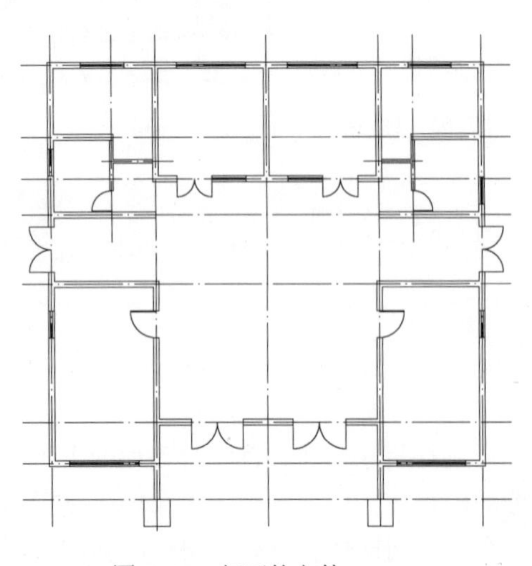
图 7-67　打开的文件

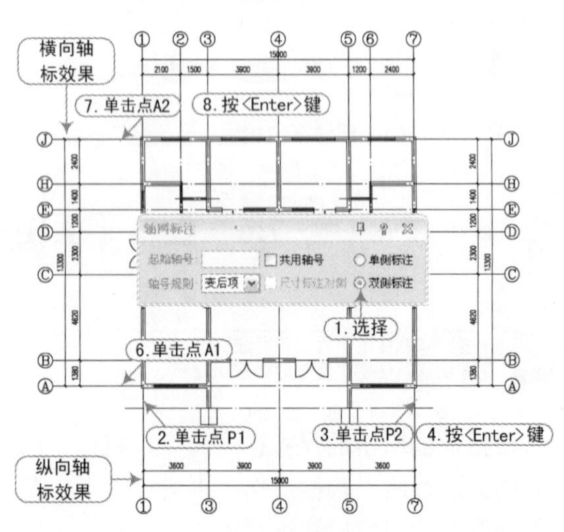

图 7-68　进行轴网标注

3）选择“尺寸标注｜门窗标注”命令（快捷键 MCBZ），使用鼠标分别选择图形下侧开间的相应门窗的左右两侧端点，从而对下侧的门窗进行尺寸标注。

4）选择“尺寸标注｜尺寸编辑｜对齐标注”命令（快捷键 DQBZ），将其门窗标注对象以左下侧的标注对象为基准进行对齐操作，如图 7-69 所示。

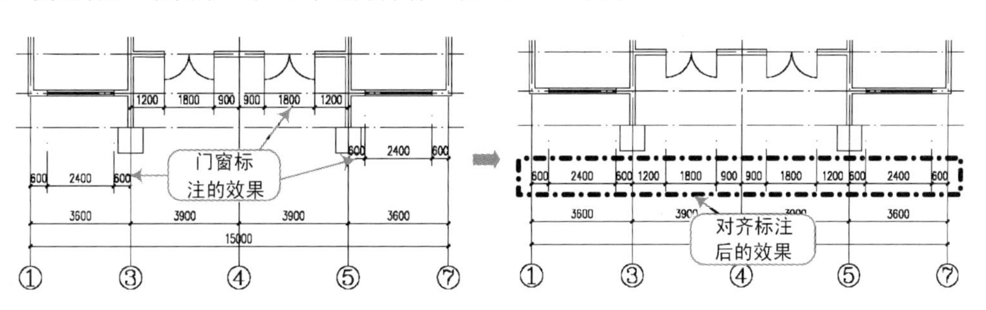

图 7-69　门窗标注与对齐标注

5）选择“尺寸标注｜门窗标注”命令（快捷键 MCBZ），使用鼠标选择图形左上侧门窗的左右两侧端点，从而对该门窗进行标注，再继续选择该横轴线上的其他墙体对象，从而对所选择墙体上的门窗对象进行标注。

6）同样，参照前面的方法对图形左右两侧进行门窗标注操作，其效果如图 7-70 所示。

7）选择“尺寸标注｜尺寸编辑｜连接尺寸”命令（快捷键 LJCC），分别将上下、左右两侧的门窗尺寸进行连接操作，使之连接成一个整体；再选择“尺寸标注｜尺寸编辑｜合并区间”命令（快捷键 HBQJ），将指定的尺寸标注进行合并操作，如图 7-71 所示。

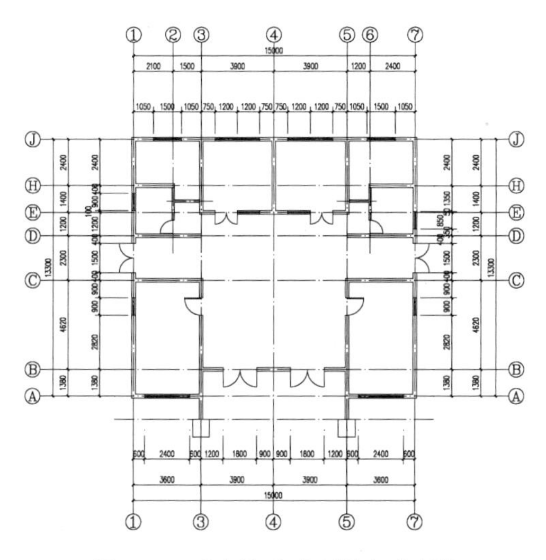

图 7-70　上侧与左右侧的门窗标注

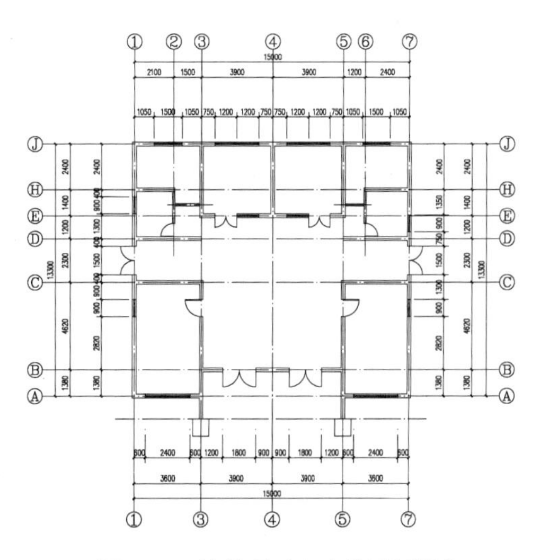

图 7-71　连接尺寸与合并区间操作

8）选择“尺寸标注｜内门标注”命令（快捷键 NMBZ），将图形内的门进行标注；再选择“尺寸标注｜逐点标注”命令，对指定的门窗进行逐点标注操作，如图 7-72 所示。

9）选择“尺寸标注｜墙厚标注”命令（快捷键 QHBZ），分别对图形的不同墙体厚度进行标注。

10）选择“尺寸标注｜尺寸编辑｜增补尺寸”命令（快捷键 ZBCC），分别对图形上下、左右两侧进行增补尺寸的操作，如图 7-73 所示。

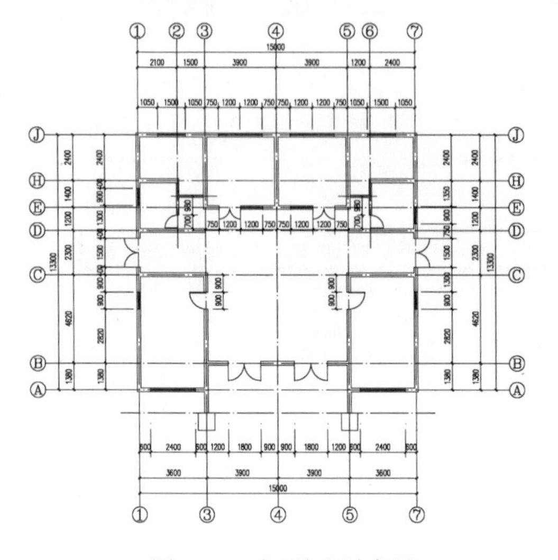

图 7-72　内门与逐点标注

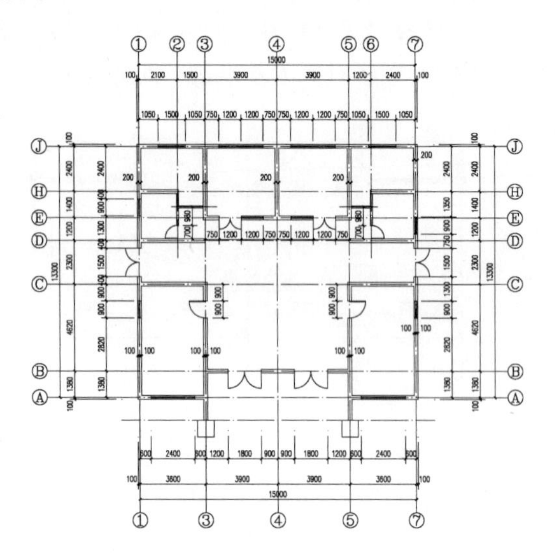

图 7-73　墙厚及增补标注

11）在图形的上侧，双击 2 号轴标进行在位编辑，将其更改为“1/1”；同样，双击 6 号轴标进行在位编辑，将其更改为“1/4”，　如图 7-74 所示。

12）在图形的上侧，选择 1 号轴标并右击，从弹出的快捷菜单中选择“重排轴号”命令，将其重新进行轴号的编排，如图 7-75 所示。

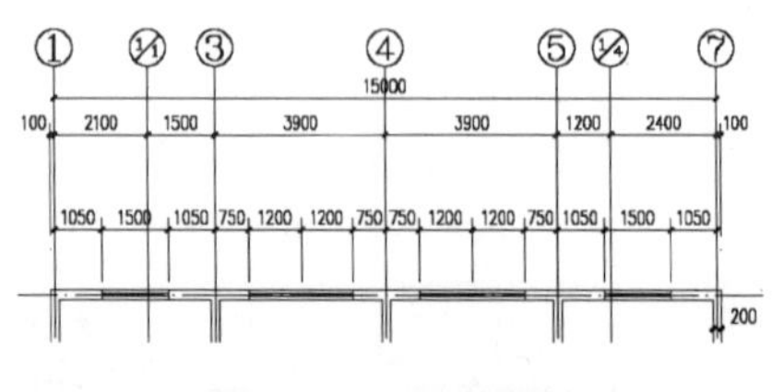

图 7-74　在位编辑轴号

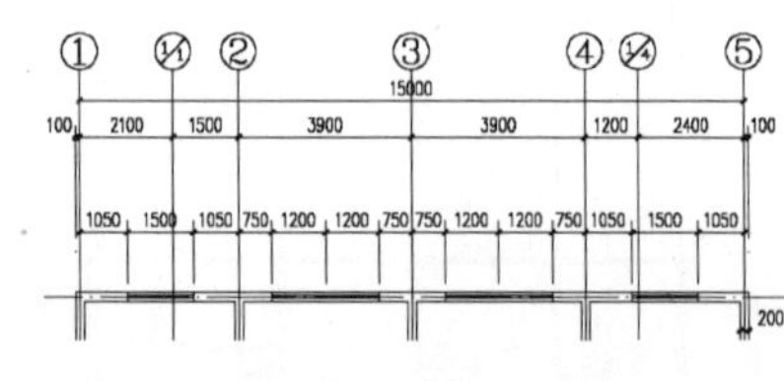

图 7-75　重排轴号效果

13）同样，双击左侧的 E 号轴标进行在位编辑，将其更改为“1/D”，再对其左右侧的轴号进行重排操作。

14）选择“尺寸标注｜尺寸编辑｜合并区间”命令（快捷键 HBQJ），将图形第三道的门窗标注对象进行相应的合并区间操作。

15）至此，该图形的尺寸标注已经完成，按〈Ctrl+S〉组合键进行保存即可。

7.7　天正符号的创建与编辑

按照建筑制图的国标工程符号规定画法，天正软件提供了一整套的自定义工程符号对象。这些符号对象可以方便地绘制剖切号、指北针、引注箭头，绘制各种详图符号、引出标注符号。使用自定义工程符号对象，不是简单地插入符号图块，而是在图上添加了代表建筑工程专业含义的图形符号对象。

7.7.1 符号标注的图层设置

天正的符号对象提供了“当前层”和“默认层”两种标注图层选项，由“符号标注”菜单下有标注图层的设定开关切换，如图 7-76 所示。

图 7-76 符号标注的图层设置

当菜单开关项为“当前层”时，表示当前绘制的符号对象是绘制在当前图层上的；当菜单开关项为“默认层”时，表示当前绘制的符号对象是绘制在这个符号对象本身设计默认的图层上的。

例如，“引出标注”命令默认的图层是“DIM_LEAD”图层，而索引符号默认的图层是“DIM_IDEN”，如果用户把菜单开关设为“默认层”，此时绘制的符号对象就会在默认图层上创建，与当前层无关。

7.7.2 标注状态的设置

标注的状态分“动态标注”和“静态标注”两种，移动和复制后的坐标符号受 AutoCAD 右下角状态栏开关菜单项的控制，如图 7-77 所示。

图 7-77 标注状态的控制

- 动态标注状态下，移动和复制后的坐标数据将自动与当前坐标系一致，适用于整个 DWG 文件仅仅布置一个总平面图的情况。
- 静态标注状态下，移动和复制后的坐标数据不改变原值，例如在一个 DWG 上复制同一总平面图，绘制绿化、交通等不同类别图纸，此时只能使用静态标注。

在 2004 版以上 AutoCAD 平台，软件提供了状态行的按钮开关，可单击切换坐标的动态和静态两种状态，新提供了固定角度的勾选，使插入坐标符号时方便决定坐标文字的标注方向。

7.7.3 坐标标注

执行方法：选择“符号标注 | 坐标标注”命令（快捷键 ZBBZ）。

本命令在总平面图上标注测量坐标或者施工坐标，根据世界坐标或者当前用户坐标取值。2013 版本新增加批量标注坐标功能，坐标对象增加了线端夹点，可调整文字基线长度。其操作步骤如图 7-78 所示。

用户在进行坐标标注时，若按〈S〉键，将弹出“坐标标注”对话框，如图 7-79 所示在该对话框中可以设置绘图单位、标注单位、标注精度、标注箭头样式、标注类型等。

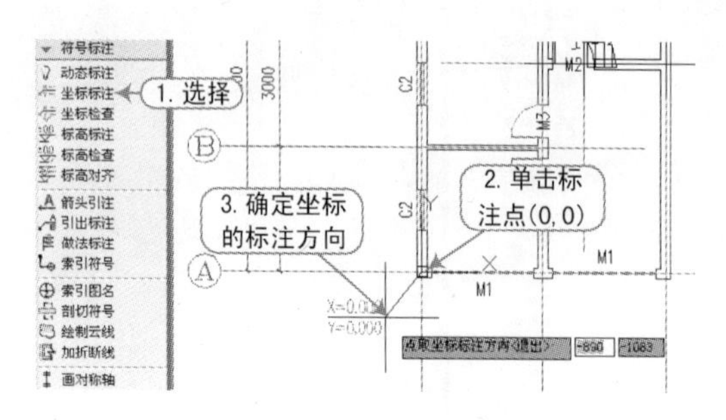

图 7-78　坐标标注操作

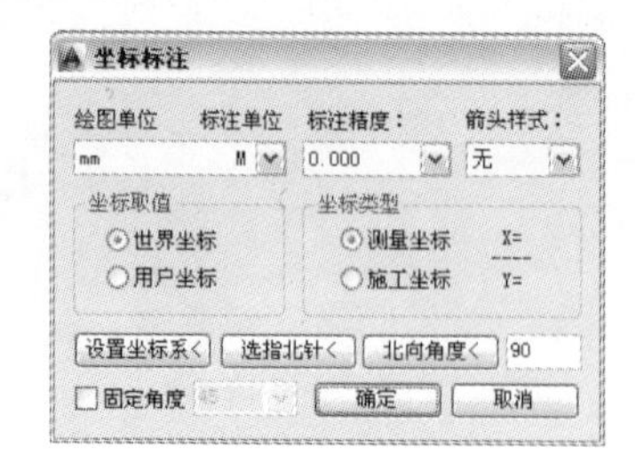

图 7-79　“坐标标注”对话框

7.7.4　坐标检查

执行方法：选择“符号标注 | 坐标检查”命令（快捷键 ZBJC）。

本命令用于在总平面图上检查测量坐标或者施工坐标，避免由于人为修改坐标标注值导致设计位置的错误。本命令可以检查世界坐标系（WCS）下的坐标标注和用户坐标系（UCS）下的坐标标注，但注意只能选择基于其中一个坐标系进行检查，而且应与绘制时的条件一致。

选择“符号标注 | 坐标检查”命令（快捷键 ZBJC），将弹出“坐标检查”对话框，设置相好参数并单击“确定”按钮，然后依次选择要检查的坐标对象即可，如图 7-80 所示。

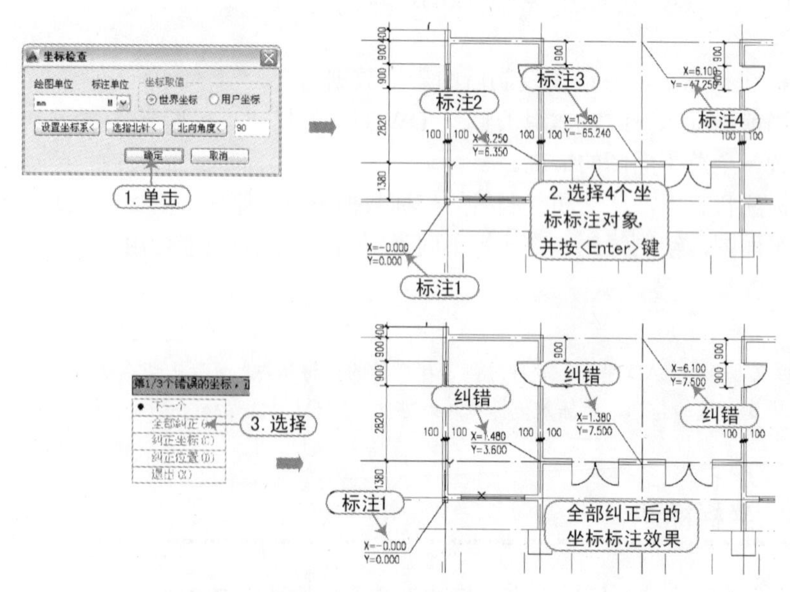

图 7-80　坐标检查操作

7.7.5 标高标注

执行方法：选择“符号标注丨标高标注”命令（快捷键 BGBZ）。

本命令在界面中分为两个页面，分别用于建筑专业的平面图标高标注、立剖面图楼面标高标注，以及总图专业的地坪标高标注、绝对标高和相对标高的关联标注，地坪标高符合总图制图规范的三角形、圆形实心标高符号，提供可选的两种标注排列，标高数字右方或者下方可加注文字，说明标高的类型。

选择“符号标注丨标高标注”命令（快捷键 BGBZ），将弹出“标高标注”对话框，设置相好参数并单击“确定”按钮，然后依次选择要标注的位置及方向即可，如图 7-81 所示。

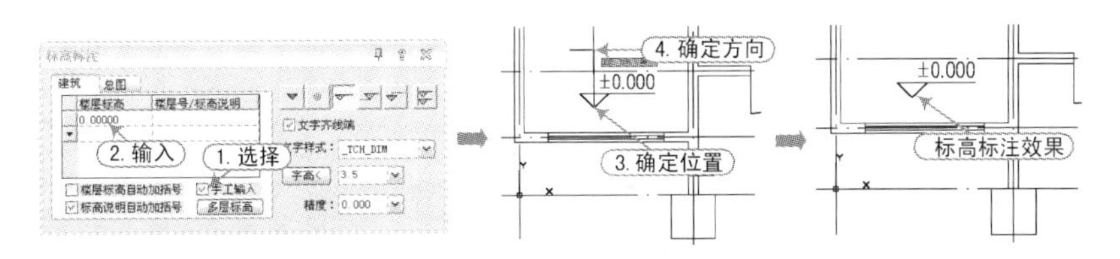

图 7-81 标高标注操作

提示

双击标高对象的文字，即可进入在位编辑状态，从而可直接修改标高数值。若双击标高对象的非文字部分，即可进入对象编辑，弹出相应的对话框，然后单击“确定”按钮完成修改即可。

由于多层标高标注为保持对象完整性，不提供标高文字的在位编辑，双击文字部分仍进入对象编辑，通过表格进行标高文字的修改。

在“建筑”选项卡中，各主要选项的含义如下。

- 手工输入：默认不选，系统自动根据当前坐标系的 y 轴正向和反向距离进行标注。当用户勾选该复选框后，即可在文本框中手工输入标高值。
- 标高符号形式：包括实心填充、普通、带基线、带引线几种，如图 7-82 所示。

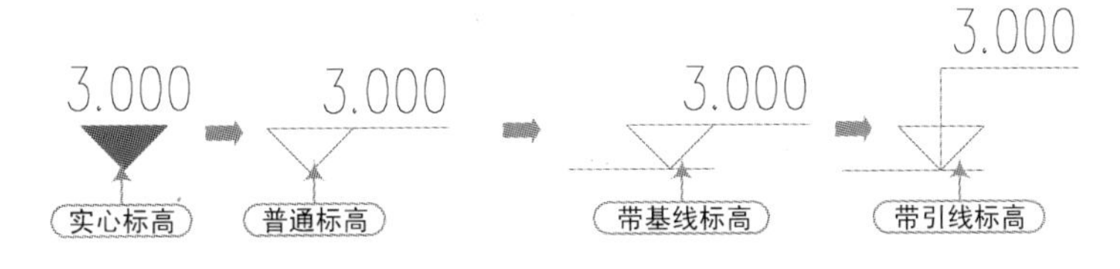

图 7-82 标高符号形式

- 精度：在该下拉列表中可选择标高值的精度。
- 连续标注：默认情况下，该按钮处于被选中状态，用户在创建标高标注时可连续多次创建标高标注；若取消选择该按钮，则不能连续进行标高标注。
- 自动对齐：选中该按钮后，一次可连续创建多个标高标注，这些标注将自动对齐在一条垂线上。

- 文字齐线端：用于规定标高文字的取向，勾选后文字总是与文字基线端对齐；去除勾选表示文字与标高三角符号一端对齐，与符号左右无关。
- 楼层标高自动加括号：用于按《房屋建筑制图统一标准》10.8.6 的规定绘制多层标高；勾选后除第一个楼层标高外，其他楼层的标高加括号。
- 标高说明自动加括号：用于设置是否在说明文字两端添加括号，勾选后说明文字自动添加括号。
- 多层标高：单击该按钮，将弹出“多层楼层标高编辑”对话框，在其中输入多个楼层的标高值，如在“层数”下拉列表框中选择 2，则左侧的表格自动根据当前层高数值来进行填写，如图 7-83 所示。若勾选“自动填楼层号到标高表格”复选框，则系统以 1F、2F、3F 等顺序自动添加标高说明，如图 7-84 所示。

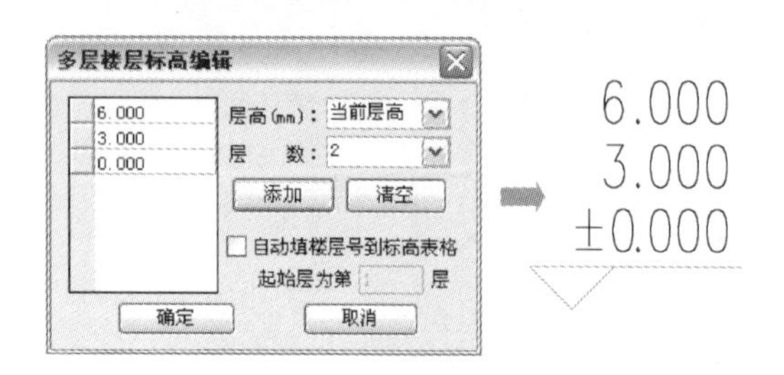

图 7-83 多楼层标高

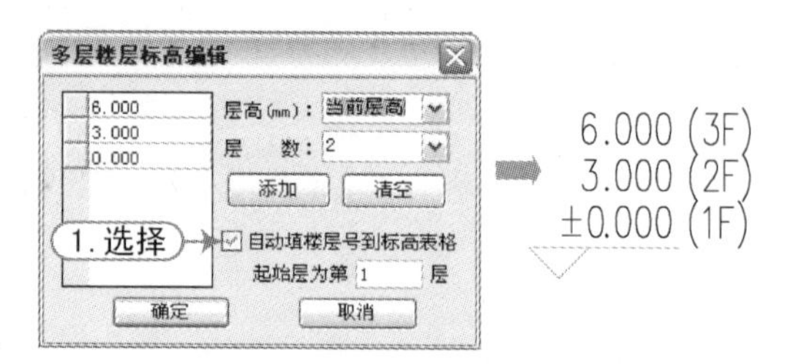

图 7-84 自动填充楼层号

单击“总图”标签切换到“总图”选项卡，如图 7-85 所示，各主要选项的含义如下。

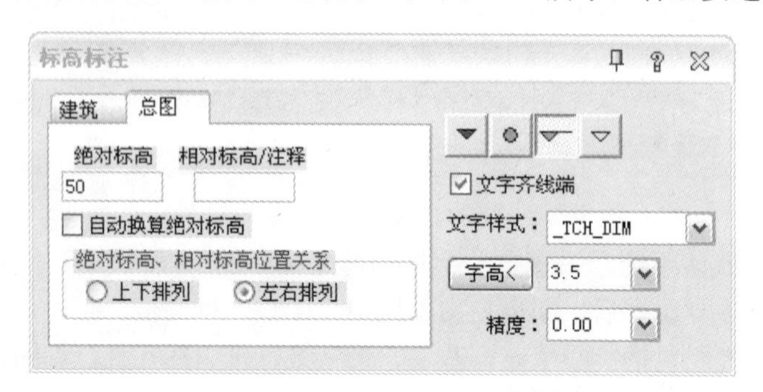

图 7-85 “总图”选项卡

- 标注符号按钮：仅“实心三角”“实心圆点”和“标准标高”符号可以用于总图标高。这 3 个按钮表示标高符号的 3 种不同样式，可任选其中之一进行标注。
- 自动换算绝对标高：勾选该复选框，将显示“换算关系”文本框。在“换算关系”文本框中输入标高关系，绝对标高自动算出并标注两者换算关系，当注释为文字时自动加括号作为注释。
- 文字位置：当选择“三角形室外地坪标高”或“圆点室外地坪标高”按钮时，该选项可见，从而可在其组合框中选择“上部”“右侧”和“右上”3 种标注方式。
- 相对标高/注释：在其文本框中输入相对标高，系统自动计算出“绝对标高”文本框的内容。
- 上下排列 / 左右排列：用于标注绝对标高和相对标高的关系，由用户自己选择。

7.7.6 标高检查

执行方法：选择“符号标注丨标高检查”命令（快捷键 BGJC）。

本命令适用于在立面图和剖面图上检查天正标高符号，避免由于人为修改标高标注值导致设计位置的错误。本命令可以检查世界坐标系下的标高标注和用户坐标系下的标高标注，但注意只能选择基于其中一个坐标系进行检查，而且应与绘制时的条件一致。

提示

> 本命令不适用于检查平面图上的标高符号，查出不一致的标高对象后用户可以选择两种解决方法，一是认为标高位置是正确的，要求纠正标高数值；二是认为标高数值是正确的，要求移动标高位置。

选择“符号标注丨标高检查”命令（快捷键 BGJC），然后按照如下命令行提示进行操作。

```
命令：BGJC        \\ 选择“标高检查”命令。
选择参考标高或 [参考当前用户坐标系(T)]<退出>：    \\ 选择作为标准的具有正确标高数值的标
                                                   高符号。
选择待检查的标高标注：\\ 选择需要检查的其他标高符号。
选择待检查的标高标注：\\ 按〈Enter〉键结束选择，系统显示检查结果，第一个错误的标高
                        符号被红色方框框起来。
选中的标高 5 个，其中 2 个有错!
第 2/1 个错误的标注，正确标注(4.963)或 [全部纠正(A)/纠正标高(C)/纠正位置(D)/退出(X)]<下一
个>:
                     \\ 按〈Enter〉键观察下一个错误的标高标注符号。
第 2/2 个错误的标注，正确标注(2.463)或 [全部纠正(A)/纠正标高(C)/纠正位置(D)/退出(X)]<下一
个>:
                     \\ 输入 A 全部按正确数值进行纠正。
```

如图 7-86 所示是进行标高检查的示意图。

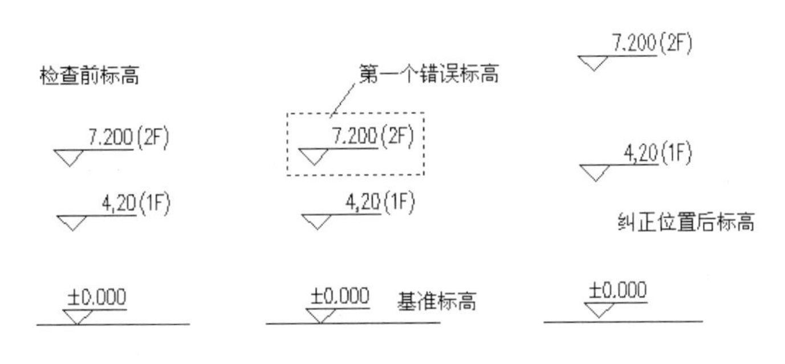

图 7-86 标高检查示意图

7.7.7 标高对齐

执行方法：选择“符号标注丨标高对齐”命令（快捷键 BGDQ）。

本命令用于把选中的所有标高，按新单击的标高位置或参考标高位置竖向对齐。如果当

前标高采用的是带基线的形式，则还需要再单击一下基线对齐点，如图 7-87 所示。

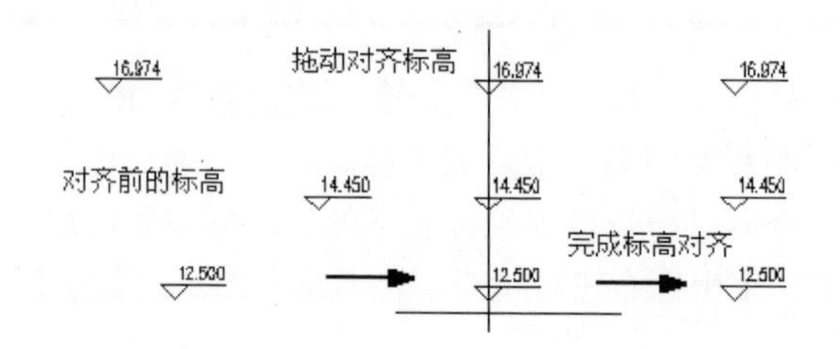

图 7-87　标高对齐示意图

7.7.8　箭头引注

执行方法：选择“符号标注 | 箭头引注”命令（快捷键 JTYZ）。

本命令绘制带有箭头的引出标注，文字可从线端标注也可从线上标注，引线可以多次转折，用于楼梯方向线、坡度等标注，提供了 5 种箭头样式和两行说明文字。其操作步骤如图 7-88 所示。

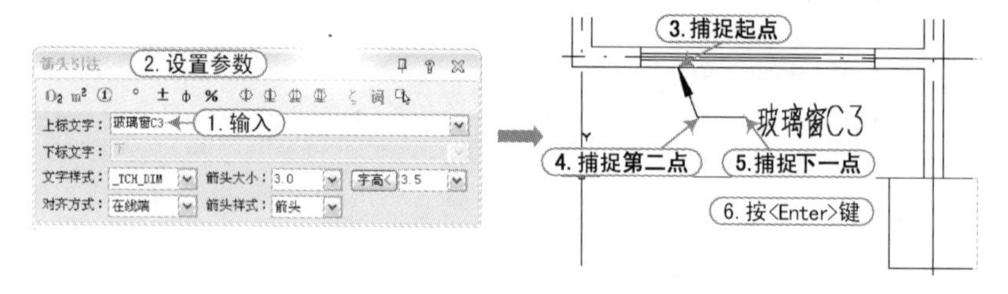

图 7-88　箭头引注操作

7.7.9　引出标注

执行方法：选择“符号标注 | 引出标注”命令（快捷键 YCBZ）。

本命令可用于对多个标注点进行说明性的文字标注，自动按端点对齐文字，具有拖动自动跟随的特性。新增引线平行功能，默认是单行文字，需要标注多行文字时可在“特性”面板中切换，标注点的取点捕捉方式完全服从命令执行时的捕捉方式，按〈F3〉键切换捕捉方式的开关。其操作步骤如图 7-89 所示。

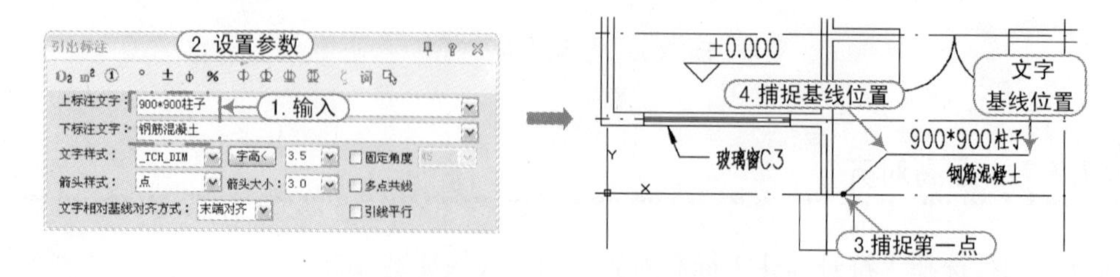

图 7-89　引出标注操作

勾选“多点共线”和“引线平行”复选框的结果分别如图 7-90 所示。

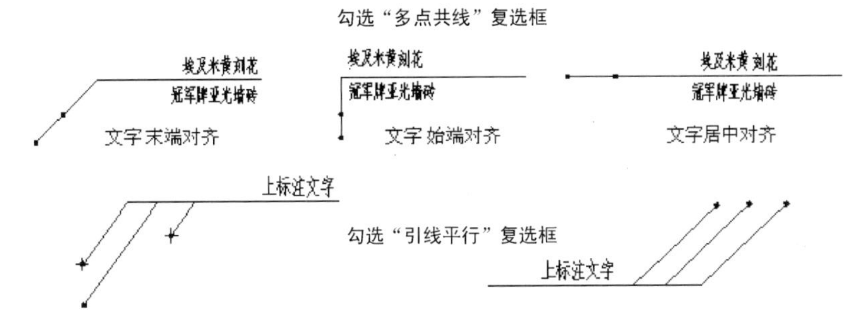

图 7-90　不同引线的效果比较

如果用户双击引出标注对象时，可弹出“编辑引出标注”对话框，如图 7-91 所示。与“引出标注”对话框所不同的是，下面多了“增加标注点”按钮，单击该按钮可进入图形添加引出线与标注点，可以改变复选框修改引线引出方式。

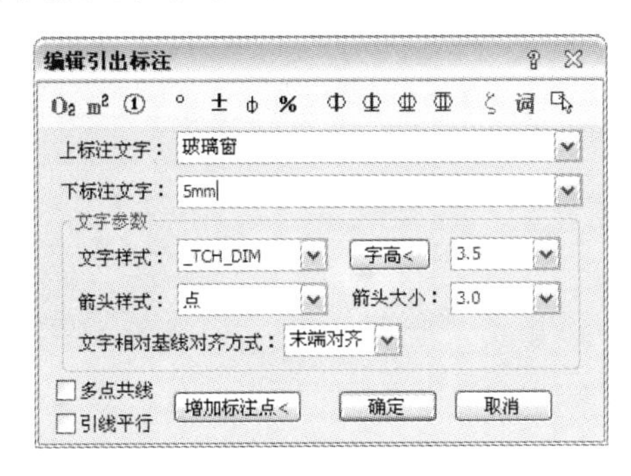

图 7-91　“编辑引出标注”对话框

提示

1）引出标注对象还可实现夹点编辑，如拖动标注点时，箭头（圆点）自动跟随；拖动文字基线时，文字自动跟随。除了夹点编辑外，双击其中的文字进入在位编辑，修改文字后右击屏幕，弹出快捷菜单，在其中选择修饰命令，最后选择“确定”命令结束编辑，如图 7-92 所示。

2）引出标注对象的上下标注文字均可使用多行文字，文字先在一行内输入，通过切换“特性”面板文字类型改为多行文字，夹点拖动改变页宽，如图 7-93 所示。

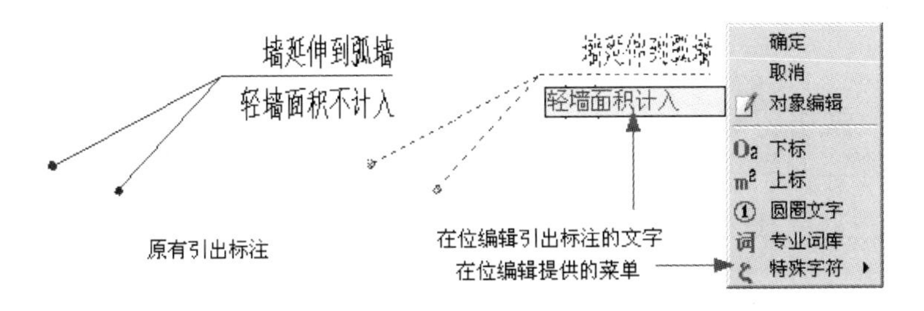

图 7-92　引出的夹点编辑

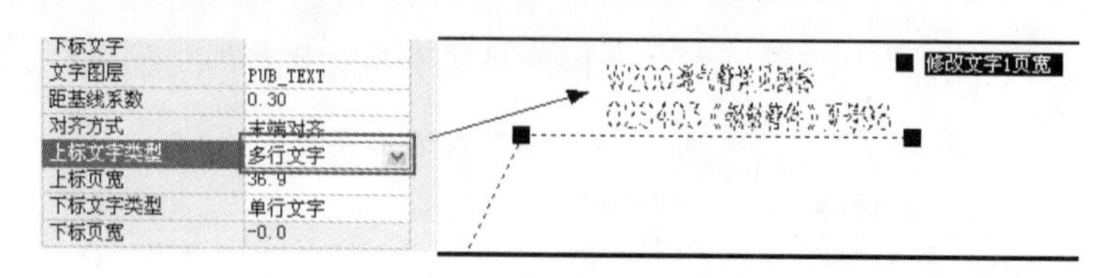

图 7-93　引出文字类型的修改

7.7.10　做法标注

执行方法：选择“符号标注 | 做法标注”命令（快捷键 ZFBZ）。

本命令用于在施工图纸上标注工程的材料做法，通过专业词库可调入北方地区常用的 88J1-X1（2000 版）的墙面、地面、楼面、顶棚和屋面标准做法。软件提供了多行文字的做法标注文字，每一条做法说明都可以按需要的宽度拖动为多行，还增加了多行文字位置和宽度的控制夹点，按新版国家制图规范要求提供了做法标注圆点的标注选项。其操作步骤如图 7-94 所示。

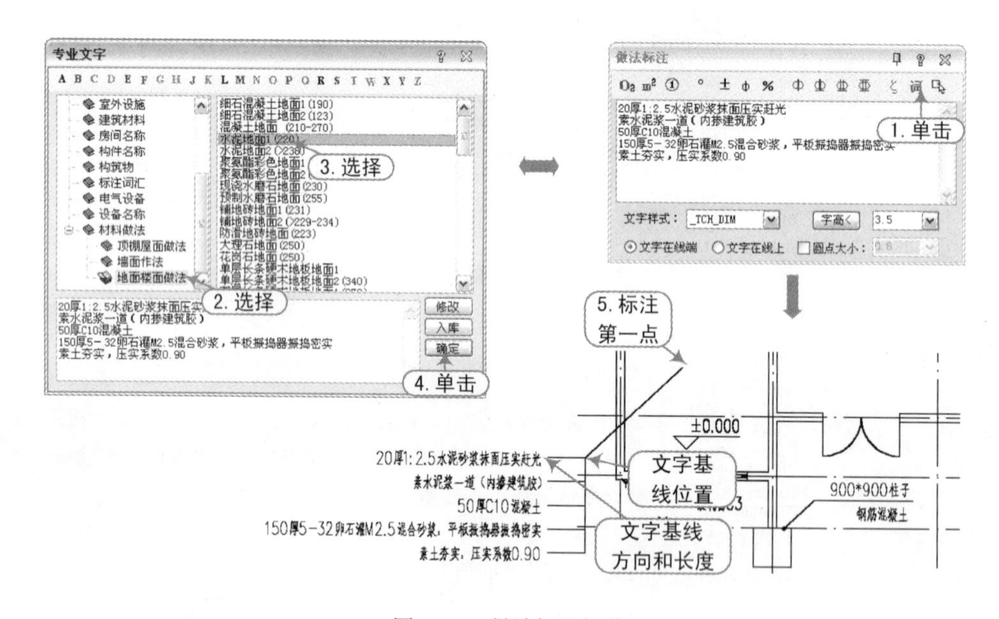

图 7-94　做法标注操作

7.7.11　索引符号

执行方法：选择“符号标注 | 索引符号”命令（快捷键 SYFH）。

本命令为图中另有详图的某一部分标注索引号，指出表示这些部分的详图在哪张图上，分为“指向索引”和“剖切索引”两类。索引符号的对象编辑提供了增加索引号与改变剖切长度的功能，为满足用户需求，新增加“多个剖切位置线”和“引线增加一个转折点”复选框，还为符合制图规范的图例画法增加了“在延长线上标注文字”复选框。其操作步骤如图 7-95 所示。

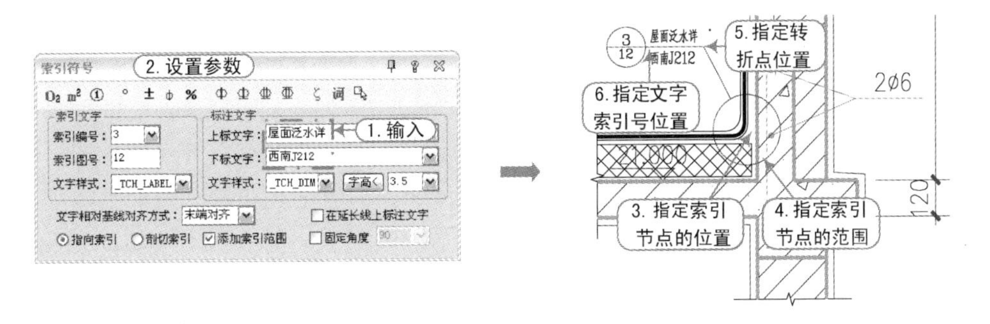

图 7-95 创建指向索引

如果用户在“索引符号”对话框中选择“剖切索引”单选按钮，即可创建剖切索引，如图 7-96 所示。

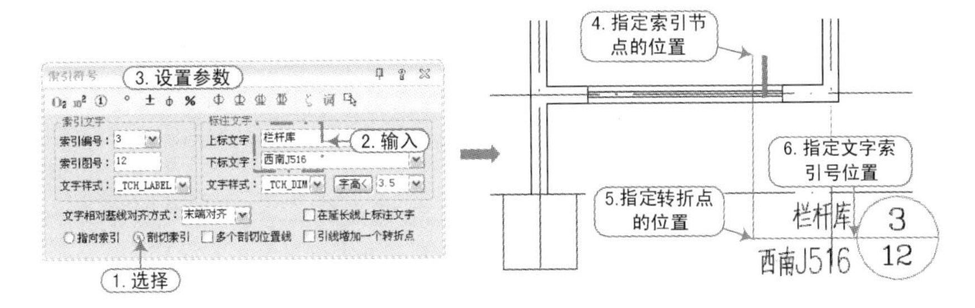

图 7-96 创建剖切索引

7.7.12 索引图名

执行方法：选择“符号标注 | 索引图名”命令（快捷键 SYTM）。

本命令为图中被索引的详图标注索引图名，对象中新增“详图比例”，在命令交互中输入即可标注，在“特性”面板中新提供“文字字高系数”，可在需要时调整编号文字相对于索引圆圈的大小，在 1.0 时字高充满圆圈，如图 7-97 所示。

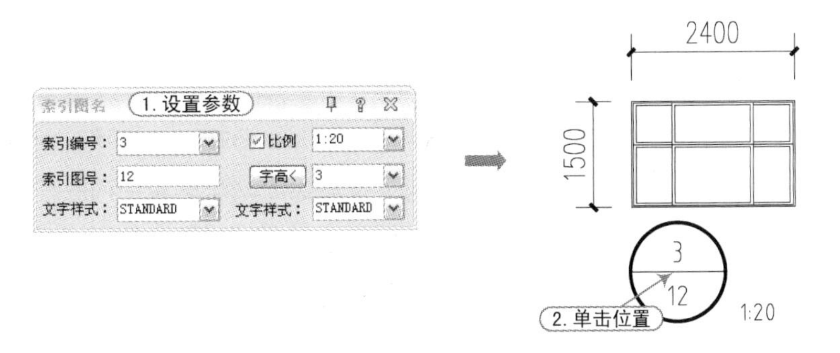

图 7-97 创建索引图名

7.7.13 剖切符号

执行方法：选择“符号标注 | 剖切符号”命令（快捷键 SYTM）。

本命令从 2013 版本开始取代以前的“剖面剖切”与“断面剖切”命令，扩充了任意角度的转折剖切符号绘制功能，用于图中标注制图标准规定的剖切符号，以及定义编号的剖面图，表示剖切断面上的构件以及从该处沿视线方向可见的建筑部件，生成剖面时选择“建筑剖面”与“构件剖面”命令需要事先绘制此符号，用以定义剖面方向。其操作步骤如图 7-98 所示。

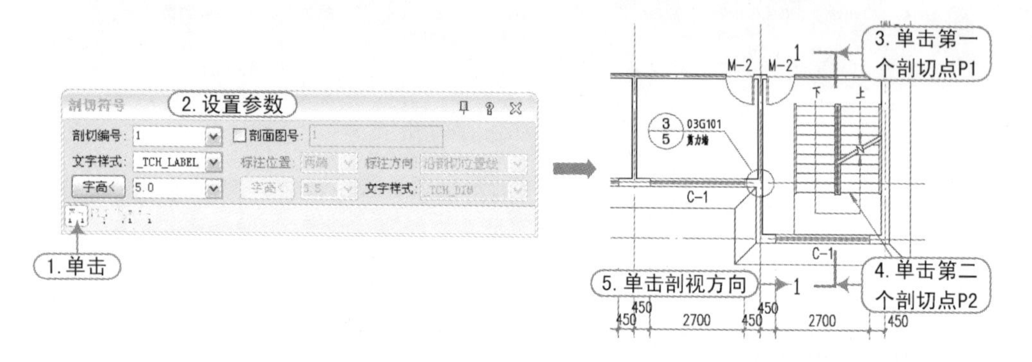

图 7-98　正交剖切操作

在“剖切符号”对话框下侧的剖切方式中，如果选择第二个“正交转折剖切”方式，即可进行正交转折剖切操作，如图 7-99 所示。

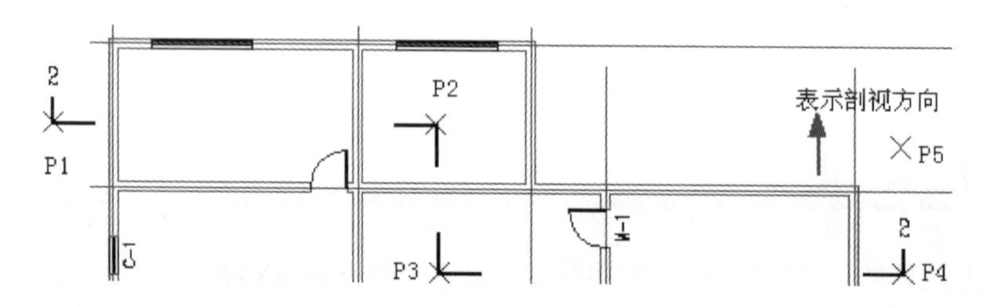

图 7-99　正交转折剖切操作

7.7.14 加折断线

执行方法：选择“符号标注 | 加折断线”命令（快捷键 JZDX）。

本命令可绘制折断线，形式符合制图规范的要求，并可以依照当前比例更新其大小，在切割线一侧的天正建筑对象不予显示，用于解决天正对象无法从对象中间打断的问题，切割线功能对普通 AutoCAD 对象不起作用，需要切断图块等时，应配合使用“其他工具”菜单下的“图形裁剪”命令以及 AutoCAD 的编辑命令。

选择“符号标注 | 加折断线”命令（快捷键 JZDX）时，根据命令行提示，可以选择“加单折断线”，如图 7-100 所示，也可选择“加双折断线”， 如图 7-101 所示。

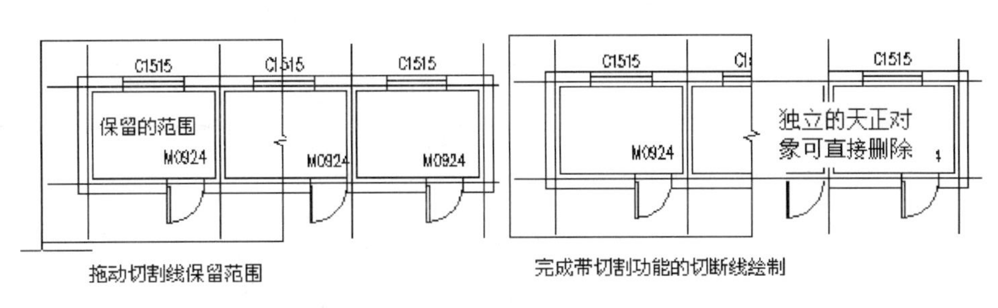

图 7-100　加单折断线

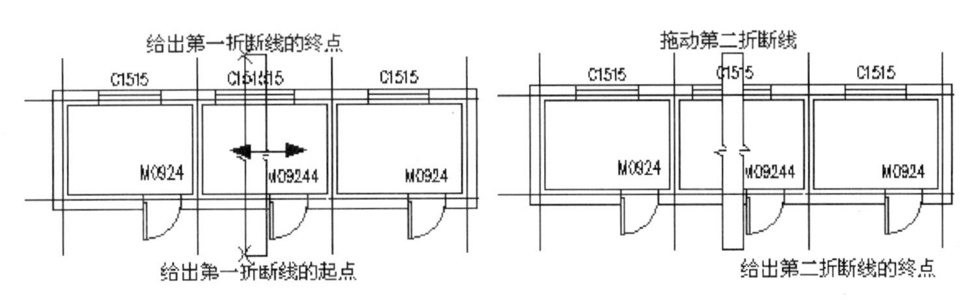

图 7-101　加双折断线

7.7.15　画指北针

执行方法：选择“符号标注 | 画指北针”命令（快捷键 HZBZ）。

本命令在图上绘制一个国家标准规定的指北针符号对象，从插入点到更改夹点方向为指北针的方向，这个方向在坐标标注时起指示北向坐标的作用。其操作步骤如图 7-102 所示。

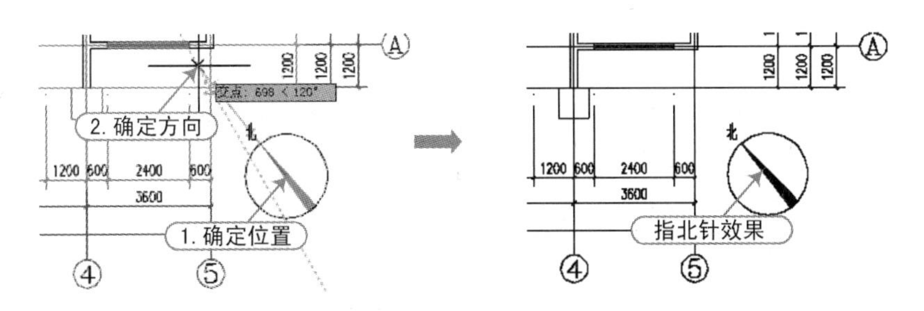

图 7-102　创建指北针符号

7.7.16　图名标注

执行方法：选择“符号标注 | 图名标注”命令（快捷键 TMBZ）。

一个图形中绘有多个图形或详图时，需要在每个图形下方标出该图的图名，并且同时标注比例，比例变化时会自动调整其中文字的大小，“特性”面板中新增的“间距系数”项表示图名文字到比例文字间距的控制参数。其操作步骤如图 7-103 所示。

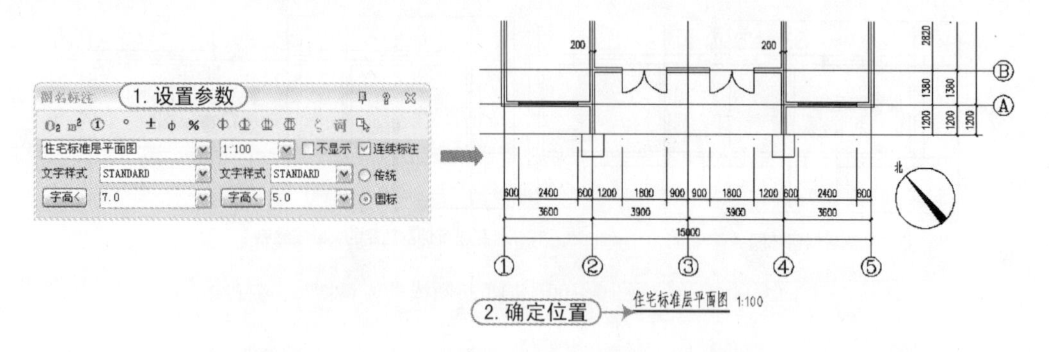

图 7-103　图名标注的操作

双击图名标注对象可进入“图名标注”对话框修改样式设置，如图 7-104 所示。双击图名文字或比例文字进入在位编辑修改文字，移动图名标注夹点设在对象中间，可以通过捕捉对齐图形中心线获得良好效果。

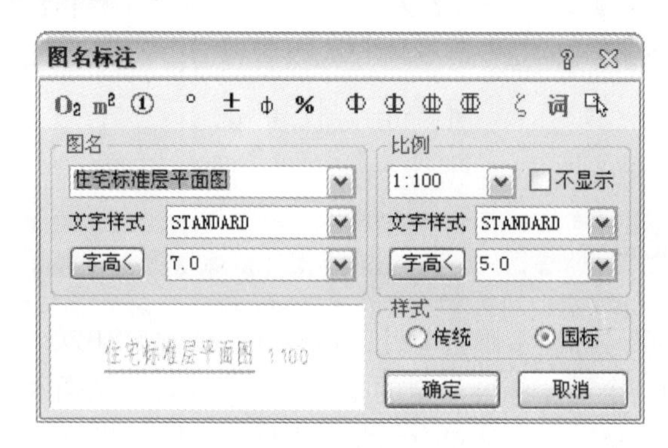

图 7-104　编辑图名标注

7.8　住宅平面图的符号标注实例

视频\07\住宅平面图的符号标注实例.avi
案例\07\住宅平面图的符号标注.dwg

根据前面所学的符号标注命令，将打开的住宅平面图进行符号标注。首先使用“单行文字”命令对其各房间进行名称标注，再使用“坐标标注”命令对其 A1 交点进行坐标标注，再使用“标高标注”命令对各房间进行不同的标高标注，再使用“箭头引注”命令对下侧的栏杆进行引注，再使用“剖面剖切”命令对其左右、上下进行剖切符号的标注，再使用“画指北针”命令在图形的右上角进行指北针标注，再使用“图名标注”命令在图形的右下角处进行图名及比例的标注，其符号标注的效果如图 7-105 所示。

1）启动 TArch 天正软件，按〈Ctrl+O〉组合键，将“案例\07\住宅平面图的标注.dwg”文件打开，如图 7-106 所示；再按〈Ctrl+Shift+S〉组合键，将该图形文件另存为“住宅平面图的符号标注.dwg”。

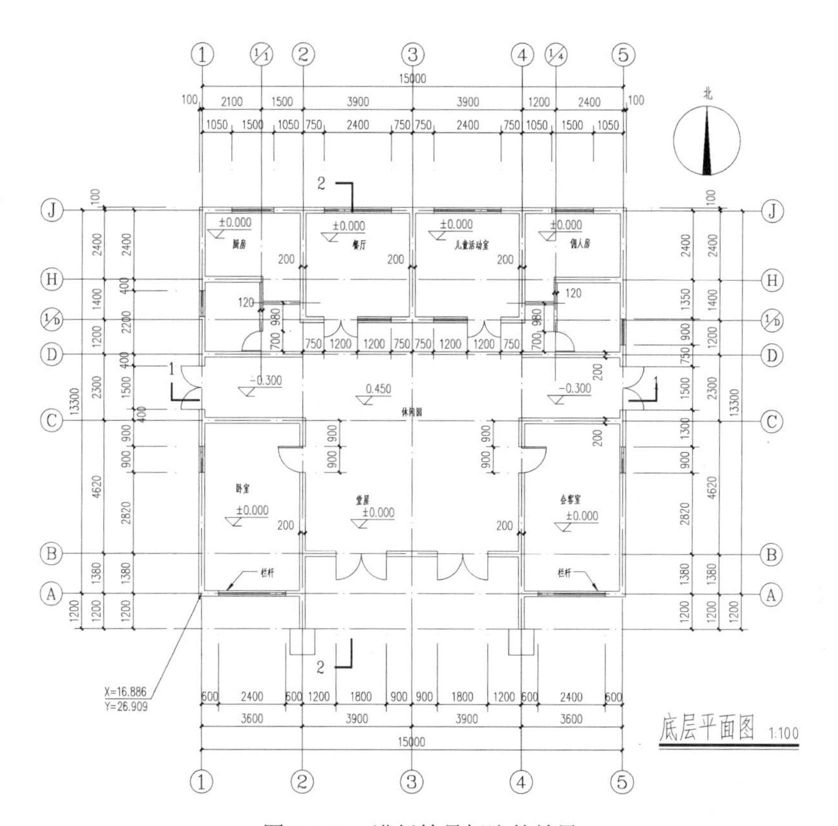

图 7-105　进行符号标注的效果

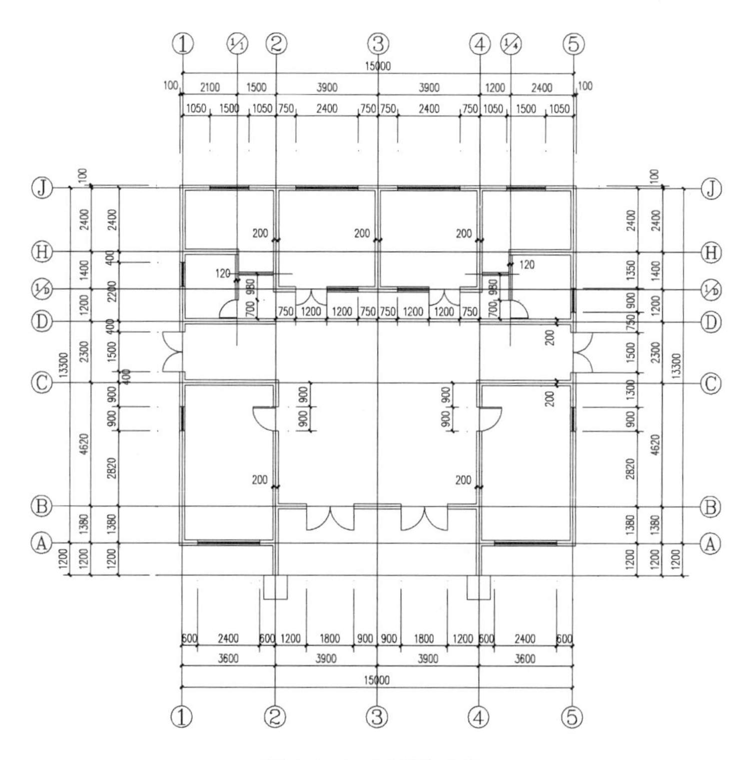

图 7-106　打开的文件

2）选择“文字表格 | 单行文字”命令（快捷键 DHWZ），对图形的指定区域进行名称标注，如图 7-107 所示。

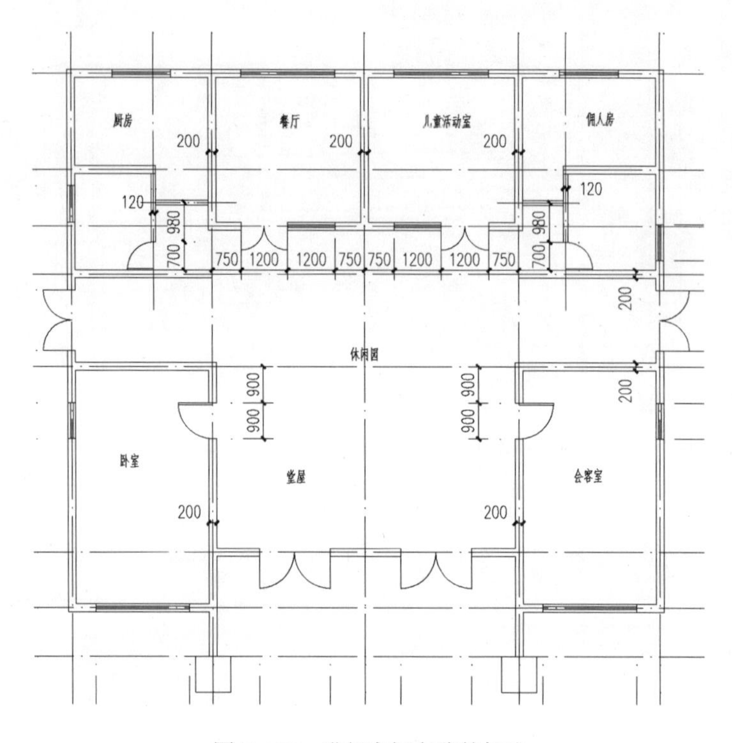

图 7-107　进行房间名称的标注

3）选择“符号标注 | 坐标标注”命令（快捷键 ZBBZ），捕捉轴线 A1 交点作为标注点，再拖动鼠标到左下角的适当位置单击，如图 7-108 所示。

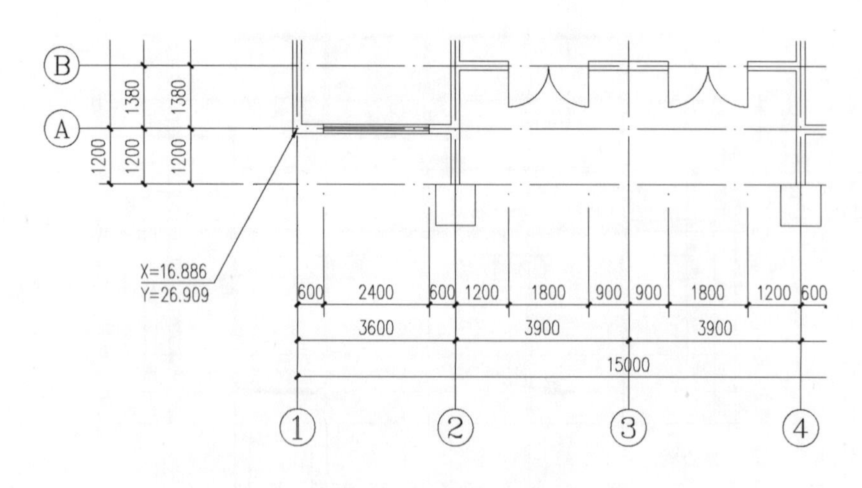

图 7-108　进行坐标标注

4）选择“符号标注 | 标高标注”命令（快捷键 BGBZ），对不同的房间进行标高标注，如图 7-109 所示。

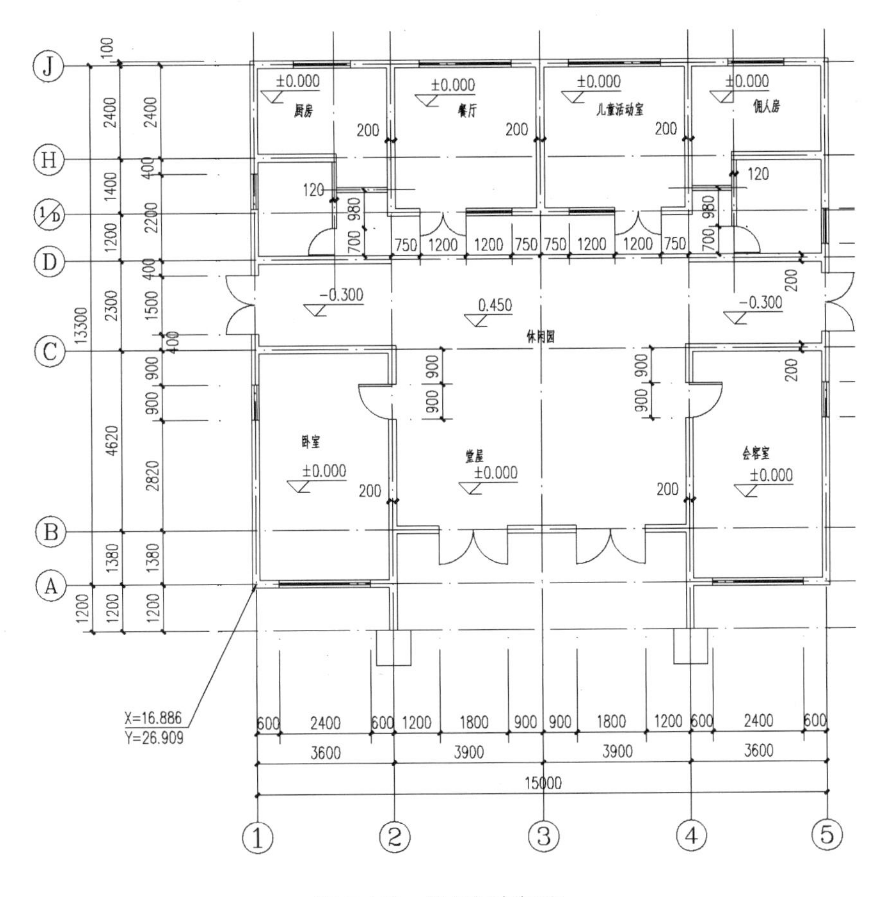

图 7-109 进行标高标注

5）选择“符号标注 | 箭头引注”命令（快捷键 JTYZ），分别对左下侧和右下侧的窗口进行箭头标注，如图 7-110 所示。

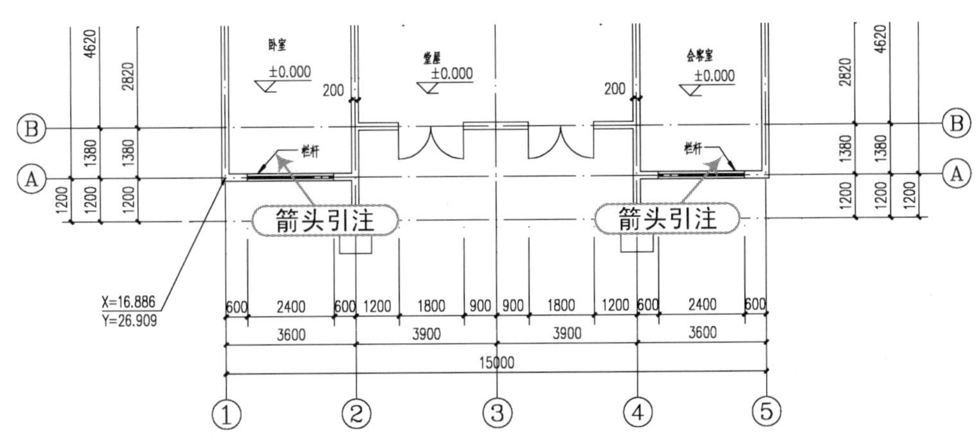

图 7-110 进行箭头引注

6）选择“符号标注 | 剖面剖切”命令（快捷键 PMPQ），对整个图形作“1-1”和“2-2”的剖面剖切符号操作，如图 7-111 所示。

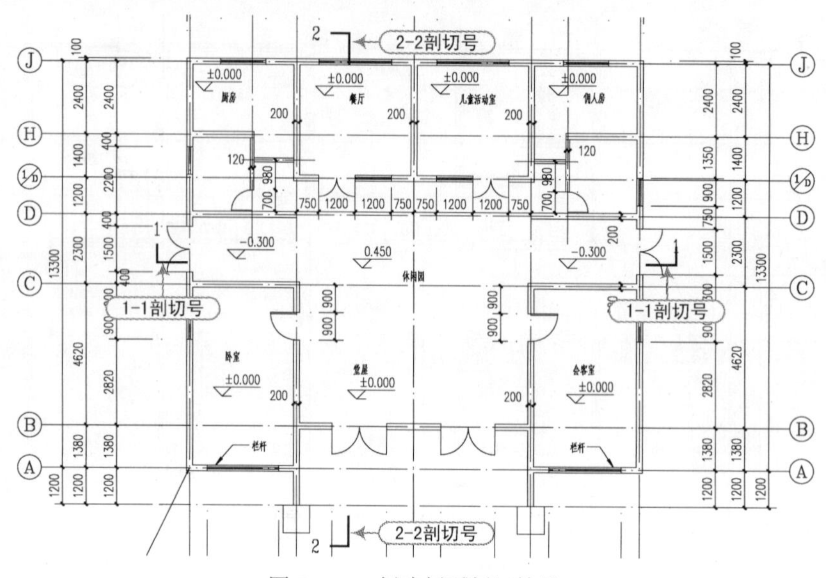

图 7-111　创建剖面剖切符号

7）选择“符号标注 | 画指北针”命令（快捷键 HZBZ），在图形的右上角处标注指北针符号。

8）选择“符号标注 | 图名标注”命令（快捷键 TMBZ），弹出“图名标注”对话框，设置文本内容为“底层平面图”，字高为 10.0，再设置比例为 1∶100，字高为 5.0，然后在图形的右下角处单击，如图 7-112 所示。

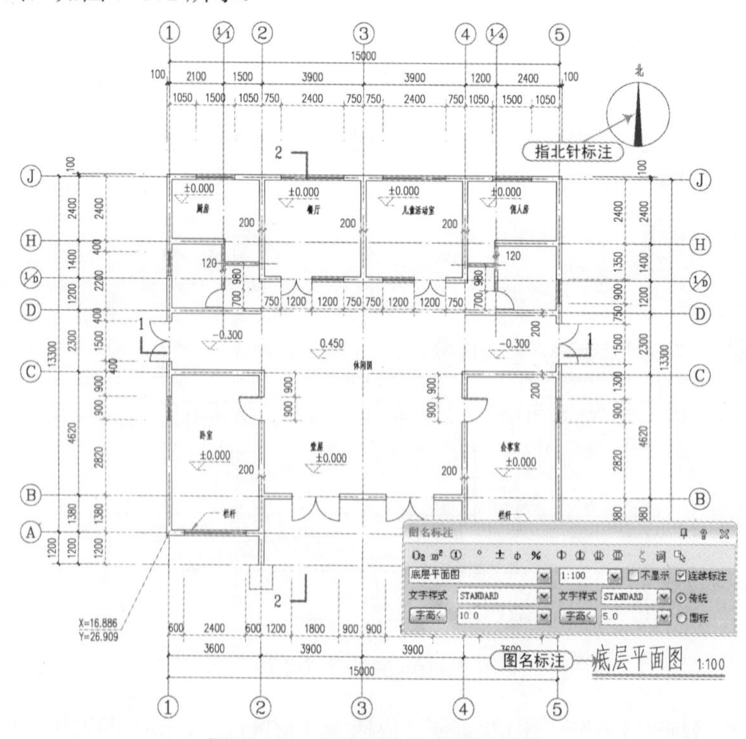

图 7-112　创建指北针和图名标注

9）至此，该图形的符号标注已经创建完毕，按〈Ctrl+S〉组合键进行保存即可。

7.9 思考与练习

一、填空题

1．TArch 屏幕菜单中的“墙厚标注”命令可对__________对象进行标注。

2．如果需要标注一条弧线的弦长，则应使用____________命令进行标注，再使用________命令进行转换，该命令可在弧长、角度和弦长标注间切换。

3．如果需要删除已创建标注中的某一部分标注，则应使用 TArch 屏幕菜单中的____________命令。

4．在图中标注坐标时，可以使用__________和__________两种坐标系进行标注。

5．若用户在主图纸上创建索引符号，则应在相应的详图图形处创建____________。

二、选择题

1．如果需要将两个相同方向上的尺寸标注合并为一个整体，则应选择（　　）命令。

A．“尺寸标注｜增补尺寸”　　B．“尺寸标注｜尺寸编辑｜连接尺寸”

C．“尺寸标注｜连接尺寸”　　D．“尺寸标注｜尺寸自调”

2．若需要创建当前图形中的门窗尺寸表，则应选择（　　）命令。

A．“门窗｜门窗表”　　B．“门窗｜门窗总表”

C．“文字表格｜新建表格”　　D．“文字表格｜读入 Excel”

3．若需在当前绘图区插入一个图框，则应选择（　　）命令。

A．“文件布图｜图纸文件夹”　　B．“文件布图｜插入图框”

C．“文件布图｜定义视口”　　D．“文件布图｜图形导出”

三、操作题

1．将光盘中“案例\07\底层平面图.dwg”文件打开，再按如图 7-113 所示进行标注。

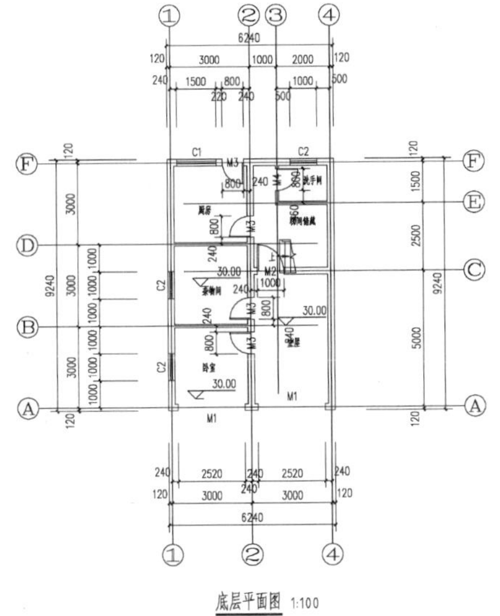

图 7-113　底层平面图的标注效果

2．将光盘中“案例\07\操作题 1.dwg”文件打开，并为其添加图框，最终效果如图 7-114 所示。

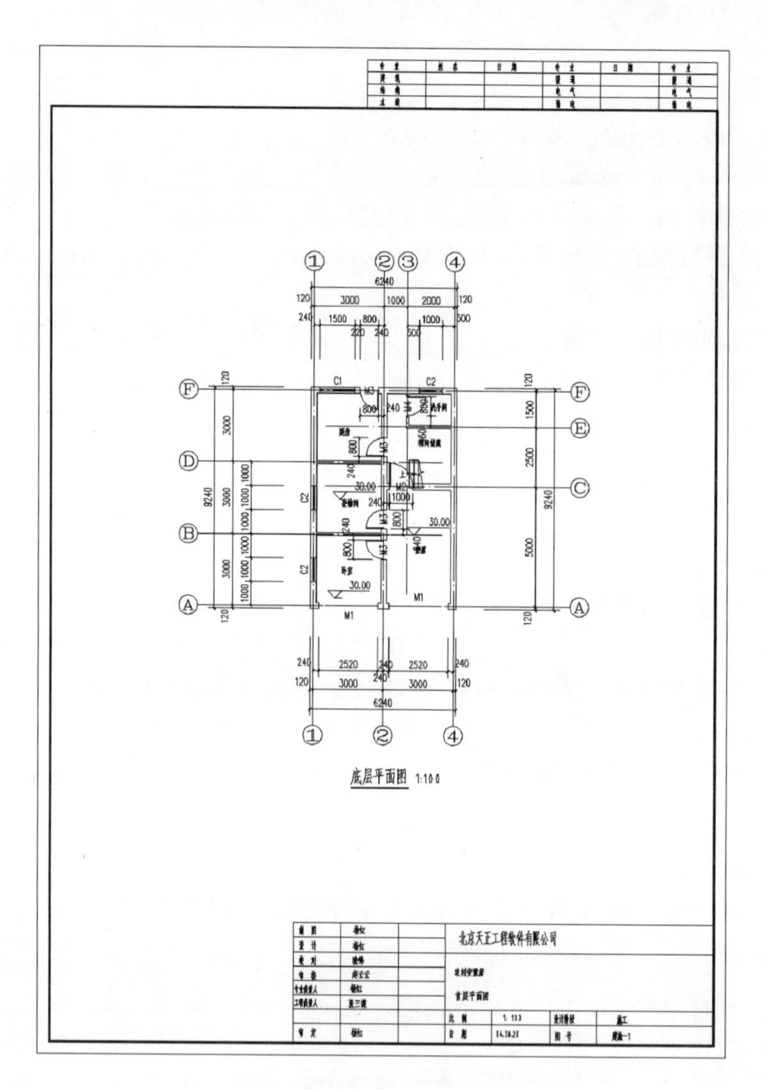

图 7-114　添加图框的效果

第 8 章　创建立面图和剖面图

设计好一套工程的各层平面图后，需要绘制立面图表达建筑物的立面设计细节。立剖面的图形表达和平面图有很大的区别，立剖面表现的是建筑三维模型的一个投影视图，受三维模型细节和视线方向建筑物遮挡的影响，天正立面图形是通过平面图构件中的三维信息进行消隐获得的纯粹二维图形，除了符号与尺寸标注对象以及门窗、阳台图块是天正自定义对象外，其他图形构成元素都是 AutoCAD 的基本对象。

8.1　天正工程管理

软件技能

天正工程管理是把用户所设计的大量图形文件按“工程”或者说“项目”区别开来，首先要求用户把同属于一个工程的文件放在同一个文件夹下进行管理，这是符合用户日常工作习惯的，只是以前在天正建筑软件中没有强调这样一个操作要求。

工程管理允许用户使用一个 DWG 文件通过楼层范围（默认不显示）保存多个楼层平面，通过楼层范围定义自然层与标准层关系，也容许用一个 DWG 文件保存一个楼层平面，此时也需要定义楼层范围，用于区分在 DWG 文件中属于工程的平面图部分，通过楼层范围中的对齐点把各楼层平面对齐并组装起来；还支持部分楼层平面在一个 DWG 文件，而其他一些楼层在其他 DWG 文件这种混合保存方式。如图 8-1 所示为某项工程的一个天正图纸集，其中一层和二层平面图都保存在一个 DWG 文件中，而其他平面 C-D 保存在各自的 DWG 文件中。由于楼层范围定义的存在，DWG 文件中的临时平面图 X 和 Y 不会影响工程的创建。

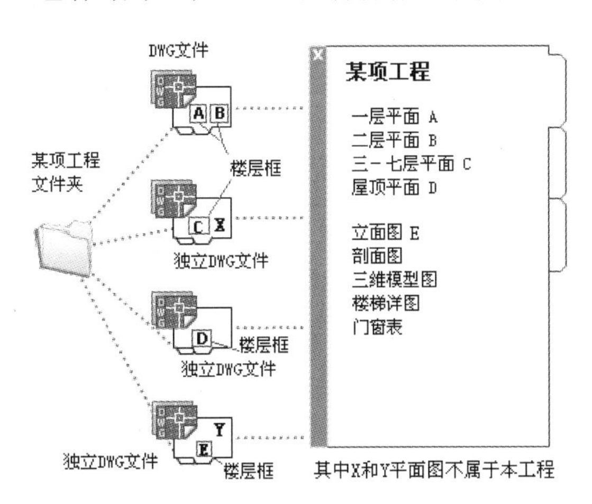

图 8-1　工程管理示意图

8.1.1　工程管理

执行方法：选择“文件布图 | 工程管理”命令（快捷键 GCGL）。

本命令启动“工程管理”面板，建立由各楼层平面图组成的楼层表，在界面上方提供了创建立面、剖面、三维模型等图形的工具栏图标。

选择“文件布图 | 工程管理”命令（快捷键 GCGL）或按〈Ctrl+~〉组合键，均可启动“工程管理”面板，再次执行可关闭该界面，并可设置为“自动隐藏”，仅显示一个共用的标

题栏，光标进入标题栏的工程管理区域时，界面会自动展开，如图 8-2 所示。

单击界面上方的下拉列表，可以打开“工程管理”菜单，如图 8-3 所示。

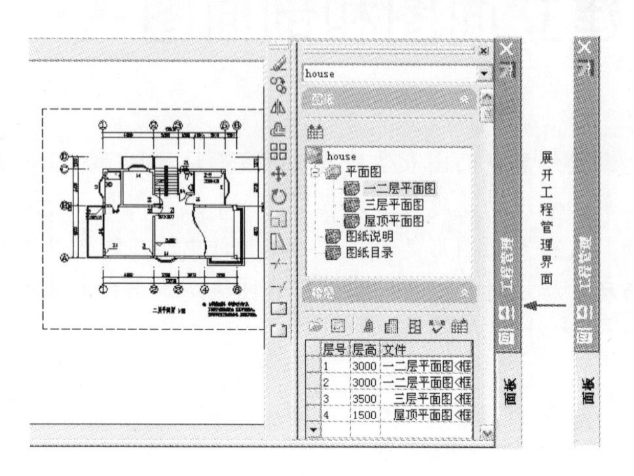

图 8-2 “工程管理”面板

图 8-3 “工程管理”菜单

8.1.2 新建管理

“新建工程”命令为当前图形建立一个新的工程，并要求用户为工程命名。

选择“新建工程”命令后，系统将弹出“另存为”对话框，通过该对话框选取并保存该工程 DWG 文件的文件夹作为路径，并输入新工程的名称（其扩展名为.tpr），然后单击“保存”按钮即可，如图 8-4 所示。

图 8-4 新建工程

8.1.3 打开管理

“打开工程”命令用于打开已有的工程，在图纸集中的树形列表中列出本工程的名称及该工程所属的图形文件名，在楼层表中列出本工程的楼层定义。

选择“打开工程”命令后，系统将弹出“打开”对话框，通过该对话框选取所要打开工程的路径及工程名称，然后单击“打开”按钮即可，如图 8-5 所示。

图 8-5 打开工程

在“工程管理”菜单的“最近工程”子菜单中，列出了最近打开过的工程列表，单击其中一个工程即可打开。

8.1.4 “图纸”栏

“工程管理”面板的“图纸”栏主要用于管理属性工程的各个图纸文件，并以树状列表添加图纸文件创建图纸集，同时还可以通过快捷菜单来操作各个图纸文件，如图 8-6 所示。

图 8-6 图纸集的快捷菜单

图纸集的快捷菜单中共有 6 种不同的选项，这些选项的含义及功能如下所示。

- 收拢/展开：可以把当前光标选取位置的下层目录树状结构收起来，单击“+”号重新展开。
- 添加图纸：可以为当前的类别或工程添加图纸文件，从硬盘中选取已有的 DWG 文件，或者建立新图纸（双击该图纸时才新建 DWG 文件）。
- 添加类别：可以为当前的工程添加新类别，例如添加“门窗详图”类别等。
- 添加子类别：可以为当前类别下一层添加子类别。
- 重命名：可以将当前光标选取位置的类别或文件重新命名。
- 移除：可以将当前光标选取位置的类别或文件从树状目录中移除，但不会删除文件本身。

在“图纸”栏中除了上面介绍的相关操作选项外，也可以通过双击“图纸”栏树状列表中的图纸文件名称，来打开该图纸文件的 DWG 图形；拖放树状列表中的类别或文件图标，可以改变其在列表中的位置。

8.1.5 “楼层”栏

“楼层”栏是天正工程管理器的核心数据。用户对标准层平面图的保存常常有两种方法，一种是一个平面图文件以一个独立的 DWG 文件保存，另一种是把整个工程的多个平面图保存在同一个 DWG 文件中。这两种保存方案可以独立使用，也可以混合使用，在选择文件后，需要在每个平面图中定义楼层范围，如图 8-7 所示。

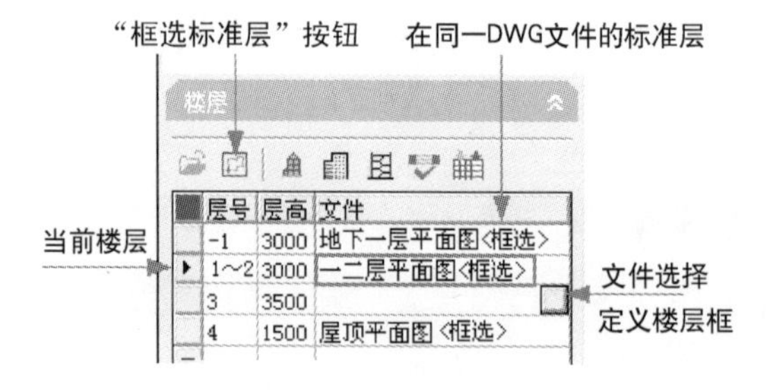

图 8-7 “楼层”栏

下面来讲解“楼层”表格的含义及使用方法。

- 层号：在此列表格中，可以设置一组自然层号顺序码，如 1、2、3 等，或者是 5-7（表示 5～7 层）等。从第一行开始填写，一组自然层顺序对应一个标准层文件。
- 层高：此列表格用于填写这个标准层的层高，层高不同的楼层属于不同的标准层，单位为毫米（mm）。
- 文件：此列表格用于填写这个标准层的文件名，单击其后的空白按钮，即可浏览选取文件来定义标准层。
- 行首按钮▶：单击行首按钮表示选一行，右击显示对本行操作的菜单，双击表示在本图预览框选的标准层定义范围，并以红色虚线的方式显示出来。
- 下箭头▼：单击该按钮将增加一行。

提示

用户在设置楼层表时，可通过以下 3 种方法实现：

1）单击“文件”列的单元格，接着单击“文件选择”按钮打开“文件”对话框，选择楼层文件。

2）打开图形或单击文件标签，切换到要定义楼层范围的楼层文件，使此楼层文件为当前图形文件。

3）单击“框选标准层”按钮，框选当前标准层的区域范围。注意，地下层层号用负值表示，如地下一层层号为-1，地下二层为-2。

在“楼层”栏的表格栏上方，从左到右有许多图标按钮，从左到右每个图标按钮的含义及功能说明如下。

- 选择标准层文件：单击该按钮将弹出“选择标准层文件”对话框，可以为标准层选择一个图形文件。例如，先单击表行选择一个标准层，再单击此命令按钮为该标准层指定一个 DWG 文件。
- 框选标准层：单击该按钮，可以在视图中框选图形文件并指定对齐基点。
- 三维组合建筑模型：单击该按钮，以楼层定义创建三维建筑模型图文件。
- 建筑立面：单击该按钮，以楼层定义创建建筑立面图。
- 建筑剖面：单击该按钮，以楼层定义创建建筑剖面图。
- 门窗检查：单击该按钮，将弹出“门窗编号验证表”对话框，检查工程各层平面图的门窗定义。
- 门窗总表：单击该按钮，根据所选择的表头样式自动创建工程各层平面图的门窗总表。

8.2 银行办公大楼工程图的创建

视频\08\银行办公大楼工程图的创建.avi
案例\08\银行工程\银行工程.tpr

在前面已经对 TArch 天正建筑软件的工程管理进行了详细的讲解，下面通过某银行办公大楼工程的创建来进行具体的操作讲解，从而让用户更加熟练地理解和掌握工程文件的创建方法。

1）启动 TArch 天正建筑软件，系统自动创建一个新的文件。

2）选择“文件布图 | 工程管理”命令（快捷键 GCGL），系统自动打开“工程管理”面板。

3）单击“工程名称”列表框，从弹出的快捷菜单中选择“新建工程”命令，然后按照如图 8-8 所示创建 “案例\08\银行工程\银行工程.tpr” 工程文件。

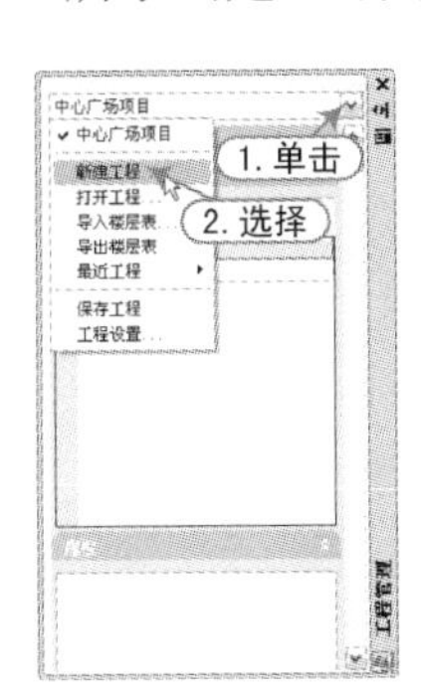

图 8-8 新建工程

4）在“图纸”栏中右击“平面图”项，从弹出的快捷菜单中选择“添加图纸”命令，然后在弹出的“选择图纸”对话框中，将“银行工程”文件夹下的所有平面图文件选中，然后单击“打开”按钮，则这些平面图将添加到“平面图”项中，如图 8-9 所示。

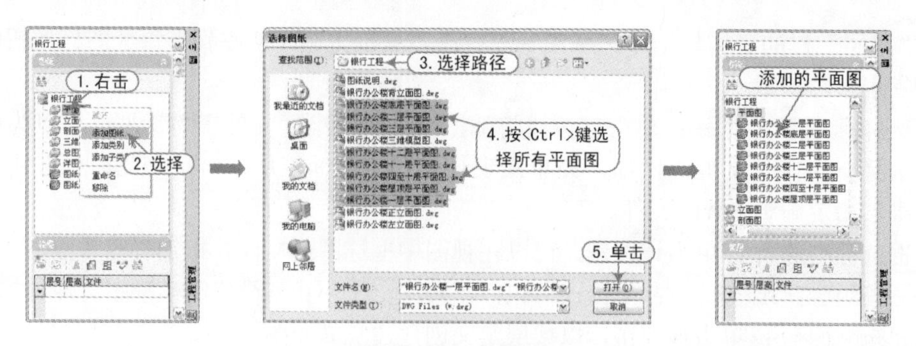

图 8-9　添加平面图纸

5）在“楼层”栏的表格中，将鼠标定位在“文件”列中，单击其后的“选择楼层文件”按钮，在弹出的对话框中选择“银行办公楼底层平面图”文件并打开，则系统自动填写层号为 1、层高为当前层高 1950，这时用户可以修改层号为-1，如图 8-10 所示。

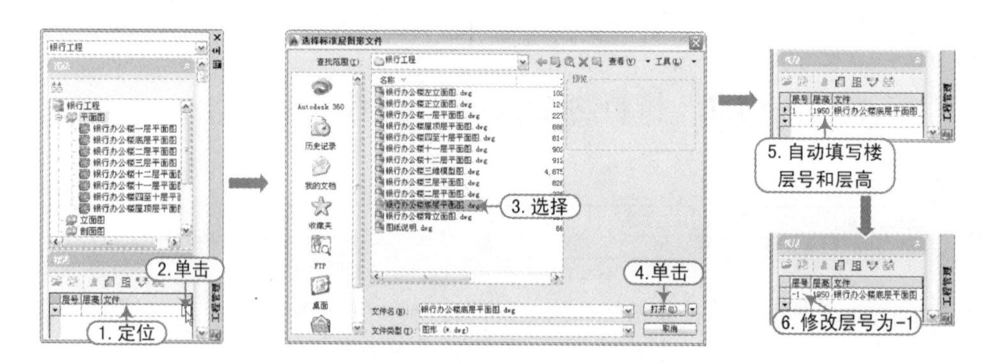

图 8-10　设置底层楼层表

6）重复上一步的方法，依次设置其他楼层的楼层表，如图 8-11 所示。

7）这时，用户可单击“楼层”栏的“门窗总表”按钮，随后系统会自动计算出该工程中所有楼层的门窗参数及数量，并给出门窗总表，如图 8-12 所示。

图 8-11　设置其他楼层表

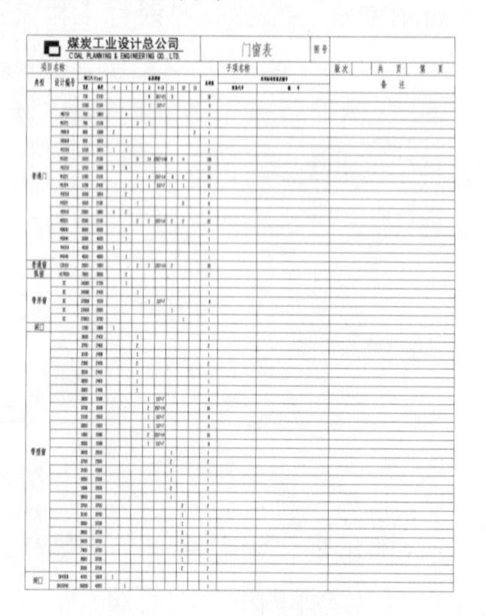

图 8-12　门窗总表

8）至此，其工程文件已经创建完成，单击“工程名称”列表框，从弹出的菜单中选择“保存工程”命令保存文件即可。

8.3 天正立面的创建与编辑

天正立面图的创建，首先需要在完成平面图的绘制后创建一工程文件，并设置好楼层参数；然后根据要求选择立面方向及轴线号，以此来生成立面轮廓；最后用户可以借助天正的相关工具命令来完善立面图。

8.3.1 立面生成与工程管理

立面生成是由工程管理功能实现的，在“工程管理”命令界面上，通过“新建工程丨添加图纸（平面图）”命令建立工程，在工程的基础上定义平面图与楼层的关系，从而建立平面图与立面楼层之间的关系。它支持两种楼层定义方式：

1）每层平面设计一个独立的 DWG 文件集中放置于同一个文件夹中，这时先要确定是否每个标准层都有共同的对齐点，默认的对齐点在原点（0，0，0）的位置，用户可以修改，建议使用开间与进深方向的第一轴线交点。事实上，对齐点就是 DWG 作为图块插入的基点，用 AutoCAD 的 BASE 命令可以改变基点。

2）允许多个平面图绘制到一个 DWG 文件中，然后在“楼层”栏的电子表格中分别为各自然层在 DWG 文件中指定标准层平面图，同时也允许部分标准层平面图通过其他 DWG 文件指定，提高了工程管理的灵活性。

提示

为了获得尽量准确和详尽的立面图，用户在绘制平面图时，楼层高度、墙高、窗高、窗台高、阳台栏板高和台阶踏步高、级数等竖向参数希望能尽量正确。

8.3.2 立面生成的参数设置

在生成立面图时，可以设置标注的形式，如在图形的哪一侧标注立面尺寸和标高；同时可以设置门窗和阳台的样式，其方法与标准层立面设置相同；设定是否在立面图上绘制出每层平面的层间线；设定首层平面的室内外高差；在楼层表设置中可以修改标准层的层高。

需要指出的是，立面生成使用的“内外高差”需要同首层平面图中定义的一致，用户应当通过适当更改首层外墙的 Z 向参数（即底标高和高度）或设置内外高差平台，来实现创建室内外高差的目的。如图 8-13 所示为立面图的生成示意图。

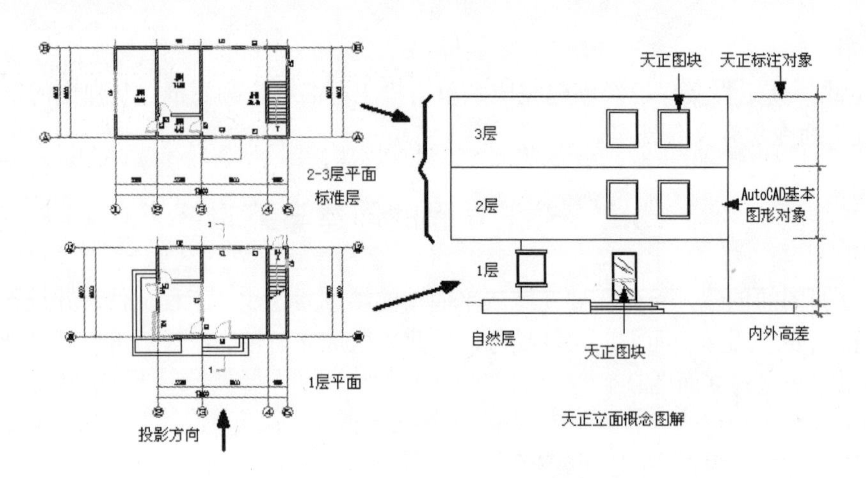

图 8-13　立面图的生成示意图

8.3.3　建筑立面

执行方法：选择“立面 | 建筑立面”命令（快捷键 JZLM）。

本命令按照“工程管理”命令中的数据库楼层表格数据，一次生成多层建筑立面。但在当前工程为空的情况下执行本命令，会出现警告对话框，提示：打开或新建一个工程管理项目，并在工程数据库中建立楼层表！

例如，在“工程管理”面板中打开“案例\08\8.1.1.tpr”工程管理文件，然后按照如图 8-14 所示来创建立面图。

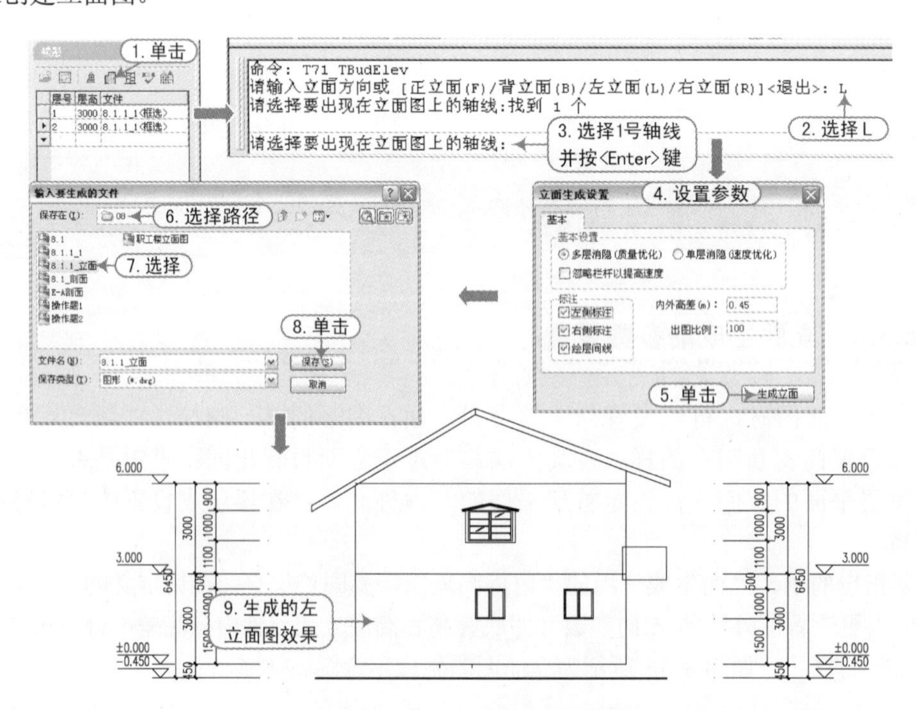

图 8-14　建筑立面的创建步骤

执行本命令之前必须先行存盘，否则无法对存盘后更新的对象创建立面。

8.3.4 构件立面

执行方法：选择“立面 | 构件立面”命令（快捷键 GJLM）。

本命令用于生成当前标准层、局部构件或三维图块对象在选定方向上的立面图与顶视图。生成的立面图内容取决于选定的对象的三维图形。本命令按照三维视图对指定方向进行消隐计算，优化的算法使立面生成快速而准确，生成立面图的图层名为原构件图层名加 E-前缀。其构件立面图的创建如图 8-15 所示。

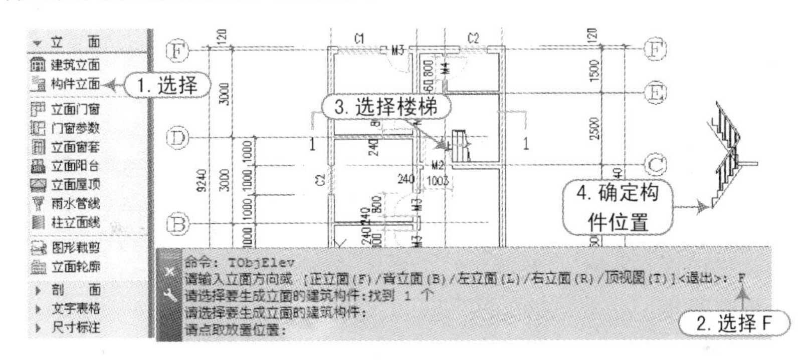

图 8-15 构件立面的创建步骤

当执行“构件立面”命令后，在命令行提示“正立面(F)/背立面(B)/左立面(L)/右立面(R)/顶视图(T)”，楼梯各个立面图的效果如图 8-16 所示。

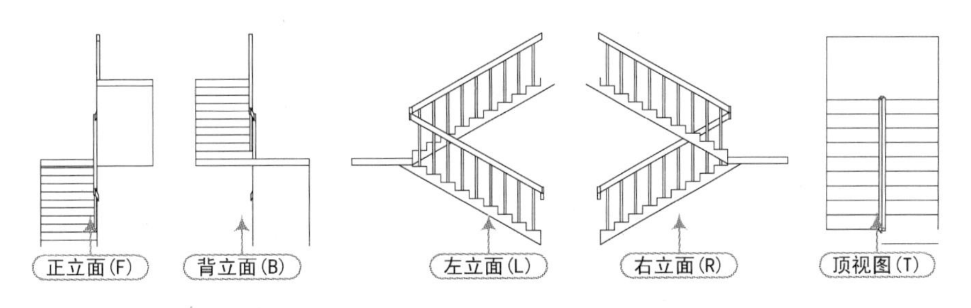

图 8-16 楼梯各个立面图的效果

8.3.5 立面门窗

执行方法：选择“立面 | 立面门窗”命令（快捷键 LMMC）。

本命令用于替换、添加立面图上的门窗，同时也是立剖面图的门窗图块管理工具，可处理带装饰门窗套的立面门窗，并提供了与之配套的立面门窗图库。替换立面门窗的操作步骤如图 8-17 所示。

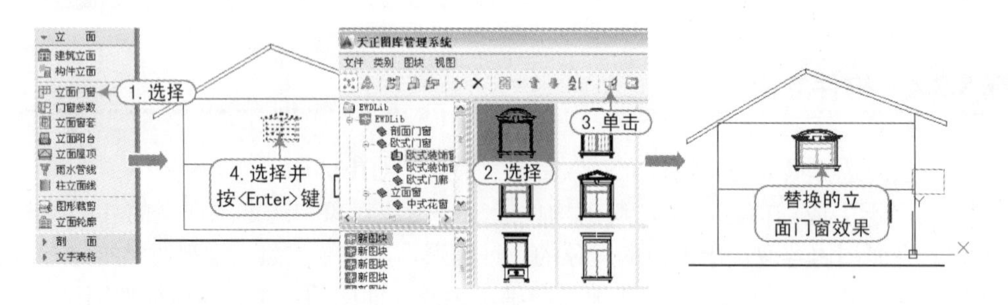

图 8-17　替换立面门窗对象

除了替换已有门窗外，本命令在图库中双击所需门窗图块，然后选择“外框(E)”项，可插入与门窗洞口外框尺寸相当的门窗，命令行提示如下：

点取插入点[转 90(A)/左右(S)/上下(D)/对齐(F)/外框(E)/转角(R)/基点(T)/更换(C)]<退出>：E
第一个角点或 [参考点(R)]<退出>：　　\\ 选取门窗洞口方框的左下角点
另一个角点：　　\\ 选取门窗洞口方框的右上角点

这时程序自动按照图块中由插入点和右上角定位点对应的范围，以对应的洞口方框等尺寸替换为指定的门窗图块。

8.3.6　立面阳台

执行方法：选择“立面 | 立面阳台”命令（快捷键 LMYT）。

本命令用于替换、添加立面图上阳台的样式，同时也是立面阳台图块的管理工具。其替换立面阳台的操作步骤如图 8-18 所示。

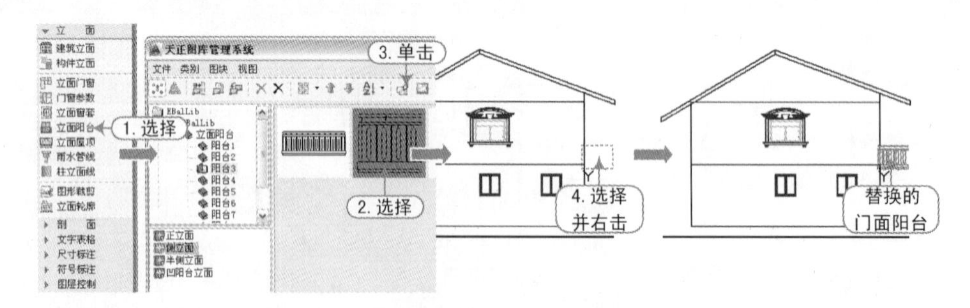

图 8-18　替换立面阳台对象

8.3.7　立面屋顶

执行方法：选择“立面 | 立面屋顶”命令（快捷键 LMWD）。

本命令可完成平屋顶、单坡屋顶、人字屋顶、四坡屋顶与歇山屋顶的正立面和侧立面、组合的屋顶立面、一侧与相邻墙体或其他屋面相连接的不对称屋顶。立面屋顶的创建步骤如图 8-19 所示。

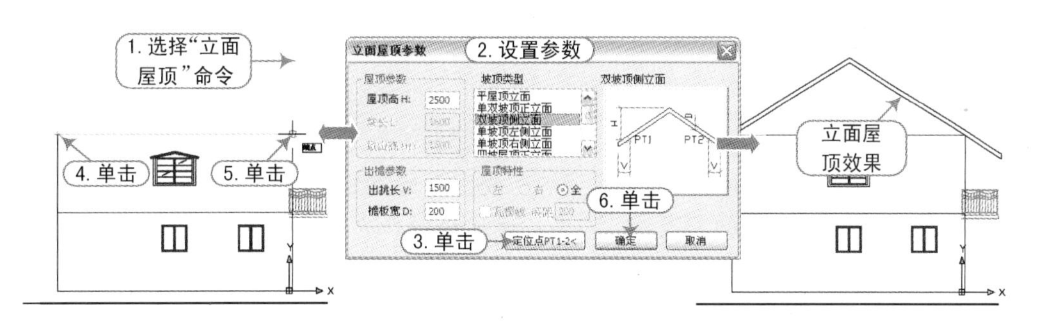

图 8-19 立面屋顶的创建步骤

在“立面屋顶参数”对话框中，各主要选项的含义如下：

■ 屋顶高：在该文本框中输入一个数值，用于指定从屋檐到屋顶最高处的垂直距离。
■ 坡长：在该文本框中输入一个数值，用于指定坡屋顶倾斜部分的水平投影长度。
■ 歇山高：若选择的屋顶类型带有歇山，在该文本框中输入一个数值，用于指定屋顶歇山部分的高度。
■ 出挑长：在该文本框中输入一个数值，用于指定建筑外墙距屋檐的水平距离。
■ 檐板宽：在该文本框中输入一个数值，用于指定建筑屋檐檐板的宽度。
■ 屋顶特性：屋顶特性具有“左”“右”和“全”3 个单选按钮。当选择屋顶类型为正立面时，则这 3 个选项可用，用户可根据自己的需要选择屋顶显示左边部分、右边部分，或是全部显示。
■ 坡顶类型：在该列表中有较多的人字屋顶类型，用户可根据自己的需要进行选择。各屋顶类型如图 8-20 所示。

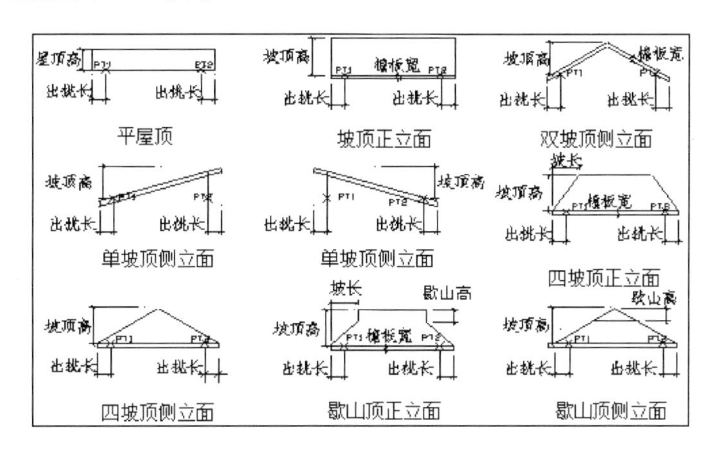

图 8-20 各屋顶类型立面图

■ 瓦楞线：当屋顶类型为正立面时，该复选项可用；勾选该复选框后，将会在正立面上显示出人字屋顶的瓦沟楞线。

■ 间距：若用户勾选了“瓦楞线”复选框，则可在该文本框中输入数值，用于确定瓦楞线的间隔距离。
■ 定位点 PT1-2：当用户设置好各项屋顶参数后，单击该按钮即可在绘图区中指定立面墙体顶部的左右两个端点。

8.3.8 门窗参数

执行方法：选择“立面 | 门窗参数”命令（快捷键 MCCS）。

本命令把已经生成的立面门窗尺寸以及门窗底标高作为默认值，用户修改立面门窗尺寸，系统按尺寸更新所选门窗。其门窗参数的操作步骤如图 8-21 所示。

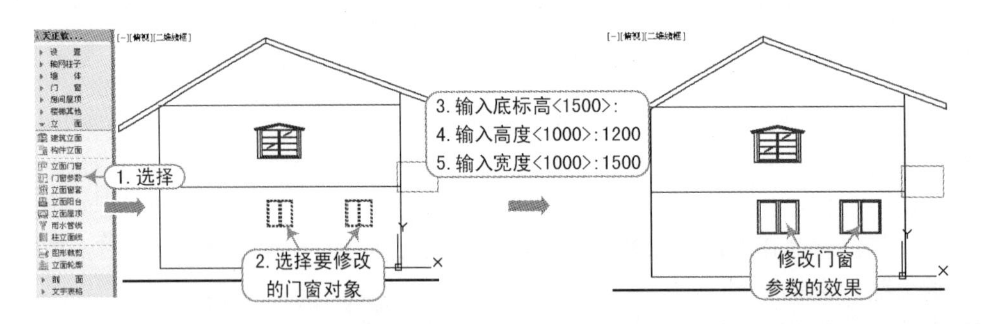

图 8-21　修改门窗参数对象

8.3.9 立面窗套

执行方法：选择“立面 | 立面窗套”命令（快捷键 LMCT）。

本命令为已有的立面窗创建全包的窗套或者窗楣线和窗台线。其立面窗套的操作步骤如图 8-22 所示。

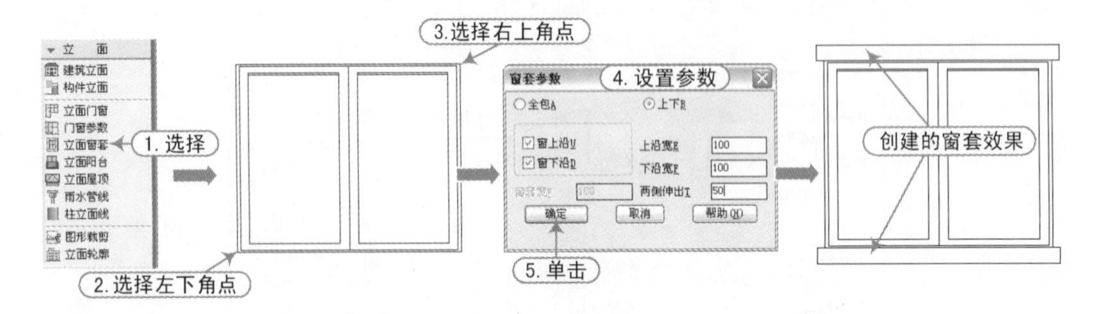

图 8-22　立面窗套操作

用户也可根据需要将若干个门窗连在一起，生成窗套、窗上沿线与窗下沿线，如图 8-23 所示。

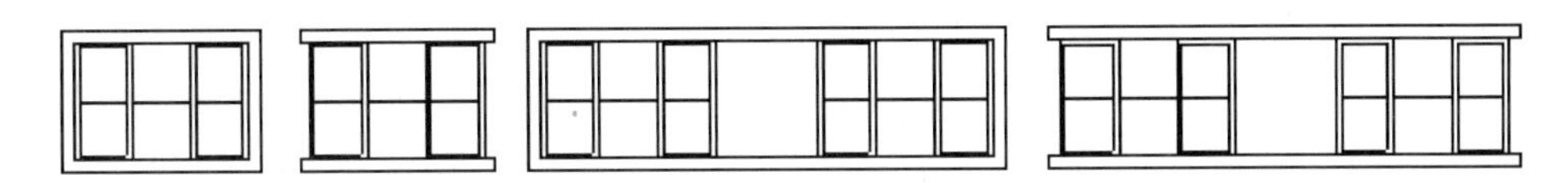

图 8-23　门窗连接

8.3.10　雨水管线

执行方法：选择“立面 | 雨水管线”命令（快捷键 YSGX）。

本命令在立面图中按给定的位置生成编组的雨水斗和雨水管。其雨水管线的操作步骤如图 8-24 所示。

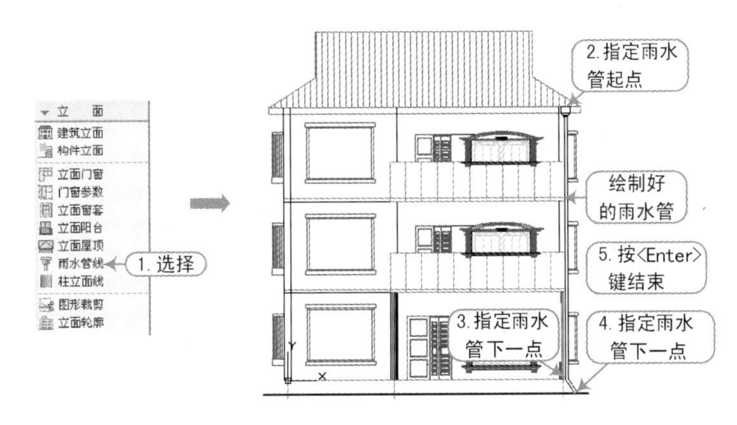

图 8-24　雨水管线操作

新改进的雨水管线可以转折绘制，自动遮挡立面上的各种装饰格线，移动和复制后可保持遮挡。必要时，通过右键设置雨水管的“绘图次序”为“前置”恢复遮挡特性，由于提供了编组特性，作为一个部件一次完成选择，便于复制和删除操作，如图 8-25 所示。

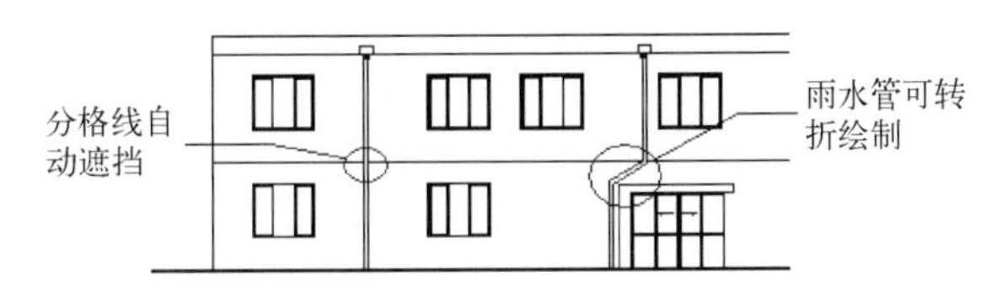

图 8-25　雨水管线的特性

当用户执行了“雨水管线”命令后，可选择“管径(D)”项来指定雨水管的直径大小。

8.3.11　柱立面线

执行方法：选择“立面 | 柱立面线”命令（快捷键 ZLMX）。

本命令按默认的正投影方向模拟圆柱立面投影，在柱子立面范围内画出有立体感的竖向投影线。其柱立面线的操作步骤如图 8-26 所示。

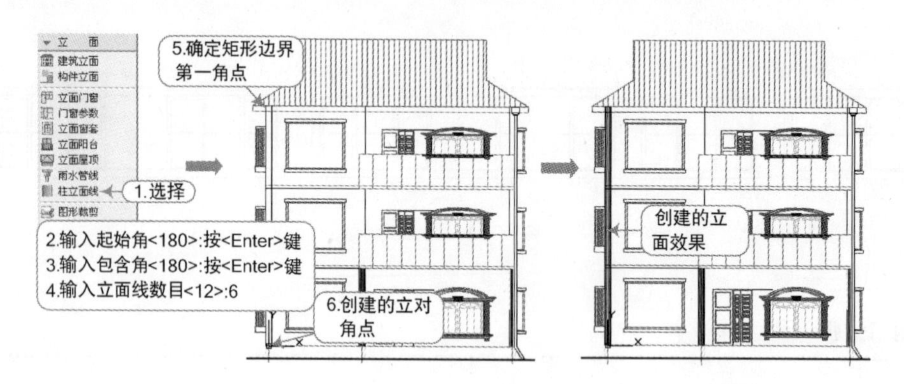

图 8-26　立面柱线操作

用户在创建柱立面线时，所设置的起始角与起始角点不同时，则柱立面的投影效果不同，如图 8-27 所示。

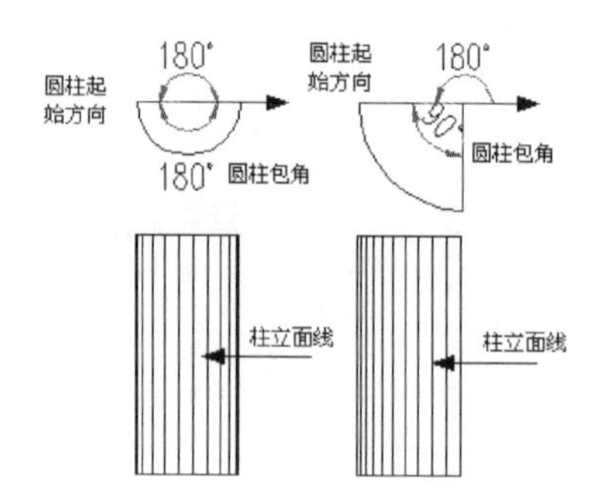

图 8-27　不同柱立面线效果

8.3.12　立面轮廓

执行方法：选择“立面｜立面轮廓”命令（快捷键 LMLK）。

本命令自动搜索建筑立面外轮廓，在边界上加一圈粗实线，但不包括地坪线在内。其立面轮廓的操作步骤如图 8-28 所示。

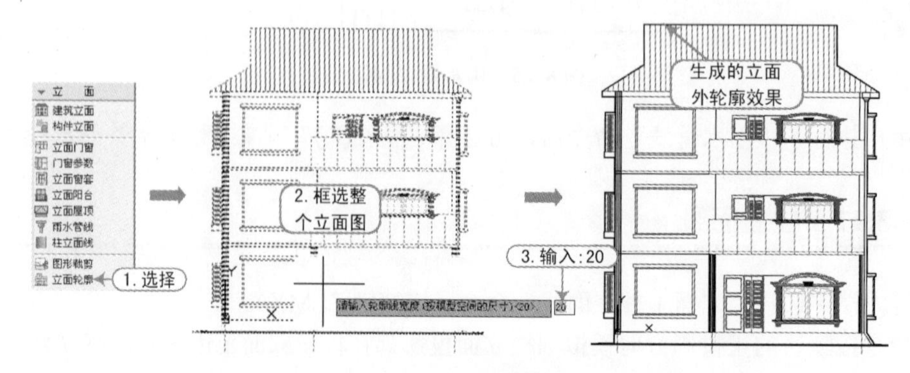

图 8-28　立面轮廓操作

8.4 银行办公大楼立面图的创建

视频\08\银行办公大楼立面图的创建.avi
案例\08\银行工程\银行办公楼正立面图.dwg

在前面 8.2 节的实例中，已经针对银行办公大楼创建了相应的工程管理文件，本节将借助其工程管理文件来生成其正立面图文件，并对其进行加深处理，其操作步骤如下：

1）启动 TArch 天正建筑软件，选择“文件布图丨工程管理”命令（快捷键 GCGL），系统自动打开“工程管理”面板。

2）单击“工程名称”列表框，从弹出的快捷菜单中选择“打开工程”命令，然后按照如图 8-29 所示将“案例\08\银行工程\银行工程.tpr”文件打开。

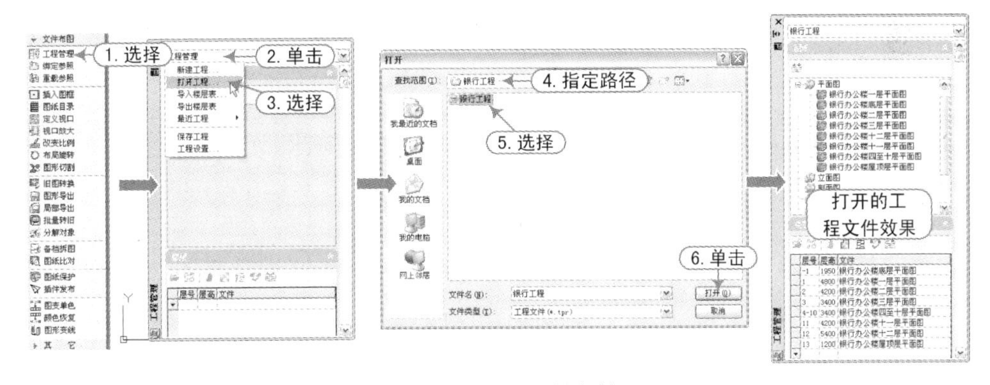

图 8-29　打开工程文件

3）在“图纸”栏中双击“平面图”项中的“银行办公楼一层平面图”，则在视图中将该一层平面图文件打开，如图 8-30 所示。

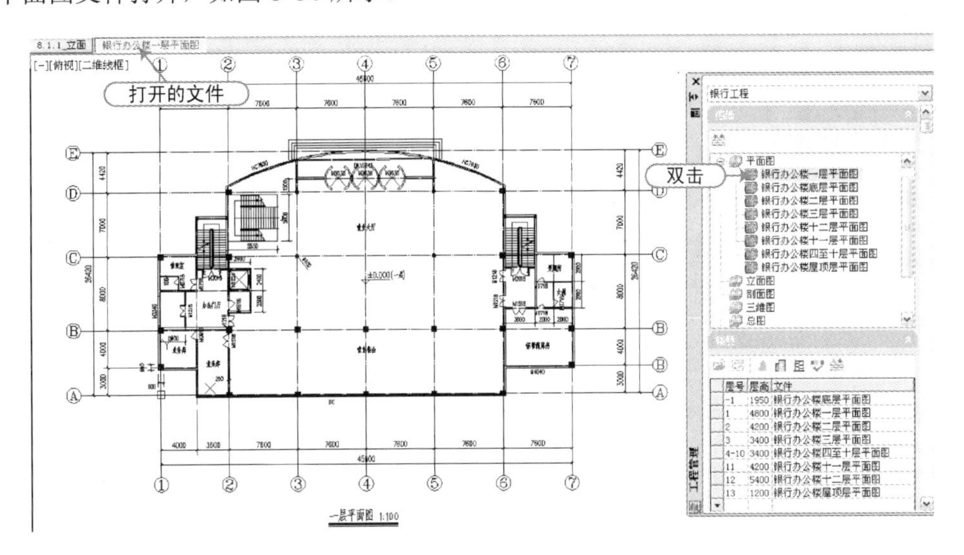

图 8-30　打开一层平面图文件

4）在“楼层”栏中单击“建筑立面”按钮，按照如图 8-31 所示来创建“银行办公楼正立面图.dwg”文件。

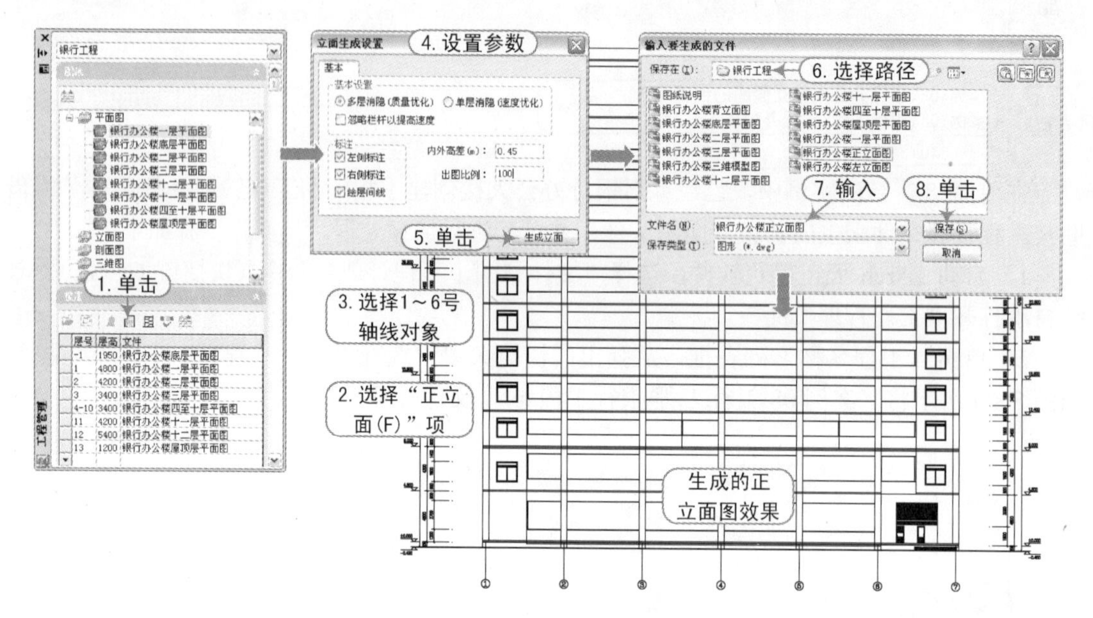

图 8-31 生成正立面图

5）在屏幕菜单中选择“立面｜柱立面线”命令（快捷键 ZLMX），设置起始和包含角均为 180°，柱立面线为 6，然后对立面图的最左侧和最右侧来创建柱立面线效果，如图 8-32 所示。

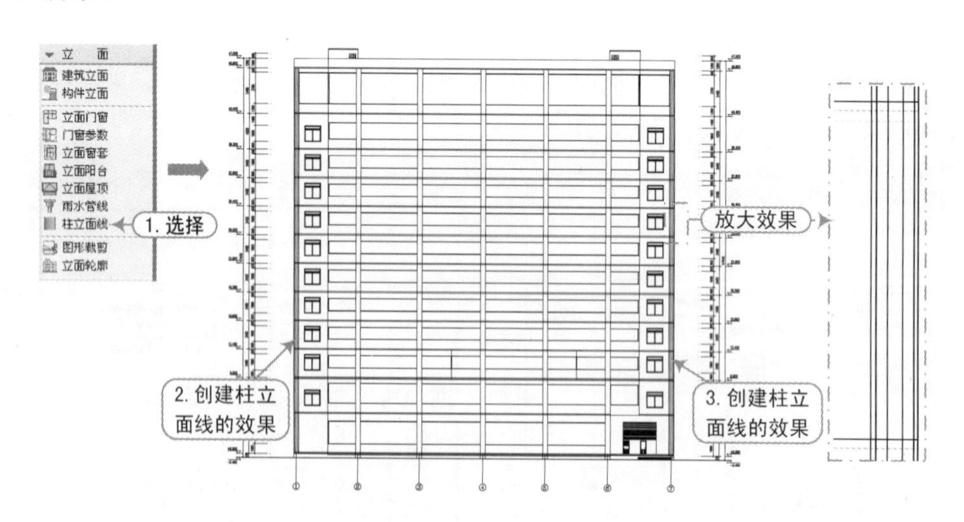

图 8-32 生成柱立面线

6）在屏幕菜单中选择“立面｜立面门窗”命令（快捷键 LMMC），从弹出的“天正图库管理系统”对话框中选择一中式花窗，并单击“替换”按钮，然后选择立面图中左侧的所有立面窗，从而对其进行门窗的替换操作，如图 8-33 所示。

图 8-33　立面门窗替换操作

7）在屏幕菜单中选择“立面｜门窗参数”命令（快捷键 MCCS），将立面图右侧门窗的宽度修改为 2400。

8）使用 AutoCAD 的“圆弧”“直线”“偏移”等命令，在立面图的顶侧绘制屋顶造型效果，如图 8-34 所示。

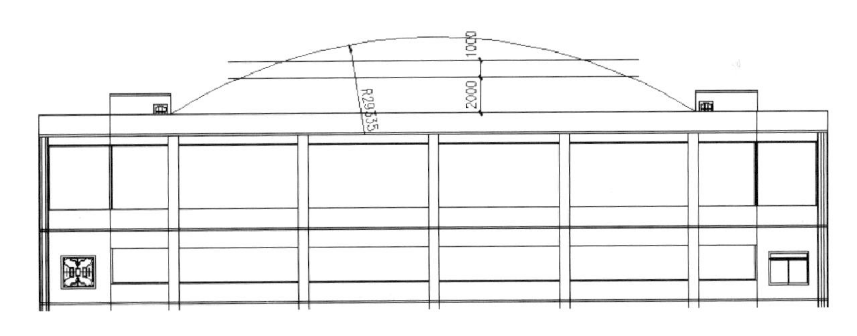

图 8-34　创建屋顶效果

9）在屏幕菜单中选择“文字表格｜单行文字”命令（快捷键 DHWZ），在其屋顶输入文字，如图 8-35 所示。

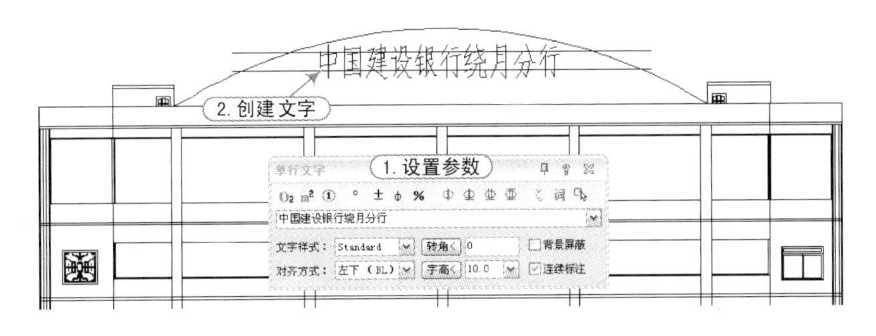

图 8-35　创建单行文字

10）在屏幕菜单中选择“符号标注｜图名标注”命令（快捷键 TMBZ），在立面图的正下方创建图名，如图 8-36 所示。

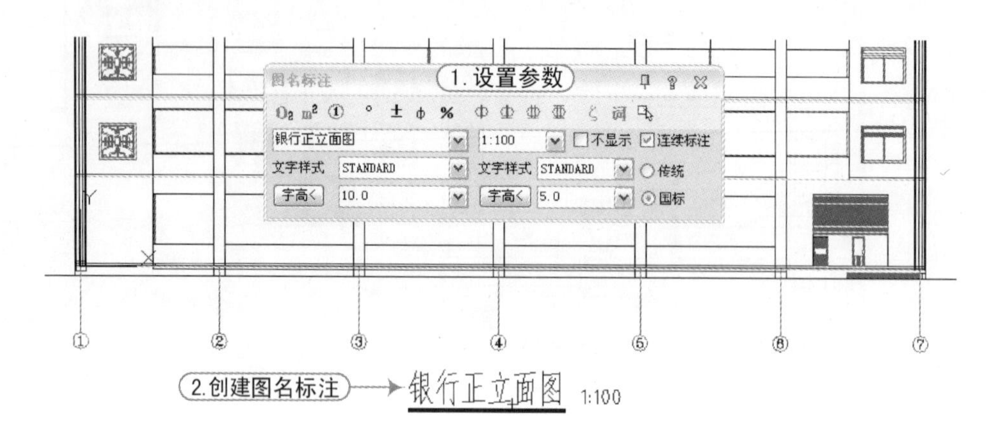

图 8-36　创建图名标注

11）至此，该正立面图已经创建完成，按〈Ctrl+S〉组合键进行保存即可。

8.5　天正剖面的创建与编辑

同立面图的生成一样，需要在建立好工程文件的基础上，并在首层平面图上来创建剖切符号，再以此符号来生成剖面图，然后通过天正软件提供的剖面图的相关编辑工具命令来对其进行完善处理。

8.5.1　建筑剖面

执行方法：选择“剖面｜建筑剖面”命令（快捷键 JZPM）。

本命令按照“工程管理”命令中的数据库楼层表格数据，一次生成多层建筑剖面图。若在当前工程为空的情况下执行本命令，会出现警告对话框：请打开或新建一个工程管理项目，并在工程数据库中建立楼层表！

剖面图的剖切位置依赖于剖面符号，所以事先必须在首层建立合适的剖切符号。在生成剖面图时，可以设置标注的形式，如在图形的哪一侧标注剖面尺寸和标高，设定首层平面的室内外高差；在楼层表设置中可以修改标准层的层高。

例如，在打开的“中心广场项目.tpr”文件中，在“图纸”栏双击“广场项目平面图.dwg”文件将其打开；再选择“剖面｜建筑剖面”命令（快捷键 JZPM），或者在“楼层”栏中单击“建筑剖面”按钮，然后按照如图 8-37 所示来创建“1-1 剖面图”文件。

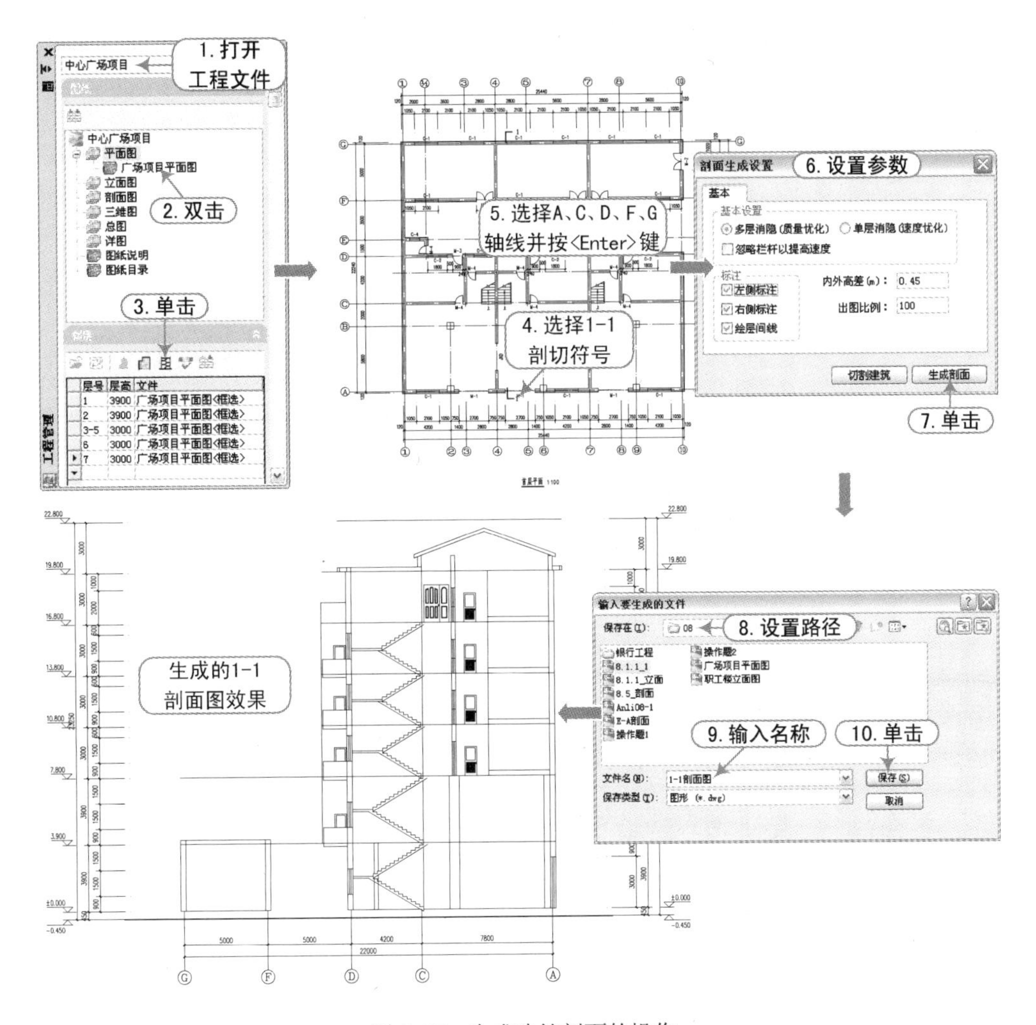

图 8-37　生成建筑剖面的操作

提示

执行本命令前必须先行存盘，否则无法对存盘后更新的对象创建剖面。

在“剖面生成设置”对话框中，各主要选项的含义如下：

- 多层消隐/单层消隐：前者考虑到两个相邻楼层的消隐，速度较慢，但可考虑楼梯扶手等伸入上层的情况，消隐精度比较好。
- 内外高差：室内地面与室外地坪的高差。但剖面生成使用的“内外高差”需要同首层平面图中定义的一致，应当通过适当更改首层外墙的 Z 向参数（即底标高和高度）或设置内外高差平台，来实现创建室内外高差的目的。
- 出图比例：剖面图的打印出图比例。
- 左侧标注/右侧标注：是否标注剖面图左右两侧的竖向标注，含楼层标高和尺寸。
- 绘层间线：是否绘制楼层之间的水平横线。
- 忽略栏杆以提高速度：勾选此复选框，表示为了优化计算，忽略复杂栏杆的生成。

■ 切割建筑：单击该按钮后，指定图形的插入点即可生成建筑立体切割图，如图 8-38 所示。

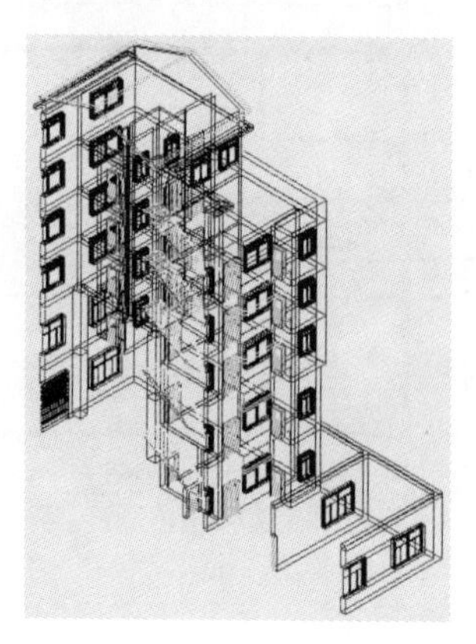

图 8-38　立体切割效果

提示

由于建筑平面图中不用表示楼板，而在剖面图中要表示楼板，TArch 软件可以自动添加层间线，用户自己用“偏移”（Offset）命令创建楼板厚度，如果已用“平板”或者房间命令创建了楼板，本命令会按楼板厚度生成楼板线。

在剖面图中创建的墙、柱、梁、楼板不再是专业对象，所以在剖面图中可使用 AutoCAD 中的编辑命令进行修改，或者使用“剖面”菜单下的命令加粗或图案填充。

8.5.2　构件剖面

执行方法：选择“剖面 | 构件剖面”命令（快捷键 GJPM）。

本命令用于生成当前标准层、局部构件或三维图块对象在指定剖视方向上的剖视图。

例如，在打开的“广场项目平面图.dwg”文件中，选择“剖面 | 构件剖面”命令（快捷键 GJPM），根据提示，选择剖切符号“1-1”，再选择该剖切符号的楼梯对象，然后在视图中的指定位置单击，从而生成该楼梯的剖面效果，如图 8-39 所示。

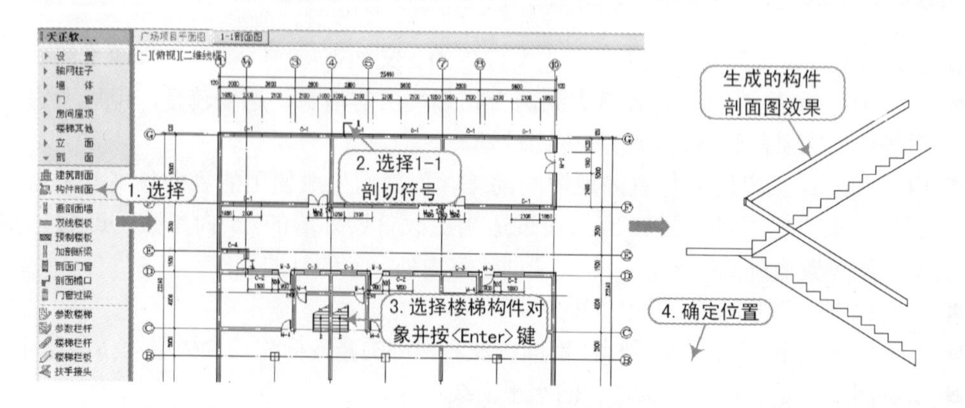

图 8-39　楼梯剖面操作

8.5.3 画剖面墙

执行方法：选择“剖面丨画剖面墙”命令（快捷键 HPMQ）。

本命令用一对平行的 AutoCAD 直线或圆弧对象，在“S_WALL”图层直接绘制剖面墙。其操作步骤如图 8-40 所示。

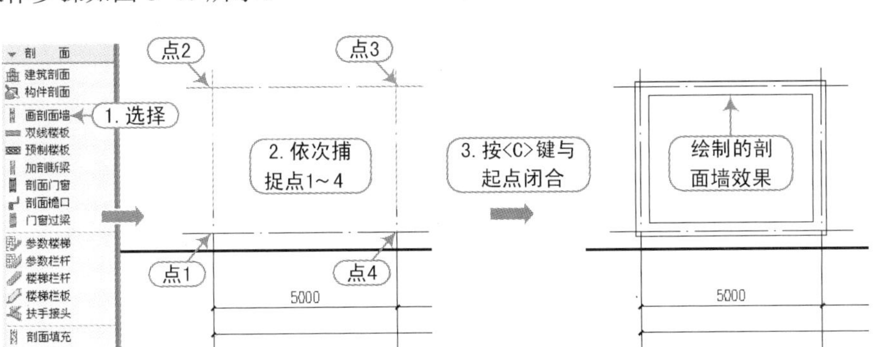

图 8-40　画剖面墙操作

8.5.4 双线楼板

执行方法：选择“剖面丨双线楼板”命令（快捷键 SXLB）。

本命令用一对平行的 AutoCAD 直线对象，在“S_FLOORL”图层直接绘制剖面双线楼板。其操作步骤如图 8-41 所示。

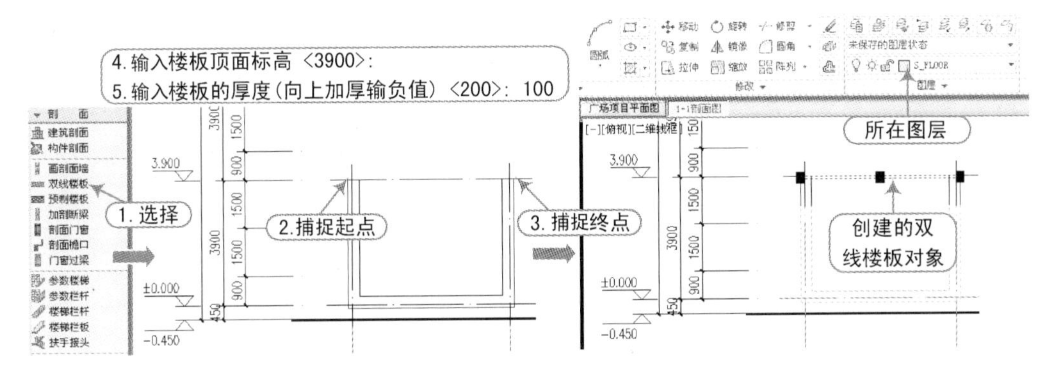

图 8-41　双线楼板操作

8.5.5 预制楼板

执行方法：选择“剖面丨预制楼板”命令（快捷键 YZLB）。

本命令用一系列预制板剖面的 AutoCAD 图块对象，在“S_FLOORL”图层按要求尺寸插入一排剖面预制板。其操作步骤如图 8-42 所示。

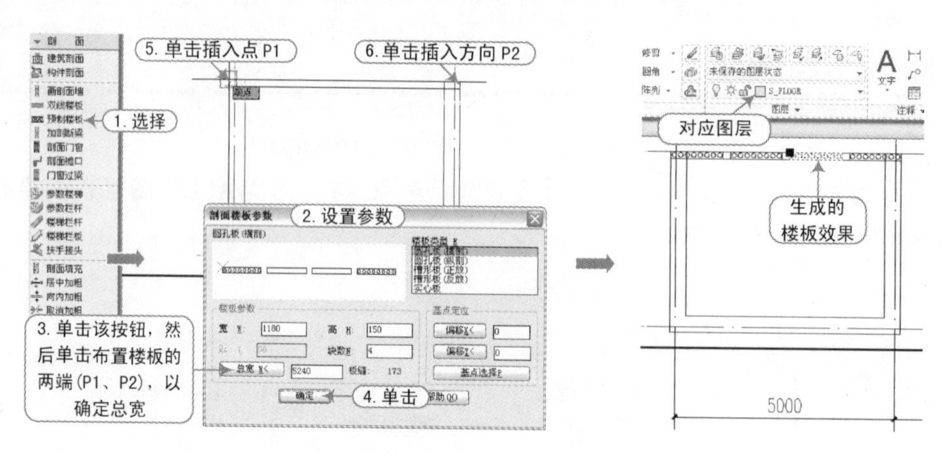

图 8-42 预制楼板操作

在“剖面楼板参数”对话框中，各主要选项的含义如下：

- 楼板类型：选定当前预制楼板的形式，包括“圆孔板”（横剖和纵剖）、“槽形板”（正放和反放）、“实心板”。
- 楼板参数：确定当前楼板的尺寸和布置情况。楼板尺寸“宽 W”“高 H”和槽形板“厚 T”以及布置情况的“块数 N”，其中“总宽”是全部预制板和板缝的总宽度，单击从图上获取，修改单块板宽和块数，可以获得合理的板缝宽度。
- 基点定位：确定楼板的基点与楼板角点的相对位置，包括“偏移 X”“偏移 Y”和“基点选择 P”。

8.5.6 加剖断梁

执行方法：选择“剖面丨加剖断梁”命令（快捷键 JPDL）。

本命令在剖面楼板处按给出尺寸加剖断梁，并剪裁双线楼板底线。其操作步骤如图 8-43 所示。

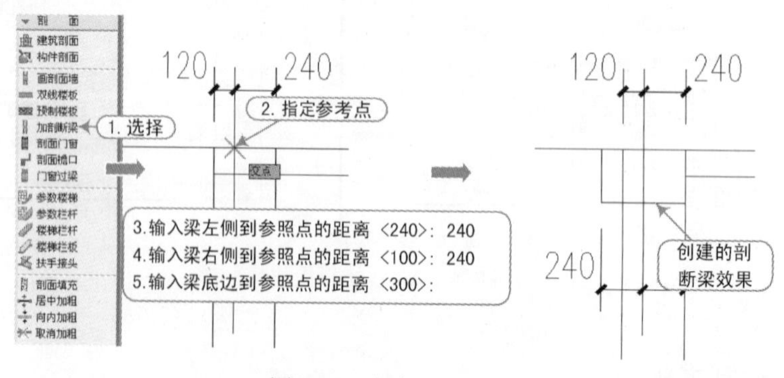

图 8-43 加剖断梁操作

在加剖断梁的过程中，其相关参数和示意图如图 8-44 所示。

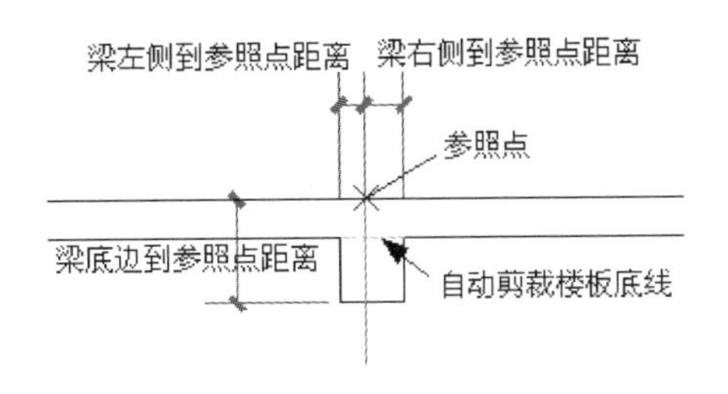

图 8-44 剖断梁参数示意图

8.5.7 剖面门窗

执行方法：选择“剖面 | 剖面门窗”命令（快捷键 PMMC）。

本命令可连续插入剖面门窗（包括含有门窗过梁或开启门窗扇的非标准剖面门窗），可替换已经插入的剖面门窗，此外还可以修改剖面门窗高度与窗台高度值，对剖面门窗详图的绘制和修改提供了全新的工具。其操作步骤如图 8-45 所示。

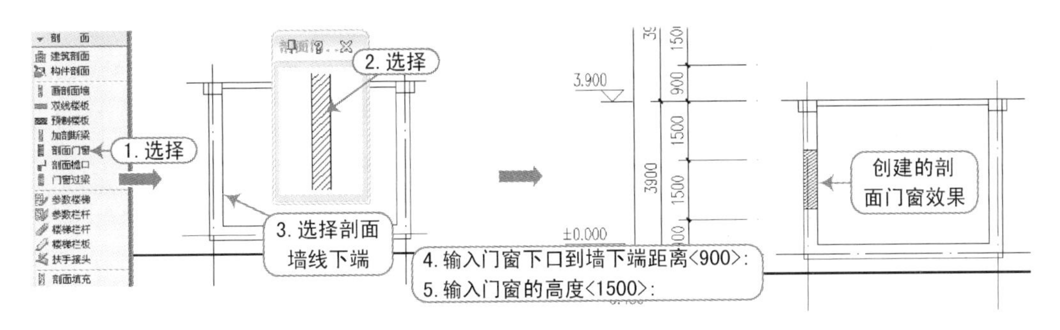

图 8-45 剖面门窗操作

在弹出的“剖面门窗”窗口中，单击其门窗样式，将弹出“天正图库管理系统”对话框，从而可选择其他剖面门窗样式，如图 8-46 所示。

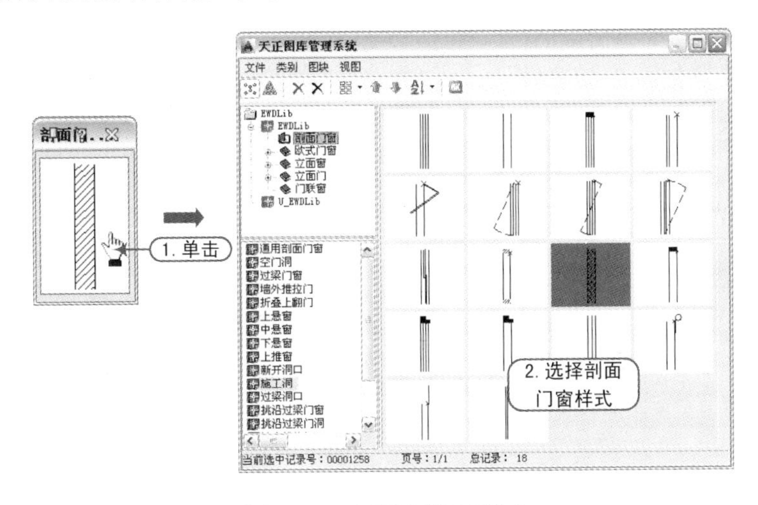

图 8-46 选择剖面门窗样式

提示

在选择剖面墙线和剖面门窗样式过后，命令行将显示如下提示信息:

请点取要插入门窗的剖面墙线[选择剖面门窗样式(S)/替换剖面门窗(R)/改窗台高(E)/改窗高(H)]<退出>:

这时，用户可单击要插入门窗的剖面墙线，或者按其他热键选择门窗替换、替换门窗样式、修改门窗参数。输入“S”或单击对话框中的门窗图像，可重新从图库中选择门窗样式。

8.5.8 门窗过梁

执行方法：选择“剖面 | 门窗过梁”命令（快捷键 MCGL）。

本命令可在剖面门窗上方画出给定梁高的矩形过梁剖面，带有灰度填充。其操作步骤如图 8-47 所示。

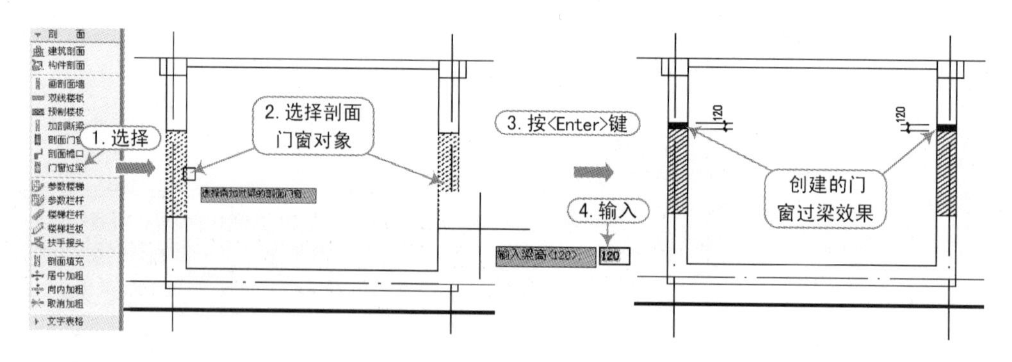

图 8-47 门窗过梁操作

8.5.9 剖面檐口

执行方法：选择“剖面 | 剖面檐口”命令（快捷键 PMYK）。

本命令在剖面图中绘制剖面檐口，包括女儿墙剖面、预制挑檐、现浇挑檐、现浇坡檐等剖面图。其操作步骤如图 8-48 所示。

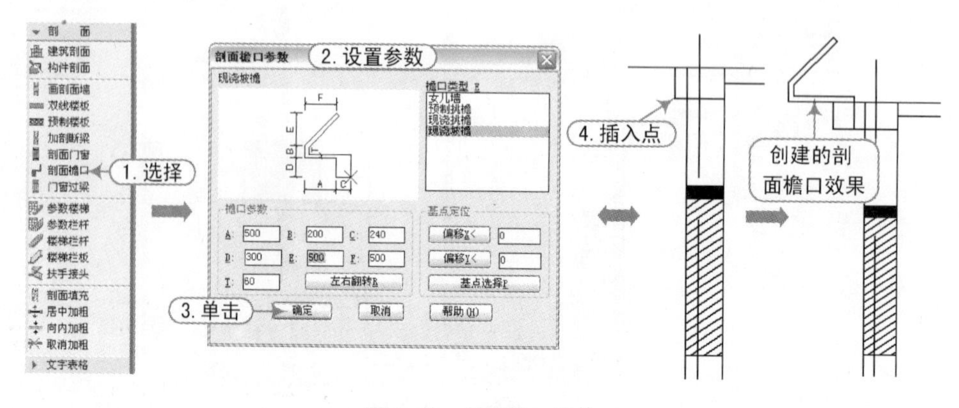

图 8-48 剖面檐口操作

在“剖面檐口参数”对话框中，各主要选项的含义如下：

■ 檐口类型：选择当前檐口的形式，有 4 个切换按钮，即“女儿墙”“预制挑檐”“现浇挑檐”和“现浇坡檐”。
■ 檐口参数：确定檐口的尺寸及相对位置。各参数的意义参见示意图，“左右翻转 R”可使檐口作整体翻转。
■ 基点定位：用以选择屋顶的基点与屋顶的角点的相对位置，包括“偏移 X”“偏移 Y”和“基点选择 P”3 个按钮。

8.5.10 参数楼梯

执行方法：选择“剖面｜参数楼梯”命令（快捷键 CSLT）。

本命令包括两种梁式楼梯和两种板式楼梯，并可从平面楼梯获取梯段参数，本命令一次可以绘制超过一跑的双跑 U 形楼梯，条件是各跑步数相同，而且之间对齐（没有错步），此时参数中的梯段高是其中的分段高度而非总高度。

例如，打开“参数楼梯-A.dwg”文件，选择“剖面｜参数楼梯”命令（快捷键 CSLT），按照如图 8-49 所示创建一、二层的参数楼梯对象。

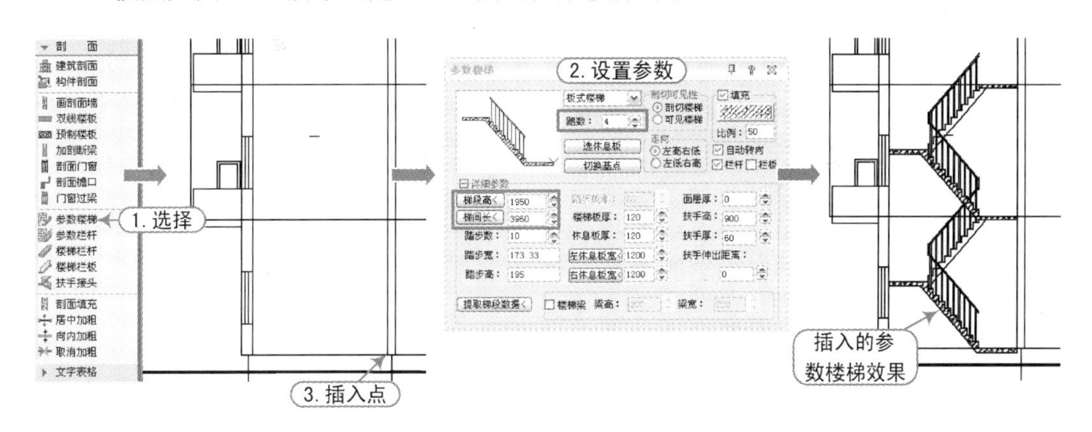

图 8-49 参数楼梯操作

由于第 3～6 层的层高均为 3000，这时用户可以重新设置楼梯的梯段高为 1500，来创建第 3～6 层的剖面楼梯，如图 8-50 所示。

在“参数楼梯”对话框中，各选项参数的示意图如图 8-51 所示；其主要选项参数的含义如下：

■ “梯段类型”列表：选定当前梯段的形式，有 4 种可选，即板式楼梯、梁式现浇 L 形、梁式现浇△形和梁式预制。
■ 跑数：默认跑数为 1，在无模式对话框下可以连续绘制，此时各跑之间不能自动遮挡，跑数>2 时，各跑间按剖切与可见关系自动遮挡。
■ 剖切可见性：用以选择画出的梯段是剖切部分还是可见部分，以图层“S_STAIR”或“S_E_STAIR”表示，颜色也有区别。
■ 自动转向：在每次执行单跑楼梯绘制后，如勾选该复选框，楼梯走向会自动更换，便于绘制多层的双跑楼梯。

■ 选休息板：用于确定是否绘出左右两侧的休息板，包括“全有”“全无”“左有”和“右有”。

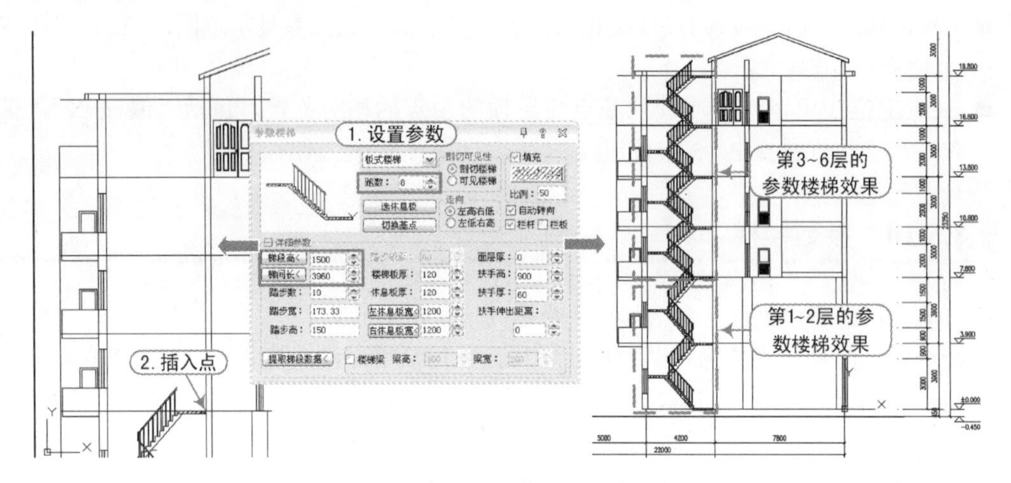

图 8-50　3-6 层参数楼梯的创建

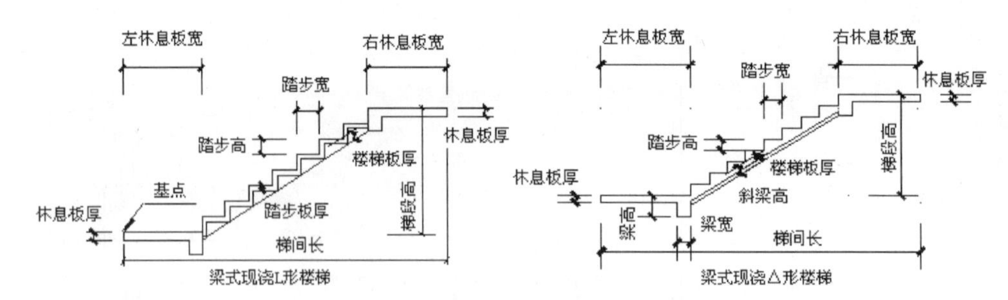

图 8-51　参数楼梯示意图

■ 切换基点：确定基点（绿色×）在楼梯上的位置，在左右平台板端部切换。

■ 栏杆/栏板：一对互锁的复选框，切换栏杆或者栏板，也可两者都不勾选。

■ 填充：勾选后单击下面的图像框，可选取图案或颜色填充剖切部分的梯段和休息平台区域，可见部分不填充。

■ 比例：指定剖切部分的图案填充比例。

■ 梯段高：当前梯段左右平台面之间的高差。

■ 梯间长：当前楼梯间总长度，可以单击按钮从图上取两点获得，也可以直接输入，是等于梯段长度加左右休息平台宽的常数。

■ 踏步数：当前梯段的踏步数量，可以单击调整。

■ 踏步宽：当前梯段的踏步宽度，由用户输入或修改，它的改变会同时影响左右休息平台宽，需要适当调整。

■ 踏步高：当前梯段的踏步高，通过梯段高/踏步数算得。

■ 踏步板厚：梁式预制楼梯和现浇 L 形楼梯时使用的踏步板厚度。

■ 楼梯板厚：用于现浇楼梯板厚度。

■ 左（右）休息板宽：当前楼梯间的左右休息平台（楼板）宽度，由用户输入、从图上取得或者由系统算出，均为 0 时梯间长等于梯段长，修改左休息板长后，相应右休息板长会自动改变，反之亦然。

- 面层厚：当前梯段的装饰面层厚度。
- 扶手（栏板）高：当前梯段的扶手/栏板高。
- 扶手厚：当前梯段的扶手厚度。
- 扶手伸出距离：从当前梯段起步和结束位置到扶手接头外边的距离（可以为 0）。
- 提取梯段数据：从天正 TArch 5 以上平面楼梯对象提取梯段数据，双跑楼梯时只提取第一跑数据。
- 楼梯梁：勾选后，分别在编辑框中输入楼梯梁剖面高度和宽度。
- 斜梁高：选梁式楼梯后出现此参数，应大于楼梯板厚。

8.5.11 参数栏杆

执行方法：选择“剖面｜参数栏杆”命令（快捷键 CSLG）。

在创建参数楼梯时，可能其中的栏杆并不符合用户的需求，此时用户可在创建参数楼梯的时候不创建楼梯的栏杆，然后采用“参数栏杆”命令按参数交互方式生成楼梯栏杆。

例如，打开“参数栏杆-A.dwg”文件，选择“剖面｜参数栏杆”命令（快捷键 CSLG），按照如图 8-52 所示来创建参数栏杆对象。

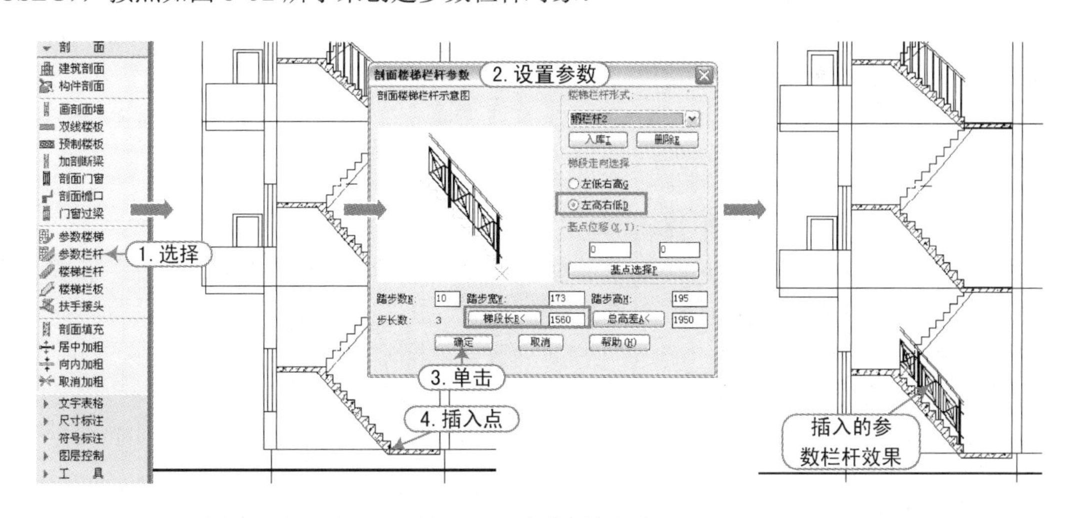

图 8-52 参数栏杆操作

再按照相同的方法，针对一、二层楼梯来创建另外 3 段参数栏杆对象，如图 8-53 所示。由于一、二层的层相同，所以只是栏杆的走向不同而已，所以这里用户可根据要求来选择“左低右高”或“左高右低”单选按钮。

在“剖面楼梯栏杆参数”对话框中，各选项参数的示意图如图 8-54 所示；其主要选项参数的含义如下：

- “栏杆”列表框：列出已有的栏杆形式。
- 入库：用来扩充栏杆库。

■ 删除：用来删除栏杆库中由用户添加的某一栏杆形式。
■ 步长数：指栏杆基本单元所跨越楼梯的踏步数。
■ 梯段长：指梯段始末点的水平长度，通过梯段两个端点给出。
■ 总高差：指梯段始末点的垂直高度，通过梯段两个端点给出。
■ 基点选择：从图形中按预定位置切换基点。

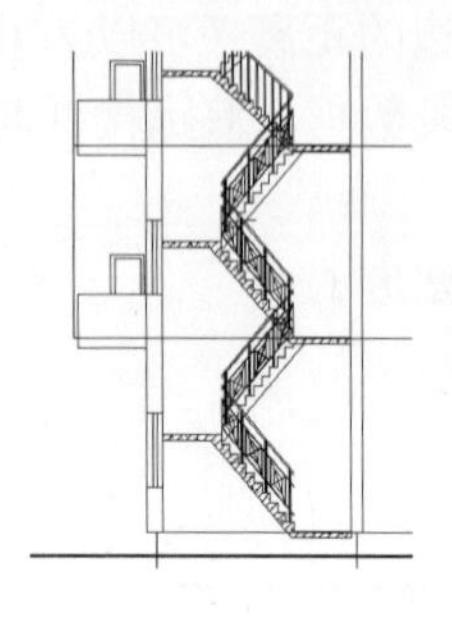

图 8-53 其他楼梯参数的创建

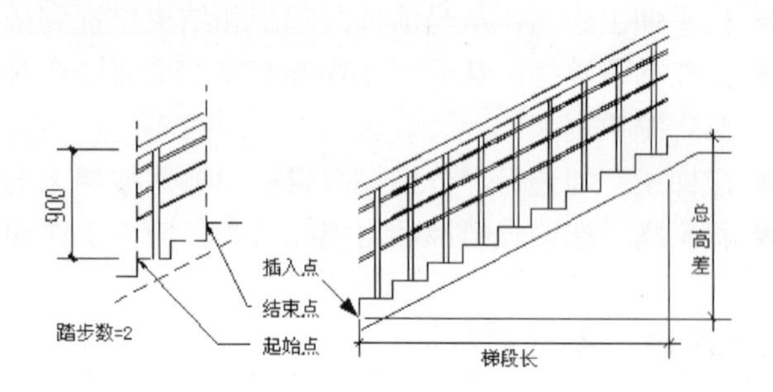

图 8-54 参数栏杆的示意图

8.5.12 扶手接头

执行方法：选择“剖面 | 扶手接头”命令（快捷键 FSJT）。

本命令可与“剖面楼梯”“参数栏杆”“楼梯栏杆”“楼梯栏板”各命令均可配合使用，对楼梯扶手和楼梯栏板的接头作倒角与水平连接处理，水平伸出长度可以由用户输入。

例如，打开“扶手接头-A.dwg”文件，选择“剖面 | 扶手接头”命令（快捷键 FSJT），按照如图 8-55 所示来创建扶手接头。

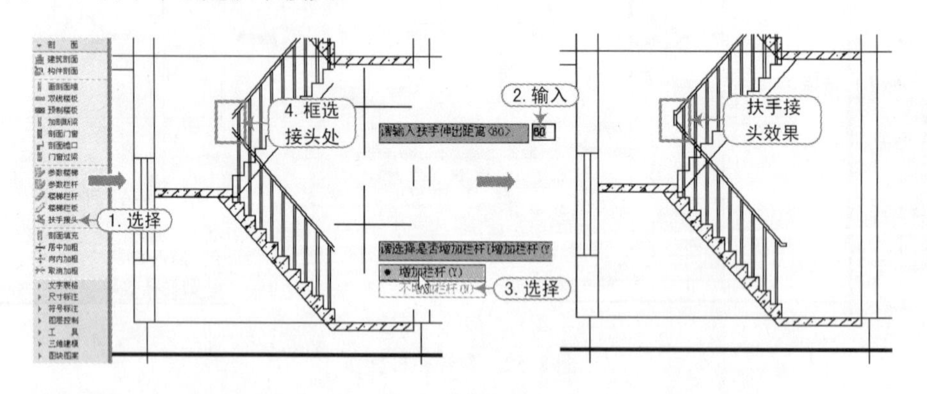

图 8-55 楼梯扶手的操作

8.5.13 剖面填充

执行方法：选择“剖面 | 剖面填充”命令（快捷键 PMTC）。

本命令将剖面墙线与楼梯按指定的材料图例作图案填充，与 AutoCAD 的图案填充（Bhatch）使用条件不同，本命令不要求墙端封闭即可填充图案。其操作步骤如图 8-56 所示。

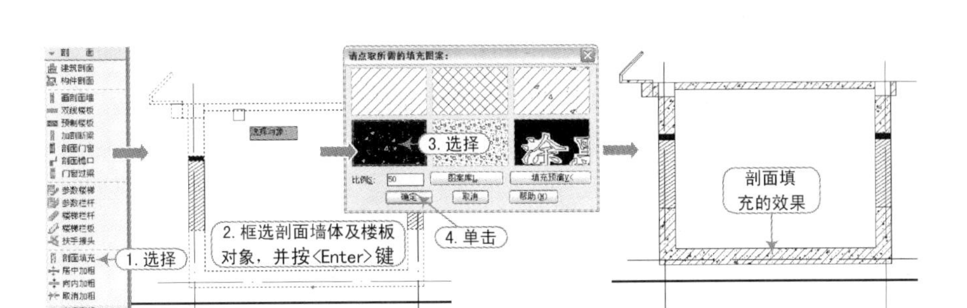

图 8-56 剖面填充操作

8.5.14 墙线加粗

执行方法：选择“剖面丨居中加粗”命令（快捷键 JZJC），或者“向内加粗”命令（快捷键 XNJC）。

“居中加粗”命令将剖面图中的墙线向墙两侧加粗。“向内加粗”命令将剖面图中的墙线向墙内侧加粗，能做到窗墙平齐的出图效果。两种加粗效果的对比如图 8-57 所示。

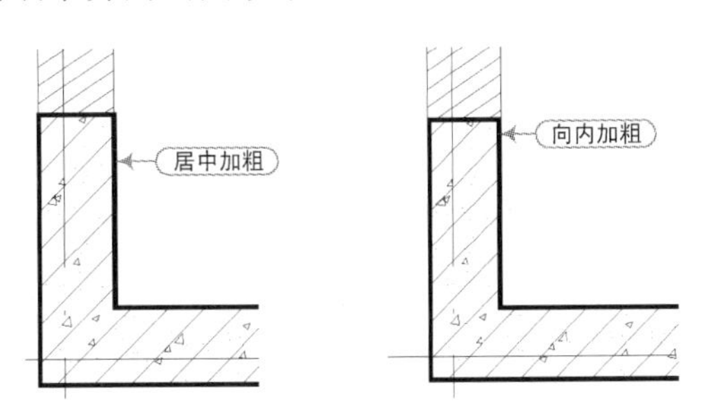

图 8-57 墙线加粗效果对比

8.5.15 取消加粗

执行方法：选择“剖面丨取消加粗”命令（快捷键 QXJC）。

本命令将已加粗的剖面墙线恢复原状，但不影响该墙线已有的剖面填充。

软件技能

8.6 广场项目剖面图的创建

视频\08\广场项目剖面图的创建.avi
案例\08\广场工程\广场项目1-1剖面图.dwg

在前面 8.5 节中，针对建筑剖面图的生成与加深处理进行了详细的讲解，为了巩固所学的知识要点，特举例进行讲解，其具体操作步骤如下：

1）启动 TArch 天正建筑软件，选择“文件布图丨工程管理”命令（快捷键 GCGL），系统自动打开“工程管理”面板。

2）单击“工程名称”列表框，从弹出的快捷菜单中选择“打开工程”命令，然后按照如图 8-58 所示将“案例\08\广场工程\中心广场项目.tpr”文件打开。

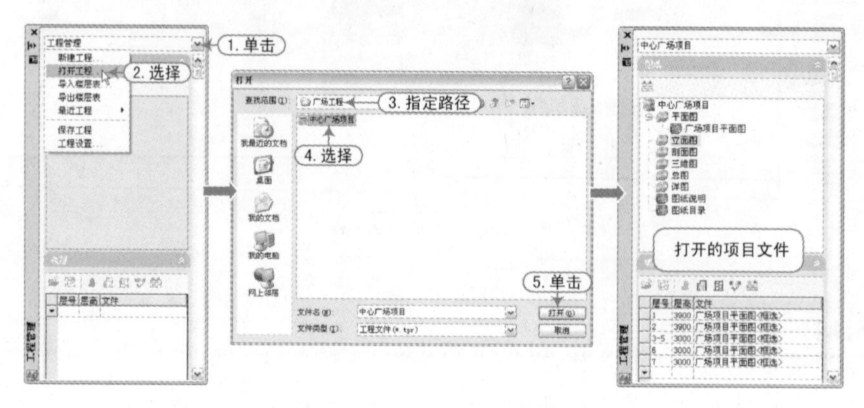

图 8-58　打开的工程文件

3）在“图纸”栏的“平面图”栏下，双击“广场项目平面图”文件，将其图形文件打开。

4）选择“剖面｜建筑剖面”命令（快捷键 JZPM），或者在“楼层”栏中单击“建筑剖面”按钮，然后按照如图 8-59 所示来创建“1-1 剖面图”文件。

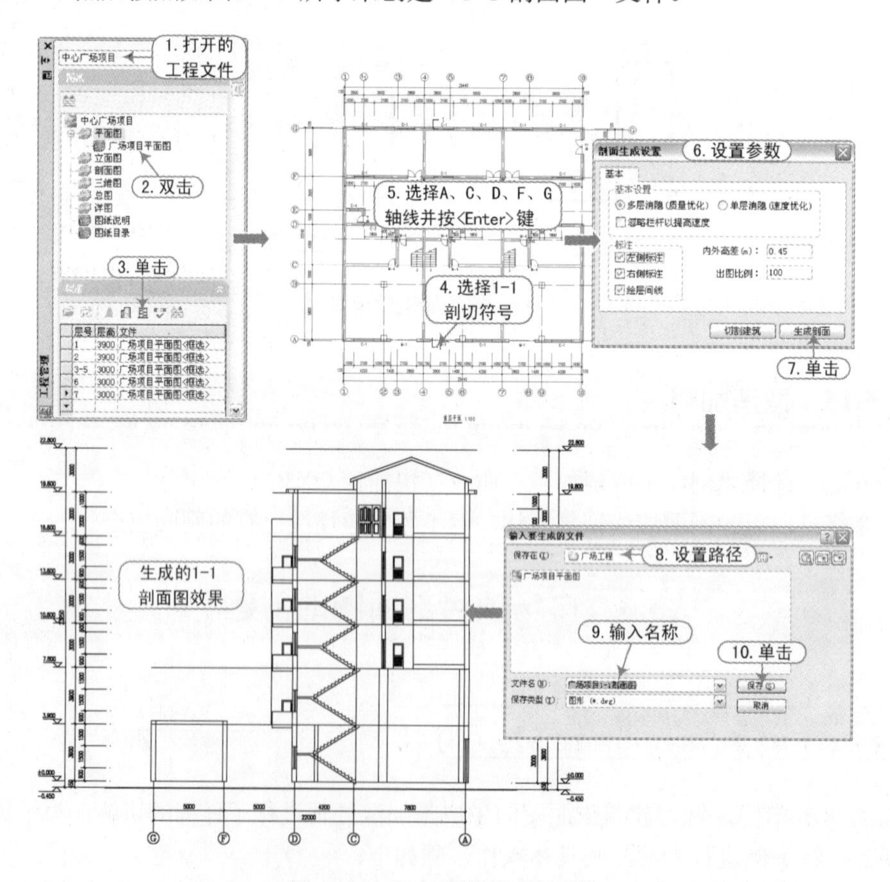

图 8-59　生成建筑剖面的操作

5）选择左侧标注对象，并按〈Delete〉键将其删除，如图 8-60 所示。

6）同样，针对中间生成的剖面楼梯对象进行删除，并删除垂直的竖线，如图 8-61 所示。

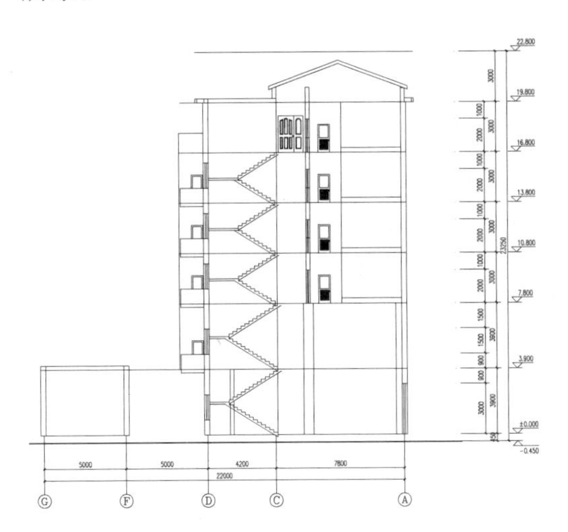

图 8-60 删除左侧标注

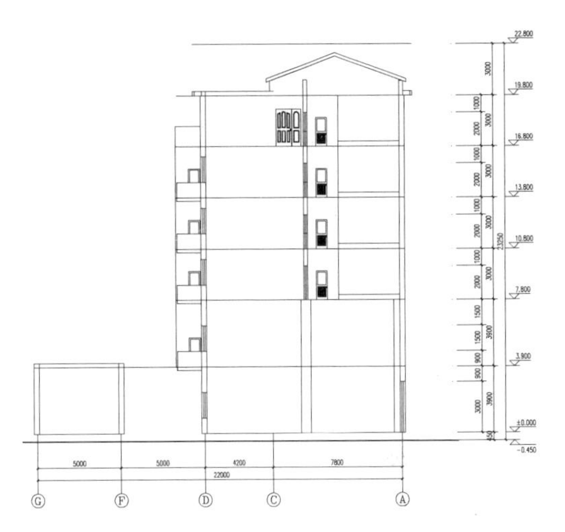

图 8-61 删除剖面楼梯及竖线

7）选择“剖面｜画剖面墙”命令（快捷键 HPMQ），在指定的轴线位置处绘制 240 和 120 宽的剖面墙，如图 8-62 所示。

8）选择“剖面｜预制楼板”命令（快捷键 YZLB），在各楼层创建 200 厚的圆孔预制楼板对象，如图 8-63 所示。

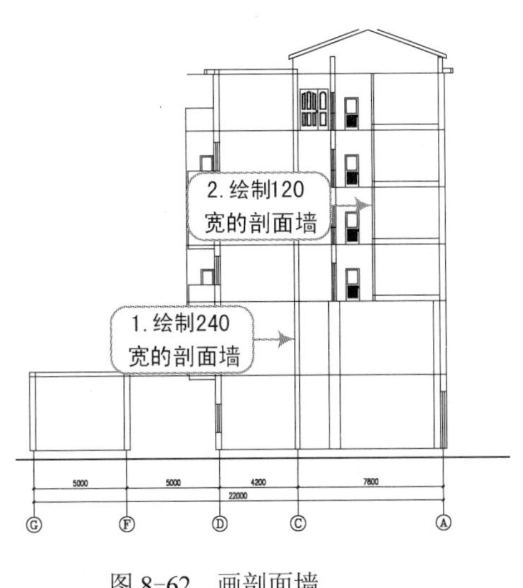

图 8-62 画剖面墙

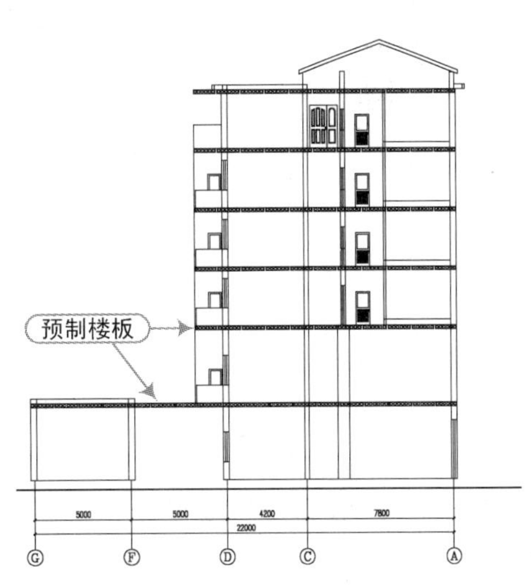

图 8-63 绘制预制楼板

9）选择“剖面｜参数楼梯”命令（快捷键 CSLT），针对 1～2 层楼来创建参数楼梯对象，如图 8-64 所示。

10）同样，选择“剖面｜参数楼梯”命令（快捷键 CSLT），针对 3～6 层楼来创建参数楼梯对象，如图 8-65 所示。

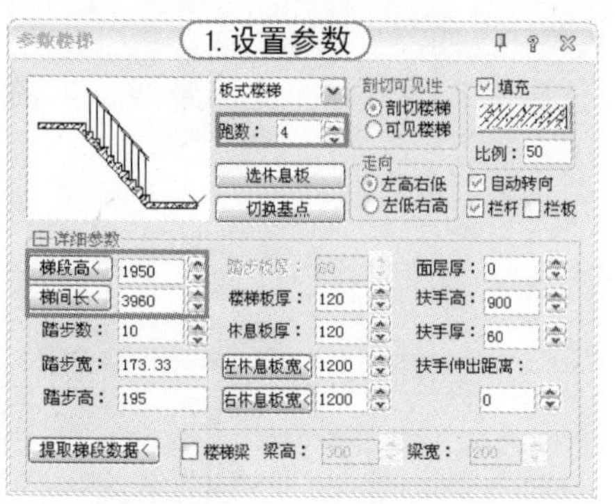

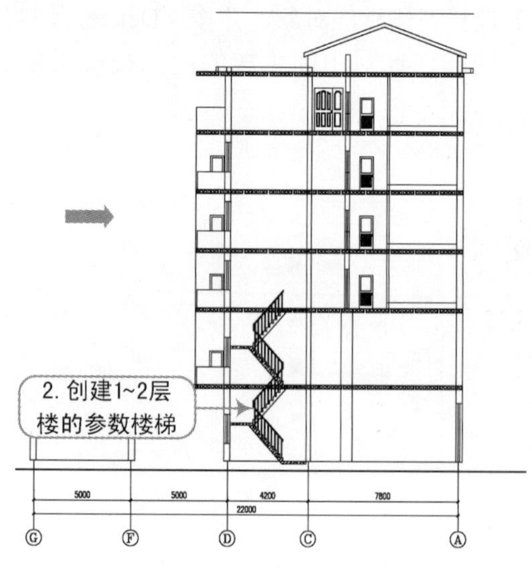

图 8-64　创建 1～2 层参数楼梯

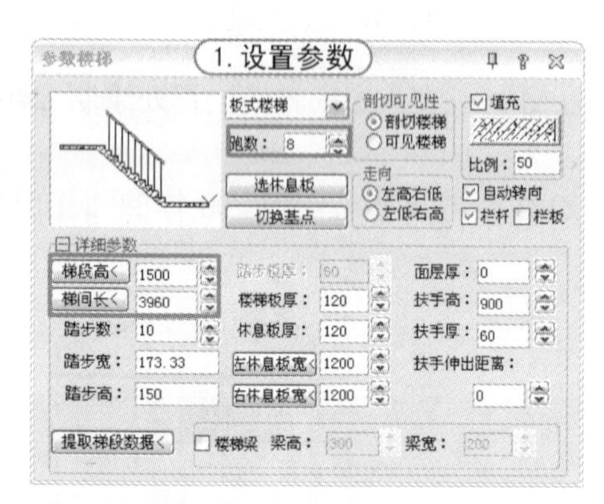

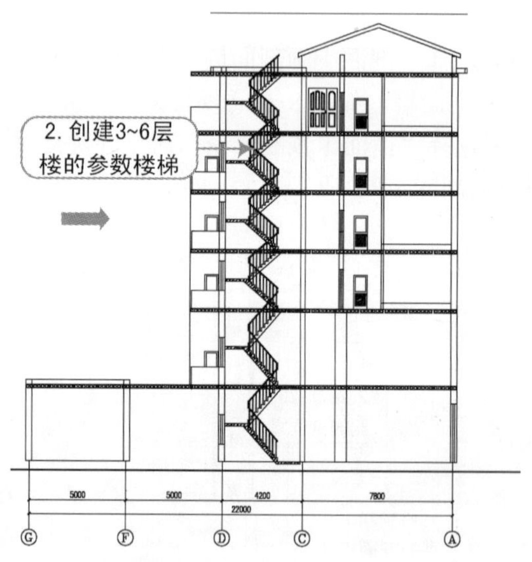

图 8-65　创建 3～6 层参数楼梯

11）选择“剖面 | 加剖断梁”命令（快捷键 JPDL），按照如图 8-66 所示在指定的楼层位置来创建门窗过梁，其过梁的宽度为 240，高度为 300。

12）选择“剖面 | 剖面填充”命令（快捷键 DMTC），选择上一步所创建的剖断梁效果，然后填充为“钢筋混凝土”，填充比例为 5，如图 8-67 所示。

13）选择 AutoCAD 的“复制”命令（CO），针对前两步所创建的剖断梁在多个楼层来进行复制，如图 8-68 所示。

14）选择“剖面 | 门窗过梁”命令（快捷键 MCGL），按照如图 8-69 所示在指定的剖面门窗对象上侧创建梁高为 120 的过梁。

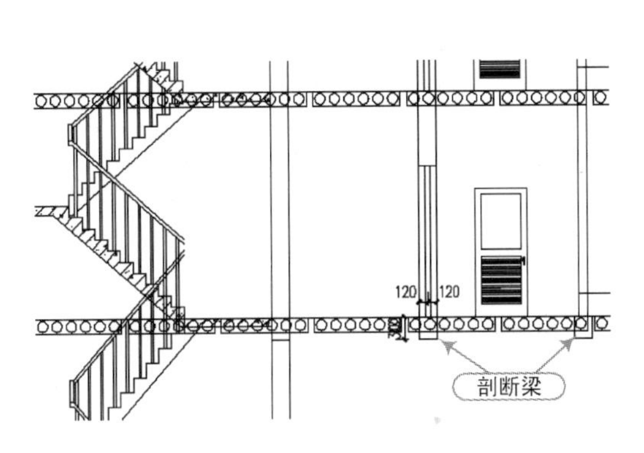

图 8-66　创建剖断梁

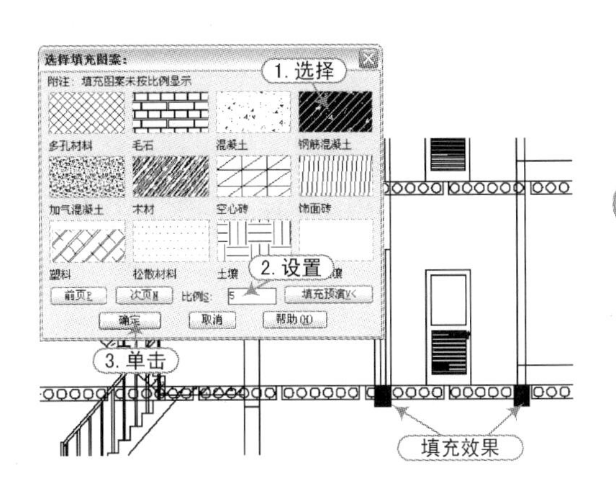

图 8-67　剖断梁填充

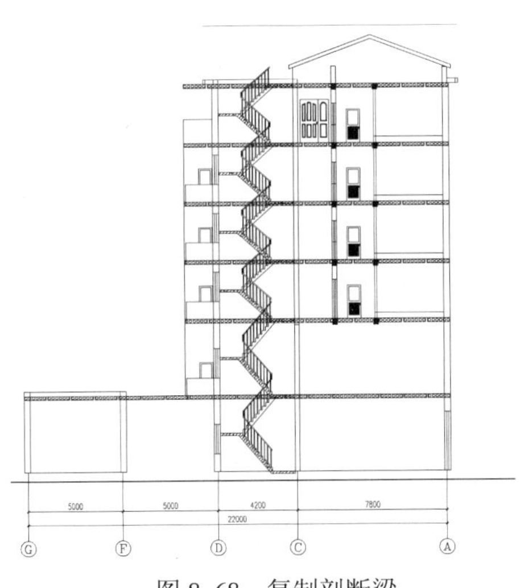

图 8-68　复制剖断梁

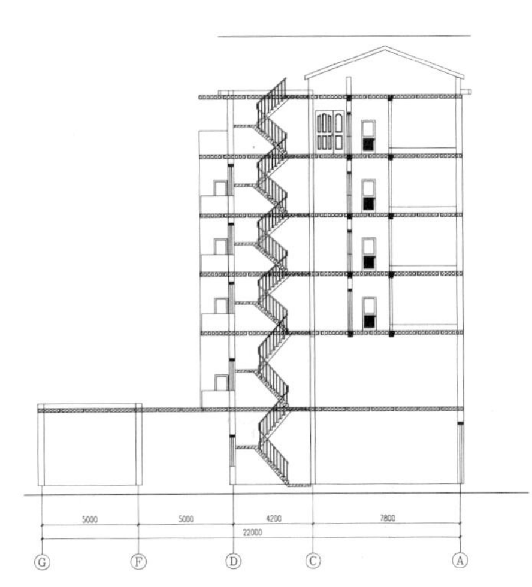

图 8-69　创建门窗过梁

15）选择“立面｜立面阳台”命令（快捷键 LMYT），将剖面图中原有的阳台对象替换为新的立面阳台效果，如图 8-70 所示。

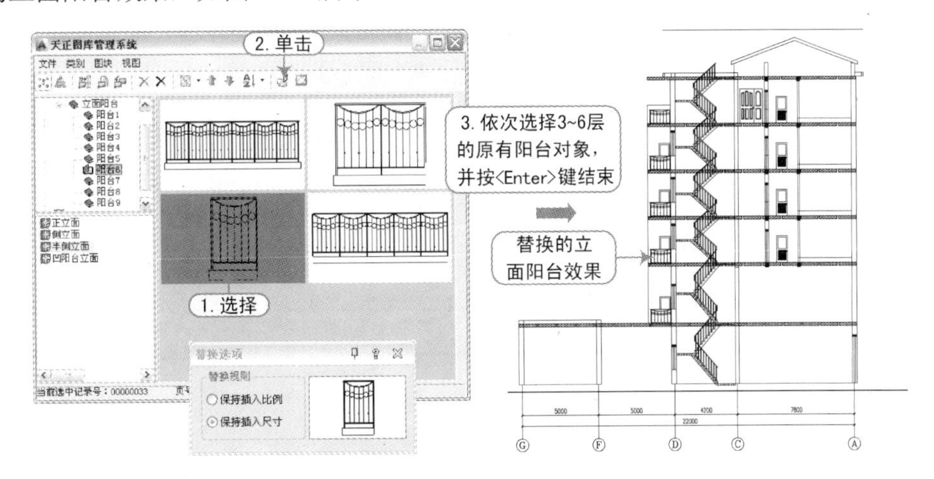

图 8-70　替换立面阳台

16）选择“剖面 | 居中加粗”命令（快捷键 JZJC），选择所有的剖面墙线，将其进行加粗处理，如图 8-71 所示。

17）选择“剖面 | 剖面檐口”命令（快捷键 PMYK），在剖面图的指定位置创建剖面檐口，并进行剖面填充操作，如图 8-72 所示。

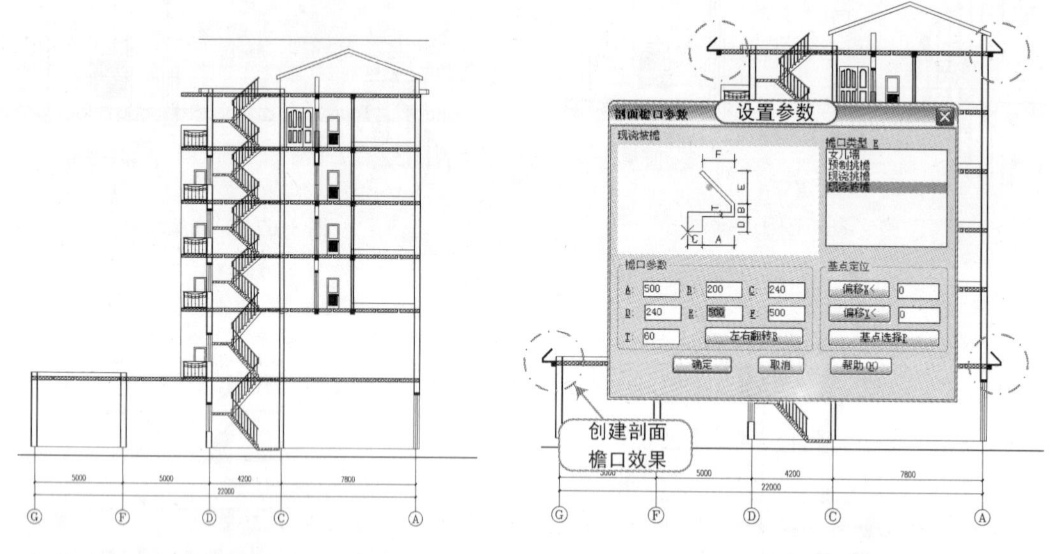

图 8-71 剖面墙线加粗　　　　图 8-72 创建剖面檐口

18）选择“符号标注 | 图名标注”命令（快捷键 TMBZ），在图形的正下方进行图名标注，如图 8-73 所示。

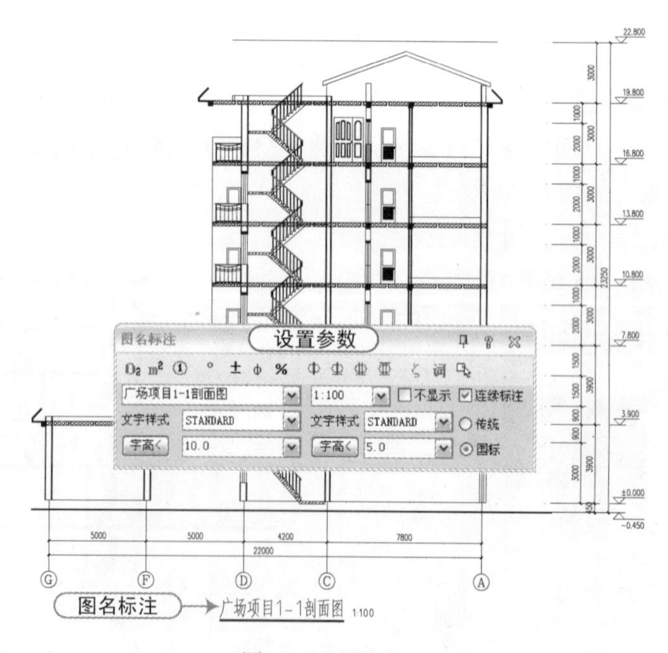

图 8-73 图名标注

19）至此，广场项目 1-1 剖面图就已经创建完成，按〈Ctrl+S〉组合键保存即可。

8.7 思考与练习

一、填空题

1．在生成建筑立面图前，首先应在________中集中管理图纸，同时设置好楼层表的各项参数。

2．建筑立面图包括正立面、左立面、右立面和_________。

3．在创建剖面符号时，其剖面编号所在的方向将是___________。

4．若需在建筑剖面图中创建楼板，可使用 TArch 提供的__________命令。

5．通常情况下，生成的剖面图只有简单的线条，但这不能完整地表达意思，此时可使用 TArch 提供的__________功能对其进行图案填充。

二、选择题

1．如果需要打开“工程管理”面板，应在 TArch 菜单栏中选择（　　）命令。

A．“立面｜建筑立面”　　B．“剖面｜建筑剖面”

C．“文件布图｜工程管理”　　D．“剖面｜画剖面图”

2．若用户需要对绘制的剖面图进行图案填充，除可通过 TArch 屏幕菜单执行“剖面｜剖面填充”命令外，还可通过 AutoCAD 的（　　）命令来完成。

A．“绘图｜图案填充”　　B．“修改｜图案填充”

C．“绘图｜渐变填充”　　D．SCALE

3．在“剖面生面设置”对话框中单击“切割建筑”命令后将会生成（　　）。

A．建筑立面图　　B．建筑剖面图

C．切割后的立体图　　D．切割后只保留一侧的立体图

三、操作题

1．将光盘中“案例\08\8.1.1.tpr”项目文件打开，生成如图 8-74 所示的正立面图。

2．将光盘中“案例\08\8.1.1.tpr”项目文件打开，生成如图 8-75 所示的剖面图。

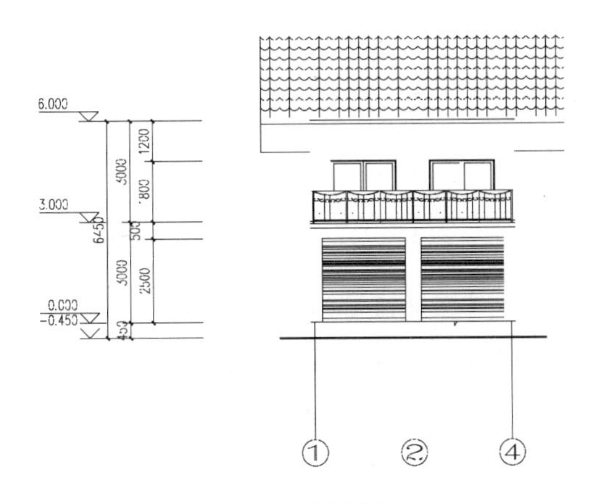

图 8-74　正立面图

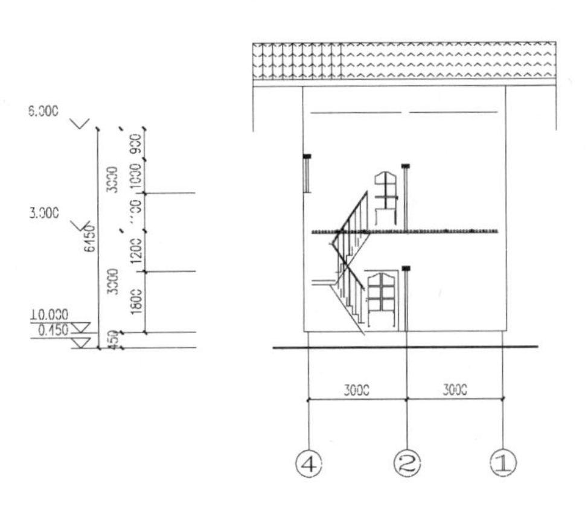

图 8-75　剖面图

第 9 章　三维建模与图块图案

通过创建天正的自定义对象可以来绘制二维平面图，同时也可以创建相应的三维模型图，但由于还有一些命令无法自动创建三维模型图，因此天正为用户提供了一些三维建模命令，使得生成的三维模型图更加完善。

通过天正提供的图库管理系统，用户可以更加高效快捷地来创建天正图形对象，同样还可以引用外部的天正图库对象，以增强、丰富图库系统；同时，用户还可以根据需要创建自己的图块对象并引入到天正图库管理系统中，以便直接调用。

9.1　三维造型对象

在天正环境中，用户创建天正自定义对象时，其二维与三维对象将随之同步生成。但是一些特殊的构件并没有生成，如楼面楼板、阳台板、雨棚等，这些都没有专门的单一命令。而 TArch 天正建筑屏幕菜单中的“三维建模 | 造型对象”菜单为用户提供了一系列三维造型命令，如图 9-1 所示。

三维建模
造型对象
平　板
竖　板
路径曲面
变截面体
等高建模
栏 杆 库
路径排列
三维网架
编辑工具
三维组合

图 9-1　三维造型命令

9.1.1　平板

执行方法：选择“三维建模 | 造型对象 | 平板”命令（快捷键 PB）。

本命令用于构造广义的板式构件，例如实心和镂空的楼板、平屋顶、楼梯休息平台、装饰板和雨篷挑檐。事实上，任何平板状和柱状的物体都可以用它来构造。平板对象不只支持水平方向的板式构件，只要事先设置好 UCS，就可以创建其他方向的斜向板式构件。

例如，打开“住宅平面布置图.dwg”文件，选择“三维建模 | 造型对象 | 平板”命令（快捷键 PB），以此来生成一、二层楼的地板对象。其操作步骤如图 9-2 所示。

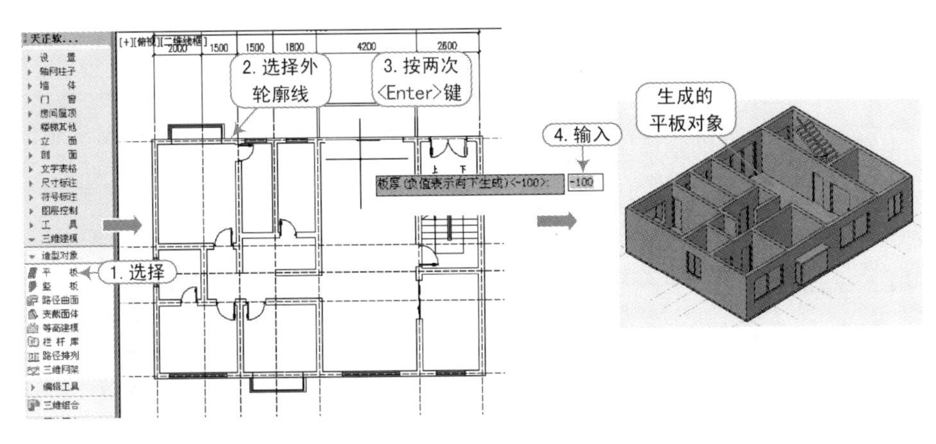

图 9-2 平板操作

提示

在使用“平板”命令前，请先用 PLINE 线绘制一封闭的图形作为平板的轮廓线。

如要修改平板参数，用户可双击平板对象，将弹出其平板的快捷菜单，如图 9-3 所示，各主要选项的含义如下：

◆ 退出
加洞(A)
减洞(D)
加边界(P)
减边界(M)
边可见性(E)
板厚(H)
标高(T)
参数列表(L)

图 9-3 平板快捷菜单

- 加洞：执行后选中平板中定义洞口的闭合多段线，则会在平板上增加若干洞口。
- 减洞：执行后选中平板中定义的洞口并按〈Enter〉键，则会在平板中移除该洞口。
- 边可见性：控制哪些边在二维视图中不可见，洞口的边无法逐个控制可见性。
- 板厚：平板的厚度。正数表示平板向上生成，负数表示向下生成；厚度为 0 表示一个薄片。
- 标高：更改平板基面的标高。
- 参数列表：相当于 LIST 命令，程序会提供该平板的一些基本参数属性。

例如，在前面创建的地板基础上，在楼梯位置来创建洞口。其操作步骤如图 9-4 所示。

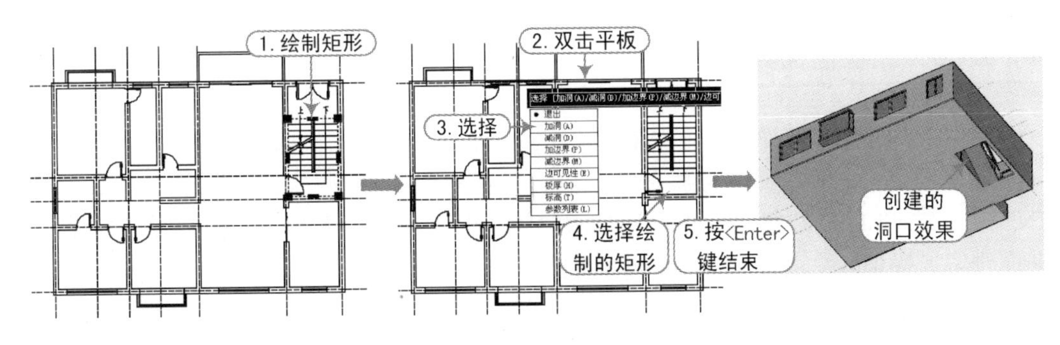

图 9-4 平板加洞

9.1.2 竖板

执行方法：选择“三维建模 | 造型对象 | 竖板”命令（快捷键 SB）。

本命令用于构造竖直方向的板式构件，常用于遮阳板、阳台隔断等。其操作步骤如图 9-5 所示。

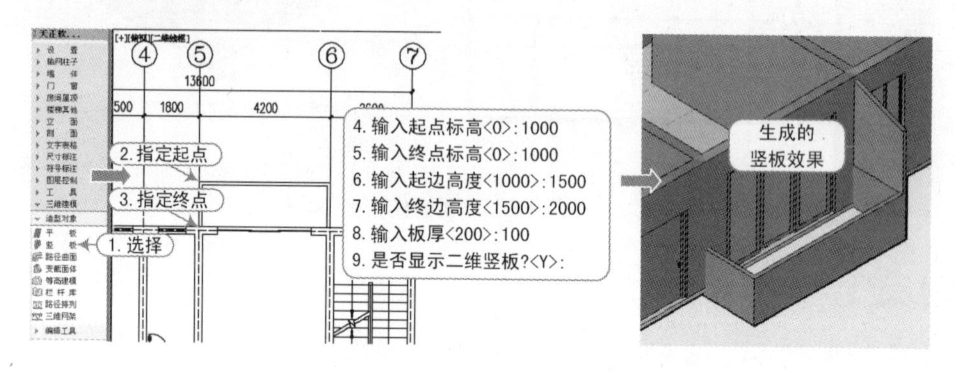

图 9-5 竖板操作

当竖板对象创建好后，用户可双击其竖板对象，然后从弹出的快捷菜单中选择相应的命令来进行相关参数的设置，如图 9-6 所示。

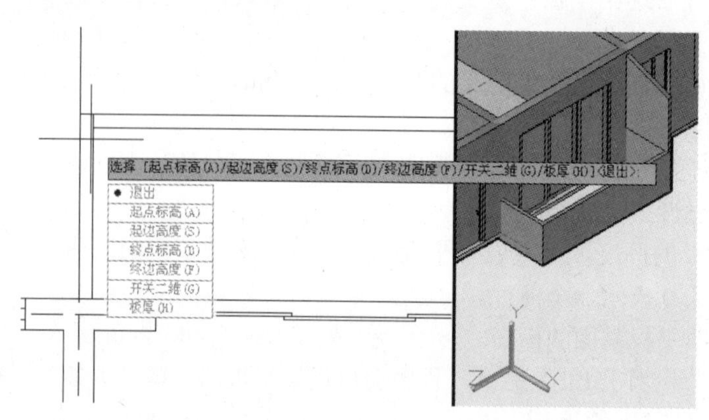

图 9-6 竖板参数选项

9.1.3 路径曲面

执行方法：选择“三维建模 | 造型对象 | 路径曲面”命令（快捷键 LJQM）。

本命令采用沿路径等截面放样创建三维，是最常用的造型方法之一，路径可以是三维 PLINE 或二维 PLINE 和圆，PLINE 不要求封闭。生成后的路径曲面对象可以编辑修改，路径曲面对象支持 trim（裁剪）与 Extend（延伸）命令。

例如，打开“路径曲面-A.dwg”文件，选择“三维建模 | 造型对象 | 路径曲面”命令（快捷键 LJQM），然后按照如图 9-7 所示来创建路径曲面。

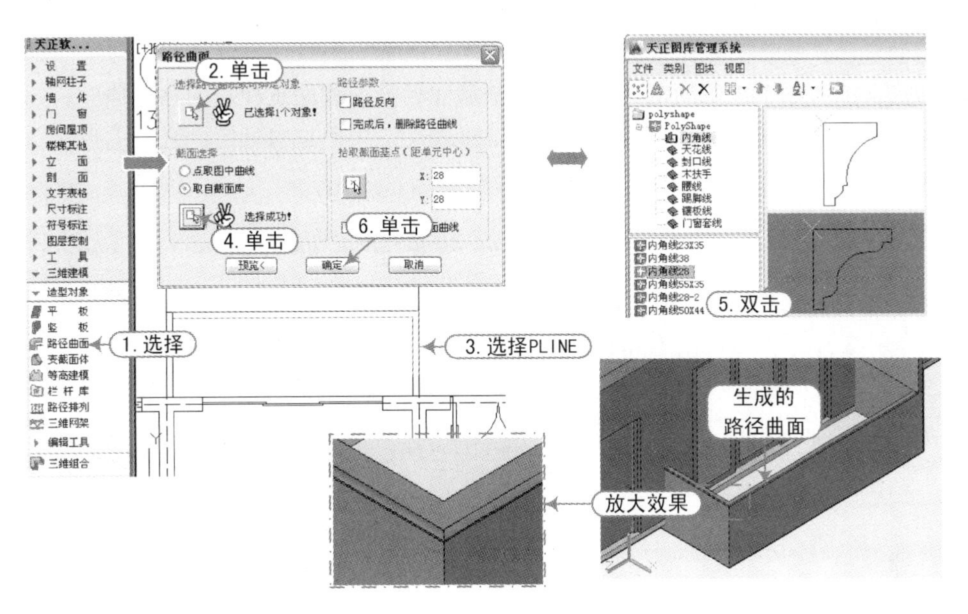

图 9-7　路径曲面操作

在“路径曲面”对话框中，各主要选项的含义如下：

- 路径选择：单击“选择”按钮进入图中选择路径，选取成功后出现 V 形手势，并有文字提示。路径可以是 LINE、ARC、CIRCLE、PLINE 或可绑定对象路径曲面、扶手和多坡屋顶边线，墙体不能作为路径。
- 截面选择：单击图中曲线或进入图库选择，选取成功后出现 V 形手势，并有文字提示。截面可以是 LINE、ARC、CIRCLE、PLINE 等对象。
- 路径反向：路径为有方向性的 PLINE，如预览发现三维结果反向了，勾选该按钮将使结果反转。
- 拾取截面基点：选定截面与路径的交点，默认的截面基点为截面外包轮廓的中心，可单击按钮在截面图形中重新选取。

用户可双击创建好的路径曲面对象，将弹出其快捷菜单，如图 9-8 所示，选择相应的命令来进行路径曲面参数的修改。其快捷菜单中各选项的含义如下：

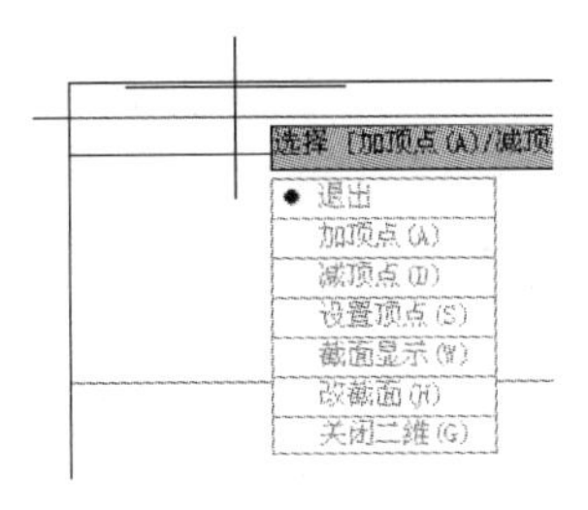

图 9-8　路径曲面快捷菜单

- 加顶点：可以在完成的路径曲面对象上增加顶点。
- 减顶点：在完成的路径曲面对象上删除指定顶点。
- 设置顶点：设置顶点的标高和夹角，提示参照点是取该点的标高。

- 截面显示：重新显示用于放样的截面图形。
- 改截面：提示单击新的截面，可以用新截面替换旧截面重建新的路径曲面。
- 关闭二维：有时需要关闭路径曲面的二维表达，由用户自行绘制合适的形式。

9.1.4 变截面体

执行方法：选择“三维建模 | 造型对象 | 变截面体”命令（快捷键 BJMT）。

本命令用 3 个不同截面沿着路径曲线放样，第二个截面在路径上的位置可选择。变截面体由路径曲面造型发展而来，路径曲面依据单个截面造型，而变截面体采用 3 个或两个不同形状截面，不同截面之间平滑过渡，可用于建筑装饰造型等。其变截面体操作示意图如图 9-9 所示。

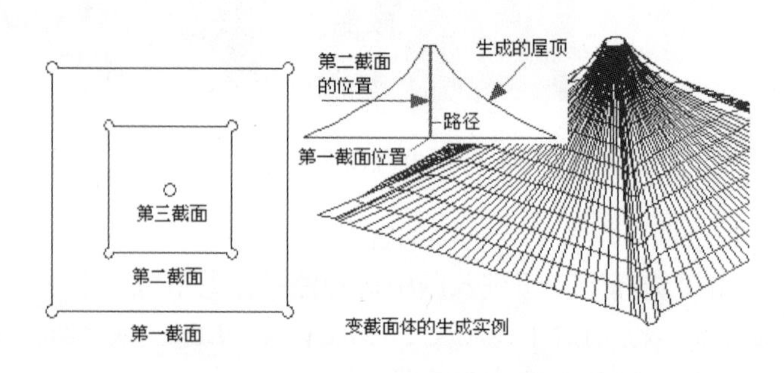

图 9-9　变截面体操作示意图

9.1.5 等高建模

执行方法：选择“三维建模 | 造型对象 | 等高建模”命令（快捷键 DGJM）。

本命令将一组封闭的 PLINE 绘制的等高线生成自定义对象的三维地面模型，用于创建规划设计的地面模型。其操作步骤如图 9-10 所示。

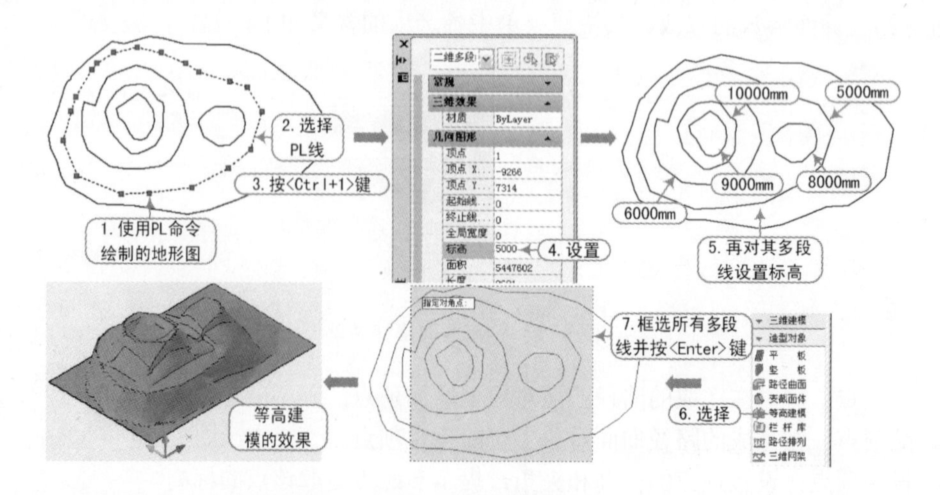

图 9-10　等高建模操作

9.1.6 栏杆库

执行方法：选择“三维建模 | 造型对象 | 栏杆库”命令（快捷键 LGK）。

本命令从通用图库的栏杆单元库中调出栏杆单元，以便编辑后进行排列生成栏杆。其操作步骤如图 9-11 所示。

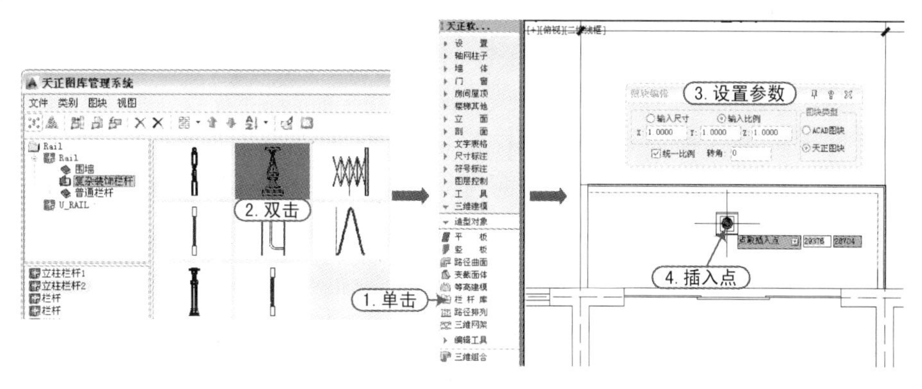

图 9-11 栏杆库操作

插入的栏杆单元是平面视图，而图库中显示的侧视图是为增强识别性重制的。

9.1.7 路径排列

执行方法：选择“三维建模 | 造型对象 | 路径排列”命令（快捷键 LJPL）。

本命令沿着路径排列生成指定间距的图块对象，本命令常用于生成楼梯栏杆，但是功能不仅仅限于此，故没有命名为栏杆命令。

例如，打开“路径排列-A.dwg”文件，选择“三维建模 | 造型对象 | 路径排列”命令（快捷键 LJPL），然后按照如图 9-12 所示来创建路径排列。

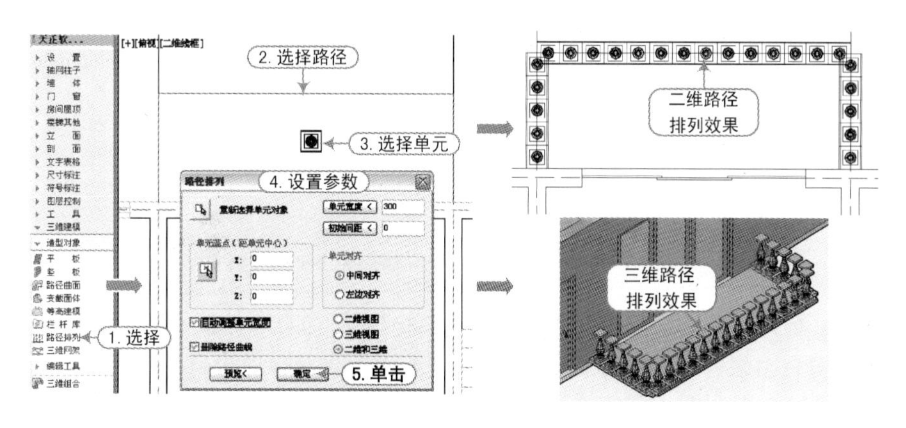

图 9-12 路径排列操作

提示

绘制路径时一定要按照实际走向进行。例如，作为单跑楼梯扶手的路径就一定要在楼梯一侧从下而上绘制，栏杆单元的对齐才能起作用。

在“路径排列”对话框中，各主要选项的含义如下：

- 单元宽度：排列物体时的单元宽度。由刚才选中的单元物体获得单元宽度的初值，但有时单元宽与单元物体的宽度是不一致的，例如栏杆立柱之间有间隔，单元物体宽加上这个间隔才是单元宽度。
- 初始间距：栏杆沿路径生成时，第一个单元与起始端点的水平间距，初始间距与单元对齐方式有关。
- 中间对齐和左边对齐：参见如图 9-13 所示单元对齐的两种不同方式，栏杆单元从路径生成方向起始端起排列。
- 单元基点：是用于排列的基准点。默认是单元中点，可取点重新确定，重新定义基点时，为准确捕捉，最好在二维视图中单击。

同样，用户可以双击路径排列对象，从弹出的快捷菜单中选择不同的命令来进行相关参数的设置，如图 9-14 所示。

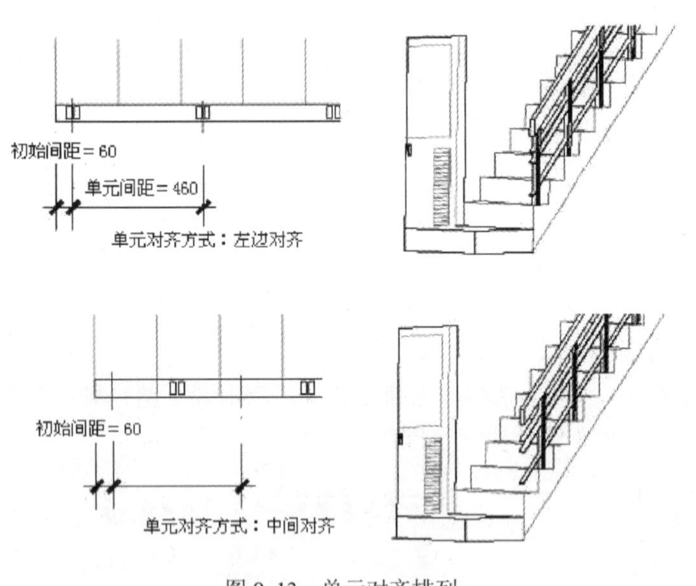

图 9-13　单元对齐排列

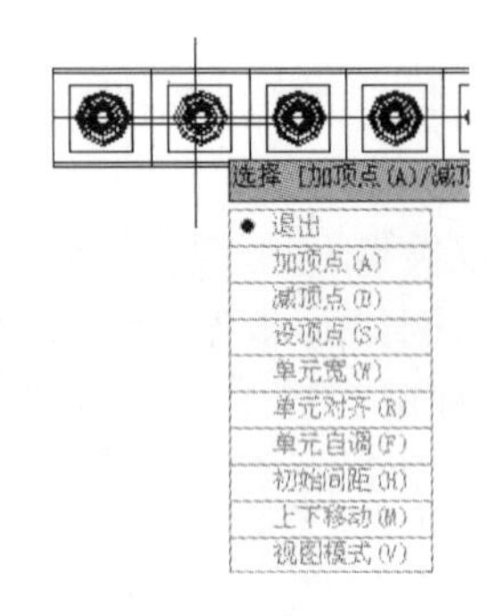

图 9-14　路径排列快捷菜单

9.1.8　三维网架

执行方法：选择“三维建模｜造型对象｜三维网架”命令（快捷键 SWWJ）。

本命令把沿着网架杆件中心绘制的一组空间关联直线，转换为有球节点的等直径空间钢管网架三维模型，在平面图上只能看到杆件中心线。其操作步骤如图 9-15 所示。

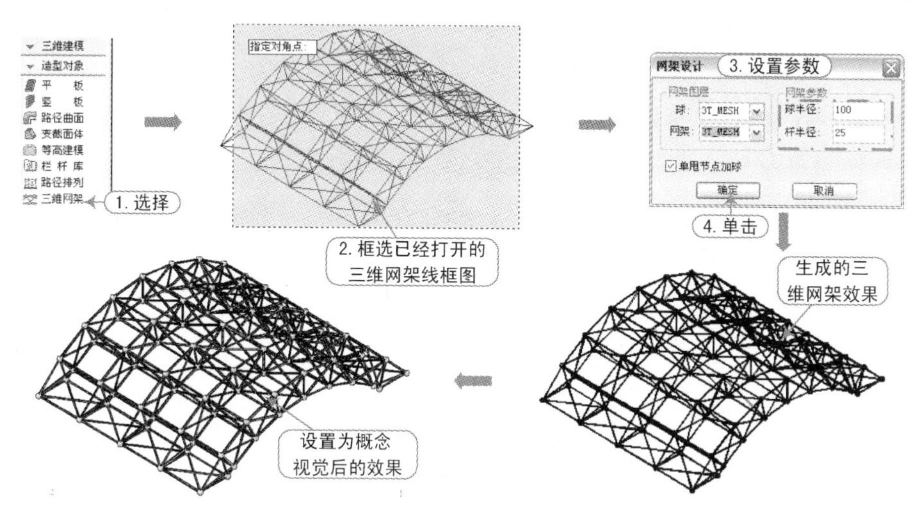

图 9-15 三维网架操作

软件技能 9.2 住宅楼三维模型的创建实例

视频\09\住宅楼三维模型的创建.avi
案例\09\住宅楼三维模型.dwg

根据前面所学的内容来创建住宅楼三维模型图文件。首先创建一个工程文件，并将其“新农村住宅设计.dwg”文件置于工程图的平面图中，再双击打开平面图，然后创建该首层楼的楼板对象，再生成三维模型实体对象，然后将首层楼的楼板对象向上复制到二、三层楼中，其效果如图 9-16 所示。

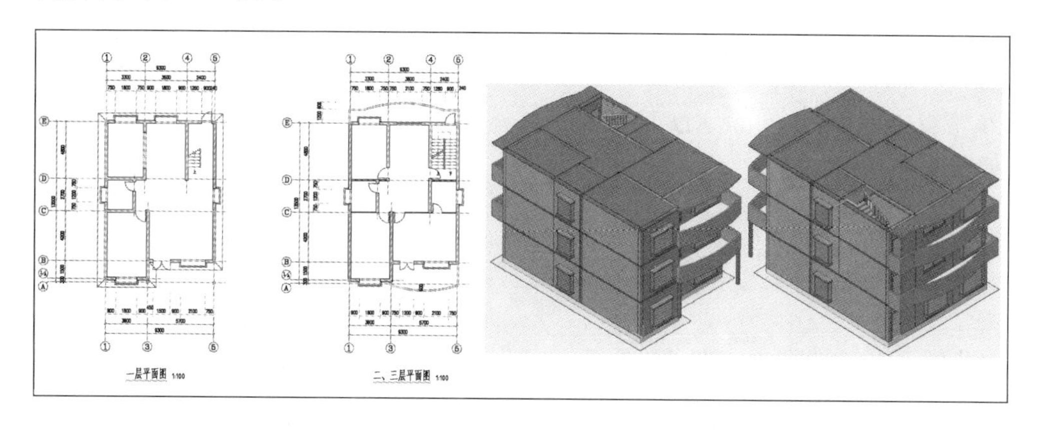

图 9-16 住宅楼三维模型图效果

1）启动 TArch 天正建筑软件，在屏幕菜单中选择“文件布图｜工程管理”命令，打开“工程管理”面板，在该面板中选择“工程管理｜新建工程”命令，在弹出的“另存为”对话框中保存为“案例\09\新农村住宅设计.tpr”文件，然后单击“保存”按钮，如图 9-17 所示。

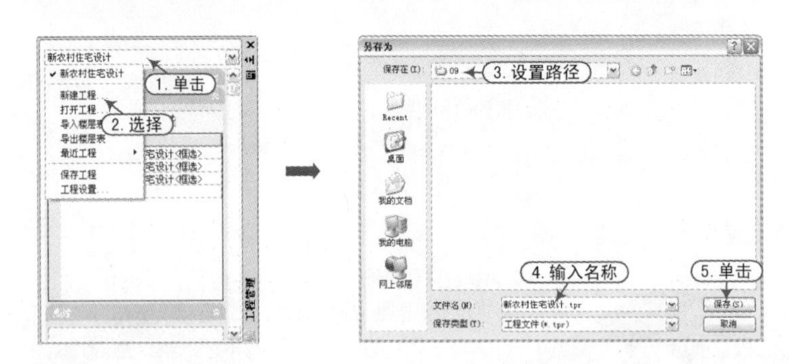

图 9-17　新建工程文件

2）在“工程管理”面板中展开“平面图”并右击，从弹出的快捷菜单中选择“添加图纸”命令，将“案例\09\新农村住宅设计.dwg”文件添加到工程中，再双击“新农村住宅设计”对象，将其平面图形文件在视图中打开，如图 9-18 所示。

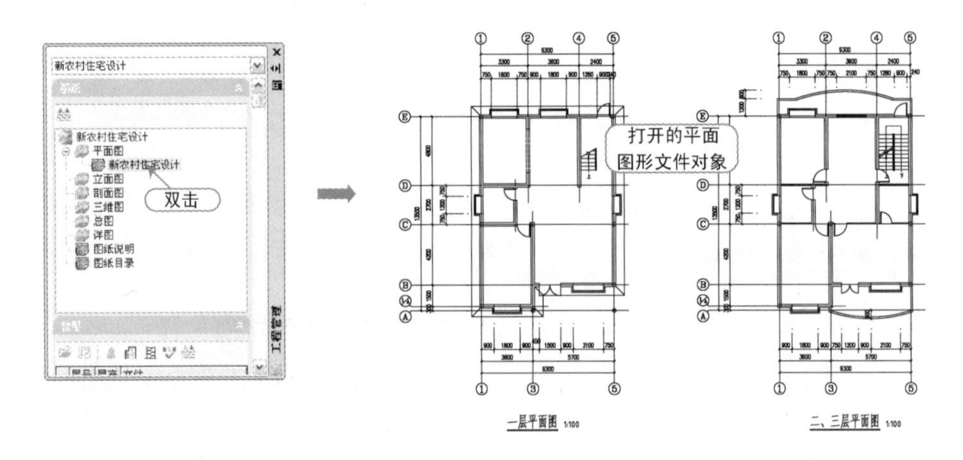

图 9-18　打开平面图形文件

3）使用 AutoCAD 的“多段线”命令（PL），沿二、三层平面图的外墙绘制一封闭的多段线轮廓；再使用 AutoCAD 的“矩形”命令（REC），在楼梯间位置绘制一矩形对象，如图 9-19 所示。

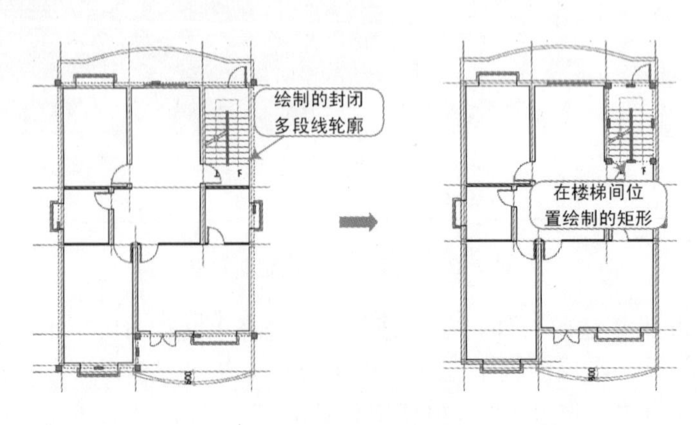

图 9-19　绘制二、三层的外轮廓和矩形

4）选择上一步所绘制的封闭多段线外轮廓对象，再在天正屏幕菜单中选择“三维建模｜造型对象｜平板”命令（快捷键 PB），并按两次〈Enter〉键，再输入生成的平板厚度为-100，即可创建楼地板对象，如图 9-20 所示。

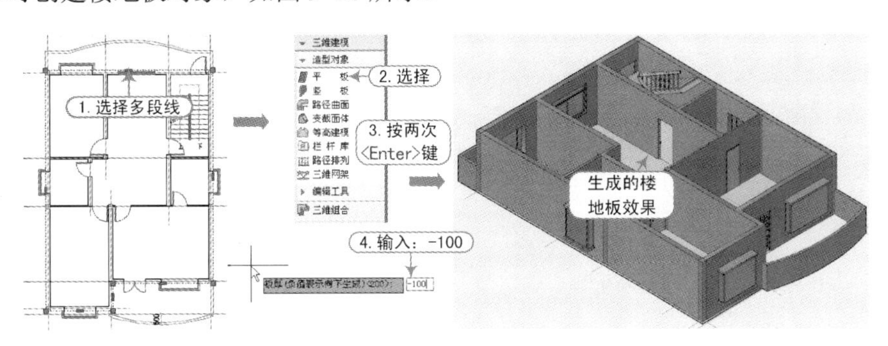

图 9-20　创建楼地板对象

5）使用鼠标双击创建的楼地板对象，从弹出的快捷菜单中选择“加洞”命令，再在视图中选择楼梯间的矩形对象，从而在楼地板对象的楼梯间位置处加一洞口，如图 9-21 所示。

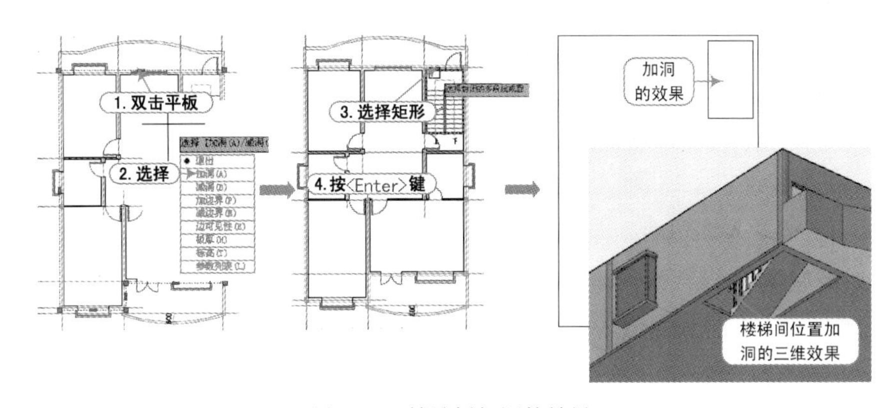

图 9-21　楼地板加洞的效果

6）在“工程管理”面板中展开“楼层”栏，分别输入层号和层高，再将光标置于“文件”列表框中，再单击 按钮，然后在视图中分别框选每层楼的对象，并指定 A 号轴线与 1 号轴线的交点作为对齐点，如图 9-22 所示。

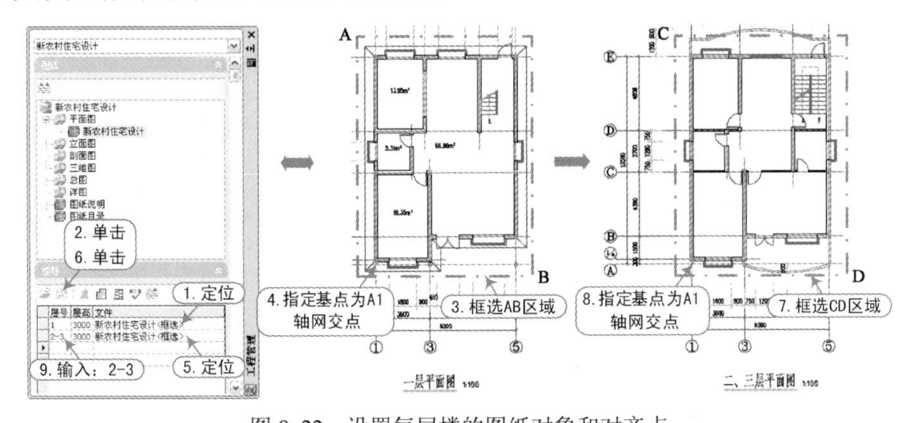

图 9-22　设置每层楼的图纸对象和对齐点

7）单击“三维组合建筑模型”按钮，随后弹出“楼层组合”对话框，选择“分解成实体模型”单选按钮，然后单击“确定”按钮，随后弹出“输入要生成的三维文件”对话框，将其文件保存为“案例\09\住宅楼三维模型.dwg”文件，然后单击“保存”按钮，系统开始创建三维模型图，如图 9-23 所示。

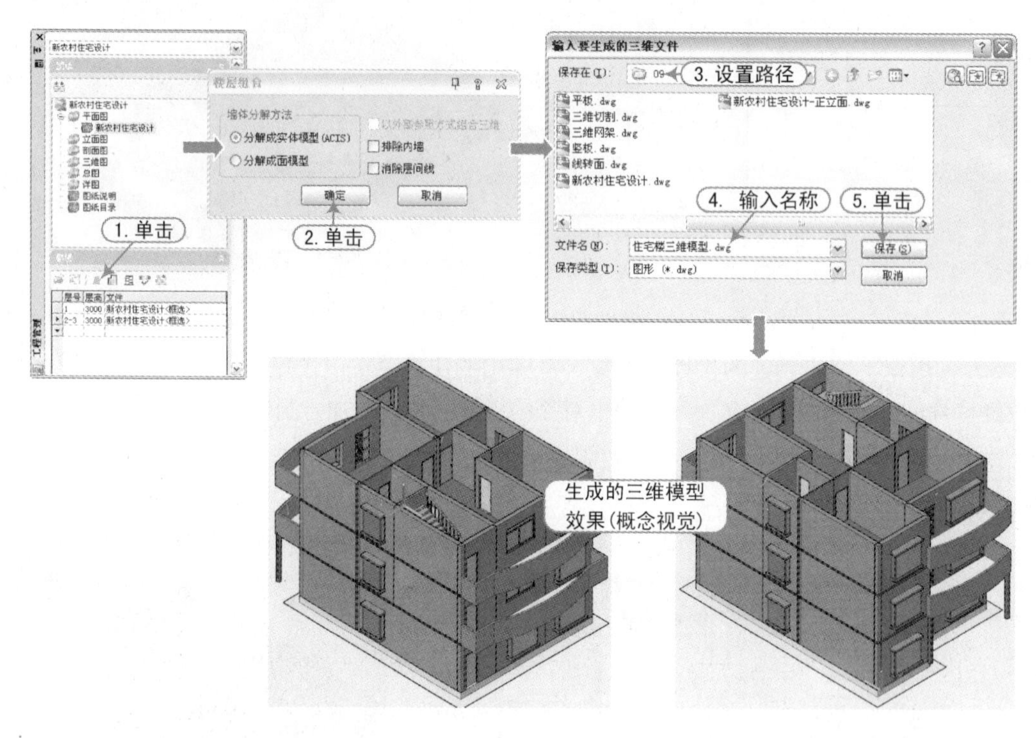

图 9-23　生成三维模型图

8）在前面创建楼板对象时，只创建了二、三层楼的楼地板对象，这时可以使用“复制”命令（CO）将三层楼的楼地板对象向上（Z 轴方向）复制，其复制的距离为 3000，以此作为该层楼顶板效果，如图 9-24 所示。

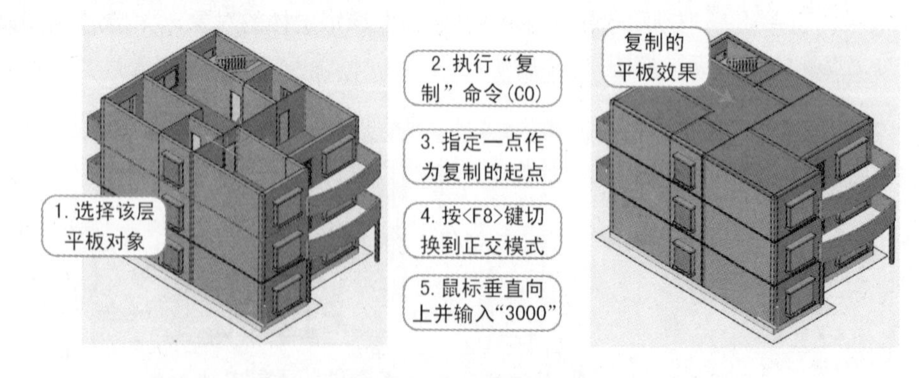

图 9-24　复制的楼板对象

9）切换到俯视图，使用 AutoCAD 的“多段线”“圆弧”“合并”等命令，在阳台位置绘制两条封闭的多段线对象，如图 9-25 所示。

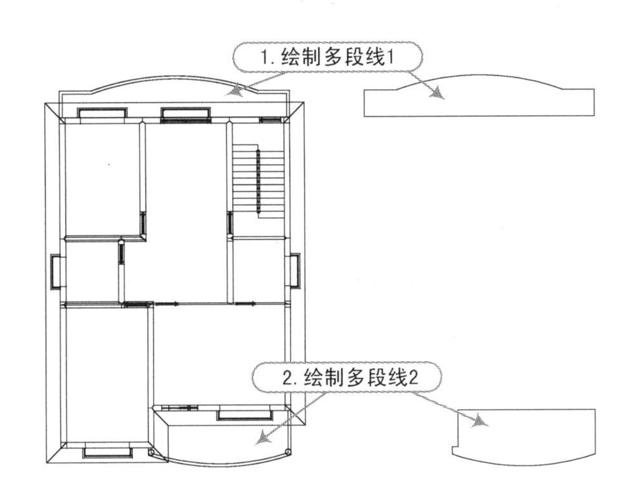

图 9-25 绘制的多段线

10）由于所绘制的多段线或许会在首层平面图上，这时用户可以将这些多段线对象垂直向 Z 轴正方向移动，使之与顶层楼板在一个平面，如图 9-26 所示。

11）在天正屏幕菜单中选择“三维建模 | 造型对象 | 平板”命令（快捷键 PB），分别将这两条多段线生成平板对象，其板厚为-100，如图 9-27 所示。

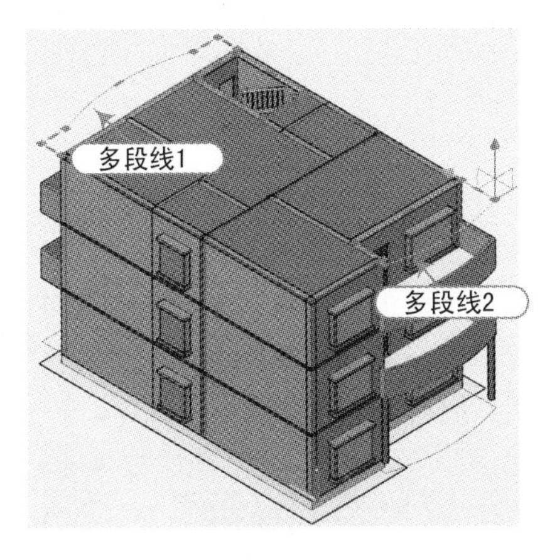

图 9-26 向 Z 轴正方向移动的多段线

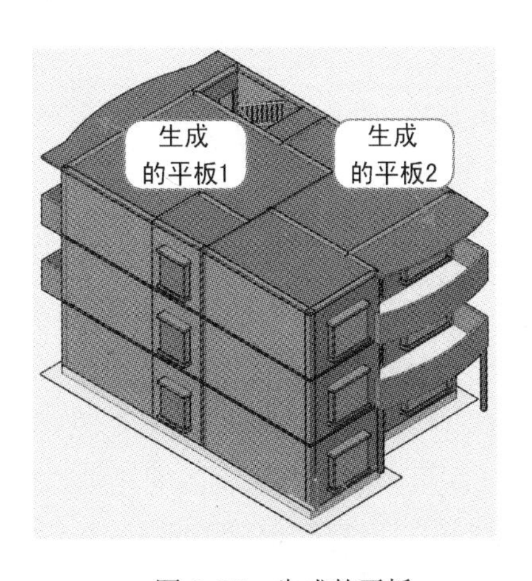

图 9-27 生成的平板

12）按〈Ctrl+S〉组合键对所创建的三维模型图文件进行保存。

9.3 天正图块的概念

天正图块是基于 AutoCAD 普通图块的自定义对象，普通天正图块的表现形式依然是块定义与块参照。“块定义”是插入到 DWG 图中，可以被多次使用的一个被“包装”过的图形组合，块定义可以有名字（有名块），也可以没有名字（匿名块）；“块参照”是使用中引用“块定义”，重新指定了尺寸和位置的图块“实例”又称为“块参照”。

9.3.1 图块与图库的概念

块定义的作用范围可以在一个图形文件内有效（简称内部图块），也可以对全部文件都有效（简称外部图块）。如非特别申明，块定义一般指内部图块。外部图块就是有组织管理的 DWG 文件，通常把分类保存利用的一批 DWG 文件称为图库，把图库里面的外部图块通过命令插入图内，作为块定义，才可以被参照使用；内部图块可以通过 Wblock 导出外部图块，通过图库管理程序保存称为“入库”。

天正图库以使用方式来划分，可以分为专用图库和通用图库；以物理存储和维护来划分，可以分为系统图库和用户图库，多个图块文件经过压缩打包保存为 DWB 格式文件。

1）专用图库：用于特定目的的图库，采用专门有针对性的方法来制作和使用图块素材，如门窗库、多视图库。

2）通用图库：即常规图块组成的图库，代表含义和使用目的完全取决于用户，系统并不了解这些图块的内涵。

3）系统图库：随软件安装提供的图库，由天正公司负责扩充和修改。

4）用户图库：由读者制作和收集的图库。对于读者扩充的专用图库（多视图库除外），系统给定了一个“U_”开头的名称，这些图块和专用的系统图块一起放在 DWB 文件夹下，用户图库在更新软件重新安装时不会被覆盖，但是读者为方便起见会把读者图库的内容拖到通用图库中，此时如果重装软件就应该事先备份图库。

9.3.2 块参照与外部参照

块参照有多种方式，最常见的就是块插入（INSERT），如非特别申明，块参照就是指块插入。此外，还有外部参照，外部参照自动依赖于外部图块，即外部文件变化了，外部参照可以自动更新。块参照还有其他更多的形式，例如门窗对象也是一种块参照，而且它还参照了两个块定义（一个二维的块定义和一个三维的块定义），与其他图块不同，门窗图块有自己的名称 TCH_OPENING，而且插入时门窗的尺寸受到墙对象的约束。

从 8.5 版本开始，天正图库提供了插入 AutoCAD 图块的选项，可以选择按 AutoCAD 图块的形式插入图库中保存的内容，包括 AutoCAD 的动态图块和属性图块。在插入图块时，在对话框中要选择是按天正图块还是按 AutoCAD 图块插入，如图 9-28 所示。

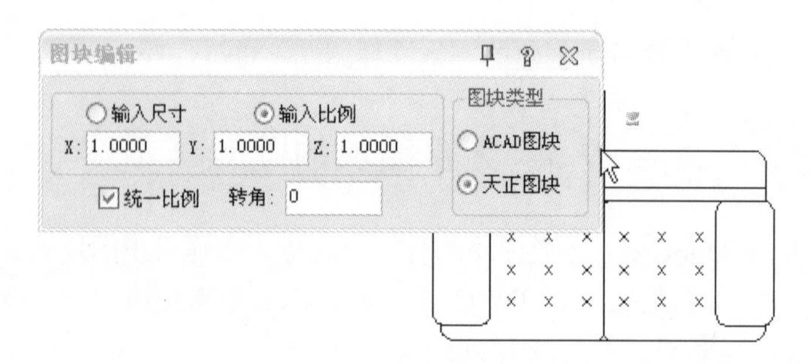

图 9-28 插入图块的类型

9.3.3 图块的夹点与对象编辑

天正图块有 5 个夹点，四角的夹点用于图块的拉伸，以实时地改变图块的大小，中间的夹点用于图块的旋转，如图 9-29 所示。选中任何一个夹点后，都可以通过按〈Ctrl〉键切换夹点的操作方式，把相应的拉伸、移动操作变成以此夹点为基点的移动操作。

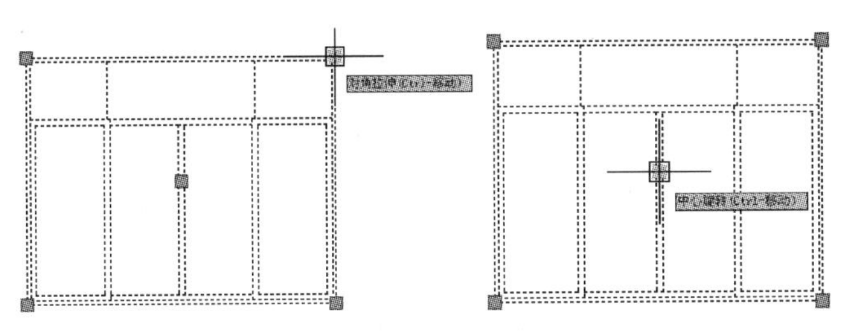

图 9-29 天正图块的夹点

无论是天正图块还是 AutoCAD 块参照，都可以通过“对象编辑”命令准确地修改尺寸大小。选中图块并右击，从弹出的快捷菜单中选择“对象编辑”命令，即可调出“图块编辑”对话框，在其中对图块进行编辑和修改，可选按“输入比例”修改或者按“输入尺寸”修改，单击“确定”按钮完成修改，如图 9-30 所示。

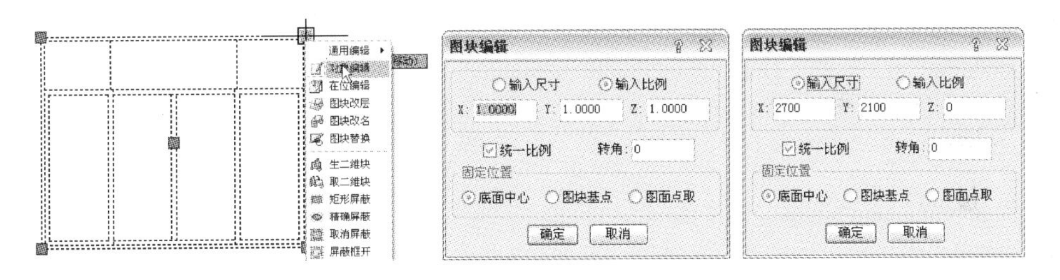

图 9-30 图块的对象编辑

9.3.4 天正图库的安装方法

视频\09\天正图库的安装方法.avi
案例\09\天正建筑完整图库.exe

天正建筑 8.0、8.2、8.5、2013 版本均缺少官方的建筑图库，经过多次的摸索，把这几个版本的建筑图库安装及使用方法备案如下。这几个版本的图库安装方法一样，仅以天正建筑 2013 版为例进行讲解。

1）在网上下载天正 8.5 图库，在 veryCD 电驴的资源栏目的搜索框输入：天正 8.5 图库和 CAD 字体完整版，即可找到下载页，这里就不再详述。

2）为了方便读者的学习和操作，用户可以直接在“案例\09”目录下找到“天正建筑完整图库.exe”文件。

3）双击“天正建筑完整图库.exe”文件，找到安装路径为“...\Tangent\TArch 2014”，并单击“确定”和“下一步”按钮，将天正 8.5 的图库安装在 TArch 天正 2014 版本中，如图 9-31 所示。

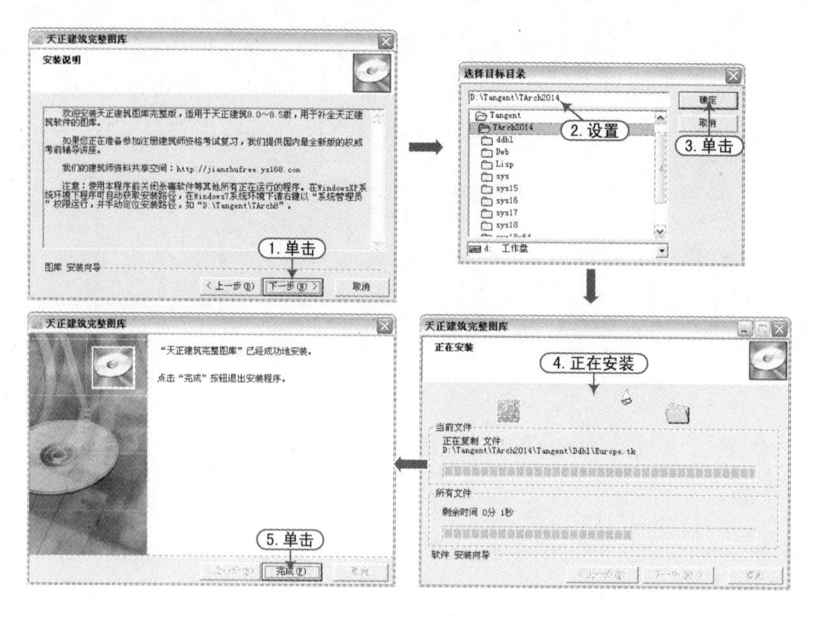

图 9-31　将天正 8.5 的图库安装在天正 2014 版本中

提示

对于 Windows7 64 系统，可能会弹出“这个程序可能安装不正确！”的提示，选择“使用推荐的设置重新安装”。

安装路径依然为：“...\Tangent\TArch 2014”。

提示文件是否覆盖时，选择“全部选是”，直至安装完成。

4）此时，在“... \Tangent\TArch 2014”里面出现 DDBL 和 Lib3d 两个新的文件夹，如图 9-32 所示。

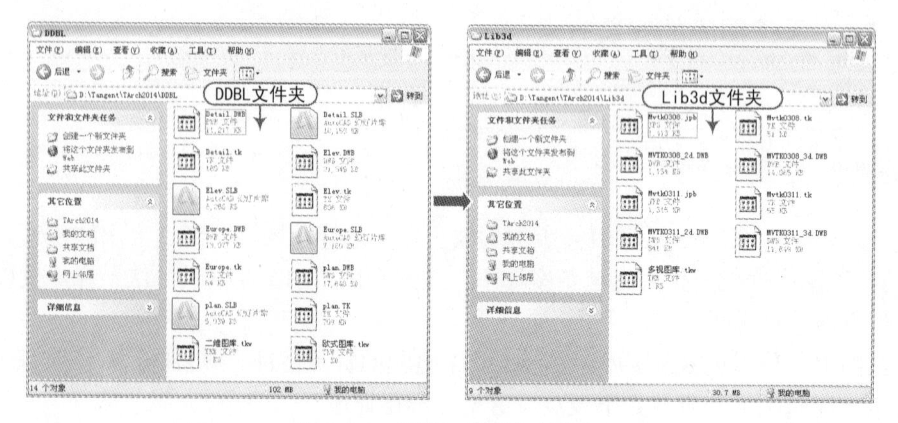

图 9-32　新增加的两个文件夹

5）启动 TArch 天正建筑 2014，在屏幕菜单中选择“图块图案 | 通用图库”命令（快捷

键 TYTK），将弹出“天正图库管理系统”对话框，选择“图库 | 二维图库”命令，即可看到所载入的天正 8.5 二维图库，如图 9-33 所示。

6）在天正屏幕菜单中选择“图块图案 | 通用图库”命令时，如果出现“TKW 文件不存在”提示，用户可在“天正自定义”对话框中按照如图 9-34 所示方法将其加入其中。

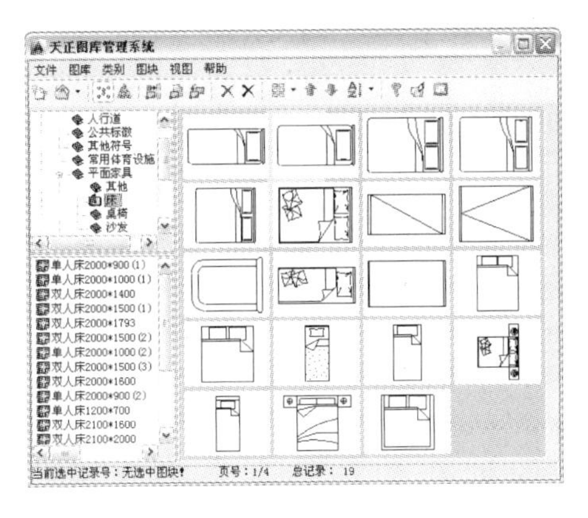

图 9-33 所载入的天正 8.5 二维图库

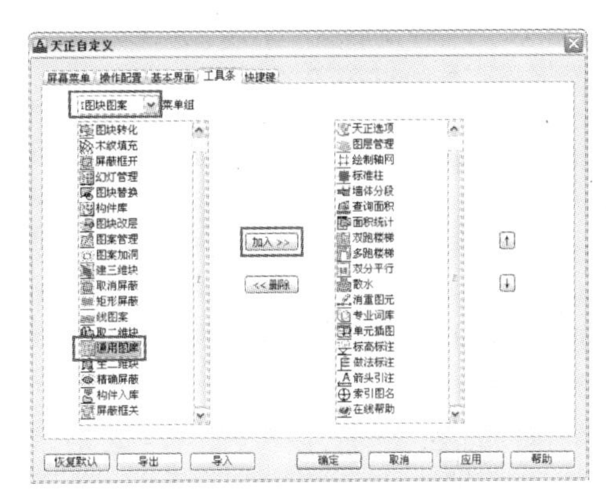

图 9-34 截入命令

“...\Tangent\TArch 2014\Dwb”目录下的文件是 TArch 2014 自带图库，请不要删除，否则天正建筑 2014 的门窗选项将丢失门窗库。

7）在“...\Tangent\TArch 2014\Dwb”目录下，双击 tchlib.txt 文件，将列出天正图库文件所对应的内容，如图 9-35 所示。

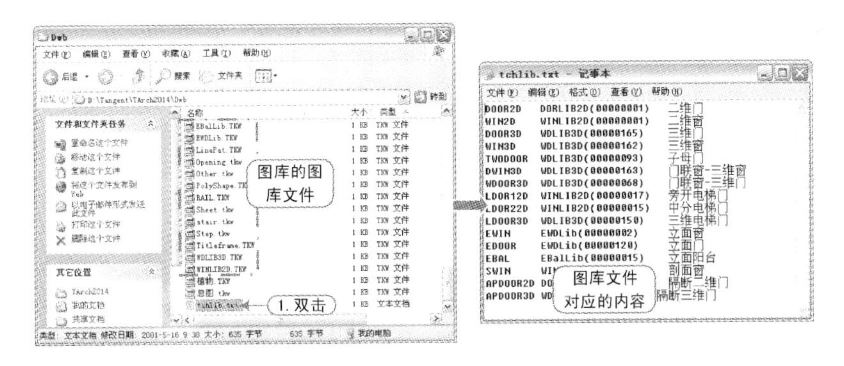

图 9-35 天正图库文件对应的内容

8）至此，天正图库已经安装完成了。在后面的学习中，用户就可以根据需要插入其他的天正图库对象了。

9.4 天正图库管理

天正图库的逻辑组织层次为：图库组→图库（多视图库）→类别→图块。图库的使用涉及如下术语：

1）图库：由文件主名相同的 TK、DWB 和 SLB 三个类型文件组成，必须位于同目录下才能正确调用。其中 DWB 文件由许多外部图块打包压缩而成；SLB 为界面显示幻灯库，存放图块包内的各个图块对应的幻灯片；TK 为这些外部图块的索引文件，包括分类和图块描述信息。

2）多视图库：文件组成与普通图库有所不同，它由 TK、*_2D.DWB、*_3D.DWB 和 JPB 组成。*_2D.DWB 保存二维视图，*_3D.DWB 保存三维视图，JPB 为界面显示三维图片库，存放图块对应的着色图像 JPG 文件，TK 为这些外部图块的索引文件，包括分类和图块描述信息。

3）图库组（TKW）：是多个图库的组合索引文件，即指出图库组由哪些 TK 文件组成。

9.4.1 通用图库操作

执行方法：选择“图块图案 | 通用图库”命令（快捷键 TYTK）。

本命令是调用图库管理系统的菜单命令。另外，其他很多命令也在调用图库中的有关部分进行工作，如插入图框时就调用了其中的图框库内容。图块名称表提供了人工拖动排序操作和保存当前排序功能，方便了用户对大量图块的管理，图库的内容既可以选择按天正图块插入，也可以按 AutoCAD 图块插入，满足了用户插入 AutoCAD 属性块和动态块的需求。

在天正屏幕菜单中选择“图块图案 | 通用图库”命令（快捷键 TYTK），将会弹出“天正图库管理系统”对话框，然后按如图 9-36 所示步骤来进行图库的操作。

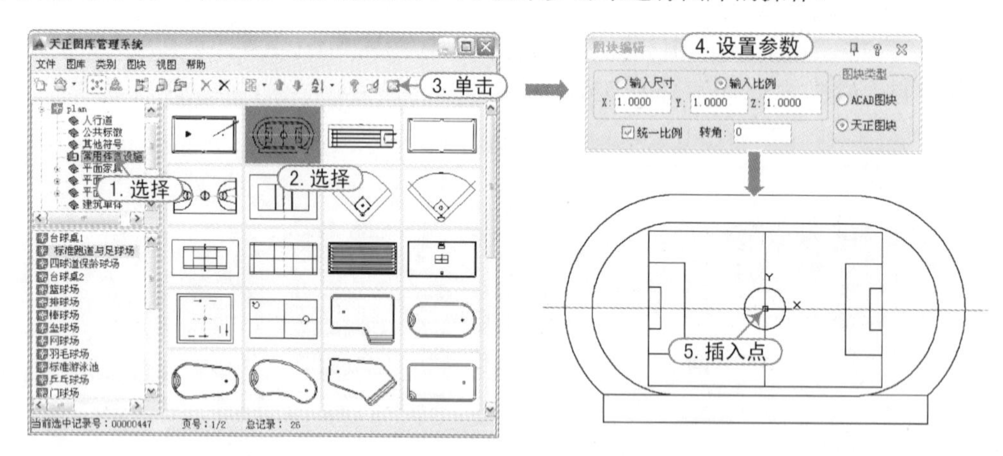

图 9-36 通用图库操作

提示

选择图块对象并单击 OK 按钮后，即在命令行显示如下提示信息：
点取插入点[转 90(A)/左右(S)/上下(D)/对齐(F)/外框(E)/转角(R)/基点(T)/更换(C)]<退出>:
这时用户可以像前面插入门窗对象那样，来对其图块对象进行旋转、翻转、改基点等操作。

9.4.2 天正图库管理系统的界面

在选择“图块图案 | 通用图库”命令（快捷键 TYTK）后，将弹出“天正图库管理系统”对话框，其中包括 6 大部分：菜单栏、图库工具栏、状态栏、图库分类区域、图块名称列表、图块预览区等，如图 9-37 所示。

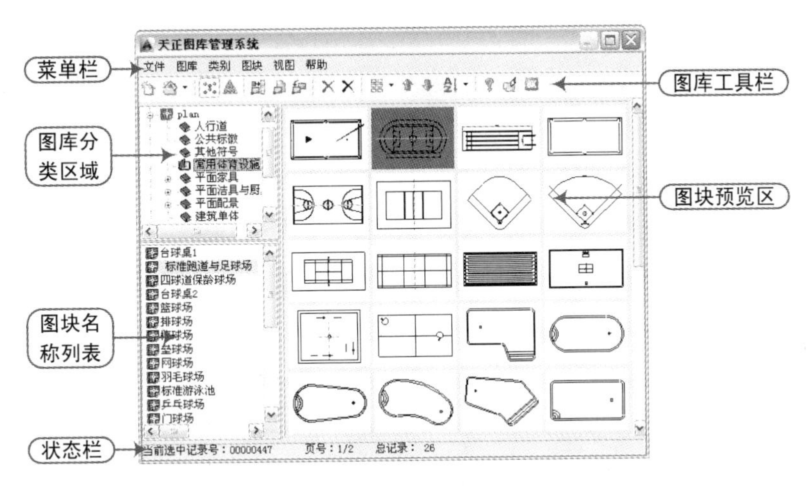

图 9-37 “天正图库管理系统”对话框

对话框大小可随意调整，并记录最后一次关闭时的尺寸。类别区、块名区和图块预览区之间也可随意调整最佳可视大小及相对位置，贴近用户的操作顺序，符合 Windows 的使用风格，如图 9-38 所示。

视图管理
图块插入与替换
天正图库管理系统
文件 图库 类别 图块 视图 帮助
文件管理
图块入库与重制

图 9-38 图库工具栏的分类

界面的大小可以通过拖动对话框右下角来调整，也可以通过拖动区域间的界线来调整各个区域的大小，还可以通过工具栏的“布局”按钮来调整显示；各个不同功能的区域都提供了相应的快捷菜单，如图 9-39 所示。

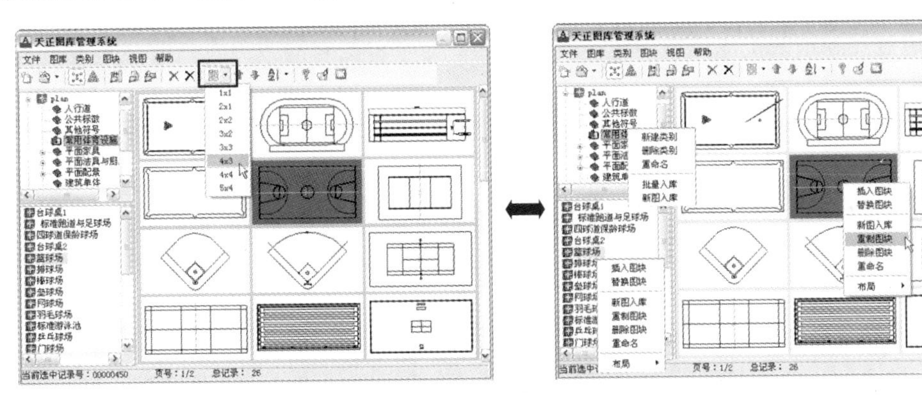

图 9-39 图块预览区的调整

9.4.3 新图入库操作

在“天正图库管理系统”对话框中，利用“图块”菜单所提供的命令，可以对图块进行入库、删除、重命名、替换等操作，如图 9-40 所示。

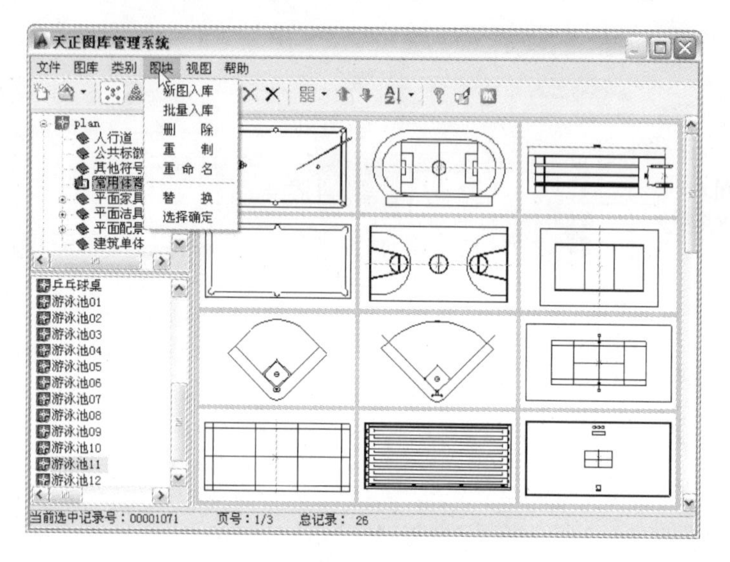

图 9-40 “图块”菜单的相关命令

（1）“新图入库”命令

“新图入库”命令将当前图中的局部图形转为外部图块并加入到图库，其操作步骤如下：

1）在菜单中选择“新图入库”命令，根据命令行提示选择构成图块的图元。

2）根据命令行提示输入图块基点（默认为选择集中心点）。

3）命令行提示制作幻灯片，三维对象最好输入“H”先进行消隐。

制作幻灯片(请用 zoom 调整合适)或 [消隐(H)/不制作返回(X)]<制作>: \\ 调整视图，按〈Enter〉键完成幻灯片制作；输入“X”表示取消入库。

4）新建图块被自动命名为“长度×宽度”，长度和宽度由命令实测入库图块得到。用户可以右击，通过在弹出的快捷菜单中选择“重命名”命令将图名修改为自己需要的图块名。

（2）“批量入库”命令

“批量入库”命令可以把磁盘上已有外部图块按文件夹批量加入图库，其操作步骤如下：

1）选择“批量入库”命令。

2）确定是否自动消隐制作幻灯片，为了视觉效果良好，应当对三维图块进行消隐。

3）在文件选择对话框中用〈Ctrl〉和〈Shift〉键进行多选，单击“打开”按钮完成批量入库。

（3）“重制”命令

“重制”命令利用新图替换图库中的已有图块或仅修改当前图块的幻灯片或图片，而不修改图库内容，也可以仅更新构件库内容而不修改幻灯片或图片。

9.5 创建新图入库的实例

视频\09\新图入库的实例.avi
案例\09\新图入库.dwg

在前面对天正图块的概念及图库的管理进行了讲解。下面把定制冰箱图块对象，并添加到图库管理系统中作为实例来进行讲解，其操作步骤如下：

1）启动 TArch 天正建筑软件，系统自动新建一个空白文档，按〈Ctrl+Shift+S〉组合键，将该文件另存为“新图入库.dwg”文件。

2）在天正屏幕菜单中选择“图块图案 | 通用图库”命令（快捷键 TYTK），按如图 9-41 所示步骤插入图库。

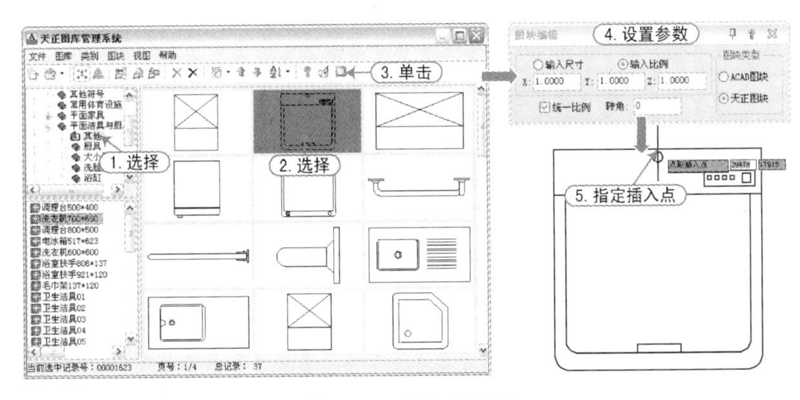

图 9-41　插入的图块

3）执行两次 AutoCAD 的“分解”命令（X），将所插入的洗衣机连续两次打散。

4）在天正屏幕菜单中选择“文字表格 | 单行文字”命令（快捷键 DHWZ），按如图 9-42 所示步骤输入单行文字。

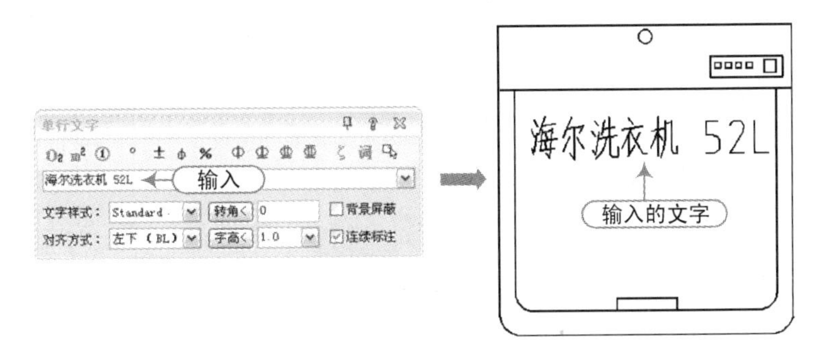

图 9-42　插入单行文字

5）在天正屏幕菜单中选择“图块图案 | 通用图库”命令（快捷键 TYTK），在弹出的对话框中选择“图块 | 新图入库”命令，根据命令行提示，框选整个图形对象，再单击图块的新基点，并选择“制作”命令，如图 9-43 所示。

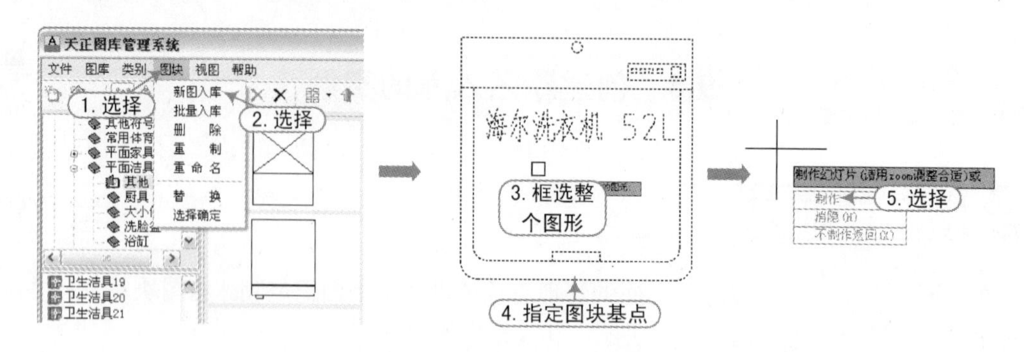

图 9-43 新图入库操作

6）这时，从“天正图库管理系统”对话框中即可看到新图入库的效果，以及名称。当然，也可以对新入库的图块进行重命名操作，如图 9-44 所示。

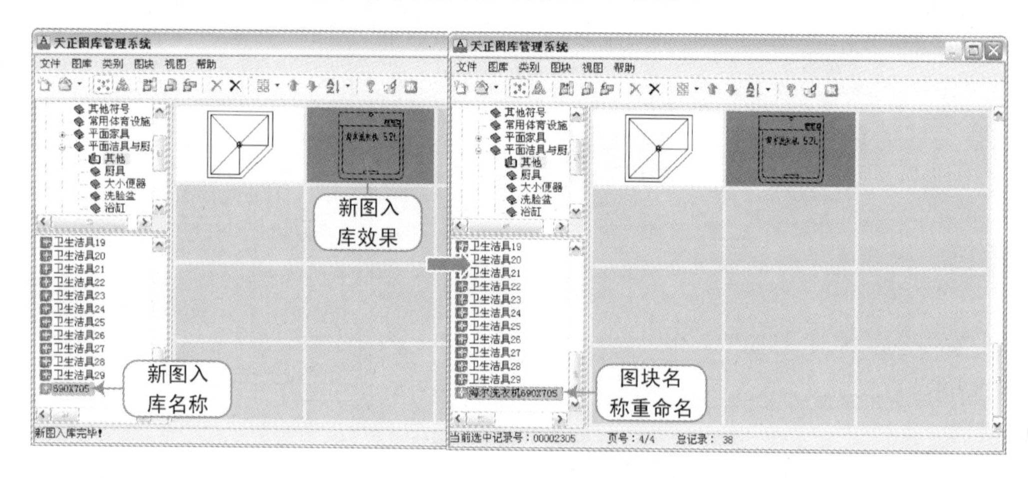

图 9-44 新图入库的效果

7）至此，新图入库操作已经完成，按〈Ctrl+S〉组合键保存文件即可。

9.6 天正图块工具

在 TArch 天正建筑软件中，系统提供了多种图块工具。在天正屏幕菜单的“图块图案”菜单中可看到相应的图块工具，如图 9-45 所示。

图 9- 45 “图块图案”菜单

9.6.1 图块改层

执行方法：选择“图块图案｜图块改层”命令（快捷键 TKGC）。

图块内部往往包含不同的图层，在不分解图块的情况下无法更改这些图层；而“图块改层”命令则可用于修改块定义的内部图层，以便能够区分图块不同部位的性质。其操作步骤如图 9-46 所示。

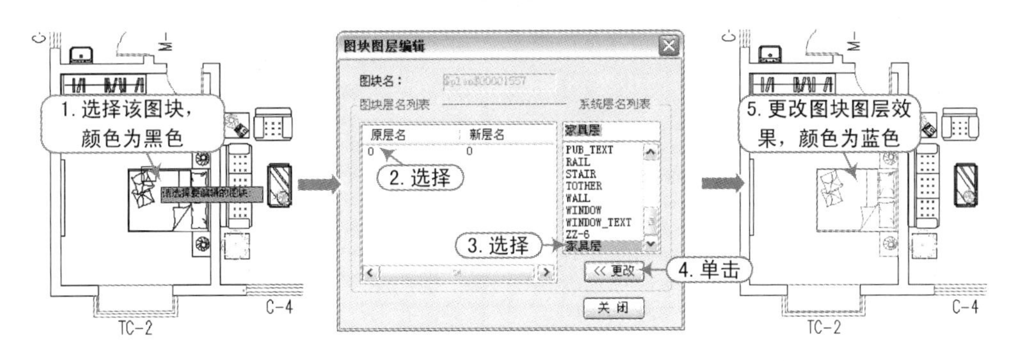

图 9-46 图块改层操作

提示

对于图块的操作，用户也可以右击图块对象，从弹出的快捷菜单中选择“图块改层”等命令来进行操作，如图 9-47 所示。

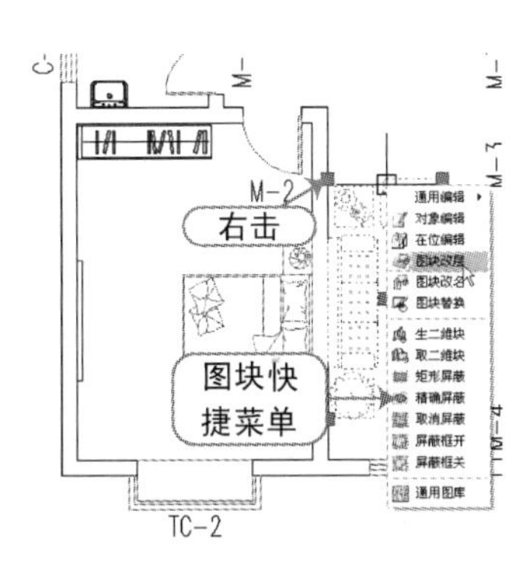

图 9-47 图块对象的快捷菜单

9.6.2 图块改名

执行方法：选择“图块图案｜图块改名”命令（快捷键 TKGM）。

图块的名称往往需要更改，从 TArch 2013 版本开始新增了灵活更改图块名称的命令。存在多个图块参照时，可指定全部修改或者仅修改指定的图块参照。

接前例，右击左下角的双人床图块对象，从弹出的快捷菜单中选择“图块改名”命令，随后提示选择要改名的图块对象，即选择双人床对象，然后按系统提示输入新的图块名称“双人床”即可，如图 9-48 所示。

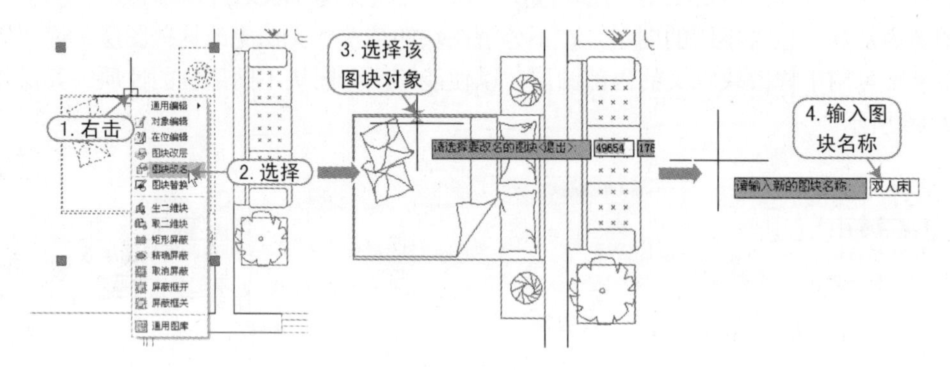

图 9-48　图块改名操作

这时用户可以通过“特性”面板来观察，未改名的图块对象的名称为随机的，而修改过的图块名称即为所输入的图块名称，如图 9-49 所示。

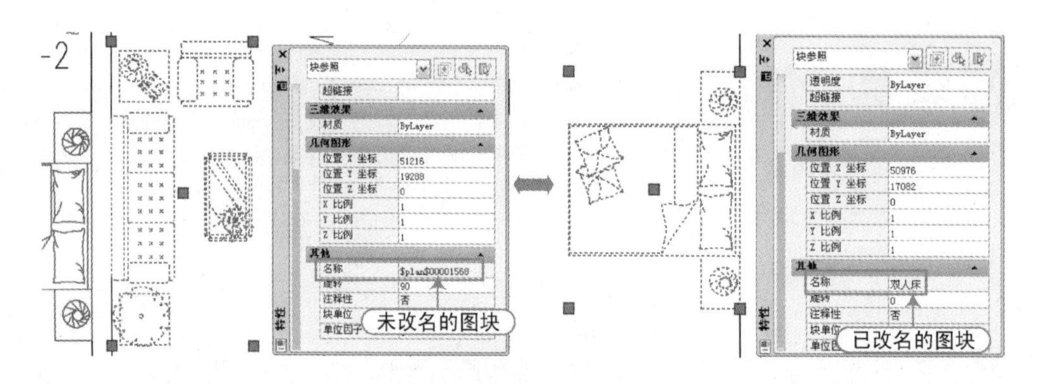

图 9-49　图块改名的效果

提示

当输入新的图块名称后，系统会提示“其他 n 个同名的图块是否同时参与修改?[全部(A)/部分(S)/否(N)]”。

1）若选择“S”，则表示再次选择图块参照进行改名。

2）若选择“A”，则表示对所有同名图块进行相同的改名。

3）若选择“N”，则表示仅对选取的 1 号图块参照改名。

9.6.3　图块替换

执行方法：选择“图块图案 | 图块替换”命令（快捷键 TKTH）。

“图块替换”命令作为菜单命令功能，先选择已经插入图中的图块，然后进入图库选择其他图块，对该图块进行替换；在图块管理界面也有类似的图块替换功能。

例如，打开“室内平面图.dwg”文件，选择“图块图案 | 图块替换”命令（快捷键TKTH），再根据命令行提示选择图形中要替换的图块，随后将弹出“天正图库管理系统”对话框，在其中选择替换的图块对象，并单击 OK 按钮，并根据命令行提示选择相应的选项即可，如图 9-50 所示。

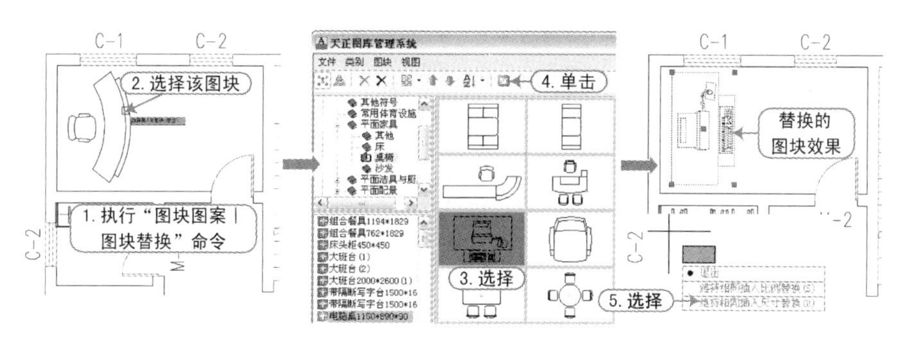

图 9-50 图块替换操作

当选择替换的图块对象后，其提示如下：

[维持相同插入比例替换(S)/维持相同插入尺寸替换(D)]<退出>:

1）相同插入比例替换(S)：维持图中图块的插入点位置和插入比例，适用于代表标注符号的图块。

2）相同插入尺寸替换(D)：维持替换前后的图块外框尺寸和位置不变，更换的是图块的类型，适用于代表实物模型的图块。例如，替换不同造型的立面门窗、洁具、家具等图块需要这种替换类型。

9.6.4 多视图库

执行方法：选择“图块图案 | 通用图库”命令（快捷键 TYTK）。

在前面的图块操作过程中，都是以二维图块的方式来操作，将插入的图块对象置入“概念”视觉模式即可以看出，如图 9-51 所示。

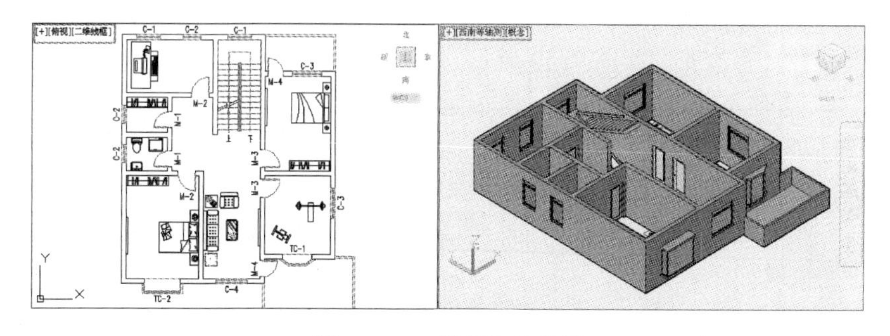

图 9-51 二维图块的效果

当用户进行了天正图库的安装后，即可通过多视图库的方式来布置三维图块对象。

接前例，选择“图块图案 | 通用图库”命令（快捷键 TYTK），将弹出“天正图库管理

系统”对话框，选择“图库 | 多视图库”命令，然后选择相应的三视图块对象，并单击“替换”按钮，然后在视图中选择对应的二维图块对象即可，如图 9-52 所示。

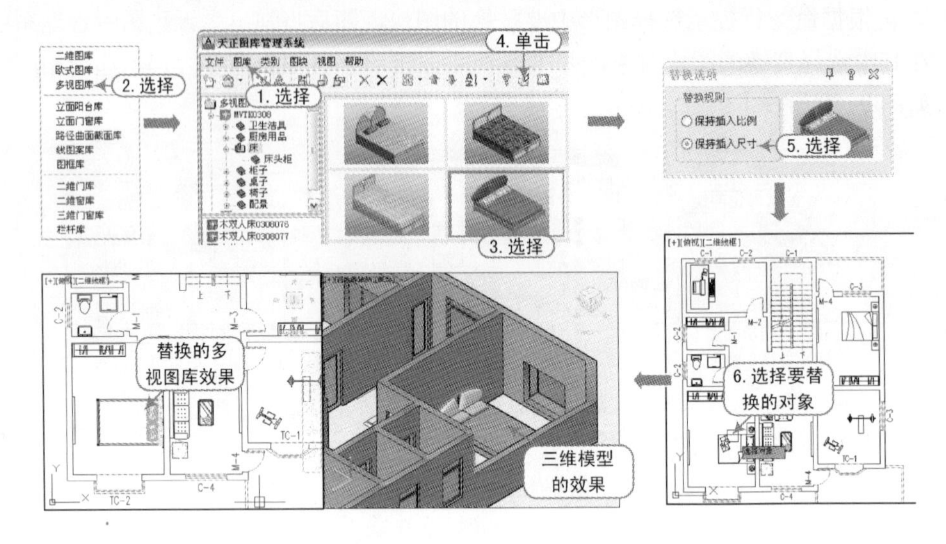

图 9-52　多视图库操作

当然，对于已经替换为三视图库的对象，用户也可以通过夹点的方式对其图块对象进行旋转、移动等操作，使之与布置的效果相吻合。

9.6.5　生二维块

执行方法：选择“图块图案 | 多视图块 | 生二维块”命令（快捷键 SEWK）。

本命令利用天正建筑图中已插入的普通三维图块，生成含有二维图块的同名多视图图块，以便用于室内设计等领域。

接前例，选择“图块图案 | 多视图块 | 生二维块”命令（快捷键 SEWK），再根据命令行提示选择已有的三维图块对象，并按〈Enter〉键结束选择，则该三维图块对象便生二维图块，但三维模型并没有改变，如图 9-53 所示。

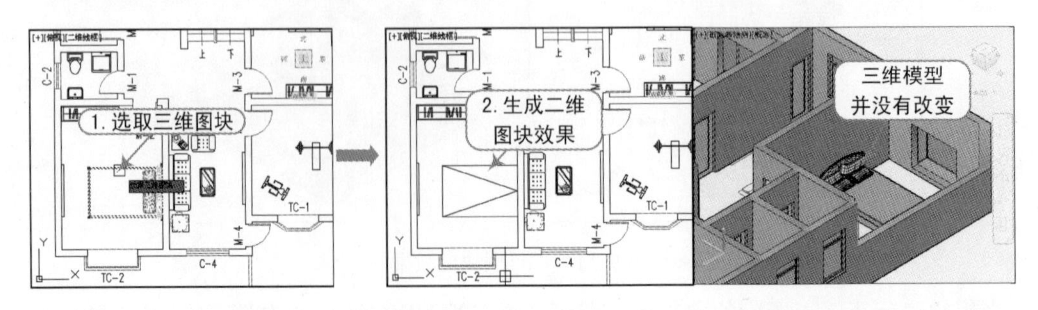

图 9-53　生二维块操作

9.6.6 取二维块

执行方法：选择“图块图案 | 多视图块 | 取二维块”命令（快捷键 QEWK）。

本命令将天正多视图块中含有的二维图块提取出来，转化为纯二维的天正图块，以便利用 AutoCAD 的在位编辑来修改二维图块的定义。

接前例，选择“图块图案 | 多视图块 | 取二维块”命令（快捷键 QEWK），根据命令行提示选择图中已经插入的多视图块，再拖动平面图块到空白位置即可，如图 9-54 所示。

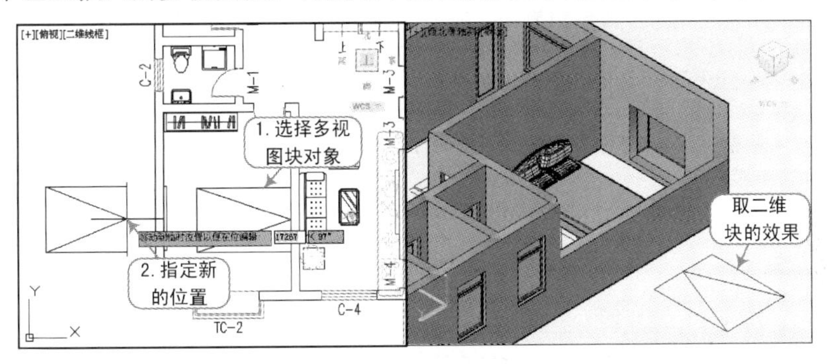

图 9-54 取二维块操作

取出的平面图块是 AutoCAD 的块参照，必要时可以通过“图块转化”命令转换为天正图块。

9.6.7 任意屏蔽

执行方法：选择“图块图案 | 多视图块 | 任意屏蔽”命令（快捷键 RYPB）。

本命令是 AutoCAD 的 Wipeout 命令，功能是通过使用一系列点来指定多边形的区域创建区域屏蔽对象，也可以将闭合多段线转换成区域屏蔽对象，遮挡区域屏蔽对象范围内的图形背景。

例如，打开“室内平面图.dwg”文件，选择“图块图案 | 多视图块 | 任意屏蔽”命令（快捷键 RYPB），再根据命令行提示依次单击几个点来围成一个封闭区域，从而将该封闭区域内的对象给屏蔽掉，如图 9-55 所示。

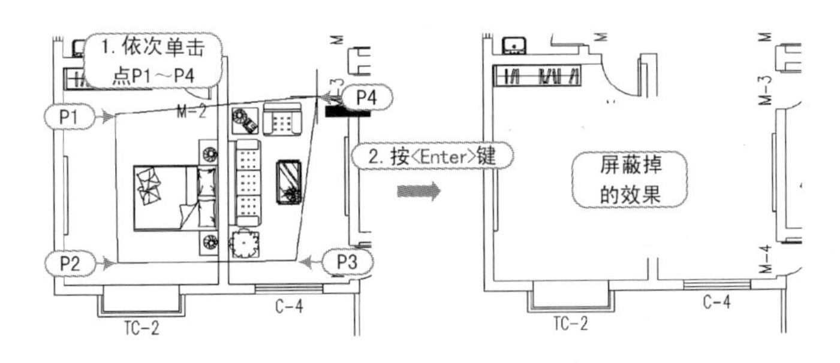

图 9-55 任意屏蔽操作

在执行“任意屏蔽”命令时，其命令行提示“边框(F)/”选项，如果选择“多段线(P)”，可选择绘制好的一封闭多段线内的区域给封闭掉，如图 9-56 所示。

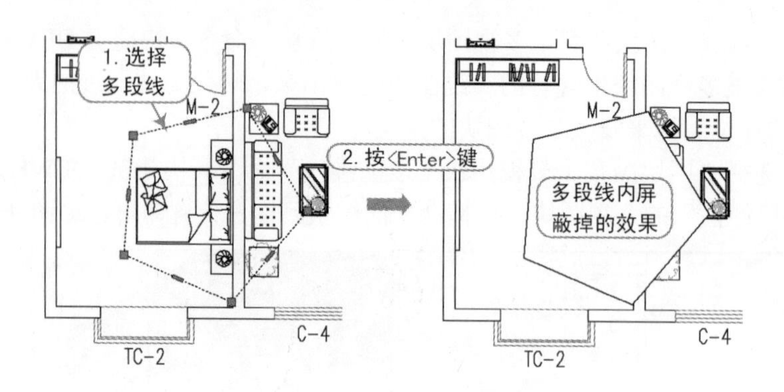

图 9-56　以“多段线”屏蔽操作

提示

如果选择“边框（F）”项，可通过“开(ON)/关(OFF)”来确定是否显示所有区域覆盖对象的边。如果输入 on，将显示屏蔽边框，输入 off 将禁止显示屏蔽边框，如图 9-57 所示。

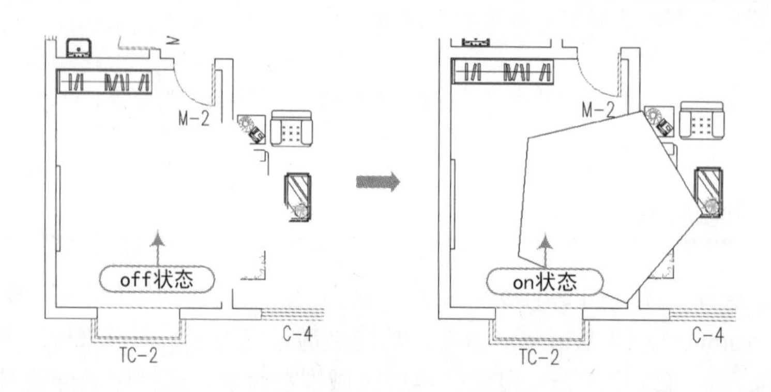

图 9-57　屏蔽边框的不同状态

软件技能　9.7　线图案的操作实例

视频\09\线图案的操作实例.avi
案例\09\线图案.dwg

“线图案”命令用于生成连续的图案填充的新增对象，支持夹点拉伸与宽度参数修改。与 AutoCAD 的 Hatch（图案）填充不同，天正线图案允许用户先定义一条开口的线图案填充轨迹线，图案以该线为基准沿线生成，可调整图案宽度、设置对齐方式、方向与填充比例，也可以被 AutoCAD 命令裁剪、延伸、打断，闭合的线图案还可以参与布尔运算。

前面针对天正图块工具进行了讲解，下面针对线图案的操作实例来进行演练，其操作步骤如下：

1）启动 TArch 天正建筑软件，选择“文件 | 打开”命令，打开“案例\09\室内平面图.dwg”文件。

2）选择“房间屋顶 | 搜屋顶线”命令（快捷键 SWDX），框选整个平面图对象，并设置偏移的外皮距离为 0，从而创建该室内平面图的外轮廓线，如图 9-58 所示。

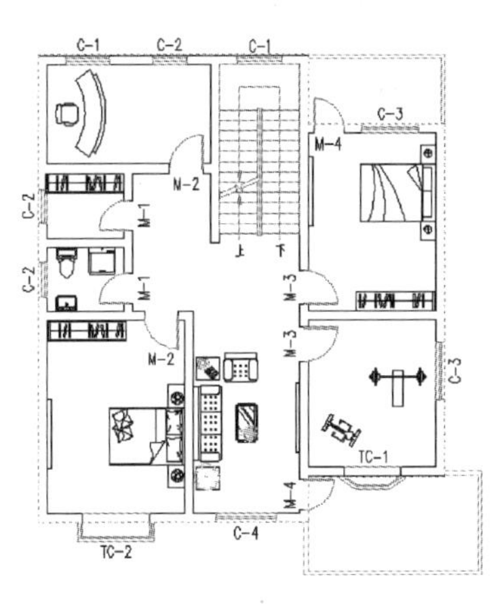

图 9-58　创建外轮廓线

3）选择“图块图案 | 线图案”命令（快捷键 XTA），将弹出“线图案”对话框，设置好参数，单击图线预览框，从弹出的对话框中选择“素土夯实”图案返回，再单击“选择路径”按钮，选择上一步所生成的外轮廓线，从而以此来创建素土夯实效果，如图 9-59 所示。

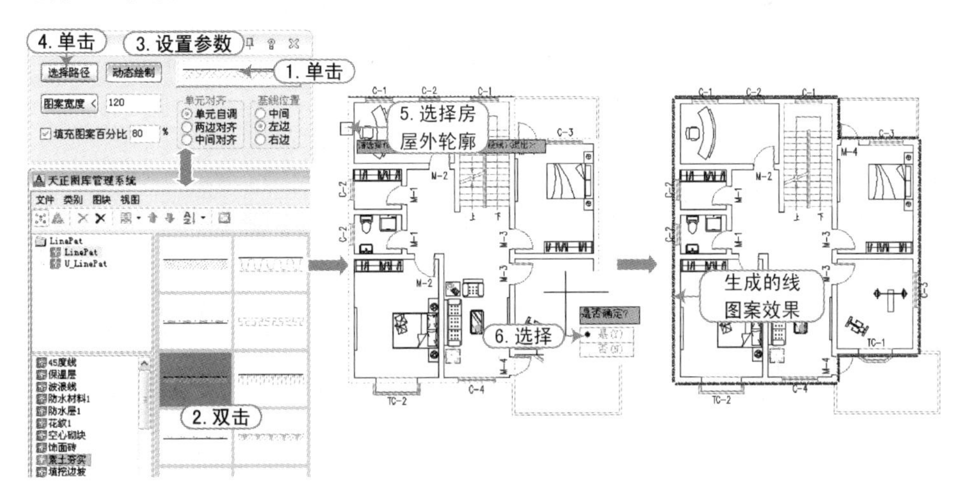

图 9-59　线图案操作

4）同样，选择“图块图案 | 线图案”命令（快捷键 XTA），将弹出“线图案”对话框，设置好参数，单击图线预览框，从弹出的对话框中选择“保温层”图案返回，再单击“动态绘制”按钮，沿内墙捕捉墙角点，单击“确定”按钮，则以该墙角点来绘制内墙保温层，如图 9-60 所示。

5）执行 AutoCAD 的“修剪”命令（TR），将布置的“素土夯实”图案与门窗口位置进行修剪操作，如图 9-61 所示。

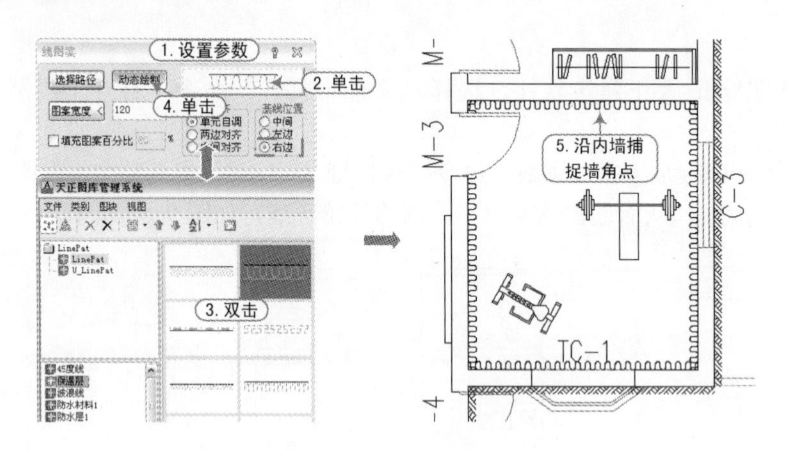

图 9-60　布置保温层

6）至此，其线图案操作已经完成，按〈Ctrl+Shift+S〉组合键将该文件另存为“线图案.dwg”文件。

提示

线图案可以进行对象编辑，双击已经绘制的线图案，命令行提示：

选择 [加顶点(A)/减顶点(D)/设顶点(S)/宽度(W)/填充比例(G)/图案翻转(F)/单元对齐(R)/基线位置(B)]<退出>:

输入选项热键可进行参数的修改，切换对齐方式、图案方向与基线位置。线图案镜像后的默认规则是严格镜像，用于规范要求方向一致的图例时，请使用对象编辑的“图案翻转”属性纠正，如图 9-62 所示；如果要求沿线图案的生成方向翻转整个线图案，请使用快捷菜单中的“反向”命令。

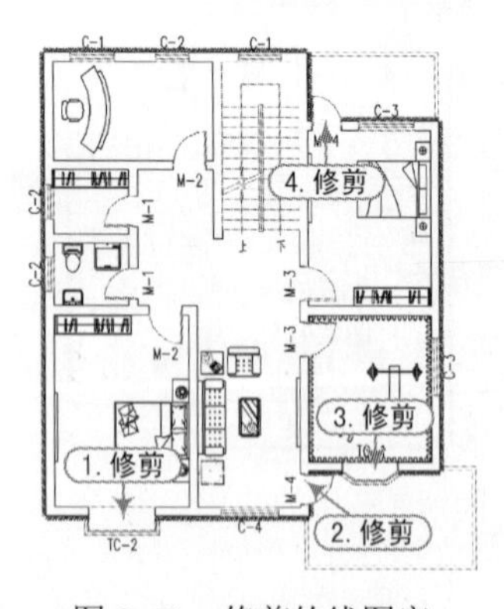

图 9-61　修剪的线图案

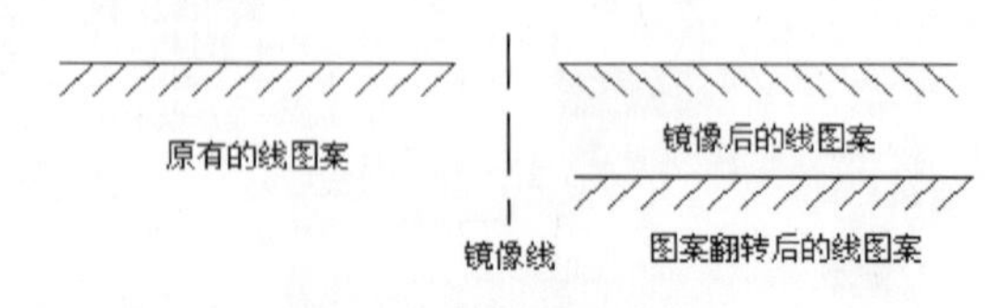

图 9-62　线图案的镜像

9.8　思考与练习

一、填空题

1．在创建平板造型前，首先需要用户创建一个封闭的__________。

2．使用竖板工具，可以创建建筑物入口处的雨篷、__________等构件。

3．天正图库以使用方式来划分，可以分为__________和__________；以物理存储和维护来划分，可以分为__________和__________，多个图块文件经过压缩打包保存为 DWB 格式文件。

4．选中图块并右击，从弹出的快捷菜单中选择____________命令，即可调出“图块编辑”对话框，从而可以对图块进行编辑和修改，可选按____________修改或者按____________修改。

二、选择题

1．以下（　　）不是 TArch 中的造型工具。

A．竖板　　B．路径排列　　C．三维组合　　D．等高建模

2．在 TArch 屏幕菜单中，可以通过（　　）创建三维立体图形。

A．复制　　B．阵列　　C．三维组合　　D．工程管理

3．块定义的作用范围可以在一个图形文件内有效（简称内部图块），其命令为（　　），也可以对全部文件都有效（简称外部图块），其命令为（　　）。

A．Insert　　B．Block　　C．Wblock　　D．Bylayer

4．天正图库的逻辑组织层次为：图库组→图库（多视图库）→类别→图块。图库由文件主名相同的（　　）、（　　）和 SLB 三个类型文件组成；多视图库文件由 TK、（　　）、（　　）和 JPB 组成。

A．TK　　B．DWB　　C．*_2D.DWB　　D．*_3D.DWB

三、操作题

1．将光盘中“案例\10\操作题 1”目录下名为“操作题 1.tpr”的项目文件打开，根据平面图创建各楼层的楼板参数，如图 9-63 所示。

2．根据“操作题 1.tpr”的项目文件生成如图 9-64 所示的三维立体图。

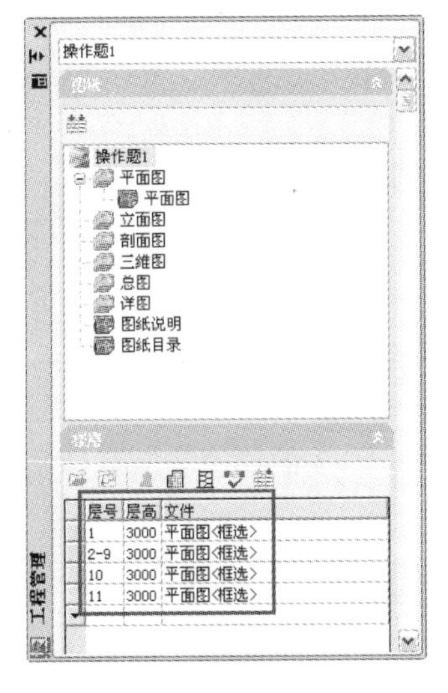

图 9-63　设置项目文件

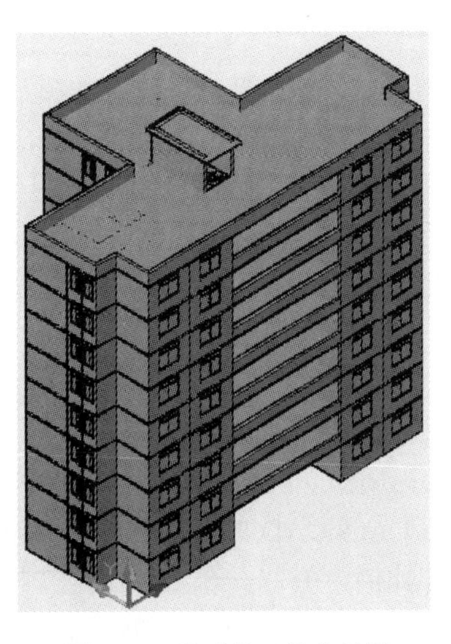

图 9-64　生成的三维立体图

第 10 章 图纸布局与图形转换

一幅工程图纸中，既可以是同一比例的单一工程图，又可以是不同比例的多个工程图，这就需要设计人员根据不同的工程图要求，来进行多比例和单比例的布图设置。在进行图纸布局过程中，既可以插入图框、生成图纸目录、定义或放大视口、改变比例，还可以定制标题栏或图框对象。

对于一些特殊的工程图，还需要进行图形与格式的转换操作，如旧图转换、图形导出、批量转旧等命令，使得新旧图形的兼容性得到了充分的保证；同时使用图纸保护、图变单色、备档拆图等命令，为图形的保护和打印输出提供便利。

10.1 图纸布局的概念

在绘制建筑图形时都是以实际比例来绘制的，布图后在图样空间中这些构件对象相应都缩小了，缩小是按出图的比例同等缩小的，如果改变了出图的比例，不会影响图形中的构件对象的实际大小；而对于图中的文字、工程符号和尺寸标注，以及断面填充和带有度宽的线段等注释对象，情况则有所不同，它们在创建时的尺寸大小相当于输出图样中的大小乘以当前比例。在执行“当前比例”和“改变比例”命令时，实际上改变的就是这些注释对象。

10.1.1 多比例布图

所谓布图，就是把多个选定的模型空间的图形，分别以各自画图使用的“当前比例”为倍数，缩小放置到图纸空间中的视口，调整成合理的版面。

简而言之，布图后系统自动把图形中的构件和注释等所有选定的对象，“缩小”一个出图比例的系数，放置到给定的一张图纸上。

在进行多比例布图时，用户可遵循以下方法：

1）使用“当前比例”命令设定图形的比例，例如先画 1∶5 的图形部分。

2）按设计要求绘图，对图形进行编辑修改，直到符合出图要求。

3）在 DWG 不同区域，重复执行 1）、2）步骤，改为按 1∶3 的比例绘制其他部分。

4）单击图形下面的“布局”标签，进入图纸空间。

5）以 AutoCAD 的“文件 | 页面设置”命令配置好适用的绘图机，在“布局”设置栏中设定打印比例为 1∶1，单击“确定”按钮保存参数，删除自动创建的视口。

6）单击天正屏幕菜单中的“文件布图 | 定义视口”命令，设置图纸空间中的视口。

7）再重复执行步骤 6）定义 1∶5、1∶3 等多个视口。

8）在图纸空间单击“文件布图 | 插入图框”命令，设置图框比例参数 1∶1，单击“确定”按钮插入图框，最后打印出图。

如图 10-1 所示，对图上的每个视口内的不同比例图形重复定义视口操作，最后拖动视口调整好出图的最终版面，就是“多比例布图”。

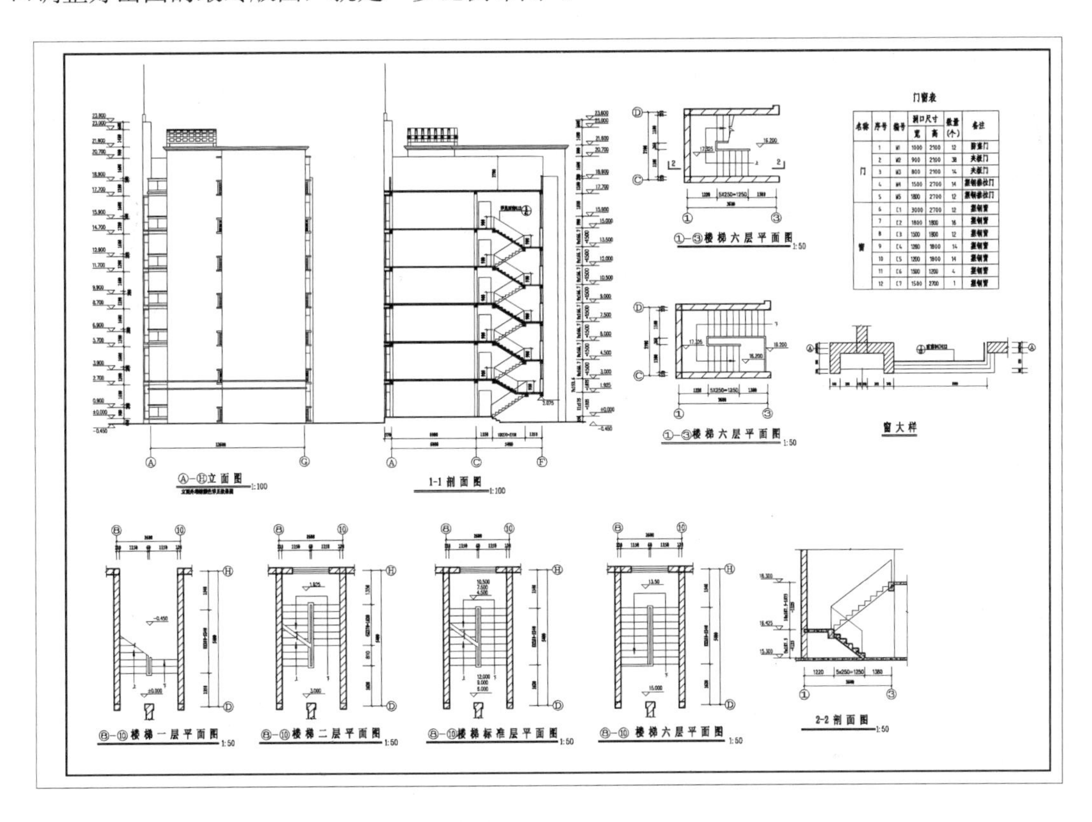

图 10-1　多比例布图效果

10.1.2　单比例布图

在软件中建筑对象在模型空间设计时都是按 1∶1 的实际尺寸创建的，当全图只使用一个比例时，不必使用复杂的图纸空间布图，直接在模型空间就可以插入图框出图了。

出图比例就是用户画图前设置的“当前比例”，如果出图比例与画图前的“当前比例”不符，就要用“改变比例”命令修改图形，要选择图形的注释对象（包括文字、标注、符号等）进行更新。

用户在进行单比例布图时，可参照以下步骤来完成。

1）使用“当前比例”命令设定图形的比例，以 1∶100 为例。

2）按设计要求绘图，对图形进行编辑修改，直到符合出图要求。

3）单击“文件布图｜插入图框”命令，按图形比例（如 1∶100）设置图框比例参数，单击“确定”按钮插入图框。

4）选择 AutoCAD 的“文件｜页面设置”命令，配置好适用的绘图机，在对话框的“布局”设置栏中，按图形比例大小设定打印比例（如 1∶100）；单击“确定”按钮保存参数，或者打印出图。

10.2　图纸布局的命令

在 TArch 天正建筑软件中，为用户提供了图纸布局的多个命令。在天正屏幕菜单的“文件布图”菜单下选择相应的命令，即可对绘制的图形或生成的图纸对象进行图纸布局、格式转换、图形转换、图框定制等，如图 10-2 所示。

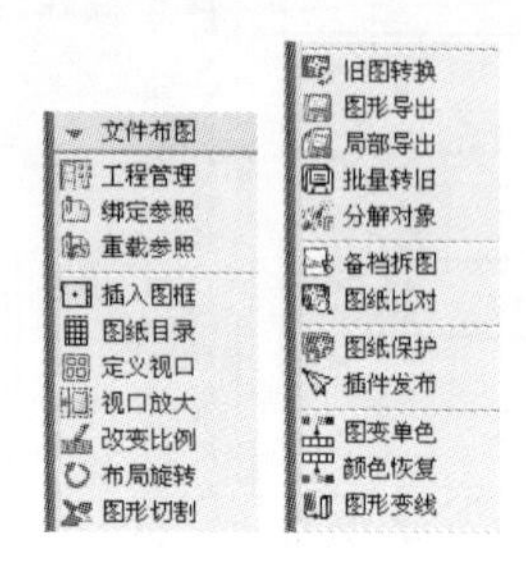

图 10-2 “文件布图”菜单

10.2.1　插入图框

执行方法：选择“文件布图 | 插入图框”命令（快捷键 CRTK）。

本命令可在当前模型空间或图纸空间插入图框，新增通长标题栏功能以及图框直接插入功能，预览图像框提供鼠标滚轮缩放与平移功能，插入图框前按当前参数拖动图框，用于测试图幅是否合适。图框和标题栏均统一由图框库管理，能使用的标题栏和图框样式不受限制，新的带属性标题栏支持图纸目录生成。其操作步骤如图 10-3 所示。

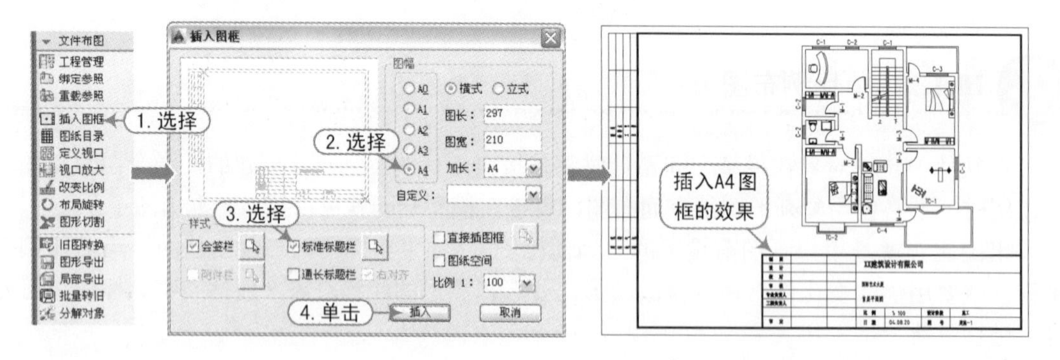

图 10-3　插入图框操作

在“插入图框”对话框中，各选项的含义如下：

- 标准图幅：共有 A0～A4 五种标准图幅，单击某一图幅的按钮，就选定了相应的图幅。
- 图长/图宽：通过输入数字，直接设定图纸的长宽尺寸或显示标准图幅的图长与图宽。
- 横式/立式：选定图纸格式，为立式或横式。
- 加长：选定加长型的标准图幅，单击右边的下拉按钮，出现国标加长图幅供选择。
- 自定义：如果使用过在“图长”和“图宽”文本框中输入的非标准图框尺寸，命令会把此尺寸作为自定义尺寸保存在此下拉列表中，单击右边的下拉按钮可以从中选择已保存的20个自定义尺寸。

- 比例：设定图框的出图比例，此数字应与“打印”对话框的“出图比例”一致。此比例可从列表中选取，如果列表中没有，也可直接输入。勾选“图纸空间”复选框后，此控件暗显，比例自动设为1∶1。
- 图纸空间：勾选此复选框后，当前视图切换为图纸空间（布局），“比例 1∶”自动设置为1∶1。
- 会签栏：勾选此复选框，允许在图框左上角加入会签栏，单击右边的按钮可从图框库中选取预先入库的会签栏。
- 标准标题栏：勾选此复选框，允许在图框右下角加入国标样式的标题栏，单击右边的按钮可从图框库中选取预先入库的标题栏。
- 通长标题栏：勾选此复选框，允许在图框右方或者下方加入读者自定义样式的标题栏，单击右边的按钮可从图框库中选取预先入库的标题栏，命令自动从读者所选中的标题栏尺寸判断插入的是竖向或是横向的标题栏，采取合理的插入方式并添加通栏线。
- 右对齐：图框在下方插入横向通长标题栏时，勾选“右对齐”复选框可使标题栏右对齐，左边插入附件。
- 附件栏：勾选“通长标题栏”复选框后，“附件栏”复选框可选。勾选“附件栏”复选框后，允许图框一端加入附件栏，单击右边的按钮可从图框库中选取预先入库的附件栏，可以是设计单位徽标或者是会签栏。
- 直接插图框：勾选此复选框，允许在当前图形中直接插入带有标题栏与会签栏的完整图框，而不必选择图幅尺寸和图纸格式，单击右边的按钮可从图框库中选取预先入库的完整图框。

提示

图框是由框线和标题栏、会签栏和设计单位标识组成的，如图 10-4 所示。当采用标题栏插入图框时，框线由系统按图框尺寸绘制，用户不必定义，而其他部分都可以由用户根据自己单位的图标样式加以定制。

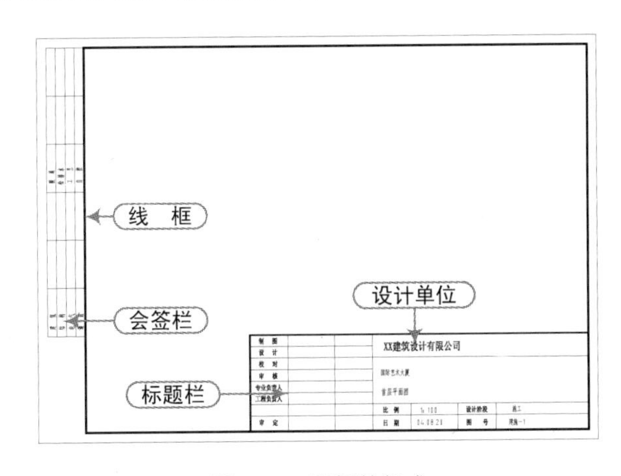

图 10-4 图框的组成

10.2.2 图纸目录

执行方法：选择“文件布图 | 图纸目录”命令（快捷键 TZML)。

本命令自动生成的目录是按照国标图集 04J801《民用建筑工程建筑施工图设计深度图样》4.3.2 条文的要求，参考图纸目录实例和一些甲级设计院的图框编制规则设计的。

在执行“图纸目录”命令时，对图框有 3 个要求：

1）图框的图层名与当前图层标准中的名称一致（默认是 PUB_TITLE）。

2）图框必须包括属性块（图框图块或标题栏图块）。

3）属性块必须有以图号和图名为属性标记的属性，图名也可用图纸名称代替，其中图号和图名字符串中不允许有空格。

例如，打开“案例\10\住宅工程\某住宅建筑工程文件.tpr”工程文件。执行“文件布图 | 图纸目录”命令（快捷键 TZML)，按照如图 10-5 所示来选择表头样式，然后单击“生成目录”按钮，即可生成图纸目录，如图 10-6 所示。

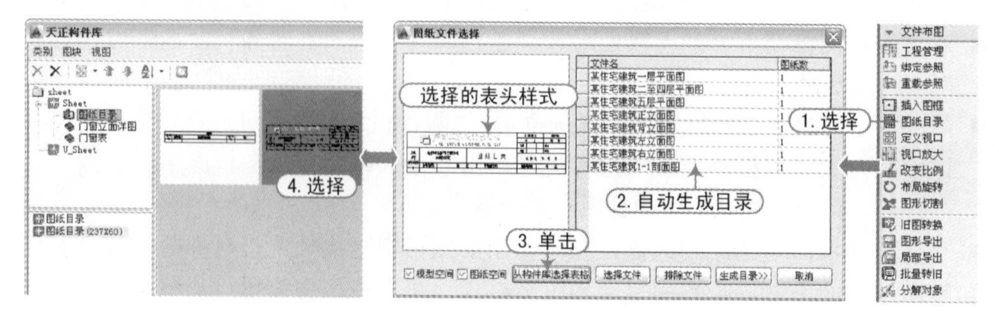

图 10-5 图纸目录中文件

煤炭工业设计总公司 COAL PLANNING & ENGINEERING CO., LTD.		工程编号	08M15
		专业	建筑
		校核	阶段
工程名称 北京万科房地产开发有限公司 金碧辉煌大厦	图纸目录	制表	日期
		本表共 页 第 页	

序号	图号	图纸名称	图幅	备注
1	巴山书苑-01	首层平面图	500×400	
2	巴山书苑-02	二至四层平面图	500×400	
3	巴山书苑-03	五层平面图	500×400	
4	巴山书苑-04	正立面图	500×400	
5	巴山书苑-05	背立面图	500×400	
6	巴山书苑-06	左立面图	500×400	
7	巴山书苑-07	右立面图	500×400	
8	巴山书苑-08	1-1剖面图	500×400	

图 10-6 生成图纸目录

在“图纸文件选择”对话框中，各项选项的含义如下：

- 模型空间：默认勾选，表示在已经选择的图形文件中包括模型空间里插入的图框。取消勾选，则表示只保留图纸空间图框。
- 图纸空间：默认勾选，表示在已经选择的图形文件中包括图纸空间里插入的图框。取消勾选，则表示只保留模型空间图框。
- 从构件库选择表格：通过“构件库”命令打开表格库，读者在其中选择并双击预先入库的读者图纸目录表格样板，所选的表格显示在左边图像框。

■ 选择文件：进入“标准文件”对话框，选择要加入图纸目录列表的图形文件，按〈Shift〉键可以一次选择多个文件。

■ 排除文件：选择要从“图纸目录”列表中打算排除的文件，按〈Shift〉键可以一次选择多个文件，单击该按钮把这些文件从列表中去除。

■ 生成目录：完成“图纸目录”命令，关闭对话框，由读者在图上插入图纸目录。

10.2.3 定义视口

执行方法：选择“文件布图｜定义视口”命令（快捷键 DYSK）。

本命令将模型空间的指定区域的图形，以给定的比例布置到图纸空间，从而来创建多比例布图的视口。下面通过一个完整的实例来讲解视口的定义与布置，其操作步骤如下：

1）启动 TArch 天正建筑软件，按〈Ctrl+O〉组合键，打开“建筑一层平面图.dwg”文件；再按〈Ctrl+Shift+S〉组合键，将该文件另存为“定义视口.dwg”文件。

2）选择“文件布图｜插入图框”命令（快捷键 CRTK），插入定制的“巴山 297×210”图框对象，并设置比例为 1:200，如图 10-7 所示。

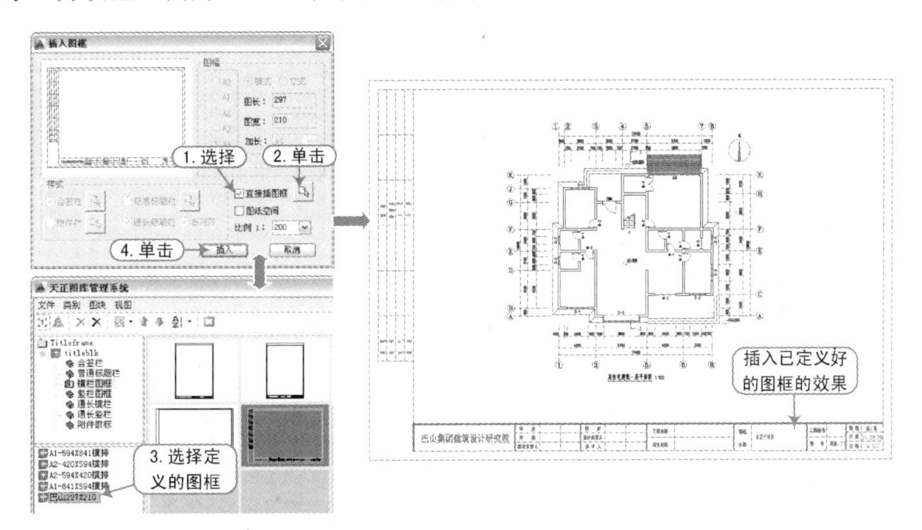

图 10-7 插入定制的图框

提示

用户这里有设置插入图框比例时，要始终保持一个原则，即所插入的图框能完全“盖”住工程图。用户可以按照 1:1、1:50、1:100、1:200 等方式来多试几次，就知道哪一个比例比较合适了。

但是，这个图框的插入比例值一定要记住，它应和后面进行“定义视口”时所确定的比例值一致。

3）这时，用户可以双击图框对象，在弹出的对话框中来修改图框的属性值，这里就不详细讲解了。

4）在视图的左下角，切换至“布局 1”选项卡，即可看到初始的布局情况，使用鼠标选择其中的视口对象，并按〈Del〉键将其删除，从而该“布局 1”中无任何图像显示，如图

10-8 所示。

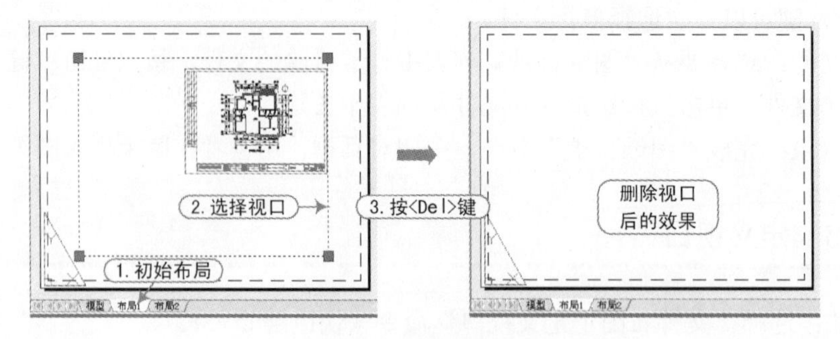

图 10-8　删除初始视口

5）右击“布局 1”选项卡，从弹出的快捷菜单中选择“页面设置管理器”命令，将弹出“页面设置管理器”对话框，选择“布局 1”后单击“修改”按钮，如图 10-9 所示。

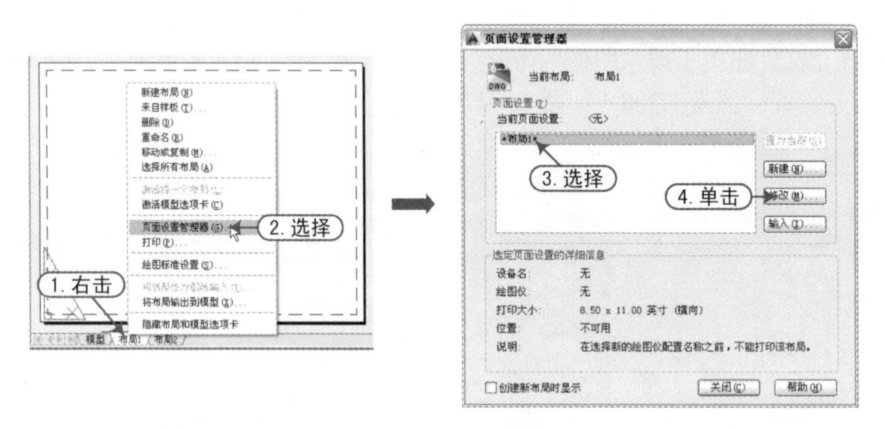

图 10-9　进行页面设置

6）此时将弹出“页面设置-布局 1”对话框，设置当前计算机上所安装的打印机，并设置图纸尺寸 A4，以及打印比例为 1:1，然后单击“确定”按钮，即可看到当前“布局 1”大小有所改变，如图 10-10 所示。

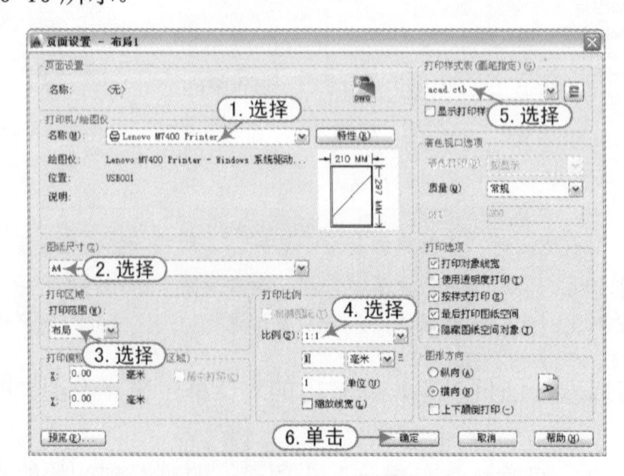

图 10-10　页面布置的设置

提示

用户在设置页面时，其图纸尺寸的大小设置会受打印的特性所限制（如我的打印机“M7400”最大幅面为 A4）；图纸尺寸的大小选择时，最好和所插入的图框大小一致，如插入的是 A4 大小的图框，那么在布局中设置图纸尺寸时也应设置为 A4。

7）选择“文件布图 | 定义视口”命令（快捷键 DYSK），将切换到“模型”窗口，再指定两个对角点来确定视口区域（左上角点和右下角点），再根据提示输入出图比例为 200，然后确定在“布局 1”选项卡中的视口位置，如图 10-11 所示。

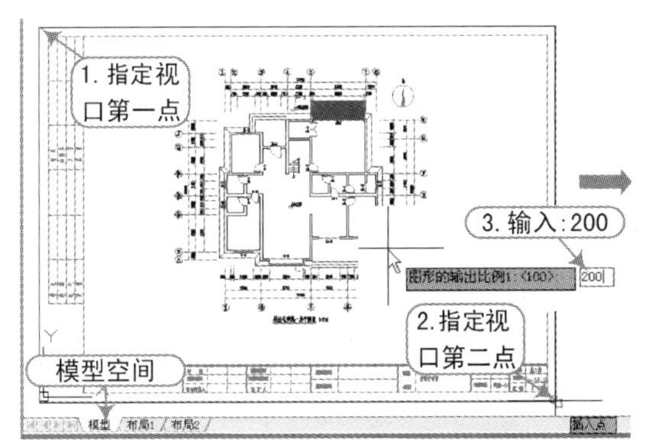

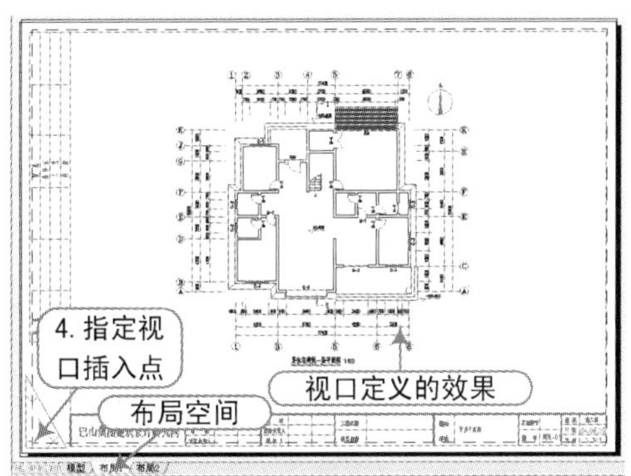

图 10-11　定义的视口

提示

由于这里所定义的视口为 1:200，如果插入图框时，其中的比例为 1:100，这时用户可以双击该图框来修改相应的比例，以及其他属性值。

8）至此，其视口的布置已经完成，按〈Ctrl+S〉组合键进行保存即可。

10.2.4　放大视口

执行方法：选择“文件布图 | 视口放大”命令（快捷键 SKFD）。

本命令把当前工作区从图纸空间切换到模型空间，并提示选择视口按中心位置放大到全屏，如果原来某一视口已被激活，则不出现提示，直接放大该视口到全屏。

接前例，在“模型”窗口中将图形对象进行适当的缩小，再切换至“布局 2”选项卡中，即可看到默认的视口对象，如图 10-12 所示。

接着，选择“文件布图 | 视口放大”命令（快捷键 SKFD），根据命令行提示单击要放大的视口，则视口内的模型放大到全屏，如图 10-13 所示。

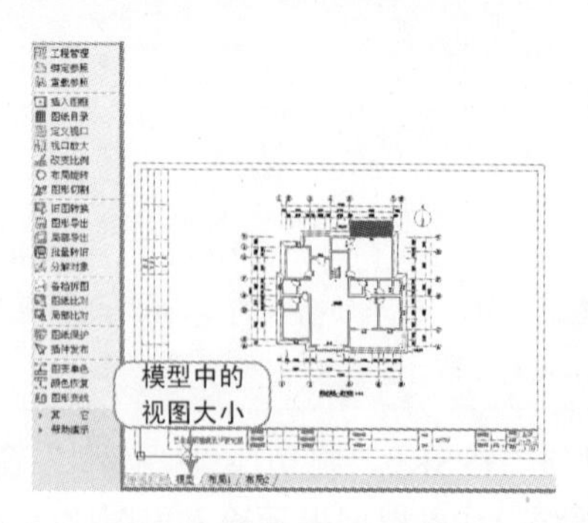

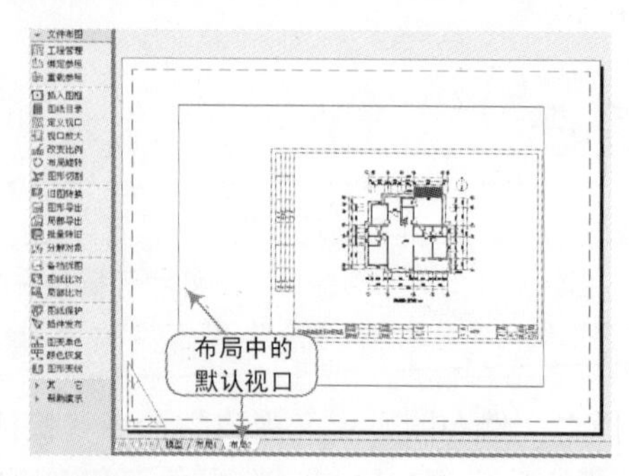

图 10-12　当前视图中的状态

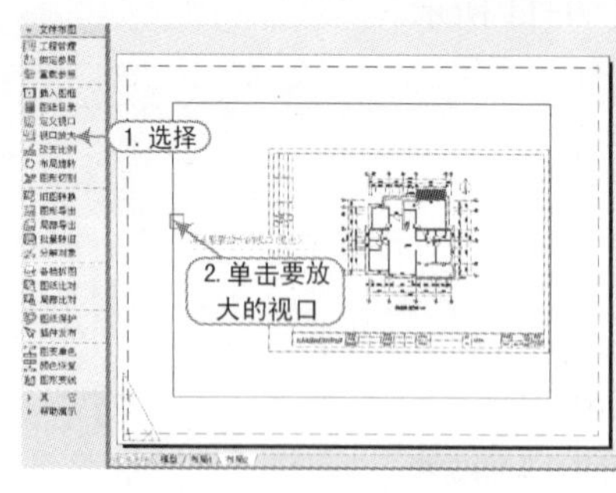

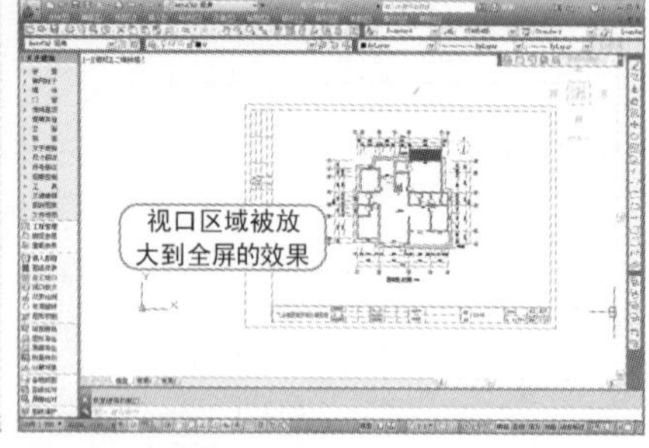

图 10-13　放大视口操作

10.2.5　改变比例

执行方法：选择“文件布图 | 改变比例”命令（快捷键 GBBL）。

本命令用于改变模型空间中指定范围内图形的出图比例，包括视口本身的比例，如果修改成功，会自动作为新的当前比例。“改变比例”命令可以在模型空间使用，也可以在图纸空间使用，执行后建筑对象大小不会变化，但工程符号、尺寸和文字的字高等注释相关对象的大小会发生变化。

接前例，切换至“模型”选项卡，选择“文件布图 | 改变比例”命令（快捷键 GBBL），根据命令栏提示，输入新的出图比例为 50，再框选要改变比例的图元对象，并按〈Enter〉键结束，再输入原有出图比例为 100，如图 10-14 所示。

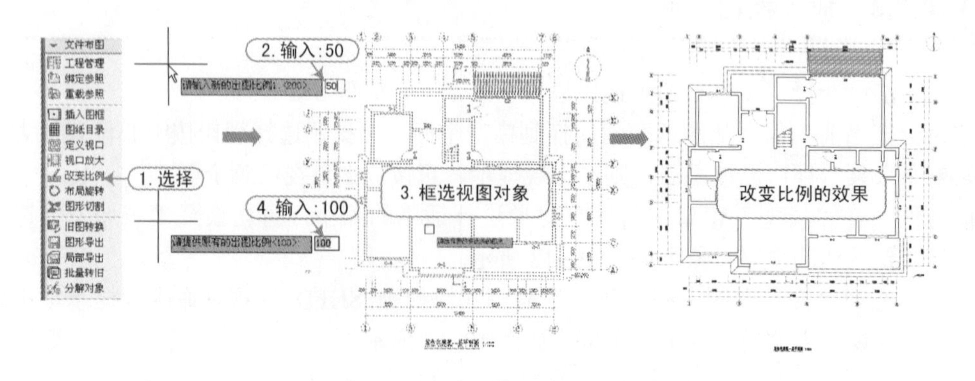

图 10-14　改变比例操作

10.3 标题栏的定制实例

视频\10\标题栏的定制.avi
案例\10\标题栏.dwg

为了使用新的“图纸目录”功能，用户必须使用 AutoCAD 的“属性定义”命令（Attdef），把图号和图纸名称属性写入图框中的标题栏，把带有属性的标题栏加入图框库（图框库提供了类似的实例，但不一定符合要求），并且在插入图框后把属性值改写为实际内容，才能实现图纸目录的生成。

1）使用“当前比例”命令设置当前比例为 1∶1，此比例能保证文字高度的正确，十分重要，如图 10-15 所示。

图 10-15　设置当前比例

2）在天正屏幕菜单中选择“文件布图｜插入图框”命令（快捷键 CRTK），在弹出的“插入图框”对话框中，勾选“直接插图框”复选框，并用 1:1 比例插入图框库中需要修改或添加属性定义的标题栏图块，如图 10-16 所示。

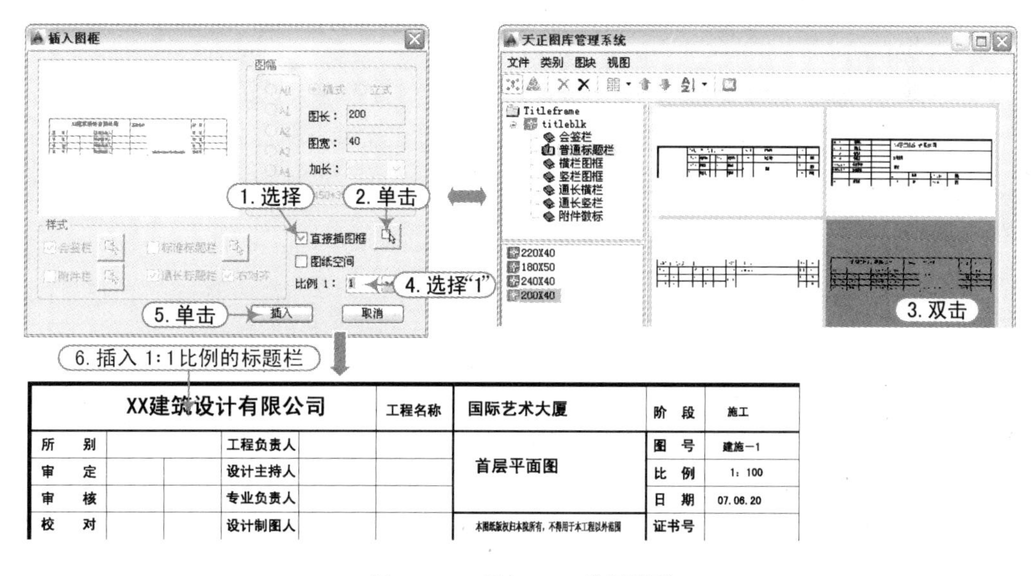

图 10-16　插入 1∶1 的标题栏

3）使用 AutoCAD 的“分解”命令（X）分解该图块，使得图框标题栏的分隔线为单根线，这时就可以进行属性定义了（如果插入的是已有属性定义的标题栏图块，双击该图块即可修改属性），并修改其设计单位，如图 10-17 所示。

巴山建筑设计有限公司					工程名称	工程名称	阶 段	阶段
所 别			工程负责人	工程负责		图名	图 号	图号
审 定	审定人		设计主持人	设计人			比 例	比例
审 核	审核人		专业负责人	专业负责			日 期	日期
校 对	校对人		设计制图人	制图人		本图纸版权归巴山书院所有，不得用于本工程以外范围	证书号	

图 10-17 分解标题栏并修改单位

4）双击“图名”字样，将弹出“编辑属性定义”对话框，从而看到已经定义好的属性“标记”、“提示”和“默认”等参数，如图 10-18 所示。如果没有定义，则应使用 AutoCAD 的“属性定义”命令（Attde），在弹出的“属性定义”对话框中进行重新定义，如图 10-19 所示。

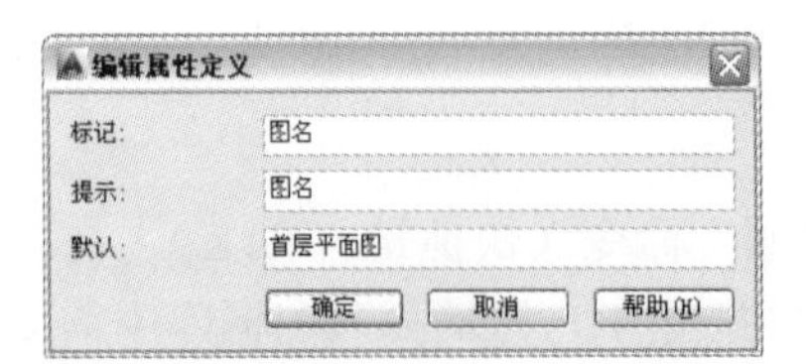

图 10-18 “编辑属性定义”对话框

图 10-19 “属性定义”对话框

5）在该标题栏中，其审定、审核、校对、设计人、负责人、制图人、工程名称、图号、比例、日期、证书号等都是已经定义好属性的，所以这里就不再进行属性设置了。

6）在天正屏幕菜单中选择“图块图案 | 通用图库”命令（快捷键 TYTK），在弹出的“天正图库管理系统”对话框中选择“图库 | 图框库”命令，并选择“普通标题栏”项，如图 10-20 所示。

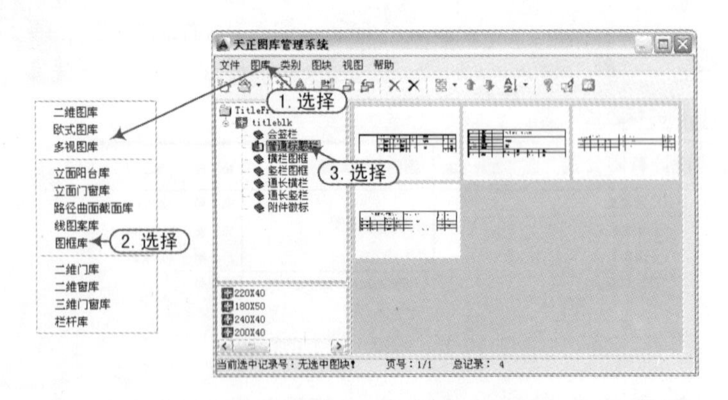

图 10-20 选择“图库 | 图框库”命令

7）选择“图块 | 新图入库”命令，随后框选整个标题框，并设置图形的右下角点作为基点，然后选择“制作”命令，即可看到入库的新图块，如图 10-21 所示。

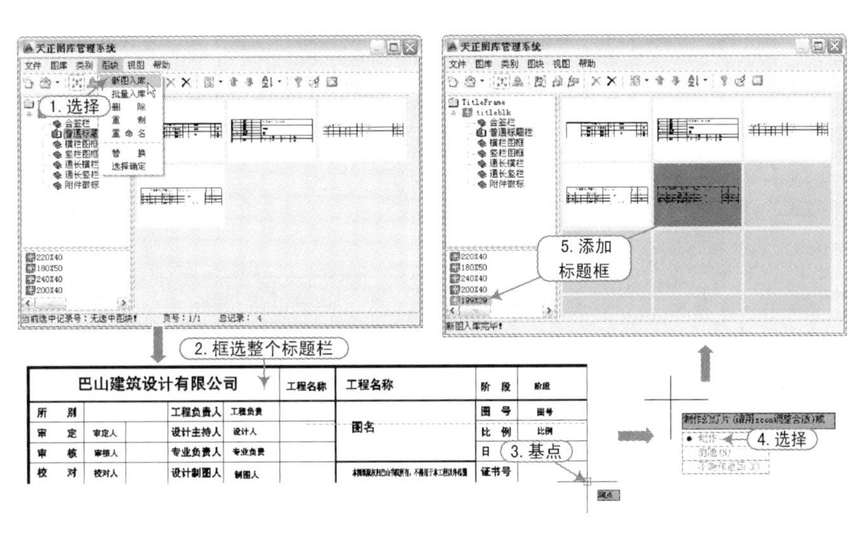

图 10-21　将标题框入库

8）对于所入库的标题框，用户可以对其重命名为“巴山 200×40”，如图 10-22 所示。

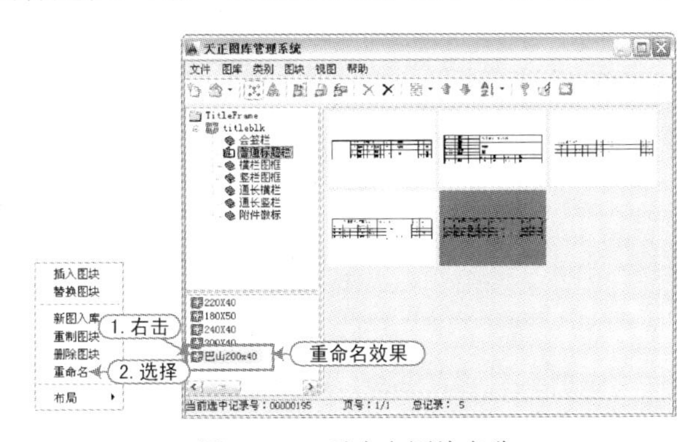

图 10-22　重命名图块名称

9）这时再重复前面第 2 步，选择新定制的“巴山 200×40”标题框，并设置插入比例为 1:100，然后将所定制的图框插入其中，如图 10-23 所示。

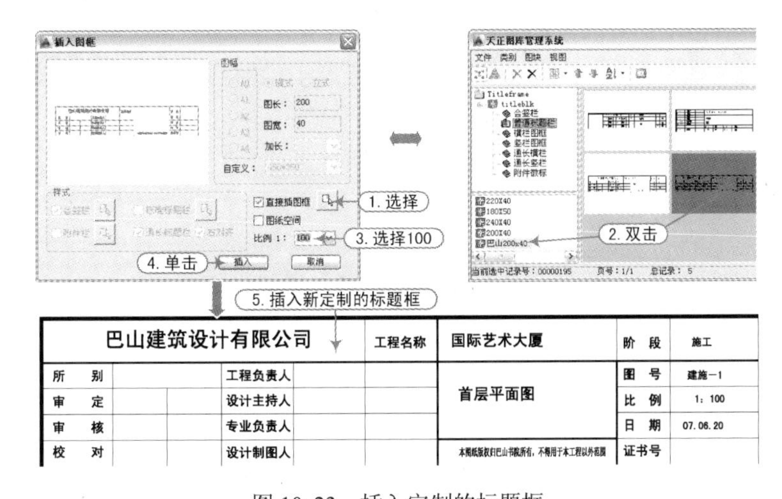

图 10-23　插入定制的标题框

10）这时，用户可以双击该标题框，将弹出“增强属性编辑器”对话框，这时用户可以将其中的属性值进行填写修改，然后单击“确定”按钮，即可看到当前标题框的属性值进行了修改，如图 10-24 所示。

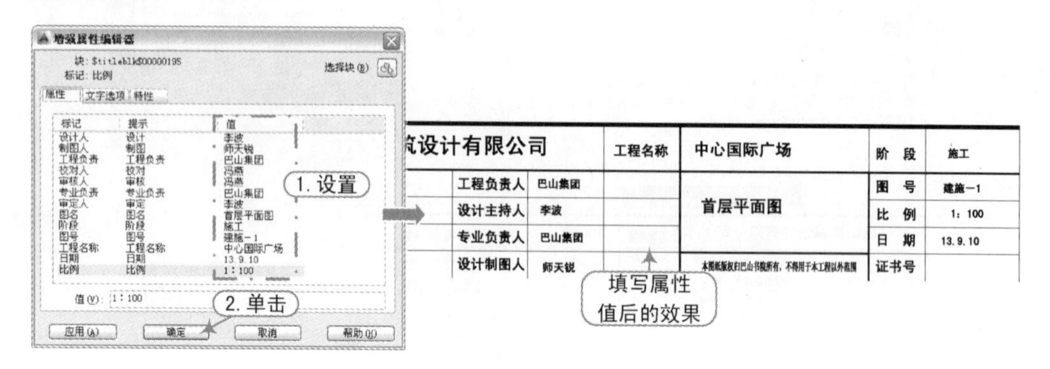

图 10-24　修改的属性值

11）至此，该标题框的定制已经完成，按〈Ctrl+S〉组合键将该文件保存为“标题栏.dwg”文件即可。

10.4　工程图框的定制实例

视频\10\工程图框的定制.avi
案例\10\工程图框.dwg

定制工程图框的方法与定制标题栏的方法一样，只是在插入图框时选择整幅图框即可。其操作步骤如下：

1）使用“当前比例”命令设置当前比例为 1∶1，此比例能保证文字高度的正确，十分重要，如图 10-25 所示。

图 10-25　设置当前比例

2）在天正屏幕菜单中选择“文件布图 | 插入图框”命令（快捷键 CRTK），在弹出的“插入图框”对话框中选择“A4”图幅，并用 1∶1 比例插入图框库中需要修改或添加属性定义的标题栏图块，如图 10-26 所示。

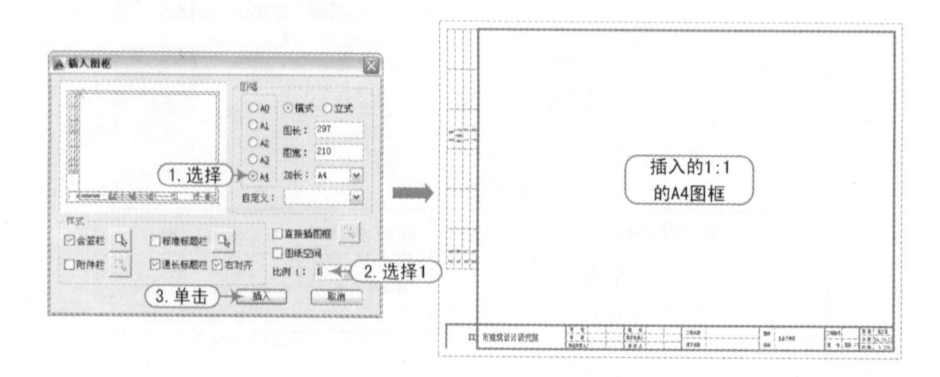

图 10-26　插入 A4 图框

3）使用 AutoCAD 的“分解”命令（X），将该图框进行分解，再对下侧的标题栏像前例一样进行编辑操作，如图 10-27 所示。

巴山集团建筑设计研究院	审　定	审定人		校　对	校对		工程名称	工程名称	图纸	图名	工程编号		阶 段	阶段
	审　核	审核人		设计负责人	设计负责人								日 期	日期
	项目负责人	项目负责人		设 计 人	设计人		项目名称	项目名称	名称		图　号	图号	比 例	比例

图 10-27　分解图框并编辑标题栏

4）在天正屏幕菜单中选择“图块图案 | 通用图库”命令（快捷键 TYTK），在弹出的“天正图库管理系统”对话框中选择“图库 | 图框库”命令，并选择“横栏图框”项，如图 10-28 所示。

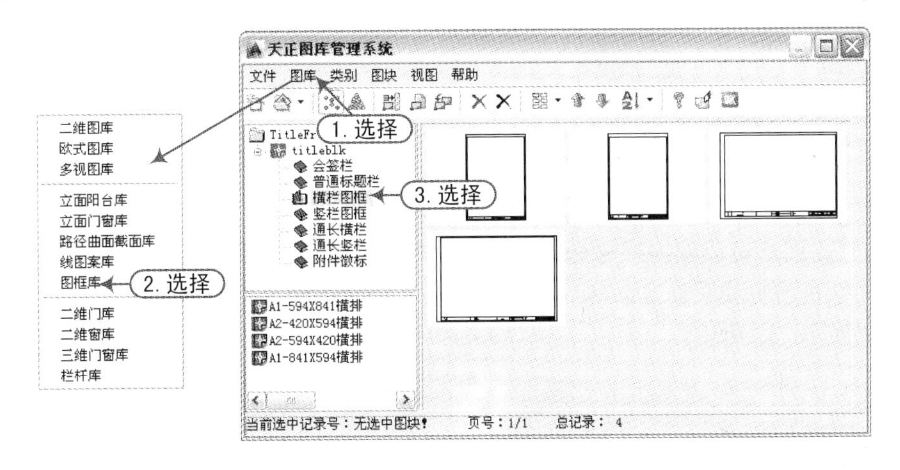

图 10-28　选择“图库 | 图框库”命令

5）选择“图块 | 新图入库”命令，随后框选整个图框，并设置图形的右下角点作为基点，然后选择“制作”命令，即可看到入库的新图块，并重命名为“巴山 297×210”，如图 10-29 所示。

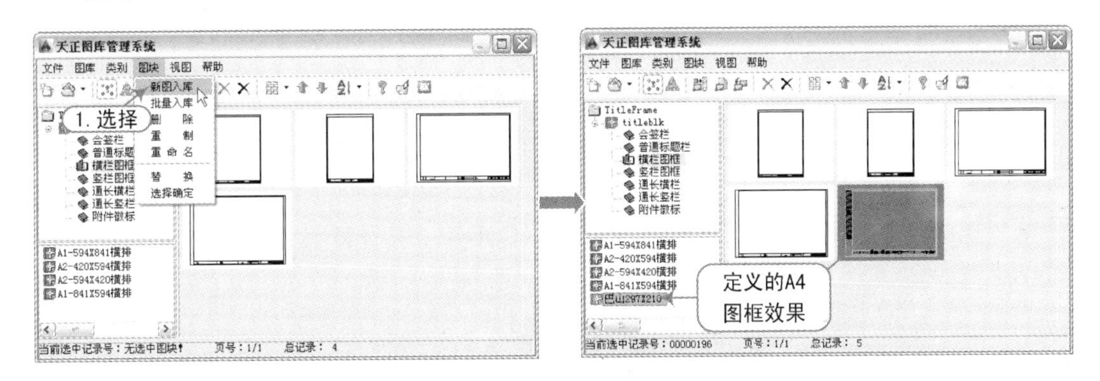

图 10-29　定制的图框入库

6）这时再重复前面第 2 步，选择新定制的“巴山 297×210”图框；并设置插入比例为 1:100，设置其并将所定制的图框插入其中，如图 10-30 所示。

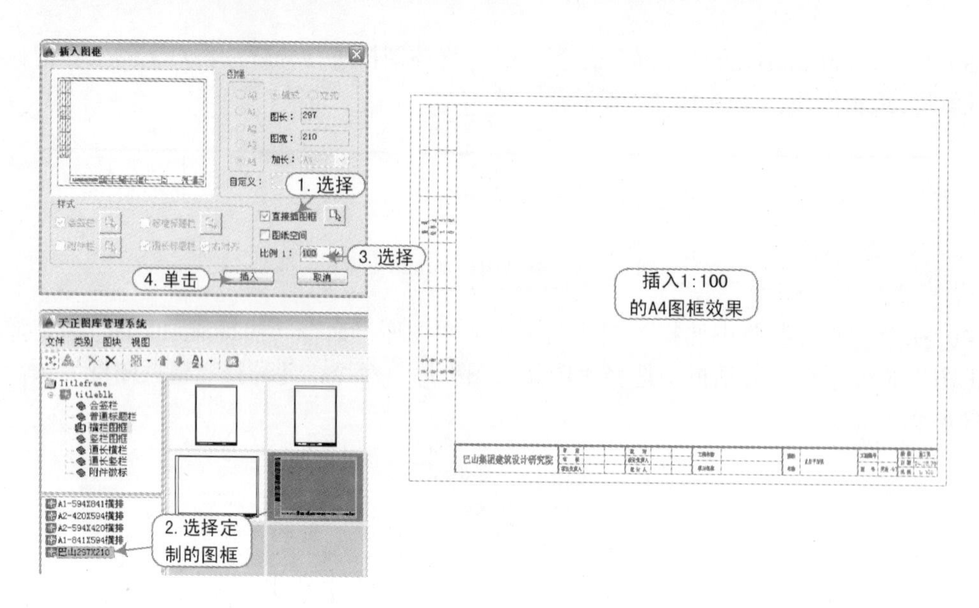

图 10-30　插入定制的图框

7）这时，用户可以双击该标题框，将弹出“增强属性编辑器”对话框，这时用户可以将其中的属性值进行填写修改，然后单击“确定”按钮，即可看到当前标题框的属性值进行了修改，如图 10-31 所示。

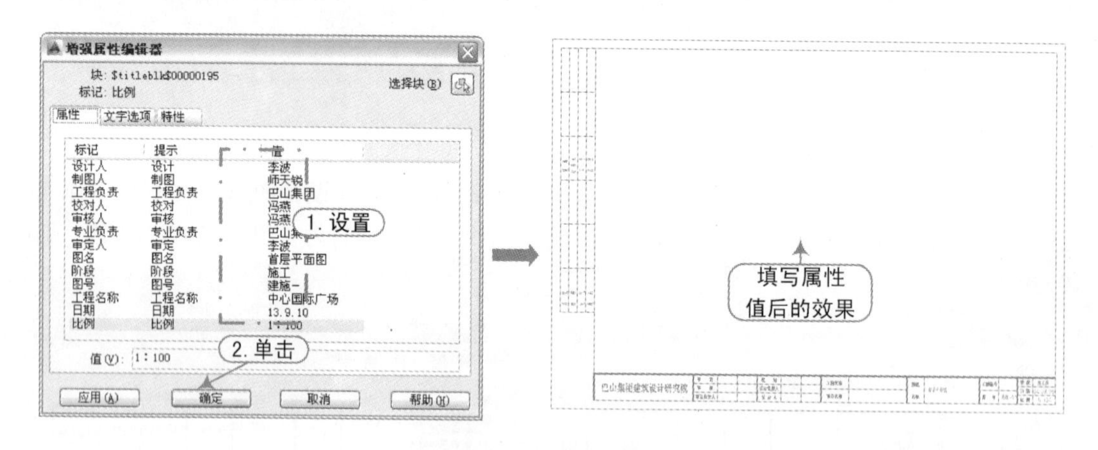

图 10-31　修改的属性值

8）至此，该图框的定制已经完成，按〈Ctrl+S〉组合键将该文件保存为“工程图框.dwg”文件。

10.5　图形与格式转换操作

由于 TArch 天正建筑软件是在 AutoCAD 平台的基础上来运行的，它们的文件扩展名均为.dwg，但在 AutoCAD 软件上是无法打开天正的.dwg 文件的，幸好天正提供了图形转换工具，包括旧图转换、图形导出、批量转旧、图变单色等。

10.5.1 旧图转换

执行方法：选择“文件布图｜旧图转换”命令（快捷键 JTZH）。

由于天正升版后图形格式变化较大，为了读者升级时可以重复利用旧图资源继续设计，采用“旧图转换”命令，可用于对 TArch 3 格式的平面图进行转换，将原来用 AutoCAD 图形对象表示的内容升级为新版的自定义专业对象格式。下面通过一具体实例来进行讲解：

1）打开“别墅施工图.dwg”文件，转换为“西南等轴测”视图和“概念”视觉模式来观察，看出该施工图为二维的 CAD 施工图，用户可以将视口分成左右两个来进行对比观察，如图 10-32 所示。

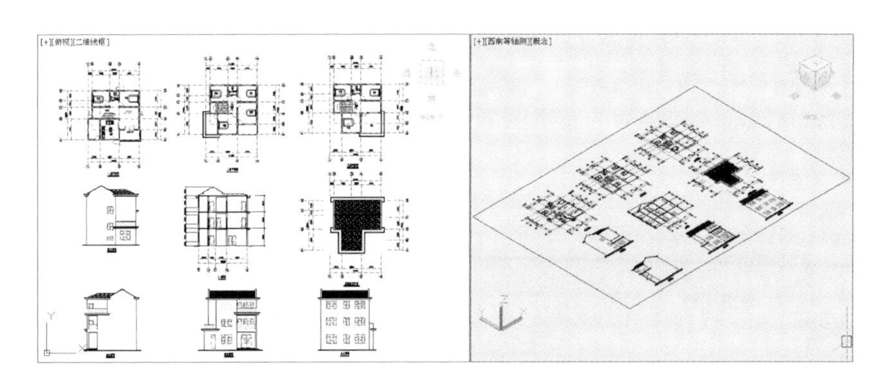

图 10-32 打开的 AutoCAD 图形

2）接着，选择“文件布图｜旧图转换”命令（快捷键 JTZH），然后弹出“旧图转换”对话框，设置相应的参数，然后单击“确定”按钮，即可将 AutoCAD 的二维图形转换为天正的自定义对象（部分为三维模型图），如图 10-33 所示。

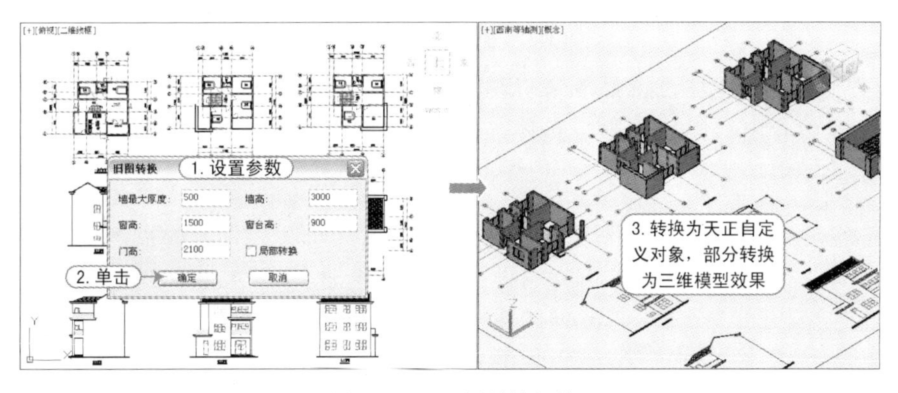

图 10-33 旧图转换操作

提示

对于“旧图转换”后的图形对象，其尺寸标注对象虽说也已经是天正自定义对象，但并没有将几个相邻的对象连接在一起，还是分段的，这时用户可以使用“尺寸标注｜尺寸编辑｜连接尺寸”命令将其加以连接，从而实现真正意义上的天正标注对象，如图 10-34 所示。

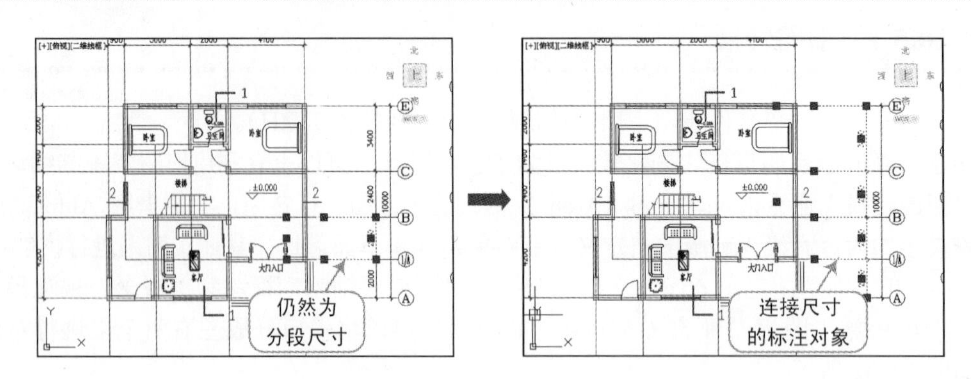

图 10-34　转换的尺寸需要连接

3）在其中读者可以为当前工程设置统一的三维参数，在转换完成后，对不同的情况再进行对象编辑。这时放大转换后的三维图形效果，即可发现一些门窗的墙体并不符合要求，如图 10-35 所示。

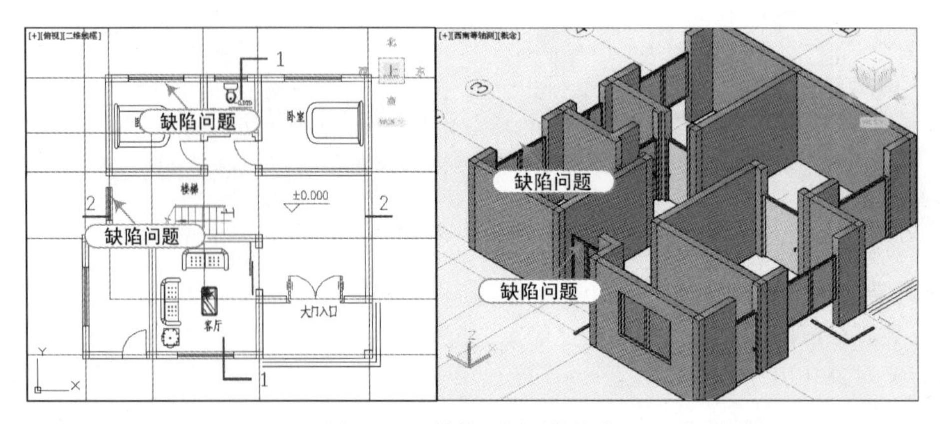

图 10-35　转换后图形的缺陷

4）在左侧的俯视图中，选择下侧的墙体对象，拖动墙体的夹点，将其向上拖至轴网的交点位置，即可看出该段墙体为一整体，且右侧的三维效果图中的推拉窗看不见了，如图 10-36 所示。

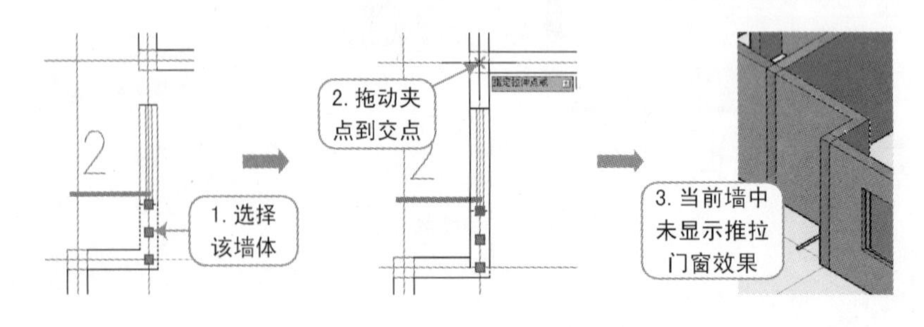

图 10-36　调整墙体

5）这时用户可以双击该段墙体上的门窗对象，将弹出“门窗”对话框，然后设置好相应的参数（默认情况下不作修改），单击“确定”按钮，则在右侧的三维效果图中可以看见其中的推拉窗效果，如图 10-37 所示。

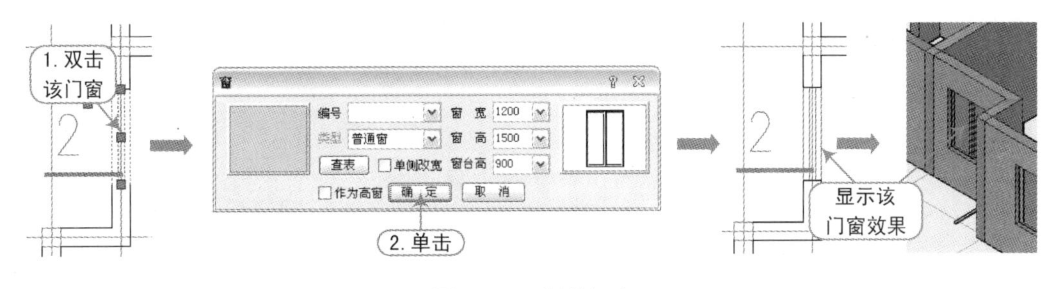

图 10-37 调整门窗

6）再按照同样的方法，对其一层平面图的其他墙体和门窗对象等进行编辑，如图 10-38 所示。

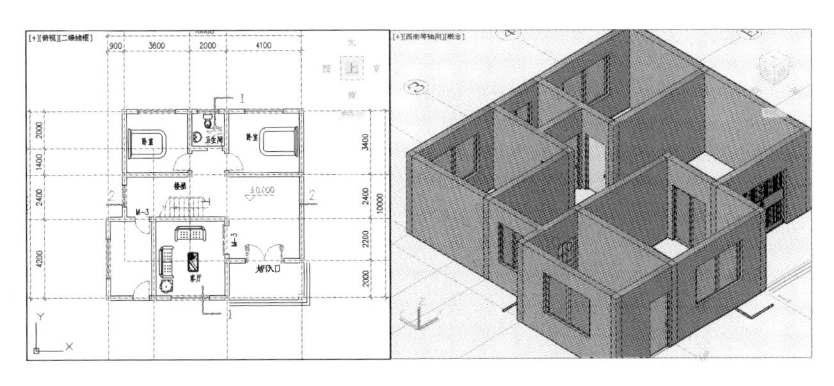

图 10-38 调整好的一层平面图效果

7）至此，别墅的一层平面图已经转换完成，按〈Ctrl+Shift+S〉组合键将该文件另存为“旧图转换.dwg”文件。对于其他楼层转换后的调整，用户自行去进行调整即可。

10.5.2 图形导出

执行方法：选择“文件布图｜图形导出”命令（快捷键 TXDC）。

本命令是将最新的天正格式 DWG 图档，导出为天正各版本的 DWG 图，或者各专业条件图，如果下行专业使用天正给水排水、电气的同版本号，则不必进行版本转换，否则应选择导出低版本号，达到与低版本兼容的目的。

从 TArch 2013 开始，天正对象的导出格式不再与 AutoCAD 图形版本关联，解决以前导出 T3 格式的同时图形版本必须转为 R14 的问题，用户可以根据需要单独选择转换后的 AutoCAD 图形版本。

1）打开“建筑一层平面图.dwg”文件，转换为“西南等轴测”视图和“概念”视觉模式来观察，看出该施工图为天正施工图，可以将视口分成左右两个来进行对比观察，如图 10-39 所示。

2）选择“文件布图｜图形导出”命令（快捷键 TXDC），将弹出“图形导出”对话框，在其中设置导出的类型、CAD 版本号、导出内容、文件名等，然后单击“保存”按钮即可，如图 10-40 所示。

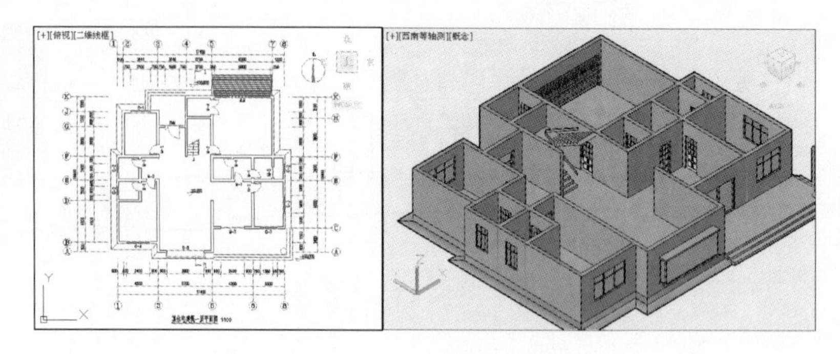

图 10-39　打开的天正图形

图 10-40　图形导出操作

3）如果计算机上安装有低版本的 AutoCAD 软件，这时可以启动该版本的 AutoCAD 软件。

4）按〈Ctrl+O〉组合键，将前面所导出的文件打开，即可发现该文件为 AutoCAD 文件对象，如图 10-41 所示。

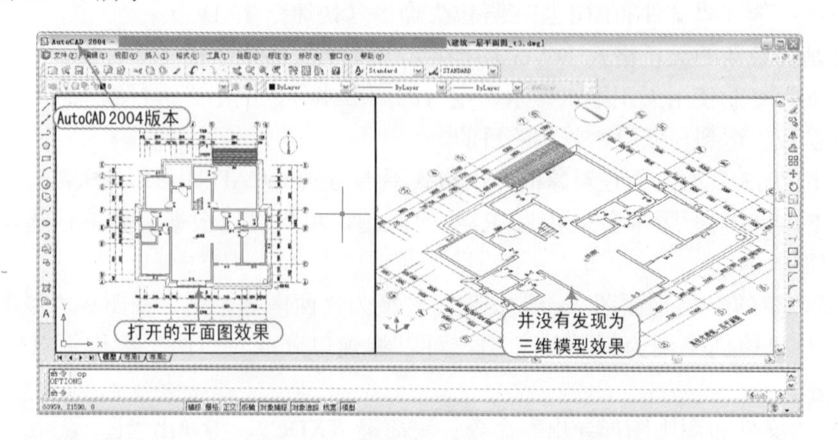

图 10-41　AutoCAD 2004 打开的效果

提示

当前图形是设置为图纸保护后的图形时，其“图形导出”命令无效，结果显示 eNotImplementYet。另外，符号标注在“高级选项”中可预先定义文字导出的图层是随公共文字图层还是随符号本身图层。

10.5.3 批量转旧

执行方法：选择“文件布图 | 批量转旧”命令（快捷键 PLZJ）。

本命令是将当前版本的图档批量转化为天正旧版 DWG 格式，同样支持图纸空间布局的转换。在转换 R14 版本时只转换第一个图纸空间布局，用户可以自定义文件的后缀；同样，从 TArch 2013 开始，天正对象的导出格式不再与 AutoCAD 图形版本关联。

选择“文件布图 | 批量转旧”命令（快捷键 PLZJ），在弹出的对话框中，配合〈Ctrl〉和〈Shift〉键来选择多个文件，选择天正版本和 CAD 版本，并确定是否添加 t3/t7 等文件名后缀，然后单击“打开”按钮。随后在弹出的对话框中选择转换后的文件夹，进入到目标文件夹后单击“确定”按钮开始转换，命令行会提示转换后的结果，如图 10-42 所示。

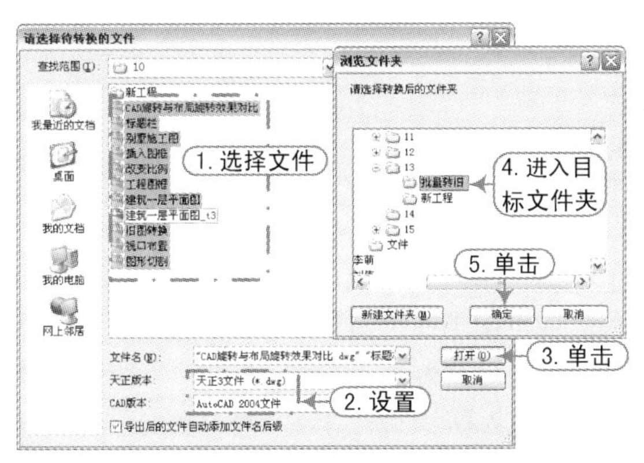

图 10-42 批量转旧操作

10.5.4 图纸保护

执行方法：选择“文件布图 | 图纸保护”命令（快捷键 TZBH）。

本命令通过对用户指定的天正对象和 AutoCAD 基本对象的合并处理，创建不能修改的只读对象，使得用户发布的图形文件保留原有的显示特性，只可以被观察，既可以被观察也可以打印，但不能修改，也不能导出。通过“图纸保护”命令对编辑与导出功能的控制，达到保护设计成果的目的。

选择“文件布图 | 图纸保护”命令（快捷键 TZBH），根据命令行提示选取要保护的图形部分，以按〈Enter〉键结束选择，随后将弹出“图纸保护设置”对话框，在其中设置保护的密码“123”，并单击“确定”按钮，如图 10-43 所示。

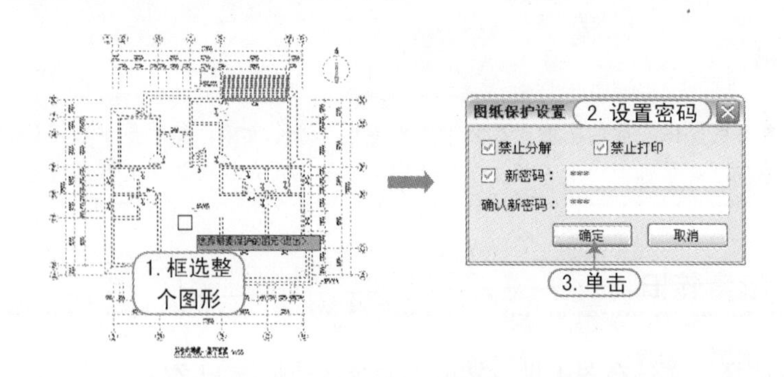

图 10-43　图纸保护操作

在“图纸保护设置”对话框中，其各选项的含义如下：

- 禁止分解：勾选此复选框，使当前图形不能被 Explode 命令分解。
- 禁止打印：勾选此复选框，使当前图形不能被 Plot、Print 命令打印。
- 新密码：首次执行“图纸保护”，而且勾选“禁止分解”复选框时，应输入一个新密码，以备将来以该密码解除保护。
- 确认新密码：输入新密码后，必须再次输入一遍新密码确认，避免密码输入发生错误。

10.5.5　图变单色

执行方法：选择“文件布图｜图变单色”命令（快捷键 TBDS）。

本命令提供把按图层定义绘制的彩色线框图形，临时变为黑白线框图形的功能，适用于编制印刷文档前对图形进行前处理。由于彩色的线框图形在黑白输出的照排系统中输出时色调偏淡，“图变单色”命令将不同的图层颜色临时统一改为指定的单一颜色，为抓图做好准备。下次执行本命令时会记忆上次用户使用的颜色作为默认颜色。

例如，打开“别墅施工图-A1.dwg”文件，在天正屏幕菜单中选择“文件布图｜图变单色”命令（快捷键 TBDS），然后根据命令行提示“1-红/2-黄/3-绿/4-青/5-蓝/6-粉/7-白”，选择要变换的一种颜色，如图 10-44 所示。

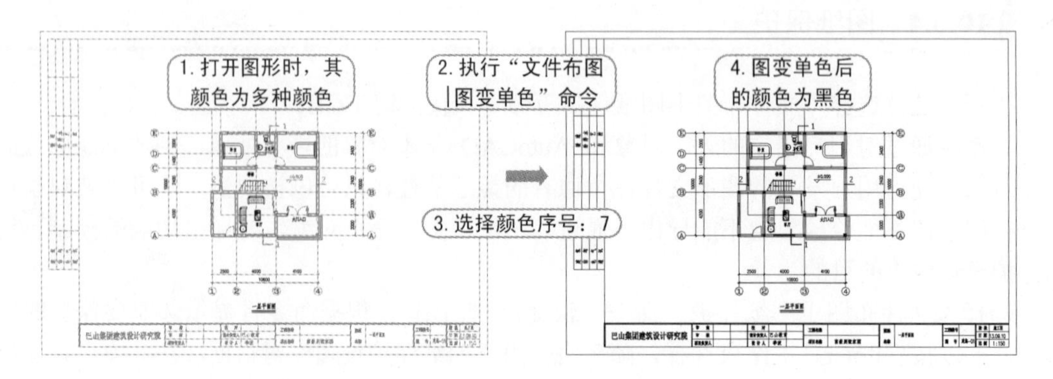

图 10-44　图变单色操作

提示

在天正屏幕菜单中选择“文件布图 | 颜色恢复”命令（快捷键 YSHF），可将图层颜色恢复为系统默认的颜色，即在当前图层标准中设定的颜色。

软件技能

10.6 工程图的备档拆图实例

视频\10\工程图的备档拆图实例.avi
案例\10\别墅工程图-A*.dwg

在实际工程图中，有时在一张图纸中含有多份工程图，为了使每份工程图各自为一独立的文档，这时可采用天正所提供的“备档拆图”命令（快捷键 BDCT）。它可以把一张 DWG 中的多张图纸，按图框拆分为每个含一个图框的多个 DWG 文件，拆分要求图框所在图层必须是“PUB_TITLE”。下面通过一具体实例来进行讲解：

1）在 TArch 天正建筑环境中，打开“别墅施工图.dwg”文件，可以看出该图形当前的布置效果，是将该施工图的平面图、立面图、剖面图等放在一个文件之中，且每个图都没有布置图框对象，如图 10-45 所示。

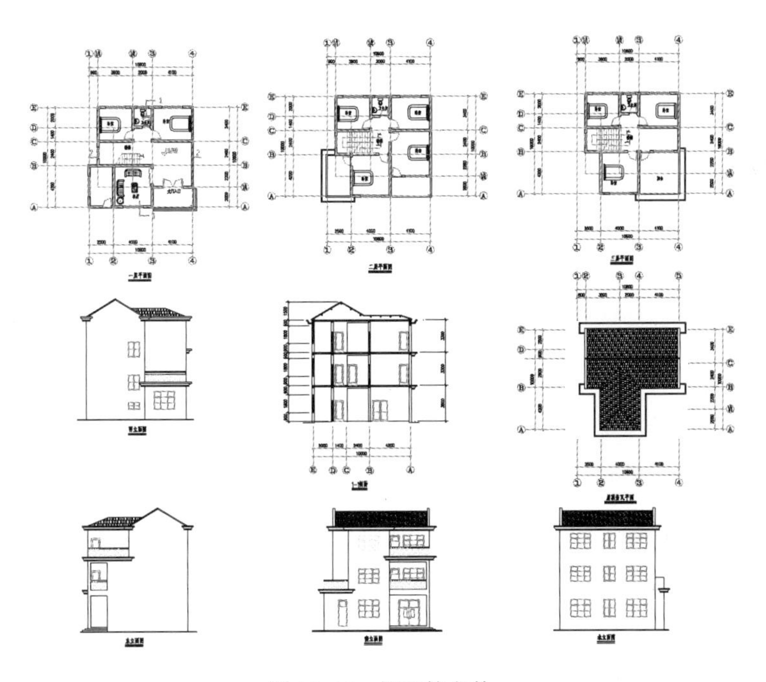

图 10-45 打开的文件

2）选择“文件布图 | 插入图库”命令（快捷键 CRTK），将弹出“插入图库”对话框，按照前面所讲解的方法，将所定制的“巴山 297×210”图框按照 1:150 的比例插入到“一层平面图”上，如图 10-46 所示。

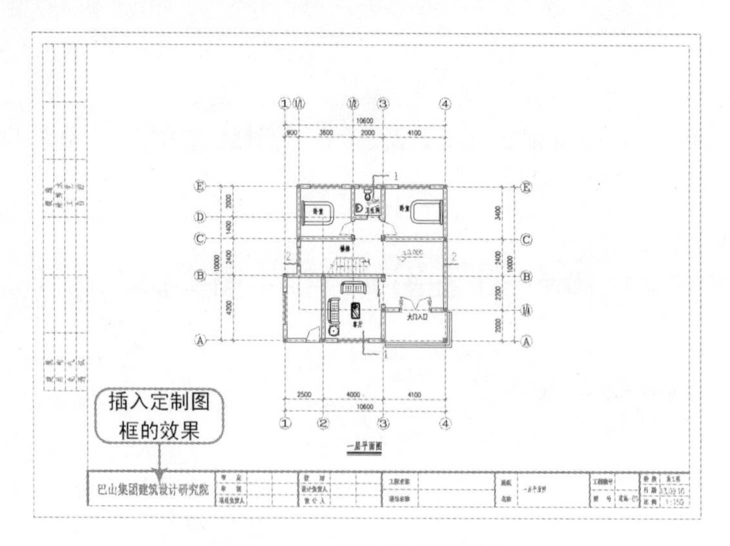

图 10-46　插入定制的图框

3）双击图框对象，将弹出“增强属性编辑器”对话框，在其中修改比例为 1:150，并修改图名、图号等信息，如图 10-47 所示。

图 10-47　修改图块的属性

4）重复前面的步骤，将其他的施工图也进行相应的布置，并修改其图框属性值，则布置后的整体效果如图 10-48 所示。

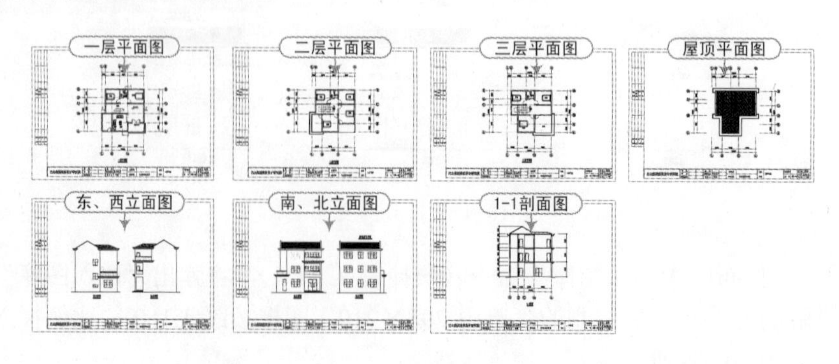

图 10-48　布置的其他工程

5）按〈Ctrl+Shift+S〉组合键，将该文件另存为“别墅施工图-A.dwg”文件。

6）选择“文件布图｜备档拆图”命令（快捷键 BDCT），直接按〈Enter〉键（表示将当前视图中的所有图框内的对象都作为选择的对象），将弹出“拆图”对话框，系统会自动对其进行命名，以及搜索图名、图号（用户可以手工输入图名与图号），并在其中指定存放的路径，然后单击“确定”按钮即可，如图 10-49 所示。

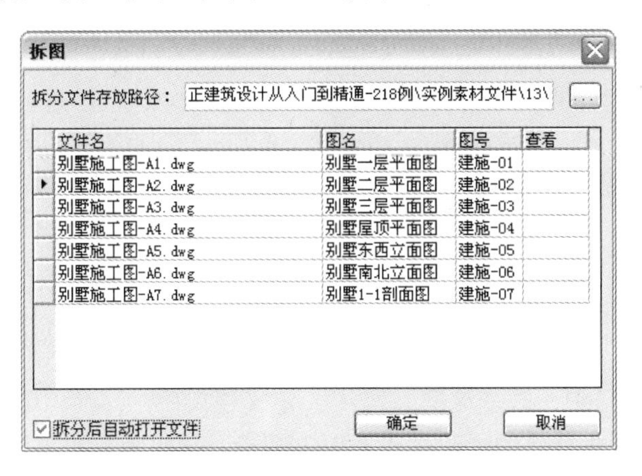

文件名	图名	图号	查看
别墅施工图-A1.dwg	别墅一层平面图	建施-01	
别墅施工图-A2.dwg	别墅二层平面图	建施-02	
别墅施工图-A3.dwg	别墅三层平面图	建施-03	
别墅施工图-A4.dwg	别墅屋顶平面图	建施-04	
别墅施工图-A5.dwg	别墅东西立面图	建施-05	
别墅施工图-A6.dwg	别墅南北立面图	建施-06	
别墅施工图-A7.dwg	别墅1-1剖面图	建施-07	

图 10-49 “拆图”对话框

7）如果勾选下侧的“拆分后自动打开文件”复选框，这时系统会根据要求自动将这些拆分的文件打开，如图 10-50 所示。

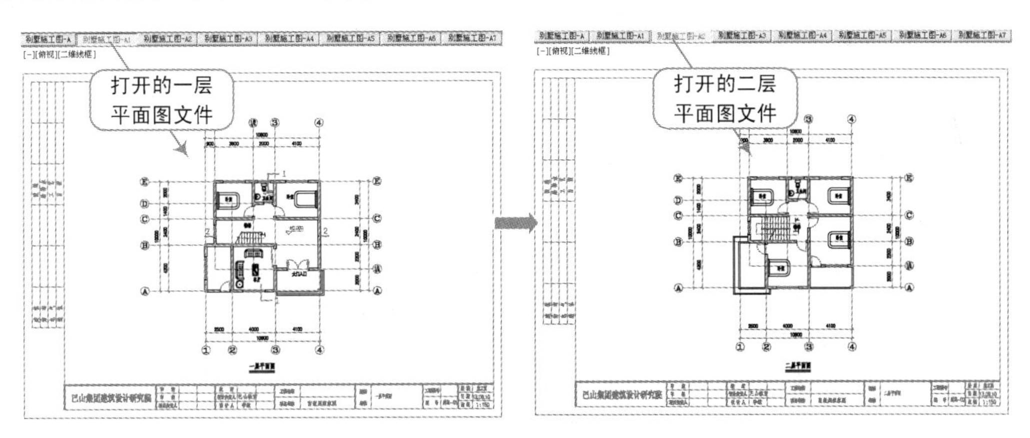

图 10-50 打开拆分的文件

10.7 思考与练习

一、填空题

1．所谓布图，就是把多个选定的________的图形，分别按各自画图使用的________为倍数，缩小放置到图纸空间中的视口，调整成合理的版面。

2．出图比例就是用户画图前设置的“当前比例”，如果出图比例与画图前的“当前比例”不符，就要用________修改图形，要选择图形的注释对象（包括______、______、______等）进行更新。

3．“旧图转换”命令可用于对__________格式的平面图进行转换，将原来用 AutoCAD 图形对象表示的内容升级为新版的_________专业对象格式。

4．“批量转旧”命令是将当前版本的图档批量转化为天正旧版_______格式，同样支持图纸空间布局的转换。在转换_______版本时只转换第一个图纸空间布局，用户可以自定义文件的后缀。

二、选择题

1．选择“文件布图 | 插入图框”命令，可在当前模型空间或图纸空间插入图框，其快捷键为（　　）。

A．TK　　B．CRTK　　C．Insert　　D．Ctrl+P

2．（　　）命令可以在模型空间使用，也可以在图纸空间使用。执行后建筑对象大小不会变化，但工程符号、尺寸和文字的字高等注释相关对象的大小会发生变化。

A．放大视口　　B．改变比例　　C．定义视口　　D．图形导出

3．（　　）命令是将最新的天正格式 DWG 图档，导出为天正各版本的 DWG 图，或者各专业条件图。

A．放大视口　　B．改变比例　　C．定义视口　　D．图形导出

三、操作题

1．打开“新农村住宅平面布置图.dwg”文件，插入“A3+1/2”加长图框，如图 10-51 所示。

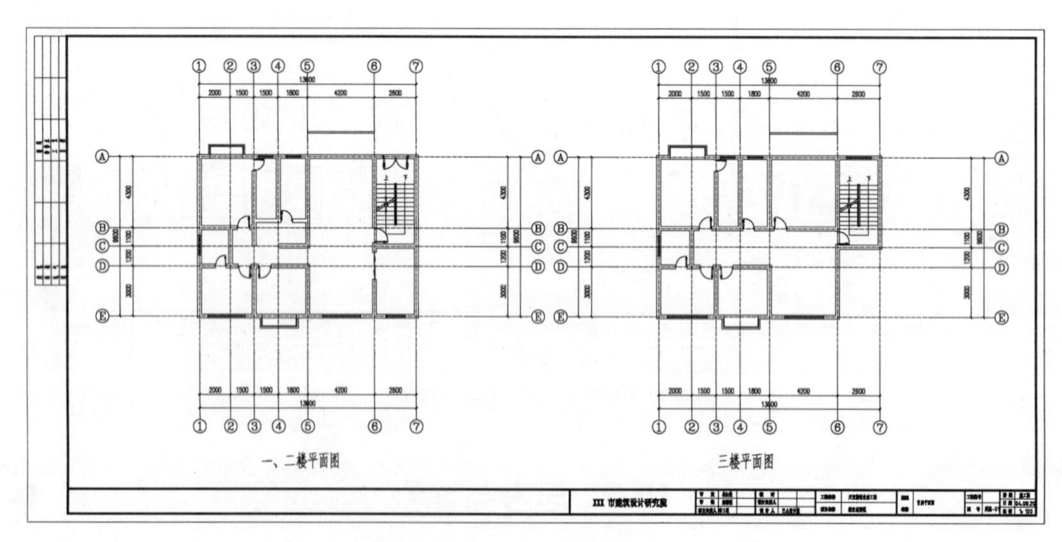

图 10-51　插入加长图框

2．打开“四房二厅住宅户型图.dwg”文件，如图 10-52 所示，执行“旧图转换”命令，然后进行完善。

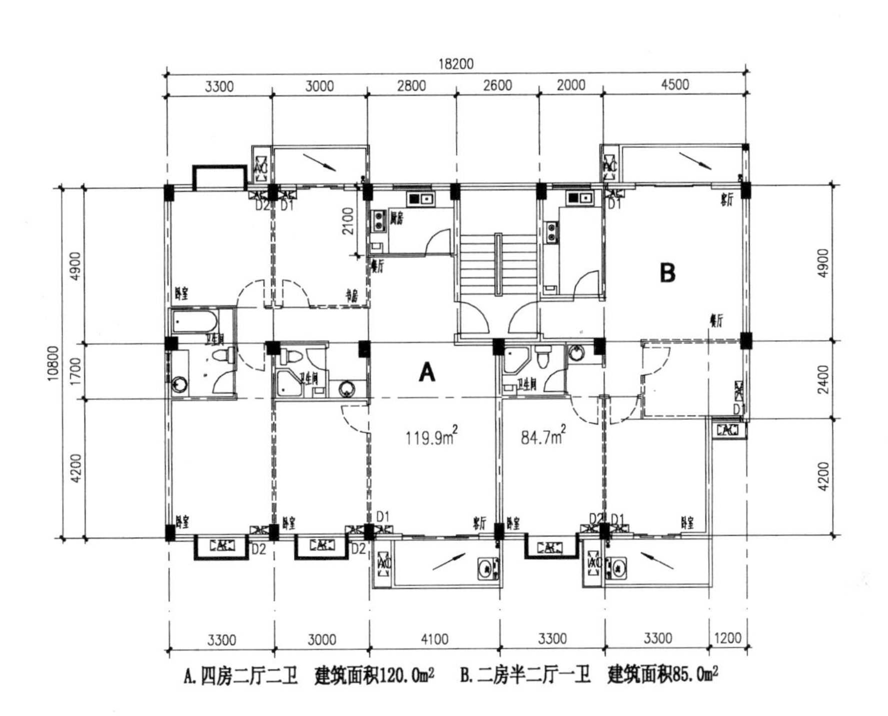
18200
3300
3000
2800
2600
2000
4500
2100
4900
1700
10800
4200
2400
A
B
119.9m2
84.7m2
D1
D2
3300
3000
4100
3300
3300
1200
A.四房二厅二卫 建筑面积120.0m2 B.二房半二厅一卫 建筑面积85.0m2

图 10-52 打开的文件

第 11 章 医院门诊部施工图设计实战应用

医院的服务对象不只是包括患者和伤员，同时还包括了处于特定生理状态的健康人员以及完全健康的人。在设计医院时都要考虑一些特定的用处，比如医院有一些特殊的通道等。为了保证在使用时方便用户，可以多查阅相关书籍，对医院进行详细的了解，然后再绘制图形。

在本章中，以医院门诊部施工图为例，采用 TArch 天正建筑设计软件，贯穿前面所学习的知识，以引导读者来进行综合性施工图的绘制为目的。本章主要内容如下：

- 门诊部施工图设计分析与效果预览。
- 熟练掌握门诊部首层平面图的绘制。
- 熟练掌握门诊部二层平面图的绘制。
- 熟练掌握门诊部三～五层平面图的绘制。
- 熟练掌握门诊部六层平面图的绘制。
- 熟练掌握门诊部工程管理的创建。
- 熟练掌握门诊部立面图和剖面图的创建。
- 另一套医院建筑施工图的效果与演练。

11.1 实战分析与效果图预览

本案例选择了医院的一部分——门诊部，它是医院的一个重要部分。该案例是一个弧形建筑物，共计 6 层，其中第一层高度为 4000，第二至六层高度为 3300，采用砖混结构，其墙体的厚度为 240，且在第一至五层安装有自动扶梯对象，另外布置有三角楼梯通道。

在创建该门诊部的建筑施工图时，首先创建首层平面图。根据要求设置当前层高为 4000，再创建弧形轴网对象，并添加相应的附加轴号，再进行轴网的标注操作，然后根据要求创建 240 的墙体对象，以及创建角柱和矩形柱对象，再根据门窗表要求布置门窗对象，以及在相应的位置安装自动扶梯和三角楼梯，然后布置散水对象。

在绘制第二至五层平面图时，都是在首层平面图的基础上来进行绘制的。将首层平面图打开，然后另存为新的文件，根据图形的要求分别删除多余的对象，并添加相应的墙体、门窗对象等，以及修改楼梯层类型，且根据要求修改层高为 3300。

同样，六层平面图（即屋顶层平面图）是在第五层平面图的基础上来进行绘制的，将所有的内墙、自动扶梯、门窗等对象删除，修改三角楼梯层类型，设置外墙高度为 1200 作为防护，然后通过“平板”命令来创建平板对象，作为顶层的造型效果。

在所有的平面图绘制完成后，创建一个工程文件，将相应平面图添加到工程文件中，并设置楼层表，然后根据要求分别来创建立面图和剖面图。该医院门诊部的建筑施工图效果如

图 11-1 所示。

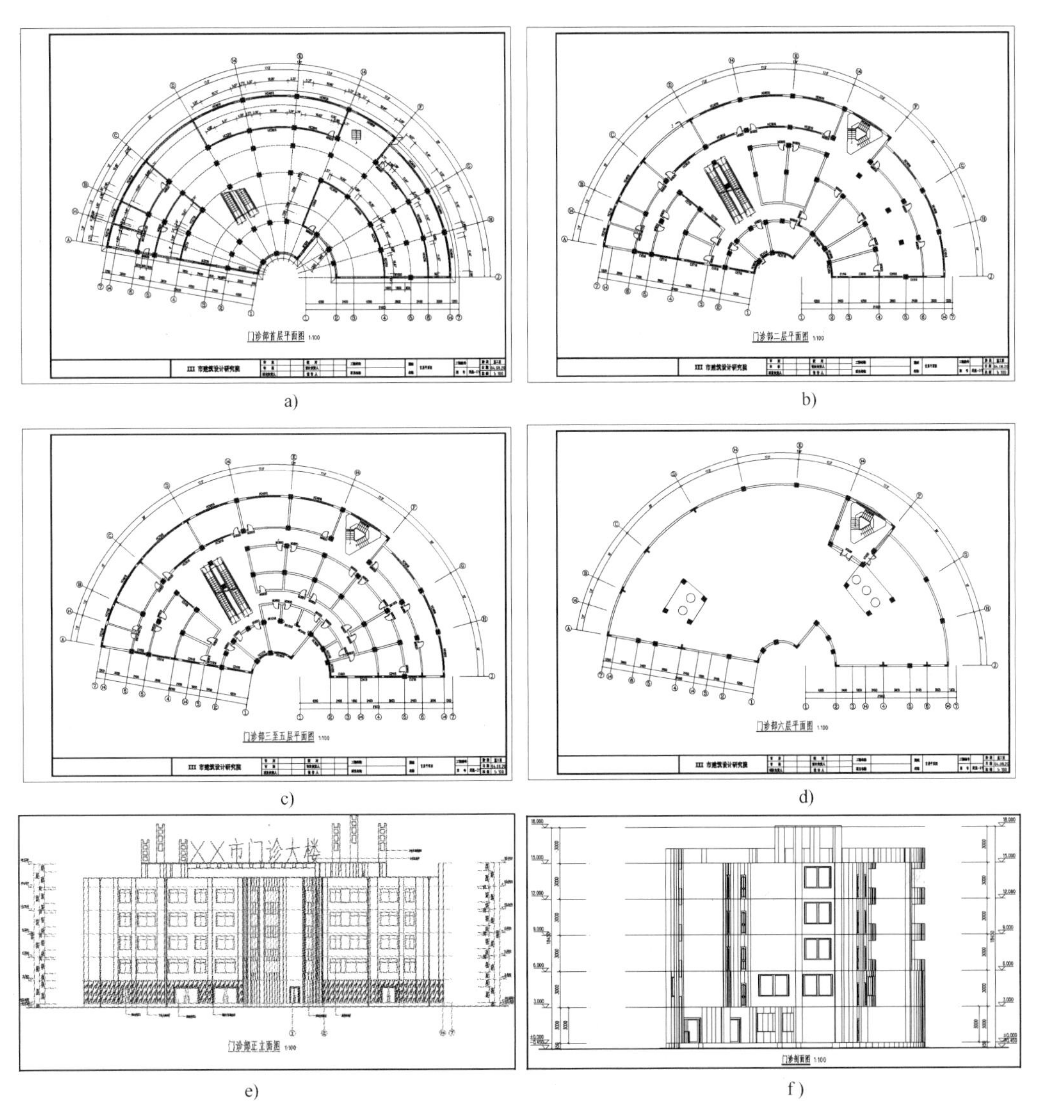

图 11-1 门诊部建筑施工图效果

a) 门诊首层平面图 b) 门诊部二层平面图 c) 门诊部三至五层平面图 d) 门诊部六层平面图 e) 门诊部正立面图 f) 门诊剖面图

11.2 医院门诊首层平面图的绘制

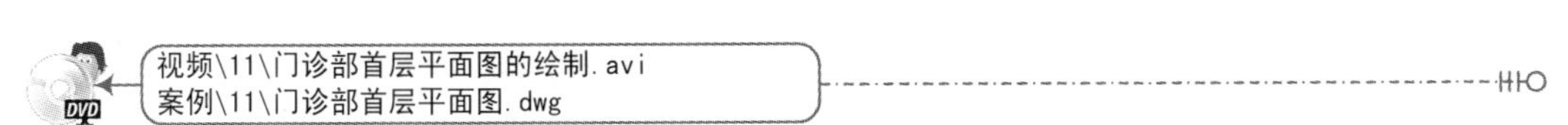

本案例是一个异形的建筑物，总体形状成扇形，在绘制前要好好分析。首先绘制弧形轴网对象，并进行轴网标注；再绘制高度为 3000 的砖墙，其宽度为 240；再绘制钢筋混凝土角柱对象；再绘制不同的门窗对象，并进行尺寸标注、添加门口线和门窗套；最后绘制自动扶

梯和三角楼梯对象。

11.2.1 首层建筑轴网的绘制

首先启动 TArch 天正建筑软件并保存文件，再绘制弧形轴网对象，然后对其进行轴网标注，并且添加附加轴线对象。其操作步骤如下：

1）启动 TArch 天正建筑软件，软件会自动创建一个空白文件。此时需要对这个文件进行命名，按〈Ctrl+S〉组合键，弹出“图形另存为”对话框，在对话框中找到路径“案例\11”，将文件命名为“门诊部首层平面图.dwg”文件，然后单击“保存”按钮。

2）选择“轴网柱子｜绘制轴网”命令（快捷键 HZZW），在弹出的“绘制轴网”对话框中选择“圆弧轴网”选项卡，然后按表 11-1 参数绘制建筑轴线网，绘制轴线网的方法如图 11-2 所示（指定轴网插入点为“#0，0”）。

表 11-1　轴网数据

圆弧轴网—逆时针	圆心角	15，15，20，35，35，20，15，15
	进　深	4200，2400，4200，3600，2400，4200

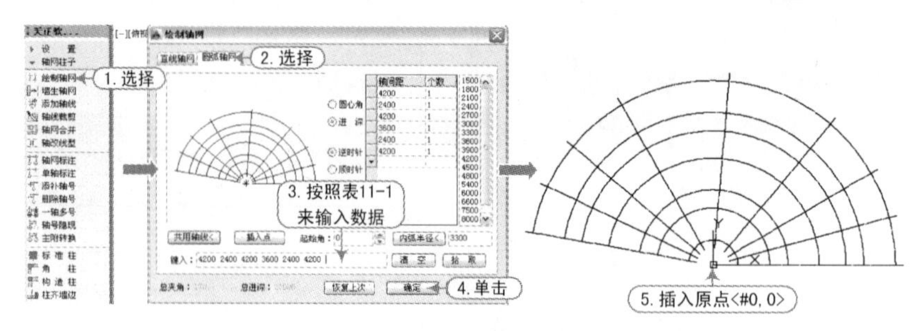

图 11-2　绘制轴网

3）选择“轴网柱子｜轴网标注”命令（快捷键 ZWBZ），弹出“轴网标注”对话框，然后选择“双侧标注”单选按钮，再在绘图区域中选择弧形轴线进行进深轴标，如图 11-3 所示。

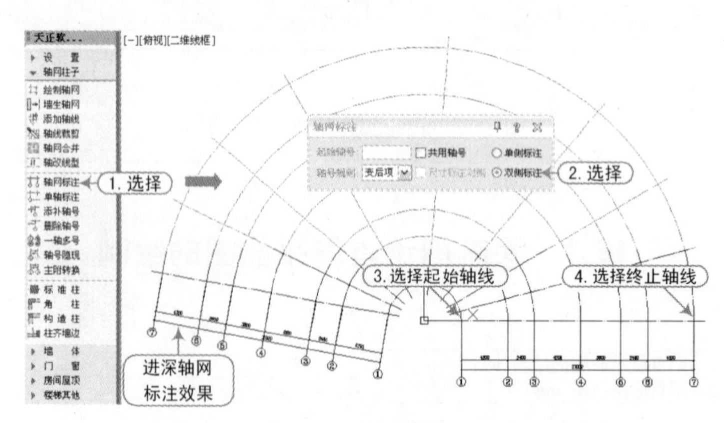

图 11-3　进深轴标

4）同样，选择“单侧标注”单选按钮，在绘图区域选最左边的轴角线和最右边的轴角线，根据命令行提示输入“N”。此时可以对各夹角进行标注。标注后的轴网如图 11-4 所示。

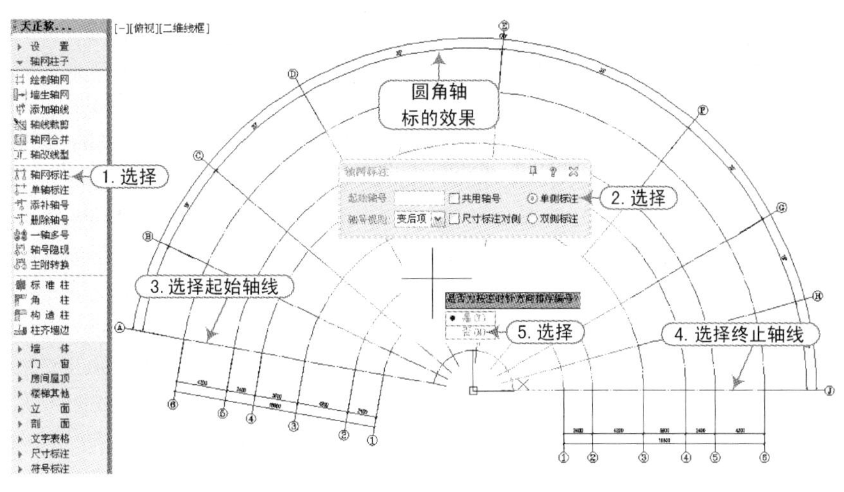

图 11-4　轴网标注

5）选择“轴网柱子 | 添加轴线”命令（快捷键 TJZX），根据命令行提示选择 D 轴线为参考轴，按照如图 11-5 所示来添加附加轴线。

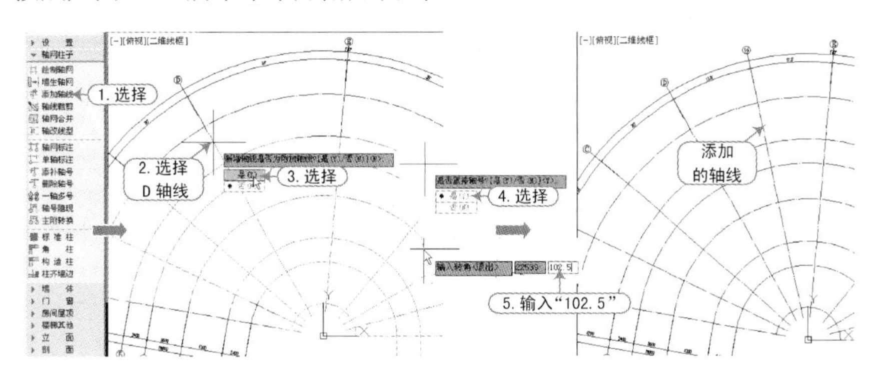

图 11-5　添加附加轴线 1/D

6）按照相同的方法，在轴线 A 的右边添加一条附加轴线（转角为 162.5），在轴线 F 的左边加一条附加轴线（转角为 67.5），在轴线 7 内添加一条附加轴线（输入半径为 23100）。添加的附加轴线效果如图 11-6 所示。

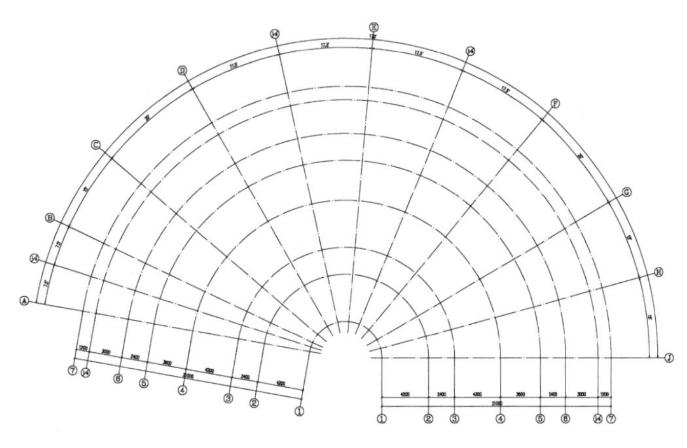

图 11-6　添加其他附加轴线

11.2.2 首层墙体和柱子的绘制

轴线绘制完成后的下一个步骤就是绘制墙体和柱子，本案例的墙体分为两种，外墙墙体的厚度为240，内墙墙体的厚度为180，同时都为砖混墙体。其操作步骤如下：

1）选择“设置｜天正选项”命令（快捷键 TZXX），在弹出的“天正选项”对话框中设置当前层高为3000，然后单击“确定”按钮即可，如图11-7所示。

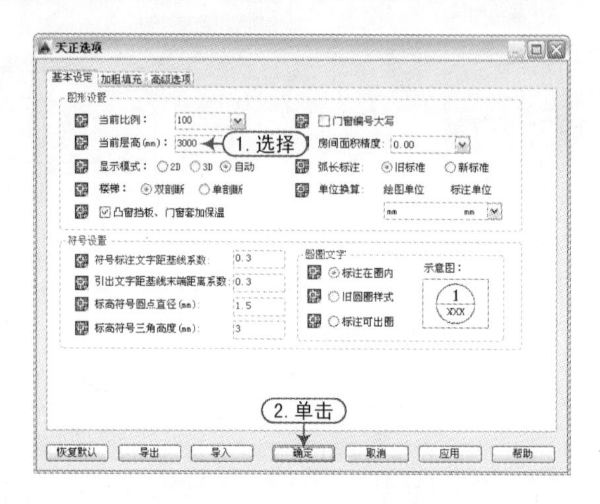

图11-7 设置当前层高

2）选择“墙体｜绘制墙体”命令（快捷键 HZQT），在弹出的“绘制墙体”对话框中设置参数，单击“绘制弧墙”按钮或“绘制直墙”按钮，按照如图11-8所示来绘制240的外墙体。

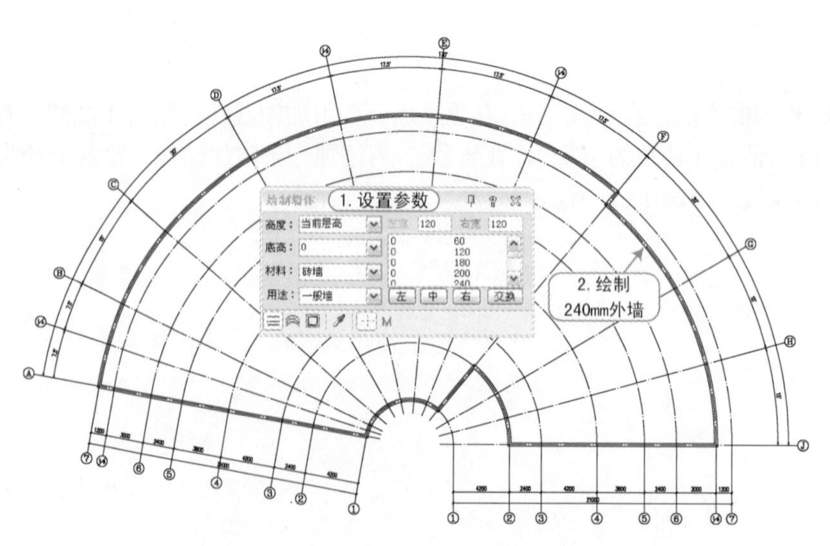

图11-8 绘制240外墙

3）按照上一步同样的操作步骤绘制180的内墙体，如图11-9所示。

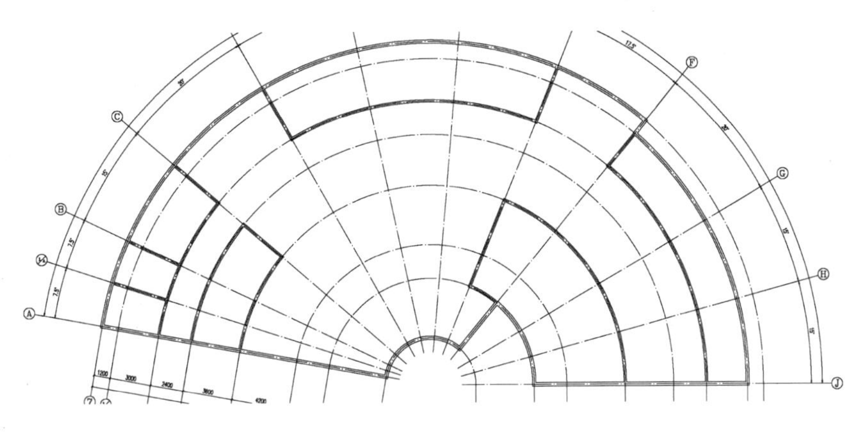

图 11-9 绘制 180 内墙

4）选择“轴网柱子丨角柱“命令（快捷键 GZ），根据命令行提示选择需要加角柱的墙角，此时弹出“转角柱参数”对话框，材料选择“钢筋混凝土”，设长度 A 和长度 B 都为 500，然后单击“确定”按钮，如图 11-10 所示。

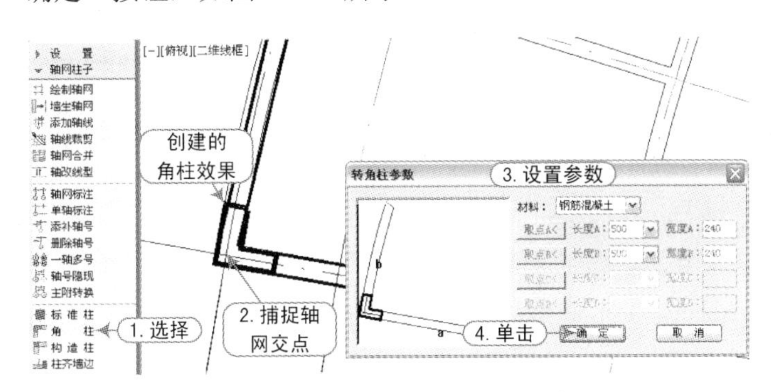

图 11-10 插入角柱

5）再以同样的方法在其他轴网交点位置创建角柱，生成的图形效果如图 11-11 所示。

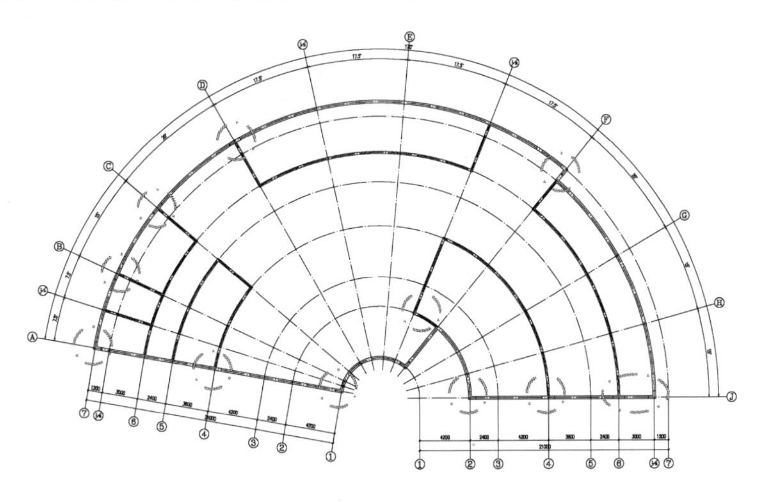

图 11-11 插入其他角柱

6）选择“轴网柱子 | 标准柱”命令（快捷键 BZZ），弹出“标准柱”对话框，在对话框中设置柱子的横向和纵向尺寸为 600，在相关位置绘制柱子，生成的图形如图 11-12 所示。

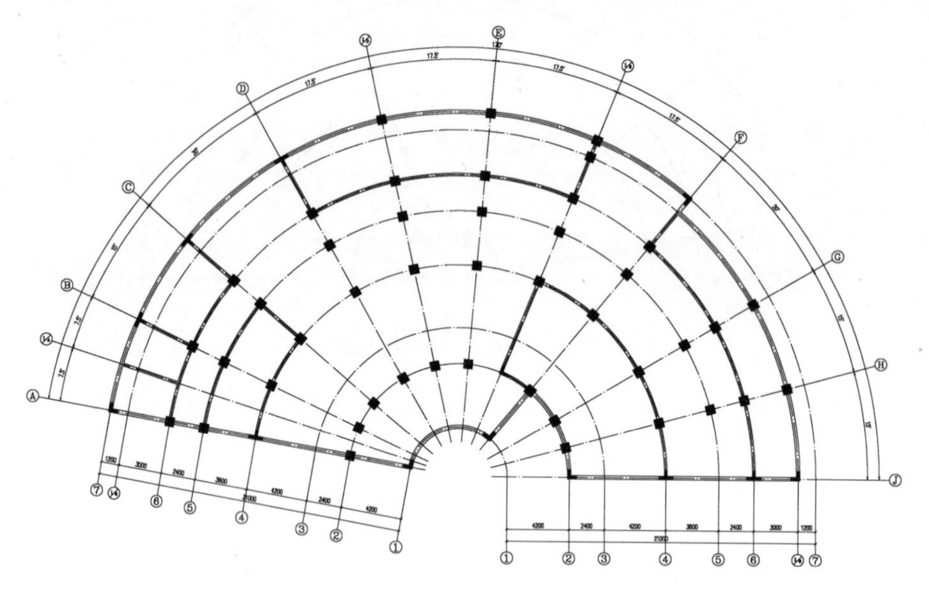

图 11-12　插入标准柱

11.2.3　首层门窗的绘制

由于本案例为门诊部，对于一些有进出病床要求的门需要加大，因此带有特殊设备的房间的门需要针对相应情况作一些处理。其操作步骤如下：

1）选择“门窗 | 门窗”命令（快捷键 MC），在弹出的“门窗”对话框中按如图 11-13 所示方法选择门类型和样式，并设置门宽为 800，门高为 2000，然后在墙体上单击插入门。

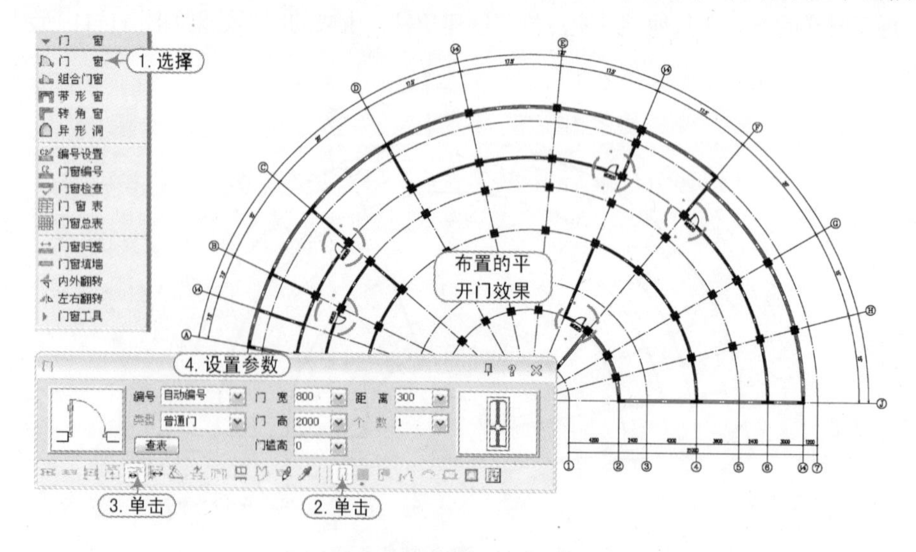

图 11-13　插入 M0820 平开门

2）按上一步所操作的方式，再根据表 11-2 所示的数据创建门窗，如图 11-14 所示。

表 11-2　门窗参数表

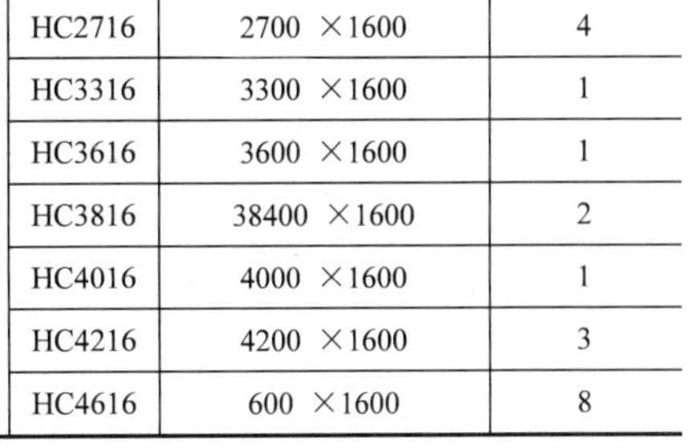

名称	编号	洞口尺寸/mm×mm	数量/个	名称	编号	洞口尺寸/mm×mm	数量/个
普通门	M0720	700 ×2000	2	弧窗	HC2116	2100 ×1600	2
	M0820	800 ×2000	5		HC2716	2700 ×1600	4
	M1820	1800 ×2000	2		HC3316	3300 ×1600	1
	M3220	3200 ×2000	2		HC3616	3600 ×1600	1
普通窗	C4518	4500 ×1800	1		HC3816	38400 ×1600	2
					HC4016	4000 ×1600	1
					HC4216	4200 ×1600	3
					HC4616	600 ×1600	8

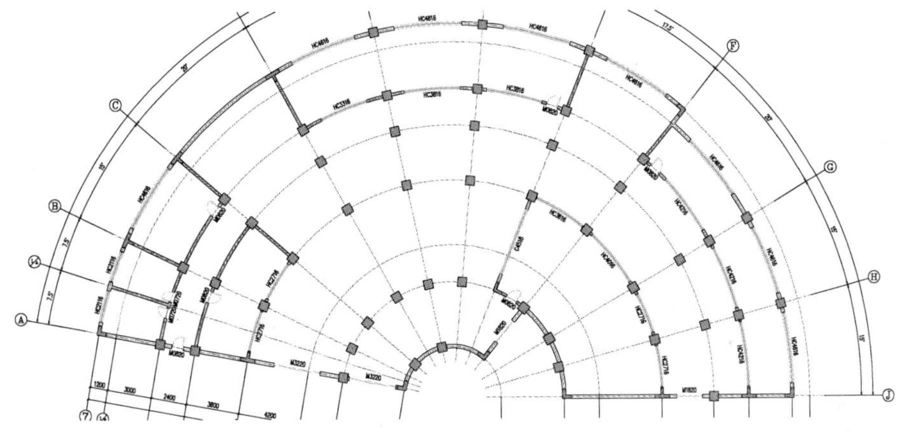

图 11-14　插入门窗

3）选择“尺寸标注｜门窗标注”命令（快捷键 ZDBZ），对室内外的门窗进行标注，生成的图形效果如图 11-15 所示。

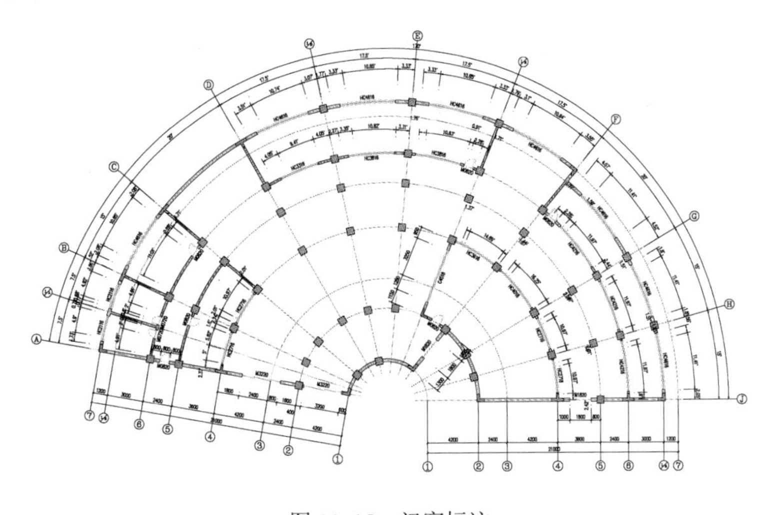

图 11-15　门窗标注

4）选择“尺寸标注丨尺寸自调”命令（快捷键 CCZT），选择所有的门窗标注尺寸，按〈Enter〉键结束选择，系统将对所选的尺寸进行调整，生成的效果如图 11-16 所示。

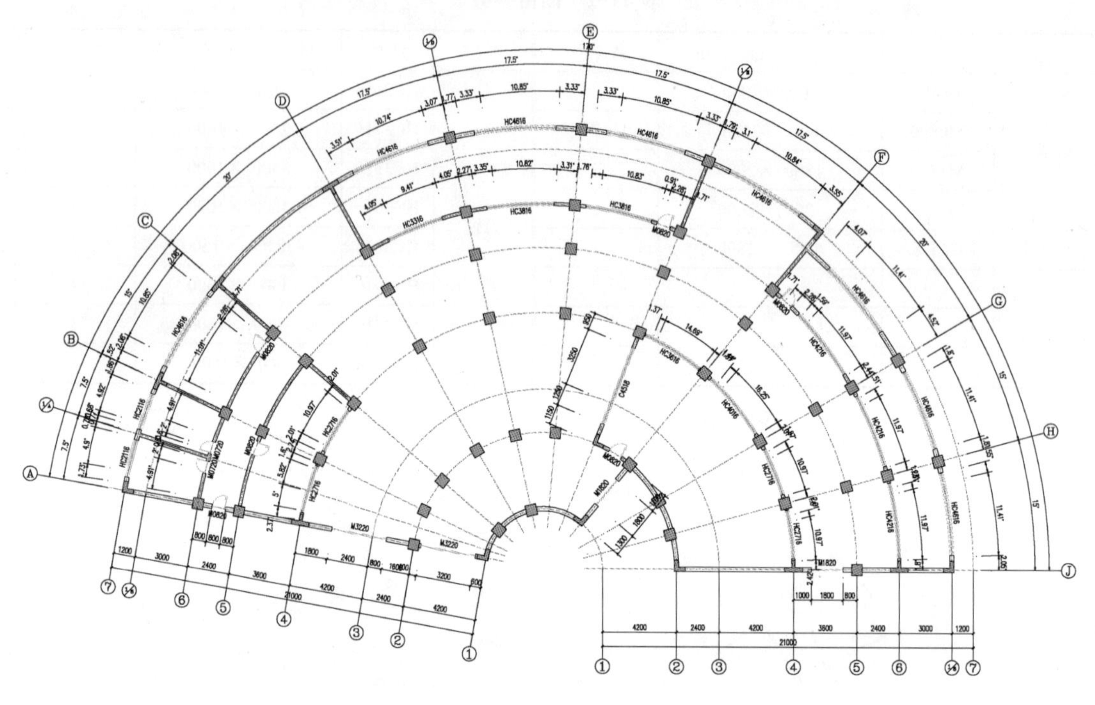

图 11-16　调整尺寸

5）选择“门窗丨门窗工具丨门口线”命令（快捷键 MKX），弹出“门口线”对话框，选择“单侧”单选按钮，然后选择需要加门口线的门，按〈Enter〉键结束选择，在图形中单击需要加门口线的一侧。生成的图形效果如图 11-17 所示。

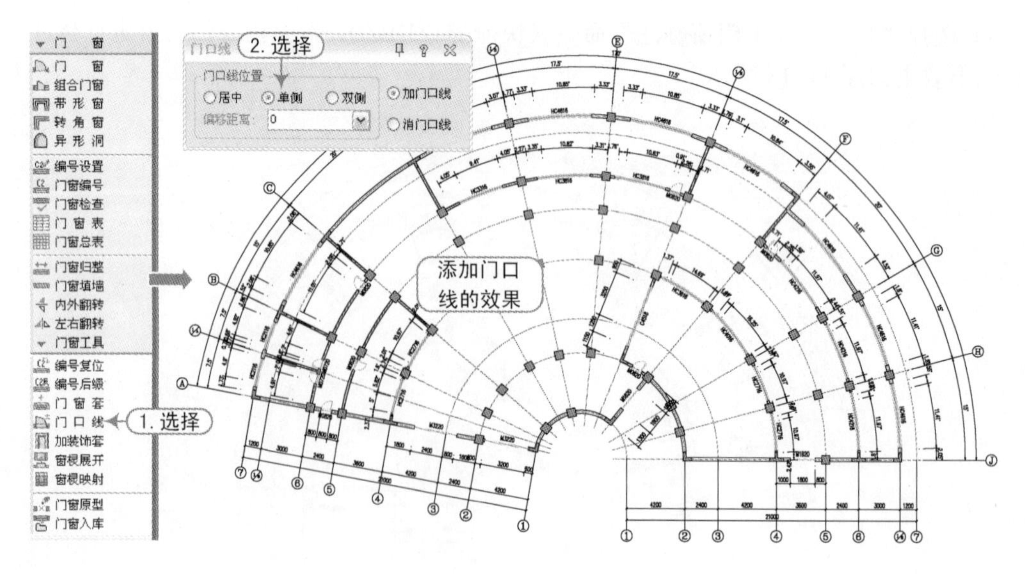

图 11-17　给单门加门口线

6）按照上一步同样的操作方式给推拉门加双侧门口线，生成的效果如图 11-18 所示。

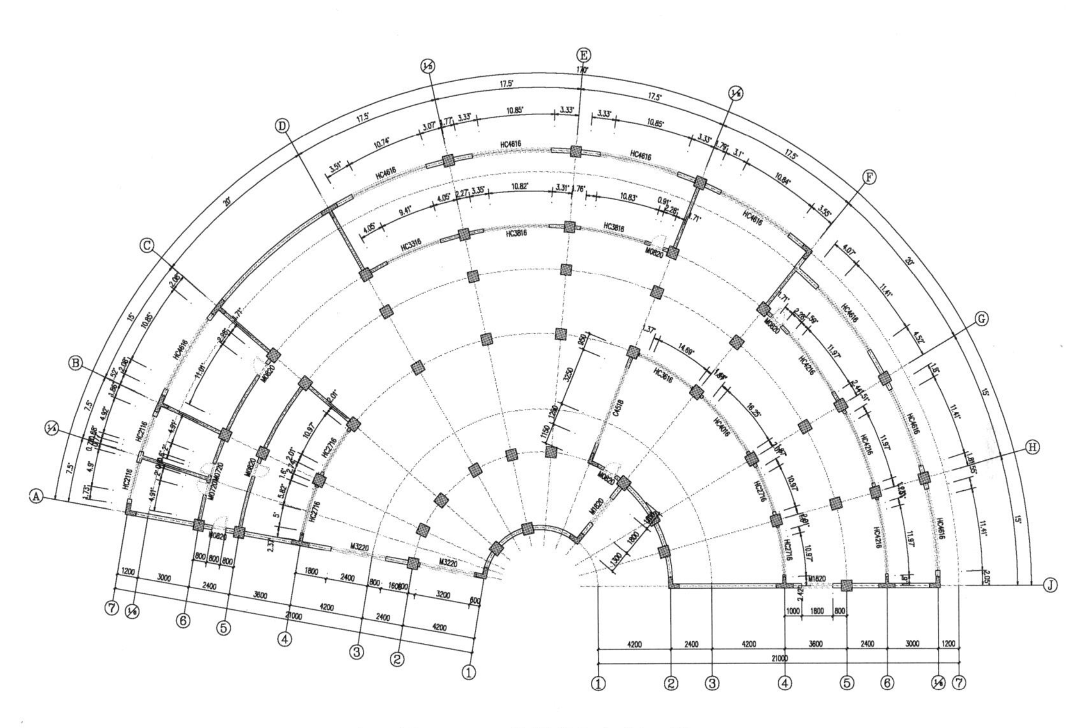

图 11-18 给推拉门加门口线

7）选择“门窗 | 门窗工具 | 加装饰套”命令（快捷键 JZST），弹出“编辑门窗套”对话框，按如图 11-19 所示的步骤给推拉门加装饰套。

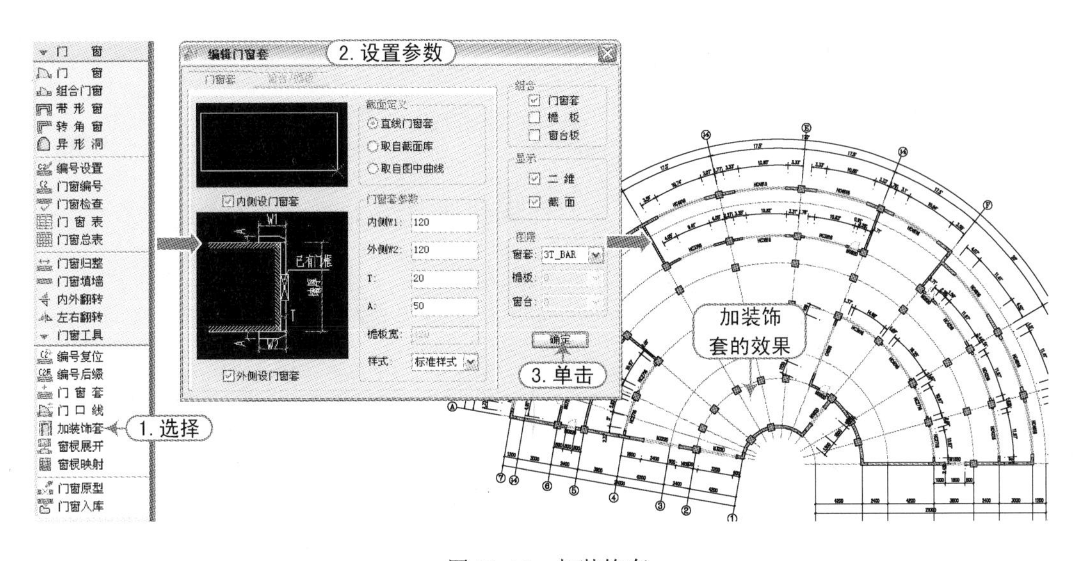

图 11-19 加装饰套

11.2.4 首层楼梯和散水的绘制

医院是一个人员聚集的地方，加之有一些行动不方便的病人，所以设置了自动扶梯对象，是宽为 800 的双列扶梯，还设置了宽度为 1200 的三角楼梯对象，最后创建了宽度为 600 的散水对象。其操作步骤如下：

1）选择“楼梯其他 | 自动扶梯”命令（快捷键 ZDFT），在弹出的“自动扶梯”对话框中设置好各项参数，并选择“双梯”和“首层”单选按钮，在视图的 D 轴线的 3、4 号之间创建自动扶梯，如图 11-20 所示。

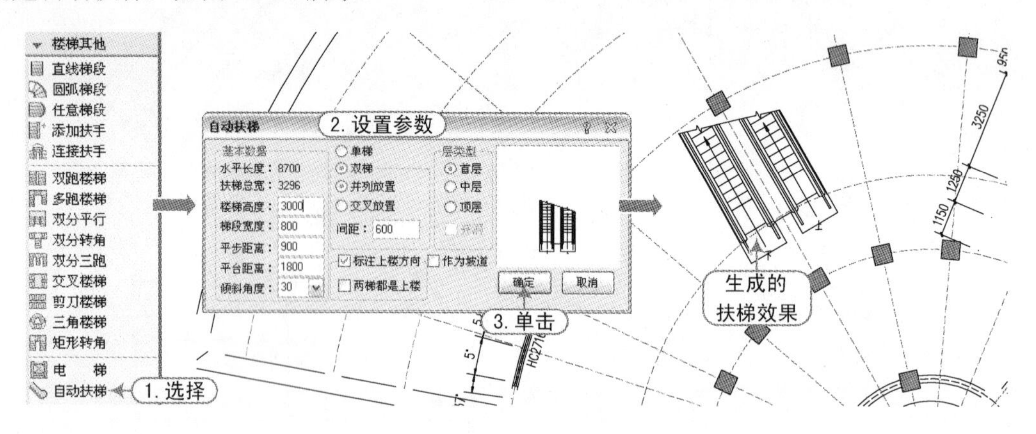

图 11-20 创建自动扶梯

2）选择“楼梯其他 | 三角楼梯”命令（快捷键 SJLT），弹出“三角楼梯”对话框，设置好相应参数，然后在 1/E 与 F 轴和 6 与 1/6 之间插入三角楼梯，生成的效果如图 11-21 所示。

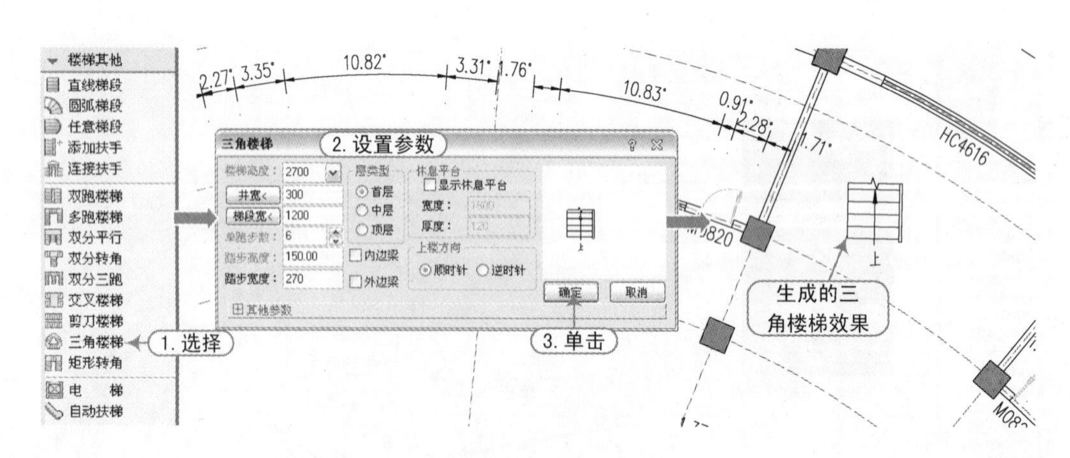

图 11-21 创建三角楼梯

3）选择“楼梯其他 | 散水”命令（快捷键 SS），设置散水宽度为 600，内外高差为 450，然后根据命令行提示选择构成完整建筑的所有墙体，最后按〈Enter〉键结束选择，生

成散水的效果如图 11-22 所示。

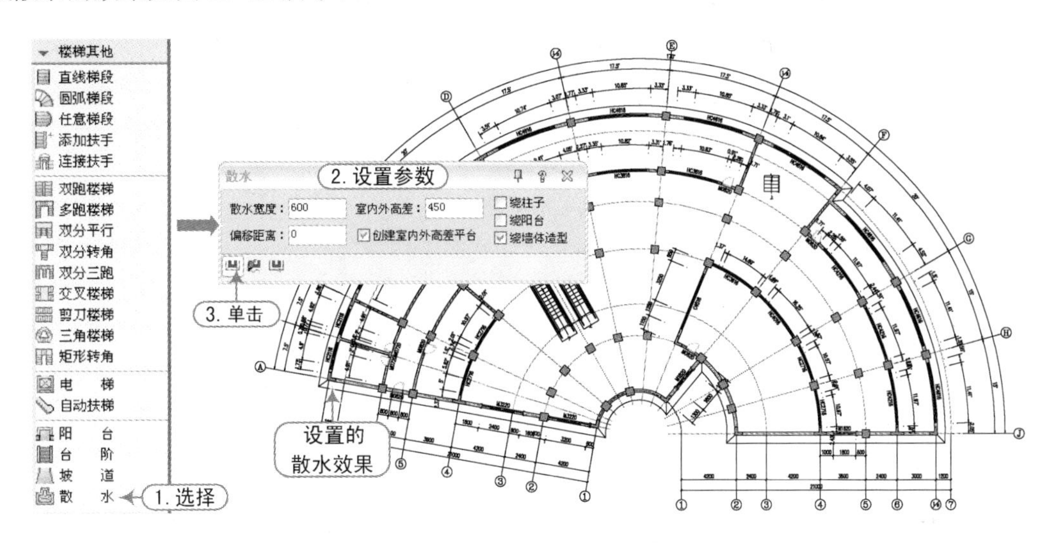

图 11-22 创建散水

4）选择"符号标注丨图名标注"命令（快捷键 TMBZ），弹出"图名标注"对话框，设置好相应参数，在图形的中下方确定插入点，生成的图形效果如图 11-23 所示。

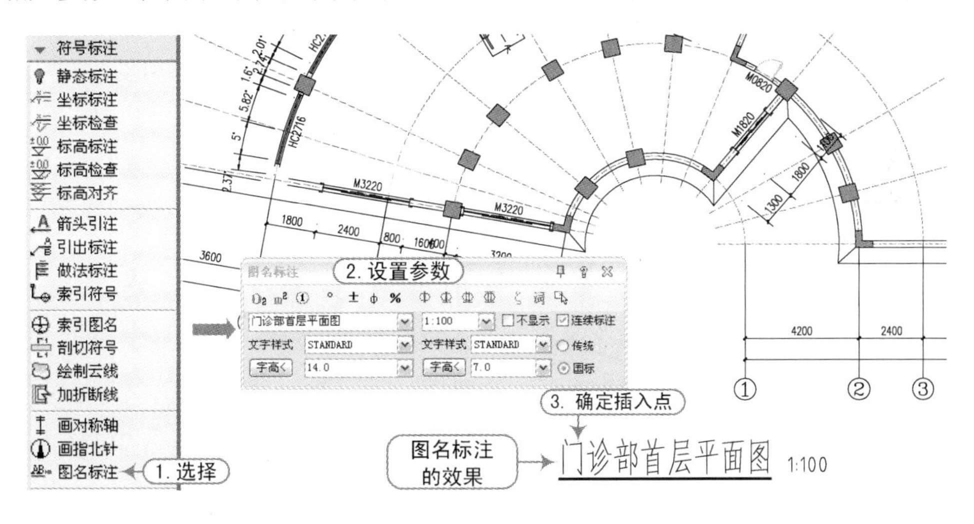

图 11-23 图名标注

5）至此，该医院门诊部首层平面图已经基本绘制完成，按〈Ctrl+S〉组合键对其进行保存，此时用户要将其图形切换到"西南等轴测视图"状态下，再分别选择"三维线框"和"概念视觉"模式进行观察，如图 11-24 所示。

提示

由于自动扶梯对象还不能自动生成三维模型效果，所以在当前的三维视图状态下没有显示出自动扶梯模型效果。

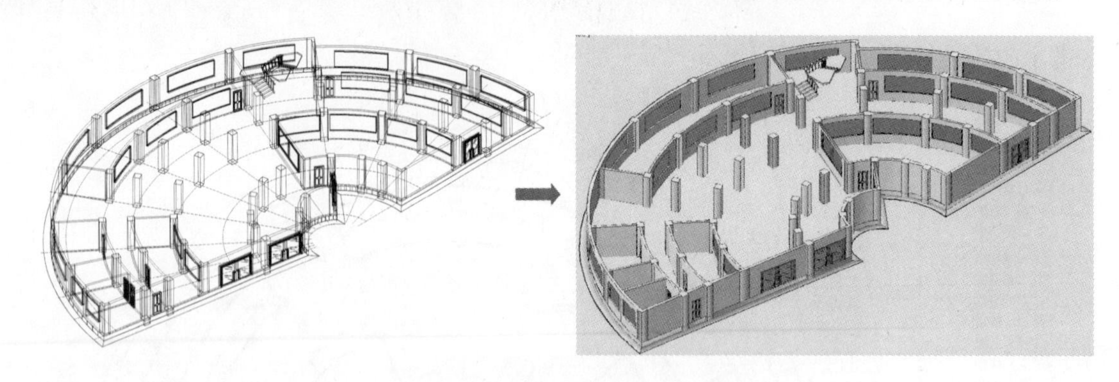

图 11-24 “三维线框”和“概念视觉”模式效果

11.3 医院门诊二层平面图的绘制

软件技能

视频\11\门诊部二层平面图的绘制.avi
案例\11\门诊部二层平面图.dwg

门诊部二层平面图是在首层平面图的基础上来修改并绘制的。首先将首层平面图另存为二层平面图，再根据要求将多余的门窗、墙体、散水等对象删除，然后双击楼梯等对象，修改为“中层”层类型，最后在指定的墙体上添加门窗对象。其具体操作步骤如下：

1）接前面 11.2 节绘制好的首层平面图文件，再选择“文件 | 另存为”命令，将该文件另存为“案例\11\门诊部二层平面图.dwg”文件。

2）选择 AutoCAD 的“删除”命令（E），删除多余的图形对象（如散水），但不能将楼层底板对象删除，其效果如图 11-25 所示。

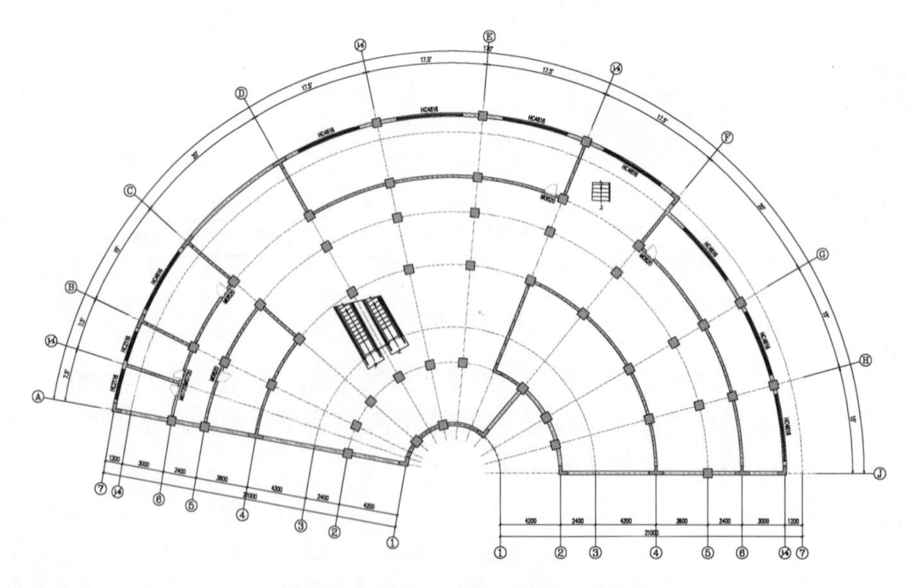

图 11-25 删除多余对象的效果

3）双击扶梯，弹出“自动扶梯”对话框，选择“中层”单选按钮，然后单击“确定”按钮，生成的图形楼梯如图 11-26 所示。

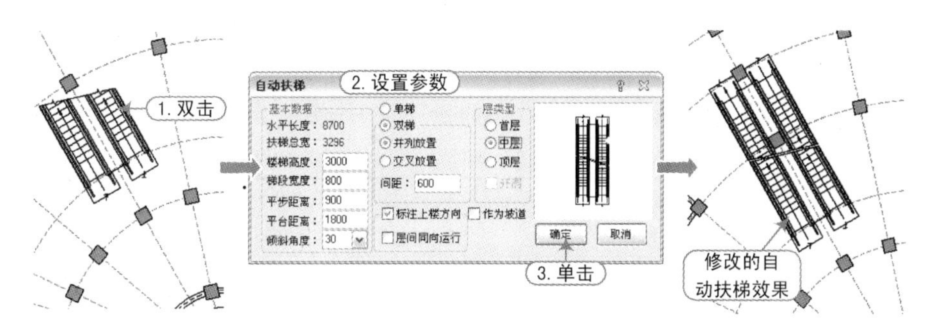

图 11-26　修改自动扶梯

4）按照相同的方法，双击三角楼梯对象，修改三角楼梯为“中层”，生成的图形如图 11-27 所示。

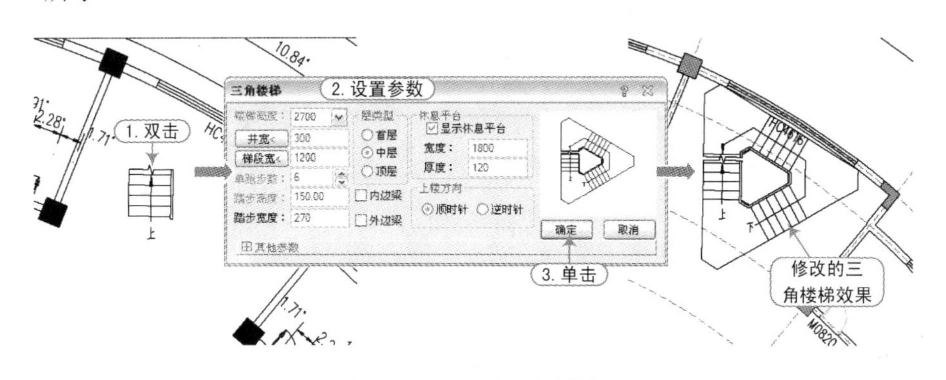

图 11-27　修改三角楼梯

5）在屏幕菜单中选择“墙体｜绘制墙体”命令（快捷键 HZQT），弹出“绘制墙体”对话框，设墙体的左宽和右宽为 120，捕捉相应的轴多交点来绘制墙体，生成的图形如图 11-28 所示。

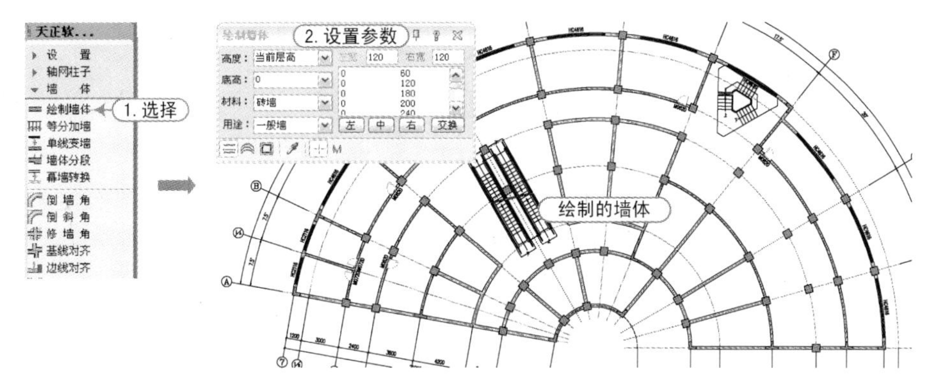

图 11-28　绘制墙体

6）选择“门窗｜门窗”命令（快捷键 MC），弹出“门”对话框，在相应位置按照表 11-3 所示的数据创建门窗，生成的图形如图 11-29 所示。

表 11-3　门窗参数表

名　称	编　号	洞口尺寸/mm×mm	数量/个
普通窗	C1518	1500×1800	1
	C2418	2400×1800	3
	C2718	2700×1800	8
	C3018	3000×1800	1
弧　窗	HC 0816	800×1600	1
	HC1016	1000×1600	2
	HC1816	1800×1600	2
	HC2116	2100×1600	2
	HC3616	3600×1600	2
	HC4616	4600×1600	8

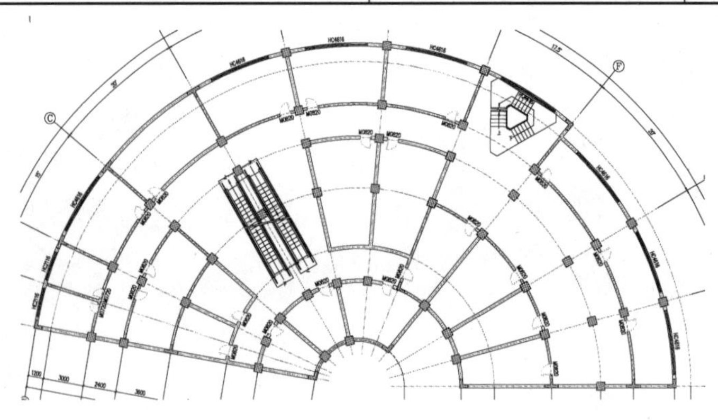

图 11-29　插入其他门窗

7）双击下侧的图名对象，修改图名标注为“门诊部二层平面图”，从而完成整个医院门诊部二层平面图效果，如图 11-30 所示。

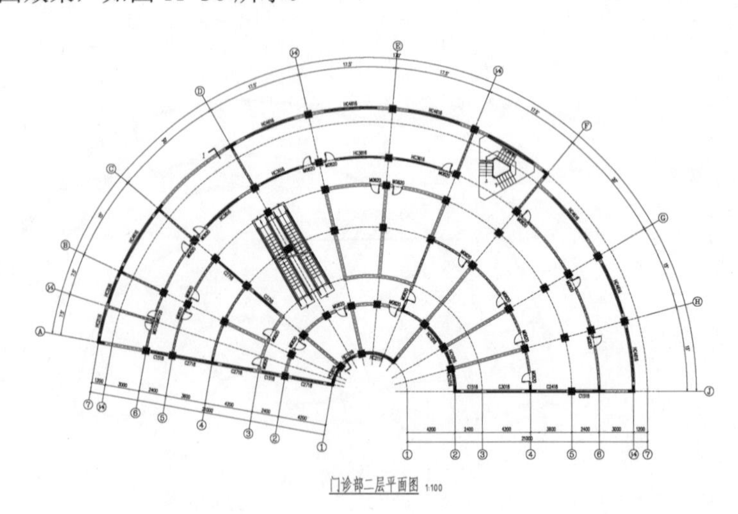

图 11-30　门诊部二层平面图效果

8）至此，该医院门诊部二层平面图已经基本绘制完成，按〈Ctrl+S〉组合键对其进行保存即可。此时，用户要将其图形切换到“西南等轴测视图”状态下，再分别选择“三维线框”和“概念视觉”模式进行观察，如图 11-31 所示。

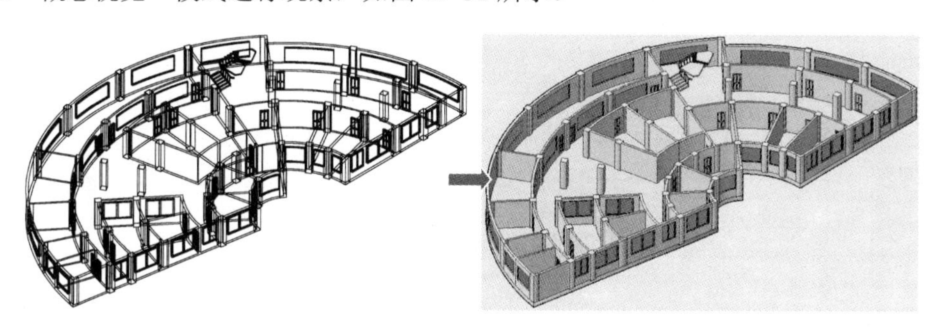

图 11-31 “三维线框”和“概念视觉”模式效果

软件技能 11.4 医院门诊三至五层平面图的绘制

视频\11\门诊部三至五层平面图的绘制.avi
案例\11\门诊部三至五层平面图.dwg

此门诊部的三至五层的结构是相同的，所以只需要绘制其中一层平面图的效果即可。而在绘制三至五层平面图时，是在其二层平面图的基础上来绘制的。首先将部分墙体、门窗、柱子等删除，再添加指定的附加轴线 1/3，然后捕捉相应的轴网交点绘制 240 墙体对象；最后根据要求分别插入相应的门和矩形洞口即可。其具体操作步骤如下：

1）接前面 11.3 节绘制好的二层平面图文件，选择“文件丨另存为”命令，将该文件另存为“案例\11\门诊部三至五层平面图.dwg”文件。

2）选择 AutoCAD 的“删除”命令（E），把建筑内的所有墙体（除楼梯间）、部分柱子、部分门窗删除，其删除多余对象后的图形效果如图 11-32 所示。

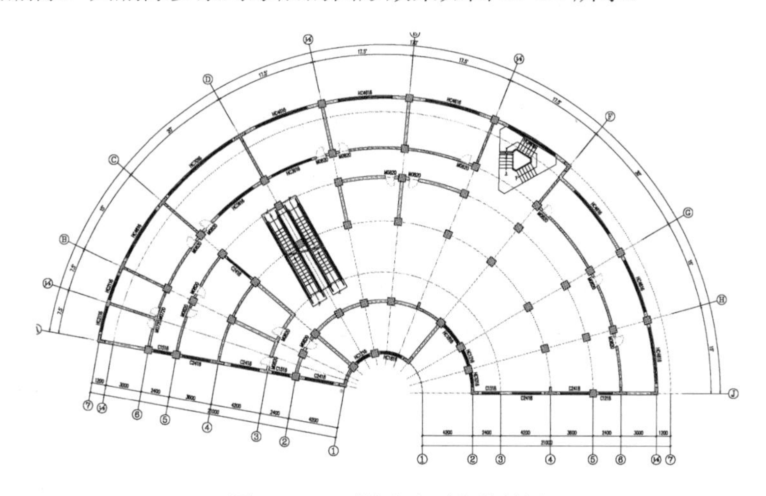

图 11-32 删除多余对象的效果

3）选择“轴网柱子丨添加轴线”命令（快捷键 TJZX），以轴号 3 为参考轴线，向右添加一条与其相距 1800 的附加轴线 1/3，生成的步骤及图形如图 11-33 所示。

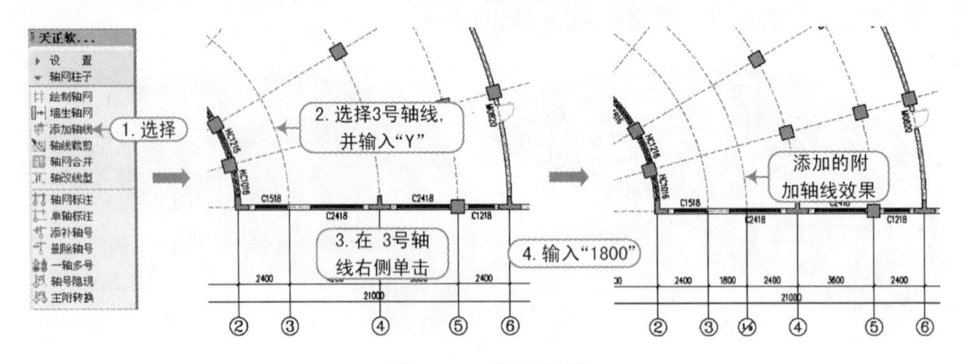

图 11-33　添加轴线

4）选择“墙体丨绘制墙体”命令（快捷键 HZQT），弹出“绘制墙体”对话框，设左宽和右宽为 120，在图形的相应位置绘制墙体，生成的步骤及图形如图 11-34 所示。

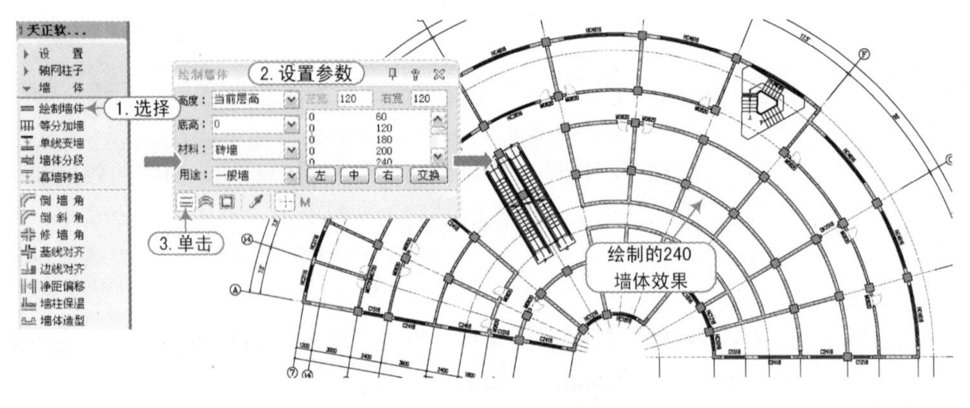

图 11-34　绘制 240 墙体

5）选择“门窗丨门窗”命令（快捷键 MC），弹出“门”对话框，按如图 11-35 所示的步骤在其他相应墙体上插入门对象。

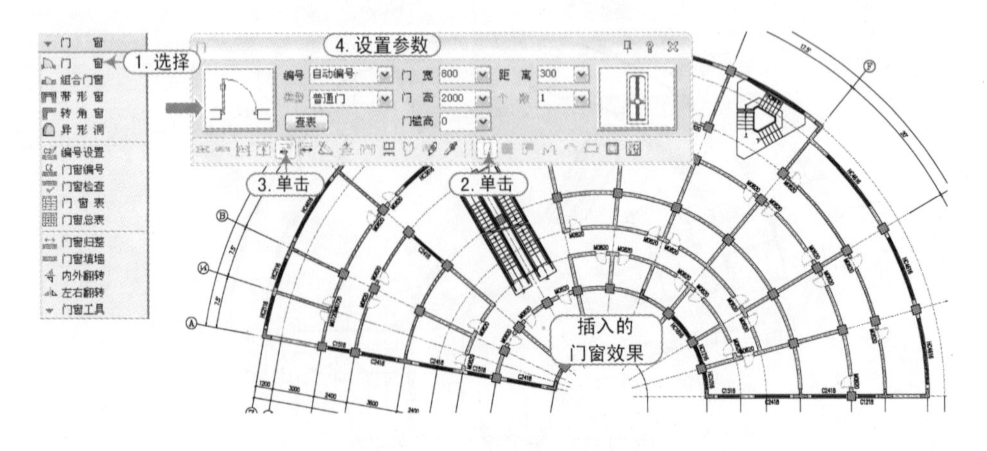

图 11-35　插入门

6）按照前面同样的操作方式，给相应墙体插入1500宽的门洞，如图11-36所示。

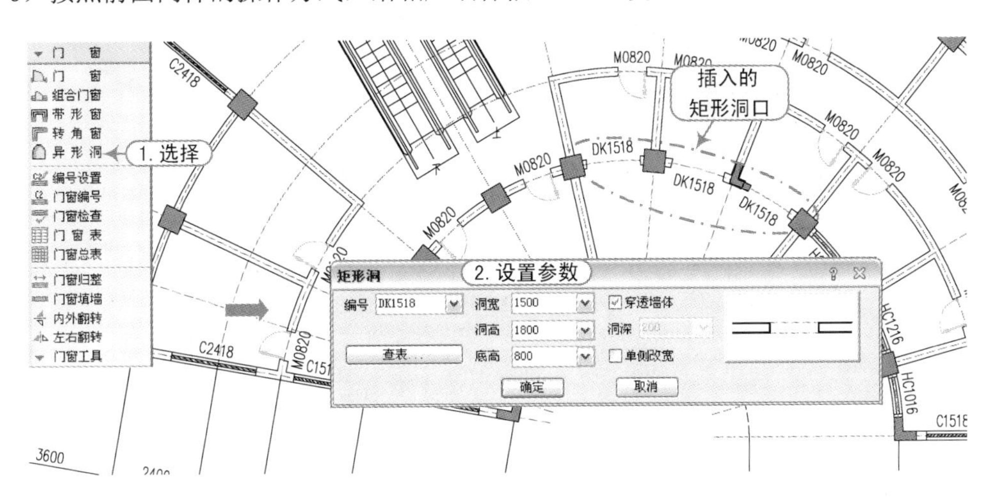

图11-36　插入门洞

7）双击下侧的图名对象，修改图名标注为“门诊部三至五层平面图”，从而完成整个医院门诊部三至五层平面图效果，如图11-37所示。

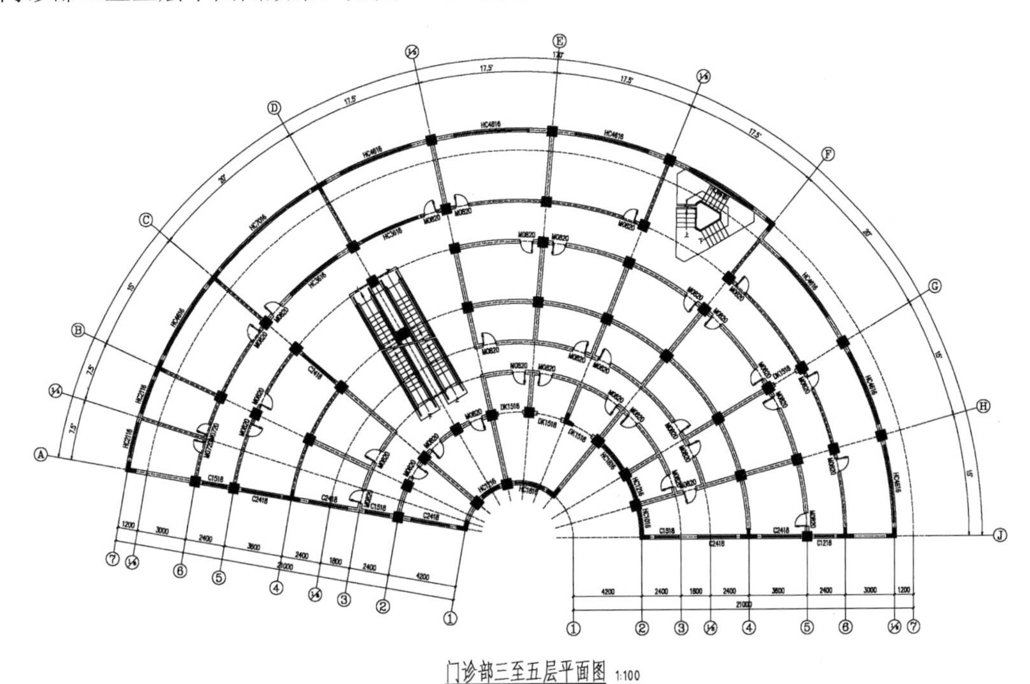

图11-37　门诊部三至五层平面图效果

8）至此，该医院门诊部三至五层平面图已经基本绘制完成，按〈Ctrl+S〉组合键对其进行保存即可。此时，用户要将其图形切换到“西南等轴测视图”状态下，再分别选择“三维线框”和“概念视觉”模式进行观察，如图11-38所示。

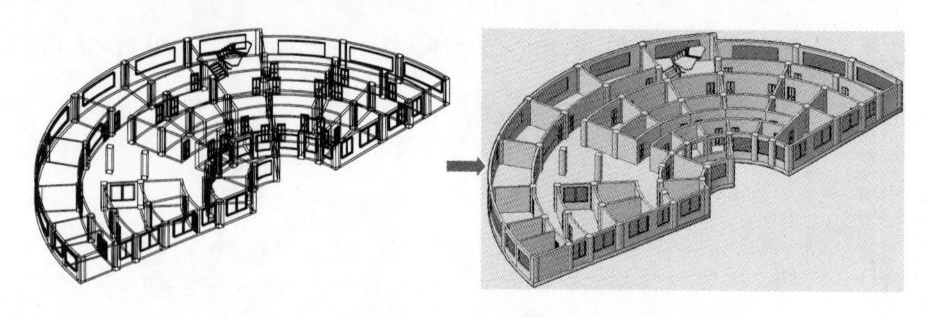

图 11-38 “三维线框”和“概念视觉”模式效果

11.5 医院门诊六层平面图的绘制

视频\11\门诊部六层平面图的绘制.avi
案例\11\门诊部六层平面图.dwg

门诊部的六楼也是顶楼，此楼层也包括了平台，以及其他相关构件。由于这是一个异形的建筑物，楼顶也与其他建筑物有所不同，在绘制时需要提前对图形进行详细的观察和分析。其门诊部六层平面图绘制的操作步骤如下：

1）接前面 11.4 节绘制好的三至五层平面图文件，选择“文件 | 另存为”命令，将该文件另存为“案例\11\门诊部六层平面图.dwg”文件。

2）在 AutoCAD 命令中选择“删除”命令（E），把所有内部墙体、部分柱子、全部窗子都删除，生成的图形效果如图 11-39 所示。

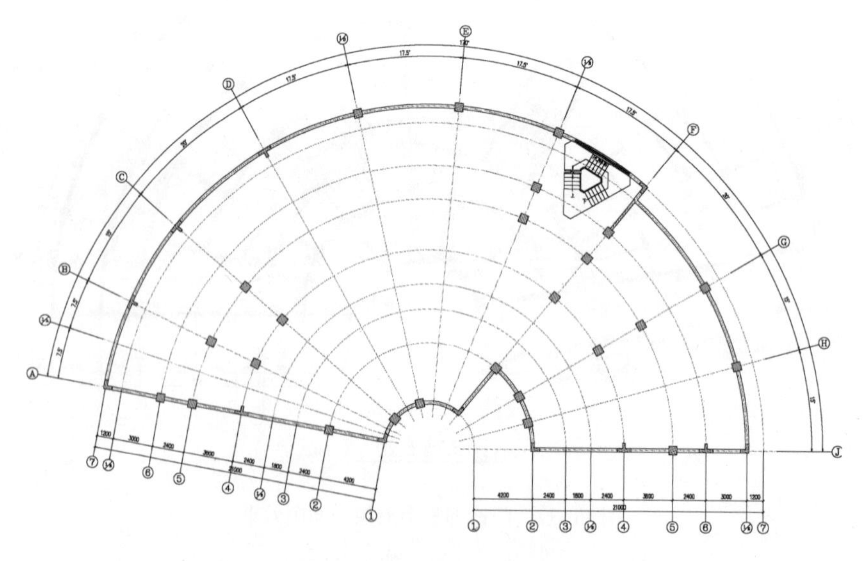

图 11-39 删除多余线的效果

3）选择部分外墙墙体（除楼梯周围墙体外），再按〈Ctrl+1〉组合键打开“特性”面板，在该面板中设置墙体高为 1200，如图 11-40 所示。

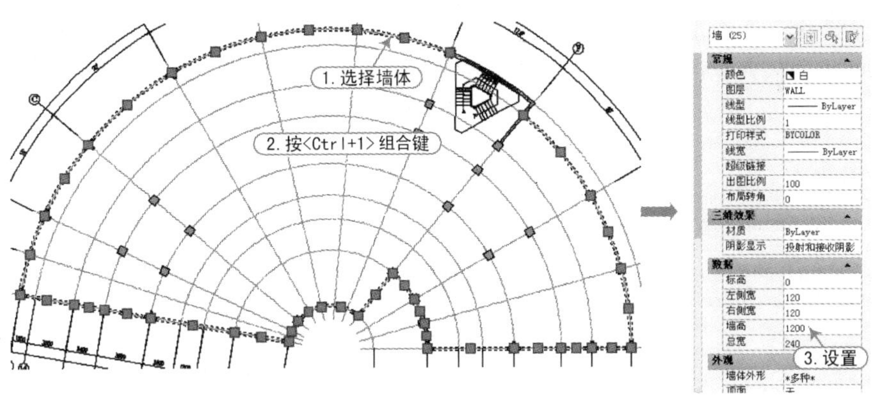

图 11-40 修改墙体属性

4）按照与上一步相同的操作方式，修改部分柱子高度为 1200，所选择的柱子如图 11-41 所示。

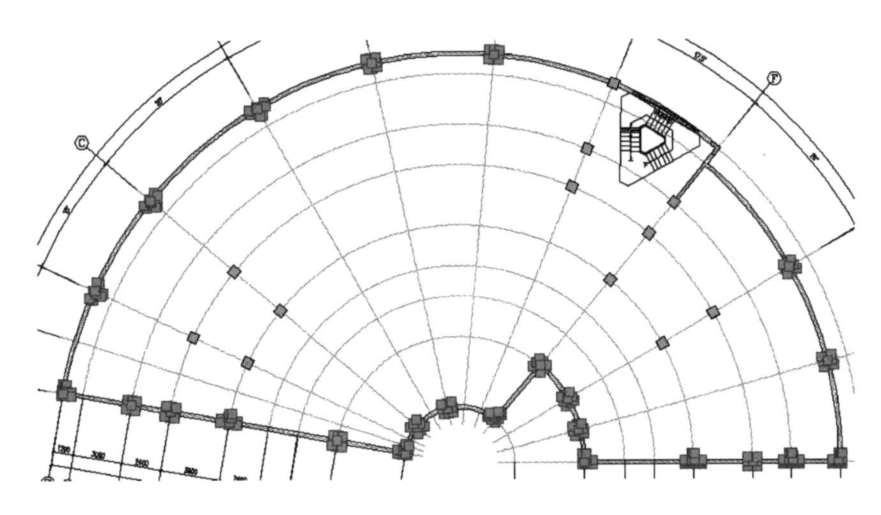

图 11-41 修改柱子属性

5）选择“墙体 | 绘制墙体”命令（快捷键 HZQT），弹出“绘制墙体”对话框，设置好相应参数，在图形中的三角楼梯周围绘制相应墙体，操作步骤和生成的图形如图 11-42 所示。

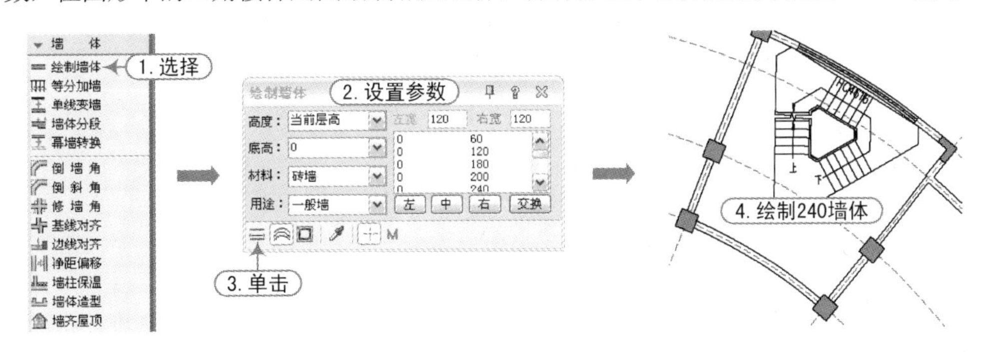

图 11-42 绘制 240 墙体

6）选择“门窗｜门窗”命令（快捷键 MC），弹出“门”对话框，设置好相应参数，在三角楼梯间位置插入相应的双开门对象，操作步骤和生成的图形如图 11-43 所示。

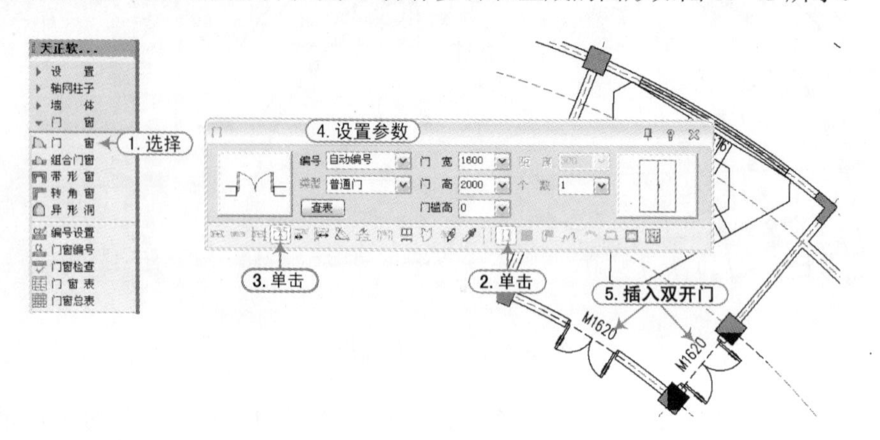

图 11-43　插入双开门

7）双击图形中的楼梯，弹出“三角楼梯”对话框，选择“顶层”单选按钮，然后单击“确定”按钮，操作步骤和生成的图形如图 11-44 所示。

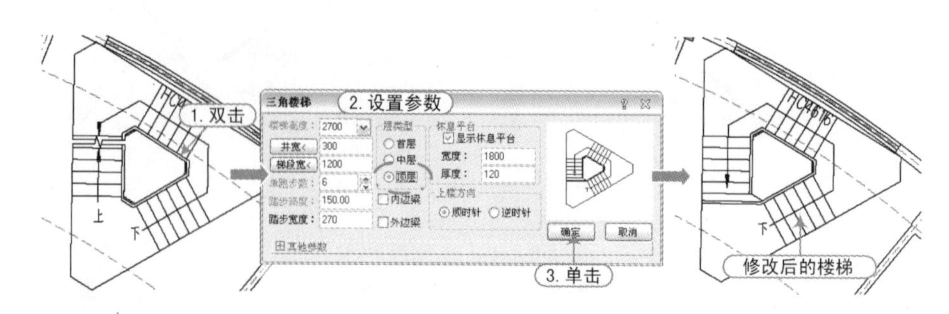

图 11-44　修改三角楼梯类型

8）选择 AutoCAD 的“多段线”命令（PL）和“圆”命令（C），捕捉角点，在相应位置绘制图形作为顶层的修饰，生成的图形如图 11-45 所示。

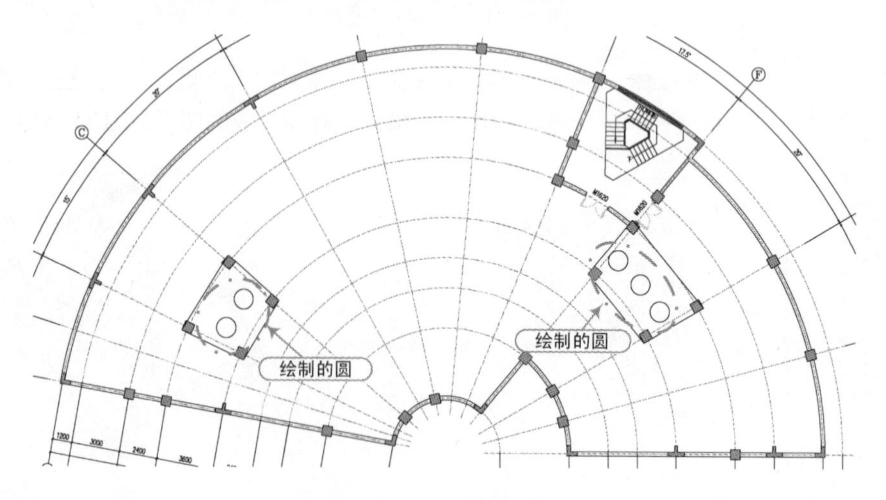

图 11-45　顶面修饰

9）选择“三维建模 | 造型对象 | 平板”命令（快捷键 PB），根据命令行提示选择上一步绘制的矩形，按两次〈Enter〉键，选择绘制在多段线内的圆，设置板厚为 100。

10）以同样的方式对另一个多段线也进行“平板”命令操作，再将绘图视图切换到“前视”；然后选择 AutoCAD 的“移动”命令（M），把此步生成的两个平板向上移动 3000，生成的图形如图 11-46 所示。

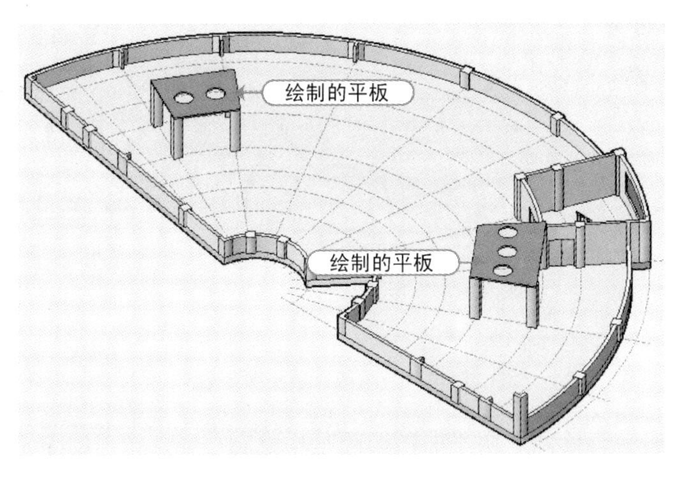

图 11-46　创建平板

11）同样，选择 AutoCAD 的“多段线”（PL）命令，在楼梯间的相应位置绘制封闭的多段线，如图 11-47 所示。

12）选择“三维建模 | 造型对象 | 平板”命令（快捷键 PB），根据命令行提示选择上一步绘制的多段线，按两次〈Enter〉键，设置板厚为 100；再选择 AutoCAD 的“移动”命令（M），把此步生成的平板向上移动 3000，生成的图形如图 11-48 所示。

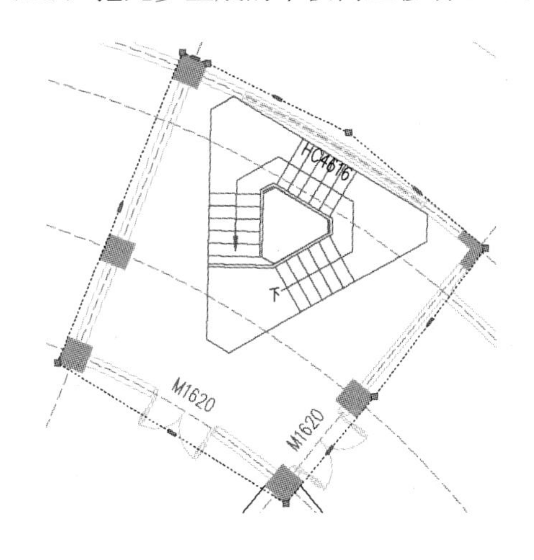

图 11-47　绘制的多段线

图 11-48　创建的平板

13）双击下侧的图名对象，修改图名标注为“门诊部六层平面图”，从而完成医院门诊部六层平面图效果，如图 11-49 所示。

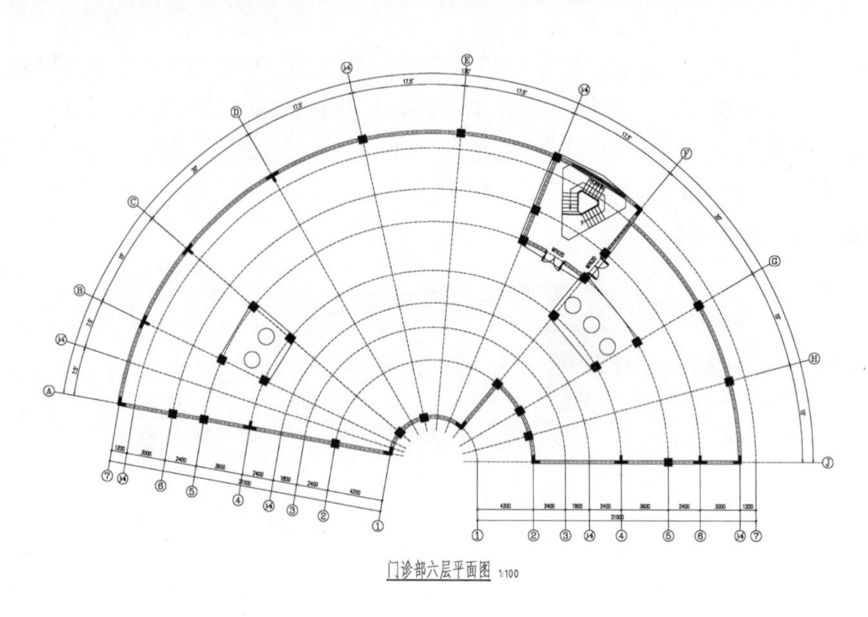

图 11-49　门诊部六层平面图效果

14）至此，该医院门诊部六层平面图已经基本绘制完成，按〈Ctrl+S〉组合键对其进行保存即可。此时，用户要将其图形切换到“西南等轴测视图”状态下，再分别选择“三维线框”和“概念视觉”模式进行观察，如图 11-50 所示。

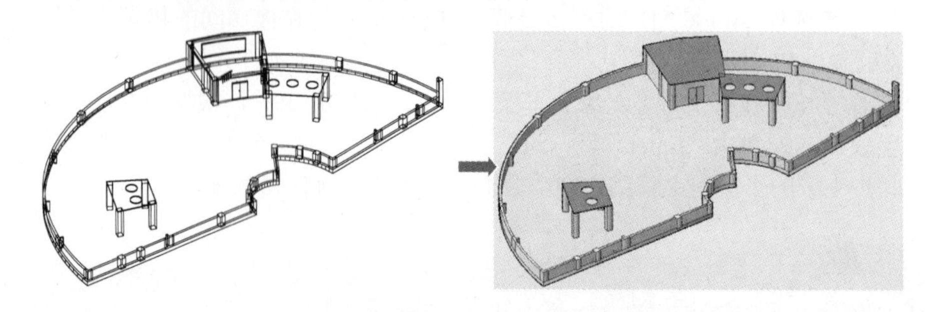

图 11-50 “三维线框”和“概念视觉”模式效果

11.6　医院门诊部工程管理的创建

视频\11\门诊工程管理的创建.avi
案例\11\门诊工程管理.dwg

同一建筑的图形组合成一个工程管理是为了方便管理，同时也使用户在运用时更加方便。门诊部工程管理的相关操作步骤如下：

1）启动 Tarch 天正建筑软件，选择“文件布图 | 工程管理”命令（快捷键 GCGL），弹出“工程管理”面板，在“工程管理”下拉列表中选择“新建工程”命令，新建“案例\11\门诊工程管理.tpr”文件，如图 11-51 所示。

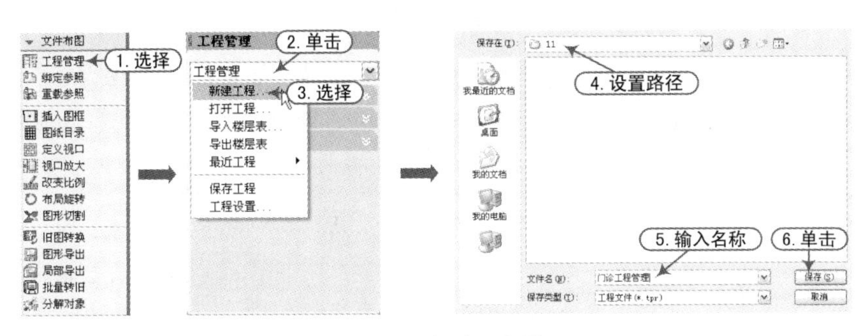

图 11-51 创建工程管理

2）在“平面图”子类别上右击，在弹出的快捷菜单中选择“添加图纸”命令，在弹出的“选择图纸”对话框中选择要添加的平面图文件，然后单击“打开”按钮，从而在“平面图”子类别下添加所选择的平面图文件，如图 11-52 所示。

图 11-52 添加图纸

3）展开“楼层”栏，在第一行中输入楼层号 1，层高设为 3000，在该栏中将光标定位到最后一列的单元格中，再单击其单元格右侧的空白按钮，将弹出“选择标准层图形文件”对话框。在该对话框中选择“门诊部首层平面图.dwg”文件，然后单击“打开”按钮。其操作步骤如图 11-53 所示。

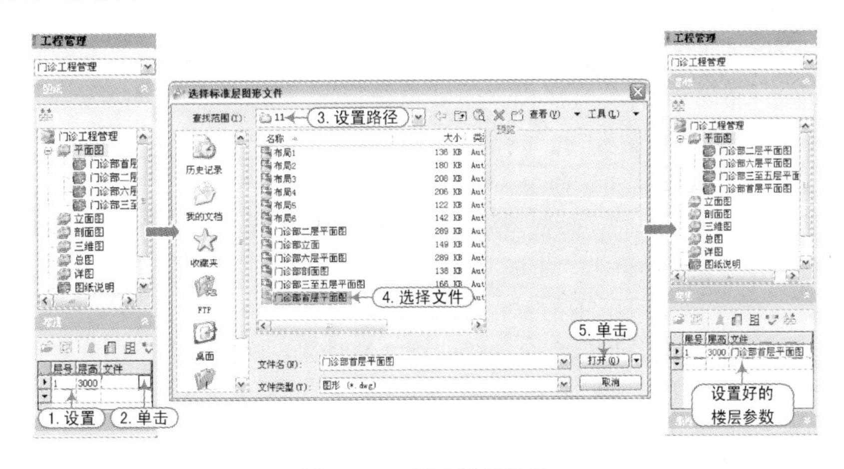

图 11-53 创建楼层操作

4）按照上一步骤同样的方式设置整个楼层，生成的楼层表如图 11-54 所示。

5）完成以上操作后，楼层表即创建完成，选择“保存工程”命令将当前工程文件保存，如图 11-55 所示。

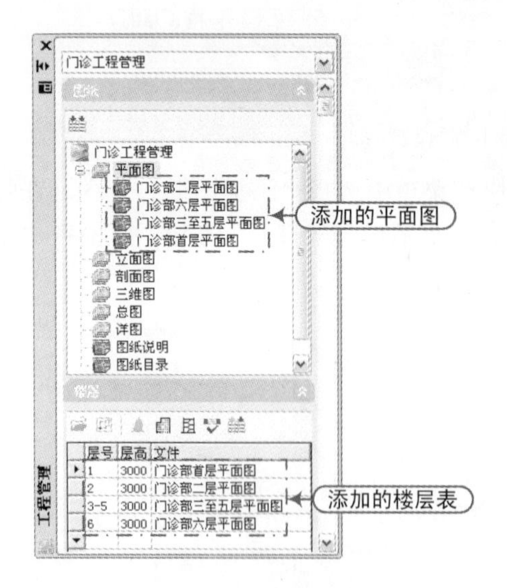

图 11-54　整个楼层表效果

图 11-55　保存工程

11.7　医院门诊部正立面图的创建

视频\11\门诊部立面图的创建.avi
案例\11\门诊部立面.dwg

由于本实例为异形建筑物结构，在生成立面图时选择需要显示的轴线，再将生成的立面门窗进行替换，并添加雨水管线，以及对立面图的上侧进行通信基站轮廓的绘制，最后对其立面图进行文字标注。其具体操作步骤如下：

1）接前面 11.6 节中所创建好的工程管理文件，在“工程管理”面板的“平面图”子类别下双击“门诊部首层平面图”，此时系统打开此文件。

2）选择“立面 | 建筑立面”命令（快捷键 JZLM），选择“正立面（F）”选项，并选中首层平面图中的 1、2、1/6、7 轴线，按〈Enter〉键结束选择，在弹出的“立面生成设置”对话框中设置好各项参数，单击“生成立面”按钮，然后保存该立面图文件为“案例\11\门诊部立面.dwg”文件，如图 11-56 所示。

3）选择“立面 | 立面门窗”命令（快捷键 LMMC），弹出“天正图库管理系统”对话框，选择立面门下的“双扇铁艺门 12”，单击“替换”按钮，再在立面图中选择需要修改的门，生成的图形效果如图 11-57 所示。

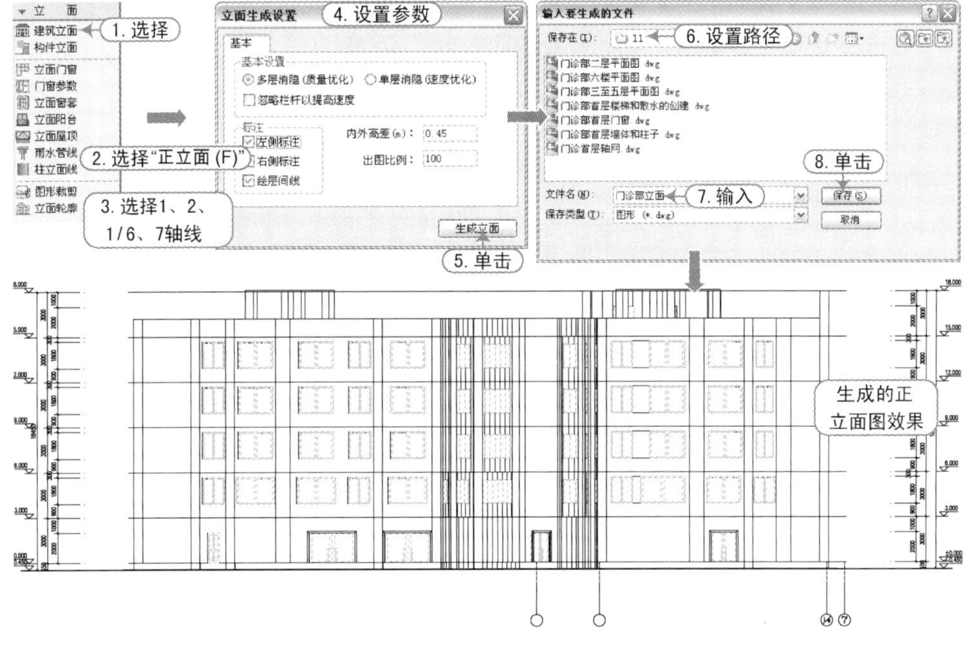

图 11-56　创建立面

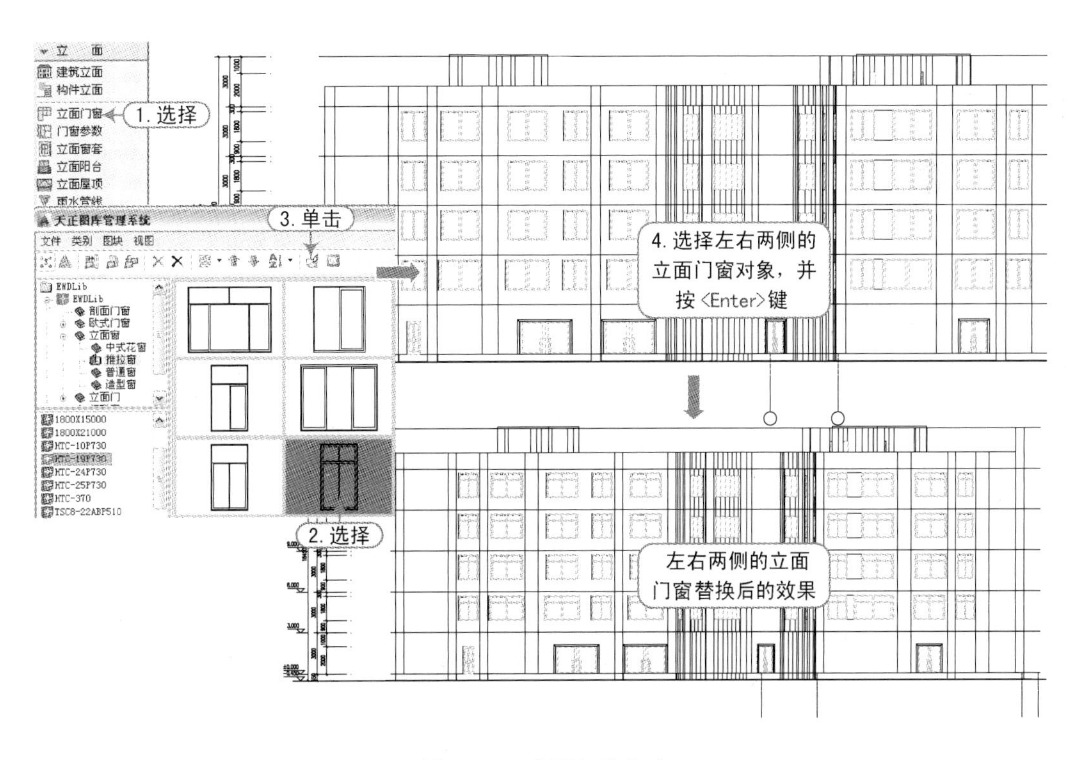

图 11-57　立面门窗修改

4）选择“立面｜雨水管线”命令（快捷键 YSGX），根据命令行提示在相应位置指定雨水管的起点和终点，并设置管径为 100，生成的图形效果如图 11-58 所示。

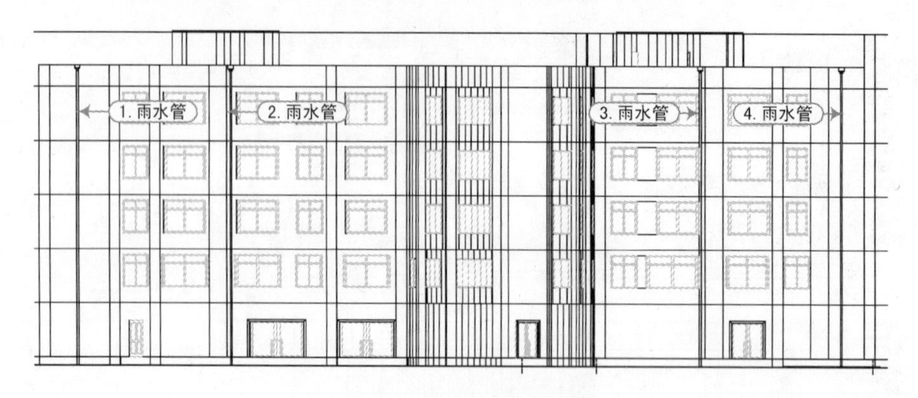

图 11-58 创建立面雨水管

5）选择 AutoCAD 的“图案填充”命令（H），选择“大理石”图形，设置填充比例为 200，在需要填充部分的内部定一个基点，然后右击结束选择。生成的图形如图 11-59 所示。

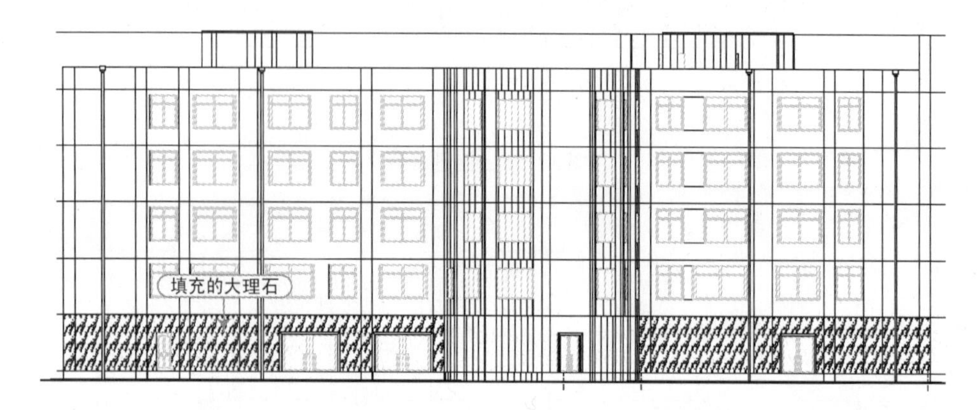

图 11-59 填充材料

6）选择 AutoCAD 的“修剪”（TR）、“直线”（L）、“删除”（E）等命令，对图形的顶部进行修剪和造型，从而形成通信基站轮廓图效果。生成的图形如图 11-60 所示。

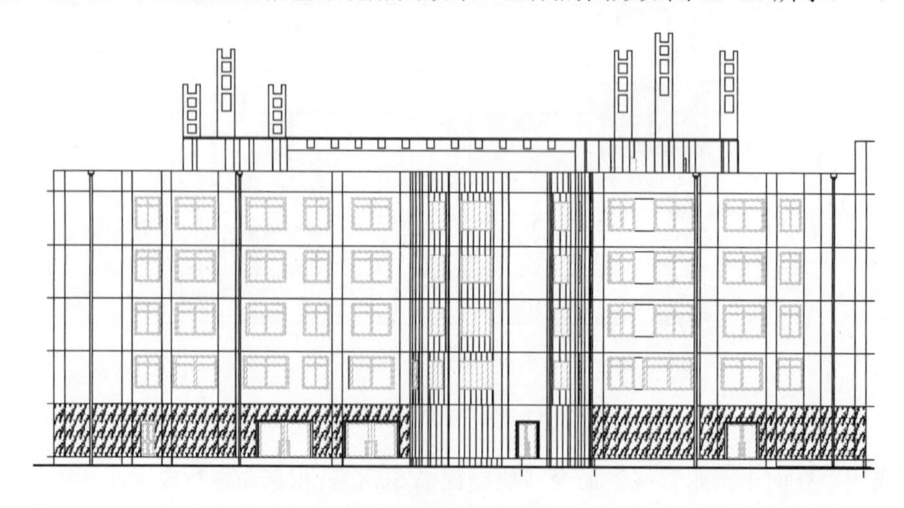

图 11-60 立面装饰

7）在屏幕菜单中选择“文字表格｜单行文字”命令，弹出“单行文字”对话框，在文本框中输入“XX 市门诊大楼”，并在图形的相应位置单击插入点，如图 11-61 所示。

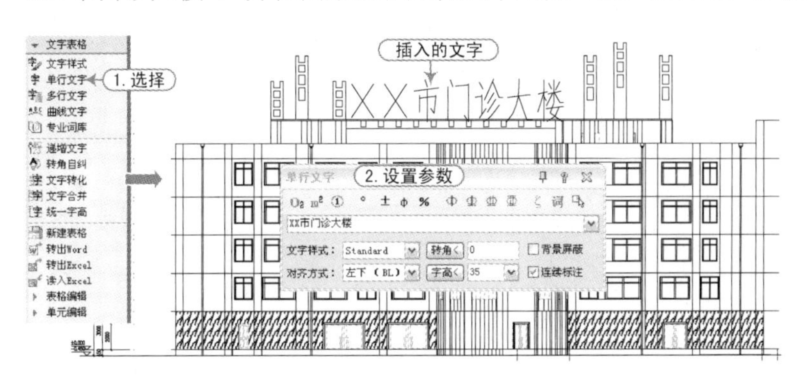

图 11-61　建筑名称标注

8）选择“符号标注｜箭头引注”命令（快捷键 JTYZ），弹出“箭头引注”对话框，在文本框中输入“干挂人造石材”文字，然后根据命令行提示在相应位置指出标注第一点，再给出文字基线的方向、长度及位置，最后指定基线的方向和长度。

9）按照上一步同样的方式，对其他相应做法进行文字标注，并且进行图名标注，如图 11-62 所示。

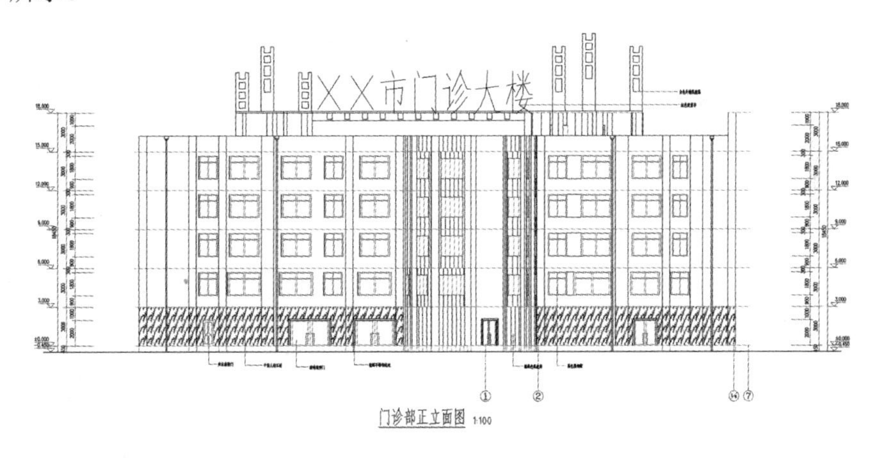

图 11-62　文字标注效果

10）完成以上操步骤后，按〈Ctrl+S〉组合键保存文件即可。

软件技能

11.8　医院门诊部剖面图的创建

视频\11\门诊部剖面图的创建.avi
案例\11\门诊部剖面.dwg

在创建剖面图时，应先打开“门诊部二层平面图.dwg”文件作为绘制的基础，在此平面图中创建 1-1 剖切符号，然后再根据要求生成 1-1 剖面图即可。其具体操作步骤如下：

1）在“工程管理”面板的“平面图”子类别下双击“门诊部二层平面图”，此时系统打开此文件。

2）在屏幕菜单中选择“符号标注丨剖面剖切”命令（快捷键 PMPQ），在绘图区域中按如图 11-63 所示创建剖面符号。

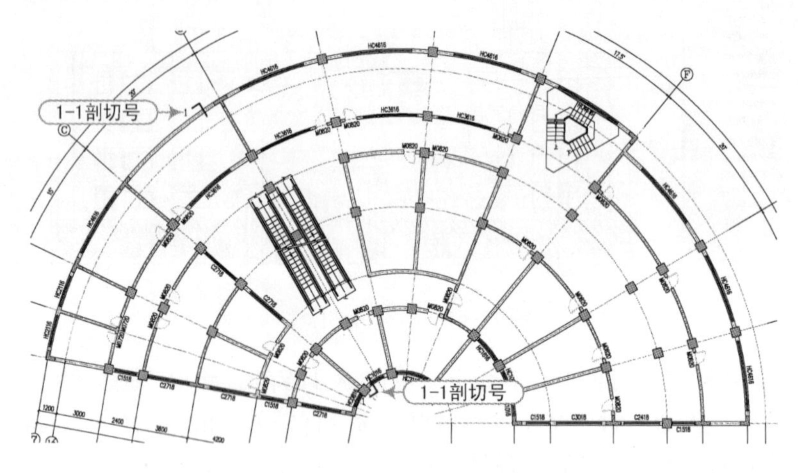

图 11-63　创建 1-1 剖切号

3）选择“剖面丨建筑剖面”命令，单击二层平面中已创建好的 1-1 剖切符号，再选择需显示在剖面图中的轴线，然后右击结束选择，在弹出的“剖面生成设置”对话框中设置好相应的参数，单击“生成剖面”按钮，确定生成文件为“案例\11\门诊剖面图”即可，如图 11-64 所示。

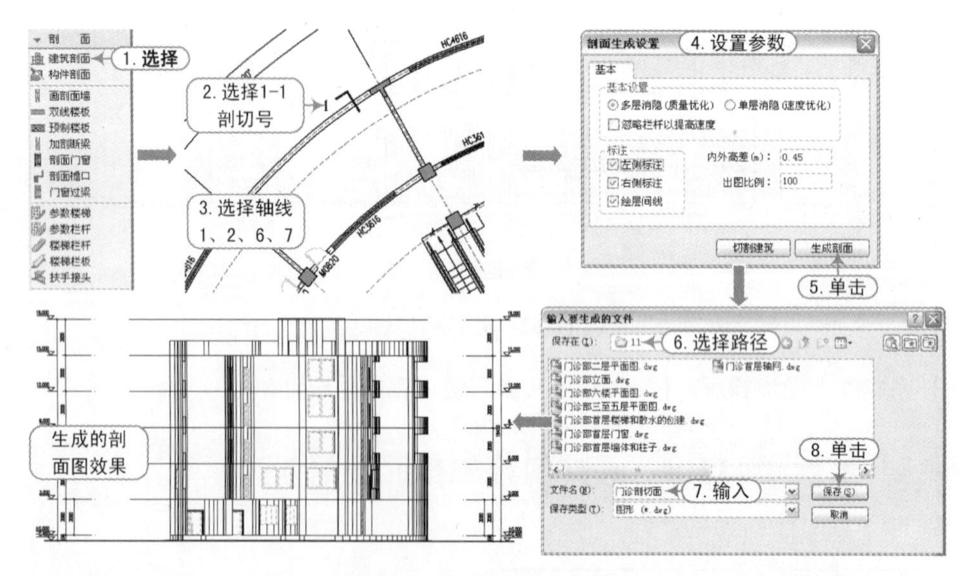

图 11-64　创建建筑剖面图

4）选择“符号标注丨图名标注”命令（快捷键 TMBZ），弹出“图名标注”对话框，在文本框中输入“门诊剖面图”文字，并设置相应参数，最后在图形的中下方指定插入基点，生成的图形如图 11-65 所示。

图 11-65　图名标注

5）完成上述操作后，按〈Ctrl+S〉组合键保存文件。

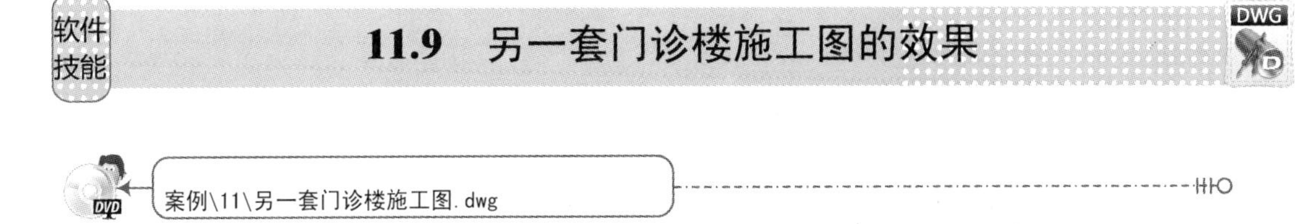

11.9　另一套门诊楼施工图的效果

案例\11\另一套门诊楼施工图.dwg

在前面的医院门诊部施工图的绘制过程中，相信用户已经熟练地掌握了医院门诊楼建筑施工图在 TArch 天正建筑软件中的绘制方法和技巧。为了使读者更加熟练和牢固地掌握，在如图 11-66 所示的效果图中给出了另一套门诊楼建筑施工图的效果，用户可自行去演练操作。其光盘中的文件为“案例\11\另一套门诊楼施工图.dwg”。

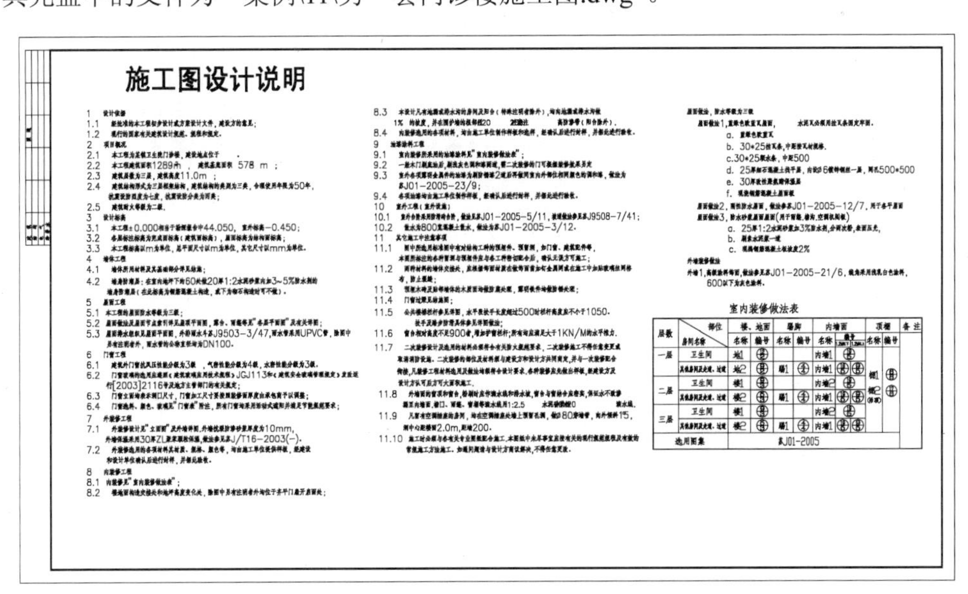

图 11-66　另一套门诊楼施工图效果

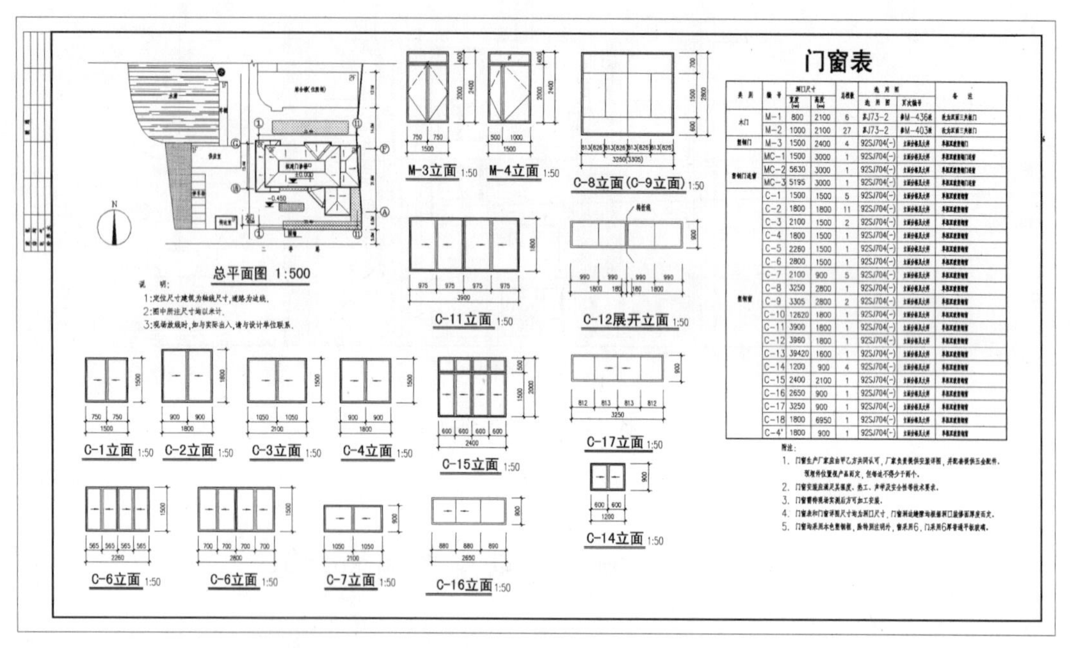

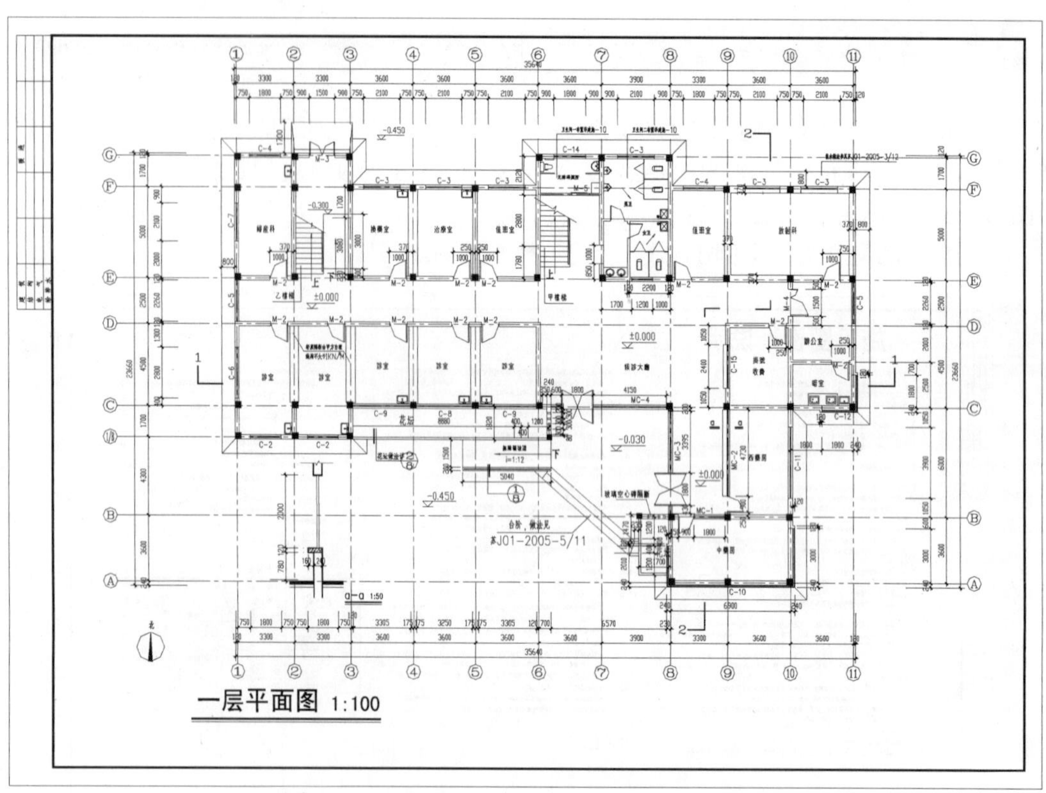

图 11-66　另一套门诊楼施工图效果（续）

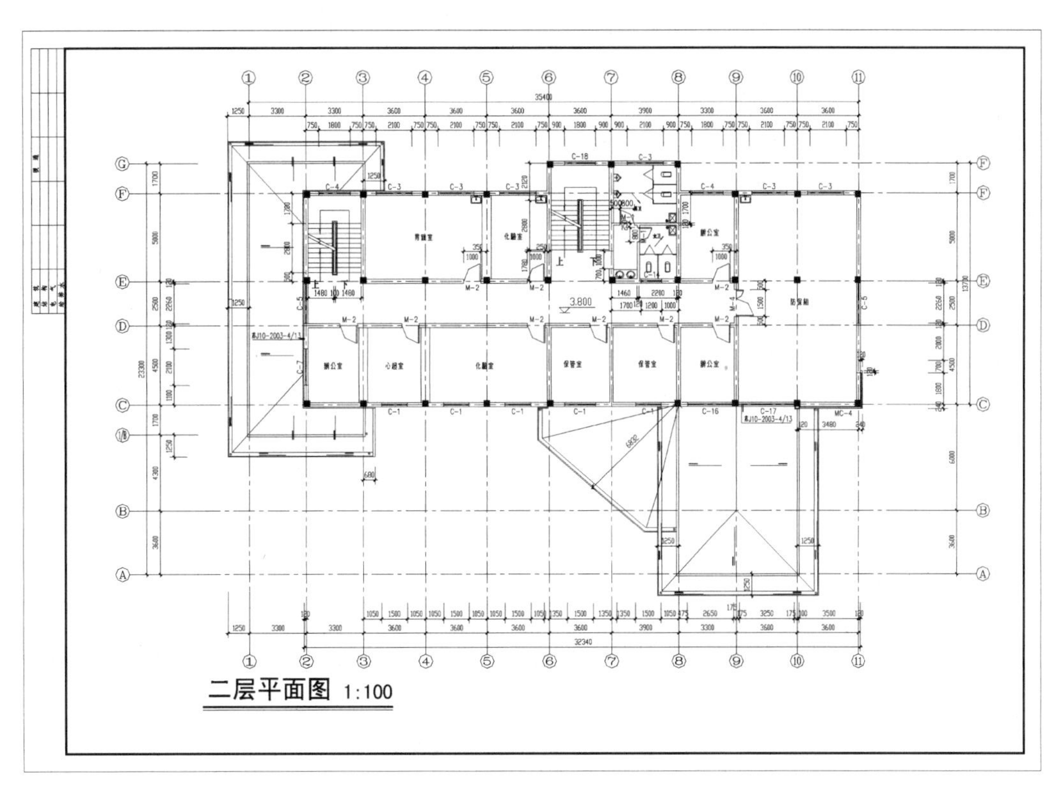

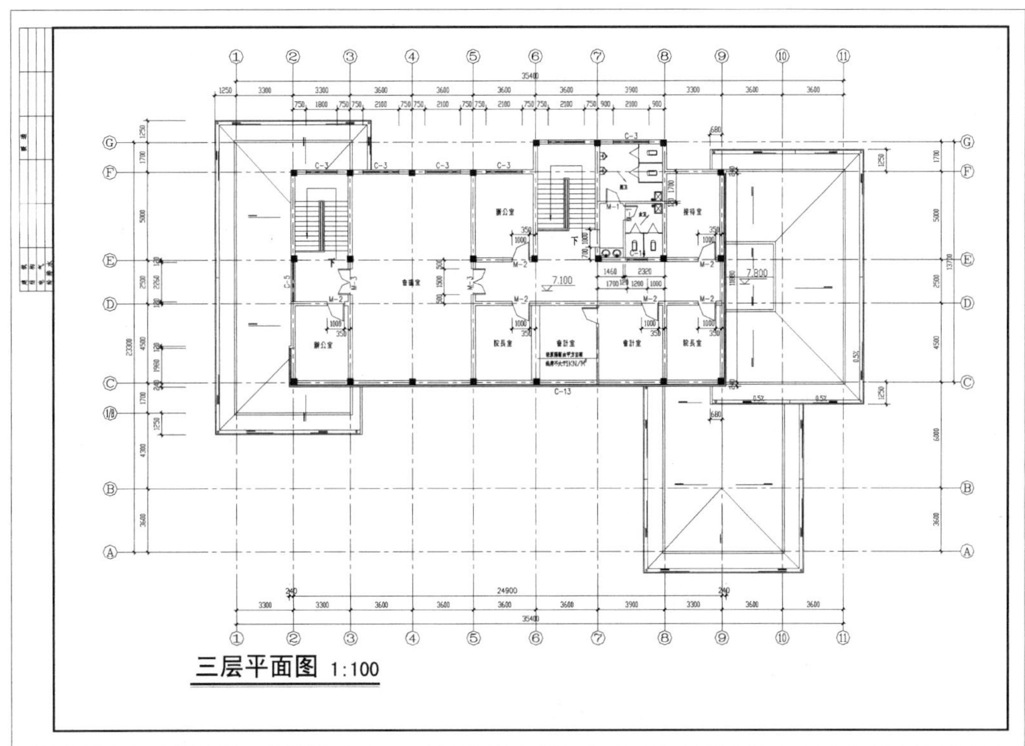

图 11-66　另一套门诊楼施工图效果（续）

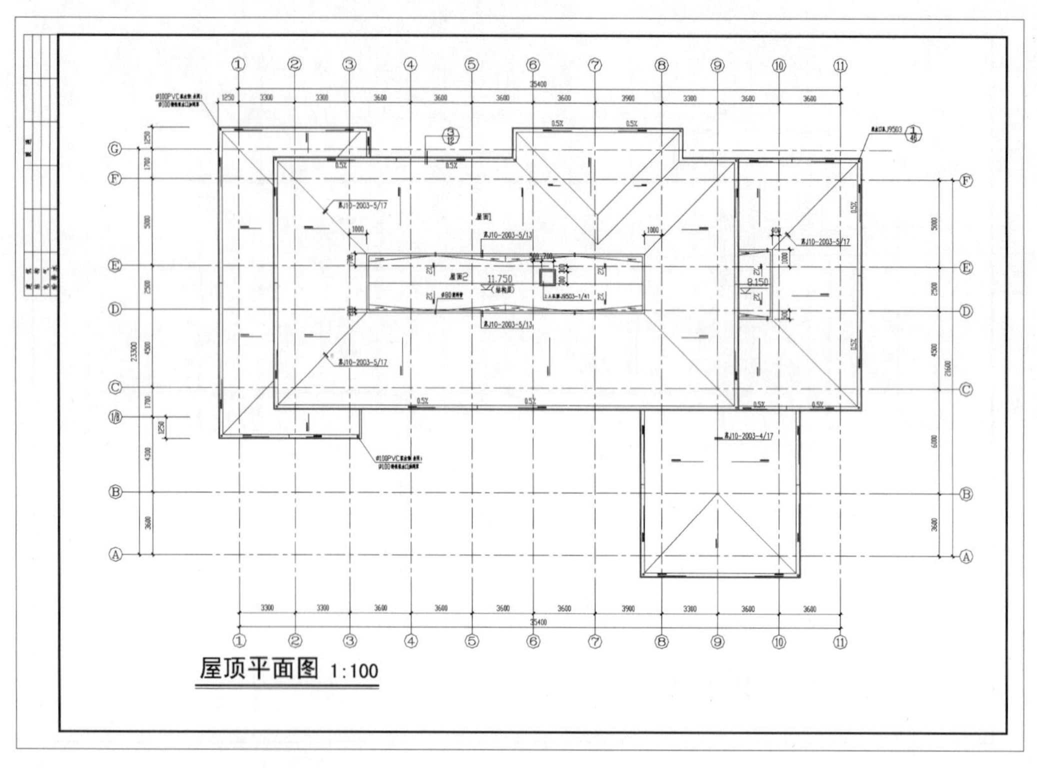

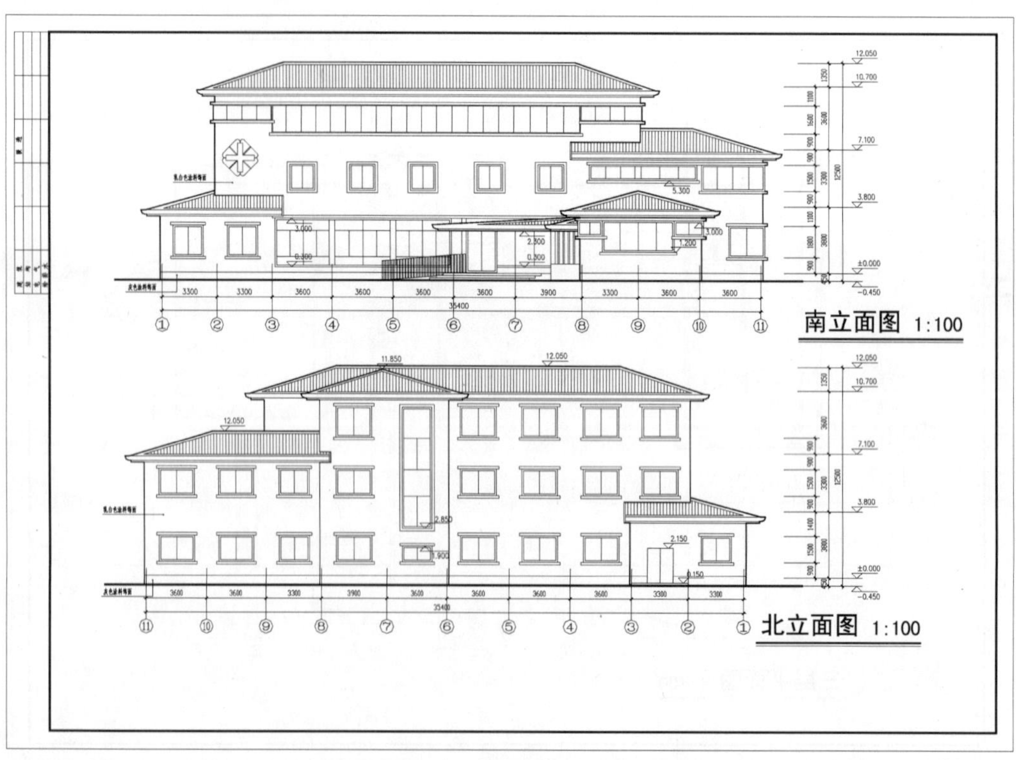

图 11-66　另一套门诊楼施工图效果（续）

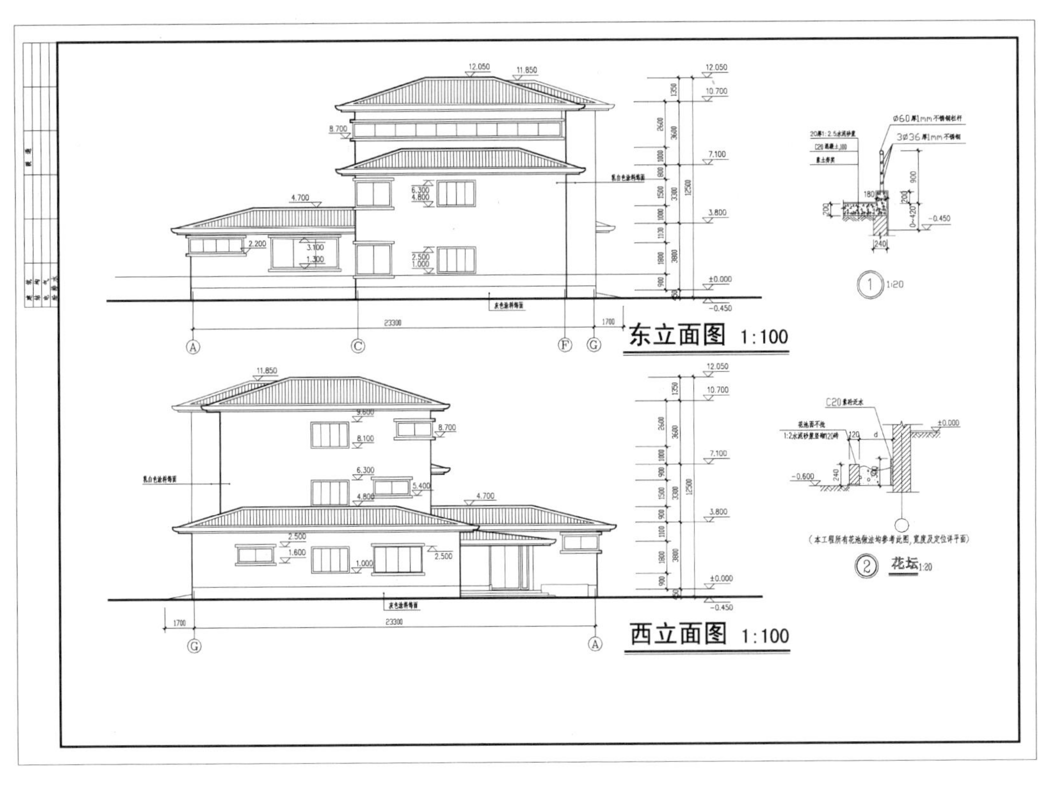

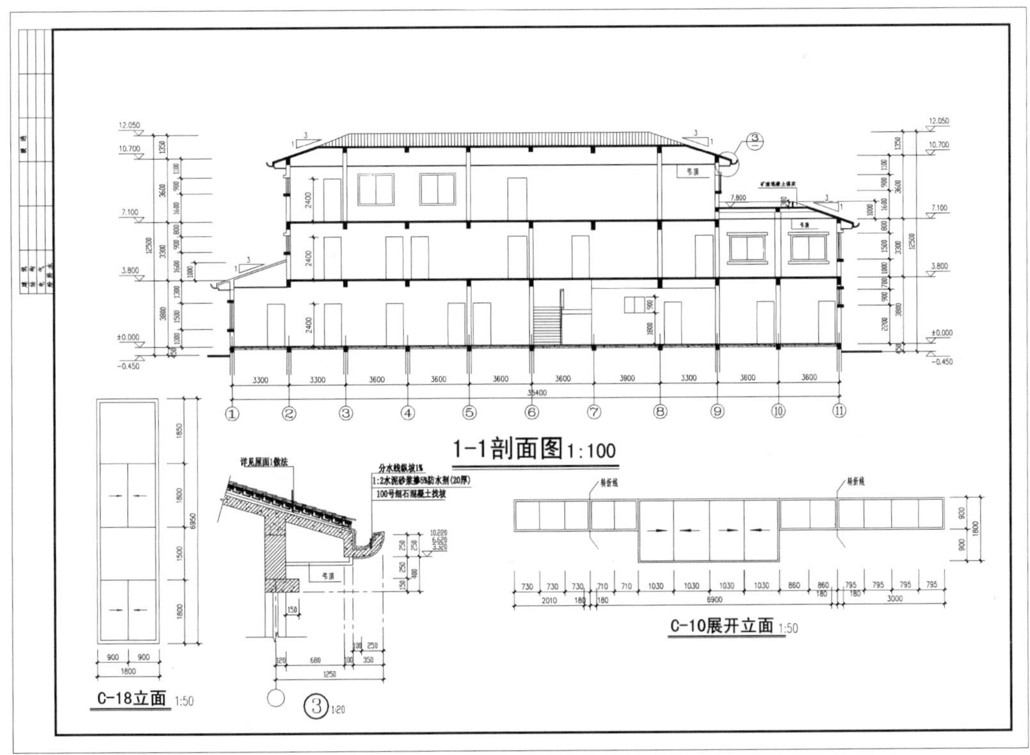

图 11-66　另一套门诊楼施工图效果（续）

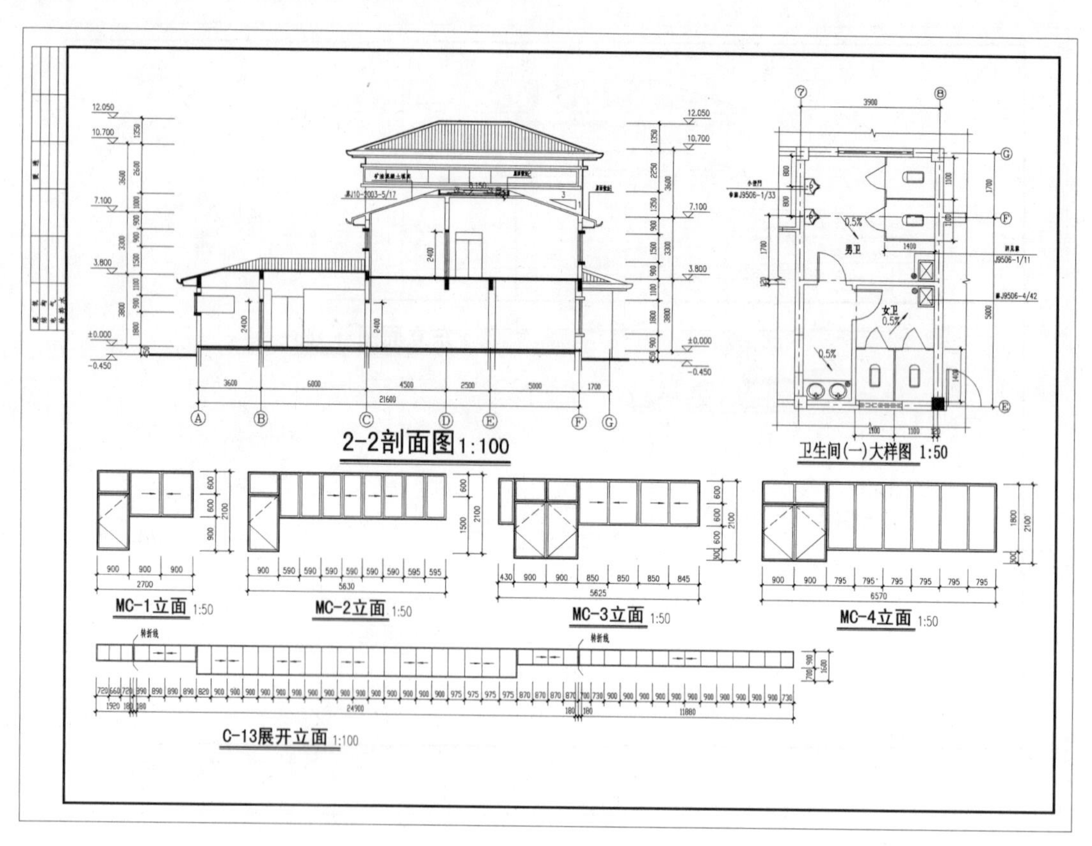

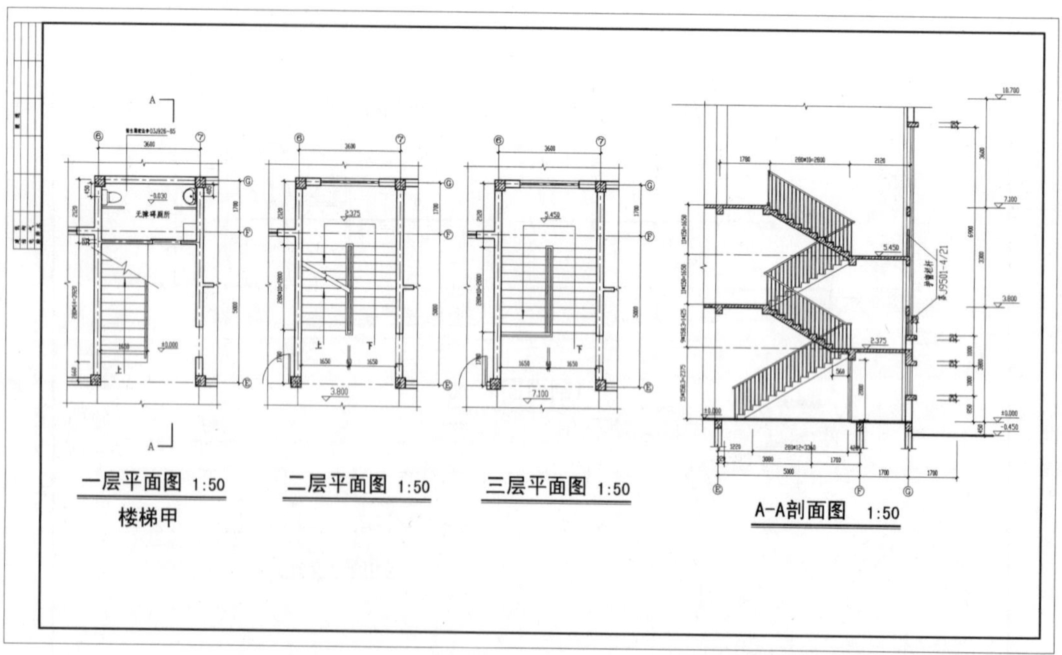

图 11-66　另一套门诊楼施工图效果（续）

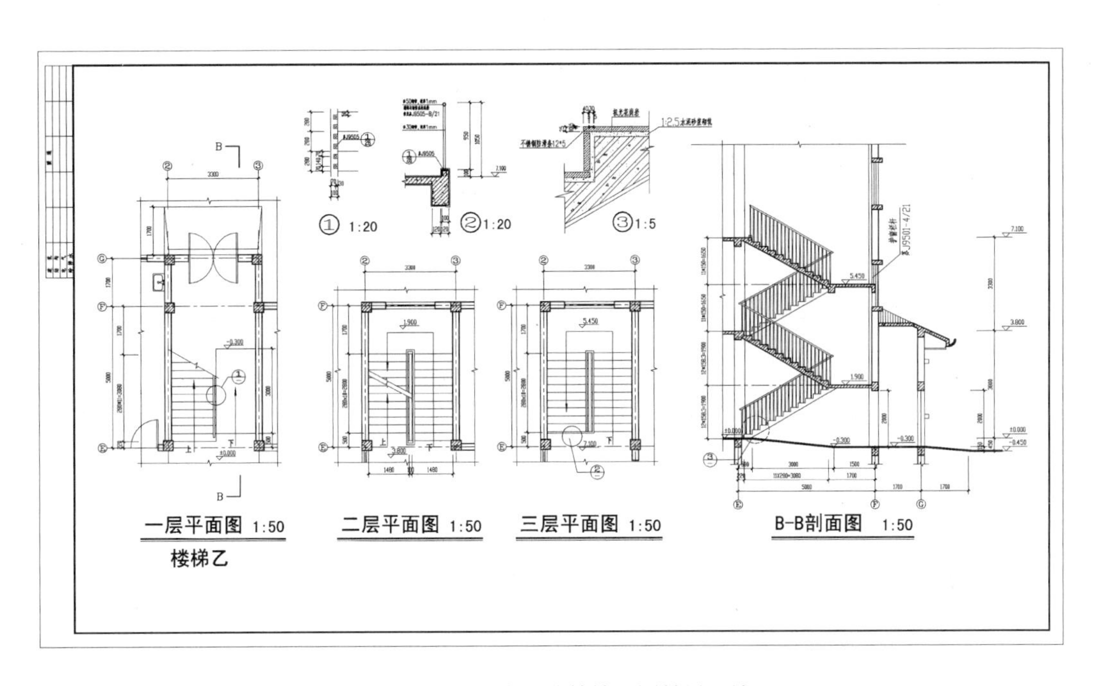

图 11-66　另一套门诊楼施工图效果（续）

第 12 章　别墅施工图设计实战应用

别墅是居宅之外用来享受生活的居所。别墅设计的重点仍是对功能与风格的把握。由于别墅面积较大，很多人认为功能应该不是问题，这其实是一个误区。由于建筑设计的局限性，经常会造成别墅面积的利用率不均等，使用频繁的空间有时候面积会局促，而很少有人涉及的空间，倒反而留了很大的面积。这时候，需要在室内设计的过程中做必要的调整，以合理的功能安排和布局，满足业主对生活功能的要求。

别墅风格不仅取决于业主的喜好，还取决于生活的性质。有的近郊别墅是作为日常居住的，而有的则是度假性质的。作为日常居住的别墅，考虑到日常生活的功能，不能太乡村化。而度假性质的别墅，则可以相对放松一点，营造一种与日常居家不同的感觉。别墅设计同时也分为软装和硬装两部分，只有两者相结合，才能设计出一套完美的别墅。

本章通过 TArch 天正建筑软件来绘制某别墅施工图，其主要内容介绍如下：

- 别墅施工图的分析与效果预览。
- 熟练掌握别墅首层平面图的绘制。
- 熟练掌握别墅一层平面图的绘制。
- 熟练掌握别墅二层平面图的绘制。
- 熟练掌握别墅屋顶平面图的绘制。
- 熟练掌握别墅门窗详图的绘制。
- 熟练掌握别墅立面图的创建与加深。
- 熟练掌握别墅剖面图的创建与加深。
- 另一套别墅建筑施工图的效果与演练。

软件技能　12.1　实战分析与效果图预览

该别墅施工图包括一、二层平面图、屋顶平面图、门窗详图、立面图和剖面图，其一、二层平面图的高度均为 3000，屋顶层平面图的高度也为 3000，另外有屋顶尖，其高度为 3360。

在绘制别墅施工图时，首先绘制别墅首层平面图的结构，包括绘制轴网、墙体、门窗、坡道、散水、楼梯、地板等对象；再以此首层平面图为基础来绘制二层平面图，将多余的对象删除，并修改楼层结构、修改墙高、插入门窗、绘制阳台等对象；再以二层平面图为基础来绘制屋顶平面图，将多余的墙体、门窗、楼梯等对象删除，只保留轴网对象，通过 AutoCAD 的相关绘图命令来绘制相关修饰轮廓线，以及绘制 1200 的矮墙和填充屋顶的瓦效果；再根据图形的要求，新建相关工程管理，并使用 AutoCAD 的相关绘图命令来绘制门窗详图；再打开前面所建立的工程管理对象来自动生成立面图对象，并且在此基础上安装门窗、阳台等立面对象，以及绘制相应的立面轮廓对象；最后在首层平面图的基础上创建剖切

符号，并以此来创建别墅剖面图，并绘制相应的轮廓对象，以及填充不同的图案，从而完成整个别墅施工图的绘制。其别墅施工图效果如图 12-1 所示。

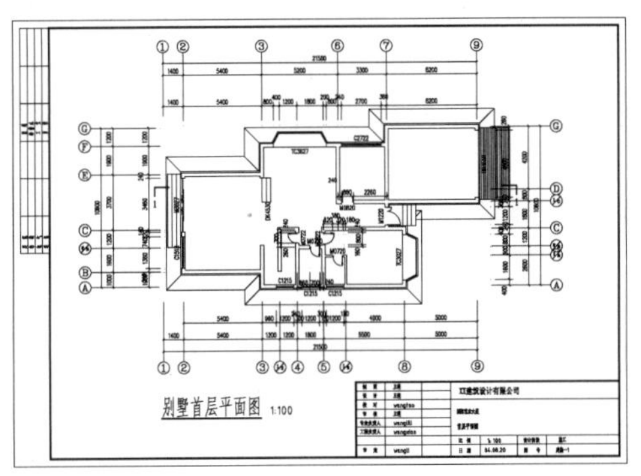

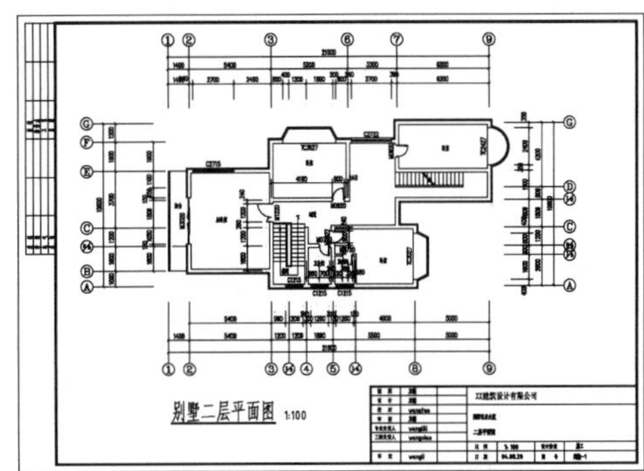

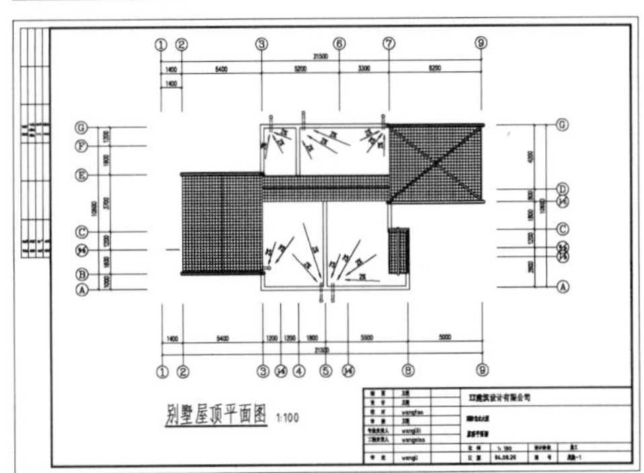

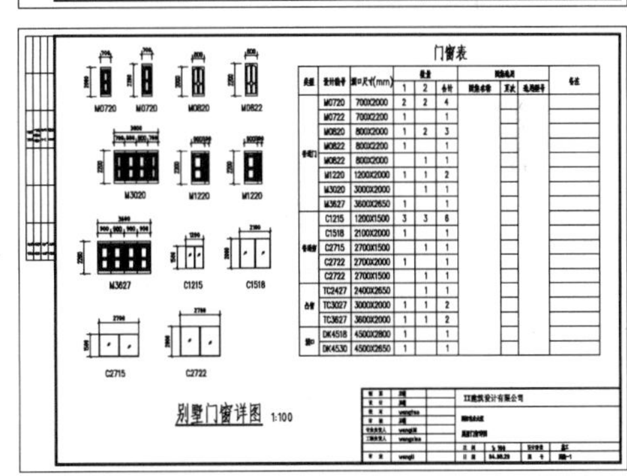

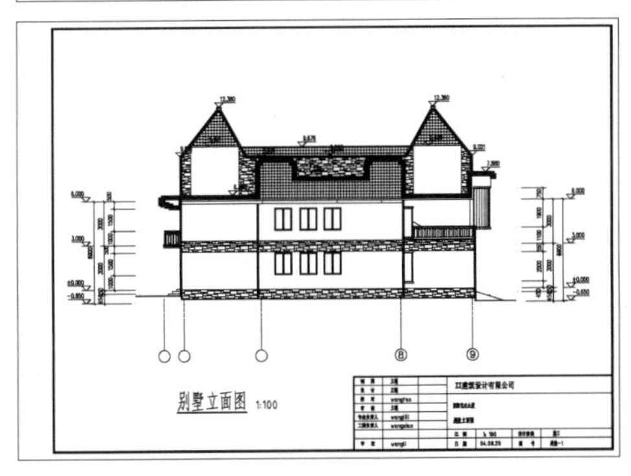

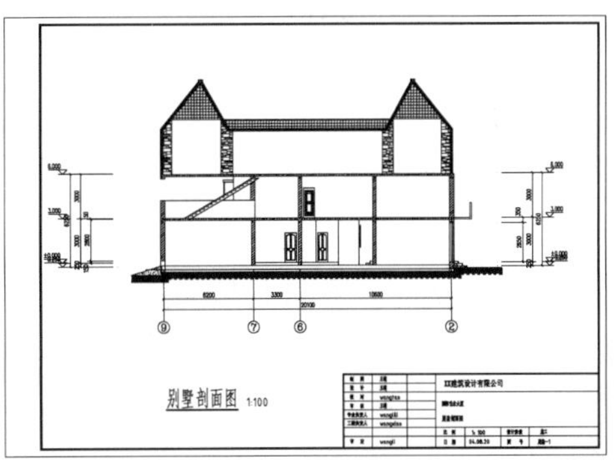

图 12-1　别墅施工图效果

软件技能　12.2　别墅首层平面图的绘制

视频\12\别墅首层平面图的绘制.avi
案例\12\别墅首层平面图.dwg

由于本案例的轴线比较多，可以先绘制一些重要轴线，再根据图形需求添加轴线和修改轴号等，从而来生成轴线网。其操作步骤如下：

1）启动 TArch 天正建筑软件，系统自动创建一个空白文件。此时需要对这个文件进行命名，按〈Ctrl+S〉组合键，弹出“图形另存为”对话框，在对话框中找到路径“案例\12”，将文件命名为“别墅首层平面图.dwg”，然后单击“保存”按钮。

2）选择“轴网柱子｜绘制轴网”命令（快捷键 HZZW），在弹出的“绘制轴网”对话框中按表 12-1 所示参数绘制建筑轴线网。绘制轴线网的方法如图 12-2 所示（轴网插入点为“#0，0”）。

表 12-1　轴网数据

直线轴网	上开间	1400，5400，5200，3300，6200，
	下开间	1400，5400，1200，1200，1800，5500，5000
	左进深	1000，1600，1200，3700，1900，1200
	右进深	2600，1200，1800，800，4200

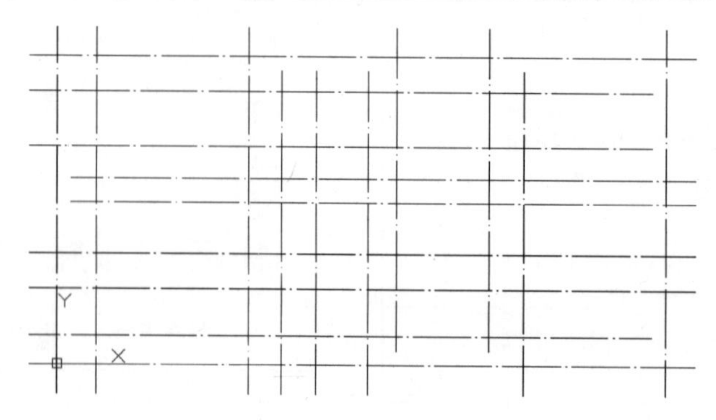

图 12-2　绘制轴网

3）选择“轴网柱子｜轴网标注”命令（快捷键 ZWBZ），弹出“轴网标注”对话框，然后选择“双侧标注”单选按钮，轴号规则为“变后项”，再在绘图区域单击起始纵向坐标上端和结束纵向坐标上端，最后单击起始横向坐标左端和结束横向坐标左端。此时可以对已绘制好的轴线进行标注。标注后的轴线如图 12-3 所示。

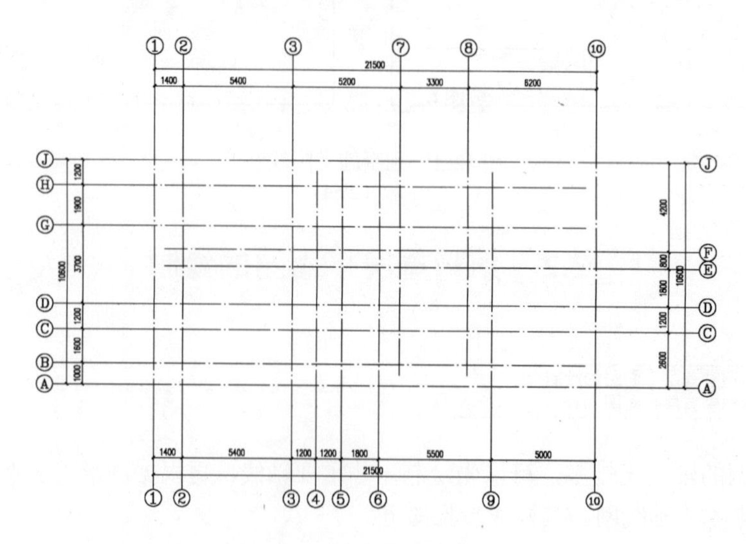

图 12-3　轴网的标注

4）双击相应轴号对象，在文字在位编辑状态下对其轴号进行修改，生成的图形效果如图 12-4 所示。

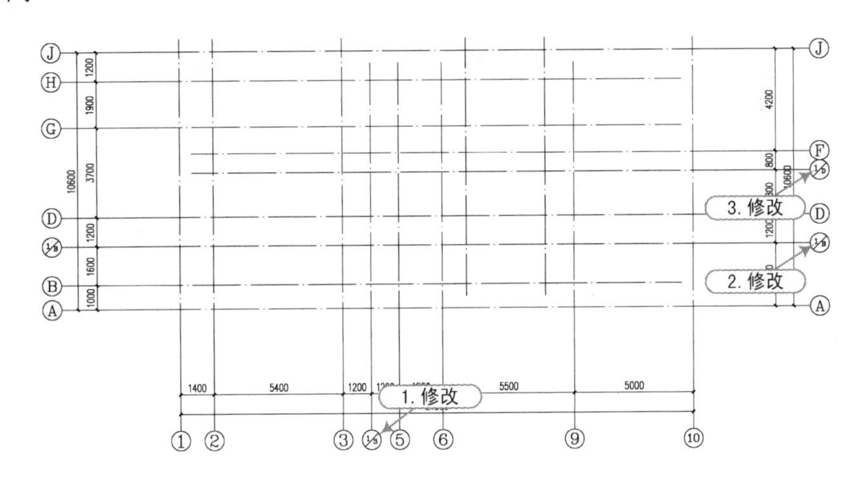

图 12-4 轴号的修改

5）选择修改后的轴号并右击，在弹出的快捷菜单中选择“重排轴号”命令，根据命令行提示选择需要重排的第一根轴号，输入新轴号为 1，系统将轴号的顺序重新排列。操作步骤和生成的图形如图 12-5 所示。

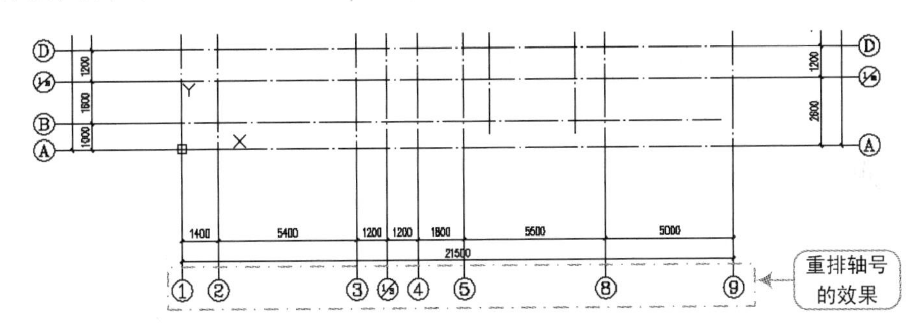

图 12-5 横轴重排轴号

6）以上一步同样的操作方法，对纵向轴号也进行重排轴号，生成的图形如图 12-6 所示。

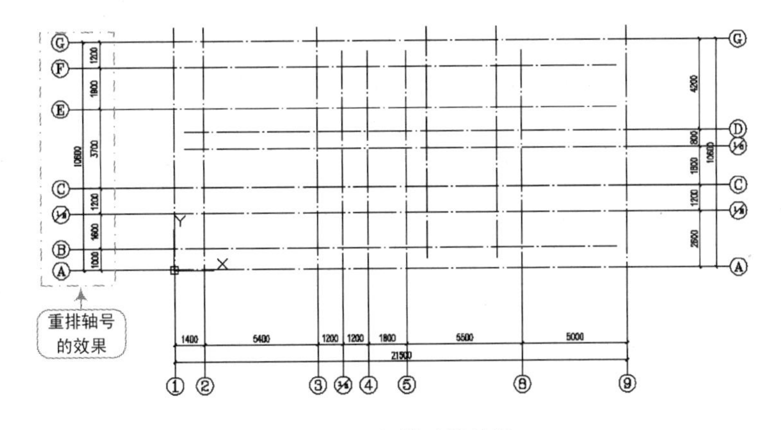

图 12-6 纵轴重排轴号

7）选择“轴网柱子丨添加轴线”命令（快捷键 TJZX），以 5 号轴线为基础，在其右侧添加附加轴线 1/6（间距为 1500）；以 1/B 号轴线为基础，在其下侧添加附加轴线（间距为 600），则原有的 1/B 自动修改为 2/B，新添加的轴号为 1/B，如图 12-7 所示。

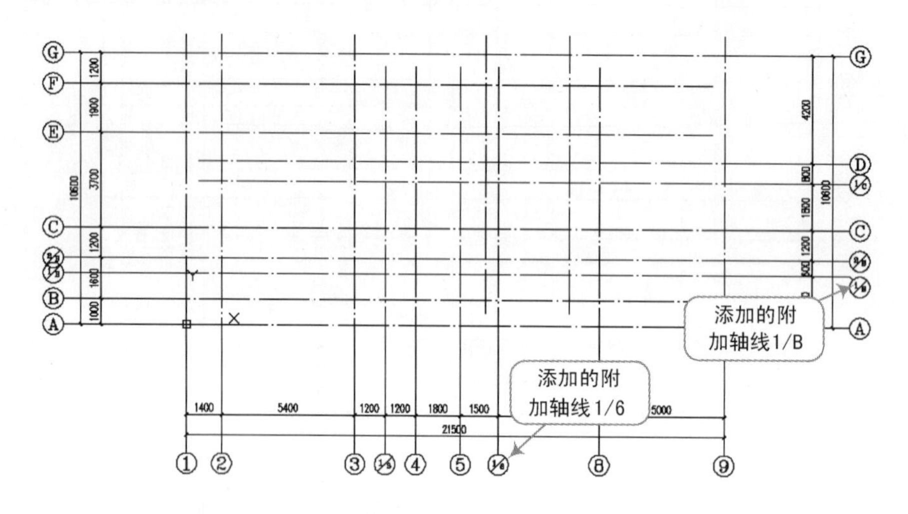

图 12-7　添加的附加轴线

8）选择“墙体丨绘制墙体”命令（快捷键 HZQT），在弹出的“绘制墙体”对话框中设置墙体高度为 3300，底高为 0，材料为“砖墙”，用途为“一般墙”，左宽和右宽为 120，然后单击“绘制墙体”对话框中左下角的“绘制直墙”按钮，捕捉相应的轴网交点绘制 240 砖墙，如图 12-8 所示。

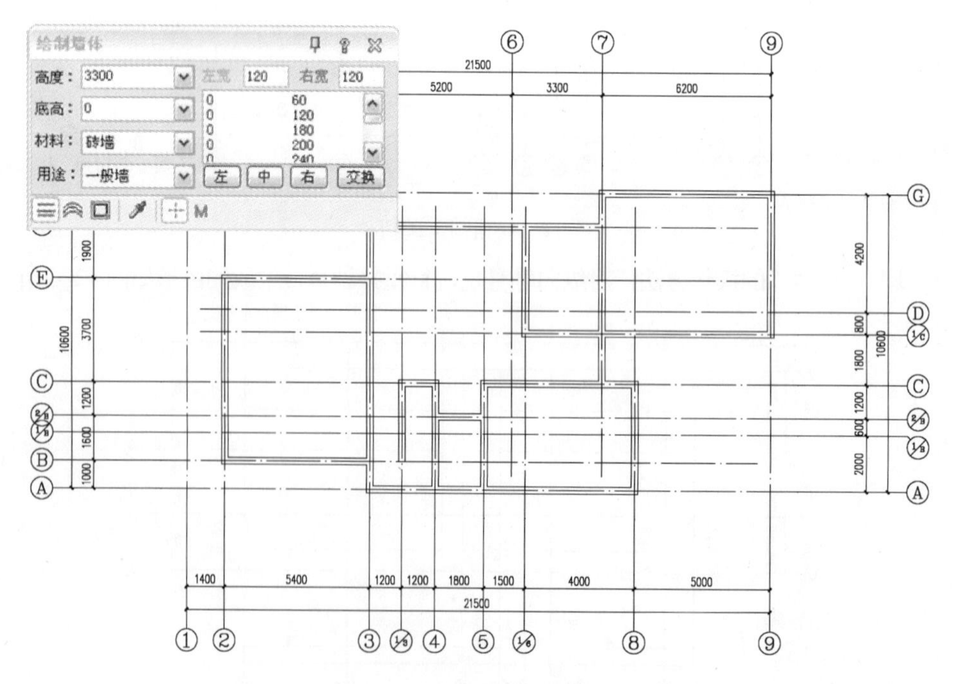

图 12-8　绘制的 240 砖墙

9）选中已绘制好的全部外墙，按〈Ctrl+1〉组合键展开“特性”面板，在该面板中设置墙体高为3950，墙标高为-650，如图12-9所示。

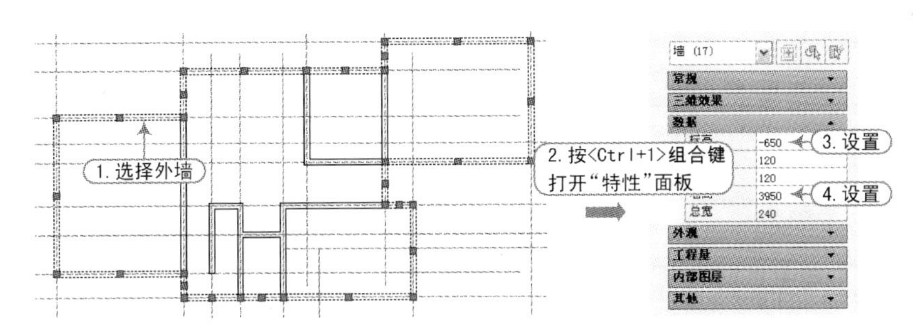

图12-9 修改墙高为3950mm

10）重复图12-9的方法，设置3、4、5、6、7号轴上的相应墙体标高为-200，设置墙高为3500，如图12-10所示。

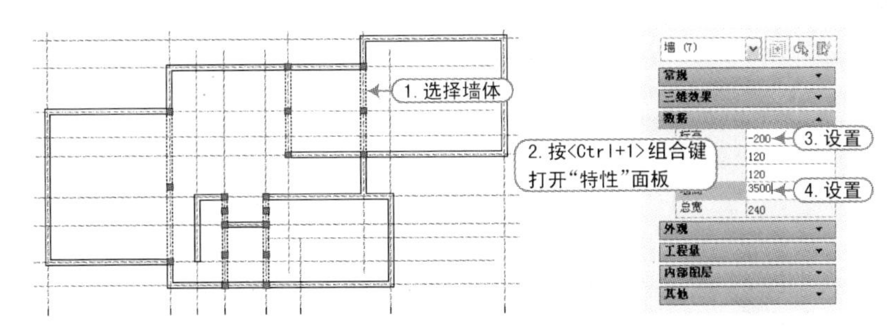

图12-10 修改墙高为3500

11）执行“墙体 | 绘制墙体”命令（快捷键 HZQT），在弹出的“绘制墙体”对话框中设置墙体高度为3300，底高为0，材料为“砖墙”，用途为“一般墙”，左宽和右宽为60，然后单击“绘制墙体”对话框中左下角的“绘制直墙”按钮，捕捉相应的轴网交点绘制120砖墙，如图12-11所示。

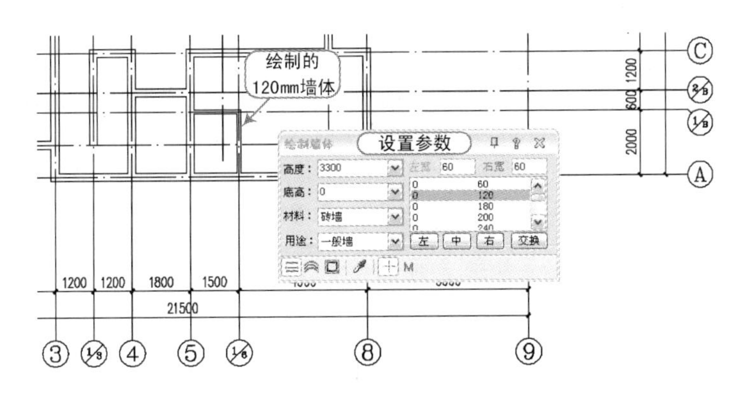

图12-11 绘制120墙体

12）选择“墙体 | 识别内外 | 识别内外”命令（快捷键 SBLW），根据命令行提示框选整个视图对象，从而系统自动对其内外墙体进行识别，如图12-12所示。

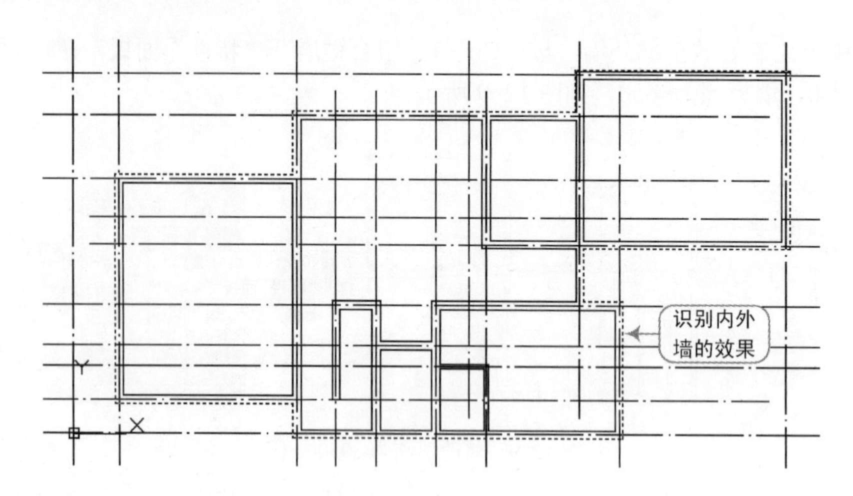

图 12-12　识别内外墙体

13）选择“墙体｜墙柱保温”命令（快捷键 QZBW），根据命令行提示选择“外保温(E)”选项，保温层厚度为 80，然后框选整个视图，则系统自动对其外墙添加保温层，如图 12-13 所示。

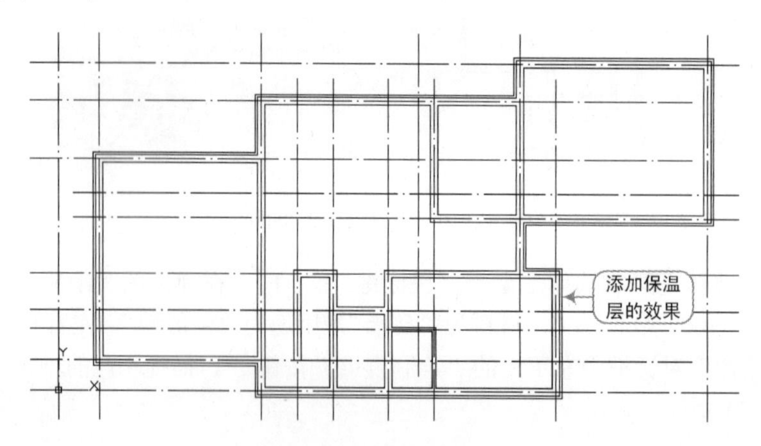

图 12-13　墙柱保温操作

14）选择“门窗｜门窗”命令（快捷键 MC），根据表 12-2 所示的数据按如图 12-14 所示的位置创建门窗。

表 12-2　门窗数据

类　型	设 计 编 号	洞口尺寸/mm×mm	数量/个	门槛高、窗台高/mm
普通门	M0720	700×2000	2	0
	M0722	700×2200	1	200
	M0820	800×2000	1	0
	M0822	800×2200	1	200
	M1220	1200×2000	1	650
	M3627	3600×2650	1	650

（续）

类　型	设计编号	洞口尺寸/mm×mm	数量/个	门槛高、窗台高/mm
洞口	DK4518	4500×1800	1	0
	DK4530	4500×2650	1	650
普通窗	C1215	1200×1500	3	1650
	C1518	2100×2000	1	1550
	C2722	2700×2000	1	1550
凸窗	TC3027	3000×2000	1	1100
	TC3627	3600×2000	1	1100

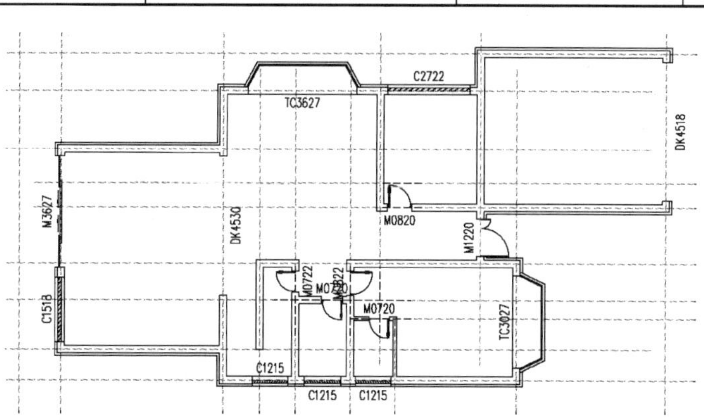

图 12-14　插入门窗

15）选择“尺寸标注｜门窗标注”命令（快捷键 MCBZ），对室内室外的门窗进行标注，生成的图形效果如图 12-15 所示。

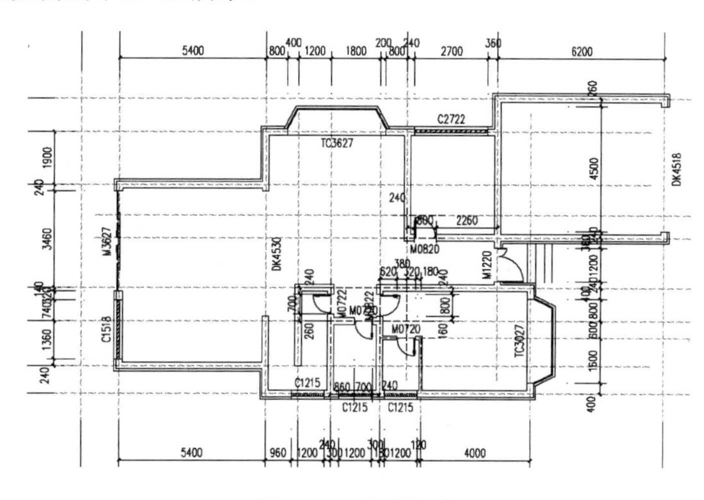

图 12-15　门窗标注

16）选择 AutoCAD 的“移动”命令（M），按要求把门窗尺寸移动到相应位置；选择“尺寸标注｜两点标注”命令（快捷键 LDBZ），对没有标注的相应位置进行标注，生成的图形如图 12-16 所示。

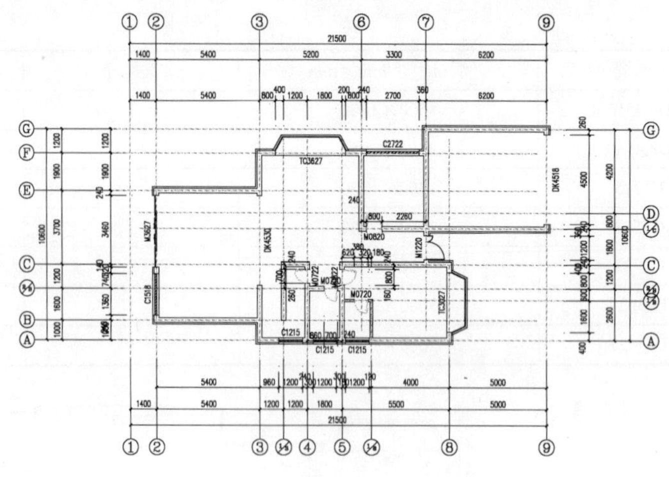

图 12-16　门窗标注调整

17）选择“楼梯其他｜台阶”命令（快捷键 TJ），在弹出的“台阶”对话框中设置好各项参数，并在相应位置绘制台阶。绘制的台阶效果如图 12-17 所示。

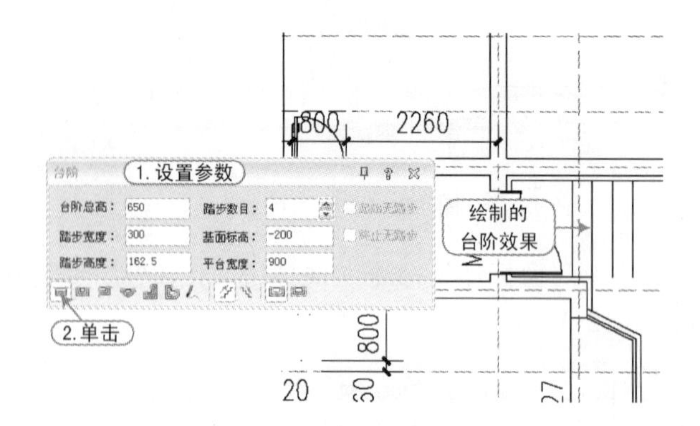

图 12-17　绘制的台阶效果

18）利用 AutoCAD 的“直线”命令（L）给生成的台阶加上边，生成的图形如图 12-18 所示。

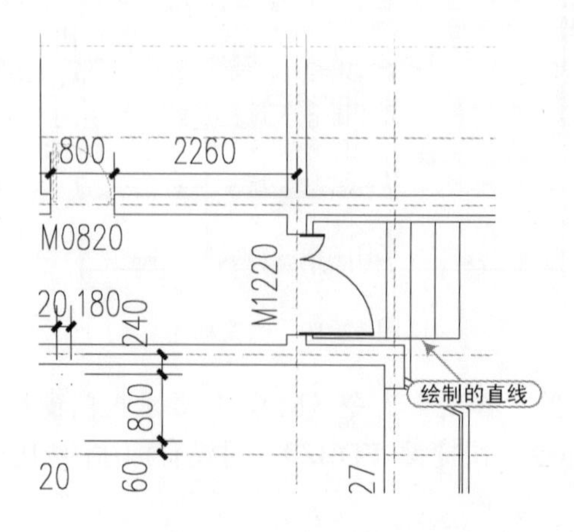

图 12-18　修饰台阶

19）重复前两步的操作方法，给其他相应位置创建台阶。生成的步骤及图形如图 12-19 所示。

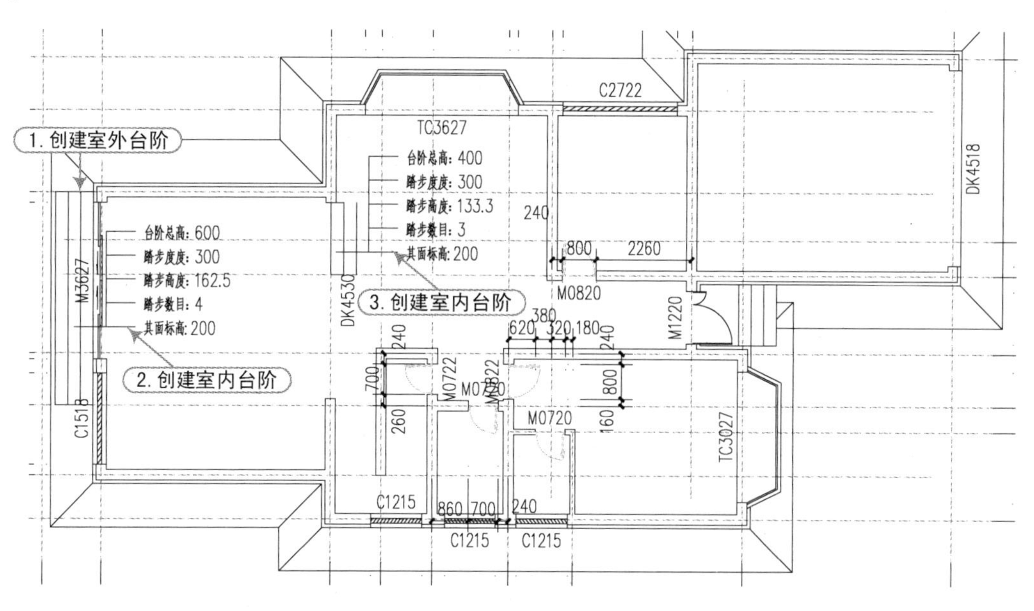

图 12-19 插入室内室外台阶

20）选择“楼梯其他｜散水”命令（快捷键 SS），在弹出的对话框中设置室内外高差为 450，散水宽度为 1000，再框选全部墙体，右击鼠标结束墙体选择即可生成散水，如图 12-20 所示。

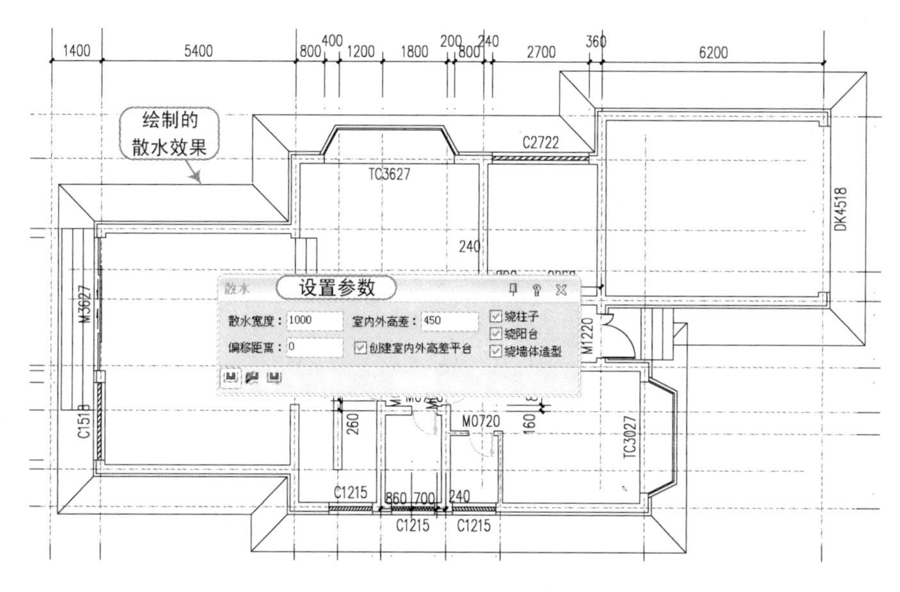

图 12-20 创建散水

21）选择“楼梯其他｜坡道”命令（快捷键 PD），在弹出的“坡道”对话框中设置坡道长为 2100，坡道高度为 650，坡道宽度为 4800，边坡宽度为 300，勾选“左边平齐”“右边平齐”和“加防滑条”复选框，在图形中单击插入点，操作方法如图 12-21 所示。

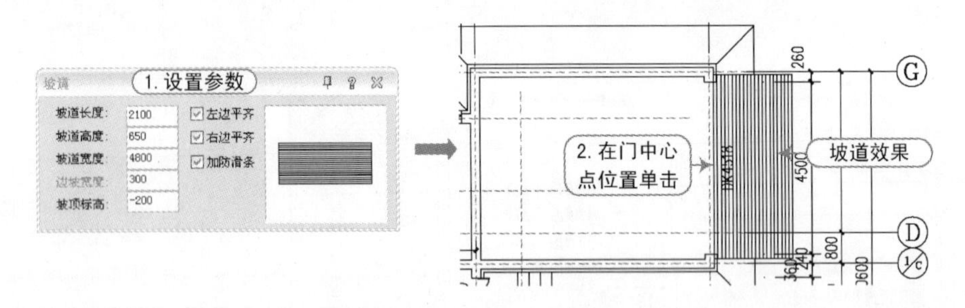

图 12-21 插入坡道

22）选择“楼梯其他 | 双跑楼梯”命令（快捷键 SBLT），在弹出的“双跑楼梯”对话框中设置好各项参数，并在首层平面图中创建双跑楼梯。绘制的首层楼梯效果如图 12-22 所示。

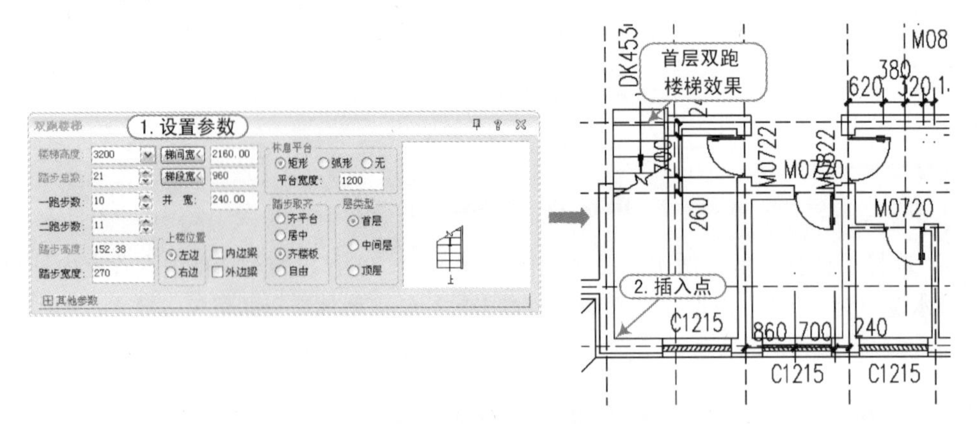

图 12-22 插入首层双跑楼梯

23）选择“文字表格 | 单行文字”命令（快捷键 DHWZ），给各房间标注用途。标注后的效果如图 12-23 所示。

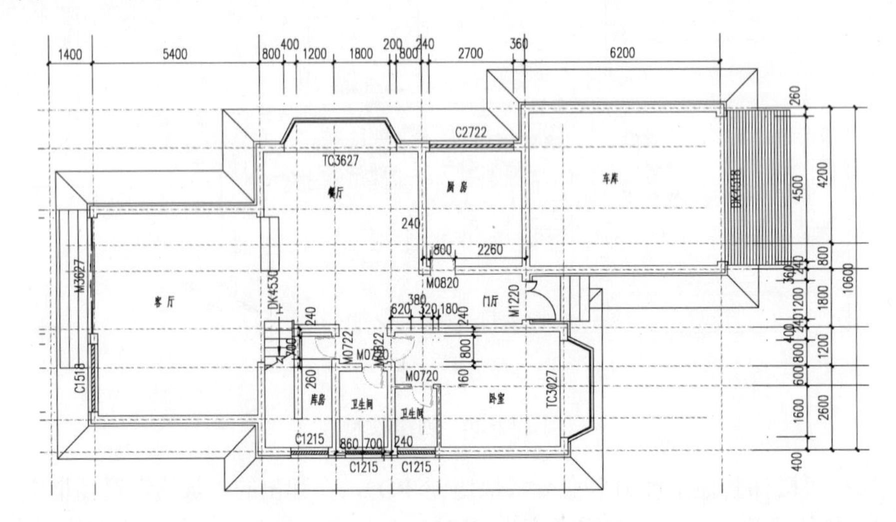

图 12-23 首层文字标注

24）选择“文件布图 | 插入图框”命令（快捷键 CRTK），在弹出的“插入图框”对话框中按如图 12-24 所示方法选择图框样式，然后用其图框“盖住”当前首层平面图形对象。

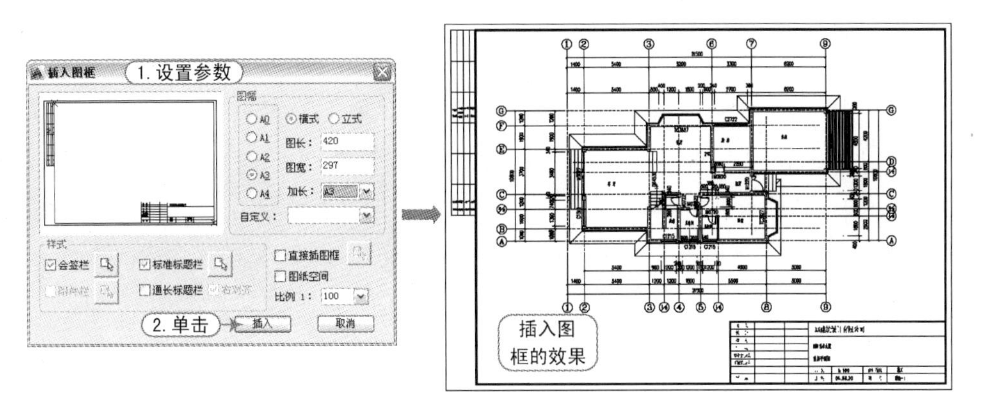

图 12-24 首层插入图框

25）双击图框的标题栏，在弹出的“增弹属性编辑器”对话框中设置各标题性的值，最后单击“确定”按钮完成标题栏内容的填写，如图 12-25 所示。

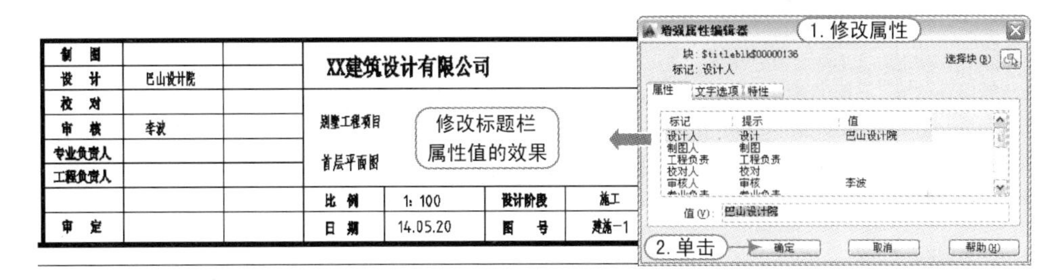

图 12-25 对首层进行属性编辑

26）选择“符号标注 | 图名标注”命令（快捷键 TMBZ），在弹出的“图名标注”对话框中设置图名，然后在图框左下侧单击来插入图名，如图 12-26 所示。

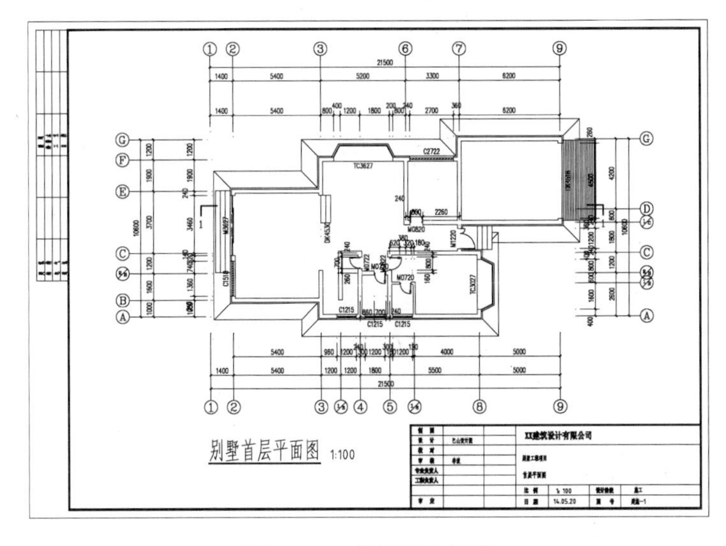

图 12-26 首层图名标注

27）至此，该别墅首层平面图已经基本绘制完成，按〈Ctrl+S〉组合键对其进行保存。此时，用户要将其图形切换到“西南等轴测视图”状态下，再分别选择“三维线框”和“概念视觉”模式进行观察，如图 12-27 所示。

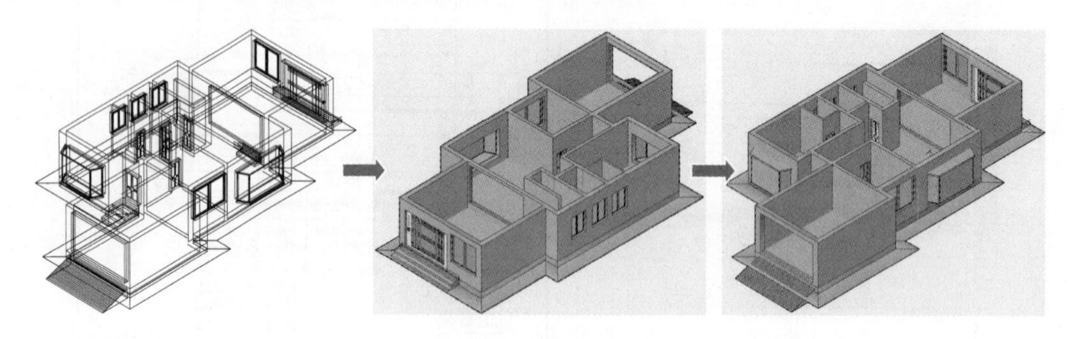

图 12-27 “三维线框”和“概念视觉”模式效果

12.3 别墅二层平面图的绘制

该别墅共计两层楼，在绘制二层平面图时，可在首层平面图的基础上来绘制二层平面图，其操作步骤如下：

1）接前面 12.2 节中所绘制的别墅首层平面图文件，选择“文件 | 另存为”命令，将该文件另存为“案例\12\别墅二层平面图.dwg”。

2）将平面图中的图框标题内容进行修改，再将所有的台阶、散水坡道等多余对象删除，同时将图名和图标标题也进行更改，得到如图 12-28 所示的平面图效果。

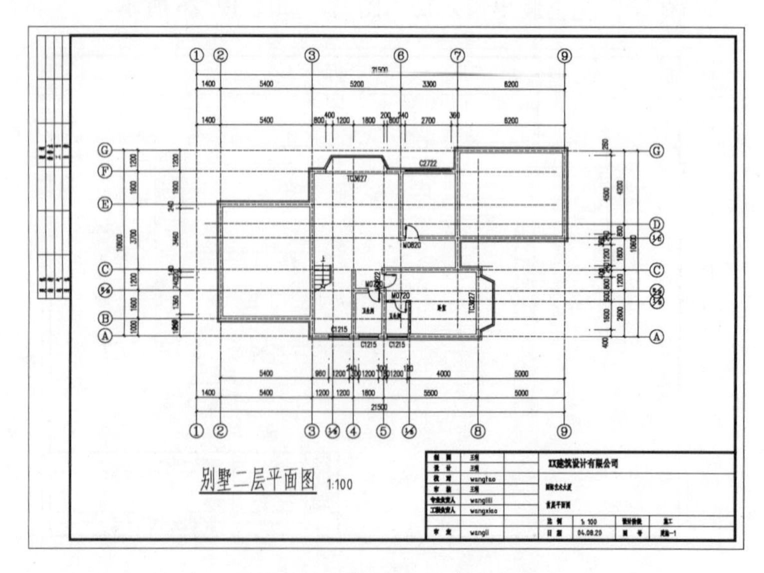

图 12-28 删除多余对象的效果

3）双击双跑楼梯，弹出“双跑楼梯”对话框，选择“顶层”单选按钮，然后单击“确定”按钮，生成图形的步骤如图 12-29 所示。

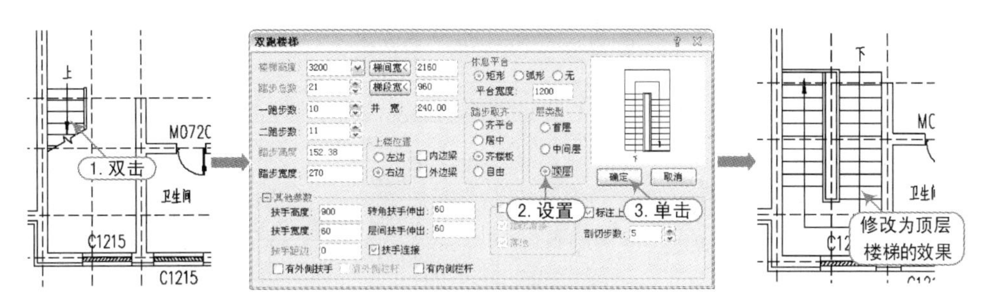

图 12-29　修改双跑楼梯

4）在 AutoCAD 菜单栏中选择“工具 | 快速选择”命令，选择“对象类型”为“墙”，并单击“确定”按钮，从而将当前图形的所有墙体对象选中。

5）按〈Ctrl+1〉组合键弹出“特性”面板，在“特性”面板中设置所有墙标高为 0，墙体高为 2800，其操作步骤如图 12-30 所示。

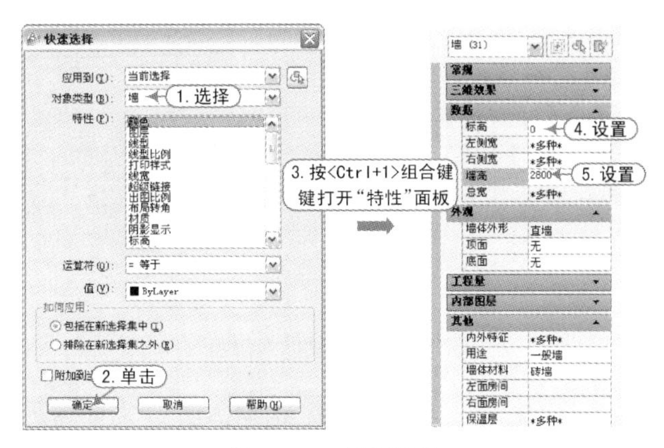

图 12-30　选择墙体

6）选择“墙体 | 绘制墙体”命令（快捷键 HZQT），根据如图 12-31 所示的参数绘制墙体，同时将多余的墙体删除，并根据实际需要更改部分墙体高度。

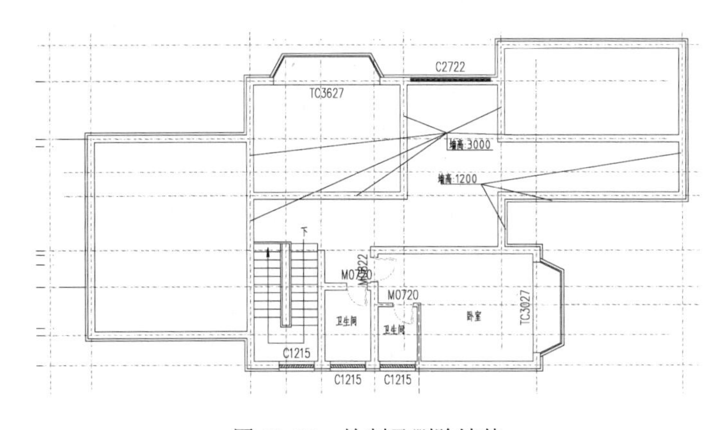

图 12-31　绘制及删除墙体

7）选择“门窗｜门窗”命令（快捷键 MC），再按如表 12-3 所示的各项数据创建如图 12-32 所示的门窗，同时修改其他门槛高为 0，门高为 2000。

表 12-3　二层新增门窗参数

类　型	设 计 编 号	洞口尺寸/mm×mm	数量/个
普通门	M0820	800×2000	2
	M1220	1200×2000	1
	M3020	3000×2000	1
普通窗	C2715	2700×1500	1
凸　窗	TC2427	2400×2650	1

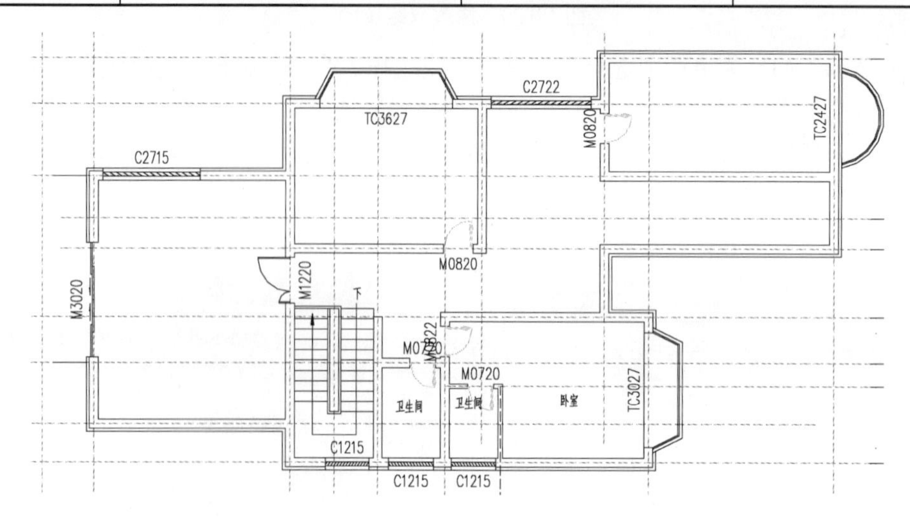

图 12-32　二层插入门窗

8）选择“尺寸标注｜门窗标注”命令（快捷键 MCBZ），对门窗进行标注，同时删除多余标注，生成的图形如图 12-33 所示。

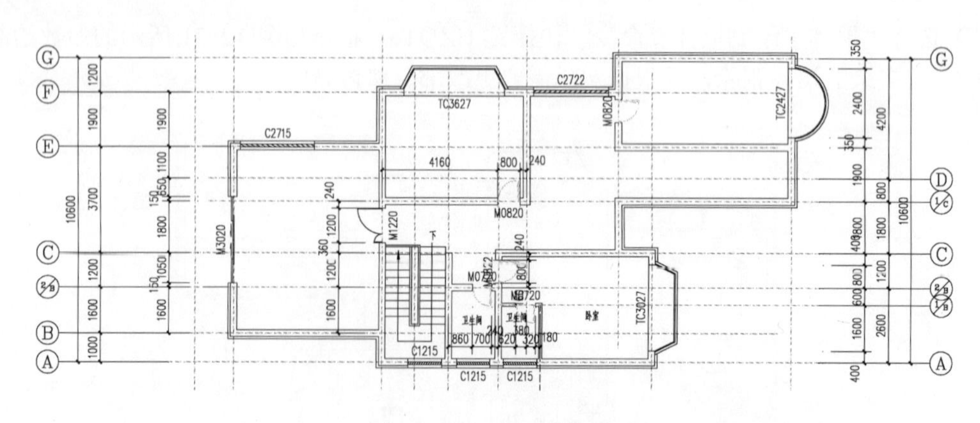

图 12-33　二层门窗标注

9）选择“楼梯其他｜直线梯段”命令（快捷键 ZXTD），在弹出的“直线梯段”对话框中设置好相关参数，在图形的相应位置指定基点，生成图形的步骤如图 12-34 所示。

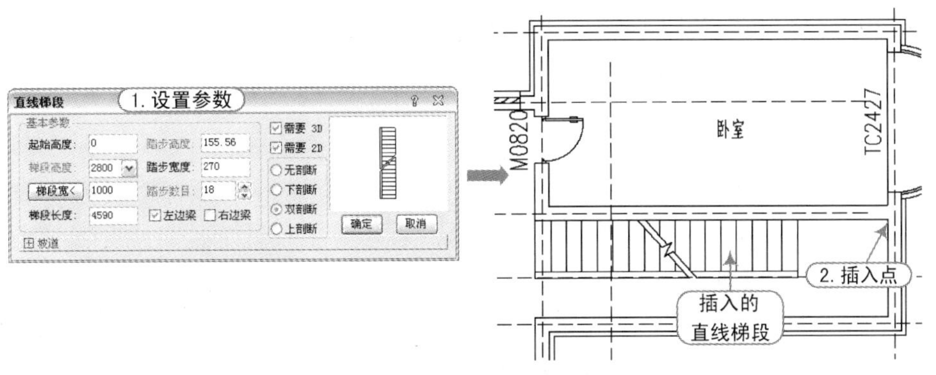

图 12-34 插入直线楼梯

10）选择“楼梯其他｜阳台”命令（快捷键 YT），弹出“绘制阳台”对话框，设置栏板宽度 100，伸出距离 1400，地面标高 100，阳台板厚 100，栏板高度 1000，生成的图形如图 12-35 所示。

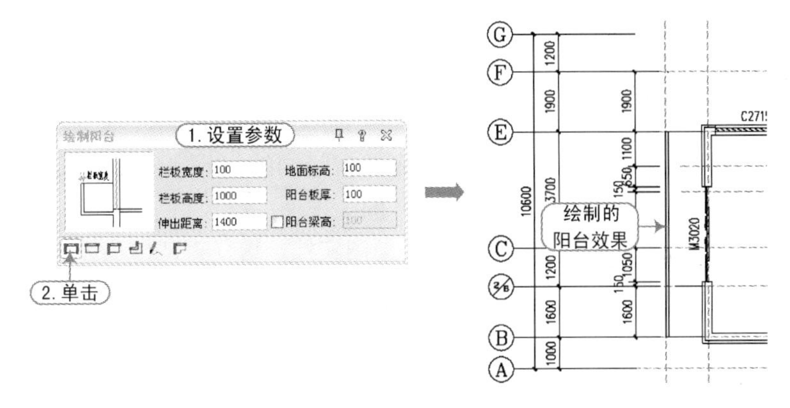

图 12-35 插入阳台

11）选择“文字表格｜单行文字”命令，在平面图中标注各房间的用途，标注后的效果如图 12-36 所示。

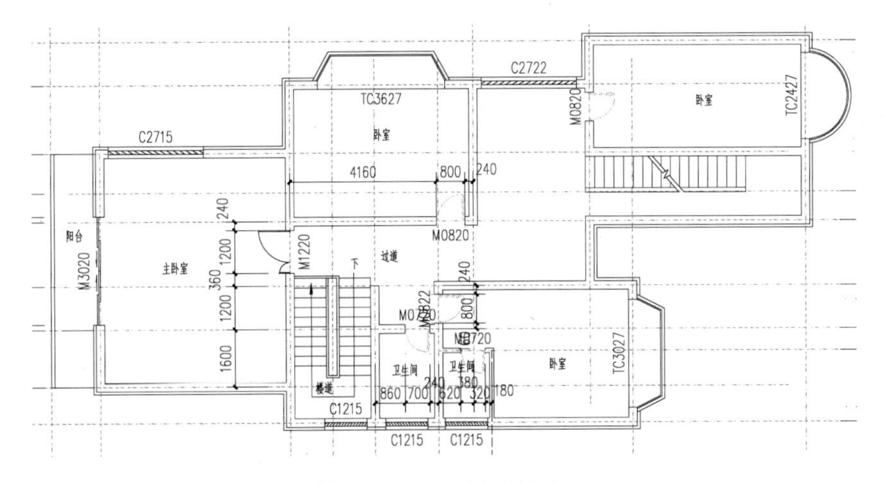

图 12-36 二层文字标注

12）至此，该别墅二层平面图已经基本绘制完成，按〈Ctrl+S〉组合键对其进行保存。此时，用户要将其图形切换到“西南等轴测视图”状态下，再分别选择“三维线框”和“概念视觉”模式进行观察，如图 12-37 所示。

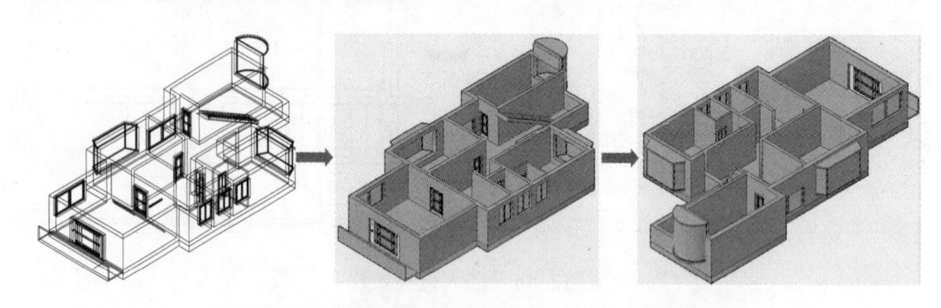

图 12-37 “三维线框”和“概念视觉”模式效果

12.4 别墅屋顶平面图的绘制

视频\12\别墅顶层平面图的绘制.avi
案例\12\别墅顶层平面图.dwg

别墅的屋顶平面图是根据别墅的二层平面图来绘制的，此案例的屋顶平面图可以借助 AutoCAD 中的一些命令来完成。其操作步骤如下：

1）接前面 12.3 节中所绘制的别墅二层平面图文件，选择“文件 | 另存为”命令，在弹出的“图形另存为”对话框中输入新的文件名为“屋顶平面图.dwg”，并单击“保存”按钮完成图形文件的保存。

2）将平面图中全部墙体、门窗、楼梯、阳台删除，同时将图名和图标标题也进行更改，得到如图 12-38 所示的效果。

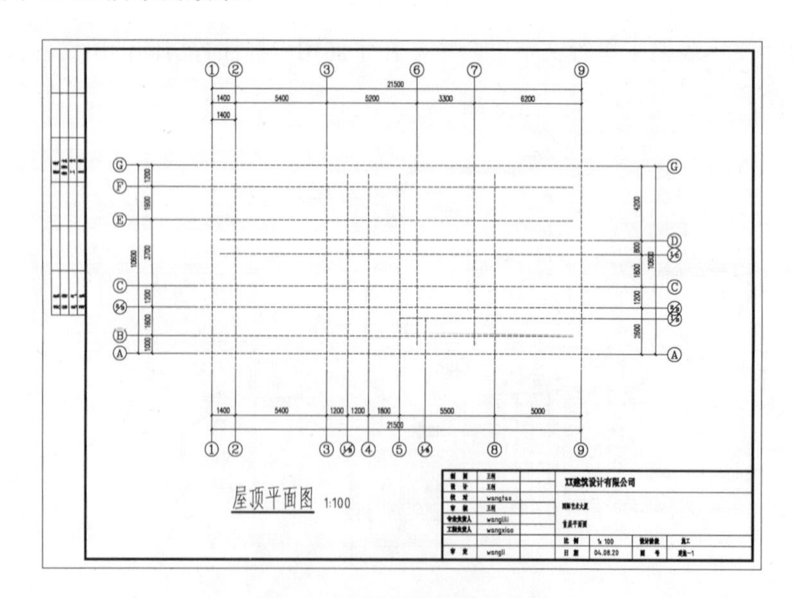

图 12-38 只保留轴线的效果

3）选择 AutoCAD 的“格式｜图层”命令，在弹出的“图层特性管理器”对话框中创建一个名为“墙体装饰边”的图层，并置为当前图层。

4）选择 AutoCAD 的“修改｜偏移”命令（O），将 G 轴向上偏移 50，再选中偏移生成的直线，按〈Ctrl+1〉组合键弹出“特性”面板，在“特性”面板中选择图层为“墙体装饰边”，如图 12-39 所示。

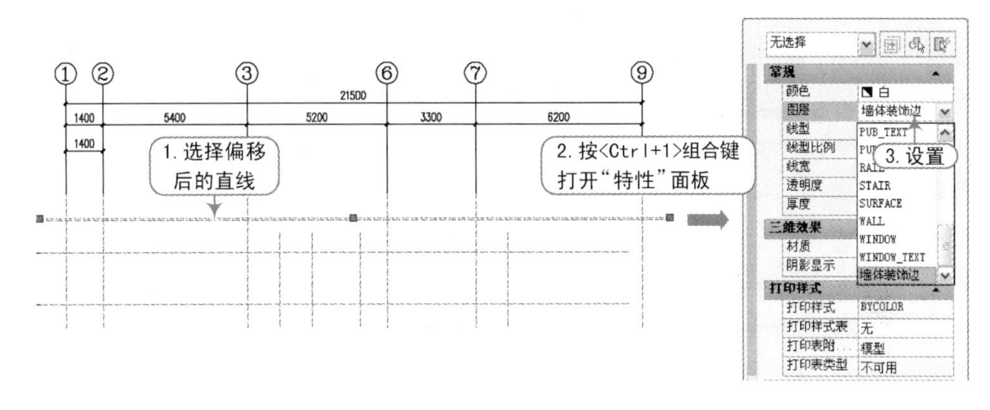

图 12-39　改变直线图层

5）将“墙体装饰边”图层中的直线再次向上偏移 3 次，偏移距离分别为 40、30、20；其次选择 AuotCAD 的“镜像”命令（MI），把“墙体装饰边”图层中的直线以 G 轴为对称轴进行镜像。

6）再选择 AutoCAD 的“圆弧”命令（ARC），在“墙体装饰边”图层上直线两端进行绘制圆弧，并把多余线进行修剪，最后把“墙体装饰边”图层上的所有直线复制到 B、1/C、E 轴的相应位置，同时进行相应的拉伸操作，生成的图形如图 12-40 所示。

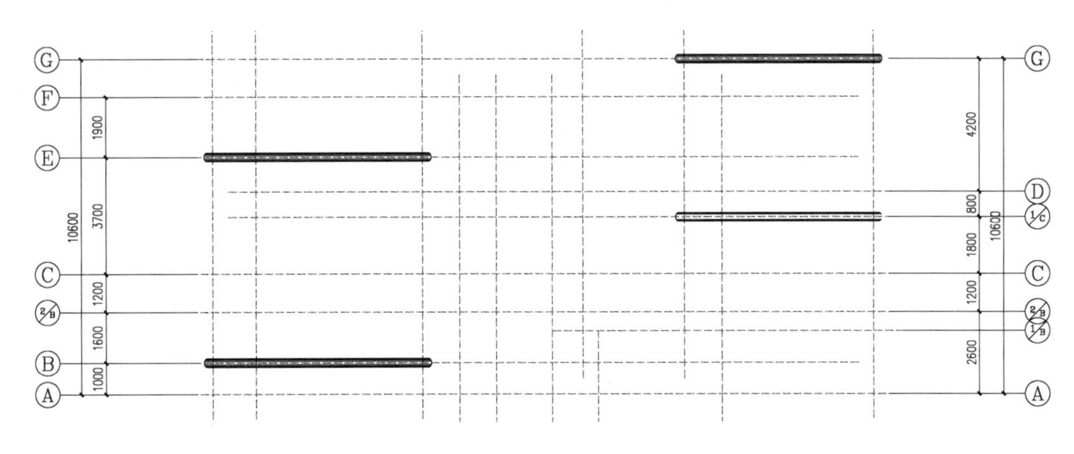

图 12-40　绘制装饰线

7）创建一个名为“屋顶”的新图层，接着在该图层中按偏移后的轴线绘制 3 个矩形对象，如图 12-41 所示。

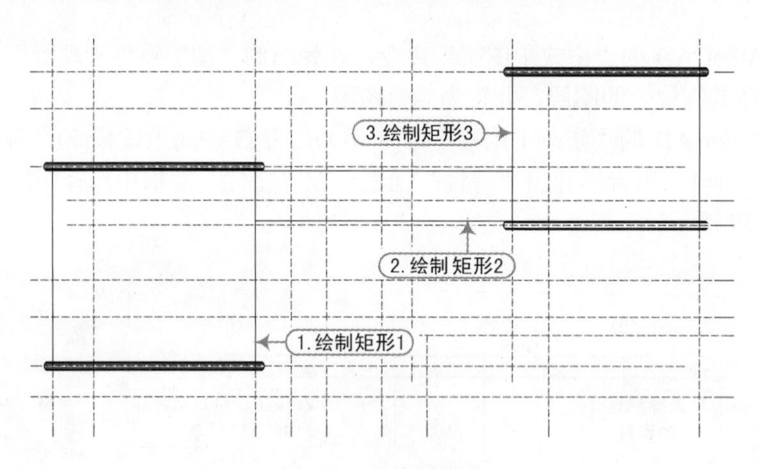

图 12-41　绘制屋顶

8）选择 AutoCAD 的“直线”（L）、“偏移”（O）、“修剪”（TR）等命令，绘制屋顶轮廓线，生成的图形如图 12-42 所示。

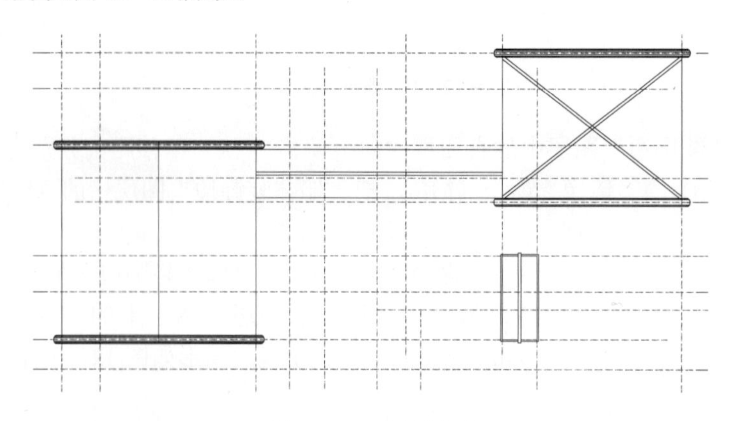

图 12-42　修饰屋顶

9）打开 AutoCAD 的“图层特性管理器”对话框，并闭“DOTE”图层，如图 12-43 所示。

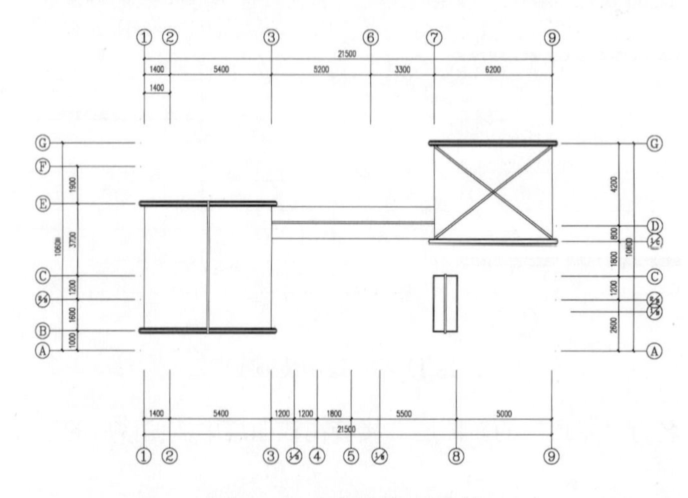

图 12-43　不显示轴线效果

10）选择 AutoCAD 的“绘图 | 图案填充”命令（H），对屋顶进行填充，选择图案为弯瓦屋面，角度为 90° ，生成的图形如图 12-44 所示。

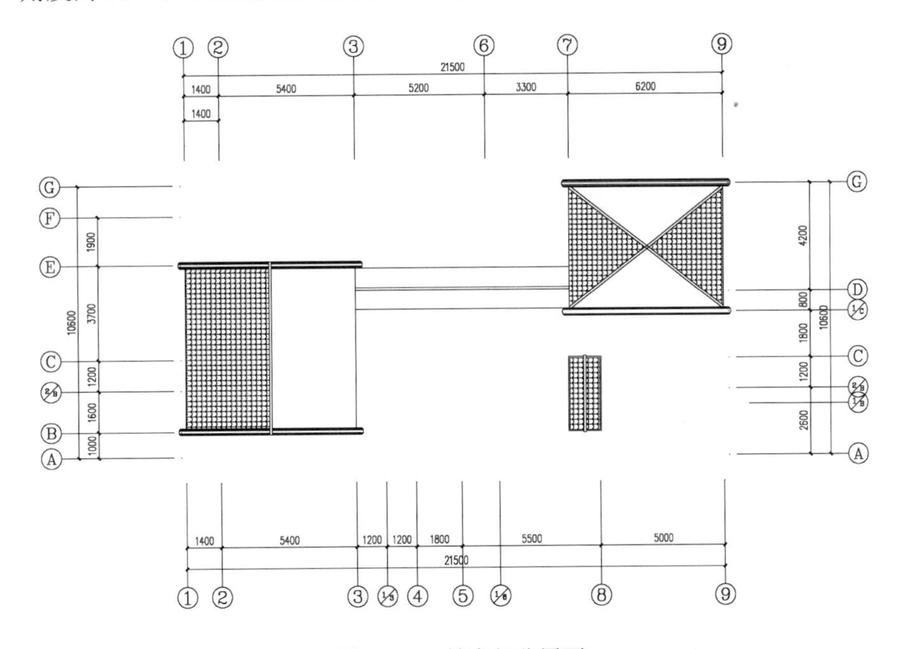

图 12-44　填充部分屋面

11）重复以上方法，对屋顶其他区域分别进行填充，生成的图形如图 12-45 所示。

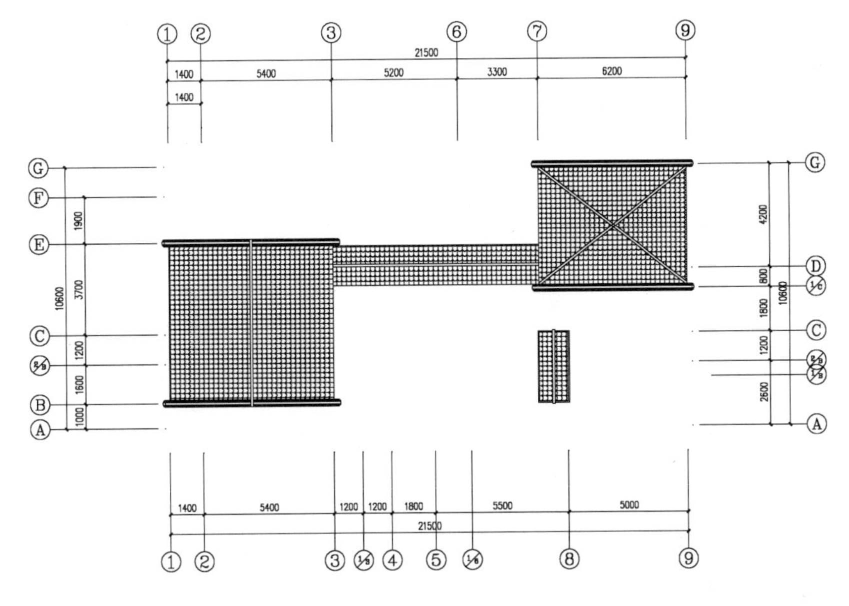

图 12-45　填充屋面效果

12）在“图层特性管理器”对话框中打开“DOTE”图层。在屏幕菜单中选择“墙体 | 绘制墙体”命令（快捷键 HZQT），弹出“绘制墙体”对话框，设置高度为 1200，左宽和右宽为 120，捕捉轴网交点绘制 1200 的矮墙，如图 12-46 所示。

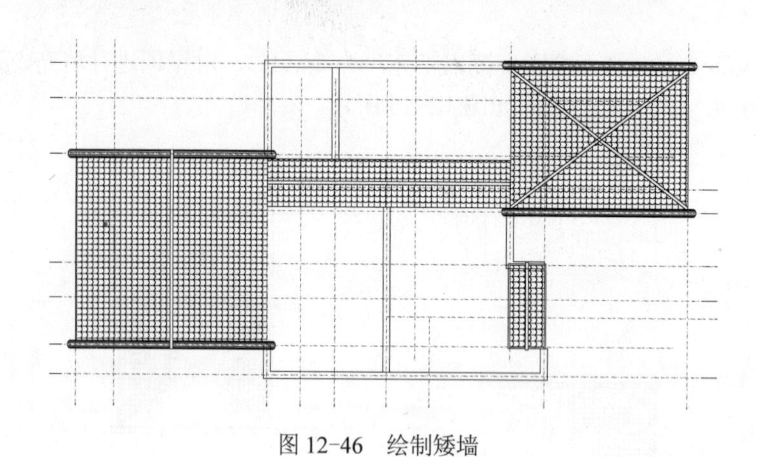

图 12-46 绘制矮墙

13）选择“房间屋顶丨加雨水管”命令（快捷键 JYSG），在屋顶相应位置创建雨水管，生成的图形如图 12-47 所示。

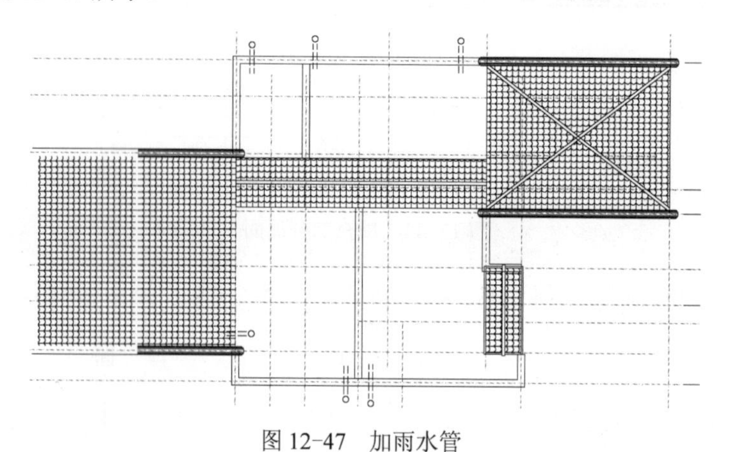

图 12-47 加雨水管

14）选择“符号标注丨箭头引注”命令（快捷键 JTYZ），添加雨水排放标注为“2%”，生成的图形如图 12-48 所示。

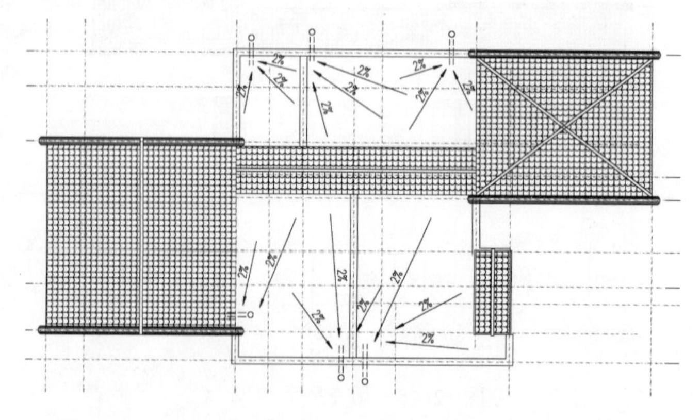

图 12-48 雨水排放标注

15）至此，该别墅顶层平面图已经基本绘制完成，按〈Ctrl+S〉组合键对其进行保存。此时，用户要将其图形切换到“西南等轴测视图”状态下，再分别选择“三维线框”和“概

念视觉”模式进行观察，如图 12-49 所示。

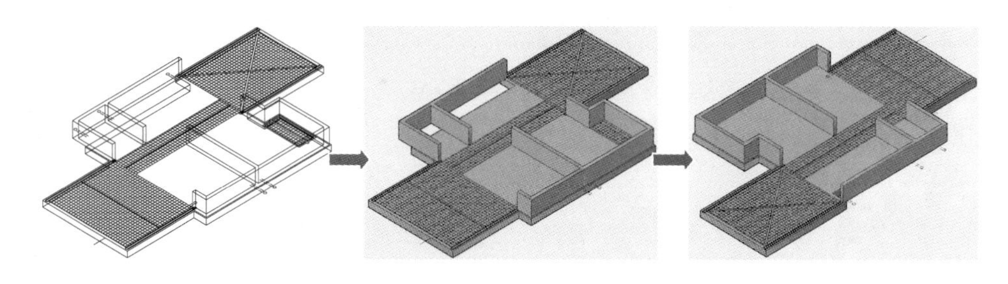

图 12-49 “三维线框”和“概念视觉”模式效果

12.5 别墅门窗详图的绘制

视频\12\别墅门窗详图的绘制.avi
案例\12\别墅门窗详图.dwg

通过 TArch 天正软件绘制一些图形对象，如果 TArch 天正软件不能完成生成图形时，用户也可以运用 AutoCAD 软件中的一些命令来完成，如绘制门窗详图等。

1）接前面 12.4 节中所绘制的别墅顶层平面图文件，再选择“文件 | 另存为”命令，将该文件另存为“别墅门窗详图.dwg”文件。

2）将平面图中的框以外的其他全部内容删除，并修改图框标题栏的内容，得到如图 12-50 所示的效果。

3）选择“文件布图 | 工程管理”命令（快捷键 GCGL），在弹出的“工程管理”面板中按如图 12-51 所示创建一个名为“别墅工程管理的工程”。

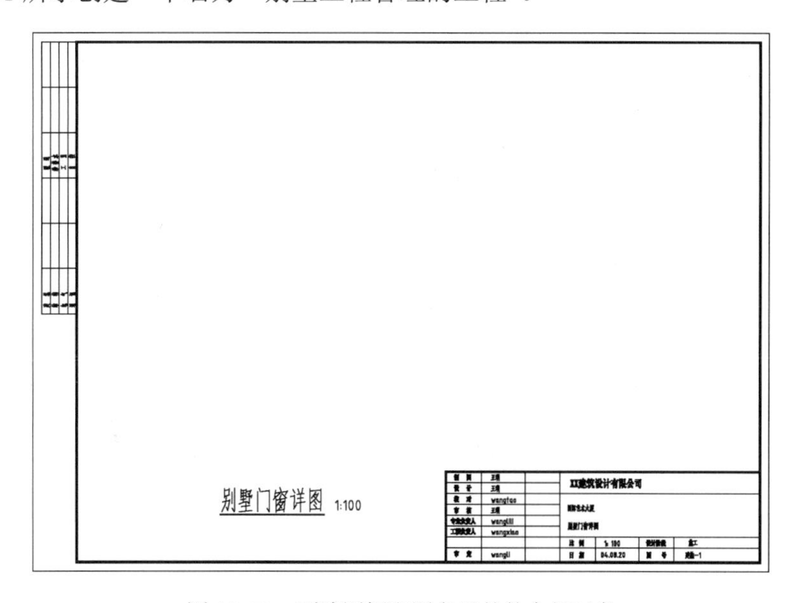

图 12-50 删除图框和图名以外的全部对象

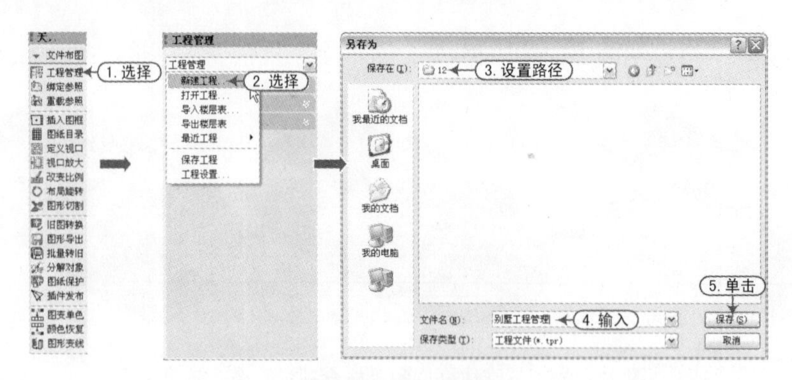

图 12-51　新建工程

4）在“平面图”子类别上右击，在弹出的快捷菜单中选择“添加图纸”命令，将“案例\12”文件夹下名为“别墅首层平面图.dwg”“别墅二层平面图.dwg”“屋顶平面图”和“别墅门窗详图”的 4 个文件选中，单击“打开”按钮将其添加到当前工程中，如图 12-52 所示。

图 12-52　添加平面图纸

5）展开“工程管理”面板的“楼层”栏，在楼层表中将“别墅首层平面图”和“别墅二层平面图”分别添加到表格中，并设置楼层高为 3000，如图 12-53 所示。

6）选择“门窗｜门窗总表”命令（快捷键 MCZB），在弹出的“表格内容”对话框中单击“确定”按钮，再在图框中指定一个位置插入门窗表，生成的图形如图 12-54 所示。

图 12-53　别墅楼层表

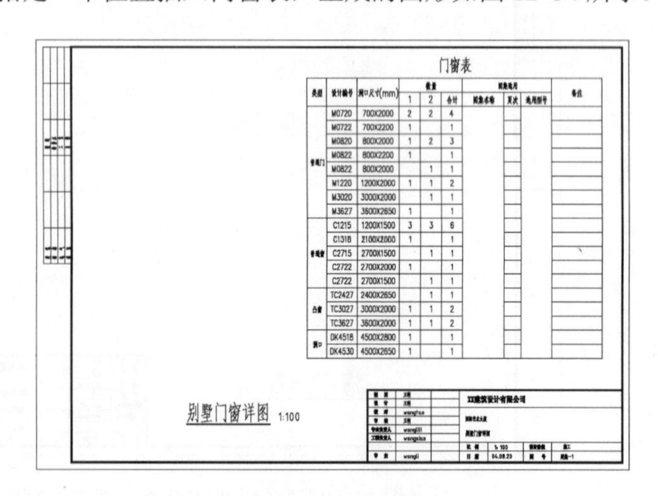

图 12-54　插入门窗总表

7）选择“文字表格｜单元编辑｜单元合并”命令，再在表格中按如图 12-55 所示方法将单元格进行合并。

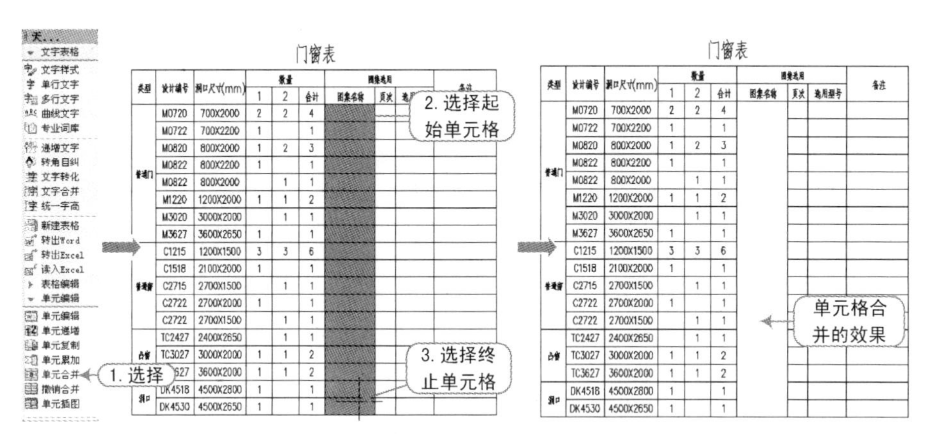

图 12-55　合并单元格

8）重复操作步骤 7），把“选用型号”列的表格合并，如图 12-56 所示。

9）在空白单元格中双击，输入相应的文本内容，按〈Enter〉键即可完成表格填充。

10）选择 AutoCAD 的“多段线”命令（PL），按门窗表中的顺序分别绘制各门窗详图，并利用 TArch 天正建筑的“两点标注”命令对各详图进行标注。最终效果如图 12-57 所示。

门窗表

类型	设计编号	洞口尺寸(mm)	数量 1	数量 2	数量 合计	图集选用 图集名称	图集选用 页次	图集选用 选用型号	备注
普通门	M0720	700X2000	2	2	4				
	M0722	700X2200	1		1				
	M0820	800X2000	1	2	3				
	M0822	800X2200	1		1				
	M0822	800X2000		1	1				
	M1220	1200X2000	1	1	2				
	M3020	3000X2000		1	1				
	M3627	3600X2650	1		1				
普通窗	C1215	1200X1500	3	3	6				
	C1518	2100X2000	1		1				
	C2715	2700X1500		1	1				
	C2722	2700X2000	1		1				
	C2722	2700X1500		1	1				
凸窗	TC2427	2400X2650		1	1				
	TC3027	3000X2000	1	1	2				
	TC3627	3600X2000	1	1	2				
洞口	DK4518	4500X2800	1		1				
	DK4530	4500X2650	1		1				

图 12-56　第二次合并单元格

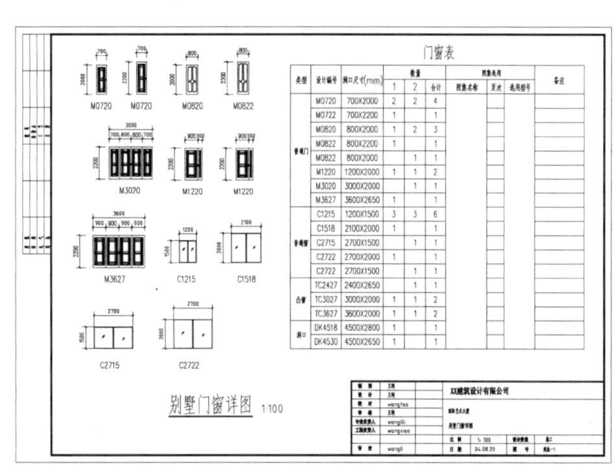

图 12-57　绘制上门窗详图

11）完成上述步骤后，别墅的门窗详图已经绘制完成，按〈Ctrl+S〉组合键保存文件即可。

软件技能

12.6 别墅立面图的创建

视频\12\别墅立面图的绘制.avi
案例\12\别墅立面图.dwg

通过 12.5 节中工程管理的楼层数据，可以对本案例生成立面图，并运用 AutoCAD 中的

相关命令进行补充修饰，得到更完美的立面图。其操作步骤如下：

1）接前面 12.5 节所创建的“案例\12\别墅工程管理.tpr”工程文件。

2）展开“图纸”栏，在“平面图”子类别中双击“别墅首层平面图”将一层平面图打开，再在“楼层表”栏中单击“建筑立面”按钮，按照如图 12-58 所示来生成“案例\12\别墅立面图.dwg”文件。

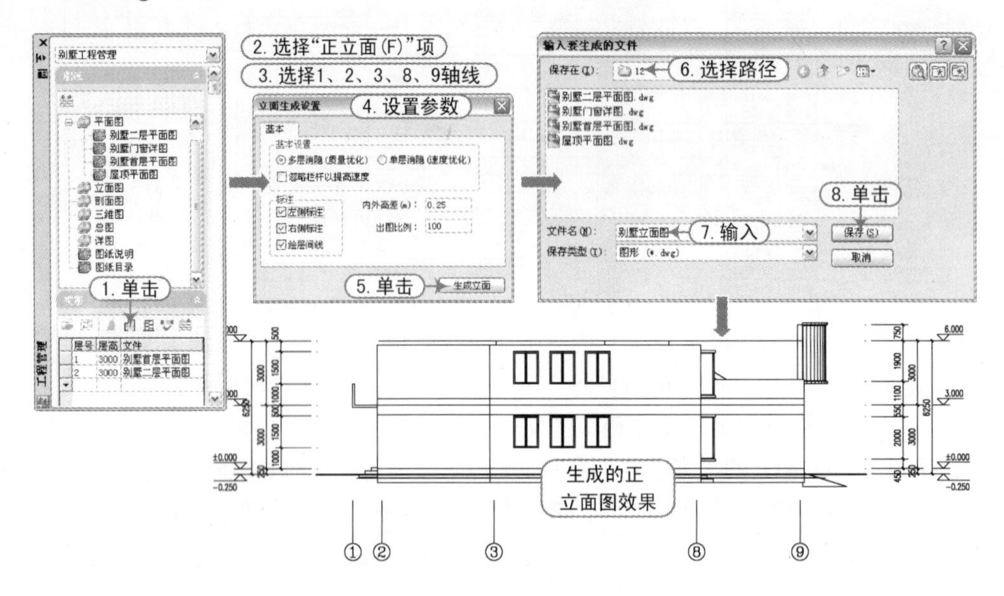

图 12-58　生成别墅立面图

3）将生成的立面图中的地坪线、轴线、轴标选中，选择“移动”命令（M），将其垂直向下进行移动 400；再选择“修剪”命令（TR），对多余的线段进行修剪，得到如图 12-59 所示的效果图。

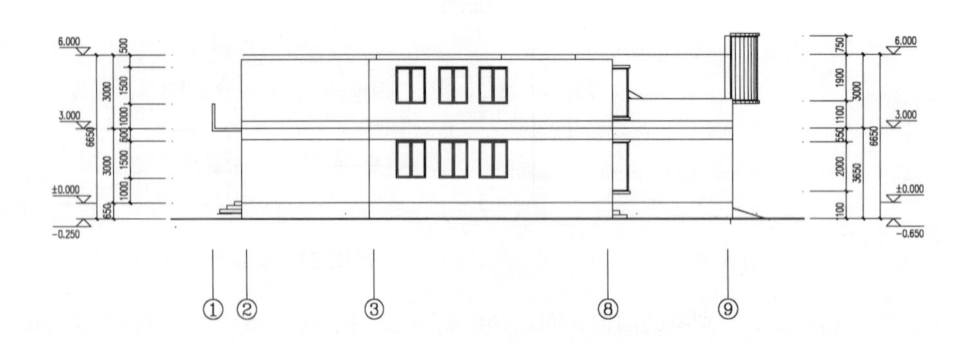

图 12-59　调整立面图

4）选择 AutoCAD 的“绘图｜多段线”命令（PL），再按如图 12-60 所示绘制一条连续的多段线，该线条将作为异形墙体的装饰线条。

5）选择 AutoCAD 的“修改｜偏移”命令（O），设置偏移距离为 60，再选择已绘制好的多段线，将其向内偏移 2 次，向外偏移 3 次，并将多余的线条删除，得到如图 12-61 所示的效果。

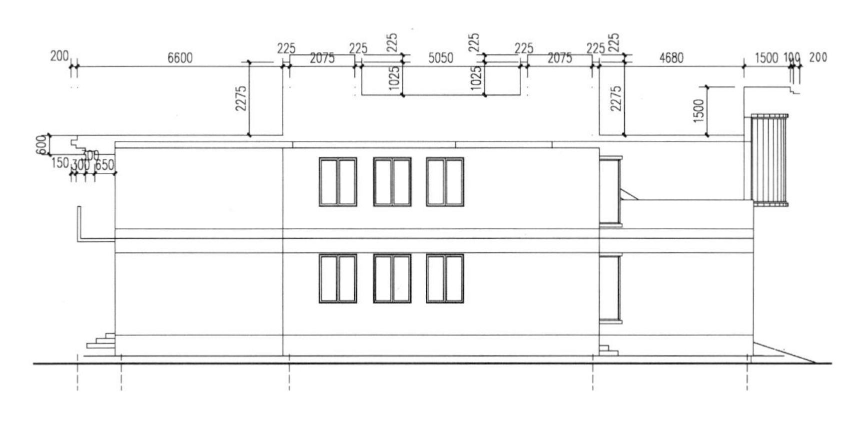

图 12-60 绘制装饰线

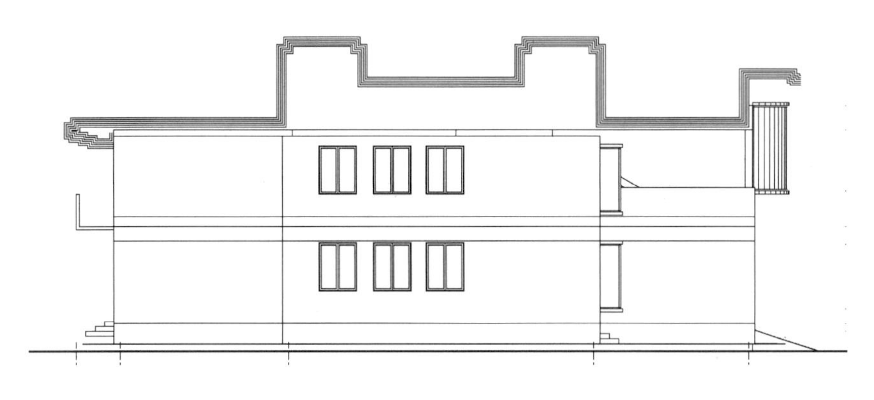

图 12-61 调整装饰线

6）再次利用“多段线”命令（PL），按如图 12-62 所示的尺寸绘制一条连续的多段线。

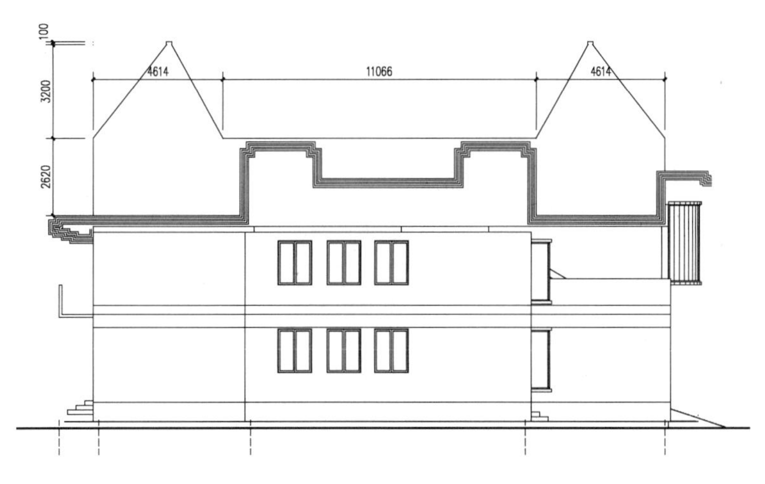

图 12-62 绘制屋顶线

7）把上图绘制的多线进行偏移，设置偏移距离为 60，向内偏移 2 次，向外偏移 1 次，生成如图 12-63 所示的效果图。

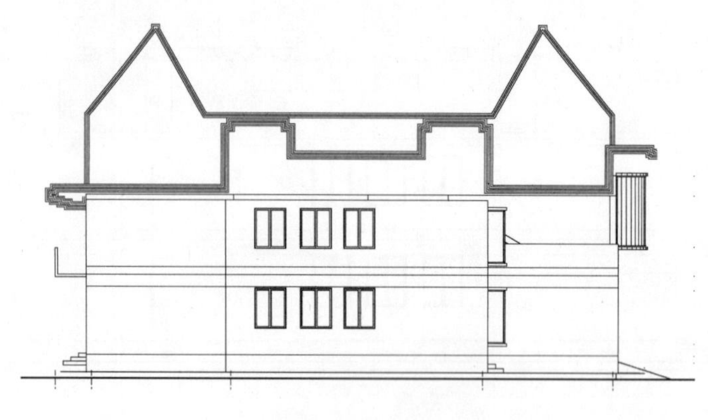

图 12-63　修饰屋顶线

8）选择 AutoCAD 的“多段线”命令（PL），在图形下方绘制一条地平线，再把其他纵向直线向左、右各偏移两个 30，最后把多余的线进行修剪，生成的效果图如图 12-64 所示。

图 12-64　调整所有的修饰线

9）同样，再选择 AutoCAD 的“多段线”命令（PL），按如图 12-65 所示绘制亭角立面线图形。

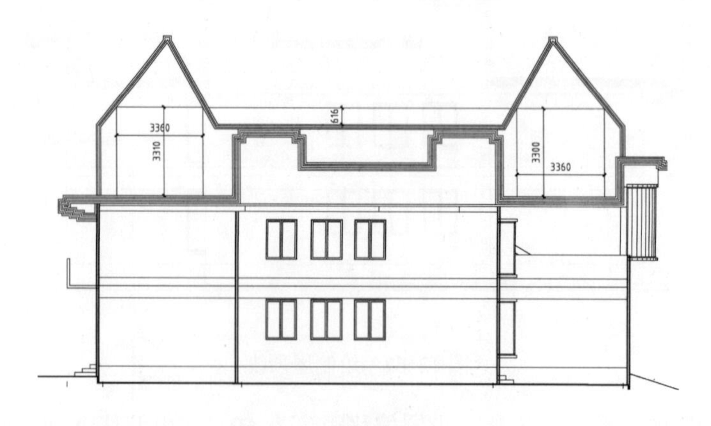

图 12-65　绘制亭角立面线

10）选择 AutoCAD 的“图案填充”命令（H），选择图案为“弯瓦屋面”，对相应位置进行填充，生成的图形如图 12-66 所示。

图 12-66　填充屋顶

11）按上步操作方式对图形相应区域进行填充，选择图案为“文化石 01”， 生成的图形如图 12-67 所示。

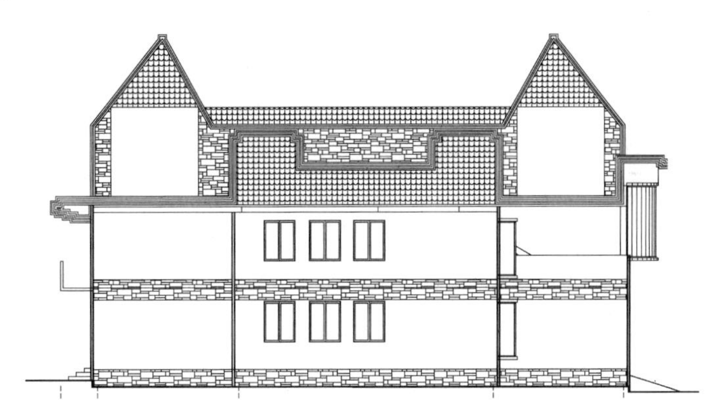

图 12-67　填充文化石区域

12）选择“立面｜立面阳台”命令（快捷键 LMYT），弹出“天正图库管理系统”对话框，选择相应图形，单击“替换”按钮，再选择图形中的立面阳台，系统将阳台换为新的图形，生成图形的步骤如图 12-68 所示。

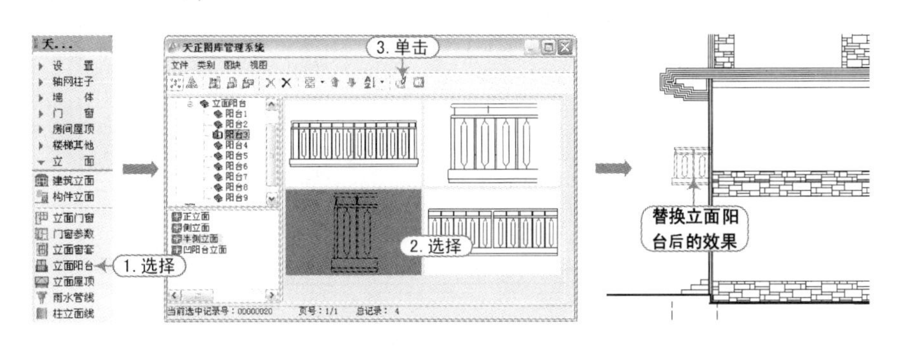

图 12-68　修改阳台立面

13）再选择“立面｜立面阳台”命令（快捷键 LMYT），弹出“天正图库管理系统”对话框，选择相应图形，单击按钮，弹出“图块编辑”对话框，设置相应参数，再选择图形中的立面阳台，系统将阳台换为新的图形，生成图形的步骤如图 12-69 所示。

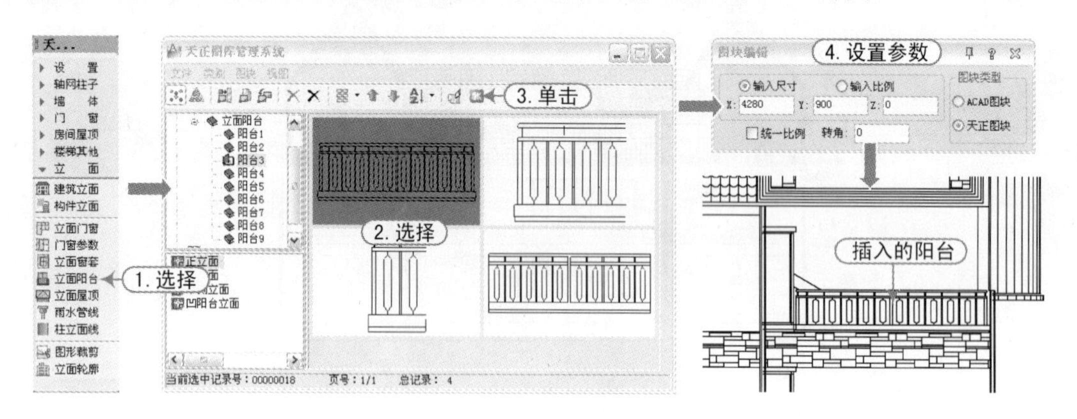

图 12-69　插入阳台栏杆

14）选择“符号标注｜标高标注”命令（快捷键 BGBZ），在立面图中进行各种标注。

15）选择“文件布图｜插入图框”命令（快捷键 CRTK），插入 A3 图框，使之“盖住”整个立面图对象。

16）双击图框的标题栏，在弹出的“增强属性编辑器”对话框中设置各标题栏的值，最后单击“确定”按钮完成标题栏内容的填写。

17）选择“符号标注｜图名标注”命令（快捷键 TMBZ），在弹出的“图名标注”对话框中设置图名，最后在图框中单击插入图名，如图 12-70 所示。

18）完成上述步骤后，别墅的立面图已经绘制完成，按〈Ctrl+S〉组合键保存文件即可。

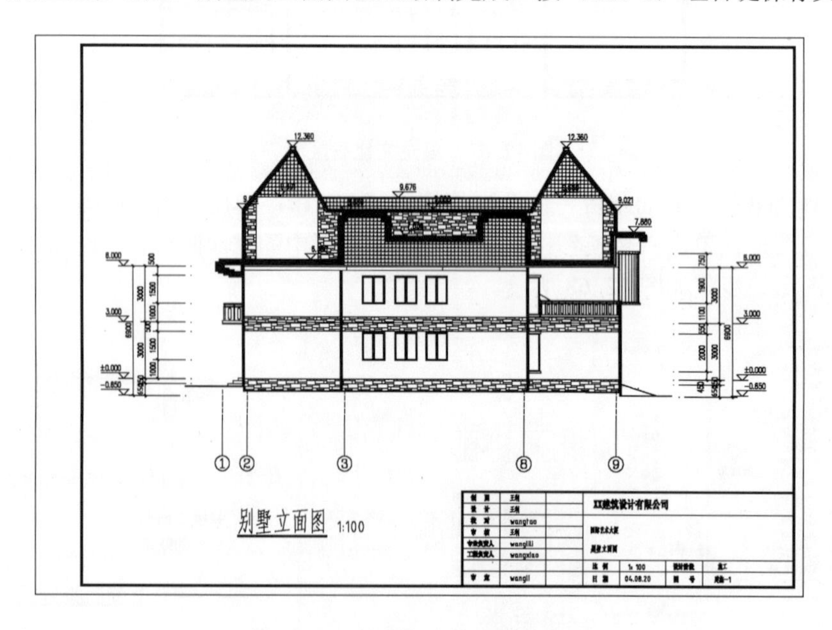

图 12-70　绘制完成的立面图效果

12.7 别墅剖面图的创建

视频\12\别墅剖面图的绘制.avi
案例\12\别墅剖面图.dwg

在创建剖面图之前，需要在相应的平面图上创建剖切符号，再利用前面创建的工程管理功能来创建此剖切的剖面图。其操作步骤如下：

1）接前面 12.5 节所创建的“案例\12 别墅工程管理.tpr”工程文件，在“工程管理”面板中展开“图纸”栏，双击“平面图”子类别中的“别墅首层平面图”，此时首层平面图将被打开。

2）选择“符号标注丨剖切符号”命令，输入剖切号为 1，然后过图形的左、右侧位置单击，从而生成剖面剖切符号“1-1”，如图 12-71 所示。

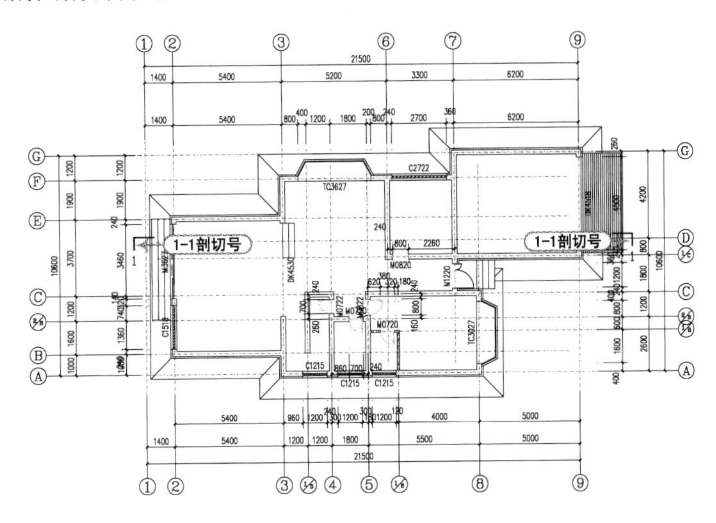

图 12-71 添加 1-1 剖切符号

3）选择“剖面丨建筑剖面”命令，再单击首层平面图中已创建好的剖面剖切符号“1-1”，再选择需显示在剖面图中的轴线（2、6、7、9 轴），并右击结束选择，在随后弹出的“剖面生成设置”对话框中设置好相关参数，单击“生成剖面”按钮，设置文件名为“别墅剖面图.dwg”即可。生成的剖面图效果如图 12-72 所示。

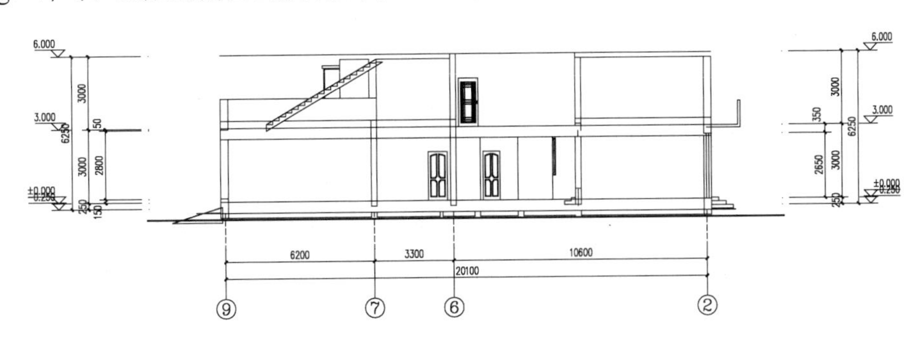

图 12-72 生成剖面图

4）在剖面图中选择原有的地平面线，按〈Delete〉键将其删除；再利用“多段线”命令（PL）绘制新的地平面线和其他相应线，同时删除多余线段，如图 12-73 所示。

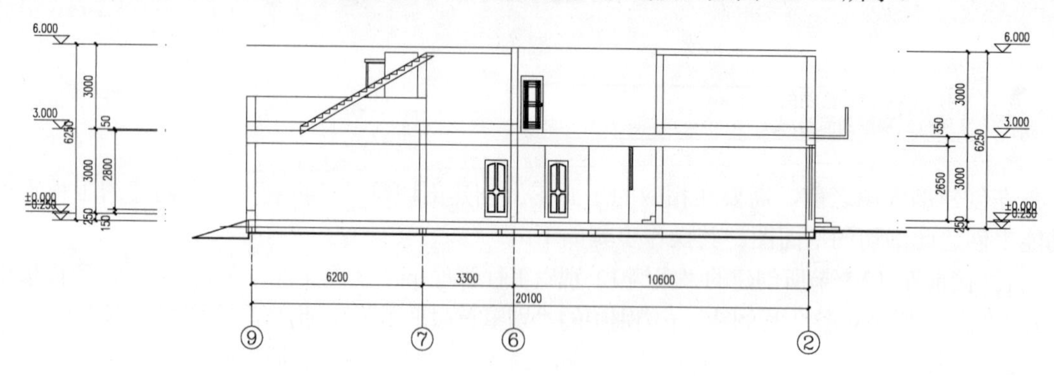

图 12-73　调整剖面图

5）将“别墅立面图.dwg”文件打开，再将墙体边缘修饰线和顶层选中，按〈Ctrl+C〉组合键将其复制到系统剪贴板中。

6）切换到“别墅剖面图.dwg”文件，按〈Ctrl+V〉组合键粘贴系统剪贴板中的对象，指定图形的插入点后，再选择 AutoCAD 的“直线”（L）、“修剪”（TR）和“删除”（E）命令，对图形进行填充，得到如图 12-74 所示的剖面效果。

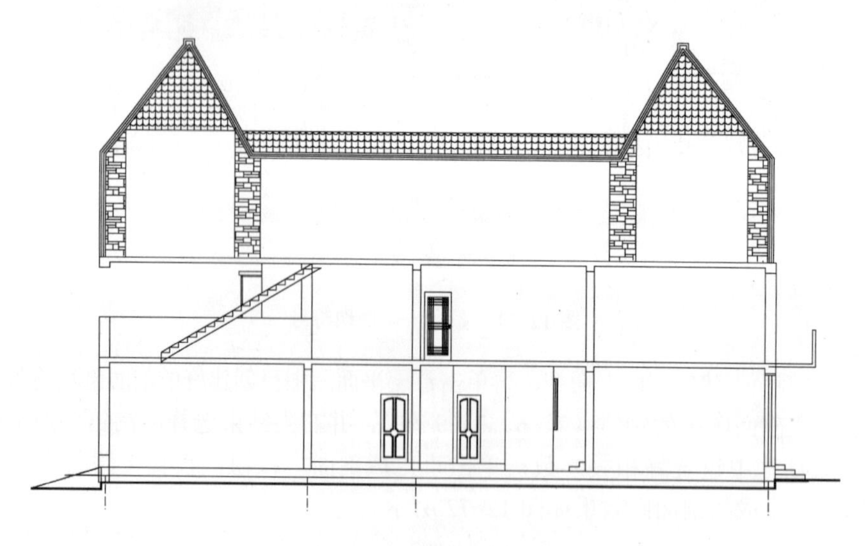

图 12-74　对屋顶进行填充

7）选择 AutoCAD 的“绘图 | 图案填充”命令（H），将墙体剖面填充“普通砖”图案，楼板和梁填充“钢筋混凝土”图案，台阶填充“混凝土”图案，地面填充“土壤”图案。生成的图形如图 12-75 所示。

8）选择“文件布图 | 插入图框”命令（快捷键 CRTK），插入 A3 图框，使之完全“盖住”生成的剖面图对象。

9）双击图框的标题栏，在弹出的“增弹属性编辑器”对话框中设置各标题栏的值，最后单击“确定”按钮完成标题栏内容的填写。

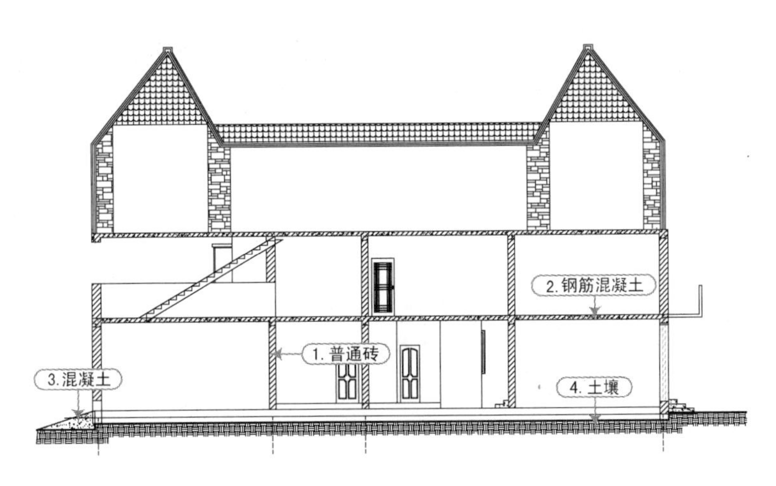

图 12-75　填充其他相应区域

10）选择“符号标注 | 图名标注”命令（快捷键 TMBZ），在弹出的“图名标注”对话框中设置图名，最后在图框中单击插入图名，如图 12-76 所示。

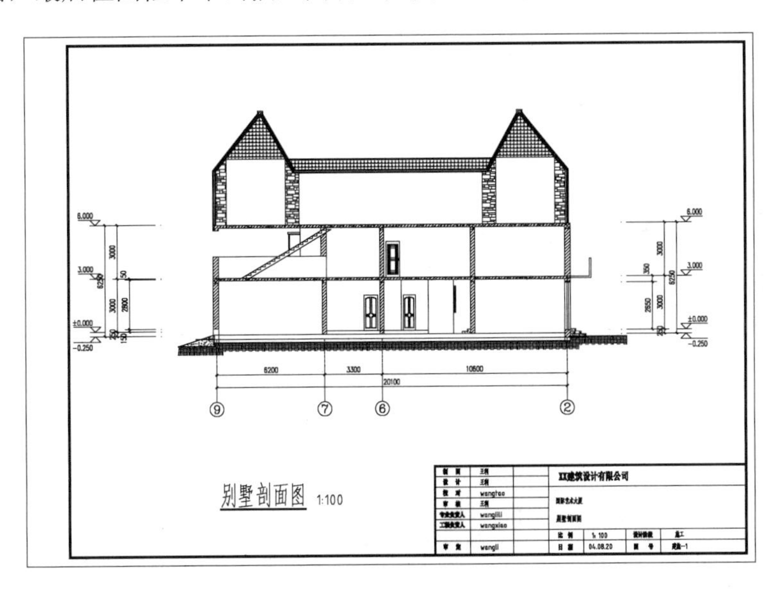

图 12-76　绘制的 1-1 剖面图效果

11）完成上述步骤后，别墅剖面图已经绘制完成，按〈Ctrl+S〉组合键保存文件即可。

软件技能

12.8　另一套别墅施工图的效果

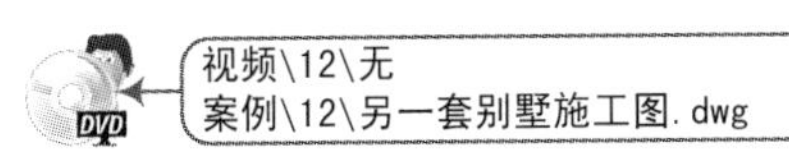

在前面的别墅施工图的绘制过程中，相信用户已经熟练地掌握了别墅建筑施工图在 TArch 天正建筑软件中的绘制方法和技巧，为了使读者更加熟练和牢固地掌握，在图 12-77～

图 12-83 中给出了另一套别墅建筑施工图的效果，用户可自行演练操作。其光盘中的文件为“案例\12\另一套别墅施工图.dwg”。

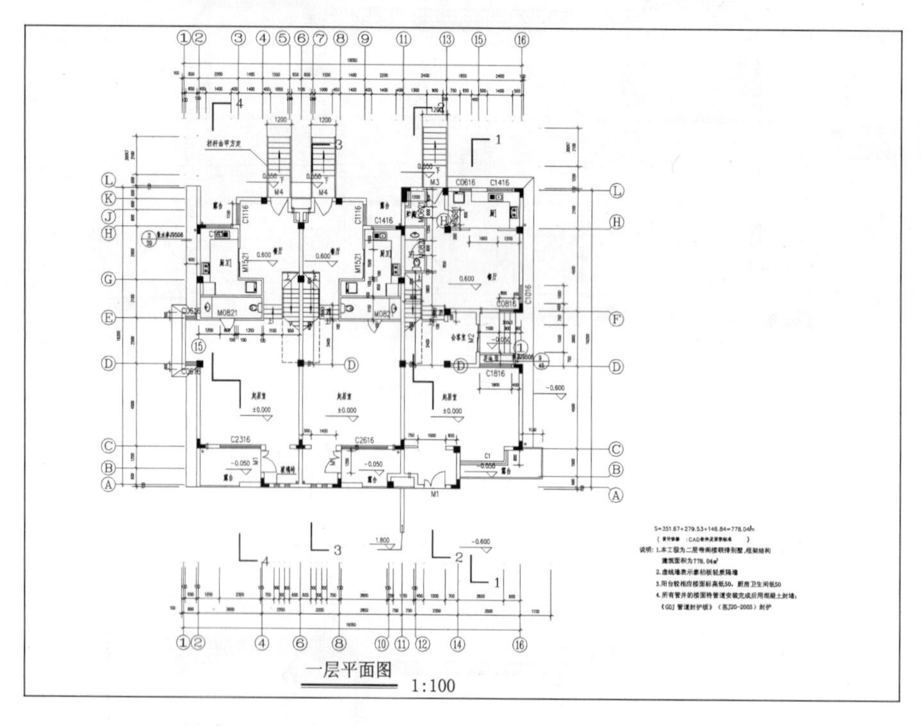

图 12-77　一层平面图效果

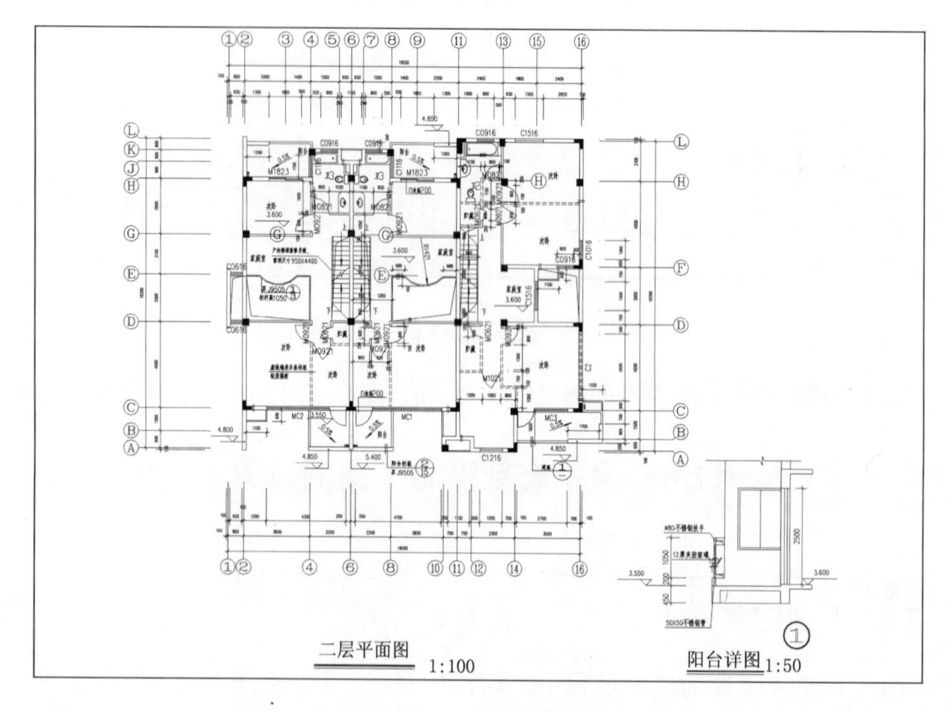

图 12-78　二层平面图效果

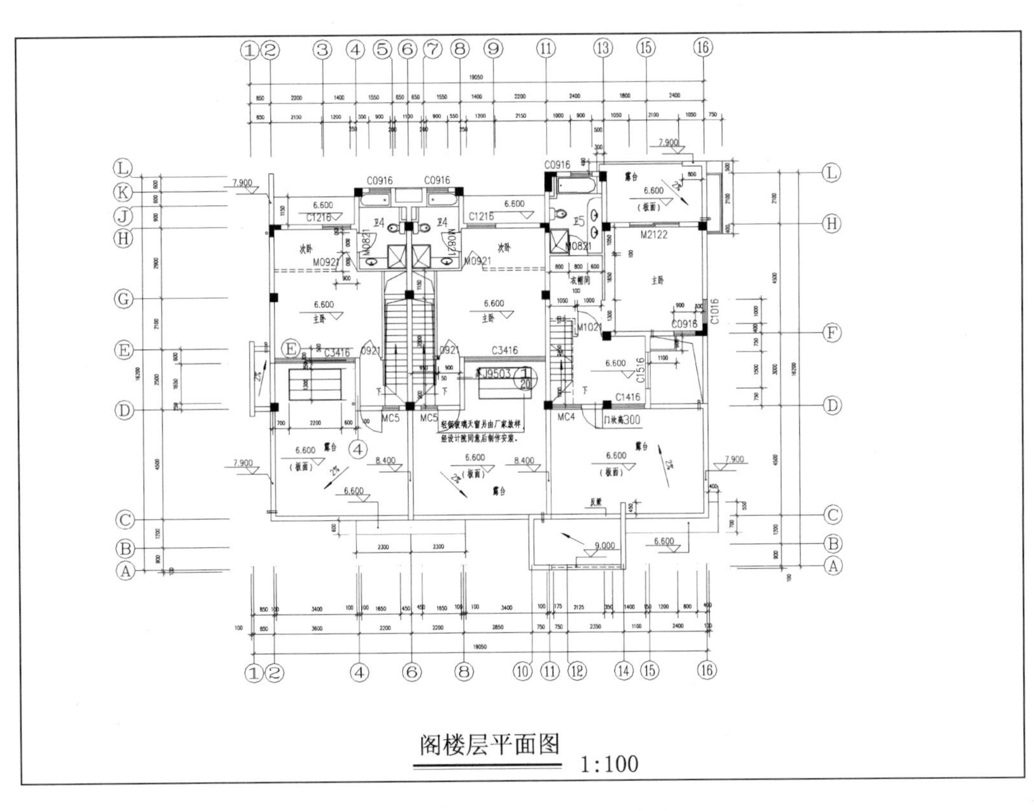

图 12-79 阁楼层平面图效果

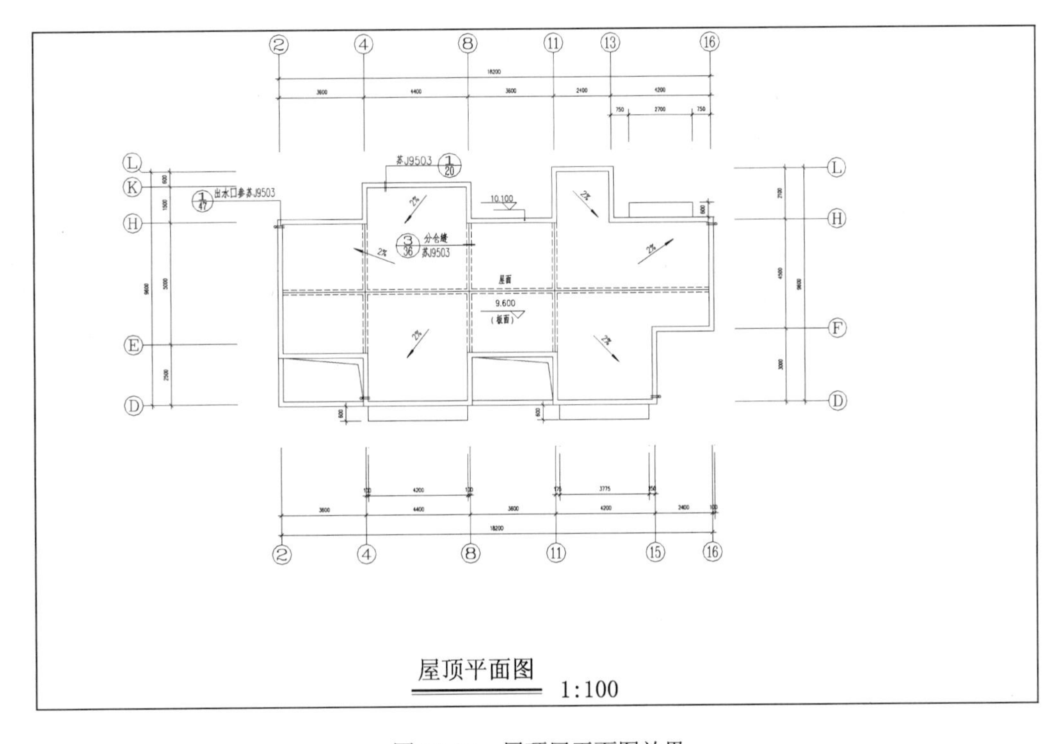

图 12-80 屋顶层平面图效果

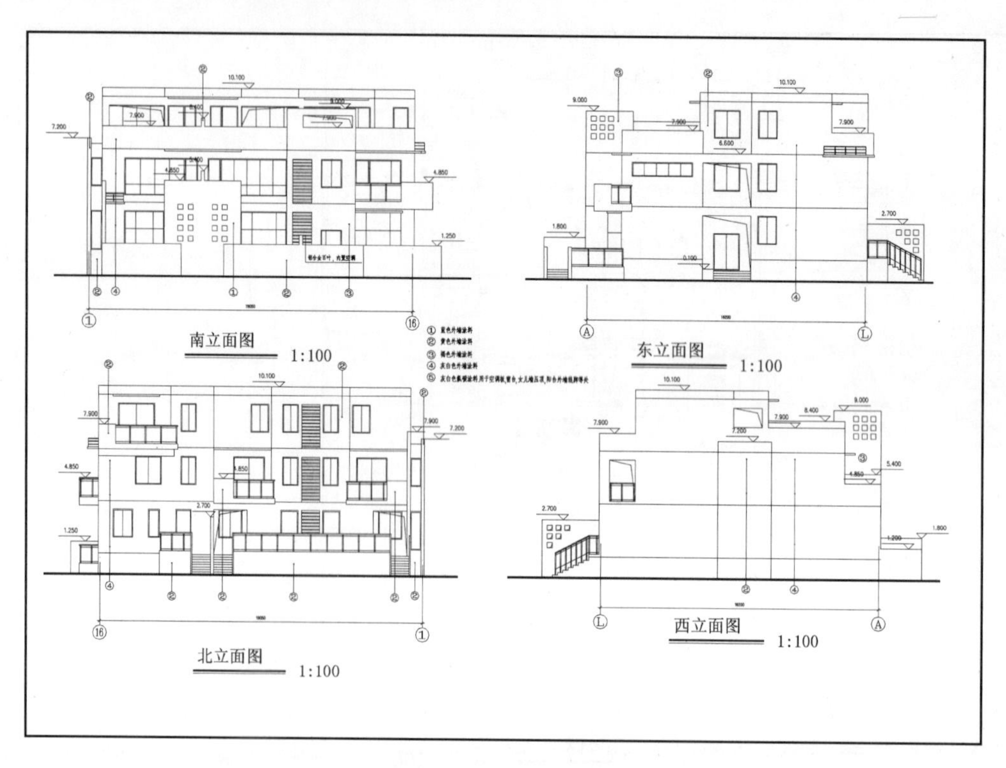

图 12-81 别墅各立面效果

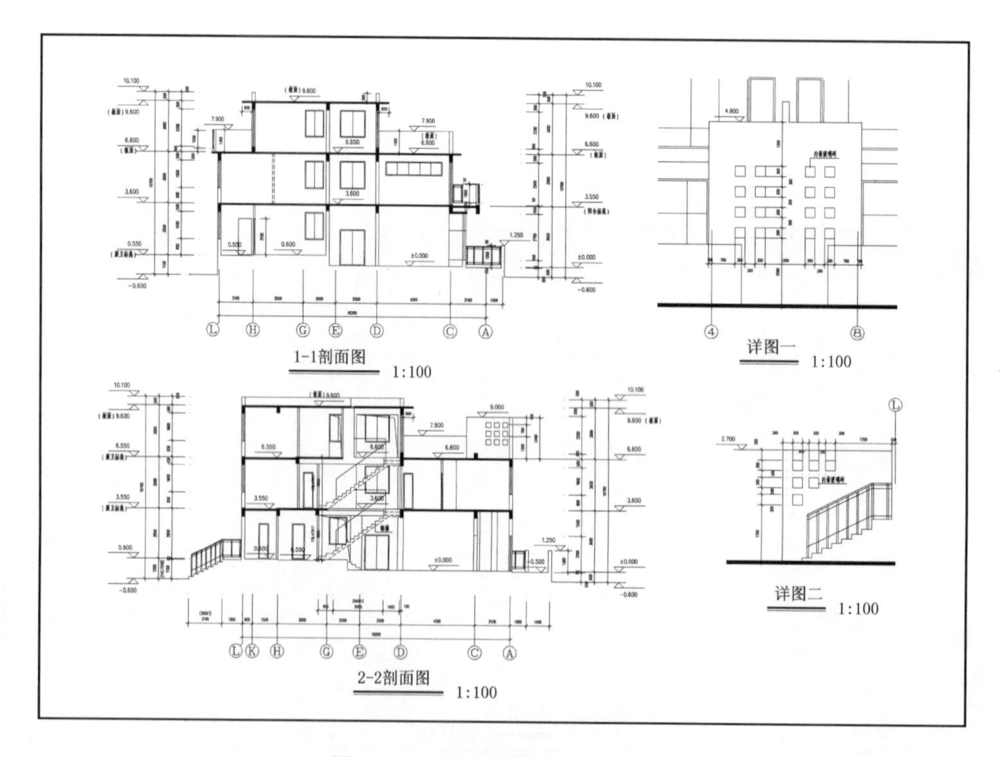

图 12-82 别墅剖面图效果（一）

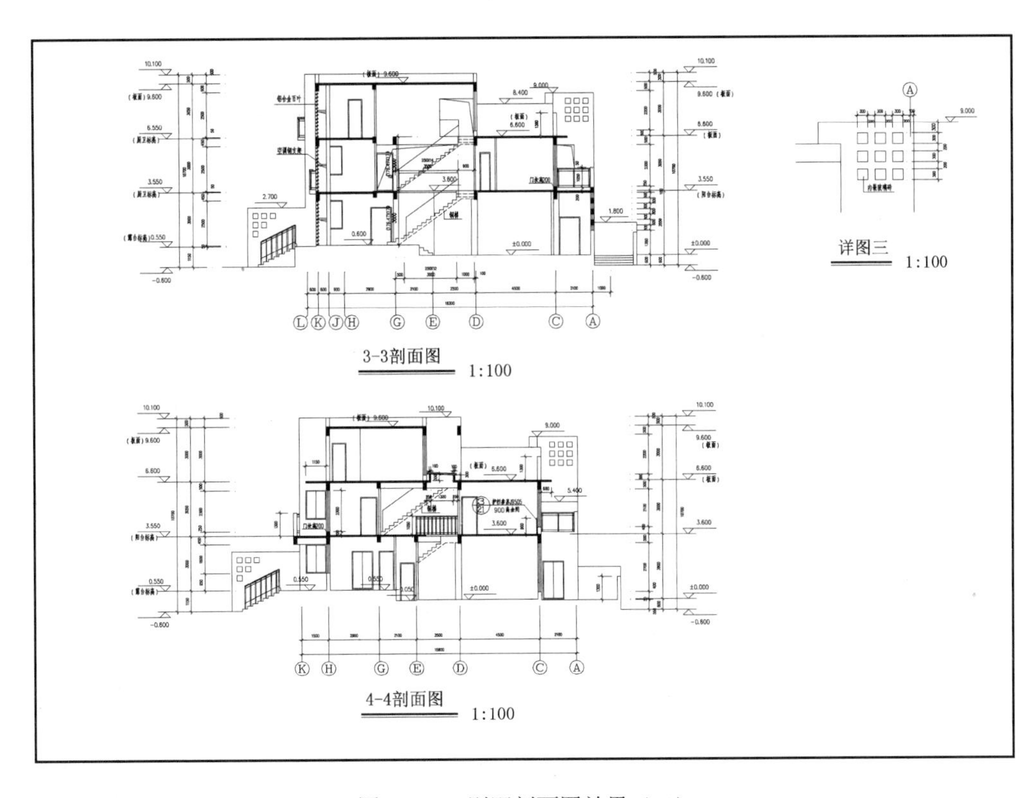

图 12-83 别墅剖面图效果（二）